普通高等教育“十一五”国家级规划教材

煤化学产品工艺学

（第2版）

肖瑞华　白金锋　主编

北　京
冶　金　工　业　出　版　社
2023

内 容 提 要

本书详细论述了以煤为原料，经高温干馏、气化和液化而得到化学产品的基本原理、工艺过程、影响因素分析、主要设备及其工艺计算。主要内容有：高温干馏煤气的初冷、输送及初步净化；煤气中氨和粗轻吡啶的回收；煤气中硫化氢和氰化氢的脱除；粗苯的回收和制取；粗苯的精制；煤焦油的加工；煤气化气体的加工和利用；煤直接液化工艺。

本书为高等学校化工类专业教材，也可供相关工业部门的技术、管理人员参考。

图书在版编目(CIP)数据

煤化学产品工艺学/肖瑞华，白金锋主编．—2版．—北京：冶金工业出版社，2008.9（2023.6重印）

普通高等教育“十一五”国家级规划教材

ISBN 978-7-5024-4554-6

Ⅰ．煤…　Ⅱ．①肖…　②白…　Ⅲ．煤化工—化工产品—生产工艺　Ⅳ．TQ53

中国版本图书馆CIP数据核字(2008)第101792号

煤化学产品工艺学（第2版）

出版发行　冶金工业出版社　　**电　　话**　(010)64027926
地　　址　北京市东城区嵩祝院北巷39号　　**邮　　编**　100009
网　　址　www.mip1953.com　　**电子信箱**　service@mip1953.com

责任编辑　宋　良　高　娜　美术编辑　彭子赫　版式设计　张　青
责任校对　王永欣　责任印制　禹　蕊

北京捷迅佳彩印刷有限公司印刷
2003年6月第1版，2008年9月第2版，2023年6月第10次印刷
787mm×1092mm　1/16；22.75印张；607千字；350页
定价46.00元

投稿电话　(010)64027932　投稿信箱　tougao@cnmip.com.cn
营销中心电话　(010)64044283
冶金工业出版社天猫旗舰店　yjgycbs.tmall.com
（本书如有印装质量问题，本社营销中心负责退换）

第2版前言

我国的化学工业是以煤化工为基础发展起来的。煤化工对满足国民经济需要，促进国民经济又好又快发展起到了十分重要的作用。进入21世纪，世界煤化工发展的主流方向是发展煤炭洁净利用技术，而煤高温干馏的煤气净化、煤气化和煤液化技术已成为目前发展煤炭洁净利用的关键技术。利用这些技术，不但可以从煤中获得多种有价值的化工产品和多种洁净的二次能源，同时也有利于环境保护。因此，洁净煤技术已被列入“国家中长期科学和技术发展规划纲要”。

煤化学产品工艺学是煤化工专业的一门专业课。本书以我国现有较先进的煤化工工艺为主，着重以物理化学、化工原理及化合物的性质为基础，系统地阐述煤高温干馏、煤气化和煤液化的化学产品加工工艺的物理和化学规律；对煤高温干馏煤气的净化，通过典型的物料衡算、热量衡算及主要设备计算，对工艺过程、设备的工作原理及工艺操作参数的确定等进行了分析；对煤气化和煤液化产物的加工，阐述了工艺原理和影响因素等内容。

本书在2003年第1版的基础上进行了修订，修订的主要内容如下：煤气中硫化氢和氰化氢脱除一章增加了栲胶、PDS、HPF和真空碳酸盐法脱硫；煤气中氨和粗轻吡啶的回收一章增加了氨分解法；粗苯的精制一章增加了低温加氢精制法和萃取精馏法；煤焦油馏分的加工一节重新改写；煤焦油沥青一节增加了沥青延迟焦和针状焦的生产；煤气化气的加工和利用一章增加了聚乙二醇二甲醚法脱硫（碳）；煤直接液化工艺一章增加了中国煤直接液化技术；其他章节也有部分修改或删减。

在编写中参考了已出版的有关专业书籍和公开发表的论文和专利，在此向各位作者表示感谢。

本书由肖瑞华、白金锋主编，徐君参加编写了第8章。

书中如有不妥之处，诚请读者批评指正。

编　者

2008年3月

于辽宁科技大学

第1版前言

我国的化学工业是以煤化工为基础发展起来的，煤化工对满足国民经济需要，促进国民经济发展起到了十分重要的作用。

本书以物理化学、化工原理及化合物的性质为基础，以工业应用为背景，较系统地介绍了煤高温干馏、煤气化和煤液化的化学产品加工工艺。关于高温煤焦油各种馏分的进一步加工，在肖瑞华编著的《煤焦油化工学》（冶金工业出版社2002年版）一书中有详细论述，本书不再赘述。煤高温干馏的化学产品工艺学主要参考了库咸熙主编的《炼焦化学产品回收与加工》（冶金工业出版社1984年版）和《化产工艺学》（冶金工业出版社1995年版）两书。

本书由鞍山科技大学肖瑞华、白金锋主编，徐君参加编写了第8章。

书中如有不妥之处，恳请读者批评指正。

作　者
2002年11月
于鞍山科技大学

目　录

概　述

煤加工化学产品的生产工艺，是以煤为原料，经化学加工转换为气体、液体和固体产物，并将气体和液体产物进一步加工成一系列化学产品的过程。根据煤加工方法的不同，所得化学产品的种类也不同。目前煤加工方法主要有高温干馏、气化和液化。

煤高温干馏得到的主要产品如下所示：

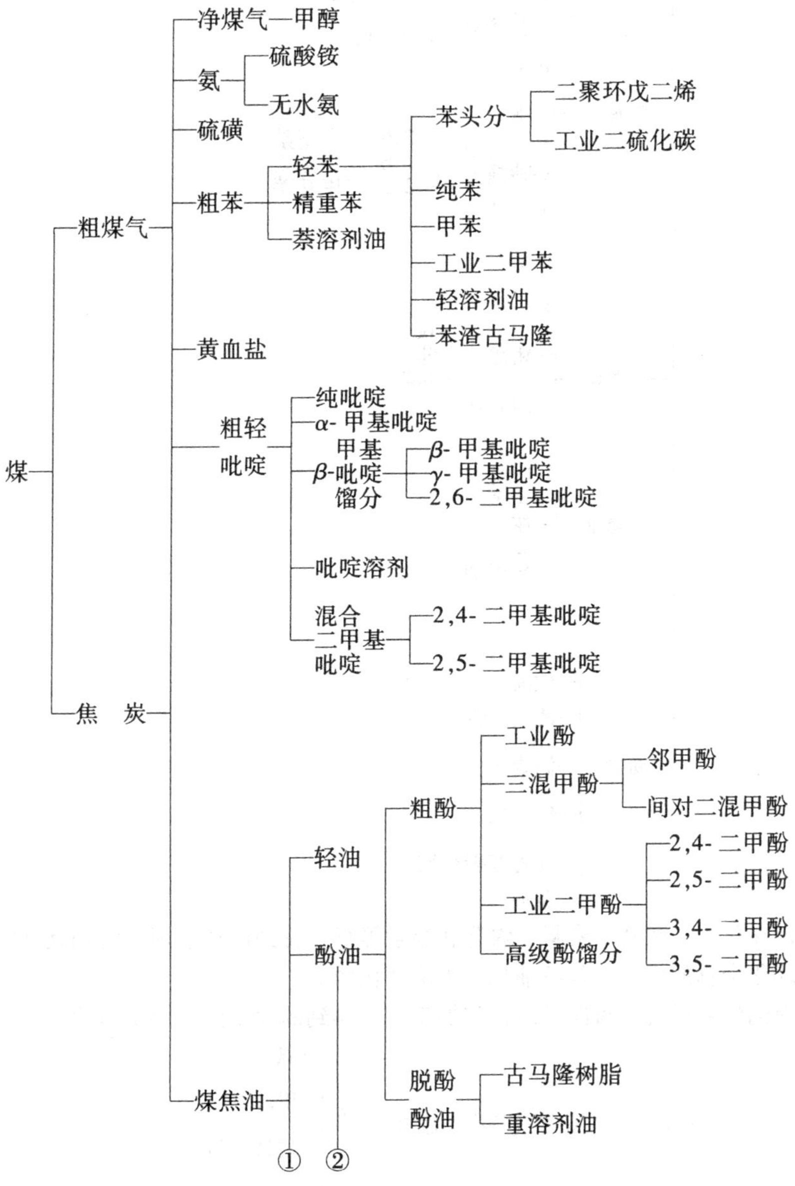

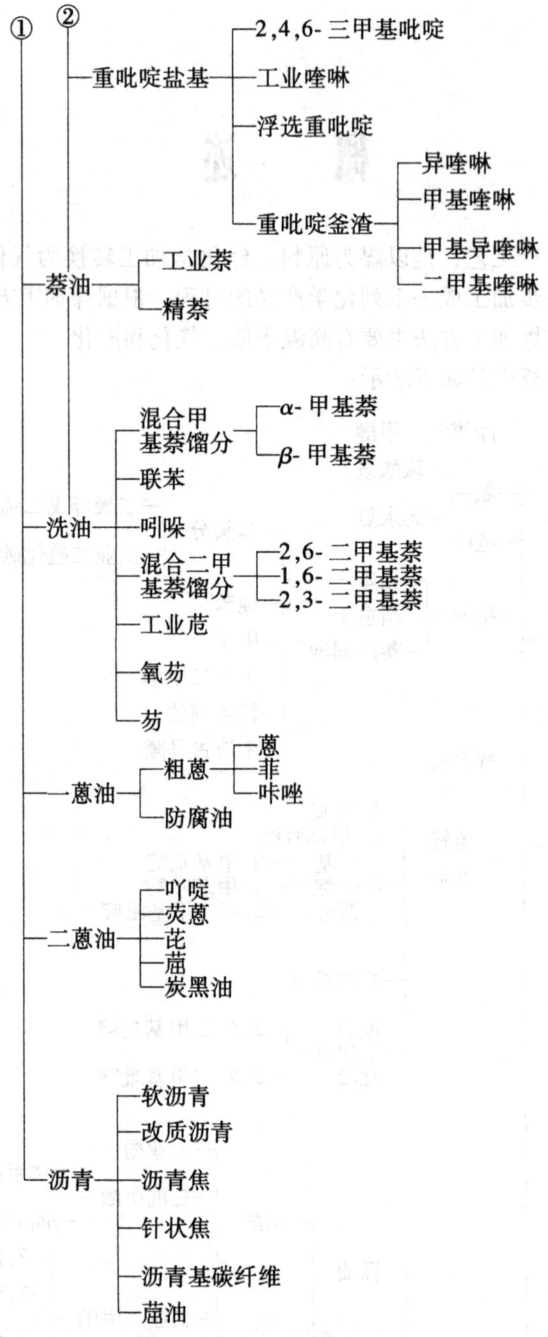

这些产品已在化工、医药、染料、农药和炭素等行业得到广泛应用。特别是吡啶喹啉类化合物和很多稠环化合物的生产，是石油化工无法替代的。

煤经气化得到的粗煤气，再经过净化和加工后，得到的化学产品如下所示：

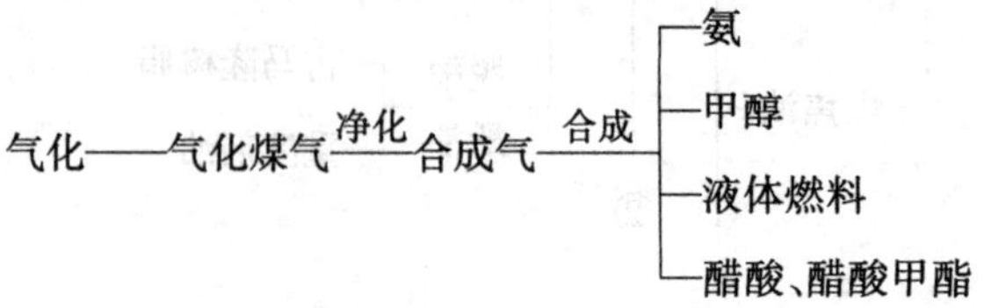

煤直接液化得到的化学产品如下所示：

液化——液化油—加工—┬液体燃料
　　　　　　　　　　　└化工产品

由上可见，以石油为原料生产的一次产物均可以用普通技术由煤来制取。

利用煤转化技术，将煤转化为洁净的二次能源和化工原料，既充分利用了资源，又为保护环境提供了根本性措施。所以煤干馏、气化和液化技术的应用和发展，在国民经济中具有重要的现实意义和战略意义。

1 煤高温干馏化学产品

1.1 高温干馏化学产品的生成和产率

1.1.1 化学产品的生成

煤料在焦炉炭化室内进行干馏时，在高温作用下，煤质发生了一系列的物理化学变化。

装入煤在200℃以下蒸出表面水分，同时析出吸附在煤中的二氧化碳、甲烷等气体；随温度升高至250～300℃，煤的大分子端部含氧化合物开始分解，生成二氧化碳、水和酚类（主要是高级酚）；至约500℃时，煤的大分子芳香族稠环化合物侧链断裂和分解，生成脂肪烃，同时释放出氢。

在600℃以下从胶质层析出的和部分从半焦中析出的气体称为初次分解产物，主要含有甲烷、二氧化碳、一氧化碳、化合水及初焦油，而氢含量很低。

初焦油主要具有大致如下的族组成（%）：

链烷烃（脂肪烃）	烯烃	芳烃	酸性物质	盐基类	树脂状物质
8.0	2.8	53.9	12.1	1.8	14.4

初焦油中芳烃主要有甲苯、二甲苯、甲基萘、甲基联苯、菲、蒽及其甲基同系物；酸性化合物多为甲酚和二甲酚，还有少量的三甲酚和甲基吲哚；链烷烃和烯烃皆为 C_5 至 C_{32} 的化合物；盐基类主要是二甲基吡啶、甲苯胺、甲基喹啉等。

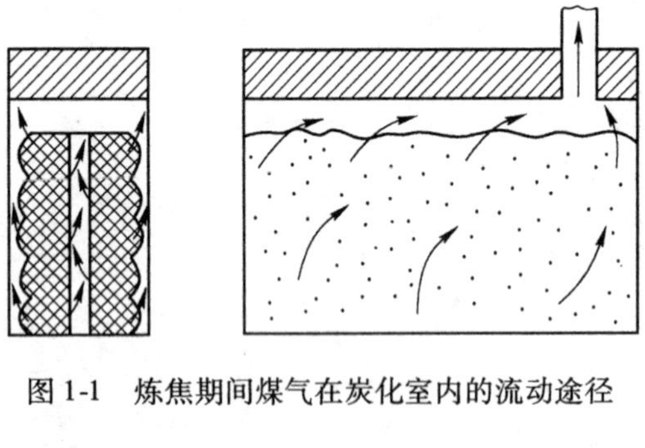

图 1-1 炼焦期间煤气在炭化室内的流动途径

初次分解产物在炭化室内沿着如图 1-1 所示途径流动，大部分产物是通过赤热的焦炭层和沿温度约为1000℃的炉墙到达炭化室顶部空间的，其余约25%的产物则通过温度一般不超过400℃处在两侧胶质层之间的煤料逸出。

沿炭化室炉墙向上流动的气体，通过赤热的焦炭，因受高温而发生环烷烃和烷烃的芳构化过程（生成芳香烃）并析出氢气，从而生成二次热裂解产物。这是一个不可逆反应过程，由此生成的化合物在炭化室顶部空间就不再发生变化。与此相反，由煤饼中心通过的挥发性产物，在炭化室顶部空间因受高温发生芳构化过程。因此，炭化室顶部空间温度具有特殊意义。此温度在炭化过程的大部分时间里为800℃左右。大量的芳烃是在700～800℃的范围内生成的。

当碳氢化合物热裂解时，分子结构会发生以下几种变化：

（1）C—C 键断裂引起结构缩小反应。C—C 键断裂所需的能量较低，先于 C—H 键的断裂。烷烃的 C—C 键在焦炭的催化作用下，约在350℃时断裂。在此反应中，相对分子质量较

高的碳氢化合物裂解为低分子产物和形成较小的自由基。例如

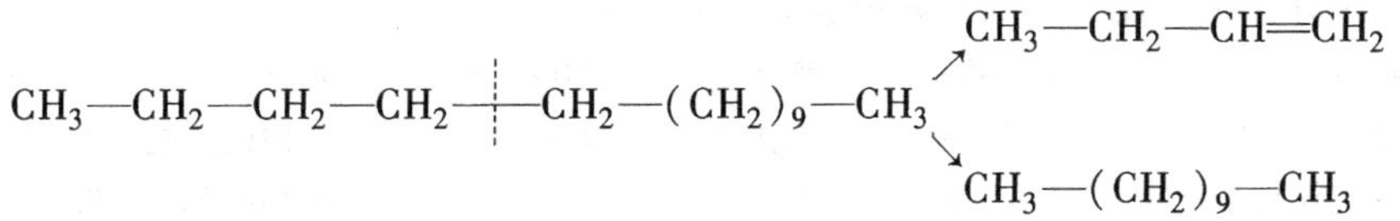

烷烃裂解时，除可生成分子较小的烷烃外，还可生成二烯烃或两个烯烃分子。

（2）C—H键裂解引起脱氢反应。C—H键发生裂解的温度在400～550℃之间。饱和碳氢化合物裂解生成烯烃，同时析出氢气，例如

$$CH_3—CH_2—CH_2—CH_3 \longrightarrow CH_2=CH—CH_2—CH_3 + H_2 \longrightarrow CH_2=CHCH=CH_2 + 2H_2$$

在500℃时开始产生脱氢现象；至650℃时氢的生成量已很多；在高于800℃时，烯烃产生二次裂解，例如部分乙烯将裂解为甲烷、氢和碳。

（3）按异构化进行的重排反应。在此反应中，碳氢化合物裂解时产生的是复合异构化，即裂解的原始物质要受到异构作用、环化作用及脱氢作用，而不是单纯的异构化（即氢—烃基团的互换），例如

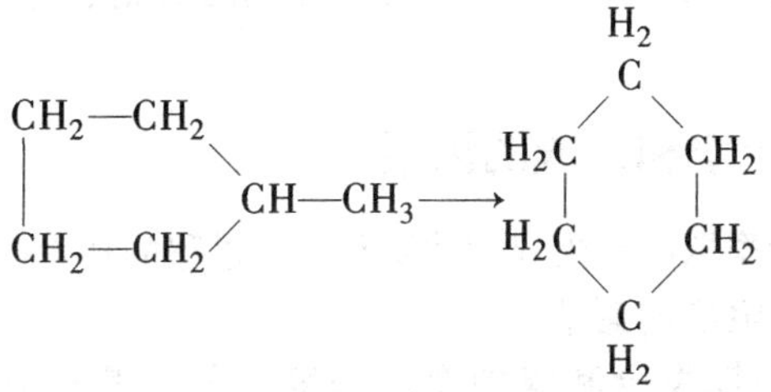

（4）聚合、歧化、缩合引起的结构增大反应。高分子烷烃进行裂解所生成的烯烃和二烯烃及原料中的烯烃之间易进行反应，从而通过聚合或环化生成环烯烃类化合物，并经脱氢而得到芳香族化合物，例如

$$CH_2=CH_2 + CH_2=CH—CH=CH_2 \longrightarrow C_6H_8 + H_2$$

$$C_6H_8 \longrightarrow C_6H_6 + H_2$$

（5）其他反应

$$N_2 + 3H_2 \longrightarrow 2NH_3$$

$$NH_3 + C \longrightarrow HCN + H_2$$

$$CH_4 + NH_3 \longrightarrow HCN + 3H_2$$

$$CO_2 + C \longrightarrow 2CO$$

通过上述许多复杂反应和其他反应，煤气中的甲烷和重烃（主要为乙烯）的含量降低，氢的含量增高，煤气的密度变小，并形成一定量的氨、苯族烃、萘和蒽等，在炭化室顶部空间最终形成一定组成的焦炉煤气，经过焦炉集气管混合，品质得到均匀化。

1.1.2　化学产品的产率

高温干馏化学产品的产率和组成随干馏温度和原料煤质量的不同而波动。在工业生产条件下，煤料高温干馏时各种产物的产率/%（对干煤的质量）

焦　炭	70～78	氨	0.25～0.35
净煤气	15～19	硫化氢	0.1～0.5
焦　油	3～4.5	氰化氢	0.05～0.07
化合水	2～4	吡啶类	0.015～0.025
苯族烃	0.7～1.4		

从炭化室逸出的粗煤气所含的水蒸气，除少量化合水外，大部分来自煤的表面水分。

粗煤气中除净焦炉煤气外的主要组成为（g/m³）：

水蒸气	250 ~ 450	焦油气	80 ~ 120	苯族烃	30 ~ 45
氨	8 ~ 16	硫化氢	6 ~ 30	其他硫化物	2 ~ 2.5
氰化氢等氰化物	1.0 ~ 2.5	萘	8 ~ 12	吡啶盐基	0.4 ~ 0.6

经回收化学产品和净化后的煤气即净焦炉煤气，其组成如表 1-1 所示。

表 1-1 净焦炉煤气组成 体积分数/%

名 称	组 分						
	H_2	CH_4	CO	N_2	CO_2	C_nH_m	O_2
干煤气	54 ~ 59	24 ~ 28	5.5 ~ 7	3 ~ 5	1 ~ 3	2 ~ 3	0.3 ~ 0.7

由表 1-1 可见，净煤气的组分有最简单的碳氢化合物、氢、氧、氮及一氧化碳等，这说明煤气是分子结构复杂的煤分解的最终产品。净焦炉煤气的低热值为 17580 ~ 18420kJ/m³，密度为 0.45 ~ 0.48kg/m³。

1.1.3 影响化学产品产率和组成的因素

高温干馏化学产品的产率取决于配煤的性质和干馏过程的技术操作条件。

1.1.3.1 配煤性质和组成的影响

焦油产率取决于配煤的挥发分和煤的变质程度。在配煤的干燥无灰基（daf）挥发分 V_{daf} = 20% ~ 30% 的范围内，可依下式求得焦油产率 X（%）：

$$X = -18.36 + 1.53V_{daf} - 0.026V_{daf}^2 \tag{1-1}$$

苯族烃的产率 Y 在上述的配煤干燥无灰基挥发分范围内，可由下式求得：

$$Y = -1.6 + 0.144V_{daf} - 0.0016V_{daf}^2 \tag{1-2}$$

氨来源于煤中的氮。一般配煤约含氮 2%，其中约 60% 存在于焦炭中，15% ~ 20% 的氮与氢化合生成氨，其余生成氰化氢、吡啶盐基或其他含氮化合物。这些产物分别存在于煤气、冷凝水和焦油中。

化合水的产率同配煤的含氧量有关。配煤中的氧有 55% ~ 60% 在干馏时转变为水，且此值随配煤挥发分的增加而增加。经过氧化的煤料能生成较大量的化合水。由于配煤中的氢与氧化合生成水，将使化学产品产率减少。

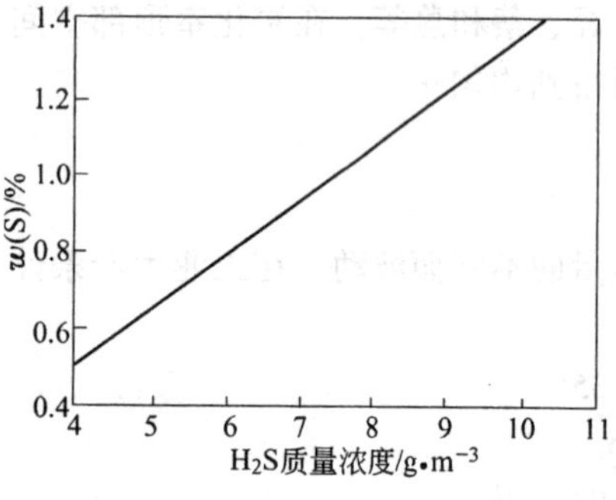

图 1-2 焦炉煤气中 H_2S 含量与煤中硫（质量分数）的关系

煤气中硫化物的产率主要取决于煤中的硫含量。一般干煤含全硫 0.5% ~ 1.2%，其中 20% ~ 45% 转入荒煤气中。配煤挥发分和炉温愈高，则转入煤气中的硫就愈多。焦炉煤气中 H_2S 含量与煤中硫含量的关系见图 1-2。

煤气的成分同干馏煤的变质程度有关。变质年代轻的煤干馏时产生的煤气中，CO、C_mH_n 及 CH_4 的含量高，氢的含量低。随着变质年代的增加，前三者的含量越来越少，而氢的含量越来越多。因此，配煤成分对煤气的组成有很大的影响。

煤气的产率 Q（%）同配煤挥发分有关，可依下式求得：

$$Q = a\sqrt{V_{daf}} \tag{1-3}$$

式中　a——系数（对气煤 $a=3$，对焦煤 $a=3.3$）；

V_{daf}——配煤的干燥无灰基挥发分，%。

1.1.3.2　焦炉操作条件的影响

化学产品的产率及组成还受干馏温度、操作压力和挥发物在炉顶空间停留时间的影响，也受到焦炉内生成的石墨、焦炭或焦炭灰分中某些成分催化作用的影响，最主要的影响因素是炉墙温度（与结焦时间相关）和炭化室顶部空间温度。

炭化室顶部空间温度在干馏过程中是有变化的。为了防止苯族烃产率降低，特别是防止甲苯分解，顶部空间温度不宜超过800℃。如果过高，则由于热解作用，焦油和粗苯的产率均将降低，化合水产率将增加；氨在高温作用下，由于进行逆反应而部分分解，并在赤热焦炭作用下生成氰化氢，氨的产率降低。

高温会使煤气中甲烷及不饱和碳氢化合物含量减少，氢含量增加，因而煤气体积产量增加，热值降低。

炉温、结焦时间对化学产品产率及组成的影响，见图1-3～图1-5所示曲线和表1-2。

化学产品的产率和组成还受焦炉操作压力的影响。炭化室内压力高时，煤气会漏入燃烧系统而损失；当炭化室内形成负压时，空气被吸入，部分化学产品燃烧，氮和二氧化碳含量增加，煤气热值降低。因此，规定焦炉集气管必须保持一定压力。

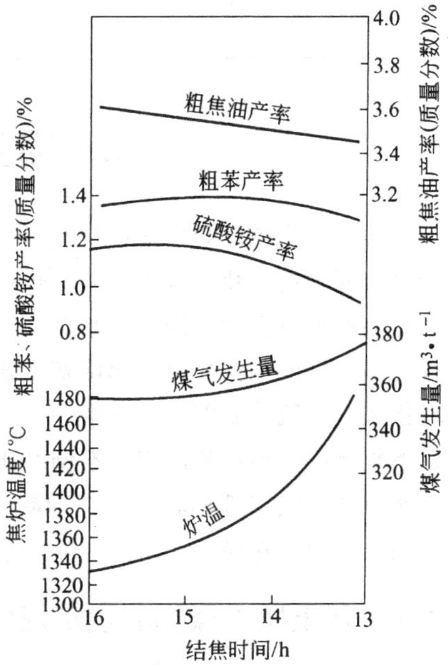

图1-3　化学产品产率同结焦时间的关系

（炭化室宽为450mm）

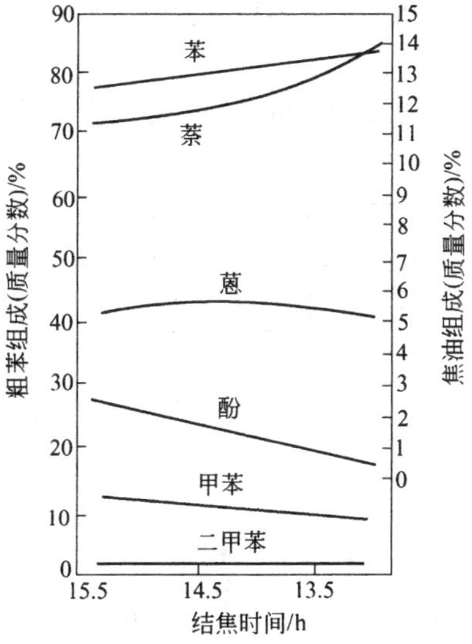

图1-4　化学产品组成同结焦时间的关系

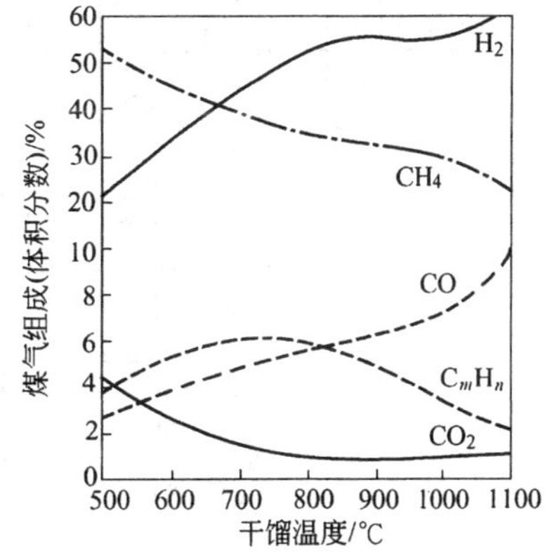

图1-5　干馏温度对煤气组成的影响

表 1-2 焦油性质与炉顶空间温度的关系

焦油性质	炉顶空间的高度和温度		
	350mm,771℃	700mm,817℃	1000mm,912℃
无水焦油产量(对干无灰基煤)/$kg \cdot t^{-1}$	36.9	33.1	32.0
密度(20℃)/$g \cdot cm^{-3}$	1.17	1.20	1.27
粗酚质量分数(占焦油)/%	1.67	0.80	0.42
沸程:			
≤180℃/%	1.0	0.40	0.1
180~230℃/%	9.6	8.2	6.1
230~270℃/%	11.0	9.9	7.8
270~300℃/%	24.1	22.6	13.7
沥青/%	54.3	58.9	72.3

1.2 高温干馏煤气的处理系统

从焦炉产生的粗煤气需在煤气净化车间进行冷却和输送，回收焦油、氨、硫及苯族烃等化学产品，同时也净化了煤气。因为煤气中除氢、甲烷、乙烷和乙烯等成分外，其他成分含量虽少，却会产生有害的作用。如萘会以固体结晶析出，堵塞设备及煤气管道；氨水溶液会腐蚀设备和管路，生成的铵盐会引起堵塞；硫化氢及硫化物会腐蚀设备，生成的硫化铁会引起堵塞；一氧化氮及过氧化氮能与煤气中的丁二烯、苯乙烯及环戊二烯等聚合成复杂的化合物——煤气胶，不利于煤气输送和使用；不饱和碳氢化合物（苯乙烯、茚等）在有机硫化物的触媒作用下，能聚合生成“液相胶”而引起障害。对上述能产生障害的物质，根据煤气的用途不同而有不同程度的清除要求，因而从煤气中回收化学产品及净化方法和流程也有所不同。

1.2.1 在正压下操作的焦炉煤气处理系统

在钢铁联合企业中，如焦炉煤气只用作本企业冶金燃料时，除回收焦油、氨、苯族烃和硫等外，其余杂质只需清除到煤气在输送和使用中都不发生困难的程度即可。比较典型的处理方法和工艺系统如图 1-6 所示。

净煤气经过深度净化处理，进一步除去杂质和水分后，可用做城市煤气。深度净化系统见图 1-7。

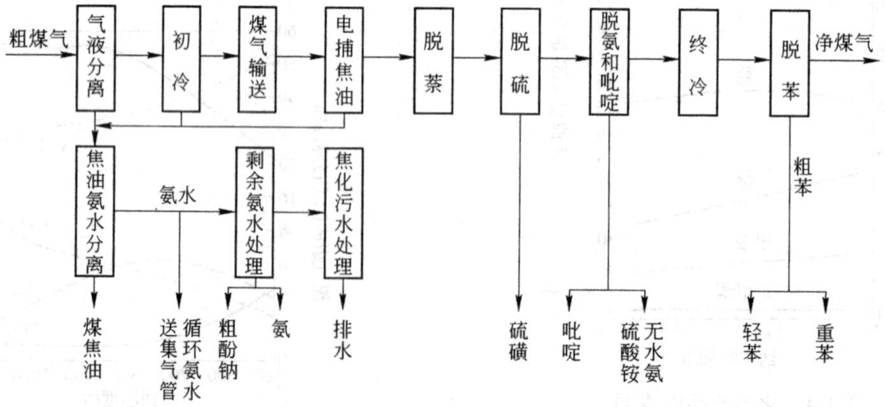

图 1-6 焦炉煤气处理系统

经处理后的煤气净化程度可达到表 1-3 所列标准。

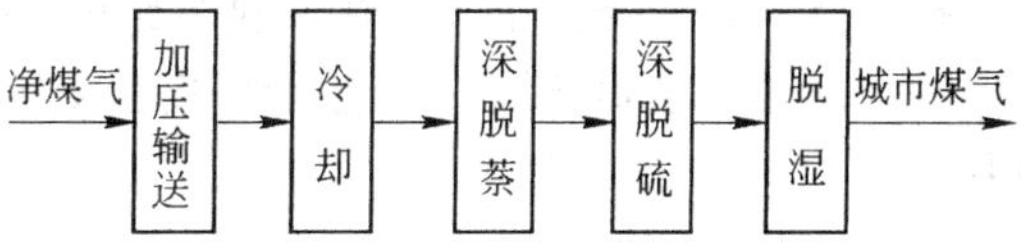

图 1-7 净煤气的深度净化系统

在图 1-6 所示处理系统中，鼓风机位于初冷器后，自风机以后的全系统均处于正压下操作。此工艺应用广泛，由于鼓风机后煤气温升达 50℃左右，对选用半直接饱和器法（需 55℃左右）或冷弗萨姆法（需 55℃）回收氨的系统特别适用。又因在正压下操作，煤气体积小，有关设备及煤气管道尺寸相应较小；吸收氨和苯族烃等的吸收推动力较大，有利于提高吸收速率和回收率。

表 1-3 焦炉煤气的净化程度

煤气用途	煤气成分/g·m⁻³						
	氨	苯 类	萘	焦 油	硫化氢	有机硫	氰化氢
钢铁厂自用	<0.03~0.1	2~4	0.2~0.7	<0.05	<0.2	<0.5	<0.05~0.5
城市民用	<0.03~0.1	2~4	<0.05~0.1	<0.01	0~0.02	0.05~0.2	0~0.10

1.2.2 在负压下操作的焦炉煤气处理系统

在采用水洗氨的系统中，因洗氨塔操作温度以 25~28℃为宜，故鼓风机可设在煤气净化系统的最后面，这就是全负压工艺流程。负压下操作的焦炉煤气处理系统如图 1-8 所示。

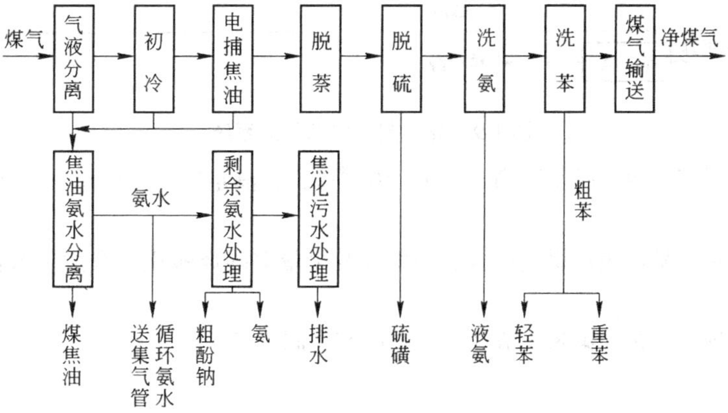

图 1-8 焦炉煤气负压处理系统

全负压流程中的设备均处于负压下操作，鼓风机入口压力为 -7~-10kPa，机后压力为 15~17kPa。此种系统发展于德、法等国，我国也有采用。

全负压处理系统具有如下优点：

（1）不必设置煤气终冷系统和黄血盐系统；

（2）可减少低温水用量，总能耗亦有所降低；

（3）净煤气经鼓风机压缩升温后，成为过热煤气，远距离输送时，冷凝液甚少，减轻了管道腐蚀。

这种系统也存在如下缺点：

（1）负压状态下，煤气体积增大，有关设备及煤气管道尺寸均相应增大，例如洗苯塔直径增大 7%~8%；

（2）负压设备与管道越多，漏入空气的可能性增大，需特别加强密封；

（3）在较大的负压下，煤气中硫化氢、氨和苯族烃的分压也随之降低，减少了吸收推动力。据计算，负压操作下苯族烃回收率比正压操作时约降低2.4%。

综上所述，全负压回收工艺可供采用水洗氨工艺或热弗萨姆法生产无水氨工艺的回收系统选用。

煤气净化车间回收的焦油和粗苯，需于精制车间加工为各种有用产品。精制车间多设于同一焦化厂内，致使生产规模、生产品种及技术发展等均受到限制。近年来的发展趋势是将焦化厂生产的粗焦油和粗苯集中加工。目前有些国家的焦油加工厂的处理能力达到每年50万t以上，产品品种超过200种，质量优良。粗苯的集中加工处理能力也达到了每年28万t，且采用加氢精制技术，可生产出优质产品。集中加工可合理利用新技术，劳动生产率高，节省能源，有利于环境保护。

1.2.3 焦炉煤气制甲醇的处理系统

某些地区焦炉煤气过剩，若空燃将造成大气严重污染，而且浪费资源。因此，近年出现了用焦炉煤气制甲醇的工艺，示意流程见图1-9。

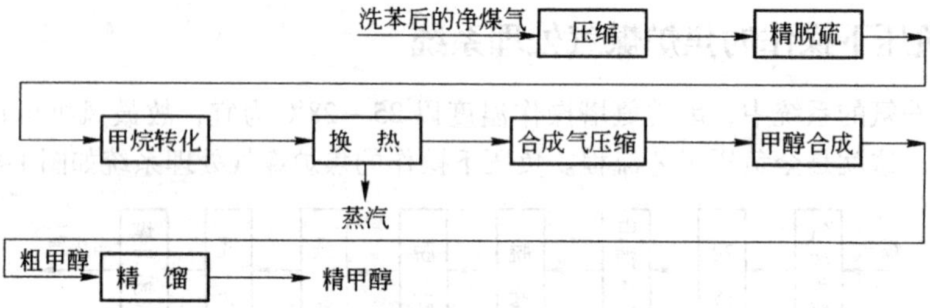

图1-9 煤气制甲醇的处理系统

采用干法精脱硫，要求脱至不高于$0.1\times10^{-4}\%$，以满足转化和甲醇合成用催化剂对硫含量的要求。

甲烷转化的目的是使焦炉煤气中含有的甲烷及少量多碳烃转化为合成甲醇的有用成分CO和H_2。

甲醇合成原理及工艺与第8.5节气化气制甲醇大同小异。

2 煤气的初冷、输送及初步净化

煤气的初冷、输送及初步净化，是炼焦化学产品回收工艺过程的基础，其操作运行的好坏，不仅对煤气净化工序的操作有影响，而且对焦油蒸馏工段及炼焦炉的操作也有影响。因此，对这部分工艺及设备的研究都很重视。

2.1 煤气的初冷和焦油氨水的分离

煤气初冷的目的，一是冷却煤气，二是使焦油和氨水分离，并脱除焦油渣。

在炼焦过程中，从焦炉炭化室经上升管逸出的粗煤气温度为650～750℃，首先经过初冷，将煤气温度降至25～35℃，粗煤气中所含的大部分水气、焦油气、萘及固体微粒被分离出来，部分硫化氢和氰化氢等腐蚀性物质溶于冷凝液中，从而可减少回收设备及管道的堵塞和腐蚀；煤气经冷却后，体积变小，从而使鼓风机以较少的动力消耗将煤气送往后续的净化工序；煤气经初冷后，温度降低，是保证炼焦化学产品回收率和质量的先决条件。

煤气的初冷分为集气管冷却和初冷器冷却两个步骤。

2.1.1 煤气在集气管内的冷却

2.1.1.1 煤气在集气管内冷却的机理

煤气在桥管和集气管内的冷却，是用表压为147～196kPa的循环氨水通过喷头强烈喷洒进行的。当细雾状的氨水与煤气充分接触时，由于煤气温度很高而湿度又很低，故煤气放出大量显热，氨水大量蒸发，快速进行着传热和传质过程。传热过程取决于煤气与氨水的温度差，所传递的热量为显热，约占煤气冷却所放出总热量的10%～15%。传质过程的推动力是循环氨水液面上的蒸汽分压与煤气中蒸汽分压之差，氨水部分蒸发，煤气温度急剧降低，以供给氨水蒸发所需的潜热，此部分热量约占煤气冷却所放出总热量的75%～80%。另有约占所放出总热量10%的热量由集气管表面散失。

通过上述冷却过程，煤气温度由650～750℃降至82～86℃，同时有60%左右的焦油气冷凝下来。在实际生产上，煤气温度可冷却至高于其最后达到的露点温度1～3℃。

2.1.1.2 煤气露点与煤气中水蒸气含量的关系

煤气的冷却及所达到的露点温度同下列因素有关：煤料的水分、进集气管前煤气的温度、循环氨水量和进出口温度以及氨水喷洒效果等，其中以煤料水分影响最大。在一般生产条件下，煤料水分每降低1%，露点温度可降低0.6～0.7℃。显然，降低煤料水分，对煤气的冷却很重要。

由于煤气的冷却主要是靠氨水的蒸发，所以，氨水喷洒的雾化程度好，循环氨水的温度较高（氨水液面上水汽分压较大），氨水蒸发量大，煤气冷却效果好；反之则差。

集气管技术操作指标如下：

集气管前煤气温度/℃	650～750

离开集气管的煤气温度/℃	82～86
循环氨水温度/℃	72～78
离开集气管氨水的温度/℃	74～80
煤气露点/℃	80～83
吨干煤循环氨水量/m^3	约6
蒸发的氨水量（占循环氨水质量）/%	2～3
冷凝焦油量（占煤气中焦油质量）/%	约60

由上述数据可见，煤气虽然已显著冷却，但仍未被蒸汽所饱和。煤气露点温度与煤气中蒸汽含量之间的关系如图2-1所示。

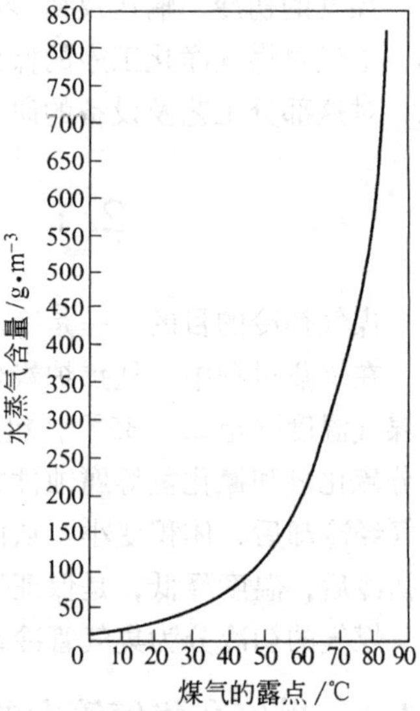

图2-1 煤气中水蒸气含量与煤气露点的关系

根据计算可知，煤料中水分（化合水及配煤水分，约占干煤质量的10%）形成的蒸汽在冷却时放出的显热约占总放出热量的23%，所以降低煤料水分，会显著影响煤气在集气管冷却的程度。

进入集气管前的煤气露点温度也同装入煤料的水分含量有关，当装入煤总水分为8%～11%时，相应的露点温度为65～70℃。为保证氨水蒸发的推动力，进口水温应高于煤气露点温度5～10℃，所以采用72～78℃的循环氨水喷洒煤气。

对不同型式的炼焦炉所需的循环氨水量也有所不同，按经验确定的定额数值为：单集气管焦炉吨干煤需循环氨水6m^3；双集气管焦炉吨干煤需循环氨水8m^3。

2.1.1.3 集气管的物料平衡和热平衡

通过集气管物料平衡和热平衡计算，可以了解集气管内物料转移情况，并可求得冷却后的煤气温度。若冷却后的煤气温度已经确定，就可以求得必需的循环氨水量及其蒸发量。下面举例计算煤气被冷却至一定温度时所需要的循环氨水量。

原始数据

产品产率（对干煤质量）/%

焦炉煤气	15.8
水分（化合水2.2，配煤水分7.8）	10
焦油	4.0
粗苯	1.1
氨	0.3
硫化氢	0.3
焦炭	76.3

操作指标

冷凝焦油质量（占焦油总质量）/%	60
进入集气管的煤气温度/℃	650
离开集气管的煤气温度/℃	82
进入集气管的循环氨水温度/℃	75
离开集气管的循环氨水温度/℃	78
干煤气密度/kg·m^{-3}	0.455

热量分配（占总放出热量）/%：

氨水蒸发所吸收的热量 q_1	75
氨水升温所吸收的热量 q_2	15
集气管的散热损失 q_3	10

各组分在82～650℃之间的平均比热容/kJ·(m^3·K)$^{-1}$

焦炉煤气	1.591
水汽	2.010
苯族烃	1.842
氨	2.613
硫化氢	1.147
焦油蒸气	2.093

焦油的平均气化潜热/kJ·kg^{-1}	331
水在80℃时的汽化潜热/kJ·kg^{-1}	2308

循环氨水量的计算

以1t干煤作计算基准，煤气在集气管内进行冷却时放出的总热量，可按如下计算求得：

(1) 煤气放出的显热

$$1000\times0.158\times\frac{1.591}{0.455}(650-82)=313808\text{kJ}$$

(2) 焦油气放出的显热

$$1000\times0.04\times2.093(650-82)=47553\text{kJ}$$

(3) 焦油气放出的冷凝热

$$1000\times0.04\times0.6\times331=7938\text{kJ}$$

(4) 水汽放出的显热

$$1000\times0.1\times2.01(650-82)=114168\text{kJ}$$

(5) 苯族烃放出的显热

$$1000\times0.011\times1.842(650-82)=11509\text{kJ}$$

(6) 氨放出的显热

$$1000\times0.003\times2.613(650-82)=4453\text{kJ}$$

(7) 硫化氢放出的显热

$$1000\times0.003\times1.147(650-82)=1954\text{kJ}$$

则放出的总热量为：

$$Q=313808+47553+7938+114168+11509+4453+1954=501383\text{kJ}$$

根据热平衡得：

$$q_1+q_2+q_3=501383\text{kJ}$$

因循环氨水蒸发所吸收的热量 $q_1=0.75Q$，所以蒸发水量为：

$$G_1=\frac{q_1}{2308}=\frac{0.75\times501383}{2308}=163\text{kg}$$

因氨水升温所吸收的热量 $q_2=0.15Q$，则循环氨水量为：

$$G_2=\frac{q_2}{4.1868(78-75)}=\frac{0.15\times501383}{4.1868(78-75)}=5988\text{kg}$$

所以，以每吨干煤计的循环氨水总量为：

$$163+5988=6151\text{kg}\quad 或\quad 6.15\text{m}^3$$

氨水蒸发量占循环氨水总量为：

$$\frac{163}{6151} \times 100\% = 2.65\%$$

煤气露点温度的确定

进入集气管的气态炼焦产品体积为：

$$\frac{1000 \times 0.158}{0.455} + 1000\left(\frac{0.1}{18} + \frac{0.04}{200} + \frac{0.011}{83} + \frac{0.003}{17} + \frac{0.003}{34}\right) \times 22.4 = 485\text{m}^3$$

式中 18、200、83、17、34——分别为水、焦油、苯族烃、氨及硫化氢的相对分子质量。

集气管内冷凝的焦油气体积为：

$$1000 \times \frac{0.04}{200} \times 0.6 \times 22.4 = 2.69\text{m}^3$$

集气管内蒸发的氨水汽体积为：

$$163 \times \frac{22.4}{18} = 203\text{m}^3$$

如果无烟装煤采用喷射蒸汽的方法，则蒸汽量对干煤的质量分数为：单集气管 1.5%；双集气管 3.0%。现按双集气管的喷射蒸汽量求得体积为：

$$1000 \times 0.03 \times \frac{22.4}{18} = 37.3\text{m}^3$$

则离开集气管的蒸汽总体积为：

$$1000 \times \frac{0.1 \times 22.4}{18} + 203 + 37.3 = 364.7\text{m}^3$$

离开集气管的煤气总体积为：

$$485 + 203 + 37.3 - 2.69 = 722.6\text{m}^3$$

集气管出口煤气中蒸汽分压为：

$$p = 101.325 \times \frac{364.7}{722.6} = 51.139\text{kPa}$$

由附表 1 查得相应的露点温度为 81.9℃。

如果无烟装煤采用高压氨水喷射的方法，计算中这部分蒸汽量就不计入了。

2.1.2 煤气在初冷器内的冷却

炼焦煤气由集气管沿吸煤气主管流向煤气初冷器。吸煤气主管除将煤气由焦炉引向煤气净化装置外，还起着空气冷却器的作用，煤气可降温 1～3℃。

煤气进入初冷器的温度仍很高，且含有大量蒸汽和焦油气，须在初冷器中冷却到 25～35℃，并将大部分焦油气和蒸汽冷凝下来。

根据采用的初冷主体设备型式的不同，初冷的方法有间接初冷法、直接初冷法和间接-直接初冷法之分。

2.1.2.1 煤气的初冷流程

A 立管式间接初冷工艺流程

图 2-2 所示为立管式间接初冷工艺流程。焦炉煤气与喷洒氨水、冷凝焦油等沿吸煤气主管首先进入气液分离器，煤气与焦油、氨水、焦油渣等在此分离。分离下来的焦油、氨水和焦油渣一起进入焦油氨水澄清槽，经过澄清分成三层：上层为氨水；中层为焦油；下层为焦油渣。沉淀下来的焦油渣由刮板输送机连续刮送至漏斗处排出槽外。焦油则通过液面调节器流至焦油中间槽，由此泵往焦油贮槽，经初步脱水后泵往焦油车间。氨水由澄清槽上部满流至氨水中间槽，再用循环氨水泵送回焦炉集气管以冷却粗煤气。这部分氨水称为循环氨水。

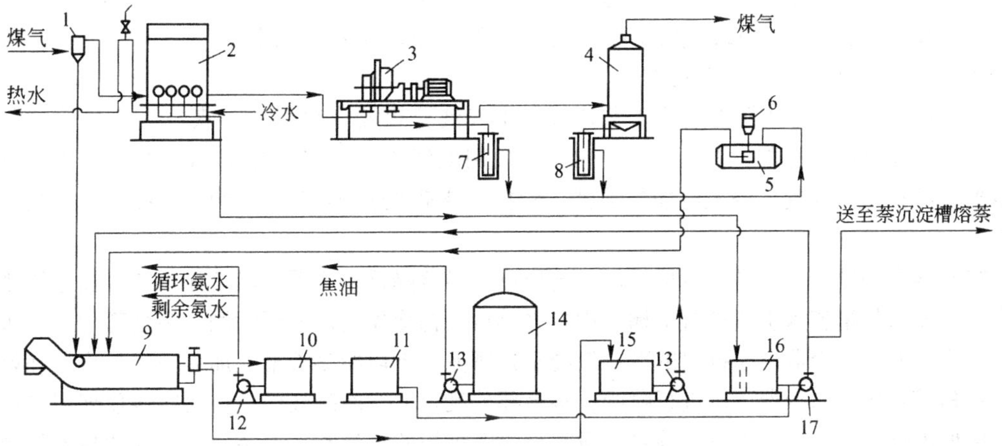

图 2-2 立管式间接初冷工艺流程

1—气液分离器；2—煤气初冷器；3—煤气鼓风机；4—电捕焦油器；5—冷凝液槽；6—冷凝液液下泵；7—鼓风机水封槽；8—电捕焦油器水封槽；9—机械化氨水澄清槽；10—氨水中间槽；11—事故氨水槽；12—循环氨水泵；13—焦油泵；14—焦油贮槽；15—焦油中间槽；16—初冷冷凝液中间槽；17—冷凝液泵

经气液分离后的煤气进入数台并联立管式间接冷却器内用水间接冷却，煤气走管间，冷却水走管内。从各台初冷器出来的煤气温度是有差别的，汇集在一起后的煤气温度称为集合温度，这个温度依生产工艺的不同而有不同的要求：在生产硫酸铵系统中，要求集合温度低于35℃；在生产浓氨水系统中，则要求集合温度低于25℃。

随着煤气的冷却，煤气中绝大部分焦油气、大部分蒸汽和萘在初冷器中被冷凝下来，萘溶解于焦油中。煤气中一定数量的氨、二氧化碳、硫化氢、氰化氢和其他组分溶解于冷凝水中，形成了冷凝氨水。焦油和冷凝氨水的混合液称为冷凝液。冷凝氨水中含有较多的挥发铵盐[$(NH_4)_2S$、NH_4CN、$(NH_4)_2CO_3$ 等]，固定铵盐[NH_4Cl、NH_4CNS、$(NH_4)_2SO_4$ 和 $(NH_4)_2S_2O_3$ 等]的含量较少。循环氨水中则主要含有固定铵盐，在其单独循环时，固定铵盐含量可高达30～40g/L。为了降低循环氨水中固定铵盐的含量，以减轻对焦油蒸馏设备的腐蚀和改善焦油的脱水、脱盐操作，大多采用两种氨水混合的流程，混合氨水固定铵盐含量可降至1.3～3.5g/L。如图2-2所示，冷凝液自流入冷凝液槽，再用泵送入机械化氨水澄清槽，与循环氨水混合澄清分离。分离后所得剩余氨水送去脱酚和蒸氨。

由立管式初冷器出来的煤气尚含有1.5～2g/m^3 的雾状焦油，被鼓风机抽送至电捕焦油器除去其中绝大部分焦油雾后，送往下一道工序。

当冷却煤气用的冷却水为直流水时，冷却器后的热水直接排放（或用作余热水供热）。如为循环水时，则将热水送到凉水架冷却至25℃左右，再送回初冷器循环使用。

上述煤气间接初冷流程适用于生产硫酸铵工艺系统。当生产浓氨水时，为使初冷后煤气集合温度达到20℃左右，宜采用两段初步冷却。

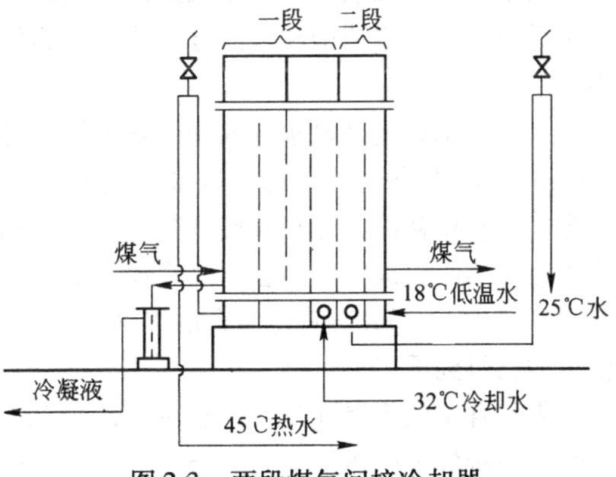

图 2-3 两段煤气间接冷却器

两段初冷可采用如图2-3所示具有两段初

冷功能的初冷器，其中前四个煤气通道为第一段，后两个煤气通道为第二段。在第一段用循环冷却水将煤气冷却到约45℃，第二段用低温水将煤气冷却到25℃以下。

B 横管式间接初冷工艺流程

图2-4所示为横管式间接初冷工艺流程。由气液分离器分离后的荒煤气进入横管式初冷器，煤气在此分两段冷却，上段用循环水，下段用低温水将煤气冷却至21~22℃。由横管式初冷器下部排出的煤气，进入电捕焦油器，除掉其夹带的焦油雾后，再由鼓风机压送至下一工序。

初冷器中的冷凝液分别由两段排出，这样可以显著降低初冷器下段负荷。初冷器上段排出的冷凝液经水封槽流入上段冷凝液槽，用泵将其送入初冷器上段进行喷洒，多余部分送至机械化氨水澄清槽。初冷器下段排出的冷凝液经水封槽流入下段冷凝液槽，加兑一定量焦油和氨水后，将其用泵送入初冷器下段进行喷洒，多余部分流入上段冷凝液槽。在初冷器顶部用热氨水不定期地进行冲洗。采用上述措施可以清除管壁上沉积的焦油和萘等杂质，保证初冷器的冷却效果。

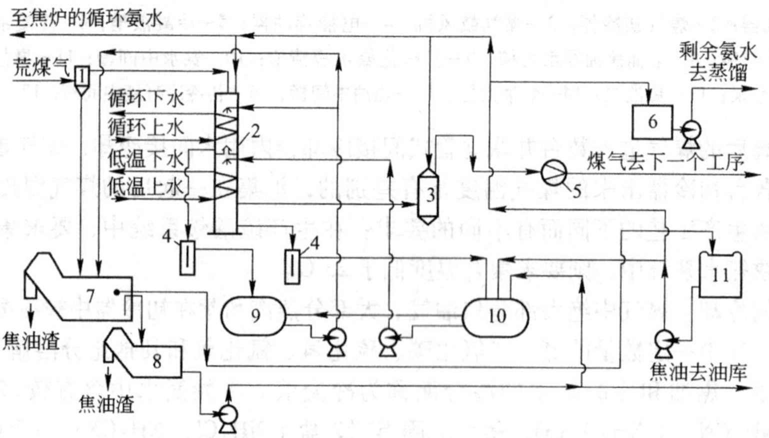

图2-4 横管式间接初冷工艺流程

1—气液分离器；2—横管式初冷器；3—电捕焦油器；4—液封槽；5—鼓风机；6—剩余氨水槽；7—机械化焦油氨水澄清槽；8—焦油分离器；9—上段冷凝液槽；10—下段冷凝液槽；11—循环氨水槽

由气液分离器分离下来的焦油和氨水，首先进入机械化氨水澄清槽，在此进行氨水、焦油和焦油渣的分离。上部的氨水流入循环氨水槽，再由循环氨水泵送至焦炉集气管喷洒冷却煤气。澄清槽下部的焦油靠静压流入焦油分离器，进一步进行焦油与焦油渣的沉降分离，焦油用焦油泵送至油库。澄清槽和焦油分离器底部的焦油渣刮至焦油渣车，定期送往煤场，掺入炼焦煤中。

多余的氨水即剩余氨水进入剩余氨水槽，再用剩余氨水泵送至蒸氨装置。

C 间冷-直冷相结合的初冷工艺流程

煤气的直接初冷，是在直接冷却塔内，由煤气和冷却水（经冷却后的氨水焦油混合液）直接接触传热而完成的。此法不仅冷却了煤气，且具有净化煤气效果良好、冷却效率较高及煤气阻力小等优点。间冷-直冷结合的煤气初冷工艺即是将两者优点结合的方法，在国内外大型焦化厂均已得到采用。

自集气管来的粗煤气几乎为水蒸气所饱和，水蒸气焓约占煤气总焓的94%，故煤气在高温阶段冷却所放出的热量绝大部分为蒸汽冷凝热，因而传热系数较高，亦即冷却效率较高。在温度较高时（高于52℃），萘不会凝结造成设备堵塞。所以，煤气高温冷却阶段宜采用间接冷却。而在低温冷却阶段，由于煤气中蒸汽含量已大为减少，煤气层将限制蒸汽-煤气混合物的冷却，同时萘的凝结也易于造成堵塞。所以，此阶段宜采用直接冷却。

间冷-直冷相结合的初冷工艺流程见图2-5。由集气管来的82℃左右的粗煤气经气、液分离后，进入横管式间接冷却器被冷却到50～55℃，再进入直冷空喷塔冷却到25～35℃。在直冷空喷塔内，煤气由下向上流动，与分两段喷淋下来的氨水焦油混合液密切接触而得到冷却。

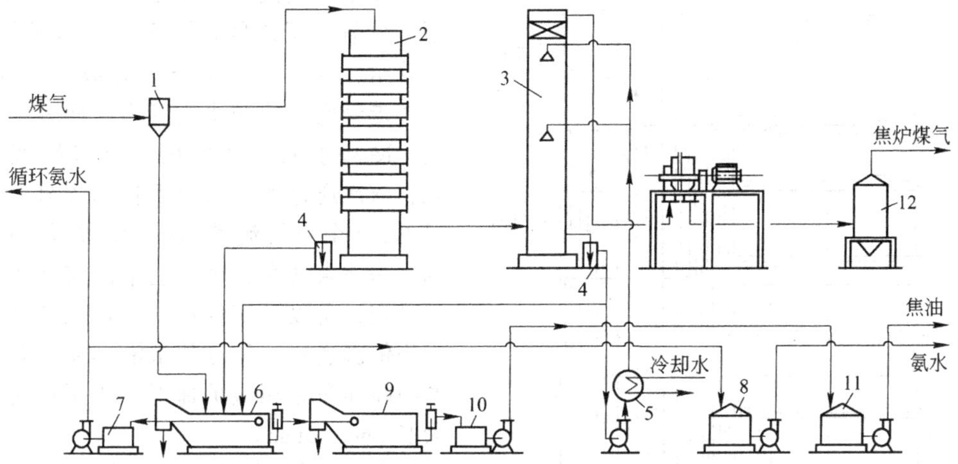

图2-5 间冷-直冷相结合的煤气初冷工艺流程

1—气液分离器；2—横管式间接冷却器；3—直冷空喷塔；4—液封槽；5—螺旋板换热器；6—机械化氨水澄清槽；7—氨水槽；8—氨水贮槽；9—焦油分离器；10—焦油中间槽；11—焦油贮槽；12—电捕焦油器

聚集在塔底的喷洒液及冷凝液沉淀出其中的固体杂质后，其中用于循环喷洒的部分经液封槽用泵送入螺旋板换热器，在此冷却到25℃左右，再压送至直冷空喷塔上、中两段喷洒。相当于塔内生成的冷凝液量的部分混合液，由塔底导入机械化氨水澄清槽，与气液分离器下来的氨水、焦油以及横管冷却器下来的冷凝液等一起混合后进行分离。澄清的氨水进入氨水槽后，泵往焦炉喷洒，剩余氨水经氨水贮槽泵送脱酚及蒸氨装置。初步澄清的焦油送至焦油分离槽除去焦油渣及进一步脱除水分，然后经焦油中间槽转送入贮槽。

直冷塔内喷洒用的洗涤液在冷却煤气的同时，还吸收硫化氢、氨及萘等，并逐渐为萘饱和。采用螺旋板式冷却器来冷却闭路循环的洗涤液，可以减轻由于萘的沉积而造成的堵塞。

煤气初冷工艺控制的关键操作指标，就是初冷后煤气的集合温度。集合温度偏高，会带来下列问题：

（1）煤气中蒸汽含量增多，体积变大，致使鼓风机能力不足，影响煤气正常输送。

（2）焦油气冷凝率降低，初冷后煤气中焦油含量增多，影响以后工序生产操作。

（3）在初冷器内，煤气中萘蒸气遇冷时，有相当部分呈细小薄片晶体析出，很难从高速煤气中沉降下来，会被煤气带走，以致煤气中实际萘含量比同温下萘气饱和含量高1～2倍。当集合温度高时，煤气中含萘量将更显著增大。这会造成煤气管道和设备堵塞，增加以后洗萘系统负荷，给洗氨、洗苯带来困难。

因此，在煤气初冷操作中，必须保证初冷后集合温度不高于规定值，并尽可能地脱除煤气中的萘。

2.1.2.2 煤气初冷器

煤气初冷器有间接式和直接式两种类型。

间接初冷器是一种列管式固定管板换热器。在初冷器内，煤气走管外，冷却水走管内。两者通过逆流或错流通过管壁间接换热，使煤气冷却。间接初冷器有立管式和横管式两种形式。

A 立管式初冷器

a 构造及性能

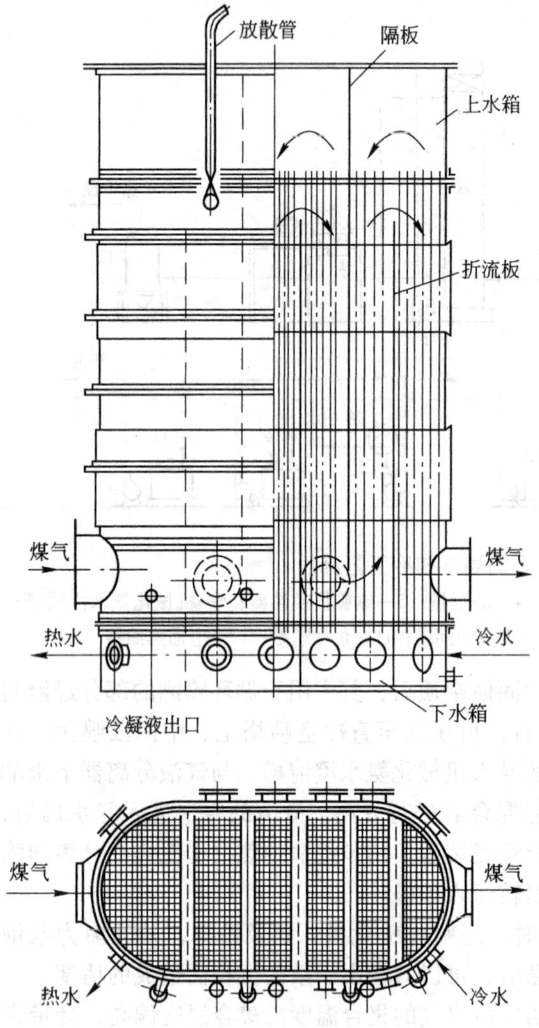

图 2-6 立管式间接煤气冷却器

如图 2-6 所示，立管式间接冷却器的横断面呈长椭圆形，直立的钢管束装在上下 2 块管栅板之间，被 5 块纵挡板分成 6 个管组，因而煤气通路也分成 6 个流道。煤气走管间，冷却水走管内，两者逆向流动。冷却水从冷却器煤气出口端底部进入，依次通过各组管束后排出器外。由图可见，6 个煤气流道的横断面积是不一样的，为使煤气在各个流道中的流速大体保持稳定，所以沿煤气流向，各流道的横断面积依次递减，而冷却水沿其流向各管束的横断面积则相应地递增。所用钢管规格为ϕ76mm × 3mm。

立管式冷却器一般均为多台并联操作，煤气流速为 3 ~ 4m/s，煤气通过阻力约为 0.5 ~ 1kPa。

当接近饱和的煤气进入初冷器后，即有蒸汽和焦油气在管壁上冷凝下来，冷凝液在管壁上形成很薄的液膜，在重力作用下沿管壁向下流动，并因不断有新的冷凝液加入，液膜逐渐加厚，从而降低了传热效率。此外，随着煤气的冷却，冷凝的萘将以固态薄片晶体析出。在初冷器前几个流道中，因冷凝焦油量多，温度也较高，萘多溶于焦油中；在其后通路中，因冷凝焦油量少，温度低，萘晶体将沉积在管壁上，使传热效率降低，煤气流通阻力亦增大。在煤气上升通路上，冷凝物还会因接触热煤气而又部分蒸发，因而增加了煤气中萘含量。上述问题都是立管式冷却器的缺点。为克服这些缺点，可在初冷器后几个煤气流道内，用含萘较低的混合焦油进行喷洒，可解决萘的沉积堵塞问题，还能降低出口煤气中的萘含量，使之低于集合温度下萘在煤气中的饱和浓度。

b 冷却水量的计算

煤气初冷所需的冷却水量可通过热平衡计算求得。由于净煤气冷却及水汽冷凝所放出的热量约占总放出热量的98%以上，所以在实际计算中可近似地用初冷器入口和出口温度下饱和煤气焓差来计算放出的总热量，再据此求得冷却水量。

设：干炼焦煤气量为48220m^3/h；进入初冷器的饱和煤气温度为82℃；离开初冷器的饱和煤气温度为30℃。

从附表1查得在82℃和30℃时饱和煤气总热焓分别为2327.94kJ/m^3及134.98kJ/m^3，则得煤气在初冷器中放出的总热量为：

$$48220 \times (2327.94 - 134.98) = 1.0575 \times 10^8 kJ/h$$

设冷却器表面散热损失为煤气总放出热量的2%，冷却水进出口温度分别为25℃及45℃，则所需冷却水量为：

$$G = \frac{1.0575 \times 10^8 \times (1 - 0.02)}{(45 - 25) \times 1000 \times 4.1868} = 1238 m^3/h$$

每冷却1000m^3煤气所需冷却水量为：

$$\frac{1238}{48220} \times 1000 = 25.67 m^3$$

当用32℃的直流水时，可取值为每冷却1000m^3煤气，需冷却水量为40m^3。

为减轻水垢的生成，出口水温一般不得高于45℃。

c　传热特点及传热系数

煤气在初冷器内的冷却是包含对流给热和热传导的综合传热过程，在煤气冷却的同时还进行着：蒸汽的冷凝；焦油气的冷凝；冷凝液的冷却，比一般传热过程复杂。因此，这一过程不仅是在变化的温度下，而且是在变化的传热系数下进行的。

根据传热计算，可求得立管式初冷器煤气入口处的传热系数K值可达840kJ/(m^2·h·K)左右，而在出口处仅为210kJ/(m^2·h·K)左右。在初冷器第一段流道中，由于K值大，煤气与水之间的温度差也大，虽然其传热面积仅占总传热面积的21%强，但所移走的热量要占放出总热量的50%以上。在计算一段初冷工艺的冷却面积时，可取平均K值为500~520kJ/(m^2·h·K)。

B　横管式初冷器

a　构造及性能

如图2-7所示，横管式初冷器具有直立长方体形的外壳，冷却水管与水平面成3°角横向配置。管板外侧管箱与冷却水管连通，构成冷却水通道，可分两段或三段供水。两段供水是供低温水和循环水，三段供水则供低温水、循环水和采暖水。煤气自上而下通过初冷器。冷却水由每段下部进入，低温水供入最下段，以提高传热温差，降低煤气出口温度。在冷却器壳程各段上部，设置喷洒装置，连续喷洒含煤焦油的氨水，以清洗管外壁沉积的焦油和萘，同时还可以从煤气中吸收一部分萘。

横管式初冷器用ϕ54mm×3mm的钢管，管径细且管束小，因而水的流速可达0.5~0.7m/s。又由于冷却水管在冷却器断面上水平密集布设，使与之成错流的煤气产生强烈湍动，从而提高了传热效率，并能实现均匀的冷却，煤气可冷却到出口温度只比进口水温高2℃。

横管式初冷器虽然具有上述优点，但水管结垢较难清扫，要求使用水质好或经过处理的冷却水。

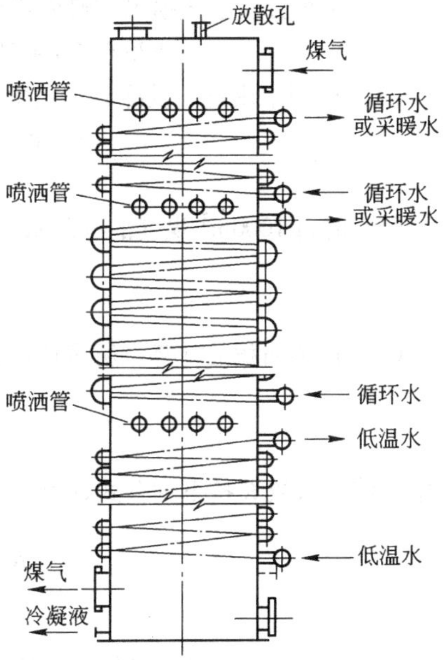

图2-7　横管式初冷器

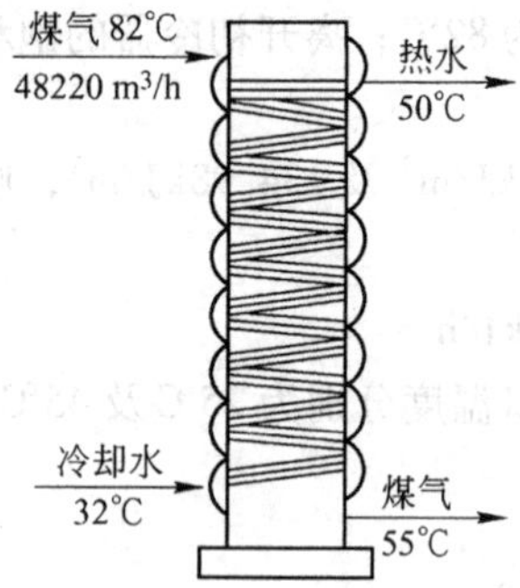

图 2-8 横管初冷器操作示意图

b 横管冷却器的计算

按间冷-直冷相结合的煤气初冷系统的间接初冷器计算。煤气处理量及操作条件如图 2-8 所示。

冷凝的蒸汽量由附表 1 查得，在 82℃ 及 55℃ 时，$1m^3$ 干煤气经蒸汽饱和后所含蒸汽克数分别为 832.8 及 148.1，因此可求得冷凝的蒸汽量为：

$$48220 \times \frac{832.8 - 148.1}{1000} = 33016\text{kg/h}$$

据计算，此量占煤气冷却到 30℃ 时全部冷凝水量的 86%。

（1）从横管初冷器内移走的热量

1）煤气放出的显热：

$$48220 \times 1.424 \times (82 - 55) \approx 1854000\text{kJ/h}$$

式中 1.424——焦炉煤气在相应温度区间的平均比热容，$kJ/(m^3 \cdot K)$。

蒸汽放出的热量：

$$48220 \times \left[\frac{832.8}{1000} \times (2491 + 1.834 \times 82) - \frac{148.1}{1000} \times (2491 + 1.825 \times 55)\right] = 87567520\text{kJ/h}$$

式中 2491——水的蒸发潜热，kJ/kg；

1.834、1.825——水蒸气在相应温度时的比热容，kJ/(kg · K)。

2）焦油气放出热量（设有 85% 焦油气冷凝下来）。进入横管初冷器的焦油气量为

$$155 \times (1 - 0.085) \times 1000 \times 0.04 \times (1 - 0.6) = 2269\text{kg/h}$$

$$2269 \times [(368.4 + 1.407 \times 82) - (1 - 0.85) \times (368.4 + 1.369 \times 55)] = 946680\text{kJ/h}$$

式中 368.4——焦油的气化潜热，kJ/kg；

155——装煤量（湿煤），t/h；

1.407、1.369——焦油蒸气分别在 82℃、55℃ 时的比热容，kJ/(kg · K)；

8.5——配煤水分，%。

对其余组分及散热损失均略而不计，则放出的总热量为：

$$87567520 + 1854000 + 946680 = 90368200\text{kJ/h}$$

（2）冷却水用量。设冷却水用量为 W，则：

$$4.1868 \times (50 - 32) W = 90368200$$

$$W = 1199\text{m}^3/\text{h}$$

每小时每 $1000m^3$ 煤气的冷却水用量为：

$$\frac{1199 \times 1000}{48220} \approx 25\text{m}^3$$

（3）传热面积的计算。所需传热面积按下式计算：

$$F = \frac{Q}{K \cdot \Delta t_m} \tag{2-1}$$

式中，传热系数 K 按下列公式计算：

$$K = \frac{1}{\frac{1}{\alpha_1} + \frac{\delta_1}{\lambda_1} + \frac{\delta_2}{\lambda_2} + \frac{1}{\alpha_2}} \tag{2-2}$$

现对式中各项意义及对传热系数的影响讨论如下：

α_1 α_1 是由煤气至管外壁的对流给热系数，其值同煤气混合物中蒸汽含量有关，随着蒸汽的冷凝及混合物中煤气所占比例的增加，α_1 值迅速下降。在近似计算中，可按下式计算 α_1：

$$\lg\alpha_1 = 1.69 + 0.0246x \tag{2-3}$$

上式中的 x 是煤气混合物中的水蒸气含量（体积百分数）。从附表 1 查得 82℃及 55℃时每 $1m^3$ 饱和煤气中的蒸汽含量分别为 $316.2g/m^3$ 及 $104.3g/m^3$，即可求得相应的平均蒸汽含量为：

$$x = \left[\left(\frac{316.2}{18} \times 0.0224 \times \frac{273+82}{273}\right) + \left(\frac{104.3}{18} \times 0.0224 \times \frac{273+55}{273}\right)\right] \times \frac{100}{2} = 33.4\%$$

将求得的 x 值代入式（2-3），得：

$$\lg\alpha_1 = 1.69 + 0.0246 \times 33.4 = 2.5116$$

由此得 $\alpha_1 = 325kcal/(m^2 \cdot h \cdot K)$ 或 $1361kJ/(m^2 \cdot h \cdot K)$

α_2 α_2 是由管内壁至冷却水的对流给热系数，按前已求得的冷却水量，当以三台 $F = 1800m^2$ 的横管冷却器（管径 $\phi 54mm \times 3mm$）并联操作时，水在管内的平均流速 $v = 0.67m/s$，与此相应的 α_2 值约为 $10890kJ/(m^2 \cdot h \cdot K)$。

$\frac{\delta_1}{\lambda_1}$ $\frac{\delta_1}{\lambda_1}$ 是钢管壁的热阻，$\frac{\delta_1}{\lambda_1} = \frac{0.003}{167} m^2 \cdot h \cdot K/kJ$。

$\frac{\delta_2}{\lambda_2}$ $\frac{\delta_2}{\lambda_2}$ 是管内壁水垢层热阻，$\frac{\delta_2}{\lambda_2} = \frac{0.002}{5.4} m^2 \cdot h \cdot K/kJ$。

则传热系数 $K = \dfrac{1}{\dfrac{1}{1361} + \dfrac{0.003}{167} + \dfrac{0.002}{5.4} + \dfrac{1}{10890}} = 823kJ/(m^2 \cdot h \cdot K)$

煤气与冷却水之间的平均温度差为：

$$\Delta t = \frac{(82-50)-(55-32)}{2.3\lg\dfrac{82-50}{55-32}} = 27.3℃$$

将有关数据代入式（2-1），即可求得冷却面积为：

$$F = \frac{90368200}{823 \times 27.3} = 4022m^2$$

煤气 $1000m^3/h$ 所需的冷却面积为：

$$\frac{4022 \times 1000}{48220} = 83.4m^2$$

C 直接式冷却塔

a 构造及性能

用于煤气初冷的直接式冷却塔有木格填料塔、金属隔板塔和空喷塔等多种形式，其中空喷塔在大型焦化厂得到广泛使用。

如图 2-9 所示，空喷塔为钢板焊制的中空直立塔，在塔的顶段和中段各安设 6 个喷嘴来喷洒 25～28℃的循环氨水，所形成的细小液滴在重力作用下于塔内降落，与上升煤气密切接触中，使煤气得到冷却。煤气出口温度可冷却到接近于循环氨水入口温度（温差 2～4℃），且有洗除部分焦油、萘、氨和硫化氢等效果。由于喷洒液中混有焦油，所以可将煤气中萘含量脱除到低于煤气出口温度下的饱和萘的浓度。

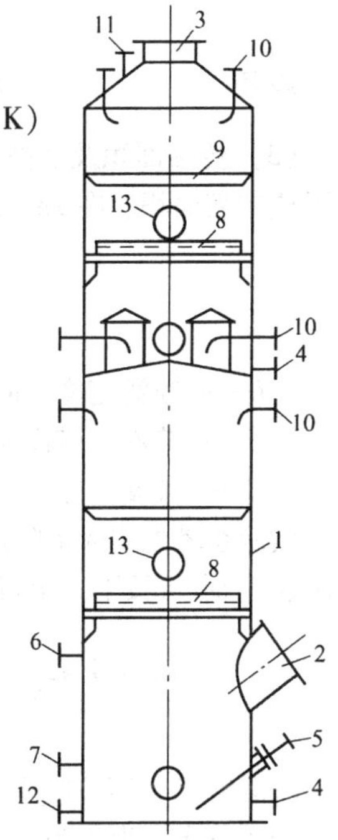

图 2-9 空喷初冷塔

1—塔体；2—煤气入口；3—煤气出口；4—循环液出口；5—焦油氨水出口；6—蒸汽入口；7—蒸汽清扫口；8—气流分布栅板；9—集液环；10—喷嘴；11—放散口；12—放空口；13—人孔

空喷冷却塔的冷却效果，主要取决于喷洒液滴的黏度及在全塔截面上分布的均匀性，为此沿塔周围安设6～8个喷嘴。为防止喷嘴堵塞，需定时通入蒸汽清扫。

b 空喷塔的计算

(1) 从空喷塔内移走的热量。按间冷-直冷相结合系统的直接初冷器进行计算，计算用有关数据同前。从附表1查得55℃及30℃时1m³干煤气经水汽饱和后的总热焓分别为468.5kJ/m³及135kJ/m³，则从空喷塔移走的热量为：

$$48220 \times (468.5 - 135) = 16081370\text{kJ/h}$$

冷却水量及出口水温 取循环冷却水用量为每1000m³煤气10m³，则冷却水总量为：

$$\frac{48220}{1000} \times 10 \times 1000 = 482200\text{kg/h} \quad 或 \quad 482\text{m}^3/\text{h}$$

冷却水入口温度定为27℃，可求得出口水温为：

$$t_2 = \frac{16081370}{482200 \times 4.187} + 27 \approx 35℃$$

(2) 塔径的确定。从附表1查得在55℃和30℃时1m³干煤气经蒸汽饱和后的体积分别为1.423m³及1.158m³。取塔内煤气平均流速 v 为1.1m/s，入口及出口煤气压力（表压）分别为-2.27kPa及-2.94kPa，可求得煤气的平均体积流量为：

$$V = \frac{1}{2} \times 48220 \times \left(1.423 \times \frac{101.3}{101.3 - 2.27} + 1.158 \times \frac{101.3}{101.3 - 2.94}\right) = 63920\text{m}^3/\text{h}$$

塔径
$$D = \sqrt{\frac{4V}{3600\pi v}} = \sqrt{\frac{4 \times 63920}{3600 \times \pi \times 1.1}} = 4.53\text{m}$$

(3) 传热面积及塔高的确定。空喷塔内的传热面积即在空喷塔的有效容积 V 内全部液滴所形成的表面积。在1m³容积内液滴所形成的表面积 f 可按下式求得：

$$f = \frac{6U}{wd} \tag{2-4}$$

式中 U——喷洒密度，m³/(m²·s)；

w——液滴在塔内实际下降速度，m/s；

d——液滴直径，取为1mm。

液滴在塔内实际下降速度 w 为液滴在静止中的沉降速度 w_0 与塔内煤气上升速度 w_g 之差。沉降速度 w_0 可按下式求得为：

$$w_0 = 4.43\sqrt{\frac{d(\gamma_L - \gamma_g)}{\gamma_g}} = 4.43\sqrt{\frac{0.001 \times (1000 - 0.47)}{0.47}} = 6.46\text{m/s}$$

则
$$w = 6.46 - 1.1 = 5.36\text{m/s}$$

喷洒密度 U 可按喷水量求取。

全塔喷水量为482m³/h，在塔内的上段为此量的一半，即241m³/h，而在塔的下段合为482m³/h，则求得喷洒密度为：

$$U = \frac{(241 + 482) \times \frac{1}{2}}{3600 \times \frac{\pi}{4} \times 4.53^2} = 0.00623\text{m}^3/(\text{m}^2 \cdot \text{s})$$

将有关数据代入式(2-4)，求得：

$$f = \frac{6 \times 0.00623}{5.36 \times 0.001} = 6.97\text{m}^2/\text{m}^3$$

空喷塔的有效容积可按下式求得：

$$V = \frac{Q}{K_V \cdot \Delta t} \tag{2-5}$$

式中，K_V 为容积传热系数，等于面积传热系数与 f 的乘积，在进行简化计算时，可取为 4815kJ/(m³·h·℃)。

平均温度差 $$\Delta t = \frac{(55-35) - (30-27)}{2.3\lg\frac{(55-35)}{(30-27)}} = 9℃$$

则空喷塔的有效容积为：

$$V = \frac{16081370}{4815 \times 9} = 371\text{m}^3$$

总传热面积为 $$F = 6.97 \times 371 = 2585\text{m}^2$$

空喷塔的有效高度为 $$H = \frac{371}{\frac{\pi}{4} \times (4.53)^2} = 23\text{m}$$

液滴在下降过程中因碰撞而凝聚，将减少传热面积及降低传热效率，但容积传热系数取值较低，对此已做适当考虑。

2.1.3 焦油氨水的分离

近年来，由于采用预热煤炼焦和无烟装煤技术，如将部分循环氨水加压至 1.8～3.0MPa，从桥管喷入，由于喷入时产生的强大吸力，将装煤作业时产生的烟尘吸入集气管，以达到无烟装煤的目的。这给焦油氨水的分离过程带来了新的问题。另一方面，生产操作要求提供无焦油的氨水和无渣低水分的焦油，同时还要求尽量减少焦油渣中的焦油含量以增产焦油。因此，对焦油氨水的分离应予以重视。

2.1.3.1 焦油氨水混合物的性质及分离要求

在用循环氨水于集气管内喷洒粗煤气时，约60%的焦油冷凝下来，这种集气管焦油是重质焦油，其相对密度（20℃）为1.22左右，黏度较大，其中混有一定数量的焦油渣。焦油渣内含有煤尘、焦粉、炭化室顶部热解产生的游离碳及清扫上升管和集气管时所带入的多孔物质，其量约占焦油渣的30%，其余约70%为焦油。

焦油渣量一般为焦油质量的0.15%～0.3%；当实行无烟装煤时，其量可达0.4%～1%；在用预热煤炼焦时，其量更高。

焦油渣内固定碳含量约为60%，挥发分含量约33%，灰分约4%，气孔率约63%，真密度为1.27～1.3kg/L。因其与集气管焦油的密度差小，粒度小，易与焦油黏附在一起，所以难以分离。

在两种氨水混合分离流程中，初冷器轻质焦油和集气管重质焦油混合后，20℃密度可降至1.15～1.19kg/L，黏度比重质焦油减少20%～45%，焦油渣易于沉淀下来，混合焦油质量明显改善。但在焦油中仍存在一些浮焦油渣，给焦油分离带来一定困难。

焦油的脱水直接受温度和循环氨水中固定铵盐含量的影响，在80～90℃和固定铵盐含量较低情况下，焦油与氨水较易分离。因此，在采用混合氨水分离流程时，混合焦油的脱水程度较好，但只进行一步澄清分离仍不能达到要求的脱水程度，还须在焦油贮槽内于80～90℃下进一步脱水。在图2-5所示流程中采用两步澄清分离设备，可达到要求的质量标准。目前我国焦化厂生产的煤焦油质量标准示于表2-1。

表 2-1 煤焦油质量标准

指标名称		指标		指标名称		指标	
		一级品	二级品			一级品	二级品
密度(20℃)/kg·L^{-1}		1.12~1.20	1.13~1.22	游离碳/%	不大于	6.0	10.0
水分/%	不高于	4	4	黏度E_{30}	不大于	5.0	5.0
灰分/%	不高于	0.15	0.15				

经澄清分离后的循环氨水中，焦油物质含量越低越好，最好不超过100mg/L。

2.1.3.2 澄清分离设备

焦油、氨水和焦油渣组成的混合物是一种乳浊液和悬浮液的混合物，因而所采用的澄清分离设备多是根据分离粗悬浮液的沉降原理制作的。常用的卧式机械化氨水澄清槽的结构见图2-10。

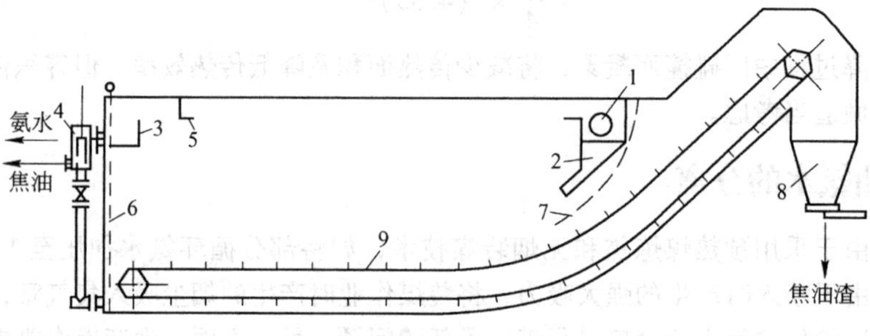

图 2-10 机械化氨水澄清槽

1—入口管；2—承受隔室；3—氨水溢流槽；4—液面调节器；5—浮焦油渣挡板；6—活动筛板；7—焦油渣挡板；8—放渣漏斗；9—刮板输送机

机械化氨水澄清槽是一端为斜底、断面为长方形的钢板焊制容器，由槽内纵向格板分成平行的两格，每格底部设有由传动链带动的刮板输送机，两台刮板输送机用一套由电动机和减速机组成的传动装置带动。焦油、氨水和焦油渣由入口管经承受隔室进入澄清槽，使之均匀分布在焦油层的上部。澄清后的氨水经溢流槽流出，沉聚于槽下部的焦油经液面调节器引出，以控制焦油液面，保证焦油有足够的分离时间。焦油层厚一般为1.3~1.5m，此部位应在外部保温，以维持油温和稳定其黏度。沉积于槽底的焦油渣由刮板输送机送至前伸的头部漏斗内排出。焦油渣经过氨水层时被洗去焦油，露出水面后澄干水。刮板线速度为1.74~13.5m/h，速度过高易带出焦油和氨水。

为阻挡浮在水面的焦油渣，在氨水溢流槽附近设有高度为0.5m的木挡板。为了防止悬浮在焦油中的焦油渣团进入焦油引出管内，在氨水澄清槽内设有焦油渣挡板及活动筛板。焦油和氨水的澄清时间一般为半小时。

也有的焦化厂采用焦油氨水分离槽，其构造见图2-11。进入该装置的焦油氨水混合液，首先要经焦油渣分离器分出大粒径焦油渣后，再通过带筛孔的转鼓自流到分离槽中部。氨水上浮经轻质焦油挡板和堰板汇集于壳壁的氨水溢流槽内，通过氨水导管自流入锥底与筒体形成的氨水槽内，并从氨水出口排出。氨水槽内的氨水还起到锥底焦油间接保温作用。焦油从锥形部经液面调节器压出。锥底部含细粒焦油渣的焦油定期送回机械刮渣槽处理。

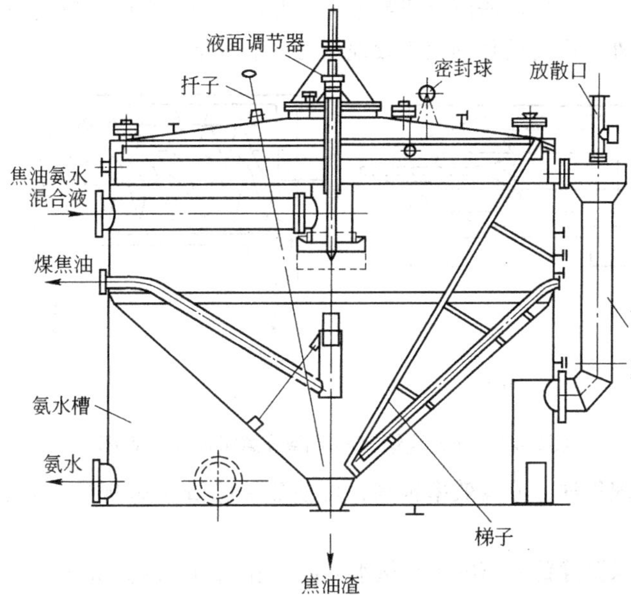

图 2-11 焦油氨水分离槽

2.1.3.3 分离方法和流程

大中型焦化厂一般采用图 2-2 及图 2-5 所示的焦油氨水分离流程。近年来，为改善焦油脱渣和脱水提出了许多改进方法，如用蒽油稀释，用初冷冷凝液洗涤，用微孔陶瓷过滤器在压力下净化焦油，在冷凝工段进行焦油的蒸发脱水，以及振动过滤和离心分离等。其中在生产中以机械化氨水澄清槽和离心分离相结合的方法应用较为广泛，其工艺流程如图 2-12 所示。

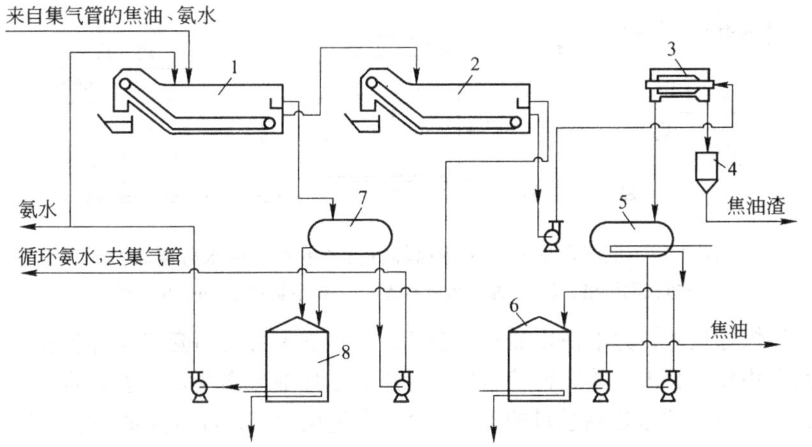

图 2-12 重力沉降和离心分离结合的焦油氨水分离流程
1—氨水澄清槽；2—焦油脱水澄清槽；3—卧式离心沉降分离机；4—焦油渣收集槽；5—焦油中间槽；6—焦油贮槽；7—氨水中间槽；8—氨水槽

由图可见，由集气管来的液体混合物先进入机械化氨水澄清槽，分离了氨水的焦油由此进入焦油脱水澄清槽，然后泵送连续式离心沉降分离机除渣，分离出的焦油渣放入收集槽，净化的焦油放入焦油中间槽，再送入贮槽。

卧式连续沉降分离机的操作情况如图 2-13 所示，温度为 70～80℃的焦油经由中空轴送入转鼓内，在离心力作用下，焦油渣沉降于鼓壁上，并被设于转鼓内的螺旋卸料机（图中 b）连续地由一端排到机体外，澄清的焦油也连续地从另一端排出。

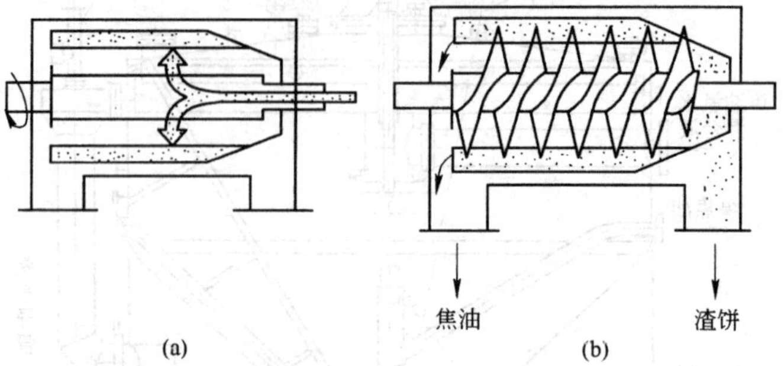

图 2-13 卧式连续离心沉降分离机操作示意图

用离心分离法处理焦油，分离效率很高，可使焦油除渣率达 90% 左右，但基建费用及动力消耗较大。

带有刮渣和氨水保温静置分离的焦油氨水分离流程见图 2-14。从气液分离器来的焦油氨水混合液，自流到机械刮渣槽内。槽的一端设有转速为 0.2r/min 的转鼓筛，筛筒直径 0.9m，长 2.2m，筛眼 8mm。大粒径焦油渣被挡在转鼓外沉到槽底，由机械刮板输送机刮至槽外。氨水焦油混合液穿过带筛孔的转鼓，自流到焦油氨水分离槽中部的导流管分配盘内，均匀分散到槽中，进行焦油、氨水和焦油渣的分离。

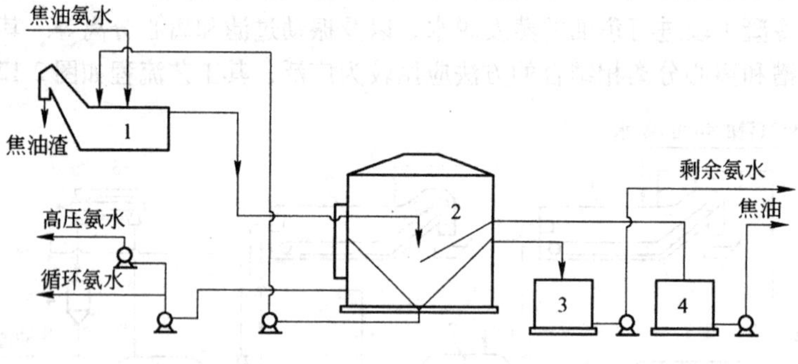

图 2-14 沉降刮渣和氨水保温静置分离的焦油氨水分离流程

1—机械刮渣槽；2—焦油氨水分离槽；3—剩余氨水槽；4—焦油槽

在采用预热煤炼焦时，为不使焦油质量变坏，在焦炉上可设两套集气管装置，将装炉时发生的煤气抽到专用集气管内，并设置较简易的专用氨水焦油分离及氨水喷洒循环系统。由装炉集气管所得到的焦油（约占焦油总量的 1%）含有大量煤尘，这部分焦油一般只供筑路或作燃料用，也可与集气管下来的氨水在混合搅拌槽内混合，再经离心分离以回收焦油。

此外，还可采用在压力下分离焦油中水分的装置。将经过澄清仍然含水的焦油，泵入一卧式压力分离槽内进行分离，槽内保持 81～152kPa（表压），并保持温度为 70～80℃。在此条件下，可防止溶于焦油中的气体逸出及因之引起的混合液上下窜动，从而改善了分离效果，焦油水分可降至 2% 左右。

2.1.3.4 剩余氨水量的计算

在氨水循环系统中，由于加入配煤水分和炼焦时生成的化合水，使氨水量增多而形成所谓的剩余氨水。这部分氨水从循环氨水泵出口管路上引出，送去脱酚和蒸氨，其数量可由下列计算确定。

（1）原始数据

装入煤量（湿煤）$/t \cdot h^{-1}$	155
煤气产量（干煤）$/m^3 \cdot t^{-1}$	340
初冷器后煤气温度/℃	30
循环氨水量（干煤）$/m^3 \cdot t^{-1}$	6
集气管中氨水蒸发量/%	2.6
配煤水分/%	8.5
化合水（占干煤质量）/%	2

（2）计算。如图 2-15 所示，W_8 为循环氨水量。设于集气管喷洒煤气时蒸发了 2.6%，剩余部分即为由气液分离器分离出来的氨水量 W_2。离开气液分离器的煤气中所含的水汽量 W_3，即煤气带入集气管的水量 W_1 和循环氨水蒸发部分之和。初冷器后煤气带走的水量为 W_4，（$W_3 - W_4$）即为冷凝水量 W_5。从冷凝水量 W_5 中减去需补充的循环氨水量 W_6（相当于蒸发部分），即得剩余氨水量 W_7。

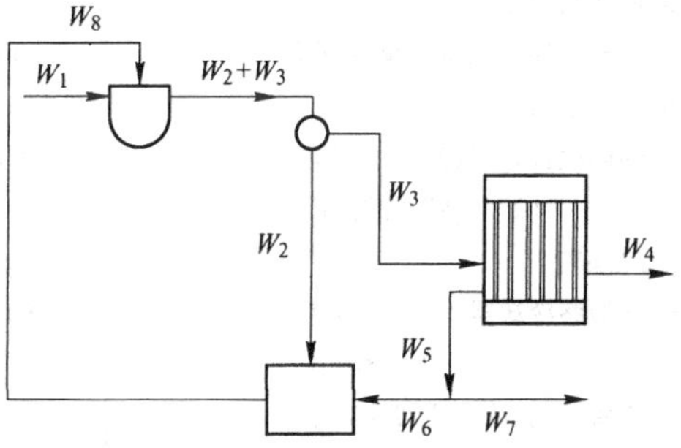

图 2-15 煤气初冷系统水的平衡

从以上分析可见，送去加工的剩余氨水量 W_7 即为 W_1 与 W_4 之差。

$$W_1 = 155 \times 0.085 + 155 \times (1 - 0.085) \times 0.02 = 16.01 \text{t/h}$$

$$W_4 = 155 \times (1 - 0.085) \times 340 \times \frac{35.2}{1000 \times 1000} = 1.697 \text{t/h}$$

式中 35.2——每 $1m^3$ 煤气在 30℃时经水蒸气饱和后的蒸汽含量，g（由附表 1 查得）。

则剩余氨水量为 $W_7 = W_1 - W_4 = 16.01 - 1.697 \approx 14.31 \text{t/h}$

显然，剩余氨水量取决于配煤水分和化合水的数量以及煤气初冷后集合温度的高低。

2.2 煤气的输送及鼓风机

2.2.1 煤气输送系统

粗煤气由炭化室出来经集气管、吸气管、冷却及净化设备直到煤气贮罐或送回焦炉，要通过很长的管道及各种设备。为了克服这些设备和管道阻力及保持足够的煤气剩余压力，需设置煤气鼓风机。同时，在确定煤气净化工艺流程及所用设备时，除考虑工艺要求外，还应该使整个系统煤气输送阻力尽可能小，以减少鼓风机的动力消耗。

2.2.1.1 煤气的输送系统及其阻力

煤气输送系统的阻力，因净化工艺流程及所用设备的不同而有较大差异，同时也因煤气净化程度的不同及是否有堵塞情况而有较大波动。现就大型焦化厂两种流程比较介绍，如表 2-2 所示。

表 2-2 煤气输送系统的阻力

阻力项目	Ⅰ		Ⅱ	
	mm 水柱	kPa	mm 水柱	kPa
鼓风机前的阻力(吸入方)				
集气管到鼓风机的煤气管道	150~200	1.471~1.961	150~200	1.471~1.961
煤气初冷:(1) 并联立管式冷却器	100~150	0.981~1.471		
(2) 横管间冷及空喷直冷			50~100	0.490~0.981
煤气开闭器	50~150	0.490~1.471	50~150	0.490~1.471
合计	300~500	2.942~4.903	250~450	2.452~4.413
鼓风机后的阻力(压出方)				
鼓风机到煤气贮罐的煤气管道	300~400	2.942~3.923	300~400	2.942~3.923
电捕焦油器	30~50	0.2942~0.490	30~50	0.2942~0.490
氨的回收:(1) 鼓泡式饱和器	550~650	5.394~6.374		
(2) 空喷式酸洗塔			100~200	0.981~1.961
油洗萘塔	50~100	0.4905~0.981	50~100	0.4905~0.981
煤气最终冷却器:(1) 隔板式	80~120	0.7845~1.177		
(2) 空喷式			10~40	0.0981~0.392
洗苯塔:(1) 填料式(2~3台)	150~200	1.471~1.961		
(2) 空喷式(2台)			20~80	0.1961~0.7845
脱硫塔:(1) 特拉雷特填料			180~230	1.765~2.256
(2) 木格填料	150~200	1.471~1.961		
剩余煤气压力	400~500	3.923~4.903	400~500	3.923~4.903
合计	1710~2220	16.769~21.77	1090~1600	10.689~15.691

吸入方（机前）为负压，压出方（机后）为正压，鼓风机的机后压力与机前压力差为鼓风机的总压头。

上述系统Ⅰ为目前国内有些大型焦化厂所采用的较为典型的生产硫铵的工艺系统，鼓风机所应具有的总压头为19.61~25.50kPa（2000~2600mm 水柱）。系统Ⅱ同样是生产硫铵的净化工艺系统（脱硫工序可设于氨回收工序之前），由于多处采用空喷塔式设备，鼓风机所需总压头仅需13.24~20.10kPa（1350~2050mm 水柱），可以显著降低动力费用。

鼓风机一般设置在初冷器后面。这样，鼓风机吸入的煤气体积小，负压下操作的设备及煤气管道少。有的焦化厂将油洗萘塔及电捕焦油器设在鼓风机前，可防止鼓风机堵塞。全负压煤气净化系统，鼓风机设置在洗苯塔后。

2.2.1.2 煤气输送管道

煤气管道管径的选用和设置是否合理及操作是否正常，对焦化厂生产具有重要意义。

为了确定煤气管道的管径，可按表2-3所列数据选用适宜流速。

表 2-3 煤气管道直径与流速

管道直径/mm	流速/$m \cdot s^{-1}$	管道直径/mm	流速/$m \cdot s^{-1}$
≥800	12~18	200	7
400~700	10~12	100	6
300	8	80	4

对于吸气主管，允许流速是指除去冷凝液所占截面积后的流速。对于ϕ800mm 以上的煤气管道，较短的直管可取较高的流速，一般可取为14m/s。

煤气管道应有一定的倾斜度，以保证冷凝液按预定方向自流。吸气主管顺煤气流向倾斜度为1%；鼓风机前后煤气管道顺煤气流向倾斜度为0.5%；逆煤气流向倾斜度为0.7%；饱和器后到粗苯工序前煤气管道逆煤气流向倾斜度为0.7%～1.5%。

由于萘能够沉积于管道中，所以在可能沉积萘的部位，均设有清扫蒸汽入口。此外，还设有冷凝液导出口，以便将管内冷凝液放入水封槽。

在全部煤气净化设备之后的回炉煤气管道上，设有煤气自动放散装置，见图2-16。该装置由带煤气放散管的水封槽和缓冲槽组成。当煤气运行压力略高于放散水封压力（两槽水位差）时，水封槽水位下降，水由连通管流入缓冲槽，煤气自动冲破水封放散。当煤气压力恢复到规定值时，缓冲槽的水靠位差迅速流回水封槽，自动恢复水封功能。煤气放散会污染大气，随着电子技术的发展，带自动点火的焦炉煤气放散装置，将取代水封式煤气放散装置。煤气放散压力根据鼓风机吸力调节的敏感程度确定，以保持焦炉集气管煤气压力的规定值。

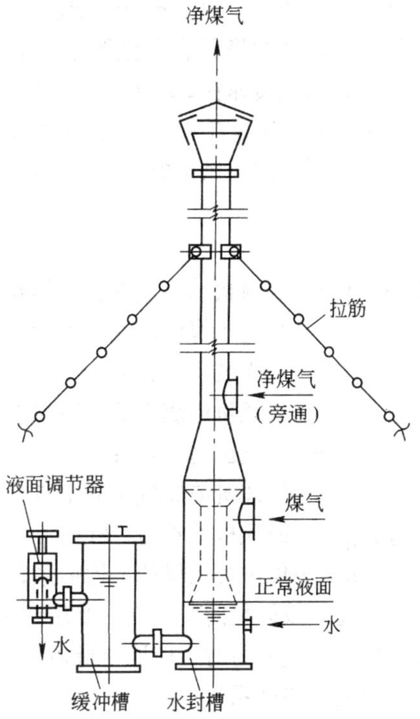

图2-16 焦炉煤气放散装置

2.2.2 鼓风机

焦炉煤气鼓风机有离心式和容积式两种。离心式用于大型焦炉；容积式常用的是罗茨鼓风机，用于中型和小型焦炉。

2.2.2.1 离心式鼓风机

A 离心式鼓风机的构造

离心式鼓风机又称涡轮式鼓风机，由汽轮机或电动机驱动。其构造见图2-17。

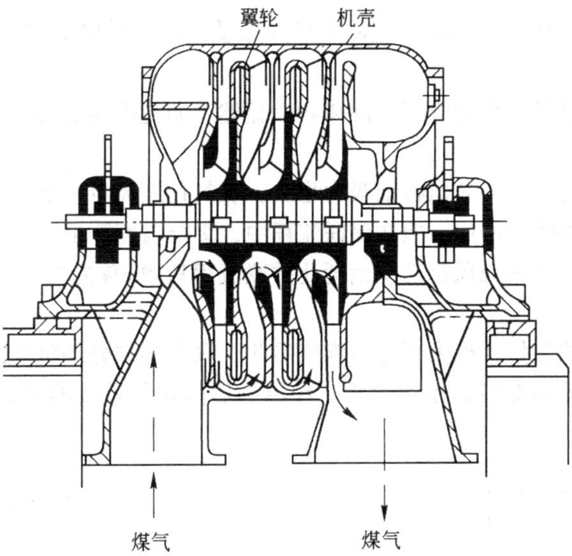

图2-17 离心式鼓风机

离心式鼓风机由固定的机壳和在机壳内高速旋转的转子组成。转子上有一个至数个工作翼轮，工作翼轮由两个平行的圆盘构成，圆盘之间用固定叶片连接。煤气由吸入管导入第一个工作翼轮的中心，并随高速旋转的翼轮做高速运动，并因离心力作用沿翼轮的叶片向周边扩散，进入翼轮边缘与壳体之间的空间。此时，煤气速度减慢，体积膨胀并产生压力。由于压力的作用，煤气顺着固定在壳体上的固定叶片返回到第二个工作翼轮的中心，重复上述过程。如此，煤气依次进入各个翼轮，压力逐渐增大，由最末一个翼轮边缘排出机外，沿压出管送出。所以，煤气的压力是在转子的各个叶轮作用下，并经过能量转换而提高的。显然，转子的转速越高，煤气的密度越大，作用于煤气的离心力也越大，则鼓风机出口煤气的静压能也就愈高。增加转子的工作叶轮数，显然会提高煤气排出的压力。大型离心式鼓风机转速在5000r/min以上，用电动机驱动时，需设增速器以提高转速。

B　鼓风机输气能力及轴功率的计算

焦化厂所需鼓风机的输气能力可根据煤气发生量按下式计算：

$$V = \frac{101.3V'BT\alpha}{(p - p_{机前} - p_s)273} \tag{2-6}$$

式中　V——鼓风机前煤气的实际体积流量，m^3/h；

V'——每吨干煤的煤气发生量，m^3；

B——干煤装入量，t/h；

T——鼓风机前煤气的绝对温度，K；

p——大气压力，kPa；

p_s——鼓风机前煤气中的水汽分压，kPa；

$p_{机前}$——鼓风机前吸力，kPa；

α——焦炉装入煤的不均衡系数，取为1.1。

焦化厂鼓风机的输气能力及压头必须能承受焦炉所发生的最大煤气量的负荷，所以在确定鼓风机的输气能力时，应取在最短结焦时间下每吨干煤的最大煤气发生量进行计算，并计入焦炉装煤的不均衡系数。

煤气鼓风机的轴功率可按绝热压缩过程所耗的功来计算，即

$$N = 1.31 \times 10^{-3} p_1 V_1 \left[\left(\frac{p_2}{p_1} \right)^{\frac{K-1}{K}} - 1 \right] \text{kW} \tag{2-7}$$

式中　p_1——鼓风机吸入口的绝对压力，kPa；

p_2——鼓风机出口的绝对压力，kPa；

V_1——进入鼓风机的煤气实际体积，m^3/h；

K——气体的定压热容 c_p 和定容热容 c_V 的比值，即 $K = \frac{c_p}{c_V}$；对于炼焦煤气，$K = 1.37$。

鼓风机所需原动机功率要大于计算所得轴功率，如以蒸汽涡轮机为原动机时，需增15%；如为电动机时，需增20%～30%。

由上式可知，鼓风机轴功率主要取决于鼓风机前的煤气实际体积。显然，如初冷器后集合温度高，将使鼓风机功率消耗显著增大。

当煤气初冷器采用串联流程时，由于阻力增大，鼓风机前吸力增大，煤气在鼓风机内的压缩比（p_2/p_1）较并联流程增大，因之轴功率也随之增加。但在串联流程中，集合温度降低，进鼓风机的煤气实际体积相应变小，因而串联系统的鼓风机功率消耗比并联流程只增3%左右。

C　煤气在鼓风机中的温升

在离心式鼓风机内，煤气被压缩所产生的热量，绝大部分被煤气吸收，只有小部分热量散失。因此，煤气在鼓风机内的压缩过程可以近似地视为绝热过程。经压缩后的煤气最终温度，可按下式计算：

$$T_2 = T_1 \left(\frac{p_2}{p_1} \right)^{\frac{K-1}{K}} \tag{2-8}$$

式中　T_1，T_2——分别为气体压缩前后的绝对温度，K。

将炼焦煤气的 K 值代入上式可得：

$$T_2 = T_1\left(\frac{p_2}{p_1}\right)^{0.27} \tag{2-9}$$

实际上由于损失一部分热量，用上式计算出的 T_2 值比实际的 T_2 值高，通常煤气经离心式鼓风机压缩后的温升为 10～20℃。

D 离心式鼓风机的性能

焦化厂中鼓风机的操作非常重要，既要输送煤气，又要保持炭化室和集气管的压力稳定。在正常生产情况下，集气管压力用压力自动调节机调节，但当调节范围不能满足生产变化的要求时，即须对鼓风机操作进行必要的调整。

鼓风机在一定转速下的生产能力与总压头之间有一定的关系，可用图 2-18 所示鼓风机 Q-H 特性曲线来表示。

由图 2-18 可见，曲线有一最高点 B，相应于 B 点压头（最高压头）的输送量称为临界输送量。鼓风机不允许在 B 点的左侧范围内操作，因在此范围内鼓风机输送量波动，并会发生振动，产生“飞动”现象。只有在 B 点右侧延伸的特性曲线范围内操作才是稳定的。在此范围内，可用调节鼓风机后煤气开闭器的方法来改变煤气的输送量及压力，但会使压缩比（p_2/p_1）变大，浪费能量并使煤气温升增高，故较少采用此法。

当用鼓风机吸入管道上的开闭器调节时，鼓风机的特性曲线随之改变。如图 2-19 所示，当吸入开闭器的开度变小时，鼓风机的不稳定工作范围随之变小，鼓风机的输送能力及总压头也均相应减小。此法比较简单，但由于鼓风机前吸力增大，压缩比（p_2/p_1）也会变大，则鼓风机的功率消耗及煤气温升同样将增大。

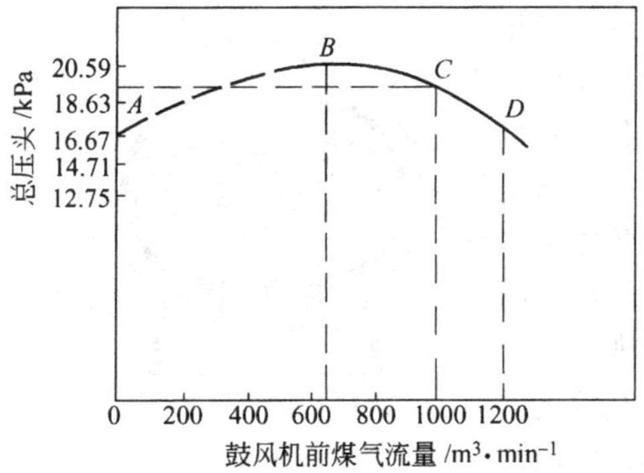

图 2-18 转速不变时鼓风机的 Q-H 特性曲线

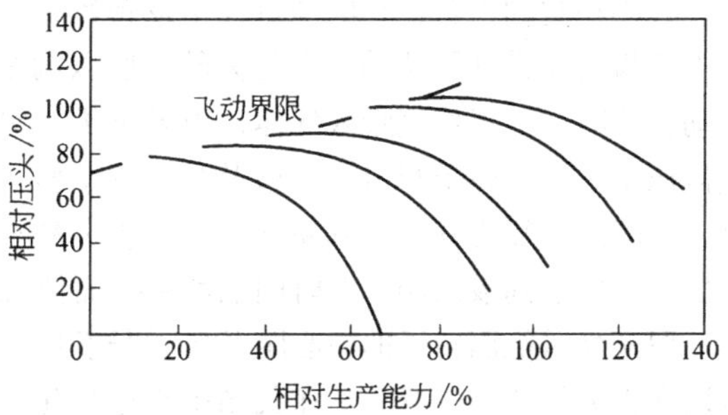

图 2-19 以吸力开闭器调节时鼓风机的特性曲线

当焦炉刚开工投产或因故大幅度延长结焦时间时，煤气发生量过少，低于用鼓风机前后煤气管路的交通管进行调节的限度时，可采用“大循环”的调节方法，即将鼓风机后的部分煤气引入初冷器前的煤气管道，经冷却后，再进入鼓风机。“大循环”调节法可防止煤气升温过高，但增加鼓风机的功率消耗和初冷器的负荷。

当用蒸汽涡轮机带动鼓风机时，可用改变转速来调节鼓风机操作。改变进入涡轮机的蒸汽量，即可改变涡轮机的转速，亦即改变鼓风机的转速。当鼓风机的转速由 n 变为 n_1 时，则鼓风机的输气能力 Q、总压头 H 及轴功率 N 依下列关系式作相应改变。

输气能力
$$\frac{Q}{Q_1} = \frac{n}{n_1} \tag{2-10}$$

总压头 $$\frac{H}{H_1} = \left(\frac{n}{n_1}\right)^2 \qquad (2\text{-}11)$$

轴功率 $$\frac{N}{N_1} = \left(\frac{n}{n_1}\right)^3 \qquad (2\text{-}12)$$

在额定转速的50%～125%范围内，离心鼓风机的 *Q-H* 特性曲线示意如图2-20。由图可见，随转速的降低，鼓风机的不稳定工作区范围缩小，即使在煤气输送量很小的情况下也不易产生“飞动”现象。

近年出现的鼓风机变频调速技术和液力偶合器调速技术，可以根据煤气的实际发生量调节鼓风机转速，实现煤气发生量与输送量的动态平衡。

为保证鼓风机的正常运转，对冷凝液排出管应按时用蒸汽清扫，保证冷凝液和焦油及时排出。

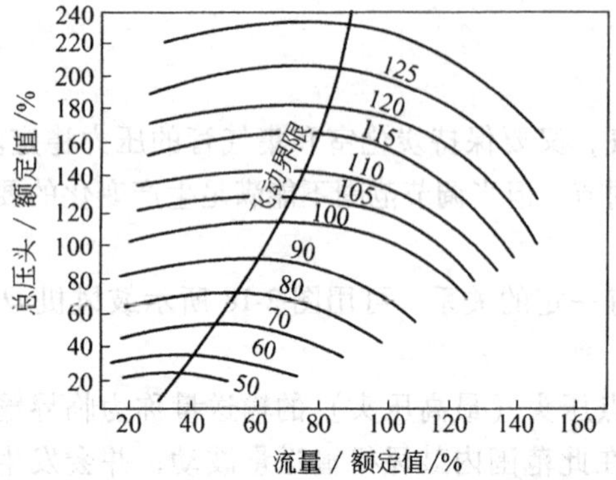

图2-20 转速变更时鼓风机的 *Q-H* 特性曲线

2.2.2.2 罗茨式鼓风机

A 罗茨鼓风机的构造

罗茨鼓风机是利用转子转动时的容积变化来吸入和排出煤气，用电动机驱动。其构造见图2-21。

罗茨鼓风机有一铸铁外壳，壳内装有两个“8”字形的用铸铁或铸钢制成的空心转子，并将气缸分成两个工作室。两个转子装在两个互相平行的轴上，在这两个轴上又各装有一个互相咬合、大小相同的齿轮，当电动机经由皮带轮带动主轴转子时，主轴上的齿轮又带动了从动轴上的齿轮，所以两个转子做相对反向转动，此时一个工作室吸入气体，由转子推入另一个工作室而将气体压出。每个转子与机壳内壁及与另一个转子表面均需紧密配合，其间隙一般为0.25～0.40mm。间隙过大即有一定数量的气体由压出侧漏到吸入侧，有时因漏泄量大而使机身发热。

罗茨鼓风机因转子的中心距及转子长度的不同，其输气能力可以在很大的范围内变动。在我国中小型焦化厂应用的罗茨鼓风机有多种规格，其生产能力为28～300m^3/min，所生成的额定压头为19.61～34.32kPa。

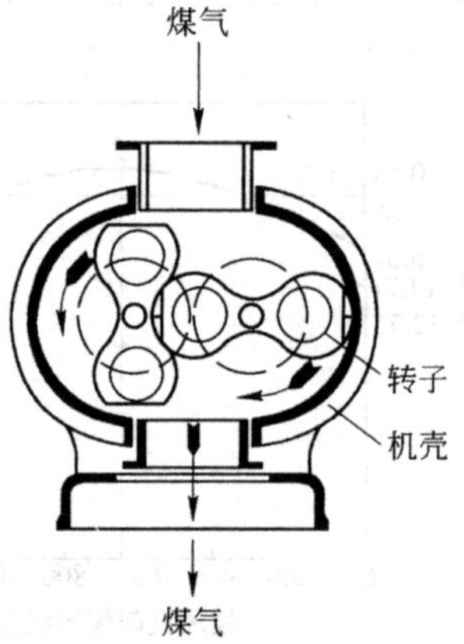

图2-21 罗茨鼓风机

罗茨鼓风机具有结构简单、制造容易、体积小，且在转速一定时，如压头稍有变化，其输气量可保持不变，这都是优点。但在使用日久后，间隙因磨损而增大，其效率即降低。此种鼓风机必须用循环管调节煤气量，在压出管路上需安装安全阀，以保证安全运转。

B 罗茨鼓风机的计算

罗茨鼓风机的煤气输送量 V，可按下式计算：

$$V = \frac{\pi}{2}D^2 L c_n n \lambda \quad m^3/min \qquad (2\text{-}13)$$

式中 D——转子直径，m；

L——转子长度，m；

n——转速，r/min；

c_n——面积利用系数$\left(c_n = 1 - \frac{4S}{\pi D^2}\right)$，$S$ 为转子截面积，m^2；

λ——排气系数，一般为 0.6 ~ 0.9。

罗茨鼓风机所需的轴功率可按下式计算：

$$N = \frac{VH}{60\lambda\eta} \quad kW \tag{2-14}$$

式中 V——煤气输送量，m^3/min；

H——总压头，$H = p_{压出} - p_{吸入}$，kPa；

η——机械效率，取 0.87 ~ 0.94。

煤气在罗茨鼓风机中的温升较小，约为 3 ~ 5℃。

罗茨鼓风机在转速一定时，其输气能力随着压缩比的增高而有所下降，这是由于煤气通过转子之间以及转子与壳体之间漏泄量增多所致。其轴功率则随总压头的增高而增大。

此外，风机转速变大，所输送的煤气量也随之增多，但一般最大转速以不超过额定转速的 10% 为宜。

冬季因气温较低，煤气中的焦油容易粘住转子，而出现鼓风机启动困难、运转负荷加大，甚至破坏转子平衡等情况。此时从煤气入口处加入溶剂油或重油进行清洗，可有较好效果。

2.3 煤气中焦油雾的清除

焦油雾是在煤气冷却过程中形成的，以内充煤气的焦油气泡状态或极细小的焦油滴（ϕ1 ~ 17μm）存在于煤气中。由于焦油雾又轻又小，其沉降速度低于煤气流速，因而悬浮于煤气中并被煤气带走。

初冷器后煤气中焦油雾的含量一般为 2 ~ 5g/m^3（立管式初冷器后）或 1.0 ~ 2.5g/m^3（横管式初冷器后或直接冷却塔后）。鼓风机后煤气中焦油雾的含量一般为 0.3 ~ 0.5g/m^3。煤气净化工艺要求煤气中焦油雾含量低于 0.02g/m^3，否则对煤气净化操作将有严重影响。焦油雾如在饱和器中凝结下来，将使酸焦油量增多，并可能使母液起泡沫，密度减小，有使煤气从饱和器满流槽冲出的危险；焦油雾进入洗苯塔内，会使洗油黏度增大，质量变坏，洗苯效率降低；焦油雾带到洗氨和脱硫设备易引起堵塞，影响吸收效率。

清除焦油雾的方法很多，但从焦油雾滴的大小及所要求的净化程度来看，采用电捕焦油器最为经济可靠，效率可达 98% 以上。

2.3.1 电捕焦油器的工作原理

根据板状电容的物理特性，如在两金属板间维持一很强的电场，使含有尘灰或雾滴的气体通过其间，则两板间的气体分子便发生电离作用，即中性的气体分子电离为带正电的离子和电子。电离而产生的电子，因为能量小而不能长久存在，产生后很快被气体分子所俘获而成为负离子，此时气体的导电性就是离子导电性，称作被激放电。

离子在电场中的运动速度，随电场强度的增高而增大。当电场强度高到使离子运动速度超过临界速度时，离子具有非常大的动能，则它与中性分子碰撞时，就能将电荷传给分子。这样形成离子的过程叫碰撞电离。

离子与焦油雾滴的质点相遇而附于其上，使质点带有电荷，即可被电极吸引而从气体中除去。

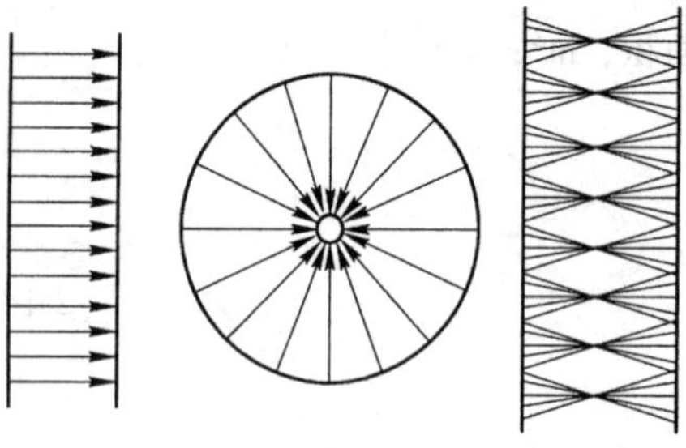

图 2-22　不同电极的电场分布情况

但金属平板形成的是均匀电场，当电压增大到超过绝缘电阻时，两极之间便会产生火花放电，这不仅会导致电能损失，且能破坏净化操作。为了避免火花放电或发生电弧，应采用如图 2-22b 和 c 所示的不均匀电场。图中（a）为均匀电场；（b）为管式电捕焦油器所采用的不均匀电场，用金属圆管做正极，沿管中心安装的拉紧导线做负极；（c）为环板式电捕焦油器采用的不均匀电场，用同心圆环形金属板做正极，用设置在其间的金属导线做负极。

在不均匀电场中，如管式电捕焦油器的不均匀电场，其电场强度 E_x 可以下式表示：

$$E_x = \frac{V}{x\ln\frac{R}{r}} \tag{2-15}$$

式中　E_x——电场强度；
　　　x——该点距中心的距离；
　　　R——金属管半径；
　　　r——导线半径；
　　　V——电压。

可见，x 愈小，E_x 愈大，即导线中心附近 E_x 越大。为防止电极间因火花而引起短路，R/r 应大于 2.72。

在电场强度大的导线附近的离子，能以较大的速度运动，使被碰撞的煤气分子离子化；而离导线中心较远处，电场强度小，离子的速度和动能不能使相遇的分子离子化，因而绝缘电阻只在导线附近电场强度最大处发生击穿，即形成局部电离放电现象。这种现象称为电晕现象。导线周围产生电晕现象的空间称为电晕区，导线称为电晕极。此时两极间的电压称为临界电晕电压或起晕电压。

由于在电晕区内发生急剧的碰撞电离，形成了大量的正离子和负离子。负离子的速度比正离子大（为正离子的 1.37 倍），所以电晕极常取为负极，圆管或环形金属板则取为正极，因而速度大的负离子即向管壁或金属板移动，正离子则移向电晕极。在电晕区内存在两种离子，而电晕区外只有负离子。电晕区占的体积要比总体积小得多，因而在电晕区外的大部分区域均为负离子。焦油雾滴只能成为带有负电荷的质点而向管壁或板壁移动。由于圆管或金属板是接地的，荷电焦油质点到达管壁或板壁时，即放电而沉淀于壁上，故正极也称为沉淀极。

由于存在正离子的电晕区很小，且电晕区内正离子和负离子有中和作用，所以电晕极上沉积的焦油量很少，绝大部分焦油雾均在沉淀极沉积下来。煤气离子经在两极放电后，重新转变成煤气分子，从电捕焦油器中逸出。

2.3.2　电捕焦油器的构造

管式电捕焦油器的构造见图 2-23。电捕焦油器外壳为圆柱形，底部为带有蒸汽夹套的锥形底或凸形底。在每根沉降极管的中心悬挂着电晕极导线，由上部吊架和下部吊架拉紧，并保持偏心度不大于3mm。电晕极可采用强度高的$\phi3.5\sim4$mm的碳素钢丝或$\phi2$mm的镍铬钢丝制作。煤气自底部进入，通过两块气体分布筛板均匀分布到各沉降管中。净化后的煤气从顶部出口逸出。从沉降管捕集下来的焦油集于器底排出，因焦油黏度大，故底部设有蒸汽夹套，以利于排放。

电捕焦油器顶部设有三个绝缘箱，高压电源由此引入，其构造见图2-24。为了防止煤气中焦油、萘及水气等在绝缘子上冷凝沉积，一是将压力略高于煤气压力的氮气充入绝缘箱底部，使煤气不能接触绝缘子内表面；二是在绝缘箱内设有蛇管蒸汽加热器或电加热器，使箱内空间温度保持在80～110℃之间（即比煤气露点温度高出50℃），并在绝缘箱顶部设调节温度用的排气阀，在绝缘箱底设有与大气相通的气孔。这样既能防止结露，又能调节绝缘箱的温度。

电捕焦油器的工作电压与工艺流程、工艺参数、整流器性能和安装精度等有关。如入口煤气中焦油雾含量高（电捕焦油器配置在鼓风机前），工作电流偏小，为了保证捕焦油效率，工作电压就会高些；反之，入口煤气中焦油雾含量低（电捕焦油器配置在鼓风机后），工作电流偏大，出口煤气中焦油雾含量容易达到要求，相应的工作电压就会低些。

电捕焦油器的主要事故是由于瓷绝缘子上沉积焦油、萘和水汽，绝缘性能降低，导致在高电压下发生表面放电而被击穿，甚至引起绝缘箱爆炸和着火。为避免这类事故发生，除了控制绝缘箱保温温

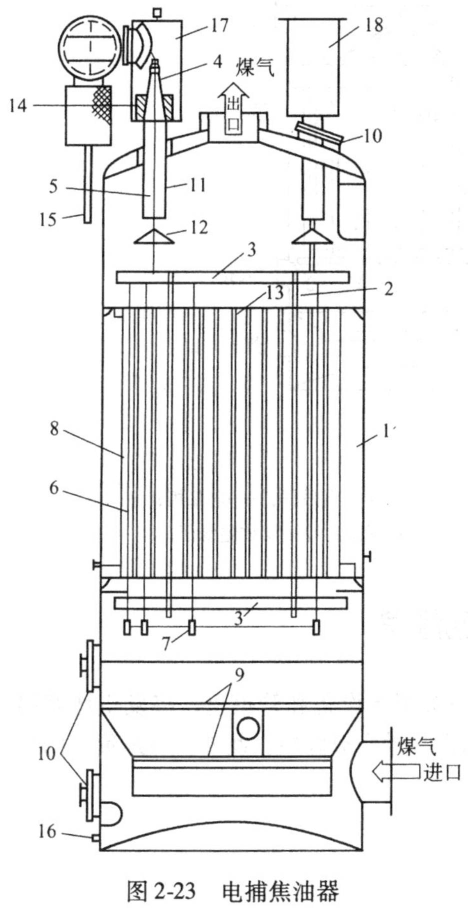

图2-23　电捕焦油器

1—壳体；2—下吊杆；3—上、下吊架；4—支承绝缘子；5—上吊杆；6—电晕线；7—重锤；8—沉降极管；9—气体分布板；10—人孔；11—保护管；12—阻气罩；13—管板；14—蒸汽加热器；15—高压电缆；16—焦油氨水出口；17—馈电箱；18—绝缘箱

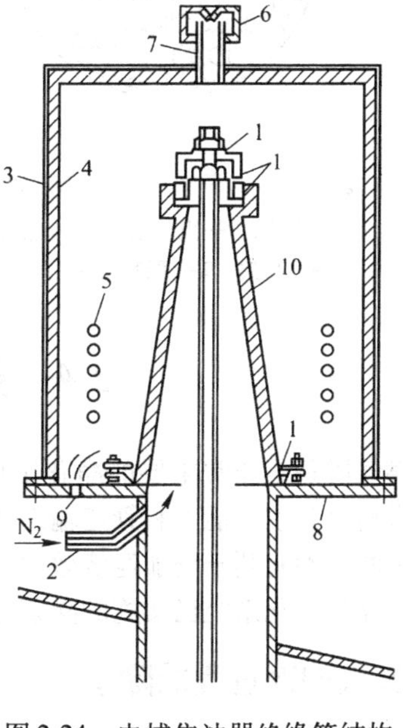

图2-24　电捕焦油器绝缘箱结构

1—O形密封圈；2—充氮气口；3—绝缘箱外壳；4—绝缘箱内壁泡沫塑料保温层；5—蛇型管加热器；6—排气阀；7—排气管；8—绝缘箱底板；9—在绝缘箱底板上设置的通气孔；10—瓷屏

度外，还应定期擦拭绝缘子表面，以清除污垢。

对焦炉煤气电除尘器来说，在爆炸三要素中，已经具备了可燃物（焦炉煤气）和火源（电晕放电）两点，因此必须禁止空气混入。在运行中要经常检查煤气含氧量。目前有的厂增加了煤气氧含量自动检测装置，用以控制电捕焦油器的生产操作，并将煤气氧含量控制在1.5%以下。

煤气在管式电捕焦油器沉淀管内的适宜流速为1.5m/s，1000m^3 煤气电量消耗约为1kW·h。

蜂窝式电捕焦油器的构造见图2-25，与管式电捕焦油器不同之处是沉降极由正六边形组成，沉降极的极间距略有不同；拉杆不占据沉降极管内电晕极的位置，整个蜂窝体内没有电场空穴，有效空间利用率高，净化效率可达99%以上。

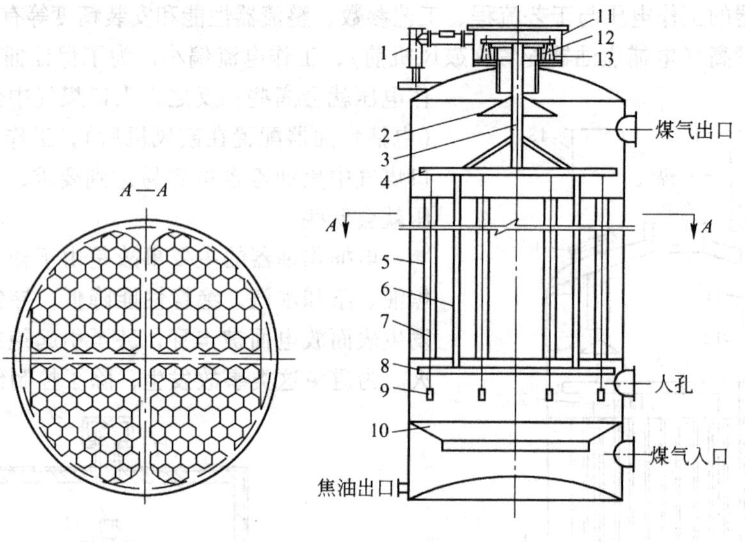

图2-25 蜂窝式电捕焦油器

1—馈电箱；2—阻气帽；3—上吊杆；4—上吊架；5—沉降极；6—下吊杆；7—电晕极；8—下吊架；9—重锤；10—再分布板；11—绝缘箱；12—绝缘缸；13—支柱绝缘子

2.4 煤气中萘的清除

焦炉煤气脱萘是非常重要的净化工序。煤气中的萘沉积于设备和管道里，将发生堵塞障碍，严重影响设备生产能力和管道输送能力，甚至导致正常操作被破坏。此外，萘是贵重的化工产品，多回收萘有利于增加经济效益。

目前在煤气净化系统已实施的除萘方法如下述。

2.4.1 煤气初冷过程的除萘

煤气初冷是煤气脱萘的首要工序。初冷器进口煤气含萘约5~7g/m^3，其脱萘程度与初冷器的结构形式和操作制度有关。

2.4.1.1 间接立管式初冷器的初冷除萘

立管式初冷器脱萘程度差，当出口煤气温度为25~35℃时，煤气含萘约为1.1~2.9g/m^3，大大超过该温度下的饱和含萘量（如对温度为25℃，压力为-3.923kPa，煤气中饱和萘气含量由附表2查得为78.16g/100m³)。煤气温度大于55℃，含萘基本是不饱和的，伴随着煤气冷却有大量水蒸气及焦油冷凝，萘极易溶于冷凝液中，因而不会有萘析出。煤气温度小于50℃时，含萘趋于饱和。随着煤气温度的进一步降低和冷凝液量的减少，萘析出并沉积于冷却水管外壁，部分萘升华呈固体微粒状被煤气夹带出去。故立管式初冷器后煤气含萘高。

2.4.1.2 间-直冷串联的初冷除萘

煤气首先在立管式初冷器冷却到50℃左右，然后在直接式初冷器冷却到规定温度。在直接式初冷器内，煤气是以含有少量焦油的大量氨水循环喷洒冷却，冷凝的萘被焦油溶解，不会发生堵塞现象。一般煤气出口含萘接近于出口温度下的饱和含萘。

2.4.1.3 全直接式初冷除萘

煤气在直接式初冷器中、下两段用氨水循环喷洒，上段用含焦油的冷凝液循环喷洒，当出口煤气温度为20℃时，脱萘效果可以满足后部水洗氨工序的操作要求。

2.4.1.4 间接横管式初冷器的初冷除萘

在横管式初冷器中，煤气和冷凝液都是自上而下流动，冲刷着冷却水管外壁，从煤气中冷凝下来的萘被焦油完全溶解而不会析出。为了强化从煤气中吸收萘的作用，又以含焦油的冷凝液循环喷洒。当出口煤气温度为22~23℃时，煤气含萘可降到0.5g/m³。脱萘效果可以满足氨水法脱硫和水洗氨的操作要求。

2.4.2 初冷与终冷过程中间的油洗萘

为了使煤气终冷塔的循环冷却水系统形成闭路循环，取消凉水架，消除终冷水系统所引起的环境污染，终冷塔前煤气含萘须低于塔内操作温度下的饱和含萘量，否则在初冷器与终冷塔之间应设立煤气脱萘装置，其方法是油洗萘法。

油洗萘可采用焦油洗油或轻柴油等作吸收剂，属物理吸收过程，其气液两相的平衡关系可用亨利定律表明，故平衡曲线为一直线。图2-26和图2-27分别表明各种温度下萘在焦油洗油和-10号轻柴油与煤气中含萘量的平衡关系。

焦油洗油对萘的溶解度比轻柴油高，因此在同一温度下洗萘时，欲使塔后煤气含萘量达到

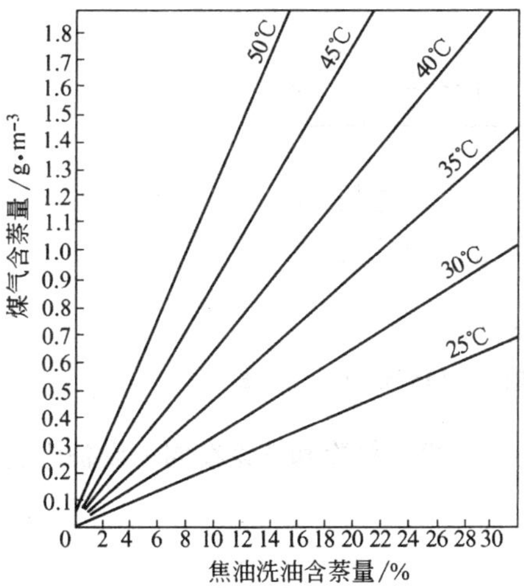

图2-26 萘在焦油洗油与煤气中的平衡关系

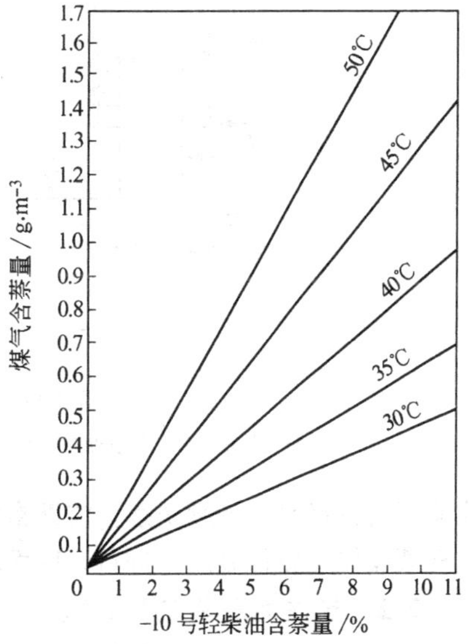

图2-27 萘在-10号轻柴油与煤气中的平衡关系

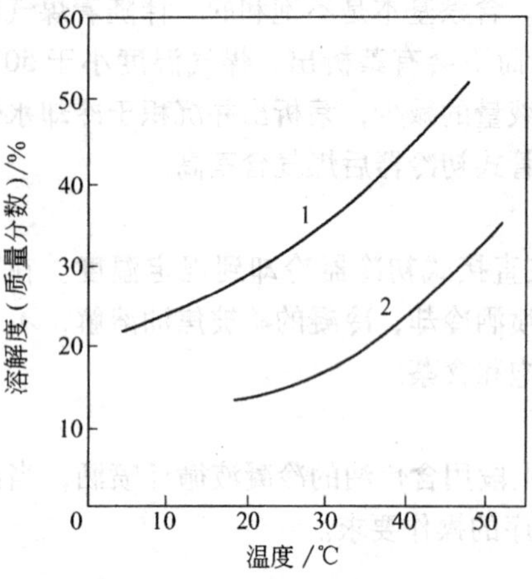

图 2-28　萘在油中的溶解度
1—焦油洗油；2—轻柴油

同一指标，则允许的焦油洗油含萘量可比轻柴油高。萘在焦油洗油与轻柴油中的溶解度如图 2-28。此外，焦化厂内焦油洗油可以自给，所以，多采用焦油洗油作为洗萘的吸收剂。

初冷与终冷过程中间的油洗萘，依煤气净化工艺不同而异。在水洗氨的工艺中，在洗氨塔前进行油洗萘，所采用的工艺流程主要有两种，一种是煤气的最终冷却与洗萘同时进行，简称冷法油洗萘；另一种是煤气在终冷前进行洗萘，简称热法油洗萘。

2.4.2.1　冷法油洗萘工艺流程

冷法油洗萘工艺流程如图 2-29 所示。经捕除焦油雾后的煤气进入终冷洗萘塔，塔下段为由 3 组横管式冷却管束组成的终冷段，上段为由 3 层浮阀塔盘组成的洗萘段。在终冷段，煤气温度约由 45℃冷却到 25℃左右，然后进入洗萘段净化除萘。自粗苯工序来的 28 ~ 30℃的贫油，自塔顶第一块塔盘进入洗萘段，经 3 层浮阀塔盘吸收煤气中的萘后流入冷却段。在煤气冷却的同时，洗油与煤气于管束外壁接触，并冲洗凝结在管壁上的萘。如最终冷却温度低于初冷后煤气露点温度，则会有水蒸气冷凝进入洗萘油中，因而洗萘富油需进行脱水。为此，设有 3 个串联的脱水槽，第一槽内设有加热器，将油加热到 85 ~ 90℃，以起破乳作用。由第一、第二槽上部排出的氨水满流入地下氨水槽，由此泵送蒸氨工段。由第三槽底部排出的含水 4% 以下的洗萘富油送至粗苯工序富油泵入口，与洗苯富油混合，使在脱苯蒸馏的同时脱萘再生。由第三槽上部排出的乳化物流入带分离器的地下槽，分离水由此流入氨水槽，油与乳化物被引入洗萘油泵入口，送往第一槽循环加热破乳。

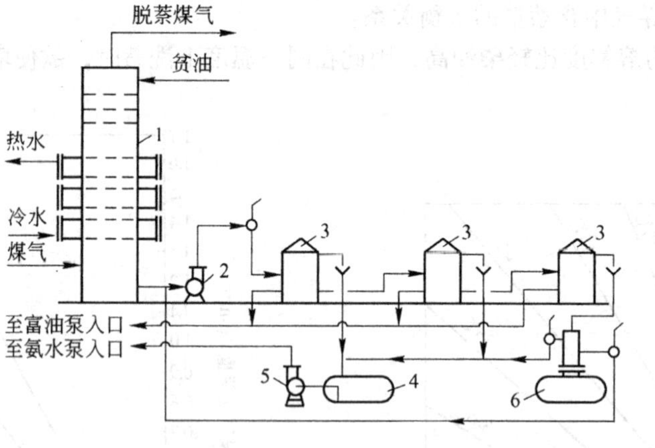

图 2-29　冷法油洗萘工艺流程
1—洗萘塔；2—洗萘油泵；3—脱水槽；4—氨水槽；5—抽水泵；6—分离槽

此流程的特点是：连续洗萘，洗萘富油连续脱水和再生，煤气终冷和洗萘在同一设备内进行，且洗萘操作在较低温度下进行，因而除萘效果好。

2.4.2.2　热法油洗萘工艺流程

热法油洗萘工艺流程如图 2-30 所示。经捕除焦油雾后的煤气进入填料洗萘塔，与塔顶喷洒下来的循环洗萘油逆流接触。出洗萘塔的煤气温度为35~40℃。洗萘富油从塔底流入循环油槽，再用循环油泵送往洗萘塔顶循环喷洒。当循环洗油中萘含量达到一定浓度之后，将洗萘富油全部送往专设的间歇精馏装置进行脱萘再生。脱萘后的贫油回送至贫油槽，以供更换循环洗油时用。

为防止煤气中水蒸气在洗萘塔内冷凝，在循环油入塔前，先经加热，以保持循环油入塔温度高于煤气露点温度。在夏季，当洗萘温度过高时，该加热器也可作冷却器用。

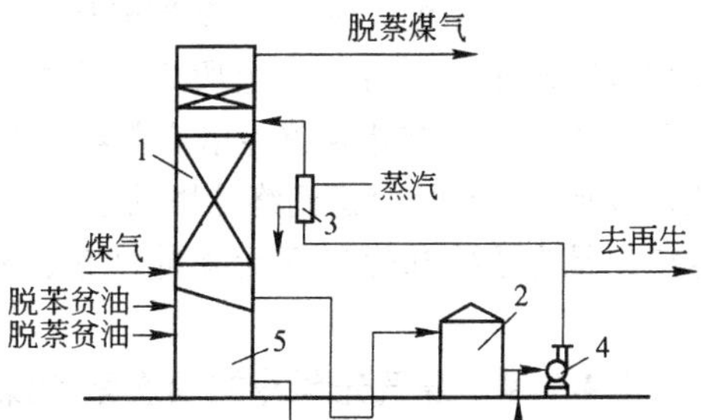

图2-30 热法油洗萘工艺流程

1—洗萘塔；2—循环油槽；3—加热器；4—循环油泵；5—贫油槽

此流程的特点是：循环洗萘、富油间歇再生、煤气先洗萘后终冷、洗萘操作温度较高，在正常操作条件下，塔后煤气含萘也可降至0.5g/m³以下。

在生产硫酸铵的工艺中，一般采用下述的煤气终冷和除萘工艺流程。

2.4.2.3 油洗萘和煤气终冷工艺流程

油洗萘和煤气终冷工艺流程见图2-31。从饱和器来的55~60℃的煤气进入洗萘塔底部，经由塔顶喷淋下来的55~57℃的洗苯富油洗涤后，可使煤气含萘由2~5g/m³降到0.5g/m³左右。除去萘的煤气于终冷塔内冷却后送往洗苯塔。

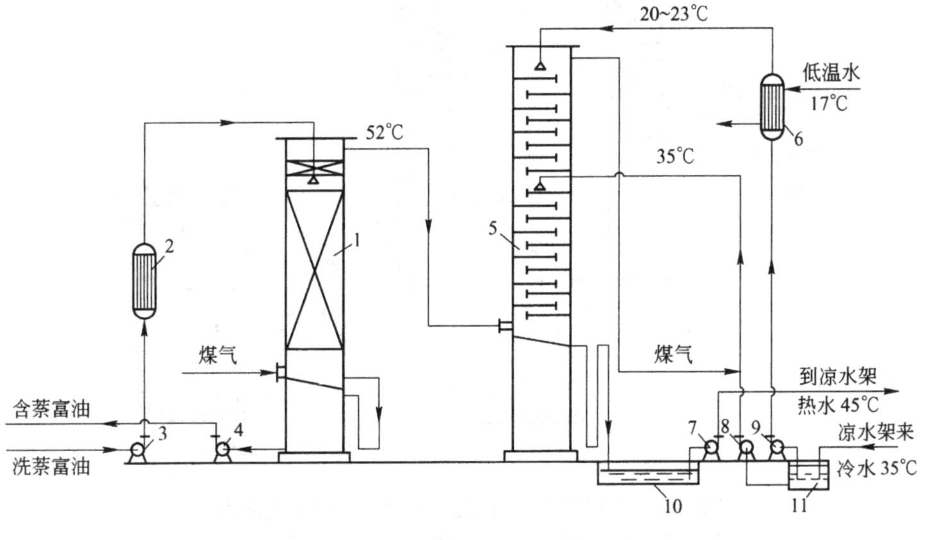

图2-31 油洗萘和煤气终冷工艺流程

1—洗萘塔；2—加热器；3—富油泵；4—含萘富油泵；5—煤气终冷塔；6—循环水冷却器；7—热水泵；8，9—循环水泵；10—热水池；11—冷水池

洗萘塔为木格填料塔，每立方米煤气洗萘所需填料面积为0.2~0.3m²。塔内煤气的空塔速度为0.8~1.0m/s。

洗萘用的洗油为洗苯富油，其喷洒量为洗苯富油量的30%~35%，入塔富油含萘要求小于8%。吸收了萘的富油与另一部分洗苯富油一起送去蒸馏脱苯脱萘。为了防止在终冷塔内从煤气中析出萘，以保证终冷塔的正常操作，洗萘塔后煤气含萘量要求不大于0.5g/m³。影响洗萘塔后煤气含萘量的主要因素是富油含萘量和吸收温度。

终冷塔为隔板式塔，共19层隔板，分两段。下段11层隔板用从凉水架来的循环水喷淋，将煤气冷却至40℃左右。上段8层隔板，用温度为20～23℃的低温循环水喷淋，将煤气再冷却至25℃左右。热水从终冷塔底部经水封管流入热水池，然后用泵送至凉水架，经冷却后自流入冷水池，再用泵送到终冷塔的下段，送往上段的水尚须于冷却器中用低温水冷却。由于终冷塔只是为了冷却煤气而无须冲洗萘，故每1000m^3煤气所用的终冷循环水量可减少至2.5～3t。

2.4.2.4　煤气先预冷的油洗萘和煤气终冷流程

煤气先预冷的油洗萘和煤气终冷流程见图2-32。煤气先进入预冷塔，被冷却水冷却到40～45℃（萘露点为30～35℃）。由于煤气温度高于萘露点温度，故在塔中无萘析出。预冷后的煤气进入油洗萘塔，塔内煤气温度保持在40～45℃。洗萘后的煤气再经最终冷却器冷却至25℃左右。此流程由于洗萘温度低，故经洗萘后的煤气含萘量可降至0.4～0.5g/m^3。若采用含萘小于5%的洗苯贫油洗萘，可使煤气含萘降至0.2g/m^3以下。此流程操作的关键是保证预冷塔煤气出口温度比煤气的萘露点高5～10℃，以保证萘不在预冷塔析出。

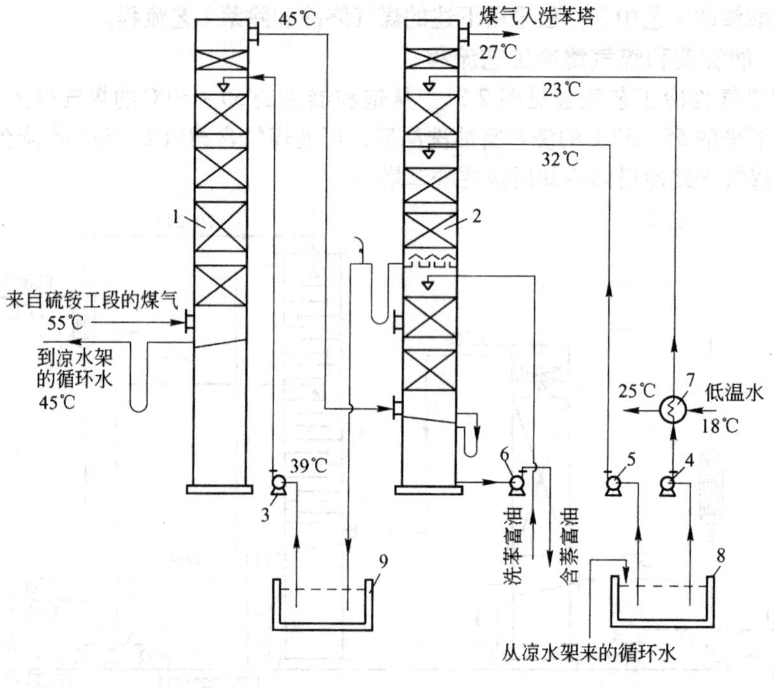

图2-32　煤气先预冷的油洗萘和煤气终冷工艺流程

1—煤气预冷塔；2—油洗萘和煤气终冷塔；3～5—终冷水泵；6—油泵；7—循环水冷却器；8—循环水池；9—中间水池

油洗萘和煤气终冷流程与水洗萘相比，除了洗萘效果好之外，突出的优点是所需终冷水量仅为水洗萘用水量的一半，故可以减少污水排放量，并有可能采用终冷水闭路循环系统，取消凉水架，避免对大气的污染。

2.4.2.5　横管式煤气终冷除萘

横管式煤气终冷除萘工艺流程见图2-33。来自硫酸铵工序约55℃的煤气，由横管式终冷器顶部进入，经上段用循环水和下段用低温水间接冷却至约25℃后，去洗苯工序。

轻质焦油在管间分两段喷洒，含水控制在10%以下，喷淋密度控制在4.5～5$m^3/(m^2\cdot h)$。

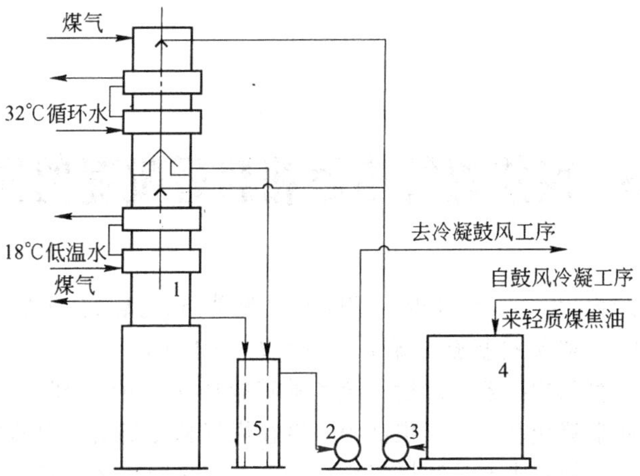

图 2-33 横管式煤气终冷除萘工艺流程

1—横管终冷器；2—含萘焦油泵；3—轻质焦油泵；4—轻质焦油槽；5—水封槽

含萘的轻质焦油送至鼓风冷凝工段与初冷器冷凝液混合，分离出的轻质焦油循环使用。为降低终冷器煤气系统阻力，在上段设氨水喷洒管，定期喷洒以清除横管外壁的油垢。

2.4.3 洗苯过程的煤气脱萘

洗苯塔的作用主要是吸收煤气中的苯族烃，其次是吸收煤气中的萘。洗苯过程的洗萘效果决定着贫油含萘量。贫油含萘越低，塔后煤气含萘也越低。对于管式炉法粗苯蒸馏工艺，由于脱苯塔进料富油温度增高到 180℃以上，脱苯塔具有从侧线切取萘油的功能，所以贫油含萘较低。也可采用将粗苯的 180℃前馏出量适当降低，使萘基本上从塔顶由粗苯气带出。国外已有成功的经验，当贫油含萘约为 1% 时，洗苯塔出口煤气含萘为 50 ~ 100mg/m^3，已达到城市煤气民用标准。

3 炼焦煤气中氨和粗轻吡啶的回收

一般干煤含氮约为2%，其中40%～50%转入粗煤气，其余存于焦炭中。粗煤气中氨氮占煤中氮的15%～20%，吡啶盐基氮占煤中氮的1.2%～1.5%。

粗煤气经过集气管和初冷器冷却后，氨和吡啶盐基发生重新分配，一部分氨和轻质吡啶盐基溶于氨水中，重质吡啶盐基冷凝于焦油中。氨在煤气和冷凝氨水中的分配，取决于煤气初冷方式、初冷器形式、冷凝氨水产量和煤气冷却程度。当采用直接式初冷工艺时，初冷后煤气含氨量为2～3g/m^3；当采用间接冷却和混合氨水工艺时，初冷后煤气含氨量为6～8g/m^3。粗煤气中的氨30%以上分布在氨水中，当采用直接式初冷工艺，剩余氨水含氨为4～6g/L；当采用间接初冷工艺和混合氨水流程时，剩余氨水含氨为2～5g/L。轻质吡啶盐基初冷后煤气中的含量为0.4～0.6g/m^3，在剩余氨水中为0.2～0.5g/L，约占轻吡啶盐基的25%。

目前主要有两种回收氨的方法：一是用硫酸吸收煤气中的氨制取硫酸铵，并同时回收轻质吡啶盐基；二是用磷酸吸收煤气中的氨制取无水氨。

硫酸铵为无色斜方晶体，密度1.769g/cm^3（20℃），易溶于水，在水中溶解度与温度的关系见图3-1；封闭加热时熔点为513℃，敞开加热至100℃时开始分解为酸式硫酸铵。农业用硫酸铵一级品含氮量高于21%，水分低于0.5%，游离酸低于0.08%。硫酸铵除用做肥料外，还用做化工、染织、医药及皮革等工业的原料和化学试剂。

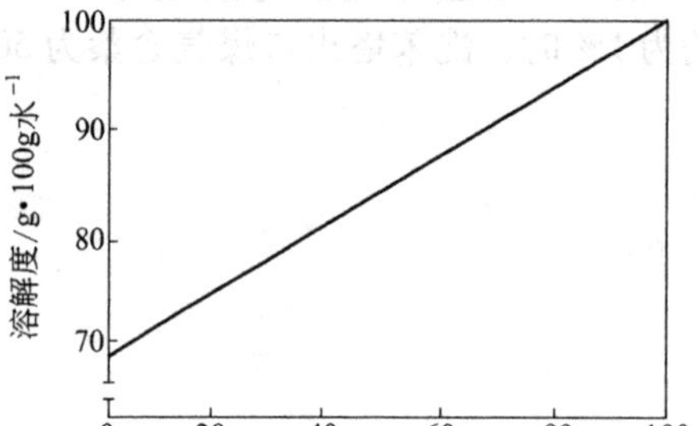

图3-1 硫酸铵在水中的溶解度与温度的关系

无水氨为无色液体，密度为0.771g/cm^3，熔点为－77.7℃，沸点为－33.5℃，贮存于压力为2MPa的压力容器中，一级品含氨量大于99.8%。无水氨主要用于制造氮肥和复合肥料，还可用于制造硝酸、各种含氮的无机盐、磺胺药、聚氨酯、聚酰胺纤维及丁腈橡胶等，此外还常用做制冷剂。

粗轻吡啶盐基是黄色油状混合液，沸点范围为115～160℃，呈弱碱性，易溶于水。组成为：吡啶40%～45%，α－甲基吡啶12%～15%，β－甲基吡啶和γ－甲基吡啶10%～15%，2，4－二甲基吡啶5%～10%，中性油16%～20%。粗轻吡啶盐基规格为：吡啶盐基含量大于60%，水分小于15%，含酚类为4%～5%，密度不大于1.102g/cm^3。粗轻吡啶经精制可得到纯吡啶、α－甲基吡啶、β－甲基吡啶和吡啶溶剂等产品。这些产品是有机合成工业（如医药、农药）的重要原料，也是一种优良的溶剂。

3.1 硫酸吸氨法

3.1.1 生产工艺原理

3.1.1.1 硫酸铵生成的化学原理

硫酸吸收煤气中的氨是迅速的不可逆的化学反应：

$$2NH_3 + H_2SO_4 \longrightarrow (NH_4)_2SO_4,\ \Delta H = -275014\text{J/mol}$$

实际热效应与母液酸度和温度有关，其值较上述值约小 10%。如氨与酸度为 7.8% 的硫酸铵饱和母液相互作用，其反应热效应如下：

温度/℃	47.4	66.3	76.1
热效应/$J\cdot mol^{-1}$	240883	245878	249208

硫酸过量时，则生成酸式盐：

$$NH_3 + H_2SO_4 \longrightarrow NH_4HSO_4,\ \Delta H = -165017\text{J/mol}$$

随母液被氨饱和的程度，酸式盐又可转变为中式盐：

$$NH_4HSO_4 + NH_3 \longrightarrow (NH_4)_2SO_4$$

酸式盐和中式盐的比例取决于母液的酸度（以游离酸在母液中的质量分数表示）。当酸度为 1% ~2% 时，主要生成中式盐。酸度升高时，酸式盐的含量也随之提高。由于酸式盐较易溶于水或稀硫酸中，故在酸度不大的情况下，从饱和溶液中析出的只有硫酸铵结晶。

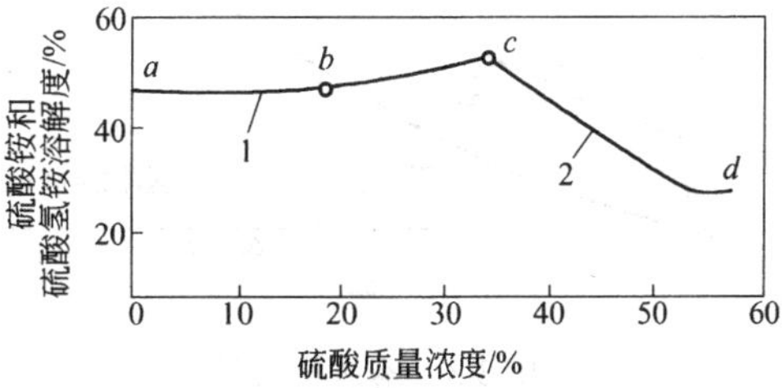

图 3-2 硫酸铵在不同浓度的硫酸溶液内的溶解度曲线

1—硫酸铵溶解度；2—硫酸氢铵溶解度

硫酸铵在不同浓度硫酸溶液（60℃）内的溶解度曲线见图 3-2。由图可见，在酸度小于 19%（*b* 点）时，析出的固体结晶为硫酸铵；当酸度大于 19% 而小于 34% 时（*bc* 段），则析出的是硫酸铵和硫酸氢铵两种盐的混合物；当酸度大于 34%（*c* 点）时，得到的固体结晶全为硫酸氢铵。

3.1.1.2 硫酸铵生成的结晶原理

用硫酸吸收煤气中的氨形成硫酸铵晶体需要经历两个阶段：首先是细小的结晶中心——晶核的形成，然后是晶核再成长为一定形状的晶体。

晶核的形成和晶体的成长过程可用图 3-3 的溶液状态图说明。图中 *AB* 曲线给出了不同温度下的饱和溶液浓度，称作溶解度曲线或饱和曲线。凡状态点处在饱和曲线以上区域内的溶液，都是过饱和溶液，所以这个区域称作过饱和溶液区。溶液都有程度不同的过饱和现象。过饱和状态是从溶液中生长晶体必须创造的先决条件。过饱和状态在热力学上是不稳定的，整个过饱和区的不稳定程度是不一样的。溶液状态离饱和曲线越远越不稳定，靠近饱和曲线处较为稳定。因此，在溶解度曲线上方存在一条溶液开始自发结晶的界线，称为超溶解度曲线，即图中 *CD* 曲线。超溶解度曲线不像溶解度曲线那样确定，极易受外界因素影响。这样溶液状态图就被 *AB* 和 *CD* 曲线分为三个区域：稳定区，处在此区的溶液不可能发生结晶作用；亚稳区，处在此区的溶液不会发生自发结晶作用，如将籽晶放入，晶体会生长；不稳区，处在此区的溶液能自发地发生结晶作用。三个区以亚稳区最为重要，因为从溶液中生长晶体都是在这个区域内进行的。希望析出的溶质都在籽晶上逐渐生长，而不希望溶液出现自发晶体并长成不需要的杂晶。为此，要求在整个生长过程中把溶液都保持在亚稳区。溶液的亚稳区是客观存在的。亚稳区虽无法精确测量，但其大小还是可以用过饱和度或过冷度来估算。过饱和度以浓度驱动力 $\Delta c = c - c^*$ 表示，过冷度以 $\Delta t = t^* - t$ 表示，式中 c^* 和 t^* 分别为溶液饱和时的浓度和温度。

亚稳区的大小与结晶物质的本性有关，也极易受外界条件的影响，如搅拌、振动、温度和杂质等。在正常操作条件下，硫酸铵结晶的介稳区很小。对酸度为5%的硫酸铵溶液的过饱和度，在搅拌情况下所得的实验结果见图3-4。由图可见，母液的结晶温度比其饱和温度平均低3.4℃。在温度为30~70℃的范围内，温度每变化1℃时，盐的溶解度约变化0.09%。所以溶液的过饱和度即为0.09%×3.4=0.306%。这就是说，介稳区是很小的。在这种情况下，只要控制母液中结晶的生长速度与反应生成的硫酸铵量相平衡时，晶核的生成量最小，方可得到较大的结晶颗粒。

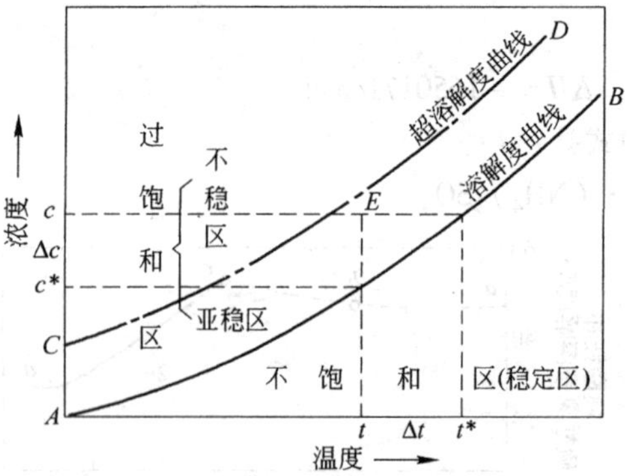

图3-3 溶液状态图

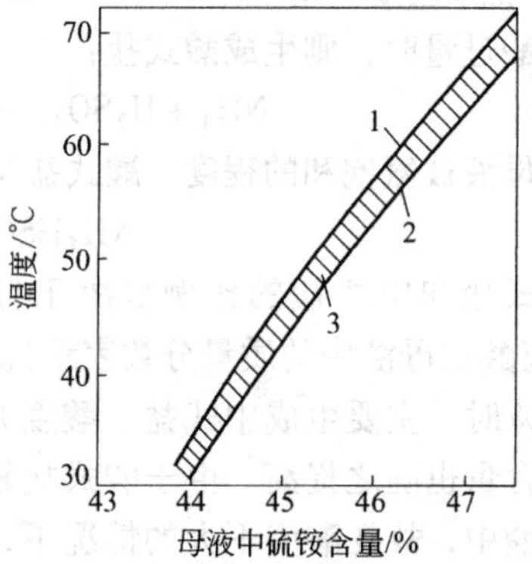

图3-4 硫铵酸性溶液的过饱和度

1—饱和曲线；2—过饱和曲线；3—结晶成长区

晶体的生长是各向异速的。通常所说的晶体生长速率，指的是在单位时间内晶面沿其法线方向向外平行推移的距离，称为线性生长速率，其大小取决于溶液的过饱和度。晶体生长的形态变化，取决于各晶面相对生长速率的变化。晶体在溶液中长大的速率取决于硫酸铵分子从液相向固相传递的速率、硫酸铵分子向结晶界面扩散的速率、从结晶界面上移走结晶热的速率及聚集在生长晶面的结晶物质进入晶格座位的反应速率。

实际在硫酸铵生产的条件下，溶液受到剧烈搅拌，则传递速率、扩散速率及移走结晶热的速率对晶体的成长过程影响很小，因此可近似考虑以结晶物质进入晶格座位的反应速率表示晶体长大速率。此时结晶附近溶液的浓度可以认为等于溶液的平均过饱和浓度 $c_{过饱和}$，而相界面处的溶液浓度即等于溶液的饱和浓度，则晶体长大的速率可用下式表明：

$$v = K(c_{过饱和} - c_{饱和})^2 \qquad (3\text{-}1)$$

在一定的结晶条件下，若晶核形成速率大于晶体成长速率，则得到小颗粒结晶；若晶核形成速率小于晶体成长速率，则得到大颗粒结晶；若晶核形成速率等于晶体成长速率，则晶粒参差不齐。

3.1.2 硫酸铵生产的影响因素及其控制

3.1.2.1 母液酸度

氨吸收设备内母液的酸度，主要影响硫酸铵结晶的粒度和氨与吡啶盐基的回收率。

母液酸度对硫酸铵结晶成长有影响，随着母液酸度的提高，结晶平均粒度下降，晶形也从长宽比小的多面颗粒转变为有胶结趋势的细长六角棱柱形，甚至成针状。母液酸度对结晶粒度的影响见图3-5。产生这种现象的原因是当其他条件不变时，母液的介稳区随着酸度增加而减小，不能保持有利于晶体成长所必需的过饱和度。母液酸度对过饱和度的影响见图3-6。另外，随着酸度提高，母液黏度增大，增加了硫酸铵分子扩散阻力，阻碍了晶体正常成长。母液酸度和黏度的关系见图3-7。

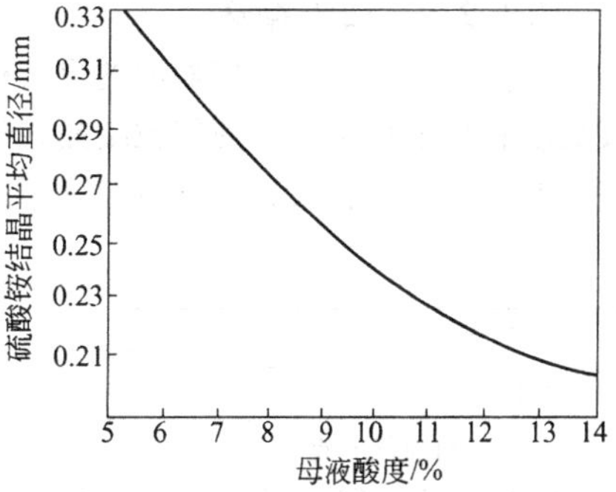

图3-5 母液酸度对硫酸铵粒度的影响

但是，母液酸度也不宜过低。否则，除了氨和吡啶的吸收率下降外，还易造成饱和器堵塞。特别是当母液搅拌不充分或酸度波动时，可能在母液中出现局部中性区甚至碱性区，从而导致母液中的铁、铝离子形成 $Fe(OH)_3$ 及 $Al(OH)_3$ 等沉淀，进而生成亚铁氰化物，使晶体着色并阻碍晶体成长。另外，酸度过低容易产生泡沫，使操作条件恶化。

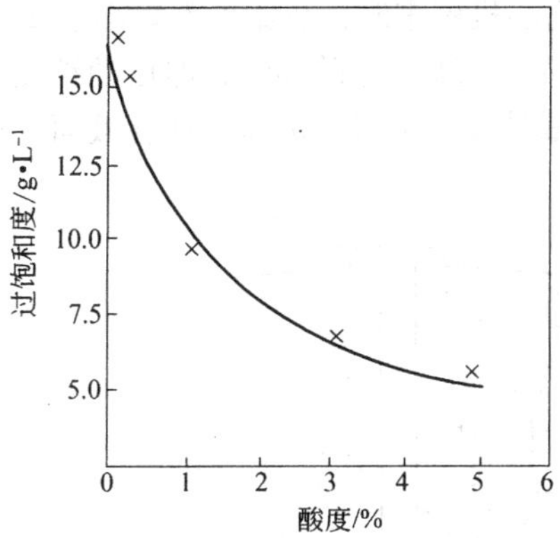

图3-6 酸度对母液介稳区的影响

测定条件：平均温度66℃，冷却速度25℃/h

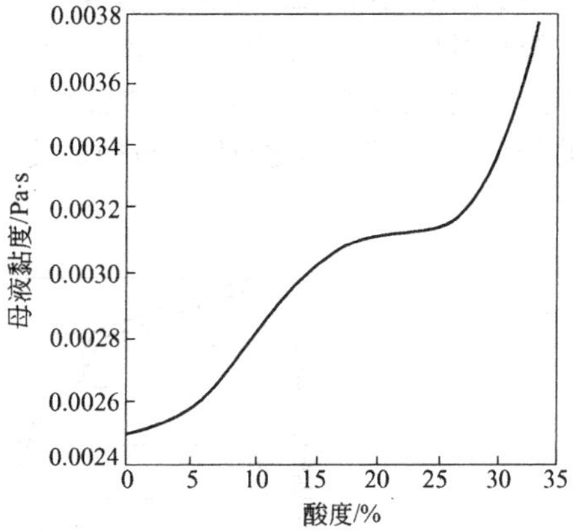

图3-7 20℃下母液酸度和黏度的关系

母液酸度的控制，依所采用的工艺不同而异。饱和器正常操作时的母液酸度为4%～6%；喷淋式饱和器正常操作时的母液酸度为3%～4%；酸洗塔正常操作时的母液酸度为2.5%～3%。

3.1.2.2 母液温度

母液温度影响晶体生长速度。通常晶体的生长速度随母液温度的升高而增大，且由于晶体各棱面的平均生成速度比晶体沿长向生长速度增长较快，故提高温度有助于降低长宽比而形成较好晶形。同时，由于晶体体积增长速度也变快，故可将溶液的过饱和程度控制在较小范围内，减少了晶核生成。但是温度也不宜过高，温度过高时，虽然因母液黏度降低而增加了硫酸铵分子向晶体表面的扩散速率，有利于晶体长大，但也易因温度波动而形成局部过饱和程度过高现象，促使大量晶核形成。

实际上，母液温度是根据器内的水平衡确定的。如果初冷器后煤气温度较高，硫酸铵洗涤用水量偏大等，为保持器内水平衡，必将提高母液温度。这样不仅影响氨和吡啶盐基的回收率，而且设备的腐蚀加剧，同时影响硫酸铵质量。

适宜的母液温度是在保证母液不被稀释的条件下，采用较低的操作温度，并使其保持稳定和均匀。一般母液温度控制在50～55℃。

3.1.2.3 母液循环

母液循环的目的是使器内的母液得到充分的搅拌，以提高传质速率。同时尽量使器内的母液酸度和温度均匀，并使细粒结晶在母液中呈悬浮状态，以便延长其在母液中的停留时间，这些均有利于结晶长大，另外也起到了减轻器内堵塞的作用。几种方法的母液循环量见表3-1。

表3-1 母液循环量

方法 循环量	鼓泡型饱和器	喷淋式饱和器	酸洗塔
对煤气的液气比/$L \cdot m^{-3}$	2~3.8	15	6
对结晶系统的循环量/结晶抽出（或供给）量	约8	41.6	145

3.1.2.4 晶比

晶比系指悬浮于母液中的硫酸铵结晶的体积对母液与结晶总体积的百分比。晶比太大，相应减少氨与硫酸反应所需的容积，不利于氨的吸收；母液搅拌阻力增加，导致搅拌不良；晶体间的摩擦机会多，大颗粒结晶易破碎；堵塞情况加剧。晶比太小，不利于晶体长大；母液密度降低，酸焦油与乳化物不易与母液分离而污染产品。

一般鼓泡型饱和器晶比控制在40%~50%，在离心机停车时，晶比也不宜小于20%；喷淋式饱和器晶比控制在35%~40%，在正常操作条件下，晶比达到25%，即启动结晶泵，晶比降至4%停止抽取；酸洗塔法结晶器中平均母液结晶浓度在45%~50%，在各液面上结晶浓度的分布见图3-8，晶比与质量分数的关系见图3-9。

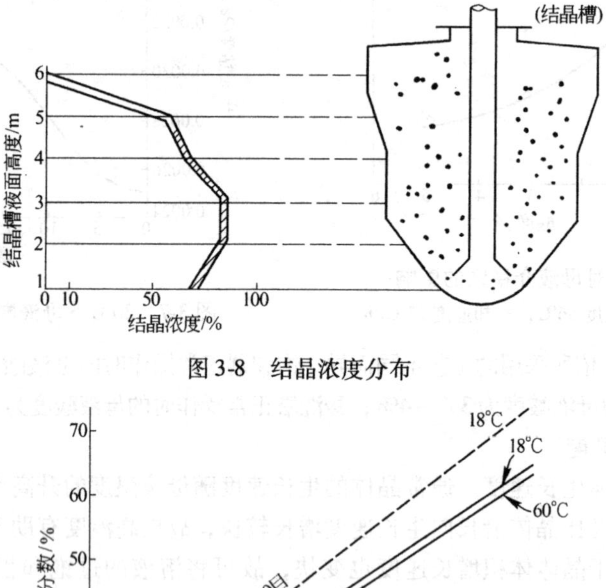

图3-8 结晶浓度分布

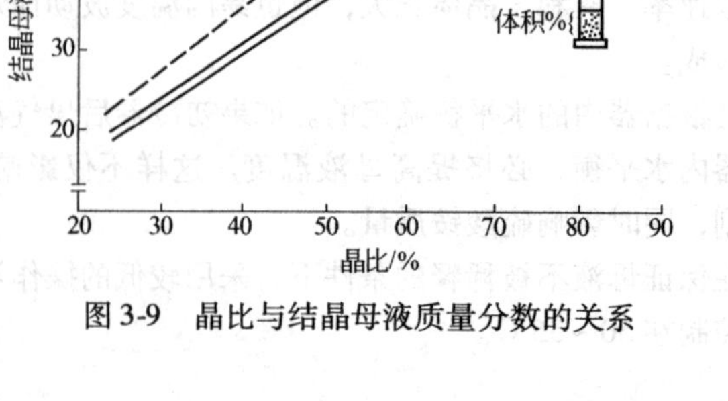

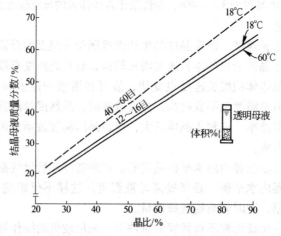

图3-9 晶比与结晶母液质量分数的关系

3.1.2.5 杂质

母液中的杂质对晶体生长速率有明显影响，在一定的过饱和度下，杂质较多地对生长起抑制作用；在极端的情况下，可完全抑制晶面的生长。杂质对晶体生长机制的影响有以下几种情况：晶面吸附了杂质或离子后被毒化，不再是生长的活性点，柱型结晶变成针型；吸附了杂质后，晶体生长时需要排除杂质，致使生长速率下降，晶粒小；杂质的存在使介稳区缩小，导致生成大量晶核。杂质的影响也可由图 3-10 和图 3-11 说明。

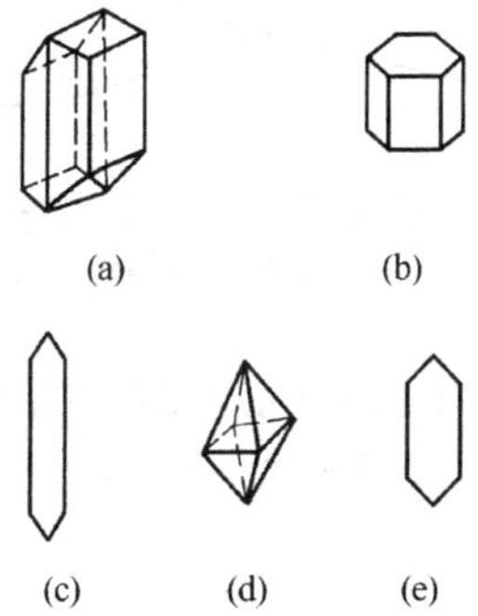

图 3-10　硫酸铵晶体的晶形

（a）无添加物；（b）存在 Na^{+}；（c）存在 Al^{3+} 和 Fe^{3+}；（d）存在 Mg^{2+}；（e）存在 Al^{3+} 和 Mg^{2+}

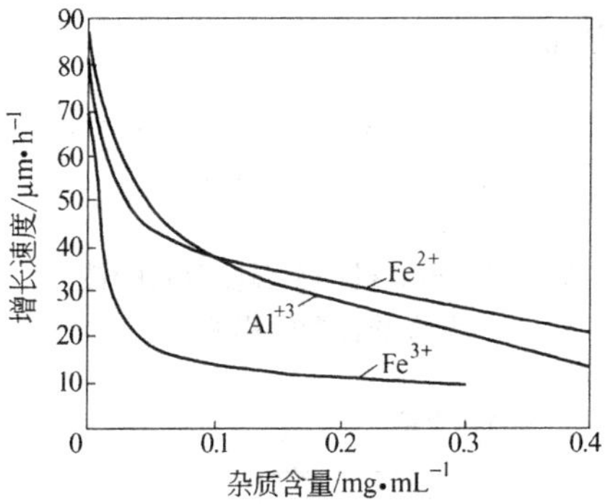

图 3-11　在结晶温度 58.5℃ 时杂质对硫酸铵晶体各面平均生成速度的影响

母液中含有杂质的种类和多少，取决于生产工艺流程、硫酸质量、工业水质量、脱吡啶母液处理程度、设备腐蚀情况及操作条件等。母液中的可溶性杂质主要是由酸和水腐蚀产生的铁、铝、铜、铬、铅、锑及砷等的盐类。不溶性杂质主要是由煤气带入的焦油雾和煤尘以及由脱吡啶母液带入的氰铁铬盐泥渣。

为此有人提出母液中杂质含量应不高于 1g/t，硫酸铵中杂质含量应不高于 0.05%。使用的硫酸中铁的含量应低于 0.015%，氧化氮（N_2O_3）的含量应低于 0.0001%。使用再生硫酸时，其中的有机物含量应不高于 2%。

3.1.2.6 离心分离和水洗

离心分离和水洗效果对产品的游离酸和水分含量影响很大。因此，要求放入离心机的料浆流量和料浆的结晶浓度保持稳定，转鼓内的料层厚度均匀，否则将影响分离效果。

洗水温度对产品游离酸含量有影响，见图 3-12。由图可见，用热水洗涤能更好地从结晶表面洗去油类杂质，并能防止离心机筛网被细小油珠堵塞，因此洗水温度在 70℃ 以上为好。洗水量对产品品质也有显著影响，见图 3-13。由图可见，洗水量应不大于硫酸铵质量的 12%。

3.1.3 硫酸铵生产工艺流程

3.1.3.1 饱和器法制取硫酸铵

饱和器法制取硫酸铵的工艺流程见图 3-14。除去焦油雾的煤气经过预热器预热后，进入饱和器中央煤气管，经泡沸伞穿过母液层鼓泡而出，煤气中的氨即被硫酸吸收。脱除氨的煤气进入除酸器，分离出所夹带的酸雾后被送往下一工序。

当不生产粗轻吡啶时，剩余氨水经蒸氨后所得的氨气，直接与煤气混合进入饱和器；当生产粗轻吡啶时，则将氨气通入回收吡啶装置的中和器。氨在中和母液中的游离酸和分解硫酸吡啶生成硫酸铵后，随中和器的回流母液返回饱和器系统。

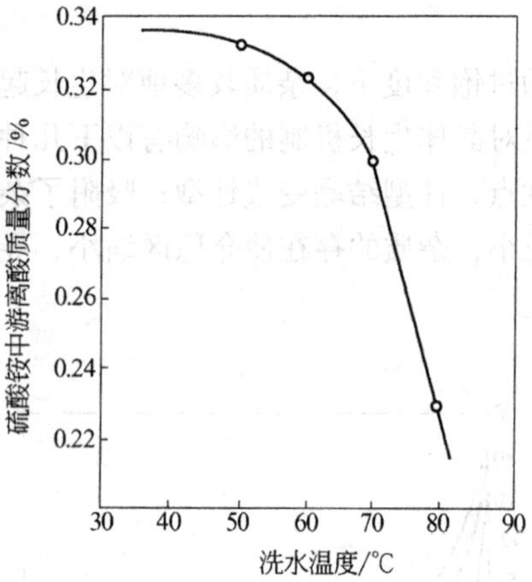

图 3-12 离心机洗水温度对硫酸铵游离酸含量的影响

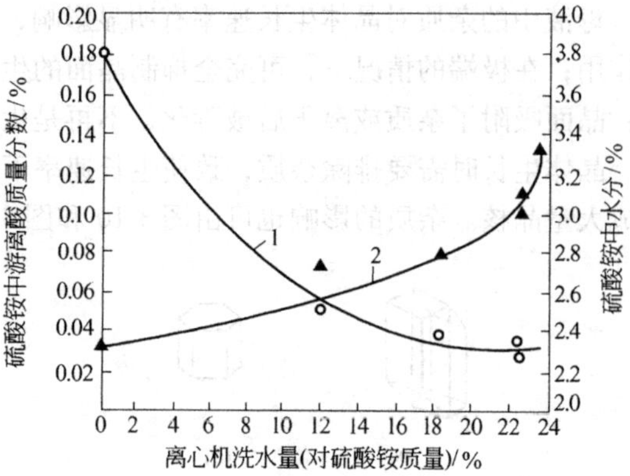

图 3-13 离心机洗水量对硫酸铵品质的影响
1—游离酸；2—水分

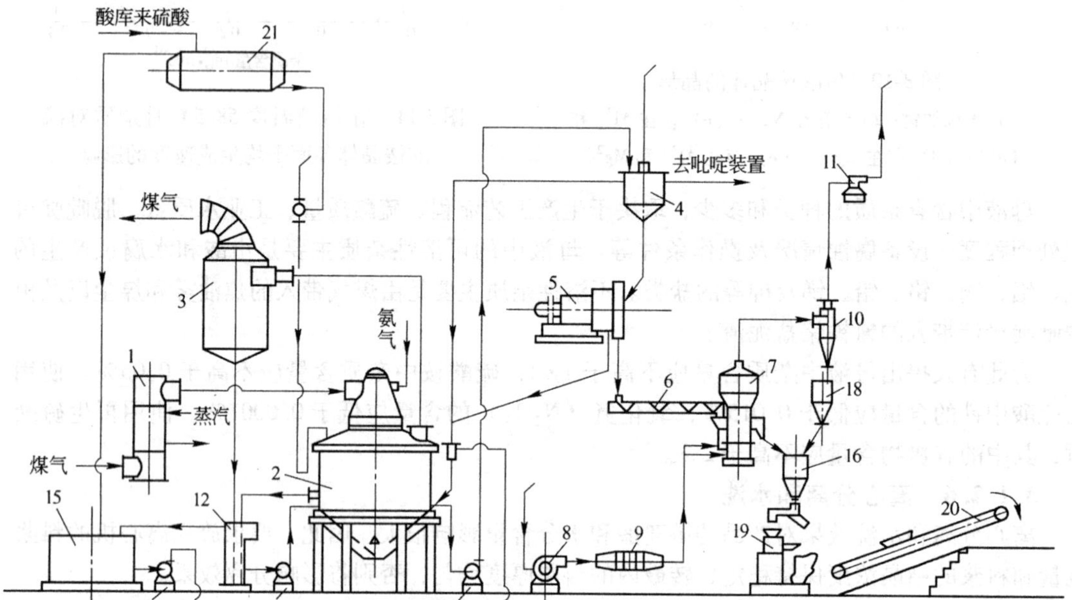

图 3-14 饱和器法生产硫酸铵的工艺流程

1—煤气预热器；2—饱和器；3—除酸器；4—结晶槽；5—离心机；6—螺旋输送机；7—沸腾干燥器；8—送风机；9—热风器；10—旋风分离器；11—排风机；12—满流槽；13—结晶泵；14—循环泵；15—母液贮槽；16—硫酸铵贮斗；17—母液泵；18—细粒硫酸铵贮斗；19—硫酸铵包装机；20—胶带运输机；21—硫酸高置槽

饱和器母液中不断有硫酸铵生成，当达到一定的过饱和程度时，将析出硫酸铵结晶。用结晶泵将饱和器底部结晶母液送至结晶槽内，结晶继续长大并沉降下来，然后排放到离心机，滤出母液后再用热水洗涤结晶，以减少结晶表面上的游离酸和杂质。离心分离出来的母液与结晶槽满流出来的母液均自流回到饱和器内。

离心机卸出的硫酸铵结晶，由螺旋输送机送至沸腾干燥器内，经热空气干燥后卸入硫酸铵贮斗，然后称量包装送入成品库。

沸腾干燥器用的热空气由送风机经热风器加热后送入。沸腾干燥器排出的热废气经旋风分离出细小晶粒后，放散入大气中。

为使饱和器内气液两相接触良好，泡沸伞在母液中需保持一定液封高度。为此，在饱和器上设有满流口，由此溢出的母液通过液封流入满流槽。满流槽内母液用循环泵连续送回饱和器底部的喷射器，使饱和器底槽内的母液不断循环搅动，以改善结晶过程。

煤气中焦油雾与母液中硫酸作用将生成泡沫状酸焦油，漂浮在母液液面上，并与母液一起流入满流槽中。漂浮在满流槽液面上的酸焦油，被引至酸焦油处理装置。

硫酸自高位槽按所需量自流入饱和器，饱和器是周期性的连续操作设备，当定期大加酸、补水和用热水冲洗饱和器及除酸器时，所形成的大量母液可由满流槽满流至母液贮槽暂时贮存。在下次大加酸前的正常生产过程中，所贮存的母液用母液泵再送回饱和器加以利用。此外，母液贮槽还供饱和器检修、停工时贮存饱和器等设备内的母液之用。

在饱和器内生成的酸焦油，可用剩余氨水在洗涤器内洗涤，下层已经中和的焦油放回冷凝工段机械化氨水澄清槽，上层氨水放入母液贮槽。

在正常生产中，为保持母液酸度在4%～5%的范围内，只需连续向饱和器内加入吸收氨所需的硫酸。但为了消除器内沉积的结晶，需定期进行中加酸和大加酸，并用水和蒸汽冲洗。中加酸一般将母液酸度提高到12%～14%，大加酸一般将母液酸度提高到18%～22%。

3.1.3.2 喷淋式饱和器法制取硫酸铵

喷淋式饱和器法制取硫酸铵的工艺流程见图3-15。除去焦油雾经预热的煤气进入饱和器本体后，入上部外筒体和内筒体之间的环形分配箱内，在此用循环泵送入的母液进行喷淋，然后在环形空间一侧集中顺通道上升，再沿水平切线通道进入内筒体和煤气出口管之间旋转向下运动，最后经出口管排出去粗苯工段。

经喷淋吸收氨形成的结晶母液，通过降液管流入饱和器下部结晶槽内，然后向上流动。含

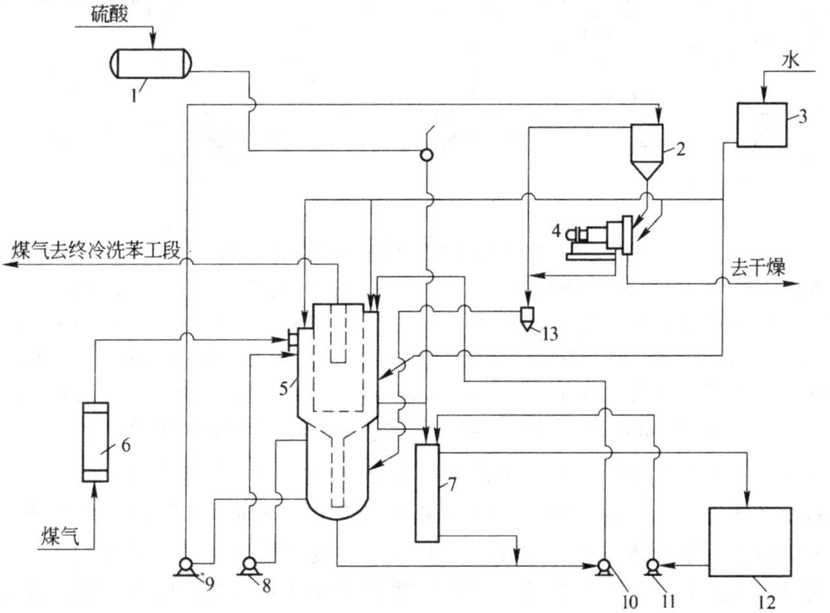

图3-15 喷淋式饱和器工艺流程

1—硫酸高位槽；2—结晶槽；3—温水槽；4—离心机；5—喷淋式饱和器；6—煤气预热器；7—满流槽；8—母液循环泵；9—结晶泵；10—小母液循环泵；11—母液泵；12—母液贮槽；13—回流槽

小颗粒的硫酸铵结晶母液由上部用母液循环泵抽出循环喷淋煤气，大颗粒硫酸铵结晶沉积在结晶槽底部，定期由结晶泵抽送至结晶槽，然后经离心分离，滤出母液后，再用热水洗涤结晶，以减少结晶表面上的游离酸和杂质。离心分离出来的母液与结晶槽满流出来的母液一同自流到回流槽返回饱和器下部。

饱和器下部母液温度和水平衡是通过煤气预热器加热煤气维持。正常生产时，满流管用来维持饱和器上部母液液面高度。为补充母液与氨反应所消耗的酸量和保持循环母液酸度的稳定，将补充的新酸加至饱和器满流管出口。母液贮槽中的酸性母液用泵送至满流槽中，再用母液泵抽送至饱和器上部煤气上升通道内，通过喷嘴喷淋上升的煤气。在饱和器上部液面上还设有排焦油管，此管在饱和器外与满流管连通。在饱和器大加酸时，控制满流管出口母液流量可使饱和器上部的液面上升，并使液面上漂浮的焦油随母液流至满流槽中，然后自流至母液贮槽。满流槽及母液贮槽中的焦油应定期清除。

在饱和器煤气入口、煤气上升通道、满流槽等处均设有与温水槽相连通的管线（图中未全示出），以定期冲洗沉积的结晶和焦油。

3.1.3.3　酸洗塔法制取硫酸铵

酸洗塔法制取硫酸铵的工艺流程见图3-16。煤气与蒸氨工段来的一部分氨气一起进入酸洗塔下段，在此用酸度为2% ~3%的循环母液喷洒。煤气进入上段用酸度为4% ~5%的循环母液喷洒。由酸洗塔排出的煤气经旋风除酸器脱除酸雾后去洗苯工段。

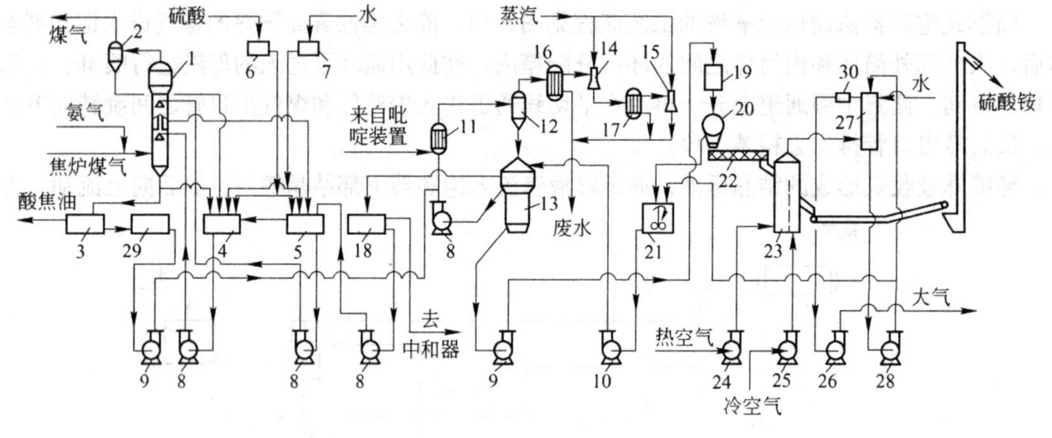

图3-16　酸洗塔法制取硫酸铵的工艺流程

1—喷洒酸洗塔；2—旋风除酸器；3—酸焦油分离槽；4—下段母液循环槽；5—上段母液循环槽；6—硫酸高位槽；7—水高位槽；8—循环母液泵；9—结晶母液泵；10—滤液泵；11—母液加热器；12—真空蒸发器；13—结晶器；14，15—第一及第二蒸汽喷射器；16，17—第一及第二冷凝器；18—满流槽；19—供料槽；20—连续式离心机；21—滤液槽；22—螺旋输送器；23—干燥冷却器；24—干燥用送风机；25—冷却用送风机；26—排风机；27—洗净塔；28—泵；29—澄清槽；30—雾沫分离器

酸洗塔的两段各有母液循环系统。下段来的部分母液先进入酸焦油分离槽，经分离后去澄清槽。另一部分母液进入母液循环槽，由此用泵送往酸洗塔下段循环喷洒。由酸洗塔上段引出的母液经循环槽用于上段喷洒。循环母液中需要补充的酸由硫酸高位槽供入。

澄清槽内母液用结晶泵送至加热器，与结晶器满流的母液一起被加热，然后进入真空蒸发器。在此，母液因水分蒸发而得到浓缩，浓缩后的过饱和硫酸铵母液流入结晶器，大颗粒的晶体沉到下部，含少量细小结晶的母液用循环泵送至加热器循环加热，而由结晶器顶溢流的母液则经满流槽泵回母液循环槽。

由蒸发器顶部引出的蒸汽在冷凝器冷凝后，去污水处理装置。

结晶器内的硫酸铵母液浆，用泵送至供料槽后卸入离心机进行分离。分离母液经滤液槽返回结晶器，硫酸铵结晶由螺旋输送机送至干燥冷却器，在此用热空气使之沸腾干燥。为了防止晶体结块，在器内设置了蛇形水冷却管，并通入冷风进行冷却。

由干燥冷却器排出的气体，在洗净塔用水洗涤，将不含粉尘的废气排入大气，洗液自流入滤液槽。

3.1.4 饱和器的物料平衡和热平衡

进行饱和器的物料平衡和热平衡计算，对分析饱和器的操作和制订正常的操作制度具有重要意义。

通过氨平衡计算可以确定硫酸用量和硫酸铵产量；通过水平衡计算可以确定饱和器母液的适宜温度；通过热平衡计算可以确定饱和器操作过程是否需要补充热量，从而规定煤气预热温度或母液预热温度。举例计算如下：

原始数据：

焦炉干煤装入量	142t/h
煤气发生量(干煤)	$340m^3/t$
氨的产率	0.3%
初冷器后煤气温度	30℃
剩余氨水量(如前计算)	14.31t/h
剩余氨水含氨量	3.5g/L
蒸氨塔废水含氨量	0.05g/L
每蒸馏 $1m^3$ 稀氨水用直接蒸汽量	$200kg/m^3$
分缩器后氨气温度	98℃
饱和器后煤气含氨量	$0.03g/m^3$
硫酸质量分数	78%

3.1.4.1 氨的平衡及硫酸用量的计算

(1) 煤气带入饱和器的氨量，等于炼焦生成的总氨量与剩余氨水中总氨量之差。

$$1000\times142\times0.3\%-14.31\times3.5=375.9\text{kg/h}$$

(2) 饱和器后随煤气带走的氨量

$$\frac{340\times142\times0.03}{1000}=1.45\text{kg/h}$$

(3) 由蒸氨塔带入饱和器的氨量

$$14.31\times3.5-14.31\times1.2\times0.05=49.24\text{kg/h}$$

(4) 饱和器内被硫酸吸收的氨量

$$375.9+49.24-1.45=423.69\text{kg/h}$$

(5) 硫酸铵产量(干质量)

$$423.69\times\frac{132}{2\times17}=1645\text{kg/h}$$

(6) 质量分数 78% 的硫酸消耗量

$$423.69\times\frac{98}{2\times17\times0.78}=1566\text{kg/h}$$

3.1.4.2　水平衡及母液温度的确定

为使饱和器母液不被稀释或浓缩，应使进入饱和器的水分全部呈蒸汽状态被煤气带走。由于煤气通过母液时速度太快，接触时间太短以及接触表面不足，所以饱和器蒸发水分能力很差。这就更加突出了饱和器维持水平衡的重要性。

A　带入饱和器的总水量

（1）煤气带入的水量

$$\frac{340\times142\times35.2}{1000}=1699\text{kg/h}$$

式中　35.2——在30℃ 1m^3 干煤气被水气饱和后其中水气的质量，g。

（2）氨分缩器后氨气带入的水量

$$\frac{49.24}{10\%}\times(1-10\%)=443.2\text{kg/h}$$

式中　10%——相当于分缩器后温度为98℃的氨气浓度。

（3）硫酸带入的水量

$$1566\times(1-78\%)=344.5\text{kg/h}$$

（4）洗涤硫酸铵水量：取硫酸铵量的8%，离心后硫酸铵含水2%，故带入的水量为

$$1645\times\frac{8-2}{100}=98.7\text{kg/h}$$

（5）冲洗饱和器和除酸器带入的水量：饱和器的酸洗和水洗是定期进行的，洗水量因各厂操作制度不同而异，现取平均200kg/h，则带入饱和器的总水量为

$$1699+443.2+344.5+98.7+200\approx2786\text{kg/h}$$

B　饱和器出口煤气中的水蒸气分压

带入饱和器的总水量，均由煤气带走，则出饱和器的 1m^3 煤气应带走的水量为

$$\frac{2786}{340\times142}=0.0577\text{kg/m}^3\quad或\quad57.7\text{g/m}^3$$

相应地，1m^3 煤气中水蒸气的体积为

$$\frac{57.7\times22.4}{18\times1000}=0.0718\text{m}^3$$

混合气体中水气所占的体积为

$$\frac{0.0178}{1+0.0718}=6.7\%$$

取饱和器后煤气表压为11.77kPa，则水蒸气分压为

$$(101.33+11.77)\times6.7\%=7.58\text{kPa}$$

C　母液最低温度的确定

根据母液液面上的水蒸气分压等于煤气中的水蒸气分压，利用图3-17可直接查得。若使煤气带走这些水分，必须使母液液面上的水蒸气分压大于煤气中的水蒸气分压，使之产生蒸发推动力，即 $\Delta p=p_1-p_g$。此外，还由于煤气在饱和器中停留的时间短，不可能达到平衡，所以，实际上母液液面上的水蒸气分压应为

$$p_1=Kp_g$$

式中，K 为平衡偏离系数，其值为1.3～1.5。当取1.5时，则 $p_1=1.5\times7.58=11.37\text{kPa}$，查图3-17得，当母液酸度为4%和8%时，与 $p_1=11.37\text{kPa}$ 相对应的母液适宜温度分别为51℃及56℃；当酸度为6%时，可取其平均值为53.5℃。

在实际生产操作中，当吡啶装置不生产时，母液温度为50～55℃；当吡啶装置生产时，母液温度为55～60℃。

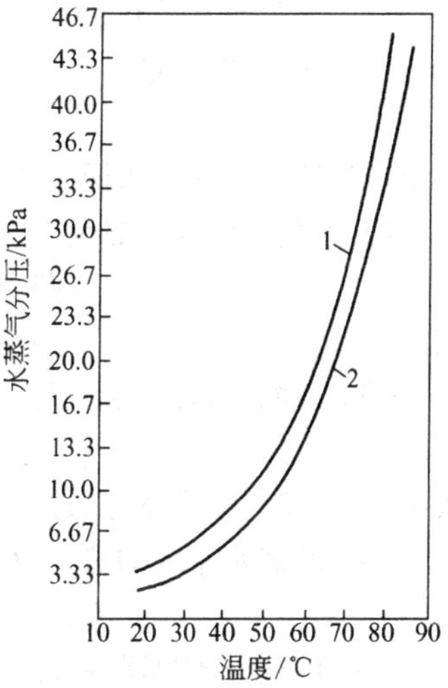

图3-17 母液的温度同液面上水蒸气分压关系图
1—母液的酸度为4%；
2—母液的酸度为8%

3.1.4.3 热平衡及煤气预热温度的确定

热平衡计算的物料流见图3-18，假定吡啶装置未投入生产。

A 输入热量 $Q_入$

（1）煤气带入的热量 Q_1

1）干煤气带入的热量

$$340 \times 142 \times 1.465t = 70730t \quad kJ/h$$

式中 1.465——干煤气比热容，kJ/(m^3·K)；

t——煤气预热温度，℃。

2）水蒸气带入的热量

$$1699 \times (2491 + 1.834t) = 4232209 + 3116t \quad kJ/h$$

式中 1.834——0～80℃间水蒸气比热容，kJ/(kg·K)；

2491——水在0℃时的蒸发热，kJ/kg。

3）氨带入的热量

$$375.9 \times 2.106t = 792t \quad kJ/h$$

式中 2.106——氨的比热容，kJ/(kg·K)。

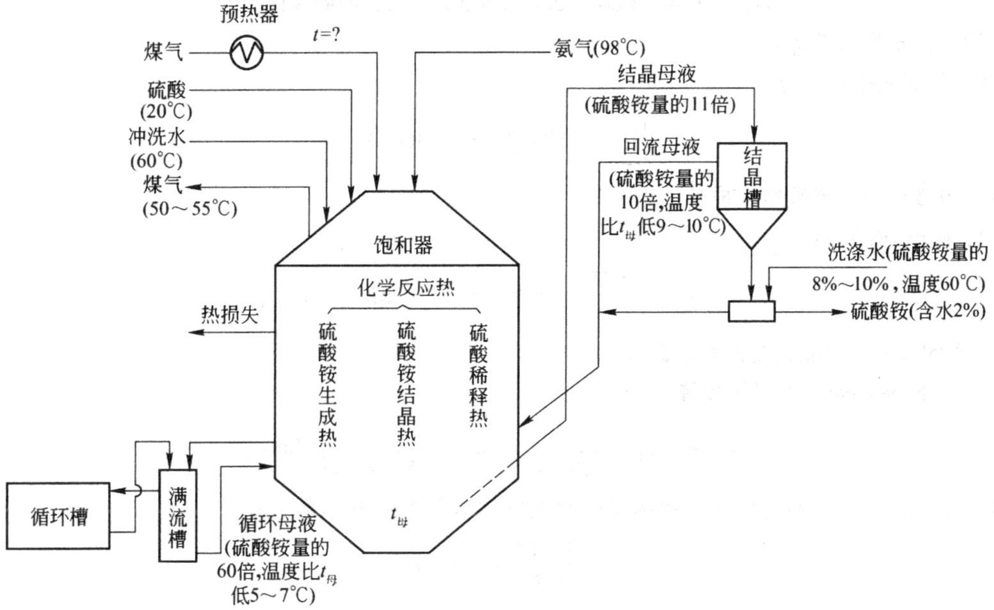

图3-18 饱和器的物料流

煤气中所含的苯族烃、硫化氢等组分，含量少，在饱和器前后引起的热量变化甚微，故可忽略不计。又因吡啶装置未生产，吡啶盐基在饱和器中被吸收的极少，也不予考虑。则煤气带入饱和器的总热量为：

$$Q_1 = 70730t + 4232209 + 3116t + 792t$$
$$= 4232209 + 74638t \quad kJ/h$$

（2）氨气带入的热量 Q_2

1）氨带入的热量

$$49.26 \times 2.127 \times 98 = 10268 \text{kJ/h}$$

式中 2.127——98℃时氨的比热容，kJ/(kg·K)。

2）水蒸气带入的热量

$$443.3 \times (2491 + 1.84 \times 98) = 1184196 \text{kJ/h}$$

则 $$Q_2 = 10268 + 1184196 = 1194464 \text{kJ/h}$$

（3）硫酸带入的热量 Q_3

$$Q_3 = 1566 \times 1.882 \times 20 = 58944 \text{kJ/h}$$

式中 1.882——质量分数为78%硫酸的比热容，kJ/(kg·K)。

（4）洗涤水带入的热量 Q_4

$$Q_4 = (200 + 98.7) \times 4.177 \times 60 = 74860 \text{kJ/h}$$

式中 4.177——60℃时水的比热容，kJ/(kg·K)。

（5）结晶槽回流母液带入的热量 Q_5

取回流母液温度为45℃，母液量为硫酸铵产量的10倍，则

$$Q_5 = 1645 \times 10 \times 2.676 \times 45 = 1980909 \text{kJ/h}$$

式中 2.676——母液的比热容，kJ/(kg·K)。

（6）循环母液带入的热量 Q_6

取循环母液温度为50℃，母液量为硫酸铵产量的60倍，则

$$Q_6 = 1645 \times 60 \times 2.676 \times 50 = 13206060 \text{kJ/h}$$

（7）化学反应热 Q_7

1）硫酸铵生成热 q_1

$$q_1 = \frac{1645}{132} \times 195524 = 2436644 \text{kJ/h}$$

式中 195524——硫酸铵生成热，J/mol。

2）硫酸铵结晶热 q_2

$$q_2 = \frac{1645}{132} \times 10886 = 135663 \text{kJ/h}$$

式中 10886——硫酸铵结晶热，J/mol。

3）硫酸稀释热(由78%稀释到6%) q_3

$$q_3 = 74776\left(\frac{n_1}{1.7983 + n_1} - \frac{n_2}{1.7983 + n_2}\right) \text{J/mol}$$

式中 n_1, n_2——分别为稀释后和稀释前水的摩尔数与酸的摩尔数之比

$$n_1 = \frac{94/18}{6/98} = 85.3963$$

$$n_2 = \frac{22/18}{78/98} = 1.5356$$

则 $$q_3 = 74776\left(\frac{85.3963}{1.7983 + 85.2963} - \frac{1.5356}{1.7983 + 1.5356}\right) \times \frac{1566 \times 78\%}{98} = 483528 \text{kJ/h}$$

$$Q_7 = 2436644 + 135663 + 483528 = 3055835 \text{kJ/h}$$

总输入热量 $Q_入$

$$Q_{入}=23803281+74638t\text{kJ/h}$$

B 输出热量 $Q_{出}$

(1) 煤气带出的热量 Q'_1

1) 干煤气带出的热量

$$340\times142\times1.465\times55=3890161\text{kJ/h}$$

2) 水蒸气带出的热量

$$2786(2491+1.834\times55)=7220950\text{kJ/h}$$

$$Q'_1=3890161+7220950=11111111\text{kJ/h}$$

(2) 结晶母液带出的热量 Q'_2

$$Q'_2=1645\times(1+10)\times2.676\times55=2663222\text{kJ/h}$$

(3) 循环母液带出的热量 Q'_3

$$Q'_3=1645\times60\times2.676\times55=14526666\text{kJ/h}$$

(4) 饱和器散失的热量 Q'_4

$$Q'_4=\alpha F(t_1-t_2)$$

式中 α——给热系数，取20.9kJ/(m^2·h·K)；

F——饱和器表面积，(当直径为5m时，$F\approx200m^2$)；

t_1——饱和器壁温度，取45℃；

t_2——大气温度，取－20℃。

则
$$Q'_4=20.9\times200\times(45+20)=271700\text{kJ/h}$$

总输出热量 $Q_{出}$

$$Q_{出}=28572699\text{kJ/h}$$

根据热平衡关系，则

$$23803281+74638t=28572699$$

所以
$$t=64℃$$

在吡啶装置投入生产时，输入热量减少的项目有分缩器后的全部氨气带入的热量，分缩器后的全部氨气与硫酸的生成热，送往中和器的母液带出的热量。输入热量增加的项目是中和器回流母液量，约为送往中和器的母液量和氨气带入水汽量之和。故吡啶装置投入生产时，煤气预热温度一般为70～80℃，母液温度比未生产吡啶时约高5℃。

当使用硫酸质量分数为92%～93%时，由于稀释热增大，而带入的水分减少，故有时煤气不经预热仍可维持饱和器水平衡。

3.1.5 酸洗塔的物料平衡

3.1.5.1 酸洗塔两段吸收氨量的分配

原始数据

煤气处理量	48280m^3/h
进入酸洗塔的氨量	375.9kg/h
塔后损失的氨量	0.09g/m^3
蒸氨塔氨气的氨量	49.24kg/h

设酸洗塔下段前、下段后和上段后煤气中的含氨量分别为 a_1、a_2 和 a_3。根据酸洗塔上下两段吸收效率相等的条件来计算，可得出

$$a_2 = \sqrt{a_1 \cdot a_3} \tag{3-2}$$

a_1 和 a_2 分别为

$$a_1 = \frac{375.9 \times 1000}{48280} = 7.79\text{g/m}^3$$

$$a_3 = 0.09\text{g/m}^3$$

则

$$a_2 = \sqrt{7.79 \times 0.09} = 0.837\text{g/m}^3$$

因此，在酸洗塔下段吸收的氨量为

$$\frac{48280 \times (7.79 - 0.837)}{1000} = 335.7\text{kg/h}$$

耗用的无水硫酸为

$$335.7 \times \frac{98}{34} = 967.6\text{kg/h}$$

生成的硫酸铵量为

$$335.7 \times \frac{132}{34} = 1303\text{kg/h}$$

在酸洗塔上段吸收的氨量为

$$375.9 - 335.7 - \frac{0.09 \times 48280}{1000} = 35.85\text{kg/h}$$

耗用的无水硫酸为

$$35.85 \times \frac{98}{34} = 103.3\text{kg/h}$$

生成的硫酸铵量为

$$35.85 \times \frac{132}{34} = 139.2\text{kg/h}$$

此外，在吡啶中和器中生成的硫酸铵也进入上段母液中，其量为

$$49.24 \times \frac{132}{34} = 191.2\text{kg/h}$$

则在酸洗塔上段共得到硫酸铵量为

$$139.2 + 191.2 = 330.4\text{kg/h}$$

所生成的硫酸铵总量为

$$1303 + 330.4 = 1633.4\text{kg/h}$$

3.1.5.2 由酸洗塔上段进入下段的母液量

进入酸洗塔下段的硫酸铵量为上段获得的全部硫酸铵量，即 330.4kg/h。上段母液中含硫酸铵质量浓度为30%，则进入下段的母液量为

$$\frac{330.4}{0.30} = 1101\text{kg/h}$$

3.1.5.3 由酸洗塔下段进入蒸发器的母液量及蒸发量

物料平衡简图见图 3-19。设由酸洗塔下段送入蒸发器的母液量为 G，其中硫酸铵质量分数 $C_3 = 40\%$；蒸发器蒸出的水量为 W；进入离心机的硫酸铵浆液量为 $G - W$，其中硫酸铵的质量分数为 C_1；离心机分离出的硫酸铵量为 G_s，其中硫酸铵质量分数 $C_0 = 98\%$，离心母液量为 $G - W - G_s$，其中硫酸铵质量分数 C_2 为 47%。

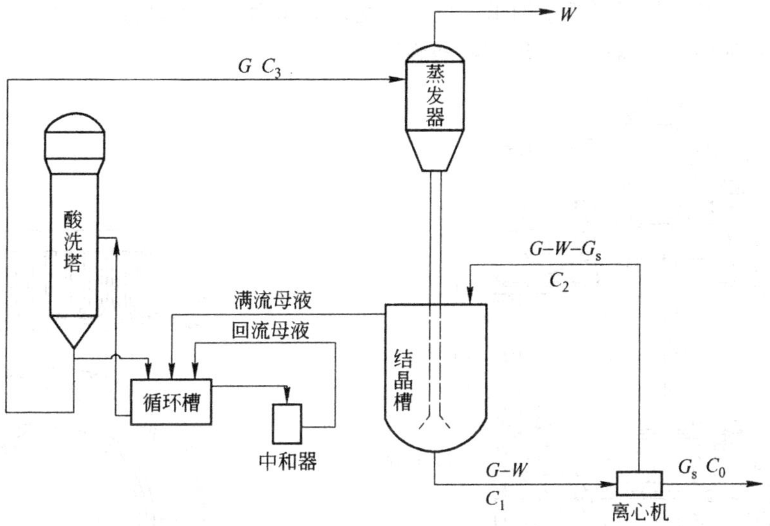

图 3-19 物料平衡简图

根据上述设定，则得

$$G_s = \frac{1633.4}{0.98} = 1666.7\text{kg/h}$$

根据物料平衡关系可导出

$$W = G_s \frac{(C_0 - C_2)(C_1 - C_3)}{(C_1 - C_2)C_3} \tag{3-3}$$

设硫酸铵浆液中硫酸铵结晶占 50%，离心分离出的饱和母液含 47% 的硫酸铵，则

$$C_1 = 0.5 + 0.5 \times 47\% = 73.5\%$$

将有关数值代入式(3-3)，即得

$$W = 1666.7 \times \frac{(98 - 47) \times (73.5 - 40)}{(73.5 - 47) \times 40} = 2686\text{kg/h}$$

根据物料平衡关系可导出

$$G = \frac{WC_1}{C_1 - C_3} \tag{3-4}$$

将有关数值代入，即得

$$G = \frac{2686 \times 73.5}{73.5 - 40} = 5893\text{kg/h}$$

3.1.6 硫酸铵生产的主要设备

3.1.6.1 鼓泡式饱和器

饱和器是饱和器法制取硫酸铵的主体设备，其构造形式颇多，图 3-20 所示为常用的外部除酸式饱和器。饱和器用钢板焊制，具有可拆卸的顶盖和锥底，材质最好采用耐酸不锈钢，否则内壁需衬以防酸层。防酸层可用石油沥青、油毡纸、耐酸瓷砖等按要求砌衬。饱和器顶盖内表面及中央煤气管外表面及下段内表面，由于经常接触酸雾和酸液，均需焊铅板衬层。上述衬铅部位也可采用环氧玻璃钢衬层。

在中央煤气管下端装有煤气泡沸伞，其构造如图 3-21 所示。沿泡沸伞整个圆周焊有弯成一定弧度的导向叶片，构成了弧形通道，使煤气均匀分布而出并泡沸穿过母液，以增大气液两相接触面积，并促使饱和器内上层母液剧烈旋转。

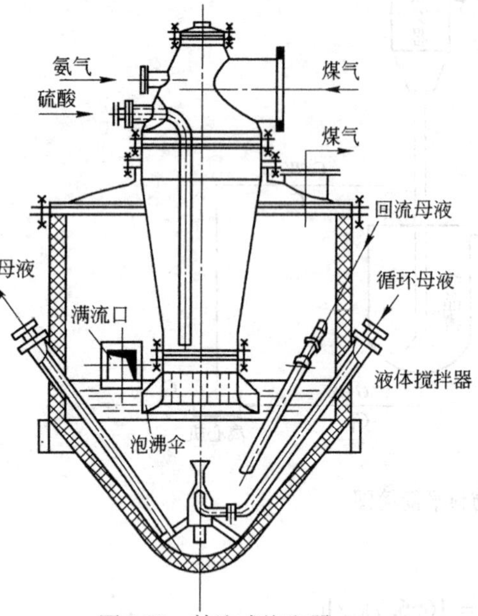

图 3-20 鼓泡式饱和器

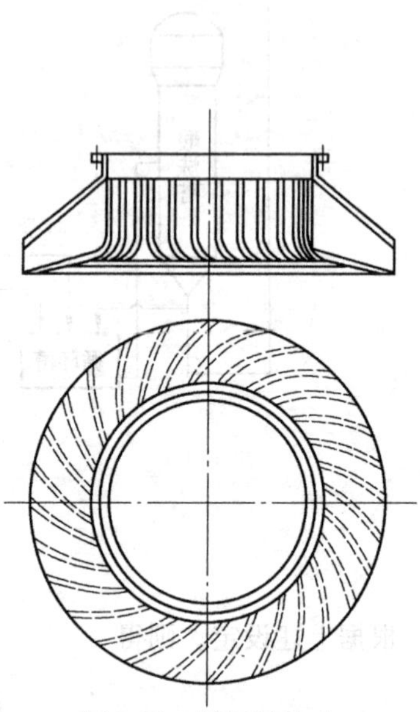

图 3-21 煤气泡沸伞

泡沸伞浸入母液深度(或称浸没深度)是指泡沸伞煤气出口上缘至饱和器满流口下缘的垂直距离。一般情况下，泡沸伞的浸没深度不小于200mm。煤气通过饱和器的阻力主要同浸没深度有关。泡沸伞可用硬铅(85%铅和15%锑合金)浇铸，也可用镍铬钛不锈钢焊制，或用石棉酚醛树脂制作。

为了增大结晶的粒度，采用母液强化循环的方法。图中的液体搅拌器是作为饱和器的一个组成部分示出的，由供料管和喷嘴组成。饱和器内的工作介质是由泵通过液体搅拌器压送的。

饱和器的设计定额：煤气进口速度12～15m/s；中央煤气管内煤气速度7～8m/s；环形空间煤气速度0.7～0.9m/s；泡沸伞煤气出口速度7～8m/s。

根据上述设计定额，针对一定的煤气处理量便可确定饱和器的基本尺寸。

原始数据：

煤气流量	$48280m^3/h$
饱和器前煤气压力	17.65kPa
饱和器阻力	5.88kPa
煤气预热器后煤气温度	75℃
饱和器后煤气露点温度	50℃
饱和器后煤气温度	60℃
初冷器后煤气温度	35℃

(1) 预热器后煤气实际体积

$$48280 \times 1.195 \times \frac{101.325}{101.325 + 17.65} \times \frac{273 + 75}{273 + 35} = 55517m^3/h$$

式中 1.195——$1m^3$ 煤气(标态)在35℃被水蒸气饱和后的体积。

(2) 中央煤气管直径。取中央煤气管道内煤气流速为7.5m/s，则

$$d = \sqrt{\frac{55517}{3600 \times \frac{\pi}{4} \times 7.5}} = 1.62\text{m}$$

(3) 饱和器后煤气的实际体积

$$48280 \times 1.348 \times \frac{101.325}{101.325 + 17.65 - 5.88} \times \frac{273 + 60}{273 + 50} = 60114\text{m}^3/\text{h}$$

式中 1.348——1m^3 煤气(标态)在50℃被水蒸气饱和后的体积。

(4) 饱和器直径。取饱和器内环形截面上煤气流速为0.8m/s，则环形截面积为

$$\frac{60114}{3600 \times 0.8} = 20.87\text{m}^2$$

饱和器的总截面积为

$$20.87 + \frac{\pi}{4} \times (1.62)^2 = 22.93\text{m}^2$$

饱和器的直径为

$$D = \sqrt{\frac{4 \times 22.93}{\pi}} = 5.4\text{m}$$

3.1.6.2 喷淋式饱和器

喷淋式饱和器全部采用不锈钢制作。由上部的喷淋室和下部的结晶槽组成，其构造如图3-22所示。喷淋室由本体、外套筒和内套筒组成。煤气进入本体后，向下在本体与外套筒的环形室内流动，然后向上出喷淋室，再沿切线方向进入外套筒与内套筒间，旋转向下进入内套筒，由顶部排出。外套筒与内套筒间形成旋风式分离器，起到除去煤气中夹带的液滴的作用。在煤气入口和煤气出口间分隔成两个弧形分配箱，其内设置喷嘴数个，朝向煤气流。在喷淋室的下部设有母液满流管，控制喷淋室下部的液面，促使煤气由入口向出口在环形室内流动。喷淋室以降液管与结晶槽连通，循环母液通过降液管从结晶槽的底部向上返，硫酸铵晶核不断生成和长大，同时颗粒分级，最小颗粒升向顶部，从结晶槽上部出口接到循环泵，大颗粒结晶从槽下部抽出。在煤气出口设有母液喷淋装置。在煤气入口和煤气出口设有温水喷淋装置，以清洗喷淋室。

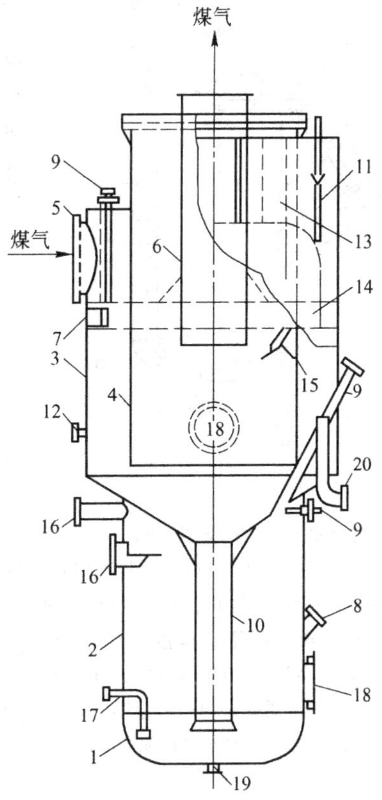

图3-22 喷淋式饱和器

1—封头；2—下筒体；3—外筒体；4—内筒体；5—煤气入口；6—煤气出口；7—循环母液入口；8—回流母液入口；9—温水喷淋管；10—降液管；11—母液喷淋管；12—蒸汽清扫管；13—切线形煤气通道；14—母液分配箱；15—循环母液喷淋管；16—母液出口管；17—结晶抽出管；18—人孔；19—放空管；20—溢流管

3.1.6.3 空喷酸洗塔

空喷酸洗塔是酸洗塔法制取硫酸铵的主体设备，塔体用钢板焊制，内衬4mm厚的铅板，再衬以50mm厚的耐酸砖，也有全用不锈钢材焊制的，其构造见图3-23。

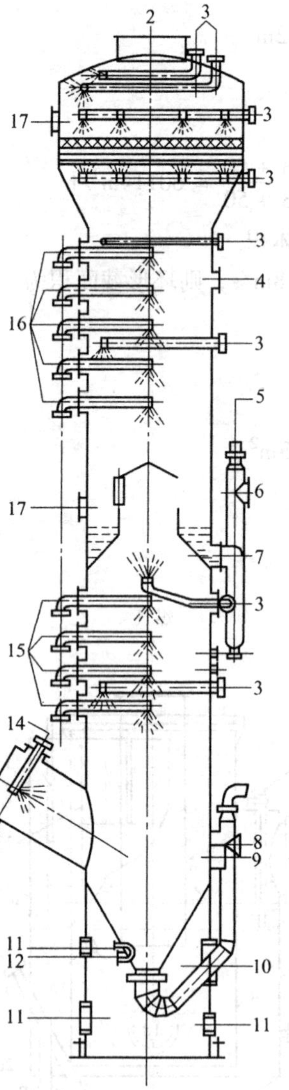

图 3-23 酸洗塔结构图

1—煤气入口；2—煤气出口；3—水清扫口；4—清扫备用口；5—放散口；6—上段母液满流口；7—断塔板；8—下段母液满流口；9，17—人孔；10—穿管孔；11—通风孔；12—检液孔；13—压力计插孔；14—母液喷洒口；15—下段喷洒液口；16—上段喷洒液口

酸洗塔由中部断塔板分为上下两段。下段除了煤气入口处设有母液喷嘴外，另设有4层(相距1m)不锈钢制螺旋形喷嘴，用以喷洒循环母液。在下段喷洒的液滴较细，以利于与上升流速为3～4m/s的煤气充分接触。

酸洗塔中部设有带捕液挡板的断塔板，以捕集煤气所挟带的液滴，并在此集聚从上段喷洒下来的母液，再由液封导管引出。

在酸洗塔上段设有五层(间距1m)喷嘴，喷洒游离酸度为3%～4%的循环母液。所喷洒的液滴较大，以减少带入除酸器的母液。

在上段顶部设有扩大部分，在此煤气减速为1.6m/s左右，并设有洗涤水喷洒排管，使煤气挟带的液滴显著减少，然后排出。

在操作中，要充分注意酸洗塔的水平衡。为此，设了多处加水口。加水量以保持母液中硫酸铵浓度为准，要防止硫酸铵母液达到饱和状态。母液的浓度一般可按母液密度为(1.245±0.005)kg/L加以控制。另外，母液的饱和浓度随温度而变，与温度基本呈正相关关系，因此对母液温度需注意控制，一般为54～55℃。

酸洗塔的基本尺寸计算如下：

进入酸洗塔的煤气实际体积为

$$V = 48280 \times 1.195 \times \frac{101.33}{101.33 + 12.75} \times \frac{273 + 50}{273 + 35}$$

$$= 53743\text{m}^3/\text{h}$$

式中 12.75——酸洗塔前煤气的表压力，kPa；

50——酸洗塔前煤气温度，℃。

设酸洗塔内煤气的空塔速度为3m/s，则所需的酸洗塔截面积为

$$S = \frac{53743}{3600 \times 3} = 4.98\text{m}^2$$

故直径为

$$D = \sqrt{\frac{4.98}{\frac{\pi}{4}}} = 2.52\text{m}$$

顶部扩大部分煤气的流速为1.6m/s，则直径为

$$D = \sqrt{\frac{53743}{3600 \times 1.6 \times \frac{\pi}{4}}} = 3.45\text{m}$$

3.1.6.4　结晶槽

结晶槽的作用是对含有硫酸铵结晶的母液进行水力选粒。

饱和器法制取硫酸铵采用的结晶槽形式见图3-24和图3-25。结晶槽用钢板焊制，内壁衬以防酸层。图3-25所示的结晶槽设有伸入设备内的选料装置，它由杯形件构成。杯形件内装有向下扩宽的供料管，供料管通入固定在杯形件下端的漏斗。含有结晶的悬浮液沿供料管进入，从漏斗折回，上升到选粒截面。较大的晶粒，其沉降速度大于升向选粒截面的液流速度，经杯形件和漏斗之间的环形缝隙排入结晶槽的下部，由此进入离心机。含小粒结晶的母液沿杯形件上升，经溢流管排入饱和器，使结晶继续长大。选粒截面上的上升液流速度是按悬浮液中固相含量小于30%的流体计算确定的，约为5cm/s。

俄罗斯顿涅茨焦化厂推荐的结晶器见图3-26。结晶母液由结晶器的下部进入，向上升高由溢流口返回饱和器。由于结晶器的截面积由下至上逐渐增大，母液的上升速度逐渐减小，所以大量的晶体不会被很快带出结晶器，而是处于悬浮状态，而大颗粒的结晶大到入口处母液流压头不能使其保持悬浮状态时便下沉，然后送入离心机。当生产能力恒定时，可用离心机中的母液耗量来调节晶体粒度。

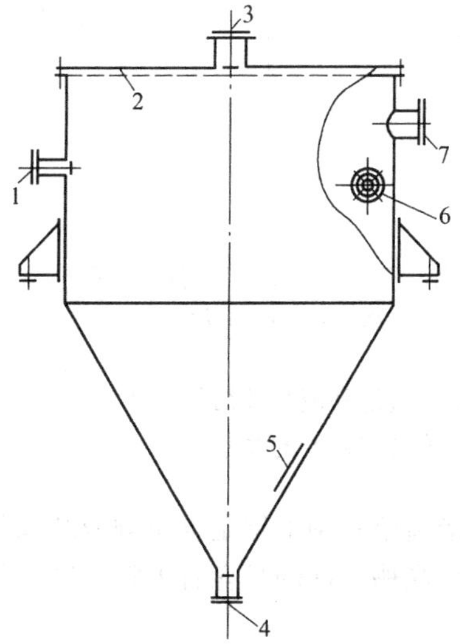

图3-24　结晶槽

1—母液出口；2,5—防腐衬；3—放散口；
4—结晶出口；6—母液进口；7—溢流口

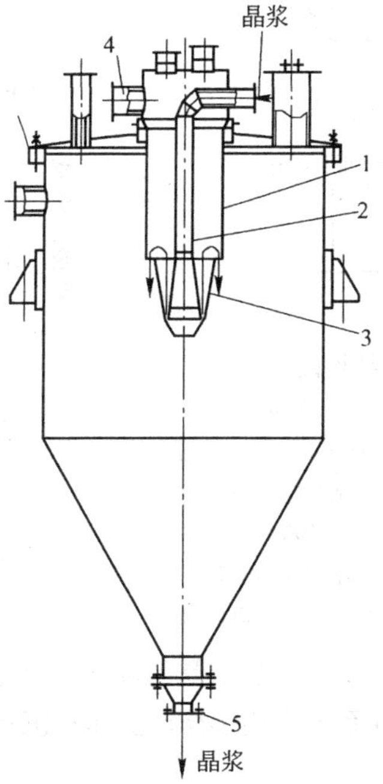

图3-25　结晶槽

1—杯形件；2—供料管；3—漏斗；
4—溢流管；5—出口

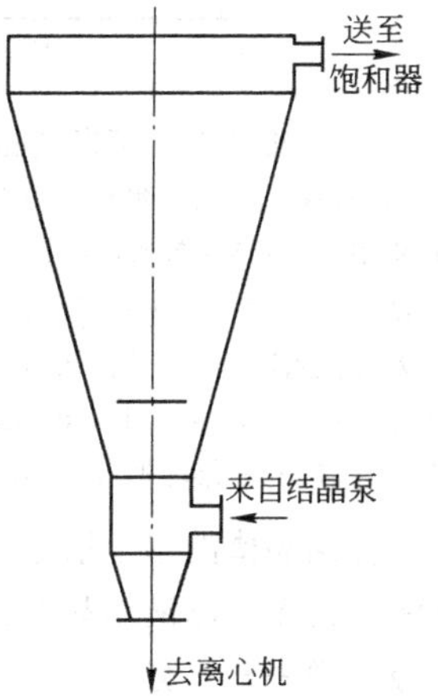

图3-26　结晶器

3.1.6.5　蒸发结晶器

酸洗塔法制取硫酸铵采用的蒸发结晶器的形式见图3-27。蒸发结晶器由上部的真空蒸发器和下部的结晶槽组成。真空蒸发器为不锈钢板焊制的带锥底容器，中部设有锥筒形布液器，经过加热的结晶母液从布液器下面筒形部分以切线方向进入器内后，沿器壁旋转，形成一定蒸发面积。由于蒸发过程是在90kPa的真空度下进行，所以母液中大部分水分可被迅速蒸出。蒸出的水汽经布液器上升并经液滴分离器分离出液滴后，由器顶逸出。在蒸发器顶部设有喷水圈管，用来清洗液滴分离器和布液器。

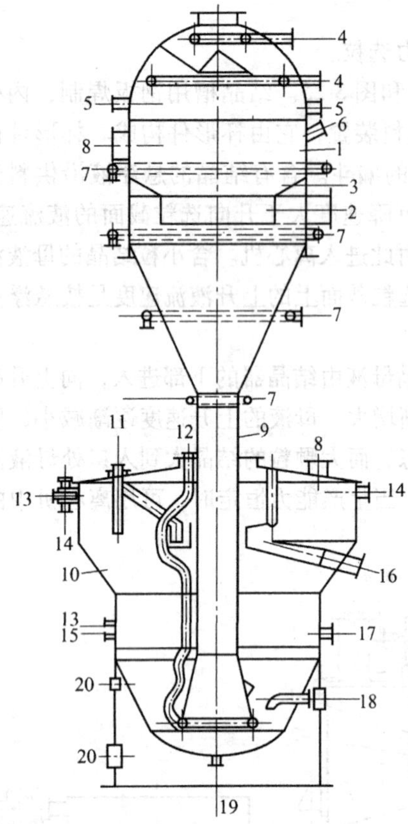

图 3-27　蒸发结晶器结构图

1—真空蒸发器；2—循环母液入口；3—布液器；4—热水清扫口；5—备用口；6—压力计插口；7—保温伴随管；8—人孔；9—沉降管；10—结晶槽；11—滤液及母液入口；12—蒸汽入口；13—水清洗口；14—溢流口；15—密度计口；16—溢流至循环泵口；17—温度计口；18—结晶抽出口；19—放空口；20—通风口

浓缩后的过饱和结晶母液含有的微小结晶颗粒，沿着蒸发器的沉降管，一直沉降到结晶槽最底部。因密度较小，又上升穿过悬浮的结晶层而逐步长大。长大的晶粒沉降下来沉积在槽底，未长大部分则继续上升，在结晶槽内形成一个大、中、小结晶的分布带，这是操作状态良好的结晶分布。

为使结晶母液形成适宜的过饱和度并促使结晶长大，要控制结晶槽内过饱和结晶母液的浓度。过饱和结晶母液的浓度与密度有关系，见图 3-28。因此，生产过程是以控制密度的方法使过饱和结晶母液的浓度达到要求。最适宜的过饱和度为 2.0～2.5kg/m^3。

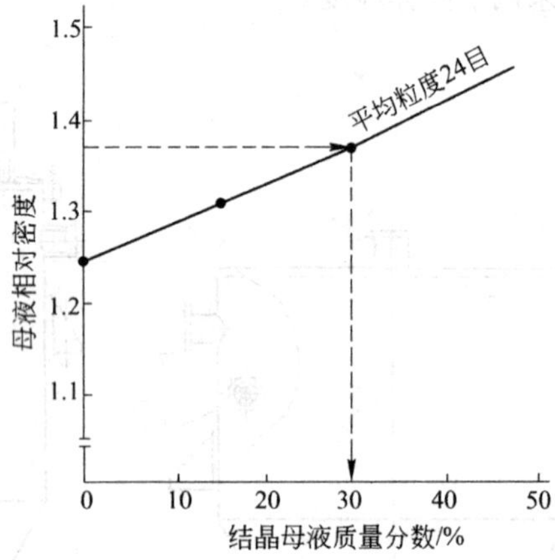

图 3-28　过饱和硫酸铵结晶母液浓度与密度的关系

在结晶槽的最上层是只含少量细小结晶的母液，自流入溢流槽；中上层是含小颗粒结晶的母液，自流入母液结晶泵，在系统中连续循环操作；沉积在结晶槽底部的是含有大颗粒结晶的母液，送去离心分离。

在刚开工时，为了在结晶槽内形成良好状态的结晶分布，需运转 24h。母液循环泵的操作要保持循环量适中，过大会有大量结晶混入溢流液中，过小会使小颗粒结晶沉积在槽底。

3.1.6.6　沸腾干燥器

沸腾干燥器的作用是将离心机出来的含水量约 2% 的硫酸铵水分降至 0.2% 以下，以防结块，给包装和施肥带来困难。

沸腾干燥器的构造见图 3-29。它的上部是扩大的圆筒形装置，下部是由隔板分成的加热前室和后室。各室均由带孔眼的气体分布板分为上下两部分。在气体分布板上装有六角形排列的风帽，在风帽间隙中铺有一层直径约为 20mm 的石英石，其厚度与风帽平。风帽数量因设备大小而异，需能保证热风均匀喷出并形成良好的沸腾状态。对处理能力为 3t/h 硫酸铵的沸腾干燥器，前室装有 39 个风帽，后室装有 228 个，每个风帽上钻有直径为 6mm 的孔眼 6 个。

湿硫酸铵由螺旋输送机经加料斗送入前室，受到由风帽喷出的热空气作用，立即沸腾分散开来，同时被快速加热干燥。前室的物料在沸腾分散过程中不断被抛入后室，在后室中进一步沸腾干燥。所蒸发的水分混同空气进入上部扩大部分后减速，以减少所挟带的细粒结晶，再由抽风机抽出，经旋风分离，将细粒结晶回收，湿空气排入大气。整个沸腾干燥过程可于25～30s内完成，干燥效率达95%，产品水分可降至0.1%。

沸腾干燥器的设计定额：床面生产强度2～2.5t/(m^2·h)；溢流出口高度400～500mm；沸腾层上部空气流速(颗粒平均直径0.4～0.6mm)1.0～1.4m/s；每处理1t硫酸铵需空气量(空气温度5℃，相对湿度84%；硫酸铵水分2%，温度不低于15℃)1500m^3/h。

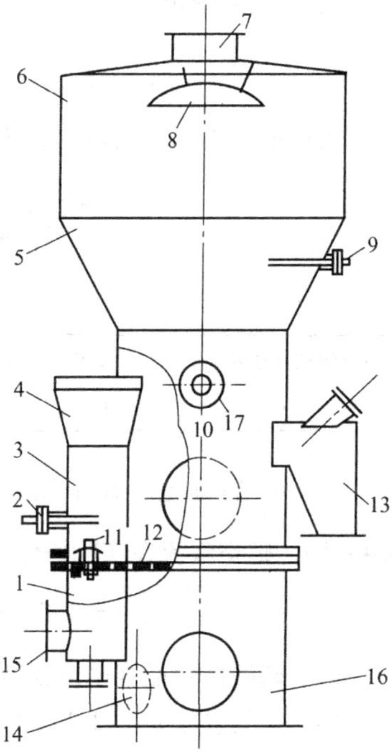

图3-29 硫酸铵沸腾干燥器

1—加热前室下部；2，9—温度计套管；3—加热前室上部；4—加料斗；5—锥形胴体；6—上部胴体；7—气体出口；8—挡气板；10，17—人孔附窥镜；11—风帽；12—花板；13—出料斗；14，15—热空气进口；16—加热后室

干燥器的主要尺寸可按流态化原理在密相流化床上的应用加以确定，举例说明如下。

原始数据

硫酸铵产量	1645kg/h
每天操作时间	15h
进干燥器的硫酸铵含水	2%
出干燥器的硫酸铵含水	0.1%
进干燥器的硫酸铵温度	15℃
出干燥器的硫酸铵温度	68℃
空气温度	5℃
空气相对湿度	84%
加热器后空气温度	140℃
出干燥器的空气温度	70℃

A 沸腾床最低流态化速度的确定

当热空气流通过干燥器硫酸铵颗粒床层的流速大到使全部颗粒刚好进入悬浮状态时，颗粒与气体间的摩擦力与其质量相平衡，且通过此床层的任一截面的压降大致等于在该截面上颗粒和流体的质量，则可认为床层刚刚流化，并称之为处于临界流化状态的床层。此时最低流态化速度可按下列通用方程式计算：

$$v_{临流} = \frac{0.00923 d_{cp}^{1.82}(\rho_s - \rho_g)^{0.94}}{\mu^{0.88}\rho_g^{0.06}} \text{m/s} \tag{3-5}$$

式中 d_{cp}——固体颗粒平均直径，m；

ρ_g——气体密度，kg/m^3；

ρ_s——固体密度，kg/m^3；

μ——气体黏度，Pa·s。

上式适用的条件是雷诺数 $Re = \frac{d_{cp} v_{临流} \rho_g}{\mu} < 10$；若大于10，则必须对计算结果进行校正。

上式中各项数值计算如下：

（1）d_{cp}的确定

$$d_{cp}=\frac{1}{\sum\frac{x}{d}} \tag{3-6}$$

若硫酸铵的筛分组成如表 3-2 所示，则

$$d_{cp}=\frac{1\times100}{\frac{0.1}{2.0}+\frac{42}{1.0}+\frac{34}{0.5}+\frac{22}{0.3}+\frac{1.0}{0.2}+\frac{0.9}{0.1}}=0.514\text{mm}$$

表 3-2 硫酸铵的筛分组成

各级颗粒直径 d/mm	2.0	1.0	0.5	0.3	0.2	0.1
筛分组成 x/%	0.1	42	34	22	1.0	0.9

（2）ρ_g 的确定。在干燥器内气体的平均温度为$\frac{140+70}{2}=105℃$，设气流操作压力为 3.43kPa，则空气流在实际操作状态下的密度为

$$\rho_g=1.29\times\frac{273}{273+105}\times\frac{101.33+3.43}{101.33}=0.96\text{kg/m}^3$$

（3）硫酸铵结晶真密度ρ_s为 1170kg/m^3；

（4）空气黏度μ为 2.1×10^{-5}Pa · s。

将上述各值代入式(3-5)，得

$$v_{临流}=\frac{0.00923\times(0.514\times10^{-3})^{1.82}\times(1770-0.96)^{0.94}}{(2.1\times10^{-5})^{0.88}\times(0.96)^{0.06}}=0.14\text{m/s}$$

$$Re=\frac{0.514\times10^{-3}\times0.14\times0.96}{2.1\times10^{-5}}=3.3$$

因 $Re<10$，故计算结果不必校正。

B 干燥器直径的确定

干燥器内气流实际操作速度 $v=10\times v_{临流}=1.4\text{m/s}$。

干燥器内平均操作温度及压力下的湿空气体积：

按设计定额，干燥器每处理 1t 硫酸铵（干基）需温度为 5℃，相对湿度为 84% 的空气 1500m^3。

干燥器的处理负荷(按 15h/d)为

$$1645\times\frac{24}{15}=2632\text{kg/h}$$

原料含水量：$2632\times2\%=52.64$kg/h

干燥后残留在硫酸铵中的水量：$2632\times0.1\%=2.63$kg/h

则需蒸发的水量为：$52.64-2.63\approx50$kg/h

因此，在干燥器内湿空气的体积为：

$$V=\left(\frac{2632}{1000}\times1500+\frac{50}{18}\times22.4\right)\times\frac{273+105}{273}\times\frac{101.33}{101.33+3.43}=5274\text{m}^3/\text{h}$$

干燥器的沸腾床面积：

$$F=\frac{5274}{3600\times1.4}\approx1.05\text{m}^2$$

C 干燥器溢流口高度的确定

根据计算，固定床物料层高度 H_0 可取为 200mm，则沸腾床层高度（即溢流口高度）为：

$$H = H_0 \frac{1-\varepsilon_0}{1-\varepsilon} \tag{3-7}$$

式中，ε_0 为固定床孔隙率

$$\varepsilon_0 = 1 - \frac{\rho_{堆}}{\rho_{真}} = 1 - \frac{858}{1770} = 0.515$$

ε 为沸腾床孔隙率，取0.75。

则：
$$H = 200 \times \frac{1-0.515}{1-0.75} = 388\text{mm}$$

溢流口高度是控制沸腾床层高度及物料停留时间的重要参数。有的厂在溢流口处安装活动插板，这样可根据进料量和进料含水量调节溢流口的高度。

3.1.6.7 除酸器

除酸器的作用是捕集饱和器后煤气中所挟带的酸滴。旋风式除酸器得到广泛应用，其构造见图3-30，本体用钢板焊制，内衬以防酸层。

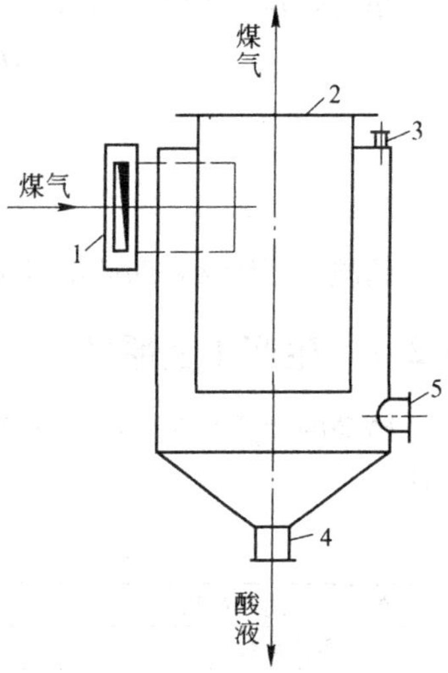

图3-30 旋风除酸器

1—煤气入口；2—煤气出口；3—放散口；4—酸液出口；5—人孔

除酸器的设计定额：煤气进口速度不小于25m/s；煤气在环形空间旋转运动速度为进口速度的$\frac{5}{7} \sim \frac{5}{8}$；煤气进口长边与短边之比为2；环形空间宽度等于煤气进口宽度；酸雾颗粒直径为16μm时在环形空间停留时间，根据理论计算需0.945s。

饱和器后煤气的实际体积为60039m³/h，则根据上述设计定额便可确定除酸器的基本尺寸。

A 除酸器煤气进口尺寸

取进口煤气速度为27m/s，则煤气进口截面积为

$$F = \frac{60039}{3600 \times 27} = 0.618\text{m}^2$$

煤气进口长边 b 对短边 a 之比为2，则 $F = 2a^2$，将 F 值代入得：

$$a = \sqrt{\frac{0.618}{2}} = 0.556\text{m}$$

$$b = 2 \times 0.556 = 1.112\text{m}$$

B 出口管直径

出口管的煤气速度可取4~8m/s，现取4m/s，则出口管内径为

$$D_1 = \sqrt{\frac{60039}{3600 \times \frac{\pi}{4} \times 4}} = 2.30\text{m}$$

外径 $D_1' = 2.30 + 0.008(壁厚) \times 2 + 0.005(防腐层) \times 2 = 2.326\text{m}$

C 除酸器的内径

除酸器环形空间宽度与煤气进口宽度相等，则除酸器的内径为

$$D_2 = 2.326 + 0.556 \times 2 = 3.44\text{m}$$

D 出口管在器内部分的高度

取煤气在环形空间的平均旋转速度为煤气进口速度的$\frac{5}{7}$，则得：

$$v_m = 27 \times \frac{5}{7} = 19.3\text{m/s}$$

煤气中酸雾最小液滴的直径取为16μm，为将其捕集下来，煤气在器内流过的长度为

$$L = 19.3 \times 0.945 = 18.2\text{m}$$

则煤气在器内的回转周数为

$$n = \frac{L}{\pi D_{np}} = \frac{18.2}{\pi \times \dfrac{2.30 + 3.44}{2}} = 2.02$$

当煤气通路宽为0.556m，v_m 为19.3m/s时，则煤气通路的高度为

$$h = \frac{60039}{3600 \times 0.556 \times 19.3} = 1.55\text{m}$$

出口管在器内部分的高度为

$$H = h \cdot n = 1.55 \times 2.02 = 3.13\text{m}$$

3.2 磷酸吸氨法

磷酸吸氨法又称弗萨姆(Phosam)法。此法制取的产品是无水氨。

3.2.1 生产工艺原理

磷酸的性质见表3-3，与氨反应生成铵盐的性质见表3-4。磷酸铵在水中的溶解度见图3-31。

表3-3 磷酸的性质

在水中的离解产物	$H_2PO_4^-$	HPO_4^{2-}	PO_4^{3-}
离解常数	7.51×10^{-8}	6.23×10^{-8}	4.8×10^{-18}
与氨的反应物	$NH_4H_2PO_4$	$(NH_4)_2HPO_4$	$(NH_4)_3PO_4$

表3-4 磷酸铵盐的主要性质

名称	分子式	晶型	生成热 /J·mol⁻¹	氨蒸气压/Pa			稳定性	0.1g/mol溶液的pH值
				50℃	100℃	125℃		
磷酸一铵	$NH_4H_2PO_4$	白色正方晶体	121417	0.0	0.0	0.49	稳定	4.4
磷酸二铵	$(NH_4)_2PO_4$	白色单斜晶体	203060	26.5	49	294	不稳定	7.8
磷酸三铵	$(NH_4)_3PO_4$	白色三斜晶体	244509	—	6305	11549	最不稳定	9.0

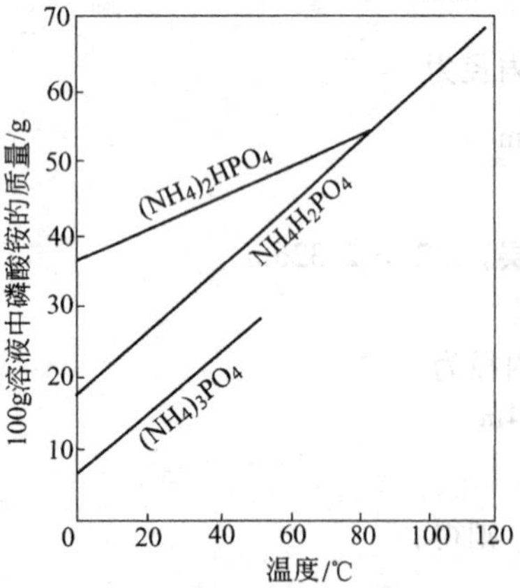

图3-31 磷酸铵在水中溶解度

由表中数据可见，磷酸一铵非常稳定，要加热到130℃才能分解；磷酸二铵不够稳定，在50℃时已产生明显的氨蒸气压，当温度达70℃时即开始放出氨变成磷酸一铵；磷酸铵最不稳定，在室温下能分解放出氨而变成磷酸二铵。因此磷酸吸氨法的吸收液主要由磷酸一铵和磷酸二铵组成。在低于120℃时，磷酸溶液表面上氨的分压主要与溶液中的磷酸二铵含量有关，见表3-5。

吸收与解吸的反应原理如下：

$$NH_4H_2PO_4 + NH_3 \underset{解吸}{\overset{吸收}{\rightleftharpoons}} (NH_4)_2HPO_4$$

实际氨的吸收和解吸是在磷酸一铵和磷酸二铵之间进行，贫液 NH_3/H_3PO_4 摩尔比为1.2～1.4，富液 NH_3/H_3PO_4

摩尔比为1.7~1.9。

表3-5 $NH_4H_2PO_4$和$(NH_4)_2HPO_4$溶液面上氨的蒸气分压

含量/g·L⁻¹		$NH_4H_2PO_4$吸收的氨量/g·L⁻¹	90℃时溶液的pH值	蒸气分压/Pa									
$NH_4H_2PO_4$	$(NH_4)_2HPO_4$			30℃	40℃	50℃	60℃	70℃	80℃	90℃	100℃	110℃	120℃
430			3.8										
376	62	7.9	4.4	0.00	0.00	0.00	0.00	0.00	0.00	13.33	49.33	87.99	161.32
322	123	15.7	4.4	0.00	0.00	0.00	5.33	18.67	74.66	90.66	215.98	519.96	1026.58
215	245	31.5	5.7	22.66	24.00	67.99	247.98	281.31	318.64		1127.90	2666.44	
108	367	47.0	6.6	44.00	65.33	102.66	314.64	587.95	1546.54		7599.35	9239.21	
	490	63.0	7.6	446.63	890.59	1653.19	3119.73	6999.41	10852.41		21064.88	43596.29	

3.2.2 无水氨生产工艺流程

磷酸吸收氨制取无水氨根据被吸收的含氨原料的不同分为两种工艺。一是用磷酸一铵贫液在吸收塔内直接吸收煤气中的氨形成磷酸二铵富液。该法吸收塔比较大，吸收温度较低，所以也称做大弗萨姆法或冷法弗萨姆；二是用磷酸一铵贫液在吸收塔内吸收来自蒸氨装置的氨，它是建立在用水洗氨和蒸氨工艺基础上的。该法吸收塔比较小，吸收温度较高，所以也称做小弗萨姆法或热法弗萨姆。这两种工艺流程除原料气不同外，其余基本相同。以含氨煤气为原料的无水氨生产工艺流程见图3-32。全部生产工艺过程由吸收、解吸和精馏工序组成。

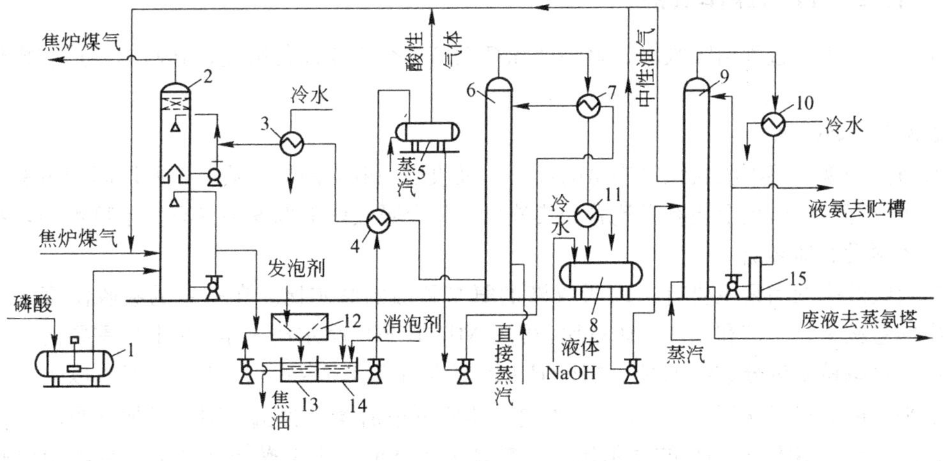

图3-32 无水氨生产工艺流程

1—磷酸槽；2—吸收塔；3—贫液冷却器；4—贫富液换热器；5—脱气器；6—解吸塔；7—氨气/富液换热器；8—精馏塔原料槽；9—精馏塔；10—无水氨冷凝冷却器；11—氨气冷凝冷却器；12—泡沫浮选除焦油器；13—焦油槽；14—溶液槽；15—液氨中间槽

3.2.2.1 吸收工序

脱除了焦油雾的煤气由两段空喷吸收塔的底部进入，首先用塔底富液循环喷洒，其量约为送去解吸量的30倍。然后煤气进入上段，再用解吸塔底经换热冷却至50~55℃的贫液喷洒，煤气中的氨98%以上被吸收下来。由吸收塔底排出的小部分富液入泡沫浮选除焦油器，在此加入发泡剂，以鼓泡浮选的方式将富液中的焦油脱除。

3.2.2.2 解吸工序

脱除了焦油的富液排入溶液槽，在此加入消泡剂。然后富液与解吸塔底热贫液换热升温至118℃后进入脱气器，在此用直接蒸汽将溶液中吸收和挟带的酸性气体脱除，伴有少量的氨气返回吸收塔。由脱气器底排出的富液，用泵加压至约1300kPa，经氨气-富液换热器，温度达175℃后进入解吸塔上部。解吸塔底直接通入压力约1600kPa的蒸汽，在与富液逆流接触中，将富液中所含的氨部分地解吸出来。塔底排出的贫液温度约为196℃，经与富液换热及用水间接冷却后入吸收塔。

3.2.2.3 精馏工序

由解吸塔顶逸出的含氨18%～20%的氨气，温度约187℃，在与富液换热后，在冷凝冷却器中冷凝至约141℃入精馏塔原料槽，再用泵加压至约1677kPa送入精馏塔。精馏塔底直接通入压力约1569kPa的蒸汽。塔顶逸出含氨99.98%的纯氨气，经冷凝冷却后，部分液态无水氨作为回流送至塔顶，用以控制塔顶温度在38～40℃，回流比约为2。其余作为产品送往压力贮槽。精馏塔底排出的废液，温度约200℃，含氨约0.1%，可送往蒸氨装置处理。

在精馏塔原料槽内加入质量分数30%的NaOH溶液，与氨水中残存的微量CO_2、H_2S等酸性气体反应，以防酸性气体对设备的腐蚀或影响精馏产品质量，生成的钠盐溶于精馏塔底排出的废水中。

此外，在用磷铵溶液吸收氨时，煤气中的乙烯、苯和甲苯等也被微量吸收，并带入精馏塔内。为防止精馏塔积聚过量的油，需在精馏塔中上部塔盘引出气相侧线，与脱气器和精馏塔原料槽引出的气体一道返回吸收塔的煤气入口管。

3.2.3 主要设备及操作要点

无水氨生产工艺过程由吸收塔、解吸塔和精馏塔三个主要设备组成，其基本构造和操作要点分述如下：

3.2.3.1 吸收塔

吸收塔是用磷铵溶液吸收煤气中氨的设备。吸收塔一般为两段空喷塔，两段间用带有升气管的断塔板分开，断塔板上装有溢流管和集液槽。每个吸收段上部安装具有多个喷嘴的环状喷洒装置。塔顶设有捕雾层。

影响吸收效率的因素主要有：1）吸收液的氨与磷酸的摩尔比。在一定的吸收温度下，入塔贫液中的总铵量，一铵和二铵的质量比（可用NH_3/H_3PO_4摩尔比表示）是十分重要的。一般喷洒贫液中含磷铵质量分数约41%，NH_3/H_3PO_4摩尔比为1.1～1.3，煤气中98%以上的氨可被吸收下来，塔后煤气含氨约0.1g/m³。如进一步降低塔后煤气含氨，则需增加解吸塔的直接蒸汽量，降低贫液NH_3/H_3PO_4的摩尔比，显然是不经济的。正常操作条件下，富液中含磷铵质量分数约44%，NH_3/H_3PO_4摩尔比为1.7～1.9。富液NH_3/H_3PO_4摩尔比过大会吸收过量酸性气体。2）吸收液的水平衡。维持吸收液的水平衡也是吸收塔操作的重要方面。一般通过调节入吸收塔贫液温度来控制煤气温度，以调节煤气带出的水量，维持吸收液的水平衡。吸收塔煤气出口温度一般为48～51℃。3）循环液量及取出量。吸收塔上下段循环液量约每1m³煤气7～9L，下段循环液量的3%～4%送至解吸塔再生。

3.2.3.2 解吸塔

解吸塔是将富液中所吸收的氨分离出来，再生为贫液的压力设备。一般采用的为具有40层固定阀式塔板的解吸塔。

解吸塔操作要点：

1）控制塔顶温度在187℃左右，压力为1233kPa，使塔顶产品氨水含氨质量分数大于18%，以保证作为精馏原料的需要。

2）控制塔底温度在196℃左右，供入蒸汽量每1kg吸收液约0.2kg，以保证贫液NH_3/H_3PO_4的摩尔比，使吸收塔后煤气含氨达到要求。

3）解吸塔进料富液温度一般为175℃左右，它对解吸塔顶氨气带出的水量有影响，故该温度对维持吸收液的水平衡有一定的作用。

3.2.3.3 精馏塔

精馏塔是以高纯度浓氨水为原料制取无水氨的蒸馏设备。所用精馏塔的类型有筛板塔、泡罩塔和填料塔。一般采用穿流式大孔筛板精馏塔。

精馏塔操作要点：1）进塔浓氨水中酸性气体质量分数要求小于0.15%，以减少设备腐蚀和保证无水氨质量。为此在精馏塔原料槽中加入氢氧化钠溶液与氨水中的酸性气体反应生成不挥发盐，进一步除去其中的酸性气体。2）为了防止精馏塔积聚过量的中性油，在塔侧线排出一小部分液体，送至吸收塔。3）为了保证无水氨质量，要求维持第三十层塔板以上几乎是纯氨，故第三十层塔板温度应接近塔顶温度（约40℃），塔压控制约1450kPa，控制回流比为2。4）为了保证氨的回收率，要求塔底废水含氨量小于0.1%。一般塔底通入的蒸汽量为每生产1kg液氨需要10～11kg蒸汽。

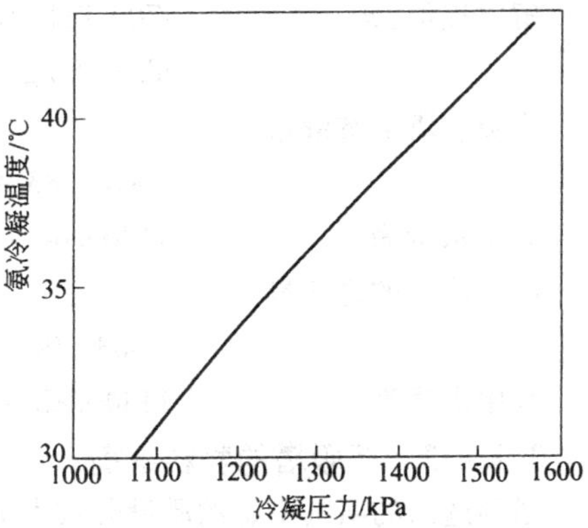

图3-33 无水氨的冷凝温度与压力的关系

无水氨的冷凝温度与压力的关系见图3-33，图中给出了控制塔顶压力的依据。

3.2.4 无水氨生产的物料平衡

原始数据

煤气处理量 $48280m^3/h$

入吸收塔煤气组成（g/m^3）： NH_3 7；H_2S 6；

HCN 1.5；苯族烃 35。

吸收塔的贫液NH_3/H_3PO_4摩尔比为1.3，富液NH_3/H_3PO_4摩尔比为1.8。NH_3/H_3PO_4摩尔比、质量比和氨的浓度的关系见表3-6。

表3-6 氨与磷酸摩尔比、质量比和含氨浓度

摩尔比	1	1.2	1.3	1.7	1.8	1.9
质量比	0.174	0.209	0.226	0.296	0.313	0.331
含氨浓度（质量分数）/%	14.8	17.3	18.4	22.8	23.8	24.9

3.2.4.1 吸收塔的物料平衡

（1）进入吸收塔的氨量

$$48280 \times 7 \times \frac{1}{1000} = 337.96kg/h$$

设吸收塔后煤气含氨0.1g/m³，则煤气带走的氨量为：

$$48280 \times 0.1 \times \frac{1}{1000} = 4.83\text{kg/h}$$

吸收塔内被磷铵母液吸收的氨量为：

$$337.96 - 4.83 = 333.13\text{kg/h}$$

(2) 吸收塔喷洒贫液和富液量。贫液 NH_3/H_3PO_4 摩尔比为1.3，含磷铵质量分数约为41%，富液 NH_3/H_3PO_4 摩尔比为1.8，含磷铵质量分数约为44%。设贫液中磷铵量为 x，富液中磷铵量为 y，则得如下关联式：

$$\begin{cases} 337.96 + 18.4\%x = 23.8\%y + 4.83 \\ 4.83 + y = 337.96 + x \end{cases}$$

解方程得：x　　4700.83kg/h

y　　5033.96kg/h

入吸收塔的贫液量

$$4700.83 \div 41\% = 11465.44\text{kg/h}$$

其中水量为　　$11465.44 - 4700.83 = 6764.61\text{kg/h}$

出吸收塔的富液量

$$5033.96 \div 44\% = 11440.82\text{kg/h}$$

其中水量为　　$11440.82 - 5033.96 = 6406.86\text{kg/h}$

3.2.4.2 解吸塔的物料平衡

塔顶逸出的氨气中氨的质量分数为18%，则塔顶氨气量为

$$333.13 \div 18\% = 1850.72\text{kg/h}$$

其中水量为　　$1850.72 - 333.13 = 1517.59\text{kg/h}$

蒸汽量为

$$6764.61 + 1517.59 - 6406.86 = 1875.34\text{kg/h}$$

解吸塔的物料平衡见表3-7。

表3-7　解吸塔的物料平衡

输入/kg·h⁻¹				输出/kg·h⁻¹					
富液			直接蒸汽用量	贫液			氨气(氨质量分数18%)		
磷铵	水	总量		磷铵	水	总量	氨	水	总量
5033.96	6406.86	11440.82	1875.34	4700.83	6764.61	11465.44	333.13	1517.59	1850.72
13316.16				13316.16					

塔顶操作压力为1350kPa(表压)，氨气中水汽分压为：

$$\frac{p_{H_2O}}{p} = \frac{V_{H_2O}}{V}$$

$$p_{H_2O} = \frac{1350 \times \dfrac{1517.59}{18} \times 22.4}{\left(\dfrac{333.13}{17} + \dfrac{1517.59}{18}\right) \times 22.4} = 1095.4\text{kPa}$$

则相应的塔顶温度为187.7℃。

3.2.4.3 精馏塔的物料平衡

塔顶操作压力为1470kPa(表压)，相应塔顶温度约为40℃，回流比$R=2$。入塔原料即来自解吸塔的氨气。

(1) 无水氨产量。精馏塔的效率为99%，无水氨含氨质量分数为99.98%，则无水氨产量为

$$333.13\times99\%\div99.98\%=329.86\text{kg/h}$$

其中含水 $329.86-333.13\times99\%=0.06\text{kg/h}$

(2) 塔底排出废水量。为保证氨的回收率，要求废水含氨不大于0.1%。转入废水中的氨量为

$$333.13\times1\%=3.33\text{kg/h}$$

则废水量为

$$3.33\div0.1\%=3330\text{kg/h}$$

其中水量为 $3330-3.33=3326.67\text{kg/h}$

(3) 出塔氨气量

$$329.86\times(2+1)=989.58\text{kg/h}$$

其中水量为 $0.06\times(2+1)=0.18\text{kg/h}$

(4) 塔内供给蒸汽量

$$3326.67+0.18-1517.59-0.12=1809.14\text{kg/h}$$

精馏塔的物料平衡见表3-8。

表3-8 精馏塔的物料平衡

输入/kg·h^{-1}			输出/kg·h^{-1}			
来自解吸塔的氨气		直接蒸汽用量	无水氨		废水	
氨	水		氨	水	氨	水
333.13	1517.59	1809.14	329.80	0.06	3.33	3326.67
3659.86			3659.86			

3.3 氨 分 解 法

氨分解法早在20世纪60年代在欧洲及日本等国就已应用。已工业化的氨分解法有两种类型，即完全分解法和不完全分解法。

完全分解法也称氨焚烧法。此法生成的高温烟气(含SO_2，NO_x和CO_2)，经废热锅炉回收热量或与大量冷空气混合温度降到250℃左右，经烟囱排入大气。

不完全分解法简称氨分解法。此法生成的高温烟气称为低热值煤气(热值大于2.5MJ/m^3)。对于大型焦化厂，可利用废热锅炉回收高温低热值煤气的余热产生蒸汽自用，冷却后的煤气返回焦炉煤气系统；对于中小型焦化厂，可将高温低热值煤气直接冷却后，返回焦炉煤气系统。

3.3.1 生产工艺原理

氨分解法是将氨气在1000～1200℃的还原气氛下，通过含镍催化剂床层进行分解。

主反应如下：

$$2NH_3 \longrightarrow N_2 + 3H_2$$

$$2HCN + 2H_2O \longrightarrow 2CO + N_2 + 3H_2$$

煤气中甲烷和烃类的分解反应如下：

$$CH_4 + H_2O \longrightarrow CO + 3H_2$$

$$C_nH_m + nH_2O \longrightarrow nCO + (0.5m + n)H_2$$

上述反应进行得很快，在1～1.5s内便可达到平衡，NH_3 和 HCN 的分解率大于99%。

若浓氨气的主要组成体积分数 NH_3 约为20%，HCN 约为0.5%，则分解气的主要组成体积分数 H_2 约为18%，CO 约为4.5%，N_2 约为70%。

3.3.2 生产工艺流程

氨分解法包括水洗氨、蒸氨和氨分解3个工序。

3.3.2.1 水洗氨工艺流程

水洗氨工艺流程见图3-34。由脱硫工序来的煤气首先进入1号洗氨塔下部煤气终冷段，利用终冷循环水将其冷却到约25℃后，进入上部洗氨段。塔顶喷洒从2号洗氨塔来的半富氨水，使煤气中的大部分氨在1号洗氨塔中除去。洗氨水一部分作为富氨水进入富氨水槽，与鼓风冷凝工段来的剩余氨水一起作为蒸氨的原料氨水，其余作为终冷循环水。

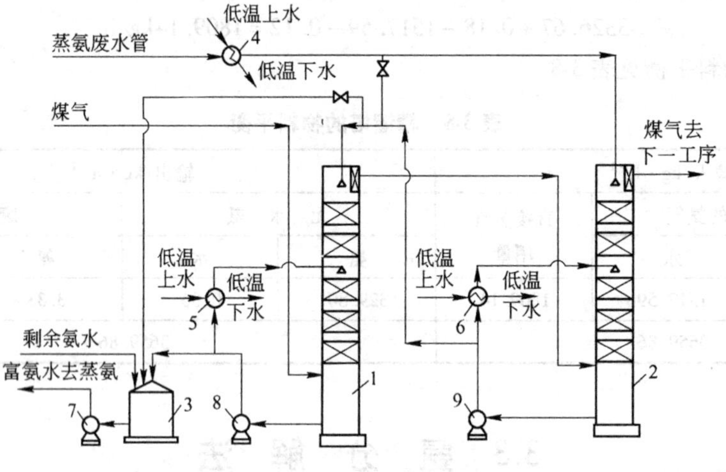

图3-34 水洗氨的工艺流程

1—1号洗氨塔；2—2号洗氨塔；3—富氨水槽；4—蒸氨废水冷却器；5—终冷循环水冷却器；6—半富氨水冷却器；7—富氨水泵；8—终冷循环水泵；9—半富氨水泵

从1号洗氨塔顶部出来的煤气进入2号洗氨塔下部，从蒸氨装置来的蒸氨废水经冷却器冷却到25℃后，进入2号洗氨塔顶部进一步脱除煤气中的氨。从2号洗氨塔底出来的半富氨水，经半富氨水泵送到半富氨水冷却器冷却后，一部分送到1号洗氨塔顶部，其余回到2号洗氨塔中部循环喷洒。从2号洗氨塔顶部出来的煤气进入下一工序。

3.3.2.2 蒸氨—氨分解工艺流程

蒸氨—氨分解工艺流程见图3-35。蒸氨部分设有挥发氨蒸馏塔和固定氨蒸馏塔。从洗氨装置来的原料富氨水分两部分：其中一部分与挥发氨蒸馏塔下来的蒸氨废水换热；另一部分与固定氨蒸馏塔下来的蒸氨废水换热。换热后的原料氨水，分别进入各塔的上部。每个塔底都直接通入蒸汽进行蒸馏，同时将碱液用计量泵(或者从终冷洗苯来的经深度脱除煤气中 H_2S 的碱液)送入固定氨蒸馏塔上部，以分解剩余氨水中固定氨。

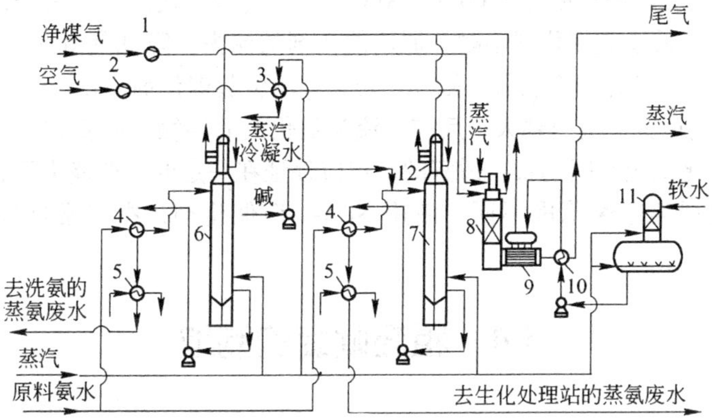

图 3-35 蒸氨—氨分解的工艺流程

1—增压机；2—空气鼓风机；3—空气预热器；4—富氨水/蒸氨废水换热器；5—蒸氨废水冷却器；6—挥发氨蒸氨塔；7—固定氨蒸氨塔；8—氨分解炉；9—废热锅炉；10—锅炉供水预热器；11—锅炉供水处理槽；12—氨分缩器

挥发氨蒸馏塔底的废水经换热后进入冷却器冷却至40℃后，送氨洗涤工段。固定氨蒸馏塔底的废水经换热、冷却至40℃后，送至酚氰废水处理站。蒸氨塔顶逸出的氨气经分缩器冷却至90～95℃浓缩后，送入氨分解炉。

3.3.3 主要设备及操作要点

3.3.3.1 洗氨塔

洗氨塔是用蒸氨废水吸收煤气中氨的设备，主要有空喷式和填料式两种类型。填料式洗氨塔的填料多采用钢板网填料和轻瓷填料。

洗氨塔的操作要求是塔后煤气含氨不高于 $0.1g/m^3$，得到的富氨水含氨高于6g/L。为此洗氨塔的操作温度应控制在25℃左右，并有足够的喷淋水量。一般对于填料塔上部的喷淋密度，控制在 $3\sim5m^3/(m^2\cdot h)$，循环段的喷淋密度，控制在 $12\sim15m^3/(m^2\cdot h)$；对于空喷塔喷淋密度，控制在 $15\sim21m^3/(m^2\cdot h)$。喷淋密度过高，将使富氨水浓度降低，增加蒸氨设备的负荷。

3.3.3.2 蒸氨塔

蒸氨塔是用蒸汽将富氨水中的氨气提出来的设备，主要有泡罩式和栅板式两种类型。

蒸氨塔的操作要求是蒸氨废水含挥发氨不高于0.01%，含全氨不高于0.03%。为此蒸氨塔的操作要求进塔富氨水含氨量保持相对的稳定，塔底每 $1m^3$ 富氨水通入的蒸汽量控制在160～170kg。

3.3.3.3 氨分解炉

氨分解炉是分解氨气的设备，其构造见图 3-36。氨

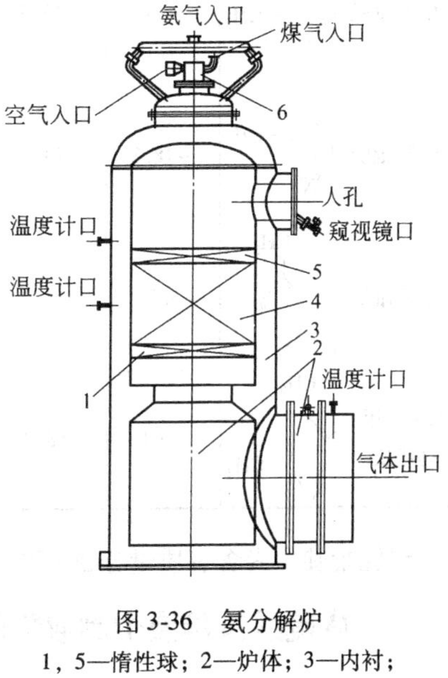

图 3-36 氨分解炉

1，5—惰性球；2—炉体；3—内衬；4—催化剂；6—燃烧器

分解炉的操作要求是氨气分解率应大于99%。氨分解炉的操作要点如下：

(1)氨分解炉的空气过剩系数必须小于1，以使氨气经过催化剂床层发生还原分解反应。

(2)氨分解炉温度严格控制在1100~1200℃。炉温过低，氨分解不完全，易产生铵盐堵塞催化剂；炉温过高，易造成催化剂熔融，加速催化剂的流失，降低其寿命，影响氨的分解率。当分解炉温度低于900℃时，不能引入氨气，否则容易引起催化剂粉化。

(3)空速要控制适宜。空速越大，反应气流与催化剂的接触时间就越短，即催化反应时间越短；反之，则催化反应时间越长。适宜的空速应保证在一定的生产能力下，获得较高的氨分解率。不同的催化剂其空速范围不同，使用NCA-2型催化剂，在正常操作情况下，空速为500~750h^{-1}。

3.4 粗轻吡啶的制取

3.4.1 粗轻吡啶的组成和性质

粗轻吡啶是一种具有特殊气味的油状液体，沸点范围为115~160℃，易溶于水。粗轻吡啶主要组分的性质与含量见表3-9。

表3-9 粗轻吡啶主要组分的性质与含量

组分名称	结构式	熔点/℃	沸点/℃	密度(20℃)/$g\cdot cm^{-3}$	pKa(25℃水中)	溶解性(20℃水中)	水共沸物		质量分数(以无水计)/%
							沸点/℃	水质量分数/%	
吡 啶		-41.6	115.3	0.9830	5.22	互溶	93.6	41.3	40~45
α-甲基吡啶	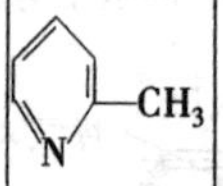	-64	129.5	0.9462	5.96	互溶	93.5	48	12~15
β-甲基吡啶	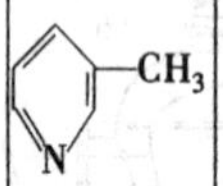	-18.3	143.9	0.957	5.63	互溶	96.7	63	10~15
γ-甲基吡啶	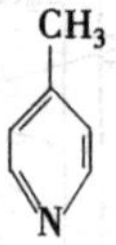	3.7	144.9	0.9558	5.98	互溶	97.4	63.5	
2,4-二甲基吡啶	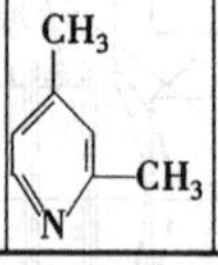	-64	158.7	0.9325	6.63	互溶			5~10

粗轻吡啶中尚含有质量分数15%~20%的中性油(以无水计)。

3.4.2 从硫酸铵母液中制取粗轻吡啶的原理

吡啶是粗轻吡啶中含量最多、沸点最低的组分，故以吡啶为例来讨论回收的原理。

吡啶具有弱碱性，在饱和器和酸洗塔中，与母液中的硫酸作用生成酸式盐或中式盐，其反应如下：

$$C_5H_5N + H_2SO_4 \longrightarrow C_5H_5NH \cdot HSO_4 \quad (酸式盐)$$

$$2C_5H_5N + H_2SO_4 \longrightarrow (C_5H_5NH)_2 \cdot SO_4 \quad (中式盐)$$

从母液中提取吡啶盐基是用氨气中和母液中的游离酸和使酸式硫酸铵变为中式盐，然后再分解硫酸吡啶，反应如下：

$$2NH_3 + H_2SO_4 \longrightarrow (NH_4)_2SO_4$$

$$NH_3 + NH_4HSO_4 \longrightarrow (NH_4)_2SO_4$$

$$2NH_3 + C_5H_5NHHSO_4 \longrightarrow (NH_4)_2SO_4 + C_5H_5N$$

$$2NH_3 + (C_5H_5NH)_2SO_4 \longrightarrow (NH_4)_2SO_4 + 2C_5H_5N$$

3.4.3 制取粗轻吡啶的工艺流程

3.4.3.1 中和器法制取粗轻吡啶的工艺流程

中和器法制取粗轻吡啶的工艺流程见图 3-37。从硫酸铵生产工序结晶槽来的母液，连续流入母液沉淀槽，进一步析出硫酸铵结晶，并除去浮在母液上的焦油，然后进入母液中和器。同时从氨气分凝器来的含氨质量分数为 10% ~12% 的氨气，泡沸穿越母液层，与母液中和而分解出吡啶。由于大量的反应热和氨气的冷凝热，使中和器内母液温度高达 95 ~99℃。在此温度下，吡啶蒸气、氨气、硫化氢、氰化氢、二氧化碳、水蒸气以及少量油气和酚等从中和器逸出，进入冷凝冷却器，冷却到约 30℃。冷凝液进入油水分离器，上层的粗轻吡啶流入计量槽后放入贮槽，下层的分离水则返回中和器。中和母液时所生成的硫酸铵，随脱吡啶母液回流至饱和器母液系统。

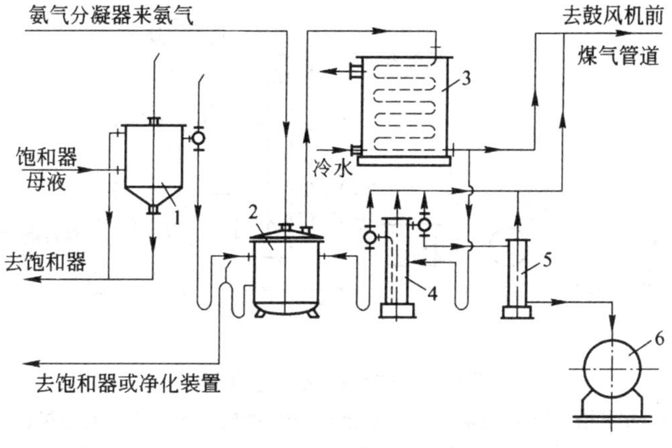

图 3-37 用母液中和器生产粗轻吡啶的工艺流程

1—母液沉淀槽；2—母液中和器；3—吡啶冷凝器；4—吡啶分离器；5—计量槽；6—贮槽

3.4.3.2 文氏管法制取粗轻吡啶的工艺流程

文氏管法制取粗轻吡啶的工艺流程见图 3-38。硫酸铵母液从沉淀槽连续进入文氏管反应器，与由氨气分凝器来的氨气在喉管处混合进行反应，使吡啶从母液中游离出来。然后气液混合物一起进入旋风分离器，分出的母液去脱吡啶母液净化装置，气体进入冷凝冷却器，得到的冷凝液进入油水分离器。在此分离出的粗轻吡啶经计量槽后进入贮槽，分离水则返回反应器。

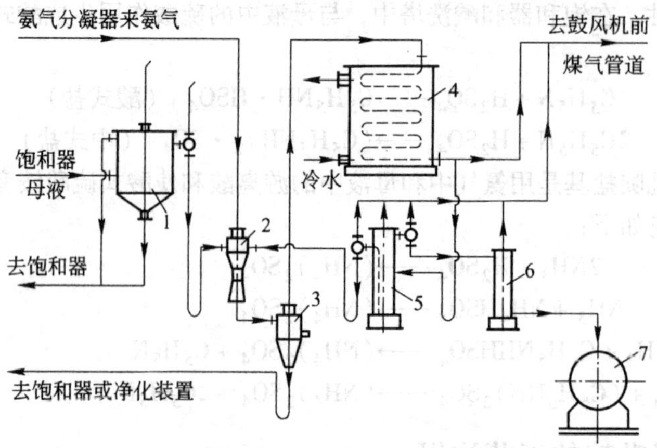

图 3-38　用文氏管中和器生产粗轻吡啶的工艺流程

1—母液沉淀槽；2—文氏管中和器；3—旋风分离器；4—吡啶冷凝器；
5—吡啶分离器；6—计量槽；7—贮槽

3.4.3.3　中和塔法制取粗轻吡啶工艺流程

中和塔法制取粗轻吡啶工艺流程见图 3-39。硫酸铵母液从硫酸铵工序的满流槽送入中和塔，与从气化槽进入的氨气逆流接触，进行中和分解反应。塔底送入蒸汽以补充热量。吡啶蒸气从中和塔顶逸出进入冷凝冷却器，在此被冷却至 40℃，进入盐析槽。在盐析槽内加入一部分硫酸铵母液，使粗轻吡啶盐析分离。分离水因其中溶解一部分铵盐而排入中和塔。分离出的粗轻吡啶自流入贮槽。中和塔底排出的脱吡啶后的硫酸铵母液自流入贮槽，再用泵送入硫酸铵蒸发器。

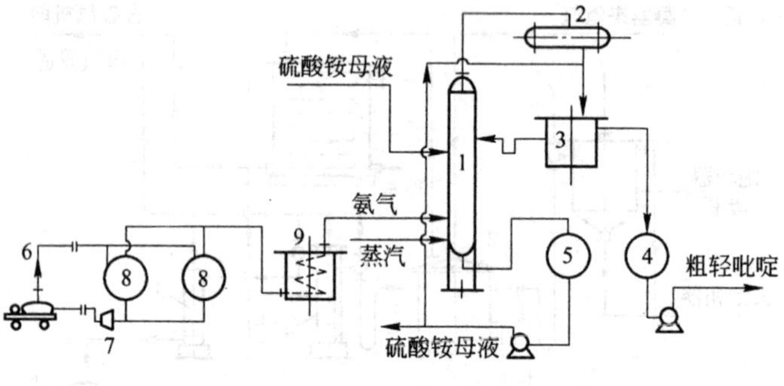

图 3-39　中和塔法工艺流程

1—中和塔；2—冷凝器；3—盐析槽；4—中间槽；5—硫酸铵母液槽；
6—液氨卸料臂；7—氨压缩机；8—液氨贮槽；9—气化槽

吡啶盐基易溶于水，之所以能与分离水分开，是因为分离水中溶有大量的硫酸盐，起到使吡啶盐基从水中盐析出的作用，并增大了分离水与粗轻吡啶的密度差，因此分离水必须返回中和器。

在正常操作条件下，分离水的特性见表 3-10。

因为吡啶的溶解度比其同系物大得多，所以分离水中主要含的是吡啶。可见分离水返回中和器，还可减少吡啶的损失。

吡啶蒸气有毒，并且含有硫化氢和氰化氢等有毒气体，故系统应在负压下进行操作。系统的负压是靠冷凝冷却器后各设备的放散管集中一起连接到鼓风机前的负压煤气管道上形成的。

表 3-10 分离水的特性

相对密度/d_4^{20}	NH_3/g·L^{-1}	CO_2/g·L^{-1}	H_2S/g·L^{-1}	吡啶盐基/g·L^{-1}
1.025~1.035	100~150	80~120	40~60	5~10

3.4.4 粗轻吡啶生产的影响因素及其控制

采用饱和器或酸洗塔从煤气中回收吡啶的效率，主要取决于母液面上吡啶蒸气压的大小。此蒸气压与母液的温度、酸度、母液中吡啶的含量等有关系，见表 3-11。

表 3-11 吡啶蒸气压与温度等因素的关系

母液酸度/%	温度/℃	母液中的吡啶含量/g·L^{-1}	吡啶蒸气压/Pa	母液面上的煤气中的吡啶含量/g·m^{-3}	母液酸度/%	温度/℃	母液中的吡啶含量/g·L^{-1}	吡啶蒸气压/Pa	母液面上的煤气中的吡啶含量/g·m^{-3}
4	40	10	0.587	0.010	6	40	10	0.120	0.004
	50	10	0.693	0.024		50	10	0.320	0.011
	60	10	1.880	0.065		60	10	0.733	0.025
	70	10	5.799	0.210		70	10	2.080	0.072
	80	10	17.742	0.617		80	10	5.613	0.195
5	40	10	0.147	0.005	7	40	20		
	50	10	0.427	0.015		50	20	0.387	0.013
	60	10	1.227	0.043		60	20	1.307	0.046
	70	10	3.533	0.123		70	20	3.600	0.129
	80	10	10.546	0.366		80	20	9.279	0.332

3.4.4.1 母液温度

由表 3-11 数据可知，当母液中吡啶含量和酸度一定时，母液面上吡啶蒸气压将随温度升高而增大。当温度高于 60℃时，吡啶蒸气压增大特别显著，从而使吡啶吸收过程的推动力随之急剧降低。图 3-40 给出了吡啶及其同系物在母液面上的蒸气压。可见，在其他条件相同的情况下，吡啶同系物最易被吸收，形成热力学上稳定的化合物。

实践证明，50~60℃时同时回收吡啶盐基和氨是适宜的。

3.4.4.2 母液酸度

由表 3-11 和图 3-41 可知，母液酸度低，母液面上的吡啶蒸气压大，吡啶损失增加；母液

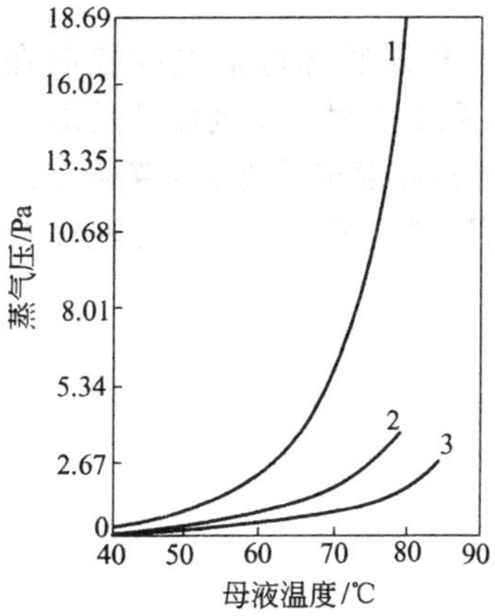

图 3-40 温度对吡啶类化合物蒸气压的影响(母液酸度 4%)
1—吡啶;2—α-甲基吡啶;3—2,4-二甲基吡啶

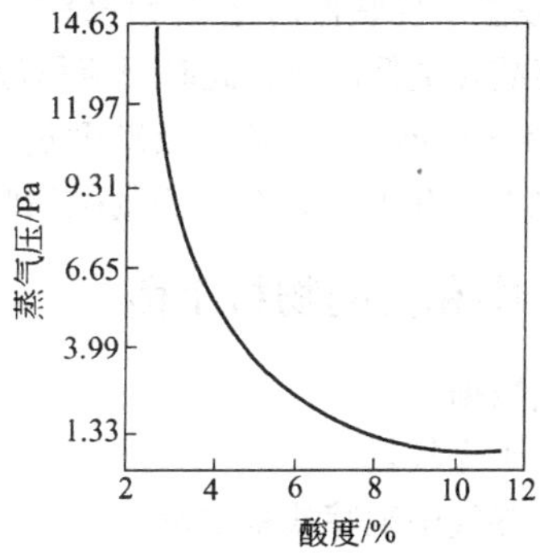

图 3-41 母液面上吡啶盐基蒸气压与母液酸度的关系
(吡啶盐基含量 9~10g/L，温度 70℃)

酸度高，母液面上吡啶蒸气压小，吡啶损失降低。但酸度高，硫酸铵结晶颗粒小。

实践证明，母液酸度在4%～6%，温度在50～60℃，随煤气带走的吡啶盐基不超过0.02g/m³，同时硫酸铵颗粒适宜。

3.4.4.3 母液中吡啶含量

母液中吡啶含量与母液面上吡啶蒸气压的关系见表3-11。由表可见，在母液酸度一定的情况下，随母液中吡啶含量增加，母液面上吡啶蒸气压也随之增加，这对吡啶的回收是不利的。为此必须对母液中粗轻吡啶的含量加以限制。

饱和器母液中粗轻吡啶的最大浓度 c_{pmax} 可按下式确定：

$$c_{pmax} = \sqrt[0.8]{\frac{c_s^{1.85} \times c_{gmax}}{0.915 \times 10^{-13} \times t^{6.8}}} \text{ g/L} \qquad (3\text{-}8)$$

式中 c_s——母液酸度，取为6%；

c_{gmax}——饱和器后煤气中吡啶盐基最大含量。按设计要求，c_{gmax} 取为0.04g/m³；

t——饱和器内母液温度，取 $t=55$℃。

将有关数据代入式（3-8），即可求得：

$$c_{pmax} = \sqrt[0.8]{\frac{6^{1.85} \times 0.04}{0.915 \times 10^{-13} \times 55^{6.8}}} = 36.1 \text{ g/L}$$

为了保证吸收过程的推动力，需按饱和器后煤气中吡啶盐基的实际含量为 c_{gmax} 的50%来计算，则母液中吡啶允许含量为：

$$c_p = \sqrt[0.8]{\frac{6^{1.85} \times 0.02}{0.915 \times 10^{-13} \times 55^{6.8}}} = 15.2 \text{ g/L}$$

当上述计算中其他条件不变时，在不同母液温度下，母液中粗轻吡啶的允许含量为：

母液温度/℃	50	55	60	65
母液中粗轻吡啶含量/g·L^{-1}	32.1	15.2	9.8	4.0

上述的母液温度和酸度主要是考虑硫酸铵生产的需要，在此条件下，氨的回收率可达90%以上，而吡啶的回收率仅为70%～80%。因此，为了提高吡啶的回收率，应使母液中粗轻吡啶含量低于16g/L。

3.4.4.4 中和温度和回流母液碱度

中和器出口吡啶蒸气温度一般控制在98～100℃，中和器底部母液温度控制在102～105℃。该温度反映器内化学反应情况。当通入的氨气各参数不变时，温度偏低是由于母液量少或游离酸含量低所致，此时回流母液碱度必提高。回流母液碱度按游离氨含量确定，一般控制在0.35～0.8g/L。回流母液碱度过高，引起设备腐蚀而形成金属盐，致使硫酸铵着色。母液碱度也不宜低于0.2g/L，否则硫酸吡啶分解不完全。

3.4.5 中和器的物料平衡

原始数据

干煤气量	48280m³/h
煤气中吡啶盐基含量	
饱和器前	0.5g/m³
饱和器后	0.04g/m³
剩余氨水量	14.32m³/h

剩余氨水中吡啶盐基含量　　0.3g/L
蒸氨废水中吡啶盐基含量　　0.1g/L
吡啶在硫酸铵中的质量分数　　0.04%
硫酸铵产量　　1645kg/h

3.4.5.1 吡啶盐基的物料平衡

输入：

焦炉煤气带入的吡啶盐基量

$$48280 \times \frac{0.5}{1000} = 24.14\text{kg/h}$$

剩余氨水带入的吡啶盐基量

$$0.3 \times 14.32 = 4.3\text{kg/h}$$

输出：

焦炉煤气带走的吡啶盐基量

$$\frac{0.04}{1000} \times 48280 = 1.93\text{kg/h}$$

蒸氨废水带走的吡啶盐基量

$$\frac{0.1}{1000} \times 14.32 \times 1.25 = 1.79\text{kg/h}$$

硫酸铵带走的吡啶盐基量

$$0.04\% \times 1645 = 0.658\text{kg/h}$$

则吡啶盐基产量为：

$$24.14 + 4.3 - 1.93 - 1.79 - 0.658 = 24.06\text{kg/h}$$

3.4.5.2 进入中和器的母液量和氨气量

当母液中吡啶盐基含量为15g/L，回流母液中盐基含量为0.05～0.06g/L时，则进入中和器的母液量为：

$$\frac{24.14 - 1.93 - 0.658}{15 - 0.05} \times 1000 = 1442\text{L/h}$$

氨分凝器后氨气分配给中和器的质量分数可由下式求得：

$$\alpha = \frac{Kx}{G_1 + KG_2} \tag{3-9}$$

式中　α——氨气的分配质量分数，%；
x——回收的吡啶盐基量，kg/h；
G_1——氨气中的氨含量，前已求得为49.1kg/h；
G_2——氨气中吡啶盐基含量，kg/h。

$$G_2 = 4.3 - 1.79 = 2.51\text{kg/h}$$

系数K可按下式计算：

$$K = \frac{1 + 3.47 c_s \rho}{c_p} + 0.43 \tag{3-10}$$

式中　c_s——母液的游离酸度，取为6%；
c_p——母液中吡啶盐基含量，取为15g/L；
ρ——母液密度，取为1.27kg/L。

则
$$K=\frac{1+3.47\times6\times1.27}{15}+0.43=2.26$$

$$\alpha=\frac{2.26\times24.06}{49.1+2.26\times2.51}=99.3\%$$

所以，氨气需全部送入中和器。

3.4.6 粗轻吡啶生产的主要设备

3.4.6.1 母液中和器

母液中和器的结构见图3-42。筒体一般用钢板制成，内衬防腐层，或用硬铅制成。氨气引入管和鼓泡伞可用不锈钢或硬铅制成。一般每1t硫酸铵到中和器的母液量为$1m^3$。

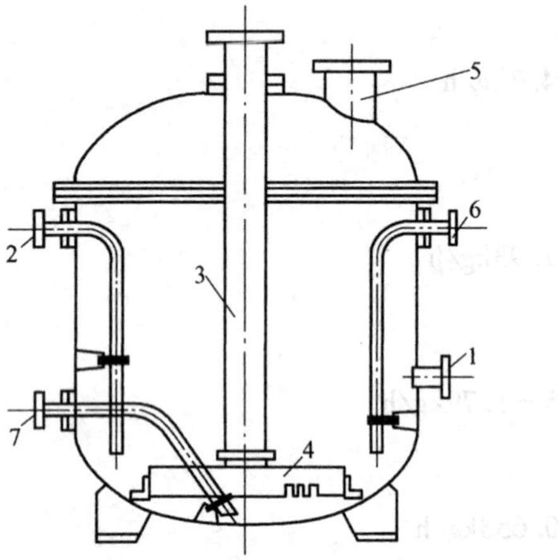

图3-42 中和器

1—满流口;2—母液引入管;3—氨气引入管;4—鼓泡伞;5—蒸汽逸出口;6—分离水回流口;7—放空管

3.4.6.2 文氏管中和器

文氏管中和器结构见图3-43，它由喷嘴、喉管、扩大管和混合室四部分组成，全部由不锈钢制作。氨气通过喷嘴的速度为80~100m/s。

3.4.6.3 中和塔

一般与酸洗塔法生产硫酸铵工艺配套使用。其结构见图3-44。

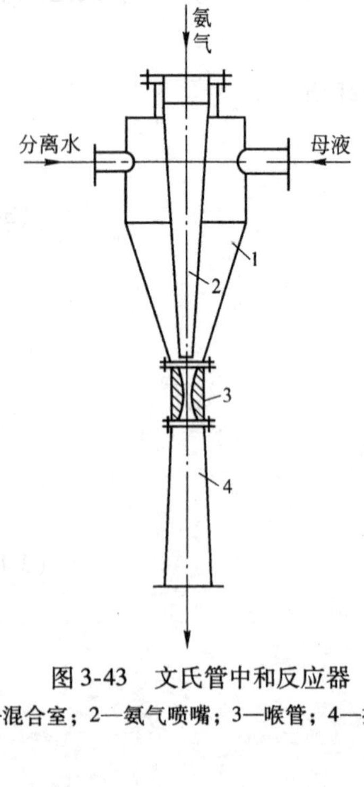

图3-43 文氏管中和反应器

1—混合室；2—氨气喷嘴；3—喉管；4—扩大管

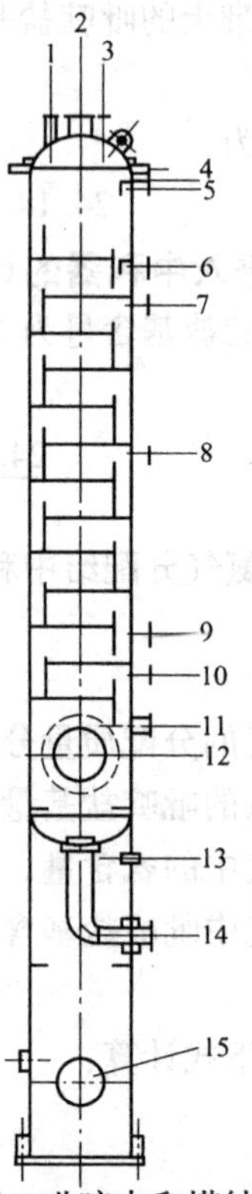

图3-44 吡啶中和塔结构图

1—放散口；2—吡啶蒸气出口；3—压力计；4—温度计；5，6—盐析槽液入口；7—母液入口；8，10—温度计；9，11—氨气入口；12，15—人孔；13—通风口；14—母液出口

3.5 剩余氨水的处理

在焦炉煤气初冷过程中形成了大量氨水，其中大部分用做循环氨水喷洒冷却集气管的煤气，多余部分称剩余氨水。剩余氨水量一般为装炉煤量的15%左右。剩余氨水组成与焦炉操作制度、煤气初冷方式、初冷后煤气温度和初冷冷凝液的分离方法有关，其组成见表3-12。可见剩余氨水是焦化污水的主要来源。根据环境保护的要求，剩余氨水必须加以处理才能外排。剩余氨水的处理包括除油、脱酚、蒸氨和脱氰。

表3-12 剩余氨水组成和性质

组成/mg·L^{-1}							pH值	温度/℃
挥发酚	氨	硫化物	氰化物	吡 啶	煤焦油	锗		
1300~2500	2500~4000	120~250	40~140	200~500	600~2500	0.15~0.20	7~10	70~75

3.5.1 剩余氨水除油

剩余氨水中的焦油类物质，在溶剂法脱酚时会产生乳化物，降低脱酚效率；在蒸汽法脱酚时常堵塞设备；当进入生化装置时，能抑制微生物活性，影响废水处理效果。因此剩余氨水处理的第一道工序就是除油。除油的方法有澄清过滤法和溶剂萃取法。

3.5.1.1 澄清过滤法

工艺流程见图3-45。一般设有三个氨水澄清槽，分别作接受、静置澄清和排放氨水用，并定期轮换使用。剩余氨水静置澄清所需要的时间一般为20~24h。经静置澄清后的剩余氨水仍含有少量焦油类物质和其他悬浮物，可再用焦炭过滤器或石英砂过滤器过滤。过滤器一般设置两台或多台，以便定期更换或交替清洗。此法除油效果较好，石英砂过滤器除焦油类物质的效率可达95%。

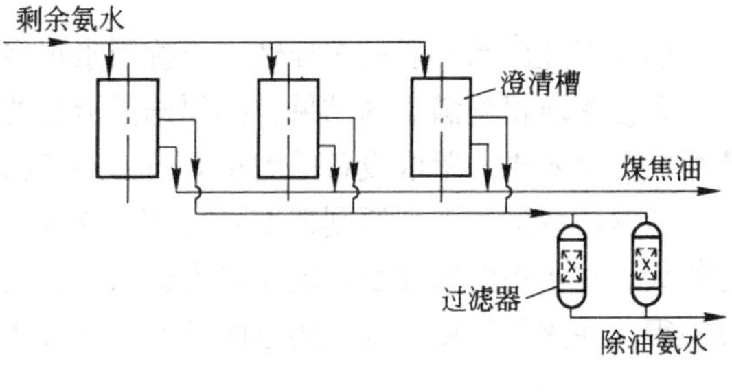

图3-45 澄清过滤法除油的工艺流程

3.5.1.2 溶剂萃取法

以粗苯作溶剂萃取剩余氨水中煤焦油的方法。工艺流程见图3-46。剩余氨水经过滤器除

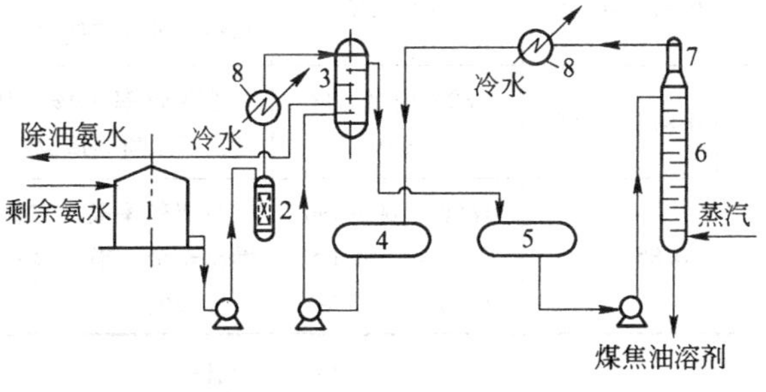

图3-46 溶剂萃取法除油的工艺流程

1—氨水槽；2—过滤器；3—萃取柱；4—粗苯槽；5—污苯槽；6—溶剂回收塔；7—分凝器；8—冷却器

油后进入萃取槽与粗苯逆流混合，氨水中的煤焦油全部被粗苯萃取。含焦油的粗苯送溶剂回收塔用蒸汽蒸出粗苯，粗苯冷凝后流入粗苯槽循环使用。

3.5.2　剩余氨水脱酚

剩余氨水属高浓度酚水，其中挥发酚约占总酚质量的80%。脱酚既能消除焦化废水对环境的危害，又能回收酚。剩余氨水（混同其他来源的酚水）的脱酚广泛采用溶剂萃取法，其脱酚效率可达90%～95%。

3.5.2.1　萃取过程原理及萃取剂的选择

萃取的实质是溶质在水中和溶剂中有不同的溶解度。溶质从水中转入溶剂中是传质过程，其推动力是溶质在水中的实际浓度与平衡浓度之差。在达到平衡状态时，溶质在溶剂中及水中的浓度呈一定的比例关系，其比值 K 即为分配系数，可以下式表示：

$$K=\frac{\text{溶质在萃取相(溶剂相)中的浓度}}{\text{溶质在萃余相(水相)中的浓度}}=\frac{c_E}{c_R} \tag{3-11}$$

分配系数 K 实际上随溶质浓度的变化而有所变化，但在一定温度下对一定的体系，可近似地视为常数。显然，K 值越大，则萃取剂的萃取能力越强。

应该指出上式只是在稀溶液中，溶质在两液相中不离解和不络合的条件下才成立，否则呈曲线关系：

$$K'=\frac{c_E^n}{c_R} \tag{3-12}$$

由于工业废水水质的多样性，干扰因素很多，因此平衡浓度关系式往往呈曲线形式。

要使萃取得到满意的结果，必须选择恰当的萃取剂。萃取剂的选择关系到本身的用量，两液相的分离效果、萃取设备的大小等技术经济指标。

通常萃取剂按下列原则选取：分配系数 K 较高；物理化学性质与废水有较大差别，如密度差大、在水中溶解度小、表面张力适当等；化学稳定性好；着火点高、凝固点和黏度低；价廉易得。在焦化厂使用或试用过的萃取剂见表3-13。

表3-13　萃取脱酚用萃取剂

名　称	分配系数	相对密度	馏程/℃	说　　明
重苯溶剂油	2.47	0.885	140～190	萃取效率大于90%，油水易分离，不易乳化，不易挥发，对水质会造成二次污染
重　苯	2.34	0.875～0.890	110～270	系煤气厂中温干馏产品，常温下无萘析出，其他同重苯溶剂油
粗　苯	2～3	0.875～0.880	180℃前馏出量>93%	萃取效率85%～90%，油水易分离，易挥发，对水质会造成二次污染
5%N-503+95%煤　油	8～10	0.85～0.87	煤油：180～290 N-503：155±5（干点）(133Pa)	萃取效率高，对低浓度酚水也达90%以上，操作安全，损耗低；对水质二次污染程度低，不易再生

N-503是黄色油状液体，其分子结构为 $CH_3-\overset{\overset{\displaystyle O}{\|}}{C}-N(\overset{\overset{\displaystyle CH_3}{|}}{C}HC_6H_{11})_{20}$，相对分子质量283，在水中溶解度2.5mg/kg，干点(155±5)℃(133.32Pa)，闪点158℃，燃点190℃。N-503与煤油

(或轻柴油)的混合液用做萃取剂效果较好。

3.5.2.2 溶剂萃取法脱酚工艺流程

溶剂萃取法分为振动萃取、离心萃取和转盘萃取等，其中以振动萃取应用较多。振动萃取工艺流程见图3-47。

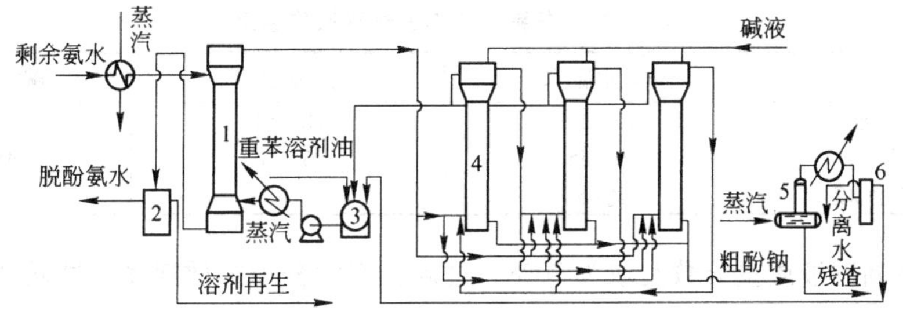

图3-47 溶剂萃取法脱酚工艺流程

1—萃取塔；2—氨水分离器；3—循环油槽；4—碱洗塔；5—再生釜；6—油水分离器

脱除煤焦油和悬浮物后的剩余氨水，与精制车间来的高浓度酚水混合后，用泵送经氨水加热(冷却)器，加热(或冷却)至55~60℃后进入萃取塔顶部分布器。萃取剂(亦称循环油)送经循环油加热(冷却)器控制温度为50~55℃后进入萃取塔底部分布器。氨水和循环油由于密度差在塔内逆向流动，在振动筛板的分散作用下，油被分散成细小的颗粒($d=0.5\sim3$mm)而缓慢上升(称为分散相)，氨水则连续缓慢下降(称为连续相)，在两相逆流接触中，氨水中的酚即被循环油萃取。

脱酚氨水经澄清后自塔底流出，再经控制分离器分离出油滴后进入氨水中间槽送去蒸氨。分离出的油放入低位放空槽回收，定期送去再生。

萃取过酚的循环油在塔顶澄清段澄清后，依次进入3台串联的固定筛板式(设有12块固定筛板)碱洗塔的底部，于缓慢上升过程中，同充于塔内的碱液密切接触，油中的酚同苛性钠反应生成酚钠盐，循环油即得到再生。再生循环油从最后一个碱洗塔顶部流入循环油槽供循环使用。

3台碱洗塔内碱液依次更换装入，每台碱洗塔都是一次装入质量分数为20%的苛性钠溶液，装入量为塔工作容积的一半。碱洗一定时间后，当塔内酚钠溶液中游离碱度下降到2%~3%时即停塔。静置两小时后，用泵抽出酚盐溶液。然后往放空的碱洗塔内加入新碱液，作为最后一个碱洗塔串联入系统中，当另一塔更换新碱液后，此塔即作为第二塔，依此类推。

当原料氨水中S^{-2}、CN^{-1}含量较多时，为防止其转入酚钠盐中对酚精制装置造成腐蚀，可将操作串序中的第一塔作为净化塔予以除去。在净化塔内，利用酚钠盐的水解可逆反应所生成的氢氧化钠，将入塔循环油带入的S^{-2}、CN^{-1}以钠盐形式除去，而水解了的酚钠又以酚或酚铵形式随循环油进入其后的碱洗塔。在经过一定净化操作时间(25天左右)后，原净化塔排掉废液，重新装入新碱液，改作第三碱洗塔，而以原第二碱洗塔用作净化塔(串在最前面)。

为保证萃取剂的质量，将溶于其中的焦油等高沸点物除去，需从循环油泵出口管连续引出约为循环量2%~3%的油，送往溶剂再生装置进行蒸馏再生。再生油返回循环油槽，釜底残渣定期排出混入焦油中。

在萃取脱酚生产操作中，一定塔径的萃取塔所处理的氨水量以开始产生液泛为极限，在极限以下，脱酚效率随氨水处理量的增加而升高。所采用的萃取相比(即油与水的体积比)的增大有利于提高脱酚效率，但如过高将增加油耗量，且使萃取后油中含酚量降低及碱洗再生时酚钠盐不易饱和。当用重苯溶剂油作萃取剂时，油水比可取为(0.9～1.0):1。

萃取操作温度会影响两相物理性质。提高温度有利于加速传质过程，并有利于两相分离和不易乳化，但温度过高会引致液泛。对于不同的萃取剂，适宜的操作温度如表3-14所示。

表3-14　各种萃取剂的适宜操作温度

萃取剂种类	进口水温/℃	进口油温/℃	碱洗温度/℃
重苯溶剂油	55～60	50～55	45～50
重　苯	50～55	45～50	45～50
N-503＋煤油体系	约45	约40	40～45

碱洗所用新碱液质量分数宜取为20%，过高会影响分子扩散速度，过低则会影响脱酚效率。

3.5.3 剩余氨水蒸氨

一般多采用溶剂法脱酚后的剩余氨水蒸氨。采用先脱酚后蒸氨的工艺比先蒸氨后脱酚的工艺具有酚的挥发损失少；避免了由于酚水量增大，酚水浓度降低，而增加脱酚设备负荷；可使氨水中的焦油量减少，从而提高蒸氨塔效率。

氨水中含有挥发氨和固定氨，通常挥发氨采用水蒸气汽提法蒸出；固定氨则用碱性溶液分解成挥发氨后蒸出。固定铵盐的分解有石灰乳分解法和氢氧化钠分解法。其反应如下：

$$2NH_4Cl + Ca(OH)_2 \longrightarrow 2NH_3 + CaCl_2 + 2H_2O$$

$$NH_4Cl + NaOH \longrightarrow NaCl + NH_3 + H_2O$$

石灰乳分解法比氢氧化钠分解法操作费用低；但容易产生堵塞，操作环境差。

带有氢氧化钠分解固定铵盐的剩余氨水蒸氨工艺流程见图3-48。将溶剂萃取法脱酚后的氨水，经氨水换热器加热到90℃进入氨水蒸馏塔上部，塔底部通入水蒸气蒸出氨水中的挥发氨。含有固定铵盐的氨水引至反应塔，用质量分数为5%的氢氧化钠溶液分解其中的固定铵

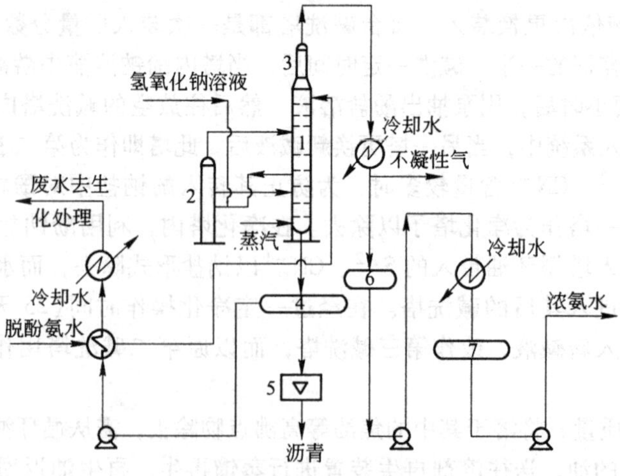

图3-48　剩余氨水蒸氨工艺流程

1—蒸氨塔；2—反应塔；3—分缩器；4—沥青分离槽；5—沥青冷却器；
6—氨水中间槽；7—氨水槽

盐。在反应塔中产生的挥发氨被蒸汽加热，呈气态返回蒸氨塔，与塔中的挥发氨一并蒸出。反应塔内脱氨的废水返回蒸氨塔底部，由塔底排入沥青分离槽，分离出沥青后的105℃的蒸氨废水，与原料氨水换热、冷却后送生化处理装置。从蒸氨塔顶逸出的105℃氨蒸气经塔顶分凝器，降温到100℃，产生的冷凝液作回流直接流入塔内。氨蒸气进入分凝器冷却到75℃，则产生质量分数约为12%的氨水，氨水经冷却后送氨水槽。含有 NH_3、CO_2、H_2S、HCN 的不凝性气体可引入脱硫塔处理。在用半直接法生产硫酸铵的焦化厂，一般蒸氨塔顶蒸出的氨气，在中和器内与硫酸吡啶反应，生成粗吡啶；或者经饱和器前的煤气管和含氨的煤气一并进入饱和器，与硫酸反应生成硫酸铵。此工艺固定铵盐分解率为88% ~89%，挥发氨脱除率达97%以上。

3.5.4 含氰氨气制取黄血盐钠

黄血盐钠学名为亚铁氰化钠，分子式 $Na_4Fe(CN)_6 \cdot 10H_2O$，淡黄色半透明单斜晶体。密度1.458g/cm^3，折射率1.5295，水中溶解度20℃时为31.85g/100mL。50℃开始失水，81.5℃成无水物，435℃分解。主要用于颜料、油漆、油墨、印刷、制药、鞣革和制造赤血盐的原料，也用于淬火、渗碳和表面防腐。

剩余氨水蒸氨，得到的含氰氨气用于制取黄血盐钠的工艺流程见图3-49。

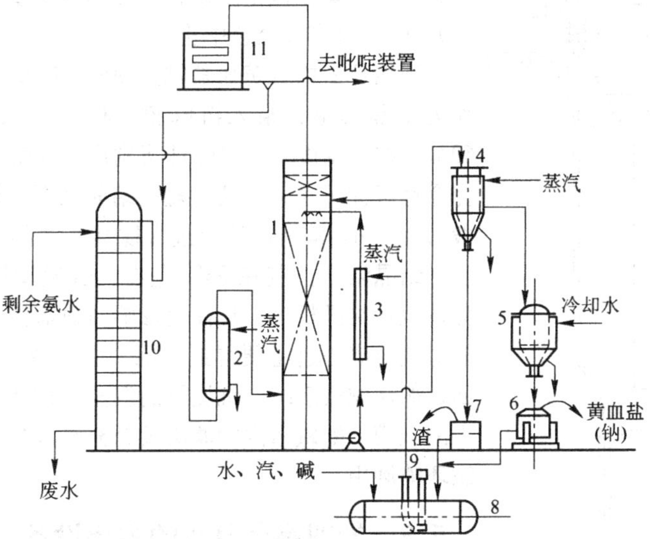

图3-49 以含氰氨气制取黄血盐钠的工艺流程

1—吸收塔；2—氨气加热器；3—套管加热器；4—沉淀槽；5—结晶槽；6—离心机；7—滤渣槽；8—配碱槽；9—液下泵；10—蒸氨塔；11—氨气分缩器

由冷凝工段来的70℃左右的剩余氨水先于原料氨水槽澄清焦油，再通过填有焦炭块的过滤器滤去氨水中的焦油(当先脱酚后蒸氨时，则不需进行过滤)，然后进入蒸氨塔。由塔底通入294kPa(表压)的蒸汽作为热源，使塔底温度保持为105℃左右，同时蒸汽将氨水中的氨蒸吹出来，使蒸氨废水含氨质量分数低于0.01%。从塔顶逸出的蒸汽为氨、水汽、二氧化碳、硫化氢和氰化氢等的混合物，温度为101~103℃，其含氨质量分数与原料氨水含氨质量分数有关，一般约为4%。

自蒸氨塔底排出的废水送去脱酚(当先经脱酚时，则经冷却后送生化脱酚装置)。塔顶逸出的氨气进入加热器，间接加热至140～150℃后进入氰化氢吸收塔。脱除了氰化氢的氨气（温度为100～102℃）从塔顶逸出，进入埋入式氨气分缩器，铸铁管内走氨气，管外走冷却水。氨气经分缩冷却至99℃左右，分缩冷凝液作为回流返回蒸氨塔，质量分数为10%左右的浓缩氨气送往饱和器或吡啶生产装置。

氰化氢吸收塔内上段为高约500mm的木格填料捕雾层，中段为3～4m高的铁屑填料层，含碳酸钠约100g/L的碱液（温度102～105℃）由塔顶喷洒而下，温度为140～150℃的氨气由下而上流动，在铁屑层内发生如下主要反应而生成黄血盐钠：

$$Na_2CO_3 + 2HCN \longrightarrow 2NaCN + CO_2 + H_2O$$

$$Fe + 2HCN \longrightarrow Fe(CN)_2 + H_2$$

$$4NaCN + Fe(CN)_2 \longrightarrow Na_4Fe(CN)_6$$

上述反应为吸热反应，故氨气需加热到140～150℃，此时氰化氢与碳酸钠的反应速度最快，黄血盐钠的生成率也高。在进行主反应的同时，还进行着一系列副反应而生成FeS、$Fe_7(CN)_{18}$、NaCNS及NaHS等。其中FeS是黑色沉淀，$Fe_7(CN)_{18}$是蓝绿色沉淀。当氨气加热温度低时，副产物增多，既影响黄血盐钠质量，又增加碱耗量。如加热温度低于130℃时，反应甚至会中止。

当循环液内含黄血盐钠达300～400g/L时，则提出部分作为结晶母液，泵入沉降槽。槽内母液温度保持不低于60℃，在此温度下，可保证将副产物及带入的铁屑等杂质较完全地沉淀下来，而黄血盐钠结晶又不致析出。沉淀时间一般需4～5h。澄清的溶液进入搅拌式结晶槽进行搅拌冷却结晶。结晶温度控制在35℃左右，若温度偏低，母液中的碳酸钠也将结晶析出，从而会影响黄血盐钠的纯度与颜色。结晶母液经离心过滤便得到产品黄血盐钠。滤液进入配碱槽，回入循环碱液系统。沉淀槽的沉渣经过滤后得到的滤液也兑入配碱槽。配碱槽内的滤液及补充碱液泵入吸收塔顶部，供循环喷洒用。

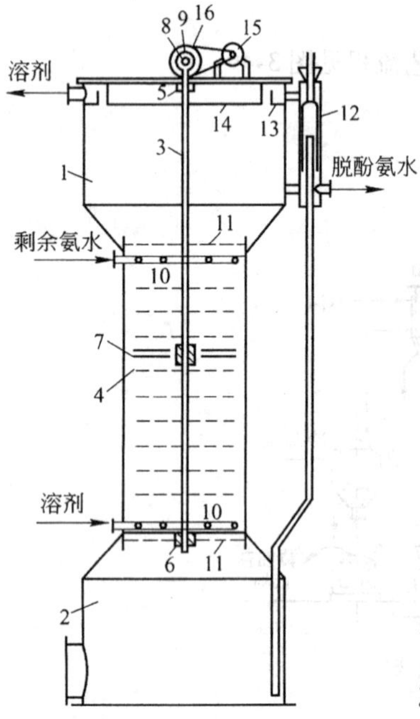

图3-50 振动筛板萃取塔

1，2—塔上部、下部澄清段；3—立轴；4—筛板；5，6—导向套；7—定心装置；8—偏心轴；9—带滑环的曲柄；10—分配装置；11—固定筛板；12—套筒液位调节器；13—溶剂环形室；14—折流器；15—电动机；16—传动装置

3.5.5 处理剩余氨水的主要设备

3.5.5.1 萃取脱酚塔

萃取脱酚塔有振动筛板式和固定筛板式。振动筛板萃取塔构造见图3-50。它由上下两个扩大的澄清段和中部工作段组成。在工作段内设有固定在立轴上的多层筛板。立轴由装于塔顶的曲柄连杆机构驱动，作上下往复运动，以对塔内液体产生搅动作用。工作段的顶部和底部分别设有供通入剩余氨水和萃取溶剂的分配装置。

A 萃取级数的确定

通常采用图解法。下面以重苯萃取含酚污水为例，说明其步骤。通过实验测定，在达到平衡时，酚在两相中的平衡浓度见表3-15。根据表中数据作出平衡曲线，见图3-51。

表 3-15 酚在污水和重苯中的平衡浓度 mg/L

污水中酚的浓度 x	111	149	187	333	566
重苯中酚的浓度 y	1240	1430	1680	1900	2630
污水中酚的浓度 x	787	1190	1540	1720	2360
重苯中酚的浓度 y	3380	3850	4690	4850	5530

例如污水含酚浓度 $c_s = 3000\text{mg/L}$，经萃取塔后出水含酚浓度为 $c'_s = 100\text{mg/L}$。重苯再生后含酚浓度 $c_c = 900\text{mg/L}$，污水与重苯的体积比 $\frac{V_s}{V_c} = 1.24$。求萃取平衡级数 n。

解：(1)对萃取物作物料平衡，整理后可得到操作线方程式如下：

$$c'_c = \frac{V_s}{V_c}(c_s - c'_s) + c_c \tag{3-13}$$

将给定数据代入上式，则 $c'_c = 4496\text{mg/L}$。把 a(3000，4500)和 b(100，900)两点连接起来即为萃取操作线 ab。

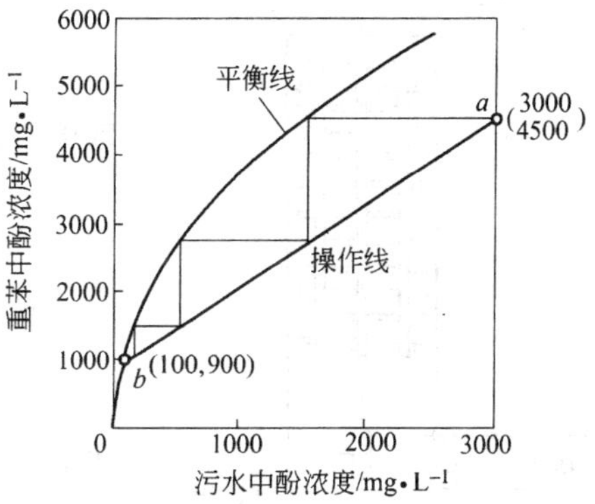

图 3-51 求理论级数的图解

(2)在操作线和平衡线之间，由 a 点开始平行于 x 轴和 y 轴作阶梯形折线，直到 b 点为止，阶梯的数目即为理论级数，本例 $n=4$。

(3)根据设备效率确定实际萃取级数。如采用筛板萃取塔，其效率约为 20%，则实际萃取级数为 20 级。

B 工作段直径 D 的确定

连续相剩余氨水的负荷强度 U_c，设计定额采用 $16 \sim 18\text{m}^3/(\text{m}^2 \cdot \text{h})$。处理剩余氨水量为 $Q_w\text{m}^3/\text{h}$，则

$$D = \sqrt{\frac{Q_w}{\frac{\pi}{4}U_c}} \quad \text{m} \tag{3-14}$$

工作段高度按下式计算：

$$H = (n-1)h + 0.5 \quad \text{m} \tag{3-15}$$

式中 n——筛板数；

h——筛板间距，一般为 250 ~ 300mm；

0.5——考虑分配装置的空间高度，m。

C 澄清段直径 D' 的确定

萃取塔上下澄清段用于油水分离，使出水不带油和出油不带水，为此需确定适宜的流速和停留时间。鉴于上段分散相(油)较难将连续相(水)带出，同时上、下澄清段结构与尺寸基本一致，故按下部澄清段进行计算。在下部澄清段中，油滴上浮，水向下流动，当水速大于某一直径的油滴的上浮速度时，该直径油滴就被带走。实践证明按 0.1mm 油滴上浮速度来确定水的流速能得到较满意的分离效果。澄清段直径可按下式计算：

$$D' = \sqrt{\frac{4Q}{\pi v}} \tag{3-16}$$

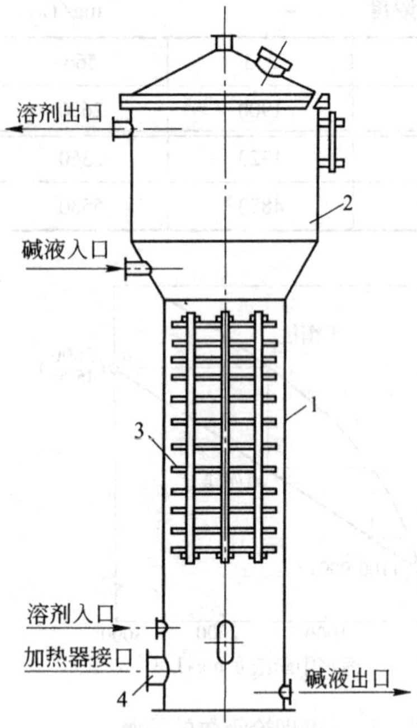

图 3-52 固定筛板碱洗塔

1—塔体；2—澄清段；3—固定筛板；4—间接加热器

式中，v 为水流速度，其值可在 4.0 ~ 4.5m/h 之间选用。

澄清段高度

$$H = vz \tag{3-17}$$

式中，z 为停留时间，可取 30min。

3.5.5.2 碱洗塔

固定筛板碱洗塔构造见图 3-52。

A 碱洗段直径 D 的确定

$$D = \sqrt{\frac{4Q_0}{\pi U_d}} \tag{3-18}$$

式中 Q_0——溶剂的碱洗处理量，m^3/h；

U_d——碱洗塔溶剂油的负荷强度，$m^3/(m^2 \cdot h)$，其值可取 5.5 ~ 7.0$m^3/(m^2 \cdot h)$。

碱洗段高度

$$H = \frac{2 \cdot t \cdot V}{F} \quad m \tag{3-19}$$

式中 2——碱洗过程碱液体积增加的倍数；

t——换碱周期，d；

V——碱耗量，m^3/d。

B 澄清段直径 D' 的确定

澄清段用于油碱分离。由于酚钠溶液的黏度大，因此要采用较小的上升体积流速 U'_d，按经验可取 $3m^3/(m^2 \cdot h)$，相应的截面线速为 $W = 0.05m/min$，则：

直径

$$D' = \sqrt{\frac{4Q_0}{\pi U_d}} \quad m \tag{3-20}$$

高度

$$H = W \cdot \tau n$$

式中，τ 为澄清停留时间，取为 40min。

3.5.5.3 蒸氨塔

蒸氨塔分为泡罩式和栅板式两种。

泡罩式蒸氨塔构造见图 3-53。新式泡罩蒸氨塔分上下两段，用法兰连接，内设 25 层塔盘。上段 5 层和外壳用钛材制造，下段 20 层和外壳用低碳不锈钢制造。分缩器放在蒸氨塔顶部，是蒸氨塔的一部分。老式泡罩蒸氨塔用铸铁制造。

栅板式蒸氨塔在塔板上开有条形栅缝，无降液管，故称穿流式栅板塔，又称淋降板塔。栅缝开孔率为 15% ~ 25%，栅板层数通常为 32 层。栅板和塔壳用铸铁制造。汽液两相逆流穿过栅板，维持动态平衡。塔板液层可呈润湿、鼓泡和液泛三种状态。润湿状态时，板上无液层，传质效率最低；液泛状态时，塔内空间几乎全被液体充斥，为正常操作所不允许；鼓泡状态时，汽相鼓泡穿过栅板上液层，传质最好，效率一般在 30% 以上。

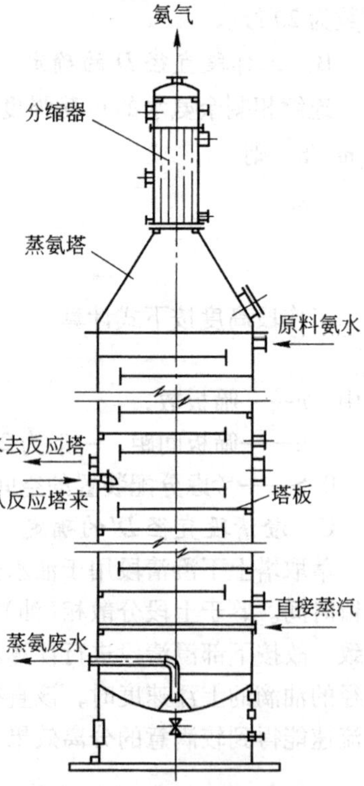

图 3-53 泡罩式蒸氨塔

为了节省蒸氨用的蒸汽，在蒸氨塔塔底设闪蒸室，由入塔蒸汽喷射产生的负压而使闪蒸室内部分蒸氨废水汽化，产生二次蒸汽。

泡罩式蒸氨塔主要操作参数及塔板层数计算如下：

A　*原始数据*

剩余氨水量　　14.31m^3/h

剩余氨水组成(按部分混合氨水考虑)：

NH_3	(3.5g/L)	14.31×3.5＝50.1kg/h
H_2S	(1.9g/L)	14.31×1.9＝27.2kg/h
CO_2	(2g/L)	14.31×2＝28.6kg/h
H_2O		14310kg/h
共计		14416kg/h

则剩余氨水含氨质量分数为：

$$\frac{50.1}{14416}=0.348\%$$

B　*氨分缩器后成品氨气的组成及温度的确定*

取成品氨气浓度 $x_p=10\%$，并设氨在蒸氨塔中的蒸出程度为98%，硫化氢及二氧化碳全部蒸出，则成品氨气的组成为：

NH_3	50.1×98%＝49.1kg/h	或64.7m^3/h
H_2S	27.2kg/h	或17.9m^3/h
CO_2	28.6kg/h	或14.6m^3/h
H_2O	$\frac{49.1}{0.1}-49.1=442$kg/h	或550m^3/h
共计	546.9kg/h	或647.2m^3/h

取分缩器后氨气操作压力为116kPa，则水蒸气在氨气混合物中的分压即为：

$$p_s=116\times\frac{550}{647.2}=98.58\text{kPa}$$

查饱和水蒸气表可求得与此相应的氨气温度为99.2℃。

C　*分缩器后回流液含氨浓度的确定*

回流液含氨浓度受分缩器结构型式、分缩器内冷凝液与蒸汽的流向、成品氨气含氨浓度及回流液温度等因素的影响，在使用埋入式分缩器及气、液于管内同向流动的条件下，可认为回流液含氨浓度基本上是与成品氨气浓度相平衡的。不同浓度下氨蒸气与回流液之间的平衡数据可按附表3查取。

当成品氨气质量分数为10%时，由表可查得回流液的浓度 $x_R=1.2\%$。

D　*实际回流比与塔顶氨气含氨浓度的确定*

为进行有关计算，可参照图3-54所示蒸氨塔物料流动图，图中各符号表示的意义分别为：

P——成品氨气产量，kg/h；

x_P——成品氨气含氨质量分数，%；

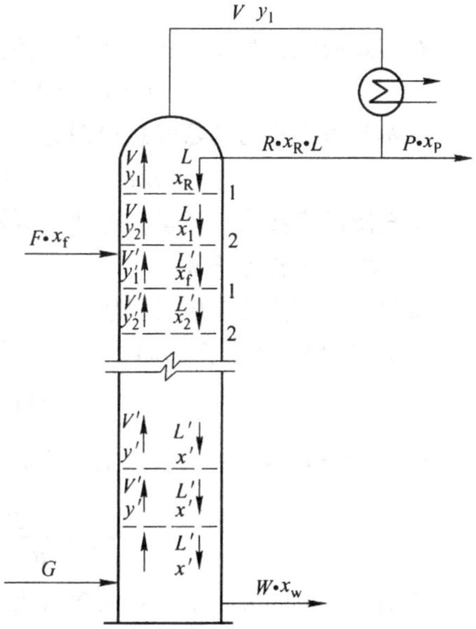

图3-54　蒸馏塔物料流动图

L——回流量，kg/h（即精馏段任一塔板溢流量）；

x_R——回流液含氨质量分数，%；

L'——提馏段任一塔板的溢流量，kg/h；

V——精馏段任一塔板上升的蒸汽量，kg/h；

V'——提馏段任一塔板上升的蒸汽量，kg/h；

y_1——塔顶逸出的氨气含氨质量分数，%；

F——原料氨水量，kg/h；

x_f——原料氨水含氨质量分数，%；

G——直接蒸汽量，kg/h；

W——废水量，kg/h；

x_w——废水含氨质量分数，%；

R——回流比，$R=\frac{L}{P}$。

参照图3-54对塔顶及分缩器作总物料平衡及氨平衡，可求得：

$$y_1 = \frac{Rx_R + x_P}{R+1} \tag{3-21}$$

式中，x_P 和 x_R 均为已知，为求 y_1，须先确定实际回流比 R。一般可取 $R=1.2R_{min}$。

蒸氨塔的最小回流比可按下式计算：

$$R_{min} = \frac{x_P - y_f}{y_f - x_f} \tag{3-22}$$

式中　y_f——与 x_f 达成相平衡的氨气中氨的浓度，查表得 $y_f=3.28\%$。

则可求得

$$R_{min} = \frac{10-3.28}{3.28-0.347} = 2.29$$

$$R = 1.2\times2.29 = 2.75$$

$$y_1 = \frac{2.75\times1.2+10}{2.75+1} = 3.55\%$$

在实际回流比为2.75时，则回流量为：

$$L = RP = 2.75\times(49.1+442)\approx1350\text{kg/h}$$

从蒸氨塔顶蒸出的氨气总量即为：

$$V = L+P = (2.75+1)\times(49.1+442)\approx1842\text{kg/h}$$

蒸氨所需直接蒸汽耗量，可通过蒸氨塔的热平衡计算确定。

E　塔板层数的计算

按逐板计算法确定塔板层数

（1）精馏段。参照图3-54，对塔顶第一块塔板作氨平衡得：

$$Vy_1 + Lx_1 = Vy_2 + Lx_R \tag{3-23}$$

将 $V=L+R$ 及 $R=\frac{L}{P}$ 代入上式并加以整理，写成通式得：

$$y_n = \frac{R}{R+1}x_{n-1} + \left(y_1 - \frac{R}{R+1}x_R\right) \tag{3-24}$$

将前已求得的 R、y_1、x_R 的数值代入上式，即得精馏段操作线方程式为：

$$y = 0.734x + 2.67 \tag{3-25}$$

已知 $y_1=3.55\%$，查附表 3 得 $x_1=0.3847\%$。用上式计算得：

$$y_2 = 0.734 \times 0.3847 + 2.67 = 2.952\%$$

查表得　$x_2=0.3075\%$

x_2 已小于 x_f，故精馏段仅需一块理论塔板。取板效率为 0.5，则实际塔板数为 2 块。

(2) 提馏段。参照图 3-54，对蒸馏塔的提馏段作总物料平衡及氨平衡并列式整理，写成通式可得：

$$y_m = \frac{L'}{V'}x_{m-1} - \frac{W}{V'}x_w \tag{3-26}$$

作全塔物料平衡并整理后得：

$$W = F + G - P \tag{3-27}$$

在冷进料时，进料状态参数 $\delta>1$，则有：

$$L' = L + \delta F \tag{3-28}$$

$$V' = L + (\delta - 1)F + P \tag{3-29}$$

将式(3-27)、式(3-28)及式(3-29)代入式(3-26)并整理后得：

$$y_m = \frac{L+\delta F}{L+P+(\delta-1)F}\cdot x_{m-1} - \frac{F+G-P}{L+P+(\delta-1)F}\cdot x_w$$

或

$$y_m = \frac{R+\delta f}{R+1+(\delta-1)f}\cdot x_{m-1} - \frac{f-1+\dfrac{G}{P}}{R+1+(\delta-1)f}\cdot x_w \tag{3-30}$$

式中，$f=\dfrac{F}{P}$。

上式即为蒸氨塔提馏段的操作线方程式。

已知 $F=14416\text{kg/h}$，$P=546.9\text{kg/h}$，$G=200\times14.31=2862\text{kg/h}$

则计算可得：

$$x_w = \frac{50.1\times2\%}{14416-546.9+2862} = 0.006\%$$

又据进料状态参数 δ 的定义可求得：

$$\delta = 1 + \frac{(103-50)\times4.1868\times18}{2250.4\times18} = 1.099$$

式中　2250.4——103℃时水的汽化潜热，kJ/kg；

50——入塔氨水温度，℃。

将有关数据代入式(3-30)并整理得：

$$y = 4.99x - 0.0167 \tag{3-31}$$

已知 $x_f=0.348\%$，可认为相当于从精馏段下降至加料板的液相浓度。用式(3-31)并利用附表 3，从加料板开始逐板计算得：

$$y_1 = 4.99\times0.348 - 0.0167 = 1.72\%$$

查表得　$x_1=0.172\%$

$$y_2 = 4.99\times0.172 - 0.0167 = 0.8416\%$$

查表得　$x_2=0.0868\%$

$$y_3 = 4.99\times0.0868 - 0.0167 = 0.4164\%$$

查表得　$x_3=0.04164\%$

$$y_4 = 4.99\times0.04164 - 0.0167 = 0.1911\%$$

查表得 $x_4 = 0.01911\%$

$$y_5 = 4.99 \times 0.01911 - 0.0167 = 0.0786\%$$

查表得 $x_5 = 0.00786\%$

$$y_6 = 4.99 \times 0.00786 - 0.0167 = 0.0225\%$$

查表得 $x_6 = 0.00225\%$

求得的 x_6 已小于 x_w，故提馏段可设 6 块理论板。取塔板效率为 0.4，则提馏段所需实际塔板数为 15 块。全塔实际塔板数为 17 块。

4 煤气中硫化氢和氰化氢的脱除

4.1 脱硫脱氰概述

4.1.1 煤气中的硫化氢和氰化氢

焦炉煤气中 H_2S 的含量随煤中含硫量而变，一般每 $1m^3$ 煤气波动在 4～10g。煤中含硫质量分数达 1%，相当煤气中 H_2S 含量为 $10g/m^3$。

硫的化学转化始于煤的分解温度，到初次分解结束（约 600℃）基本完成。所析出的 H_2S 和 S 在高温分解阶段又与其他高温分解产物进行反应，例如：

$$S + H_2 \rightleftharpoons H_2S$$

$$S + CO \rightleftharpoons COS$$

$$2COS \rightleftharpoons CO_2 + CS_2$$

$$FeS_2 + H_2 \longrightarrow FeS + H_2S$$

$$FeS_2 + 2H_2 \longrightarrow Fe + 2H_2S$$

$$FeS + H_2 \longrightarrow Fe + H_2S$$

$$2H_2S + C \longrightarrow CS_2 + 2H_2$$

同时还有更复杂的反应生成物，如 C_4H_4S、C_2H_5SH、CH_3SH、CH_3SCH_3 等，但焦炉煤气中的硫化物 90% 以上为 H_2S。

在炼焦过程中，煤中硫的分布见表 4-1。

表 4-1 煤中硫的分布　　质量分数/%

装炉煤		100
焦炭		55～65
焦炉煤气	有机硫	1～2
	无机硫	25～30
氨水、焦油及粗苯等		10～13

焦炉煤气中 HCN 含量取决于煤中氮含量和炭化温度，一般为 $1 \sim 2.5g/m^3$（煤气）。

氰化氢主要是氨与红焦、一氧化碳及碳氢化合物反应生成的：

$$C + NH_3 \longrightarrow HCN + H_2$$

$$CH_4 + NH_3 \longrightarrow HCN + 3H_2$$

$$C_2H_2 + 2NH_3 \longrightarrow 2HCN + 3H_2$$

$$CO + NH_3 \longrightarrow HCN + H_2O$$

H_2S 和 HCN 是有毒的化合物。H_2S 被吸入人体，进入血液后与血红蛋白结合生成不可还原的硫化血红蛋白而使人中毒。当空气中 H_2S 达到 $700mg/m^3$ 时，人吸入后立即昏迷，窒息致死。生产车间允许的 H_2S 含量小于 $10mg/m^3$。HCN 毒性更大，人吸入 50mg 即可死亡。生产车间允许的 HCN 含量小于 $0.3mg/m^3$。H_2S 和 HCN 的水溶液也具有强烈的毒性，水中含 HCN 达 0.04 ~ 0.1mg/kg 可使鱼致死。工厂排污水要求 H_2S 和 HCN 含量小于 0.5mg/L。

含 H_2S 和 HCN 的煤气在输送过程会腐蚀设备和管道；作燃料燃烧时，生成 SO_x 和 NO_x 严重污染大气，甚至形成酸雨。城市煤气要求 H_2S 含量小于 $20mg/m^3$，HCN 含量小于 $50mg/m^3$。焦炉煤气用在冶炼优质钢和供化学合成工业用时，对 H_2S 含量的要求更加严格，有的甚至要求小于 $1mg/m^3$。

综上所述，焦炉煤气必须脱除 H_2S 和 HCN。另外，还可以变废为宝，用其生产硫磺和硫酸等化工产品。

4.1.2 脱硫脱氰方法

煤气的脱硫脱氰方法发展到今天已有 50 余种，类似的方法不计，有代表性的也有 10 余种。这些方法可以概括为两种工艺，即干法和湿法。干法工艺是利用固体吸附剂如氢氧化铁、活性炭和分子筛等脱除煤气中的硫化氢。干法工艺是 1809 年英国人发明的，开始是用消石灰作脱硫剂，1948 年改用氢氧化铁作脱硫剂。此法工艺和设备都比较简单，操作容易，但装置占地面积大，间歇更换和再生脱硫剂劳动强度大。一般焦炉煤气量小于 $5000m^3/h$，硫含量小于 $6g/m^3$，则直接采用干法工艺；反之，则应采用湿法工艺。现代化的大型焦化厂均采用湿法工艺。湿法工艺是利用液体脱硫剂脱除煤气中的硫化氢和氰化氢。湿法工艺出现于 20 世纪 20 年代初。它分为吸收法和氧化法，具有代表性的方法见表 4-2。

表 4-2 几种代表性的脱硫脱氰方法

方法类型	名　称	脱硫效率/%	脱氰效率/%	吸收剂、催化剂	产　品	装置位置
湿式吸收法	AS 循环洗涤法	90 ~ 98	50 ~ 75	氨	元素硫或硫酸	氨回收前
	代亚毛克斯法	约 98	约 30	氨	元素硫或硫酸	氨回收前
	真空碳酸盐法	90 ~ 98	约 85	碳酸钠(钾)	元素硫或硫酸	氨回收后或苯回收后
	醇胺法	90 ~ 98	约 90	单乙醇胺	元素硫或硫酸	氨回收后或苯回收后
湿式催化氧化法	改良蒽醌法	约 99	约 90	碳酸钠、蒽醌二磺酸	熔融硫	苯回收后
	萘醌法	约 99	约 90	氨、萘醌磺酸	硫酸铵母液	氨回收前
	苦味酸法	约 99	约 90	氨、苦味酸	元素硫或硫酸	氨回收前
	栲胶法	约 99	约 90	碳酸钠、栲胶	熔融硫	苯回收后
	PDS 法	约 99	约 90	碳酸钠、酞菁钴磺酸盐系化合物的混合物	熔融硫	苯回收后
	HPF 法	约 99	约 80	氨、对苯二酚、双核酞菁钴六磺酸铵和硫酸亚铁的混合物	熔融硫或硫酸	氨回收前
	对苯二酚法	约 99	约 90	氨、对苯二酚	元素硫或硫酸	氨回收前

4.2 改良蒽醌法

蒽醌法也称 ADA 法。ADA 系蒽醌二磺酸 Anthraquinone Disulphonic Acid 的缩写。该法在 20 世纪 50 年代由英国开发，60 年代得到发展。后经改进在脱硫液中增加了添加剂，对 H_2S 的化学活性提高，脱硫效率达99%；副反应 $Na_2S_2O_3$ 的生成基本得到控制；脱硫液稳定无毒；对操作条件的适应性强。改进后的方法称做改良 ADA 法。该法在我国被广泛采用，但 ADA 价高，资源偏紧，因此进一步推广受到限制。

4.2.1 生产工艺原理

ADA 法的脱硫液是在稀碳酸钠溶液中添加等比例的2,6-蒽醌二磺酸和2,7-蒽醌二磺酸的钠盐溶液配制而成的。该法反应速度慢，脱硫效率低，副产物多。为了改进操作，在上述溶液中添加了酒石酸甲钠（$NaKC_4H_4O_6$）和偏钒酸钠（$NaVO_3$），即为改良 ADA 法。

改良 ADA 法脱硫液的碱度和组成为：总碱度 0.36～0.5mol/L；Na_2CO_3 0.06～0.1mol/L；$NaHCO_3$ 0.3～0.4mol/L；ADA 3.5g/L；$NaVO_3$ 1～2g/L；$NaKC_4H_4O_6$ 1g/L。

4.2.1.1 在脱硫塔内进行的反应

（1）煤气中的 H_2S 和 HCN 被碱液吸收

$$Na_2CO_3 + H_2S \longrightarrow NaHCO_3 + NaHS$$

$$Na_2CO_3 + 2HCN \longrightarrow 2NaCN + H_2O + CO_2$$

（2）偏钒酸钠与硫氢化钠反应，生成焦钒酸钠并析出元素硫

$$4NaVO_3 + 2NaHS + H_2O \longrightarrow Na_2V_4O_9 + 4NaOH + 2S\downarrow$$

此反应进行得很快，硫化氢转变为硫的数量随着钒酸盐在溶液中含量的增加而增加，见图4-1。制定此反应曲线的条件为：ADA 含量$\frac{1}{100}$mol，硫化物含量330mg/kg，pH 值8.8，温度20℃。

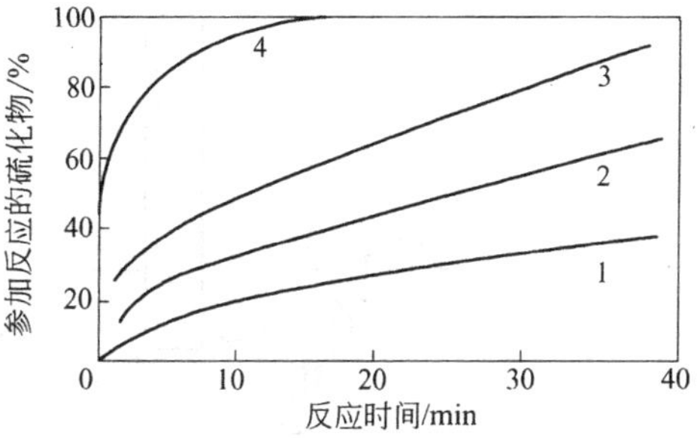

图4-1 ADA 钒酸盐溶液的反应曲线

钒酸盐浓度：1—0mol；2—$\frac{1}{1000}$mol；3—$\frac{1}{500}$mol；4—$\frac{1}{100}$mol

（3）焦钒酸钠在碱性脱硫液中被氧化态的 ADA 氧化再生为偏钒酸钠

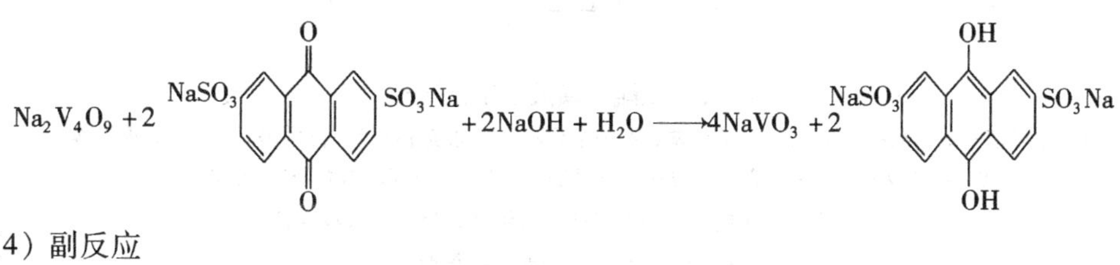

（4）副反应

$$Na_2CO_3 + CO_2 + H_2O \longrightarrow 2NaHCO_3$$

（焦炉煤气含体积分数1%～3%的 CO_2）

$$2NaHS + 2O_2 \longrightarrow Na_2S_2O_3 + H_2O$$

（焦炉煤气含体积分数0.3%～0.7%的 O_2 和再生溶解的 O_2）

$$NaCN + S \longrightarrow NaCNS$$

$$NaHCO_3 + NaOH \longrightarrow Na_2CO_3 + H_2O$$

4.2.1.2 在再生塔内进行的反应

（1）还原态的 ADA 被氧化为氧化态的 ADA

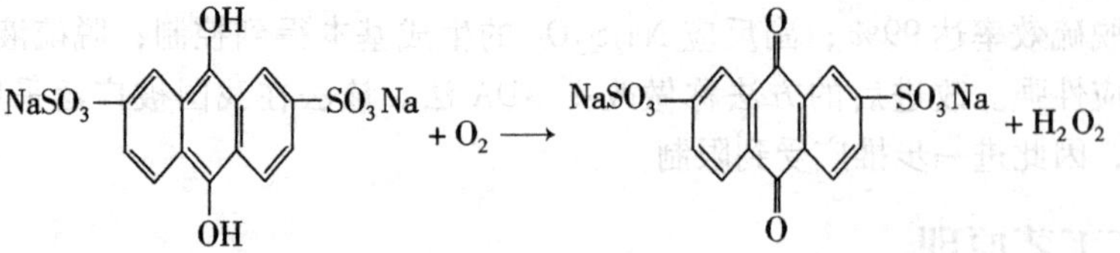

(2) H_2O_2 可将 V^{+4} 氧化成 V^{+5}：$HV_2O_5^- + H_2O_2 + OH^- \longrightarrow 2HVO_4^{2-} + 2H^+$

(3) H_2O_2 可与 HS^- 反应析出元素硫：$H_2O_2 + HS^- \longrightarrow H_2O + OH^- + S\downarrow$

4.2.2 生产工艺流程

改良 ADA 法的工艺流程见图 4-2。回收苯族烃后的煤气进入脱硫塔的下部，与从塔顶喷洒的脱硫液逆流接触，脱除硫化氢和氰化氢后的煤气，从塔顶经液沫分离器排出。脱硫液从塔底经液封槽流入循环槽，再用泵送至加热器控制温度约 40℃后入再生塔下部，与送入的压缩空气并流上升。脱硫液被空气氧化再生后，经液位调节器自流入脱硫塔循环使用。

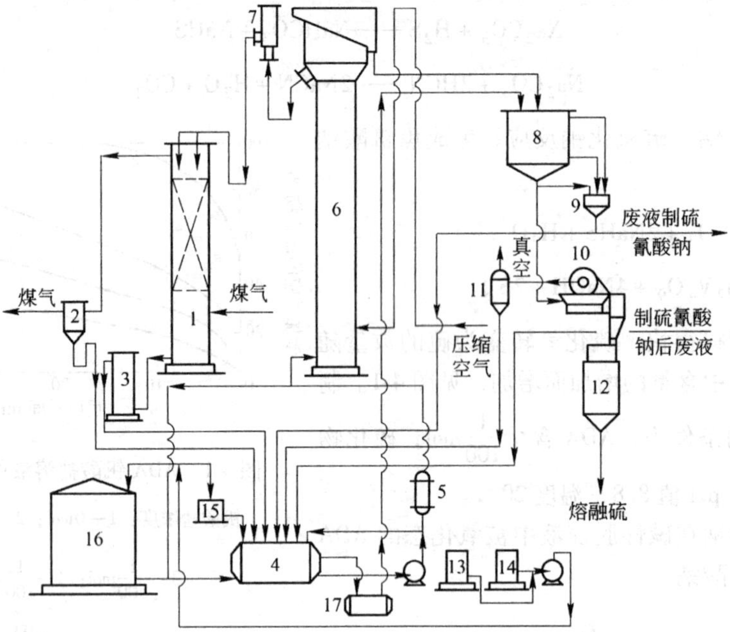

图 4-2 蒽醌二磺酸法工艺流程

1—脱硫塔；2—液沫分离器；3—液封槽；4—循环槽；5—加热器；6—再生塔；7—液位调节器；
8—硫泡沫槽；9—放液器；10—真空过滤器；11—真空除沫器；12—熔硫釜；
13—含 ADA 碱液槽；14—偏钒酸钠溶液槽；15—吸收液高位槽；
16—事故槽；17—泡沫收集槽

脱硫塔内析出的硫泡沫在循环槽内积累，在循环槽的顶部和底部设有溶液喷头，喷射自泵出口引出的高压溶液，以打碎硫泡沫，使之随溶液同时进入循环泵。在循环槽中积累的硫泡沫也可以放入收集槽，由此用压缩空气压入硫泡沫槽。

大量的硫泡沫是在再生塔中生成的，并浮于塔顶扩大部分，利用位差自流入硫泡沫槽内。硫泡沫槽内温度控制在 65 ~ 70℃，在机械搅拌下澄清分层，清液经放液器返回循环槽，硫泡沫放至真空过滤机进行过滤，成为硫膏。滤液经真空除沫器后也返回循环槽。

硫膏于熔硫釜内用蒸汽间接加热至 130℃以上，使硫熔融并与硫渣分离。熔融硫放入用蒸汽夹套保温的分配器，以细流放至皮带输送机上，并用冷水喷洒冷却。于皮带输送机上经脱水干燥后的硫磺产品卸至贮槽。

在碱液槽配制好的10%的碱液，用碱液泵送至高位槽，间歇或连续地加入循环槽或事故槽内，以补充消耗。当需补充偏钒酸钠溶液时，也由碱液泵送往溶液循环系统。

在溶液循环过程中，当硫氰酸钠及硫代硫酸钠积累到一定程度时，会导致脱硫效率下降，需抽取部分溶液去提取这些盐类。

当脱硫液中硫氰酸钠含量增至150g/L以上时，可从放液器抽出部分溶液去提取粗制大苏打和硫氰酸钠，但该法设备腐蚀严重，操作繁琐，故很多厂已停用，改配入煤中送焦炉处理。

4.2.3 影响因素及其控制

4.2.3.1 脱硫塔的操作温度与压力

ADA法对温度要求不严格，15～60℃均可。但温度过低，$NaHCO_3$、$NaVO_3$ 和ADA易沉淀，硫磺颗粒小，溶液再生效果差；温度过高，会加速副反应的进行，见图4-3。一般维持在40～50℃，此时硫磺颗粒大，达到20～50μm。

该法对压力不敏感，常压到0.7MPa都能同样除去 H_2S。但压力下气体中氧分压大，使生成 $Na_2S_2O_3$ 的副反应加速。

硫代硫酸钠等盐的大量生成，会降低ADA在母液中的溶解度，使溶解度小的2,6-ADA首先从母液中析出而粘附在硫磺粒子上，这不但损失了ADA，还降低了硫磺的质量。

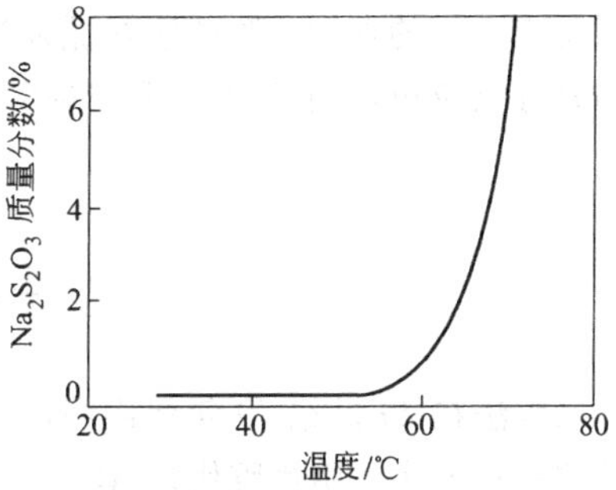

图4-3 温度对 $Na_2S_2O_3$ 生成的影响

4.2.3.2 脱硫液的pH值

脱硫液的pH值由 Na_2CO_3 和 $NaHCO_3$ 的含量决定。如果煤气中的 CO_2 含量高，则 Na_2CO_3 将转变成 $NaHCO_3$，此时脱硫液的pH值将下降到需要的水平以下。另外，$NaHCO_3$ 的溶解度比 Na_2CO_3 小，在脱硫液中不允许有 $NaHCO_3$ 析出。如果发生上述情况，脱硫液必须脱碳。脱碳是将1%质量的循环液在热交换器中加热至90℃，由填料塔上部进入，热空气或蒸汽由塔底部通入，则 $NaHCO_3$ 就会释放出 CO_2，被吹入气流带走。

一般根据焦炉煤气 CO_2 含量，脱硫液中 $NaHCO_3$ 与 Na_2CO_3 摩尔比为1∶(4～5)，无需脱碳，由脱硫塔吸收的 CO_2 等于再生鼓入空气氧化时的损失。

脱硫液的pH值维持在8.5～9.1之间。pH小于8.5，反应速度慢(见图4-4)；pH值太大，副反应加剧(见图4-5)，并使碱耗增大。

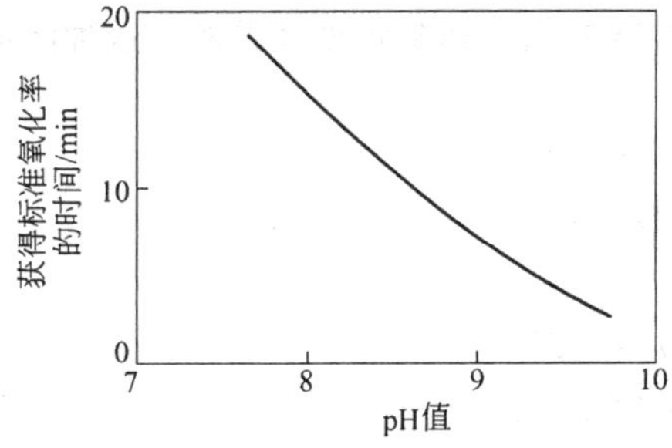

图4-4 pH值与氧化时间的关系

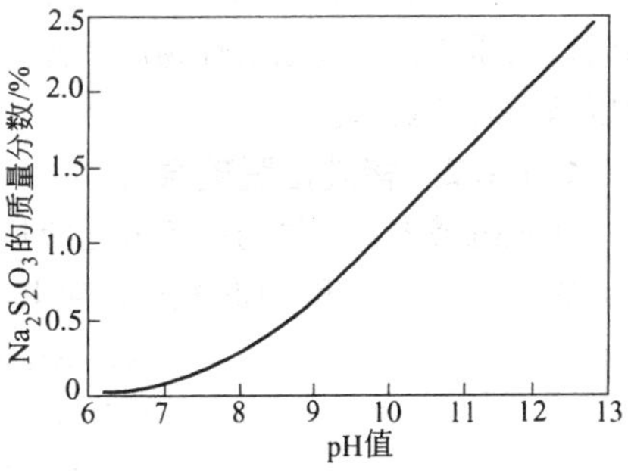

图4-5 pH值对 $Na_2S_2O_3$ 生成的影响

4.2.3.3 $NaVO_3$、ADA 及 $NaKC_4H_4O_6$ 的用量

$NaVO_3$ 在脱硫过程中起到两个作用，一是能在瞬间将 HS^- 氧化成元素 S，这样可将 $Na_2S_2O_3$ 的生成控制在最低限度；二是在反应过程中使 5 价钒还原成 4 价钒，使氧化速度加快，溶液中的硫容量提高，循环量降低，循环槽容积可以缩小，同时也降低了动力消耗。用量可根据反应式计算，其摩尔量是 NaHS 的 2 倍。

ADA 的作用是将 4 价钒氧化成 5 价钒，其氧化速度随溶液中 ADA 浓度的增加而加快。脱硫液中 ADA 下限含量由氧化速度决定，上限含量由溶解度决定，一般控制在偏钒酸钠摩尔浓度的 1.5 倍左右为宜。

$NaKC_4H_4O_6$ 是一种螯合剂，具有强的络合能力，与金属离子能形成溶于水的具有环状结构的内络合物，从而防止了当脱硫液吸收的 H_2S 超过 $NaVO_3$ 能够氧化的量时，钒以钒-氧-硫化合的黑色络合物形式沉淀，造成堵塞，影响正常生产。

4.2.3.4 再生时间和鼓风强度

脱硫液在再生塔内停留时间一般为 25 ~ 30min，鼓风强度为 80 ~ 145$m^3/(m^2 \cdot h)$，以使还原态的 ADA 充分氧化为氧化态的 ADA，并使生成的游离硫浮选出来。脱硫液的过度氧化会增加副反应产物的含量。脱硫液在循环槽内的停留时间一般为 8 ~ 10min，以使硫氢化钠与偏钒酸钠充分反应析出游离硫。否则硫氢化钠被带到再生塔，将被鼓入的空气氧化生成硫代硫酸钠。

4.3 栲 胶 法

栲胶法在 20 世纪 70 年代由我国广西化工研究所等开发。该法是在改良 ADA 法的基础上改进的一种方法，用栲胶代替 ADA 法中的 ADA 和酒石酸钾钠，其脱硫效率、溶液硫容量和硫回收率技术指标与改良 ADA 法相当，突出的优点是运行费用低，无硫磺堵塔问题。

4.3.1 生产工艺原理

4.3.1.1 栲胶的性质

栲胶是由植物的秆、叶、皮及果的水萃取液熬制而成，其主要成分是丹宁。丹宁主要是具有酚式结构的多羟基化合物，有的也含有醌式结构。

栲胶水溶液是胶体溶液，为了消除其胶体性和发泡性，并使其由酚式结构氧化成醌式结构，使脱硫液具有活性，所以要对栲胶溶液进行预处理。

预处理条件是用 Na_2CO_3 配制溶液，栲胶含量 10 ~ 30g/L，碱度 1.0 ~ 2.5mol/L。配制好的溶液用蒸汽加热到 80 ~ 90℃，通入空气氧化 10h 以上，使丹宁发生降解反应，大分子变小，表面活性物质变为非表面活性物质，此时消光值稳定在 0.45 左右，达到预处理目的。这种溶液可以满足脱硫要求。

4.3.1.2 栲胶法脱硫原理

在脱硫塔内，煤气与脱硫液逆流接触过程发生如下反应：

煤气中的 H_2S 和 HCN 被碱液吸收

$$Na_2CO_3 + H_2S \longrightarrow NaHCO_3 + NaHS$$

$$NaHCO_3 + H_2S \longrightarrow NaHS + CO_2 + H_2O$$

$$Na_2CO_3 + 2HCN \longrightarrow 2NaCN + CO_2 + H_2O$$

$$NaHCO_3 + HCN \longrightarrow NaCN + CO_2 + H_2O$$

偏钒酸钠与硫氢化钠反应，生成焦钒酸钠并析出元素硫

$$4NaVO_3 + 2NaHS + H_2O \longrightarrow Na_2V_4O_9 + 4NaOH + 2S\downarrow$$

焦钒酸钠在碱性脱硫液中被醌态(氧化态)栲胶将部分焦钒酸钠氧化再生为偏钒酸钠

$$2TQ(\text{醌态}) + V^{4+} + 2H_2O \longrightarrow 2THQ(\text{酚态}) + V^{5+} + 2OH^-$$

同时还有如下反应

$$TQ(\text{醌态}) + HS^- \longrightarrow THQ(\text{酚态}) + S\downarrow$$

在再生塔内酚态栲胶与鼓入空气中的氧发生如下反应

$$2THQ(\text{酚态}) + O_2 \longrightarrow 2TQ(\text{醌态}) + H_2O_2$$

生成的 H_2O_2 可将 V^{4+} 氧化成 V^{5+}，并可与 HS^- 反应析出元素硫

$$H_2O_2 + 2V^{4+} \longrightarrow 2V^{5+} + 2OH^-$$

$$H_2O_2 + HS^- \longrightarrow H_2O + S\downarrow + OH^-$$

气体中含有 CO_2、HCN、O_2 引起的副反应与改良 ADA 法相同。

4.3.2 影响因素及其控制

4.3.2.1 操作温度

操作温度低，再生效果差；温度过高，副反应加剧，生成大量硫代硫酸钠等盐，一般温度控制在 30~40℃，吸收和再生效果均能得到保证。

4.3.2.2 脱硫液的总碱度

脱硫液的总碱度与脱硫液中硫容量成正比关系，一般控制在 0.4~0.5mol/L，Na_2CO_3 控制在 3~4g/L，pH 值在 8.5~9.0。碱度过高，副反应加剧。

4.3.2.3 脱硫液中 $NaVO_3$ 和栲胶的含量

$NaVO_3$ 起加快反应速率的作用，其含量取决于富液中 HS^- 含量，一般控制在 2~3g/L，比理论含量过剩 1.3~1.5 倍。

栲胶在脱硫过程中起氧载体和络合剂的作用。醌态栲胶因其具有较高电位，故能将低价钒氧化成高价钒，因此其含量与溶液中钒含量存在着化学计量关系。栲胶又能与多种金属离子(如钒、铬、铝等)形成水溶性络合物，防止沉淀形成，因此其含量与溶液中钒含量也应有一定的比例。实践证明比较适宜的胶钒比为 1.1~1.3，脱硫液中栲胶含量可控制在 3~4g/L。

4.4 萘 醌 法

萘醌法在 20 世纪 60 年代由日本东京煤气公司开发。初期使用碳酸钠或氢氧化钠为碱源，在 70 年代改用焦炉煤气中的氨作碱源。该法也称塔卡哈克斯法(TAKAHAX)。氨型塔卡哈克斯法与用湿式氧化法处理废液的希罗哈克斯(HIROHAX)法相结合，可组成两种类型的工艺：

$$\text{氨型 TAKAHAX} \xrightarrow[(NH_4)_2S_2O_3\text{、}NH_4SCN\text{、}S]{\text{脱硫废液}} \text{湿式氧化(HIROHAX 装置)} \xrightarrow[(NH_4)_2SO_4\text{、}H_2SO_4]{\text{硫酸铵母液}} \text{硫酸铵装置}$$

$$\text{氨型 TAKAHAX} \xrightarrow[(NH_4)_2S_2O_3\text{、}NH_4SCN\text{、}S]{\text{脱硫废液}} \text{燃烧炉} \xrightarrow{SO_2} \text{硫酸装置} \longrightarrow H_2SO_4$$

氨型塔卡哈克斯-希罗哈克斯组成的工艺具有以下特点：

（1）在1,4-萘醌-2-磺酸铵存在下，利用焦炉煤气存在的 H_2S、HCN 和 NH_3 相互作用为吸收剂，最终得到 $(NH_4)_2SO_4$ 和 H_2SO_4。该法比较经济。物料转换过程如下：

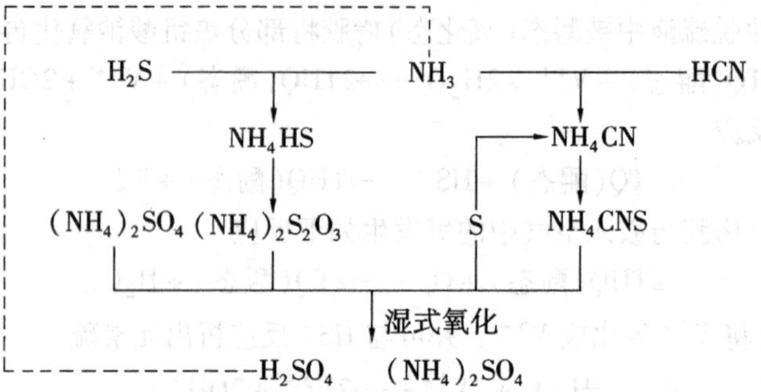

（2）在脱硫循环液中，由于控制了元素硫的生成量，取消了硫泡沫处理工序，流程简化，利于操作。

（3）废液经过湿式氧化处理，各种盐转化率达99.5%以上，无二次污染。

（4）循环吸收液量比一般脱硫法约大10倍，希罗哈克斯法属高温中压工艺，因此能耗较高。美国引进此技术后，在余热利用方面有改进，如将反应塔排出的混合气经换热后，送入废热锅炉，产生的蒸汽用在硫酸铵蒸发器的加热器，然后废气送小型发电机组，发出的电供工段的转动设备使用。

4.4.1　生产工艺原理

4.4.1.1　塔卡哈克斯法脱硫脱氰原理

本法使用的脱硫液为含有1,4-萘醌-2-磺酸钠的碱性溶液，碱源为焦炉煤气中的氨。萘醌磺酸钠在吸收液中呈离子状态存在，由于吸收液中 NH_4^+ 占绝大多数，而 Na^+ 极少，因而在脱硫液中的存在状态是1,4-萘醌-2-磺酸铵。其含量为0.3～0.45mol/L。

A　*在吸收塔内进行的反应*

氨水吸收煤气中的 H_2S 和 HCN：

$$NH_3 \cdot H_2O + H_2S \longrightarrow NH_4HS + H_2O$$
$$NH_3 \cdot H_2O + HCN \longrightarrow NH_4CN + H_2O$$

多个 NH_4HS 分子在萘醌磺酸铵作用下形成多硫化铵：

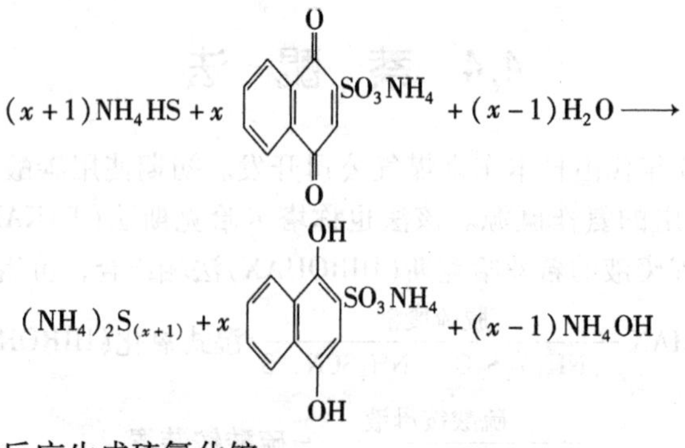

氰化铵与多硫化铵反应生成硫氰化铵：

$$NH_4CN + (NH_4)_2S_{(x+1)} \longrightarrow (NH_4)_2S_x + NH_4SCN$$

多硫化铵在萘醌磺酸铵的作用下，也可被氧化成元素硫：

$$(NH_4)_2S_{(x+1)} \longrightarrow (NH_4)_2S_x + S\downarrow$$

B 在再生塔内进行的反应

萘氢醌磺酸铵氧化再生：

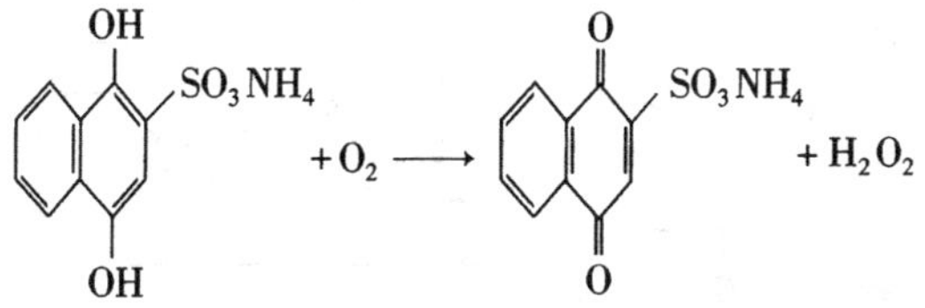

H_2O_2 具有氧化 NH_4HS 的能力：

$$NH_4HS + H_2O_2 \longrightarrow NH_4OH + H_2O + S\downarrow$$

生成盐的副反应：

$$2(NH_4)_2S_{(x+1)} + 2H_2O_2 + 2NH_4OH \longrightarrow 2(NH_4)_2S_x + (NH_4)_2S_2O_3 + 3H_2O$$

$$NH_4HS + 2O_2 + NH_4OH \longrightarrow (NH_4)_2SO_4 + H_2O$$

$$2NH_4HS + 2O_2 \longrightarrow (NH_4)_2S_2O_3 + H_2O$$

硫的生成：

$$(NH_4)_2S_{(x+1)} \longrightarrow (NH_4)_2S_x + S\downarrow$$

4.4.1.2 希罗哈克斯湿式氧化原理

在脱硫脱氰溶液不断吸收煤气中的氨和酸性气体的过程中，溶液中的盐含量增加，黏度变大，影响脱硫脱氰的效率。因此，必须抽出部分溶液在希罗哈克斯装置内进行湿式氧化处理。湿式氧化的反应条件：反应塔顶部温度为270～273℃，反应压力为7.5MPa。在有充足氧存在下，发生如下氧化反应：

$$NH_4SCN + 2O_2 + 2H_2O \longrightarrow (NH_4)_2SO_4 + CO_2 - 945.4J/mol$$

$$(NH_4)_2S_2O_3 + 2O_2 + H_2O \longrightarrow (NH_4)_2SO_4 + H_2SO_4 - 894.7J/mol$$

$$S + \frac{3}{2}O_2 + H_2O \longrightarrow H_2SO_4 - 601.6J/mol$$

上述反应均为放热反应，所以在达到稳定操作后，不需要外界提供热量。系统中的蒸汽加热器仅在开工时使用。

4.4.2 生产工艺流程

4.4.2.1 塔卡哈克斯工艺流程

塔卡哈克斯工艺流程见图4-6。煤气经除焦油雾后，进入中间煤气冷却器的下部预冷段，被氨水喷洒冷却至36℃。然后进入中部的油洗萘段，用含萘质量分数约为5%的粗苯工序来的贫油喷洒吸收，使煤气中的萘降至约为0.36g/m^3。脱萘后的煤气温度上升到38～39℃，最后进入上部的终冷段，用冷氨水再次冷却至36℃后进入脱硫塔。

为消除在循环氨水中所积累的焦油、萘及渣子等，需从循环氨水系统中抽送部分氨水至氨水澄清槽，另自氨水贮槽送来补充氨水。

洗萘富油一部分送回粗苯工序处理。补充油与洗萘循环油一起被加热至39～40℃，通过两层喷嘴喷入塔中。为保证洗萘效率，采用大循环量喷洒，1000m^3 煤气每小时循环油量约为20m^3。

进入脱硫塔的煤气与从塔顶喷洒的吸收液逆流接触，煤气中的 H_2S 和 HCN 即被吸收。出塔煤气中 H_2S 含量小于0.2g/m^3，HCN 含量小于0.15g/m^3。出塔煤气送往硫酸铵工序。

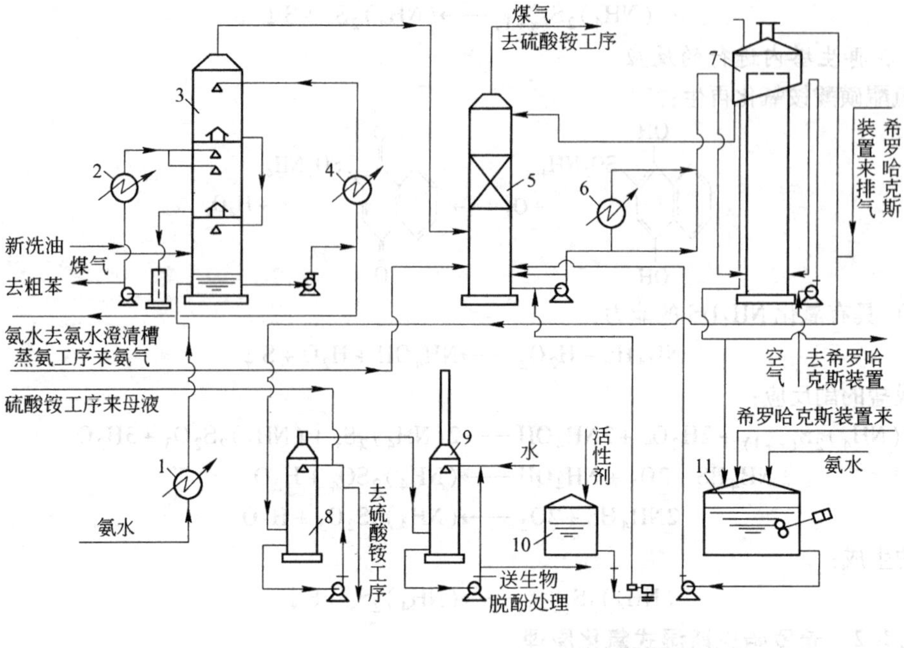

图 4-6 塔卡哈克斯湿法脱硫工艺流程

1—第一冷却器；2—吸收油加热器；3—中间煤气冷却器；4—第二冷却器；5—脱硫塔；6—吸收液冷却器；7—再生塔；8—第一洗净塔；9—第二洗净塔；10—活性剂槽；11—吸收液槽

脱硫塔底的溶液用泵抽出，一部分经冷却器冷却，另一部分不经过冷却器，然后混合一起进入再生塔底部，在此用0.4～0.5MPa 的压缩空气进行氧化再生反应。从再生塔上部出来的溶液绝大部分进入吸收塔循环使用，小部分去希罗哈克斯装置进行湿式氧化处理。

再生塔顶排出的气体含有大量的游离氨，为防止大气污染和回收气体中的氨，将此气体引入第一洗净塔，用硫酸铵工序来的不饱和母液洗涤吸收，吸氨后的母液再送回硫酸铵工序。自第一洗净塔排出的废气再引入第二洗净塔，用水喷洒除去酸雾后，排入大气。塔底排出的水大部分循环使用，小部分排至生物脱酚装置处理。

4.4.2.2 希罗哈克斯工艺流程

希罗哈克斯工艺流程见图 4-7。自再生塔上部排出的小部分脱硫液进入原料槽，在此加入氨水或气化液氨，用做中和剂。为了防止腐蚀，再加入缓蚀剂硝酸。配制好的原料液与空气加压到8.5MPa 混合进入换热器 A，再入加热器，加热到200℃以上再与反应塔顶排出的温度约为270℃的废气换热，温度升至250～260℃进入反应塔。在反应塔内进行氧化反应，生成硫酸和硫酸铵混合液或称氧化液，由反应塔侧线排出，经冷却器冷却至约 40℃进入氧化液槽。反应塔顶排出的废气，部分经换热器 B 和换热器 A 与原料换热后，温度降为 80～110℃，进入第一气液分离器，另一部分直接进入第一气液分离器，分离掉液体后，气体进入冷却洗涤塔。分离液经冷却后进入第二气液分离器，气体也进入冷却洗涤塔，在此用冷却水直接洗净冷却，除去酸雾等杂质后，送往塔卡哈克斯装置的洗净塔。分离液送往塔卡哈克斯装置的吸收液槽。反应液送硫酸铵工段。

反应液中含有黑色颗粒状物，对硫酸铵质量有一定影响。为此设置了碳粒分离装置。从反应液槽底部抽出部分反应液送入浆液槽，搅拌均匀后用泵送入超级离心机，进行脱渣分离。分离残渣送去配煤，滤液送硫酸铵工段。

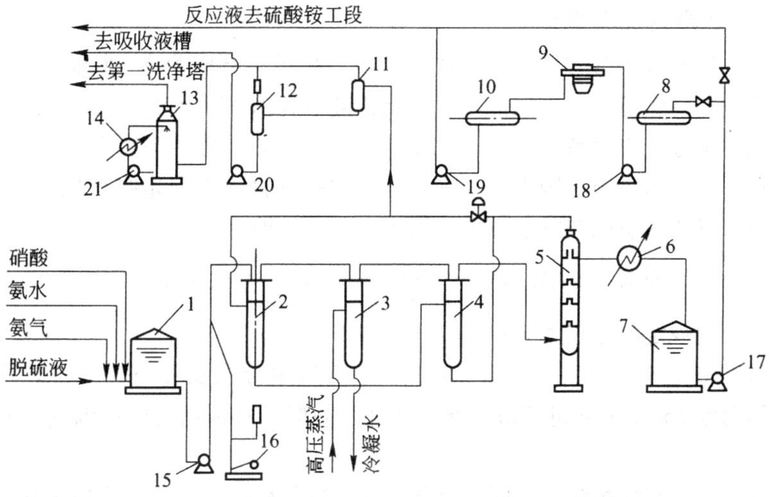

图4-7 希罗哈克斯工艺流程

1—原料槽；2—换热器A；3—加热器；4—换热器B；5—反应塔；6—反应液冷却器；
7—反应液槽；8—浆液槽；9—超级离心机；10—滤液槽；11—第一气液分离器；
12—第二气液分离器；13—冷却洗涤塔；14—冷却器；15—原料泵；
16—高压空气压缩机；17—反应液泵；18—浆液泵；19—滤液泵；
20—凝缩水泵；21—冷却水泵

4.4.3 影响因素及其控制

4.4.3.1 脱硫塔的操作温度

确定脱硫塔的操作温度既要考虑脱硫液对 H_2S、HCN 和 NH_3 的气体吸收有利，又要考虑对液相中各组分的反应有利。影响此温度的因素有煤气入塔温度、再生塔空气温度和液相化学反应热。煤气入塔温度控制在36℃，以防止萘带入塔内。进入再生塔的空气温度控制在30℃左右为好。因此空气管最好保温，以防止冬季温度过低，夏季温度过高。液相化学反应热要及时移走。最适宜的操作温度为36～38℃。

4.4.3.2 脱硫液的游离氨含量

脱 H_2S 和 HCN 的第一反应就是和 NH_3 作用，所以游离氨含量越高，脱硫脱氰效果越好。但煤气中的氨决定着煤的性质和焦炉的操作条件，无法大幅度提高。在有条件时，可从系统外加氨源，如液氨。国内某厂脱硫液中挥发氨含量达12g/L以上，脱硫脱氰效果很好。

4.4.3.3 脱硫液循环量

该法硫容量比较小，一般为0.1～0.2g/L，所以液气比较大，设计值为30～35L/m^3。液气比过大，对脱硫脱氰效果影响不明显，但溶液在再生塔中停留时间缩短，氧化作用受到影响，同时电能消耗增加。

4.4.3.4 再生空气量和萘醌磺酸盐量

空气的作用主要是将萘氢醌磺酸盐氧化成萘醌磺酸盐，空气量大，氧化得完全，对脱硫脱氰非常有利。但过大将使电能消耗增加和溶液中氨损失增加，若萘醌磺酸铵浓度也高，有可能出现悬浮硫大量析出，易造成脱硫塔堵塞。一般再生空气强度控制在80～120m^3/(m^2·h)，脱硫液中萘醌磺酸铵含量控制在约0.45mol/L。

4.4.3.5 反应塔的原料液组成

进入反应塔的原料液中有SCN^-、$S_2O_3^{2-}$、SO_4^{2-}和S^0，其中SCN^-最难分解，它分解的完全与否，直接影响硫酸铵质量。实践证明，当氧化液中SCN^-的含量大于0.5g/L，硫酸铵带红色，所以原料液中组分首先要考虑SCN^-的浓度。通过研究实践，考虑了反应塔的热平衡、硫酸铵饱和度、水平衡及氨平衡等因素，可确定出稳定操作区。在稳定操作区，SCN^-浓度控制在32g/L左右，并将各种组成的摩尔量按比例固定下来，即：

$$SCN^- : S_2O_3^{2-} : SO_4^{2-} : S^0 = 1.0 : 1.6 : 0.39 : 0.01$$

原料液组成按此规定的原因如下：

(1) 原料液中各组分反应热不同，维持热平衡的组分主要是SCN^-和$S_2O_3^{2-}$。特别是$S_2O_3^{2-}$在较低的温度160℃下便可反应，所以在开工初期具有帮助反应塔温度上升和维持塔温稳定的作用。

(2) 原料液中各种硫化物含量不同，氧化反应生成的硫酸量不同。出塔氧化液中游离酸质量分数要求在2.5%～3%，否则将导致设备腐蚀严重。

(3) 原料液中的主要成分属于水溶性的盐，但当含量超过规定范围，易出现饱和而产生结晶，从而破坏了原料液的均匀性，甚至造成设备堵塞。

因此，原料液的组成应控制在稳定的操作范围内，各组分的比例符合要求。

另外原料液中游离氨的含量控制在约10g/L，以使氧化液保持最低限度的酸度。若不足，可用浓氨水或液氨补充。

4.4.3.6 反应塔的温度、压力及空气量

进反应塔的原料液中SCN^-最难分解，温度大于265℃分解率急剧上升，温度达到272℃，分解率达99.5%，在氧化液中的含量小于0.3g/L。实践证明，反应塔顶部温度控制在270～273℃适宜。

反应塔的压力大小，影响反应液中溶解氧的含量，同时也就影响$S_2O_3^{2-}$和SCN^-的氧化分解率，另外对反应塔的水平衡也有影响。实践证明，反应塔的操作压力在7.5MPa比较适宜。

供给反应塔空气量的多少，直接影响反应塔的操作。若空气量过多，除造成动力消耗大外，还将导致带出系统水分多，反应液容易有结晶析出。反之，不利于SCN^-和$S_2O_3^{2-}$氧化成SO_4^{2-}。某厂采用处理1m^3原料液，供给267～292m^3空气。操作中以尾气含氧量控制，一般为4%～6%，它是反映进塔空气量是否合适的一个重要参数。

4.5 苦味酸法

苦味酸法在1958年由日本大阪煤气公司开发。该法用氨水作脱硫剂，苦味酸作催化剂进行煤气的脱硫脱氰，废液用于制酸。确切地说苦味酸法是由弗玛克斯(FUMAKS)法脱硫、罗达克斯(RHODACS)法脱氰和昆帕克斯(COMPACS)法制酸三部分组成的，简称FRC法。

苦味酸法的特点：

(1) 脱硫脱氰效率高，净化后的煤气达到城市煤气标准。

(2) 由于循环液和空气经预混喷嘴进入再生塔，再生空气用量少，仅为理论空气量的1.3倍，因此含氨的再生尾气可直接配入脱硫塔的煤气管道中，不产生公害。

(3) 循环液中含悬浮硫少，仅为1g/L左右，所以不会产生设备堵塞现象。

(4) 苦味酸氧化还原反应快，且价廉易得。

4.5.1 生产工艺原理

4.5.1.1 弗玛克斯-罗达克斯法脱硫脱氰原理

本法用的脱硫液是在质量分数为2% ~3%的碳酸钠水溶液中，溶以质量分数为0.1%的苦味酸而制成。在脱除焦炉煤气中 H_2S 时，利用煤气中的 NH_3 作碱源。在脱硫塔内进行脱硫脱氰反应。

弗玛克斯脱硫反应：

$$NH_3 \cdot H_2O + H_2S \longrightarrow NH_4HS + H_2O$$

$$Na_2CO_3 + H_2S \longrightarrow NaHS + NaHCO_3$$

$$R \cdot NO_2 \xrightarrow[NH_3 \cdot H_2O]{H_2S} RNO + NH_4HS + H_2O$$

脱硫液在再生塔内的反应：

$$NH_4HS + R \cdot NO + H_2O \longrightarrow NH_4OH + S\downarrow + RNHOH$$

$$RNHOH + \frac{1}{2}O_2 \longrightarrow RNO + H_2O$$

$$NaHS + R \cdot NO + H_2O \longrightarrow NaOH + S\downarrow + RNHOH$$

$$2NH_4HS + 2O_2 \longrightarrow (NH_4)_2S_2O_3 + H_2O$$

罗达克斯脱氰反应：

$$NH_3 \cdot H_2O + HCN \longrightarrow NH_4CN + H_2O$$

$$2NH_3 \cdot H_2O + H_2S + (x-1)S \longrightarrow (NH_4)_2S_x + 2H_2O$$

$$(NH_4)_2S_x + S \longrightarrow (NH_4)_2S_{(x+1)}$$

$$(NH_4)_2S_{(x+1)} + NH_4CN \longrightarrow NH_4SCN + (NH_4)_2S_x$$

分子式中的 x 值为1 ~4。x 值越高，反应性越好，硫氰酸铵的生成反应可很快地完成。

4.5.1.2 昆帕克斯法制取硫酸原理

由离心机分离出来的滤饼组成质量分数为：元素硫44.5%；游离氨0.4%；NH_4SCN10%；$(NH_4)_2S_2O_3$ 10%；H_2O 35.1%。经与浓缩液混合后的浆液组成为：元素硫12.2%；游离氨0.1%；NH_4SCN 21.0%；$(NH_4)_2S_2O_3$ 21.0%；H_2O 45.7%。将此吸收液在昆帕克斯装置中进行焚烧、炉气净化与冷却、转化、干燥及吸收等过程以制取质量分数为98%的浓硫酸。

（1）在燃烧炉内的反应

$$NH_4SCN + 3O_2 \longrightarrow SO_2 + CO_2 + 2H_2O + \frac{1}{2}N_2$$

$$(NH_4)_2S_2O_3 + \frac{5}{2}O_2 \longrightarrow 2SO_2 + 4H_2O + N_2$$

$$4NH_3 + 3O_2 \longrightarrow 2N_2 + 6H_2O$$

$$S + O_2 \longrightarrow SO_2$$

（2）在转化塔的反应

将冷却、除雾及干燥后的 SO_2 混合气送入转化塔。$2SO_2 + O_2 \xrightarrow{\text{催化剂}} 2SO_3$

（3）在吸收塔内 $SO_3 + H_2O \longrightarrow H_2SO_4$

4.5.2 生产工艺流程

4.5.2.1 弗-罗法（FR）脱硫脱氰工艺流程

弗-罗法脱硫脱氰工艺流程见图4-8。经终冷洗萘后的煤气进入脱硫塔下部，与塔顶喷洒的脱硫液逆流接触，进行吸收反应。脱除了 H_2S 和 HCN 的煤气由塔顶排出。塔底的脱硫液用泵送至预混合喷嘴，在此与空气压缩机送来的空气混合后，进入再生塔进行再生反应。再生后的脱硫液经过塔内的气泡分离器，分离出气泡后用泵经冷却器送入脱硫塔循环使用。再生塔内生成的硫磺，被塔底部吹入的空气气泡挟带，浮上液面形成泡沫层。含硫的泡沫流入缓冲槽，大部分用泵送入再生塔顶消泡，小部分送往离心机制成硫饼。离心机排出的滤液，大部分回入缓冲槽，小部分和滤饼一并送去制硫酸。再生尾气由再生塔顶排出并入脱硫塔后煤气管道。

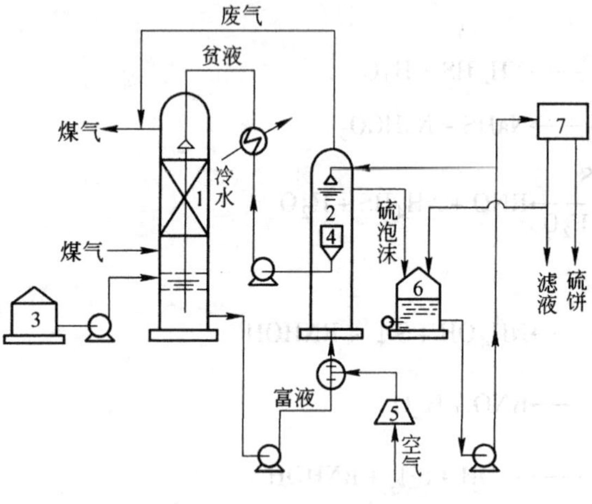

图4-8 弗-罗法工艺流程

1—脱硫塔；2—再生塔；3—活性剂槽；4—气泡分离器；5—空气压缩机；6—缓冲槽；7—离心机

4.5.2.2 昆帕克斯法制取硫酸工艺流程

昆帕克斯法制酸工艺流程见图4-9。从脱硫脱氰工序送来的滤液经预热浓缩后与硫饼混合，然后送入燃烧炉进行喷雾燃烧（喷雾空气压力为0.6MPa，温度为180℃），浆液燃烧生成 SO_2 气。因浆液含水较多，尚需用焦炉煤气做助燃剂。

燃烧炉分两段燃烧，一段控制空气过剩系数 $\alpha = 0.9 \sim 1.0$（处于还原气氛），全炉控制 $\alpha = 1.2 \sim 1.4$。两段燃烧的目的是控制燃烧后 NO_x 和 SO_2 的生成，要求 NO_x 含量小于 $100mL/m^3$，SO_2 气体的体积含量小于0.2%，以免在吸收塔内产生硝酸，影响产品质量。

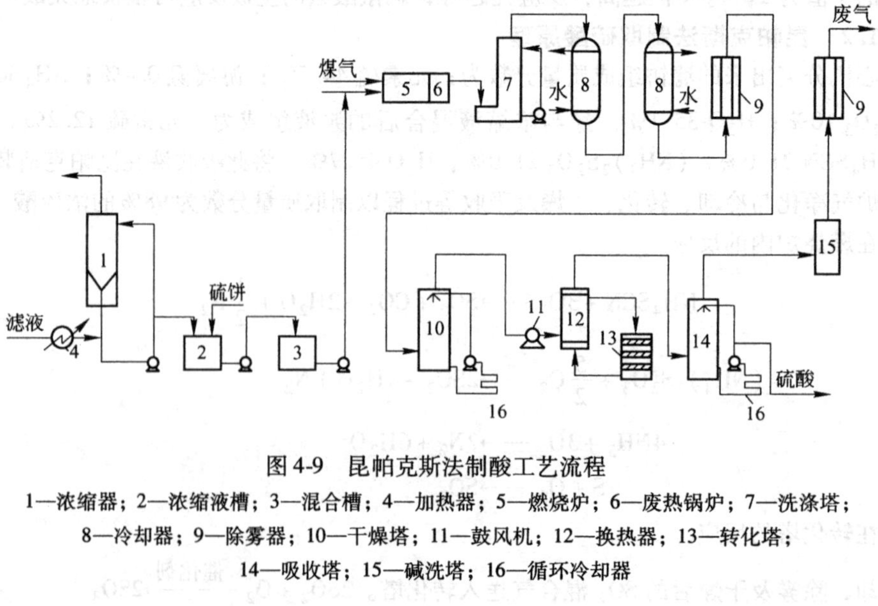

图4-9 昆帕克斯法制酸工艺流程

1—浓缩器；2—浓缩液槽；3—混合槽；4—加热器；5—燃烧炉；6—废热锅炉；7—洗涤塔；8—冷却器；9—除雾器；10—干燥塔；11—鼓风机；12—换热器；13—转化塔；14—吸收塔；15—碱洗塔；16—循环冷却器

燃烧温度控制在1100～1200℃。燃烧炉出口的SO_2混合气体温度约为1150℃，先流经废热锅炉，使温度降至400～500℃。同时产生压力为0.3MPa的蒸汽，可用于燃烧空气的加热和浆液的预热。

出废热锅炉的400～500℃的SO_2混合气体，先经洗涤塔用循环液喷洒除尘冷却至70～80℃，然后进入气体冷却器，分别用循环水和低温水冷却至约30℃，以尽量除去混合气体中的水分。然后混合气体进入电除雾器，除去气体中的酸雾及水滴。于此过程中产生质量分数为2.5%的稀硫酸，可用于生产中pH值的调整。

除去酸雾后的SO_2混合气体送入干燥塔，用40～50℃的浓硫酸循环吸收气体中的水分，同时得到质量分数95%的硫酸。经干燥后的SO_2混合气体，由鼓风机加压后，经过热交换器进入转化塔。转化塔内分段填装V_2O_5催化剂，在400～500℃条件下，使SO_2气转化为SO_3气。转化后的SO_3混合气，经热交换器冷却后入吸收塔。吸收塔用浓硫酸循环吸收SO_3气，从而获得质量分数为98%的硫酸产品。循环液吸收温度约60℃，吸收时产生的热量由循环酸冷却器除去。

含SO_2和SO_3的尾气经碱洗和除雾后排放。

4.5.3 影响因素及其控制

4.5.3.1 循环脱硫液组成

脱硫液游离氨含量应大于7g/L，否则影响脱硫效率。如果含氨达不到要求，可采用加碱分解固定铵盐，使挥发氨增加一倍；有条件的可加液氨；适当提高初冷煤气集合温度。

脱硫液元素硫含量在0.5～1g/L，含量高可加速生成多硫化物，对脱氰有利。循环液中NH_4SCN含量在150～200g/L，$(NH_4)_2S_2O_3$含量约为200g/L。硫化物的含量太高，对脱硫有影响。

4.5.3.2 苦味酸消耗量

苦味酸在氧化还原过程中，少部分三硝基变成三胺基而完全失去活性，反应如下：

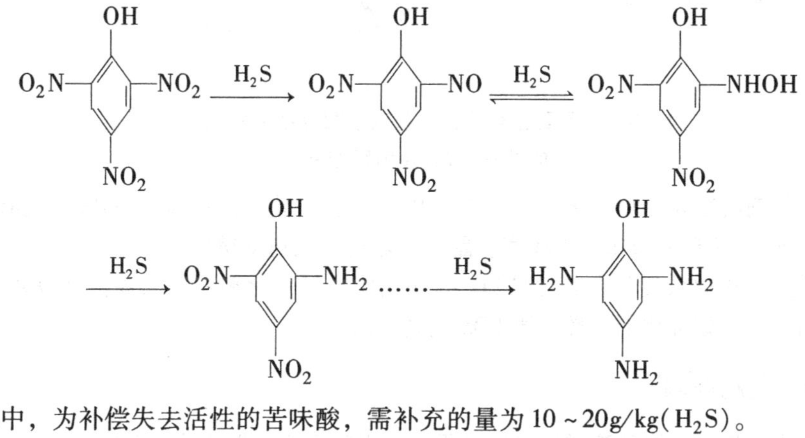

在实际操作中，为补偿失去活性的苦味酸，需补充的量为10～20g/kg(H_2S)。

苦味酸与萘发生反应生成$C_{10}H_8C_6H_2(NO_2)_3OH$，所以在脱硫液中含量不宜多。另外，苦味酸的含量对脱硫液的pH值也有影响。苦味酸在脱硫液中的质量分数一般为0.1%，脱硫液的pH值约为8.8。

氨水中含有的酚类化合物，在脱硫液再生过程与氧作用可将羟基转化成羰基，具有氧化性，可代替苦味酸起促进作用。例如：

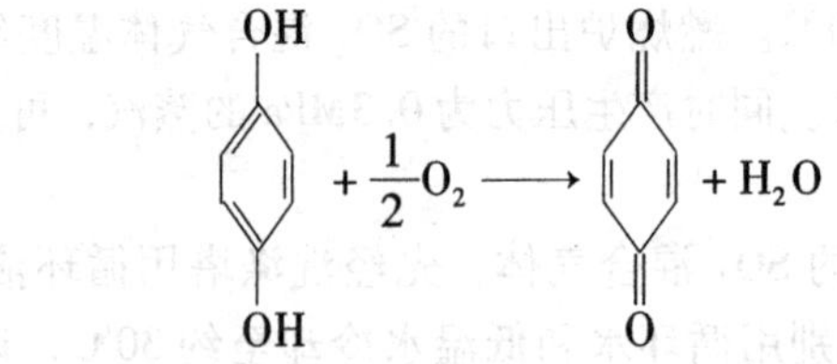

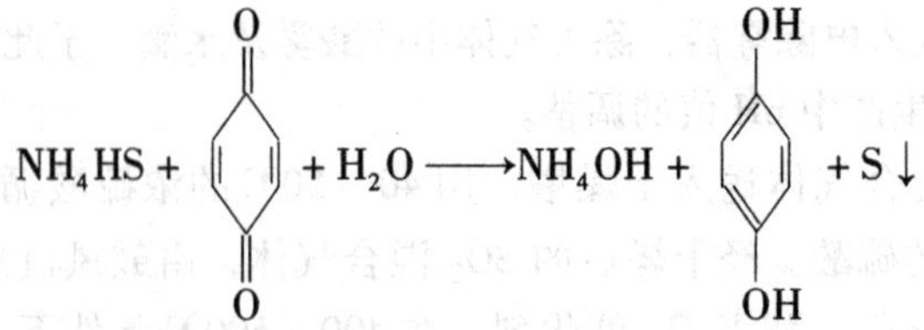

4.6 PDS 法

PDS 法在 20 世纪 80 年代由东北师大化学系开发。PDS 是脱硫催化剂的商品名称，其主要成分是双核酞菁钴磺酸盐。

酞菁化合物的基本结构式见图 4-10a，其中有两个氢原子可被金属取代，如果取代氢原子的金属具有 *d* 空轨道，就可与两个氮原子上的孤对电子形成共价键，从而与酞菁形成稳定的络合物。为了增加催化剂的水溶性和活性，在合成酞菁之前可将原料苯酐磺化，或合成酞菁化合物再磺化处理得到磺化酞菁钴，其结构式见图 4-10b。

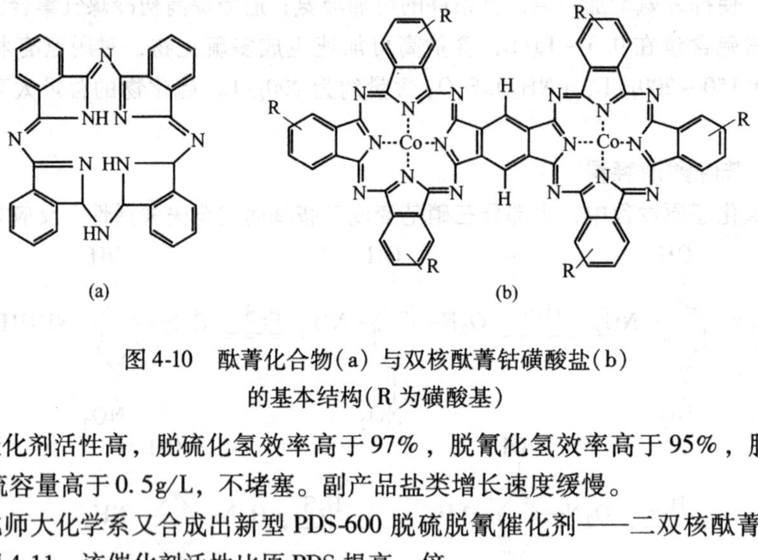

图 4-10　酞菁化合物(a) 与双核酞菁钴磺酸盐(b)
的基本结构(R 为磺酸基)

PDS 法催化剂活性高，脱硫化氢效率高于 97%，脱氰化氢效率高于 95%，脱有机硫效率高于 40%。硫容量高于 0.5g/L，不堵塞。副产品盐类增长速度缓慢。

近年东北师大化学系又合成出新型 PDS-600 脱硫脱氰催化剂——二双核酞菁钴砜磺酸铵，其结构式见图 4-11。该催化剂活性比原 PDS 提高一倍。

4.6.1 生产工艺原理

在脱硫塔内，煤气与脱硫液逆流接触过程发生吸收反应和催化化学反应。

吸收反应：

$$NH_3 + H_2O \rightleftharpoons NH_3 \cdot H_2O$$

$$H_2S(气) \rightleftharpoons H_2S(液)$$

$$H_2S + NH_3 \cdot H_2O \rightleftharpoons NH_4HS + H_2O$$

$$HCN + NH_3 \cdot H_2O \rightleftharpoons NH_4CN + H_2O$$

$$CO_2 + NH_3 \cdot H_2O \rightleftharpoons NH_4HCO_2$$

$$NH_4HCO_3 + NH_3 \cdot H_2O \rightleftharpoons (NH_4)_2CO_3 + H_2O$$

$$RSH + NH_3 \cdot H_2O \rightleftharpoons RSNH_4 + H_2O$$

$$COS + 2NH_3 \cdot H_2O \rightleftharpoons (NH_4)_2CO_2S + H_2O$$

$$CS_2 + 2NH_3 \cdot H_2O \rightleftharpoons (NH_4)_2COS_2 + H_2O$$

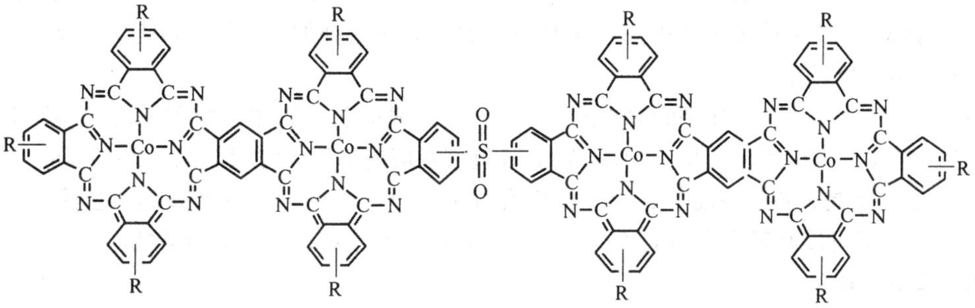

图 4-11 二双核酞菁钴砜磺酸盐结构

催化化学反应：

$$NH_4HS + NH_3 \cdot H_2O + (x-1)S \xrightleftharpoons{PDS} (NH_4)_2S_x + H_2O$$

$$NH_4HS + NH_4HCO_3 + (x-1)S \xrightleftharpoons{PDS} (NH_4)_2S_x + CO_2 + H_2O$$

$$NH_4CN + (NH_4)_2S_x \xrightleftharpoons{PDS} NH_4CNS + (NH_4)_2S_{x-1}$$

在再生塔内，进行催化再生反应：

$$NH_4HS + \frac{1}{2}O_2 \xrightarrow{PDS} S\downarrow + NH_3 \cdot H_2O$$

$$(NH_4)_2S + \frac{1}{2}O_2 + H_2O \xrightarrow{PDS} S\downarrow + 2NH_3 \cdot H_2O$$

$$(NH_4)_2S_x + \frac{1}{2}O_2 + H_2O \xrightarrow{PDS} S_x\downarrow + 2NH_3 \cdot H_2O$$

$$2RSNH_4 + \frac{1}{2}O_2 + H_2O \xrightarrow{PDS} RSSR + 2NH_3 \cdot H_2O$$

$$(NH_4)_2CO_2S + \frac{1}{2}O_2 \xrightarrow{PDS} S\downarrow + (NH_4)_2CO_3$$

$$(NH_4)_2COS_2 + O_2 \xrightarrow{PDS} S_2\downarrow + (NH_4)_2CO_3$$

PDS 法的副反应与工艺流程和 4.7 节 HPF 法相同。

4.6.2 影响因素及其控制

4.6.2.1 脱硫塔的操作温度

温度对 PDS 催化氧化 H_2S 和 RSH 的影响不大，对 COS 和 CS_2 则有一定的影响。工业应用结果表明，操作温度在 70～82℃范围内脱硫效率未见明显提高，反而使酸性气体蒸气压增大，对操作不利。采用 40～50℃的温度脱硫较为适宜。

4.6.2.2 脱硫液的 pH 值

脱硫效率与脱硫液的 pH 值成正比，但 pH > 10 时，副反应生成的硫代硫酸盐增加，碱耗增大。pH 值低，虽然可以提高生成单质硫的选择性，但会降低吸收硫化物的速度和脱硫液的硫容量。一般 pH 值控制在 8.0 ~ 9.0 范围较为适宜。

4.6.2.3 PDS 浓度

PDS 的催化活化能为 25.5kJ/mol，而酶的活化能为 33.46 ~ 50.18kJ/mol，比酶的活性还要高，因此 PDS 催化剂氧化再生速度快，应用浓度低，一般控制在 1 ~ 3mg/L，便可达到满意的效果。由于浓度低，操作时应特别注意及时均匀地向系统中补加由硫泡沫带走的 PDS。

4.6.2.4 停留时间

气体在脱硫塔内的停留时间与空塔速度有关。实践证明，气体在脱硫塔内的停留时间以 12s 为宜，相应的空塔速度为 0.8 ~ 1.5m/s。脱硫液在塔内的停留时间应保持 3 ~ 5min。这是因为 PDS 的硫容量高，再生速度快，当气体中有微量氧时，可达 60% ~ 70% 的再生率，延长在塔内的停留时间可以减轻再生塔的负荷，同时也降低了循环量，节省动力消耗。

4.6.2.5 再生时间

脱硫液在再生塔的停留时间，与再生塔内的传质速度有关。实践证明，8 ~ 15min 的再生时间能满足要求。操作中应控制适当的液位高度，及时地分出硫泡沫。

4.6.2.6 碱性条件

碱度大小视脱硫气体中硫的含量而有所波动。实践证明，在常压、低硫、低 CO_2 的情况下，采用 0.2 ~ 0.4mol/L 的碱度脱硫为宜；加压、高硫、高 CO_2 的情况下，采用 0.4 ~ 0.6*N* 为宜。从减轻对设备腐蚀和脱有机硫考虑，氨优于纯碱。

4.7 HPF 法

HPF 法在 20 世纪 90 年代由鞍山焦化耐火材料设计研究院和无锡焦化厂合作开发。该法是以煤气中的氨为碱源，以 HPF 为复合型催化剂的湿式氧化法脱硫。其优点是 HPF 复合型催化剂活性高，脱硫化氢效率高于 98%，脱氰化氢效率约为 80%；铵盐累积速度慢，废液量少；工艺流程短，催化剂用量少，运行费用低。

HPF 脱硫催化剂是由对苯二酚(H)、双核酞菁钴六磺酸铵(PDS)和硫酸亚铁(F)组成的水溶液。对脱硫和再生过程均有催化作用。脱硫液的组成：对苯二酚 0.1 ~ 0.3g/L，PDS 8 ~ 12mg/L，$FeSO_4$ 0.1 ~ 0.3g/L，游离氨 4 ~ 5g/L。

4.7.1 生产工艺原理

在脱硫塔内，煤气与脱硫液逆流接触过程发生吸收反应和催化化学反应。

吸收反应：

$$NH_3 + H_2O \rightleftharpoons NH_3 \cdot H_2O$$

$$NH_3 \cdot H_2O + H_2S \rightleftharpoons NH_4HS + H_2O$$

$$2NH_3 \cdot H_2O + H_2S \rightleftharpoons (NH_4)_2S + 2H_2O$$

$$NH_3 \cdot H_2O + HCN \rightleftharpoons NH_4CN + H_2O$$

$$NH_3 \cdot H_2O + CO_2 \rightleftharpoons NH_4HCO_3$$

$$NH_3 \cdot H_2O + NH_4HCO_3 \rightleftharpoons (NH_4)_2CO_3 + H_2O$$

催化化学反应：

$$NH_3 \cdot H_2O + NH_4HS + (x-1)S \xrightleftharpoons{HPF} (NH_4)_2S_x + H_2O$$

$$2NH_4HS + (NH_4)_2CO_3 + 2(x-1)S \xrightleftharpoons{HPF} 2(NH_4)_2S_x + CO_2 + H_2O$$

$$NH_4HS + NH_4HCO_3 + (x-1)S \xrightleftharpoons{HPF} (NH_4)_2S_x + CO_2 + H_2O$$

$$NH_4CN + (NH_4)_2S_x \xrightleftharpoons{HPF} NH_4CNS + (NH_4)_2S_{x-1}$$

$$(NH_4)_2S_{x-1} + S \xrightleftharpoons{HPF} (NH_4)_2S_x$$

在再生塔内，进行催化再生反应：

$$NH_4HS + \frac{1}{2}O_2 \xrightarrow{HPF} S\downarrow + NH_3 \cdot H_2O$$

$$(NH_4)_2S + \frac{1}{2}O_2 + H_2O \xrightarrow{HPF} S\downarrow + 2NH_3 \cdot H_2O$$

$$(NH_4)_2S_x + \frac{1}{2}O_2 + H_2O \xrightarrow{HPF} S_x\downarrow + 2NH_3 \cdot H_2O$$

$$NH_4CNS \rightleftharpoons H_2N-CS-NH_2 \xrightleftharpoons{HPF} H_2N-CHS=NH$$

$$H_2N-CS-NH_2 + \frac{1}{2}O_2 \xrightarrow{HPF} H_2N-CO-NH_2 + S\downarrow$$

$$H_2N-CO-NH_2 + 2H_2O \xrightleftharpoons{HPF} (NH_4)_2CO_3 \rightleftharpoons 2NH_4OH + CO_2$$

副反应主要有：

$$(NH_4)_2S_x + NH_4CN \longrightarrow NH_4SCN + (NH_4)_2S_{x-1}$$

$$2NH_4HS + 2O_2 \longrightarrow (NH_4)_2S_2O_3 + H_2O$$

$$2(NH_4)_2S_2O_3 + O_2 \longrightarrow 2(NH_4)_2SO_4 + 2S\downarrow$$

4.7.2 生产工艺流程

HPF 法工艺流程见图 4-12。从冷凝鼓风工段来的约 50℃ 的煤气进入预冷塔，与塔顶喷洒的循环冷却水逆向接触，被冷却至约 30℃ 进入脱硫塔。预冷塔自成循环系统，循环冷却水从

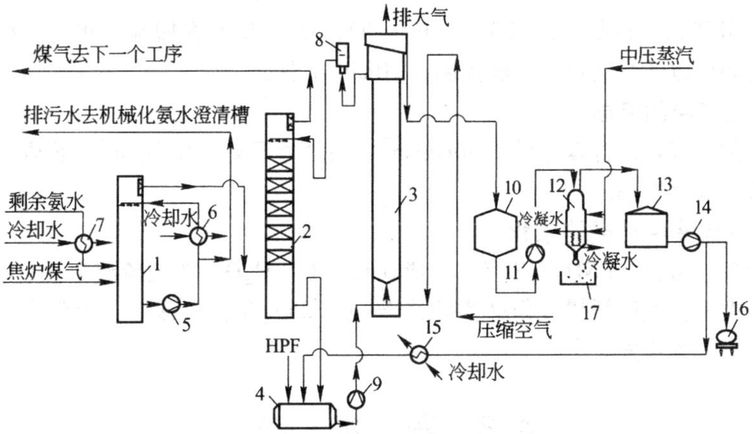

图 4-12 HPF 法脱硫脱氰工艺流程

1—预冷塔；2—脱硫塔；3—再生塔；4—反应槽；5—预冷塔循环泵；6—预冷循环水冷却器；7—剩余氨水冷却器；8—液位调节器；9—脱硫液循环泵；10—泡沫槽；11—泡沫泵；12—熔硫釜；13—清液槽；14—清液泵；15—清液冷却器；16—槽车；17—硫磺冷却盘

塔下部用泵抽送至循环水冷却器，用低温水冷却至约25℃后进入塔内循环喷洒。采取部分剩余氨水更新循环冷却水，多余的循环冷却水排至冷凝鼓风工段的机械化氨水澄清槽。

预冷后的煤气进入脱硫塔，与塔顶喷淋下来的脱硫液逆流接触以吸收煤气中的硫化氢、氰化氢，同时吸收煤气中的氨，以补充脱硫液中的碱源。脱硫后的煤气进入硫酸铵工序。吸收了硫化氢和氰化氢的脱硫液从塔底流入反应槽，然后用泵送入再生塔，同时自塔底通入压缩空气，使溶液在塔内氧化再生。再生后的溶液从塔顶经液位调节器自流回脱硫塔循环使用。

浮于再生塔顶部扩大部分的硫泡沫，利用位差自流入泡沫槽。硫泡沫经泡沫泵送入熔硫釜加热熔融，釜顶排出的热清液流入清液槽，用泵抽送至冷却器冷却后返回反应槽。熔硫釜底排出的硫磺经冷却后装袋外销。所得硫磺收率在50%～60%，纯度高于90%。

4.7.3 影响因素及其控制

4.7.3.1 操作温度

脱硫塔的操作温度是由进塔煤气温度和循环液温度决定的。操作温度高，会增大溶液表面上的氨气分压，使脱硫液中的氨含量降低，脱硫效率下降；操作温度低，不利于脱硫液再生反应的进行，同时也影响脱硫效率。一般在35℃左右时，HPF催化剂的活性最好。因此，在生产中煤气温度控制在25～30℃，脱硫液的温度控制在35～40℃。

4.7.3.2 煤气中的氨硫比

脱硫液中的氨是由煤气供给的，因此煤气中的氨含量直接影响脱硫效率。一般煤气中氨硫质量比大于0.7时，可以保证循环液中含氨达到4～5g/L，这样可以获得较好的脱硫效率。否则应向预冷塔补充蒸氨装置来的氨汽，或将含氨(质量分数)10%～12%的氨水加入反应槽。

4.7.3.3 液气比

增加液气比可以增加气液两相的接触面积，使传质表面迅速更新，增大吸收H_2S的推动力，使脱硫效率提高。但液气比增加到一定程度，脱硫效率的提高并不明显，反而增加了循环泵的动力消耗。

4.7.3.4 再生空气强度

理论上氧化1kg H_2S需要空气量不足$2m^3$，因浮选硫泡沫的需要，再生空气量一般为8～$12m^3/(kg \cdot s)$，鼓风强度控制在约$100m^3/(m^2 \cdot h)$。由于HPF在脱硫和再生过程中均有催化作用，故再生时间可以适当缩短，一般控制在20min左右。

4.7.3.5 煤气中的杂质

进入脱硫塔的煤气焦油含量应低于$50mg/m^3$，萘含量不高于$0.5g/m^3$。否则，不仅脱硫效率降低，还使硫磺颜色发黑。

4.7.3.6 脱硫液中盐类的累积

由催化再生反应可见，$(NH_4)_2S$可以生成S和$NH_3 \cdot H_2O$，故脱硫液中NH_4CNS的增长速度受到抑制，盐类累积速度缓慢。但盐类浓度若超过250g/L，将影响脱硫效率。因此，生产中排出少量废液兑入炼焦配煤中。

4.8 氨 水 法

氨水法在20世纪40年代由德国科林公司开发，到80年代已有很大进展。工业上应用的具有代表性的氨水法有德国卡尔-斯蒂尔公司的氨-硫化氢(AS)循环洗涤法和日本三菱化工机械公司的代亚毛克斯法。

氨水法的回收和处理工艺可以根据需要进行多种组合，示意如下：

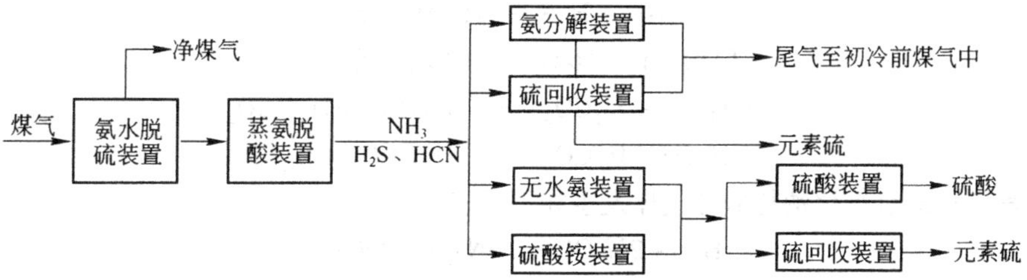

氨水法的吸收液就是焦化厂自产的氨水，不用外加催化剂，因此比较经济。

4.8.1 AS 循环洗涤法

4.8.1.1 生产工艺原理

以焦炉煤气中的氨作为脱硫液的碱源，将煤气中的硫化氢等酸性气体在脱硫塔内吸收下来的主要化学反应为：

$$NH_3 + H_2O \rightleftharpoons NH_3 \cdot H_2O$$

$$H_2S + H_2O \rightleftharpoons H_2S \cdot H_2O$$

$$\Updownarrow$$

$$HS^- + H^+ + H_2O$$

$$NH_3 \cdot H_2O + HS^- + H^+ \rightleftharpoons NH_4HS + H_2O$$

$$CO_2 + H_2O \rightleftharpoons H_2CO_3$$

$$\Updownarrow$$

$$HCO_3^- + H^+$$

$$2NH_3 \cdot H_2O + HCO_3^- + H^+ \rightleftharpoons (NH_4)_2CO_3 + 2H_2O$$

$$NH_3 \cdot H_2O + HCO_3^- + H^+ \rightleftharpoons NH_4HCO_3 + H_2O$$

$$NH_3 \cdot H_2O + HCN \rightleftharpoons NH_4CN + H_2O$$

$$2NH_3 + CO_2 \rightleftharpoons NH_2COONH_4$$

H_2S 在氨水溶液中能立刻离解为 HS^- 和 H^+，H^+ 能很快与 OH^- 反应，HS^- 也就能很快与 NH_4^+ 反应生成 NH_4HS。而 CO_2 却须先与水反应生成 H_2CO_3，再离解为 H^+ 和 HCO_3^-，然后才能分别与 OH^- 及 NH_4^+ 反应。因此，H_2S 与 NH_3 的反应速率比 CO_2 与 NH_3 的反应速率快得多，在气液接触时间很短（不大于5s）的情况下，氨水溶液能从煤气中选择性吸收 H_2S，见图4-13。

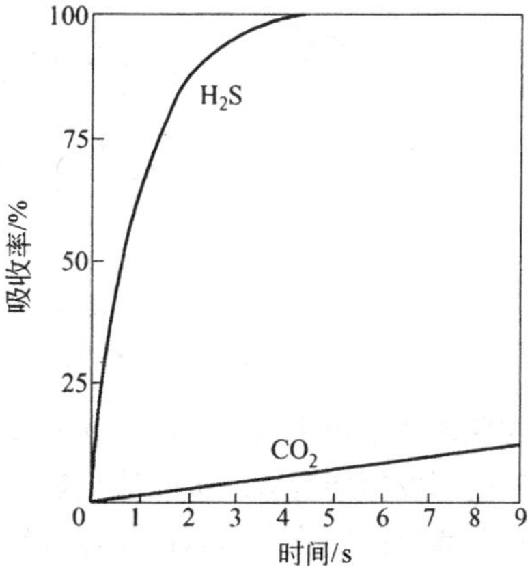

图4-13 在氨水中 CO_2 和 H_2S 的吸收速率

（氨在氨水中的质量分数为1.7%）

Eyman 等人利用含氨质量分数为0.5%～2%的稀氨水，在常压室温条件下测试得出，H_2S 在稀氨水静止表面上的溶解速度为 CO_2 的2倍；在滴下条件下的溶解速度为 CO_2 的85倍。当含 H_2S 和 CO_2 体积分数分别为0.5%和2%的煤气与氨水在空喷塔内接触时，

H_2S 的溶解速度约为 CO_2 的 17 倍。

在脱硫塔内还能发生下列反应：

$$2NH_3 + H_2S \longrightarrow (NH_4)_2S$$

$$NH_2COONH_4 + H_2O \longrightarrow (NH_4)_2CO_3$$

$$(NH_4)_2S + H_2CO_3 \longrightarrow NH_4HS + NH_4HCO_3$$

$$NH_4HS + H_2CO_3 \longrightarrow NH_4HCO_3 + H_2S$$

在洗氨塔顶部氢氧化钠与酸性气体发生如下反应：

$$H_2S + 2NaOH \longrightarrow Na_2S + 2H_2O$$

$$CO_2 + 2NaOH \longrightarrow Na_2CO_3 + H_2O$$

$$HCN + NaOH \longrightarrow NaCN + H_2O$$

在蒸氨塔内，固定铵盐发生如下的分解反应(以 NH_4Cl 为例)：

$$2NH_4Cl + Na_2S \longrightarrow 2NaCl + H_2S + 2NH_3$$

$$2NH_4Cl + Na_2CO_3 \longrightarrow 2NaCl + H_2O + CO_2 + 2NH_3$$

$$NH_4Cl + NaCN \longrightarrow NaCl + HCN + NH_3$$

在解吸塔内，挥发性铵盐发生与脱硫塔的逆反应，而将酸性组分解吸出来。

4.8.1.2 生产工艺流程

氨水循环洗涤法工艺流程见图 4-14，脱去焦油和萘的煤气进入脱硫塔，在塔内经过下段、中段和上段洗涤后，最终可使出塔焦炉煤气中硫化氢含量净化至约 0.5g/m^3。

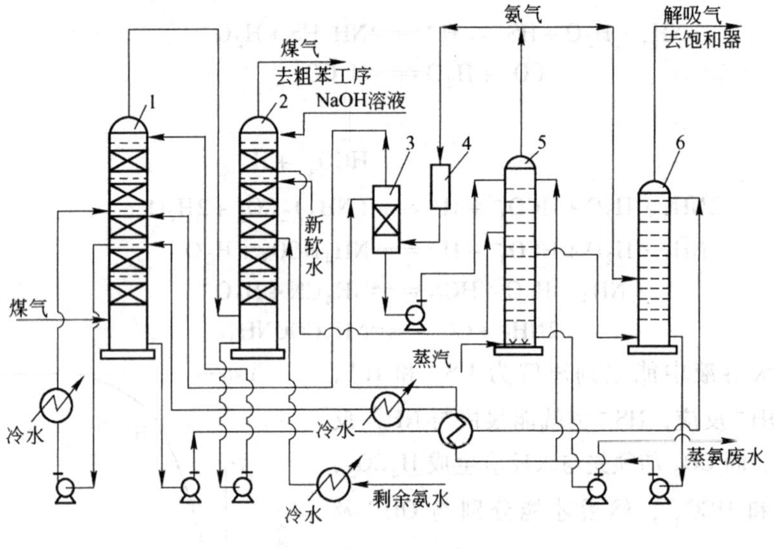

图 4-14 AS 循环洗涤法工艺流程

1—脱硫塔；2—洗氨塔；3—直冷分缩器；4—分缩器；5—蒸氨塔；6—解吸塔

在脱硫塔下段用来自解吸塔含氨 23 ~ 28g/L 的氨水喷洒。此种氨水的总氨量中只有 65% ~75% 的挥发氨能有效地吸收硫化氢，其余的氨存在于碳酸氢铵和硫氢酸铵等铵盐中。

在脱硫塔的中段，通入由蒸氨塔分缩器来的浓氨气，以提高吸收液中氨的浓度。此外，还用经过冷却的混合循环氨水喷洒，以吸收氨气中的氨和降低气相温度。因此，在脱硫塔中段可显著地增大吸收液中氨含量与煤气中硫化氢含量的比值，有利于硫化氢的脱除。

在脱硫塔的上段，用洗氨塔来的含氨 8 ~ 15g/L 并经冷却的氨水喷洒，以解决因化学吸收的放热反应而使煤气温度升高的问题。

由脱硫塔逸出的煤气进入洗氨塔，在塔内用软水和剩余氨水喷洒洗涤。在采用氢氧化钠法分解剩余氨水中固定铵盐的系统中，为进一步脱除煤气中的硫化氢，可将质量分数2% ~4%的氢氧化钠溶液送至洗氨塔顶部喷洒，进一步脱除煤气中的硫化氢和氰化氢，最终可将煤气中的硫化氢脱至0.1 ~0.2g/m^3。氢氧化钠加入量等于分解剩余氨水中固定铵盐所需的量。所得碱性洗涤液送往蒸氨塔分解固定铵。

离开脱硫塔的吸收液含氨20 ~24g/L、硫化氢7g/L和二氧化碳13g/L，泵送至解吸塔进行分解。在从蒸氨塔中部和塔顶送来的氨气作用下，解吸出大部分的硫化氢、氰化氢和二氧化碳酸性气体。解吸塔底排出的贫液，一部分经冷却后送回脱硫塔循环使用，其余部分经直冷分缩器后送往蒸氨塔，其量等于煤料的水分、洗氨软水及解吸塔内冷凝的水气量之和。从解吸塔顶逸出含氨和硫化氢等酸性气体的混合气去饱和器制取硫酸铵。

在蒸氨塔内氢氧化钠和固定铵盐反应，生成的各种水溶性钠盐均随蒸氨废水排出。蒸氨废水还含有下列物质：挥发氨小于100mg/L，氨(固定铵)小于50mg/L，硫化氢小于10mg/L，氰化氢小于10mg/L，氢氧化钠小于100mg/L，全酚1000 ~2000mg/L，送脱酚装置处理。

蒸氨塔蒸出的氨气一部分送往解吸塔，另一部分送往分缩器。分缩后的氨气再进入直冷分缩器，用脱酸氨水喷洒，将氨气冷凝至50 ~60℃，这样可较完全地脱除氨气中的酸性组分，然后引至脱硫塔中部。在分缩器产生的浓氨水作为回流液返回蒸氨塔。

4.8.2 代亚毛克斯法

代亚毛克斯法吸收H_2S和HCN的原理与AS循环洗涤法相同。生产工艺流程见图4-15。脱除萘和焦油的煤气进入脱硫塔的下部，与塔顶喷洒的含氨约7g/L的稀氨水逆流接触，则煤气中的H_2S等酸性气体被氨水吸收，煤气从塔顶排出。吸收了酸性气体的富液，用泵经换热器送入解吸塔中部，然后用塔底蒸汽直接蒸吹脱酸，使之变成贫液。贫液引入重沸器用蒸汽间接加热，蒸发的气体引入塔内。为降低解吸气体中氨和氰化氢的含量，塔顶喷洒一部分冷富液。贫液经与富液换热和冷却后经循环氨水槽送入脱硫塔循环使用。小部分与富液换热后的贫液，再与蒸氨塔底废水换热后入蒸氨塔，蒸出的氨气去硫酸铵工段，废水送生物处理装置。

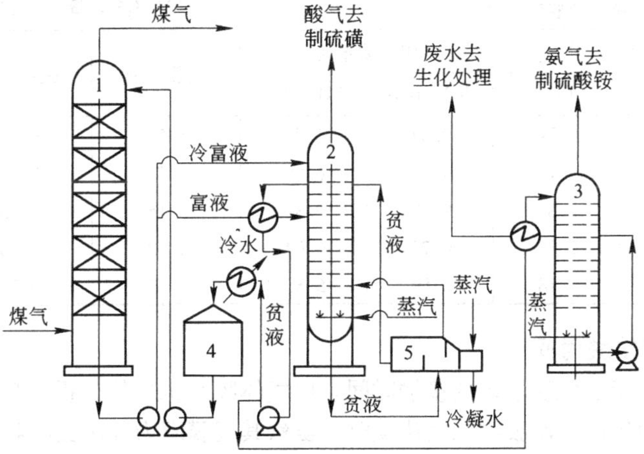

图4-15 代亚毛克斯法工艺流程

1—脱硫塔；2—解吸塔；3—蒸氨塔；4—循环氨水槽；5—重沸器

代亚毛克斯法与AS循环洗涤法的主要区别是，所用的氨水含氨量低，可从焦炉煤气中选择性吸收H_2S，少吸收CO_2和HCN，所得酸气含HCN甚低，用于克劳斯炉制硫磺时，操作条件得到改善。酸性气体组成见表4-3。

表4-3 酸性气体组成

组分名称	组分含量(体积分数)/%	组分名称	组分含量(体积分数)/%
H_2S	45~55	NH_3	0.01
CO_2	痕量	C_mH_n	0.1~0.15
HCN	0.01~0.1	芳烃	1.10

4.8.3 影响因素及其控制

4.8.3.1 吸收操作温度

吸收操作温度系指脱硫塔的操作温度，此温度对塔后硫化氢含量影响很大。据国内一些厂的经验，吸收操作温度每升高2~3℃，脱硫效率约下降4%~5%。一般控制在(22±1)℃较为理想。另外，进入脱硫塔的半富氨水需经过冷却器移走吸收反应放出的热量，以保持脱硫塔操作温度稳定也是很重要的。

4.8.3.2 脱硫液的NH_3/H_2S质量比

在氨水循环洗涤过程中，氨除吸收硫化氢外，还与其他酸性组分化合，因此煤气中原有的NH_3/H_2S质量比不能满足脱除硫化氢的要求。据资料介绍，采用钢板网脱硫塔，最终煤气含硫化氢为0.5g/m^3，按照典型的氨循环洗涤脱硫工艺，NH_3/H_2S质量比必须达到5。为此，除了加强洗氨操作外，主要是控制解吸塔脱酸贫液的组成，使得贫液有较大的NH_3/H_2S质量比。控制脱酸贫液的组成主要从两方面着手：一是控制进入解吸塔的富液温度不应低于75℃，否则将降低塔板效率，使硫化氢脱除率降低，如果维持解吸操作，必然要增加进塔的蒸汽量，致使贫液被稀释；二是控制进入解吸塔顶的冷富液量，一般为富液量的30%，其作用是控制解吸塔顶逸出的酸气浓度和减少氨损失。表4-4示出了国内某厂的生产数据，可见脱酸贫液组成对煤气中硫化氢脱除率的影响。

表4-4 脱酸贫液组成与H_2S脱除率

解吸塔脱酸贫液					煤气H_2S含量/g·m^{-3}		H_2S脱除率/%
组分含量/g·L^{-1}			组分质量比		脱硫塔前	脱硫塔后	
NH_3	H_2S	CO_2	NH_3/H_2S	NH_3/CO_2			
18.76	1.94	2.74	9.67	6.85	8.51	0.65	92.36
20.74	2.20	3.10	9.43	6.69	4.73	0.38	91.97
24.11	2.63	3.82	9.17	6.31	5.15	0.43	91.65
17.29	2.56	2.86	6.75	6.04	5.48	0.56	89.78
18.51	2.81	3.18	6.59	5.82	7.67	0.79	89.70

4.8.3.3 气液接触时间

气液接触时间是指在脱硫塔内的接触时间。由气体吸收机理的分析可知，氨水吸收硫化氢基本上是受气膜阻力控制，而吸收二氧化碳时，虽然其气膜阻力并不比吸收硫化氢时低，但由于其液膜阻力非常高，故是液膜阻力控制。因此，氨水吸收煤气中的硫化氢是选择性吸收。一般氨水脱硫化氢效率可达95%，而脱二氧化碳效率仅为10%~20%。但是，如气液两相接触时间较长，对脱硫化氢效率并无显著效果，而对二氧化碳的脱除却显著提高，硫化氢甚至会被逐渐排代出来。试验证明，气液接触时间在5s可以达到选择性吸收硫化氢的目的。

4.8.4 酸性气体的处理工艺

由AS循环洗涤法的解吸塔得到的含氨的酸性气体应先除去氨。除氨的方法可采用使含氨的酸性气体进入硫酸铵饱和器，用循环母液将氨回收下来，余下的酸性气体再去生产硫酸或硫磺；也可采用使含氨的酸性气体进入弗萨姆吸收塔，用磷酸将氨回收下来，以生产无水氨，余下的酸性气体再去生产硫酸或硫磺。

4.8.4.1 湿式催化法制取硫酸

湿式催化制取硫酸工艺流程见图4-16。含有硫化氢、二氧化碳、氰化氢，少量氨和水蒸气的混合物进入燃烧炉，通入空气进行燃烧，此时发生如下反应：

$$2H_2S + 3O_2 \longrightarrow 2SO_2 + 2H_2O$$

$$2HCN + \frac{5}{2}O_2 \longrightarrow N_2 + H_2O + 2CO_2$$

$$2NH_3 + \frac{3}{2}O_2 \longrightarrow N_2 + 3H_2O$$

控制燃烧温度为1050～1100℃，并通入稍许过量的氧，以使酸性气体和氨完全燃烧。

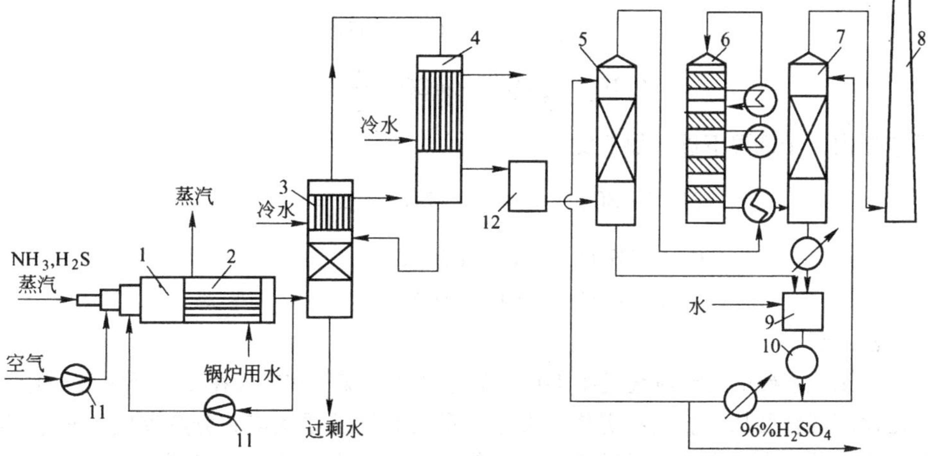

图4-16 湿式催化制取硫酸工艺流程

1—燃烧炉；2—废热锅炉；3—冷凝冷却器；4—减湿器；5—干燥塔；6—接触塔；7—吸收塔；8—烟囱；9—半成品槽；10—泵；11—风机；12—过滤器

燃烧废气通过废热锅炉，可产生0.4MPa的饱和蒸汽。出废热锅炉的废气温度为300～350℃，其中一部分返回燃烧室，以控制燃烧室温度，将NO_x的形成限制到体积分数的万分之一，其余部分冷凝冷却至25～30℃。所得冷凝水除供生产硫酸所需外，剩余部分外排，1000m^3废气排出量约为26L。此冷凝水中约含三氧化硫10～12g/L和二氧化硫0.2～0.5g/L，可用蒸氨废水予以中和。

冷却后的废气经过滤器除去其中夹带的雾滴，然后进入干燥塔，用质量分数为96%～98%的浓硫酸喷洒干燥。干燥后的废气与由接触塔来的温度为400～500℃的反应气体换热，并用接触塔第一和第二段催化床层的反应热加热后，温度达到420～450℃由顶部进入接触塔。

在接触塔内可使废气中98%的二氧化硫转化为三氧化硫，然后在吸收塔内用冷硫酸循环冷却并吸收反应气体中的三氧化硫和水蒸气。

由吸收塔底排出的硫酸经冷却后，与干燥塔来的硫酸均进入半成品槽，再循环泵回吸收塔和干燥塔。成品硫酸从循环酸中切取。硫酸的浓度可通过向半成品槽中加水调节。

4.8.4.2 克劳斯(Claus)法制元素硫

克劳斯法制元素硫是斯蒂尔公司开发的。20世纪90年代还出现了复合克劳斯法同时处理含 H_2S 和 NH_3 的气体，在同一装置内进行氨分解和克劳斯反应。

A 工艺原理

在克劳斯炉内，于1100~1200℃下进行如下反应：

$$H_2S + \frac{3}{2}O_2 \longrightarrow H_2O + SO_2$$

$$2H_2S + SO_2 \longrightarrow 2H_2O + 3S$$

$$H_2S + \frac{1}{2}O_2 \longrightarrow H_2O + S$$

$$2NH_3 \longrightarrow N_2 + 3H_2$$

$$2HCN + 2H_2O \longrightarrow N_2 + 2CO + 3H_2$$

$$CO_2 + H_2 \longrightarrow CO + H_2O$$

$$CO + S \longrightarrow COS$$

$$CH_4 + 4S \longrightarrow CS_2 + 2H_2S$$

$$C_nH_m + \frac{n}{2}O_2 \longrightarrow nCO + \frac{m}{2}H_2$$

在反应器内，于低温下进行如下反应：

$$2H_2S + SO_2 \longrightarrow \frac{3}{x}S_x + 2H_2O \quad x = 1 \sim 8$$

$$CS_2 + 2H_2O \longrightarrow CO_2 + 2H_2S$$

$$COS + H_2O \longrightarrow CO_2 + H_2S$$

B 工艺流程

克劳斯法制元素硫的工艺流程见图4-17。酸性气体、煤气和空气在克劳斯炉顶部的气体混合室按一定比例混合后从喷嘴喷出燃烧，发生一系列氧化还原反应和分解反应，其中 H_2S 的氧化还原生成硫的反应称为克劳斯反应。在克劳斯炉中，约60%的 H_2S 转化成元素硫。从克劳斯炉排出的过程气，经废热锅炉与软水换热后产生0.4MPa的蒸气，过程气被冷却到270~300℃后进入克劳斯一段反应器，器内操作温度比过程气温度高2~3℃。从一段反应器出来的过程气经过与硫冷凝器上段出来的温度较低的过程气换热，然后进入硫冷凝器，用软水冷却到约154℃，硫蒸气被冷凝成液态，经气液分离器，液硫被分离下来。过程气经换热后进入二段反应器，器内操作温度为220~237℃。经过二段反应器后的过程气含 H_2S 已很少，经硫冷凝器的下段，被冷却到约154℃，经气液分离器，液硫被分离下来，尾气送至负压荒煤气管道。从气液分离器下来的液硫经过硫封槽，流至液硫槽，在槽中保温在150℃左右，用硫泵送到硫磺结片机，经冷却结晶、造片，则得到固体硫磺产品。

C 影响因素

a 酸性气体中的 H_2S 含量

酸性气体中的 H_2S 含量越高，元素硫收率越高，尾气排放量将降低。因此前道工序的操

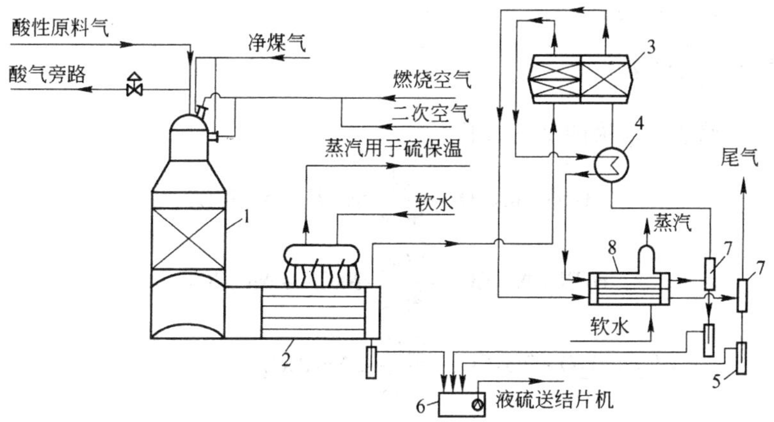

图 4-17 克劳斯法工艺流程

1—克劳斯炉；2—废热锅炉；3—硫反应器；4—换热器；

5—硫封槽；6—液硫槽；7—气液分离器；8—硫冷凝器

作，应减少酸性气体中的 NH_3、CO_2 等含量，以提高酸性气体中的 H_2S 含量。

b 酸性气体和煤气中的杂质

酸性气体和煤气中的烃在燃烧时产生 CO_2，CO_2 容易与 H_2S 作用生成 COS 和 H_2O，影响硫的转化率，缩短催化剂的寿命，并使硫磺颜色变灰。酸性气体中的 NH_3 含量高，在克劳斯炉不能充分分解，将使反应器中的催化剂中毒。酸性气体中的水气含量高，硫收率下降。因此进炉前酸性气体的质量应加以控制。

c 空气量

控制适宜的空气量，以满足煤气的燃烧，并使$\frac{1}{3}H_2S$ 氧化成 SO_2。当空气量太小时，煤气产生不完全燃烧，会生成游离炭而堵塞催化剂孔隙并影响硫的质量；当空气量太大时，将反应所需的$\frac{2}{3}H_2S$ 量及生成的 S 燃烧成 SO_2，使硫产率降低，并引起设备腐蚀。适宜的空气量是控制废气中的 CO 体积分数约为 1%，即比完全燃烧的理论需氧量稍少些。

d H_2S 与 SO_2 的比例关系

理想的克劳斯反应，要求 $H_2S:SO_2=2:1$（摩尔比），才能获得最大的转化率。当 $H_2S:SO_2>2:1$ 或 $H_2S:SO_2<2:1$ 时，都将明显降低转化率。因此克劳斯装置已普遍使用在线气体分析仪进行测量，实现自动控制，保证 H_2S 与 SO_2 的比值不变。

e 温度

克劳斯炉的炉膛温度因原料气中 H_2S 含量不同而异，一般控制在 1100～1300℃可获得最大转化率。克劳斯反应是放热反应，温度降低有利于催化反应的进行，但不能低于硫的露点温度，否则硫冷凝沉积在催化剂表面上，使催化剂失去活性，并造成床层压降增大，无法正常操作。故催化反应温度应控制在高于硫的露点温度。硫冷凝器和液硫管线等的温度低于 121℃，液硫将凝固；高于 160℃，液硫黏度增大。因此，控制在 130～160℃之间比较适宜。

4.9 真空碳酸盐法

以碳酸钠或碳酸钾溶液为吸收剂的脱硫脱氰方法称碳酸盐法。脱硫液的再生在负压工况下进行，故称为真空碳酸盐法。

4.9.1 生产工艺原理

真空碳酸盐法吸收和解吸的反应如下：

$$H_2S + Na_2CO_3 \underset{解吸}{\overset{吸收}{\rightleftharpoons}} NaHS + NaHCO_3$$

$$HCN + Na_2CO_3 \underset{解吸}{\overset{吸收}{\rightleftharpoons}} NaCN + NaHCO_3$$

$$CO_2 + H_2O + Na_2CO_3 \underset{解吸}{\overset{吸收}{\rightleftharpoons}} 2NaHCO_3$$

副反应主要有：

$$2NaHS + 2O_2 \longrightarrow Na_2S_2O_3 + H_2O$$

$$2NaCN + 2H_2S + O_2 \longrightarrow 2NaCNS + 2H_2O$$

脱硫液解吸时的加热沸腾温度一般不超过70℃，相应的真空度为80～90kPa。

4.9.2 生产工艺流程

真空碳酸盐法有一段吸收-一段再生、两段吸收-一段再生和两段吸收-两段再生的工艺流程。两段吸收-两段再生的工艺流程见图4-18。脱氨后的焦炉煤气进入两段式脱硫塔的底部，流经各吸收段脱除酸性气体后出塔。脱硫塔底部的富液分为两股送往再生塔再生。一股经与热贫液换热，另一股经与半热贫液换热后进入再生塔顶部。贫液由再生塔底抽出经换热和冷却后，送至脱硫塔上段喷洒，半贫液由再生塔中部抽出经换热和冷却后，送至脱硫塔下段喷洒。热富液在塔内自上而下，被再沸器产生的溶液蒸气将从脱硫塔吸收的H_2S、HCN和CO_2解吸出来，碱液得到再生循环使用。再生塔顶逸出的酸气经冷凝冷却后入分离器，再由真空泵抽出去处理，分离出的冷凝液大部分送往循环碱液槽。脱硫液系统需补充软水和新碱，以平衡外排的废碱液和冷凝液所引起的水和碱的消耗。

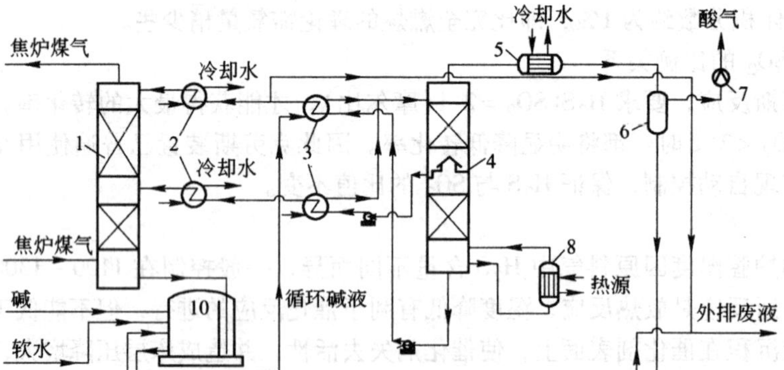

图4-18 两段吸收-两段再生的真空碳酸盐法工艺流程

1—脱硫塔；2—冷却器；3—换热器；4—再生塔；
5—冷凝冷却器；6—气液分离器；7—真空泵；
8—再沸器；9—冷凝液槽；10—碱液槽

4.10 对苯二酚法

对苯二酚法在1950年由前联邦德国开发。这种方法是在氨水中添加对苯二酚作为脱硫的吸收液来进行脱硫脱氰。其特点是操作稳定，具有灵活性；副反应小，产品硫磺的纯度高，溶液吸收及再生温度比较低。

4.10.1 生产工艺原理

在脱硫塔内的反应

$$NH_3 + H_2O + H_2S \longrightarrow NH_4HS + H_2O,\ \Delta H = 45.98\text{kJ}$$

$$NH_4HS \longrightarrow NH_4^+ + HS^-$$

$$NH_3 + H_2O + HCN \longrightarrow NH_4CN + H_2O$$

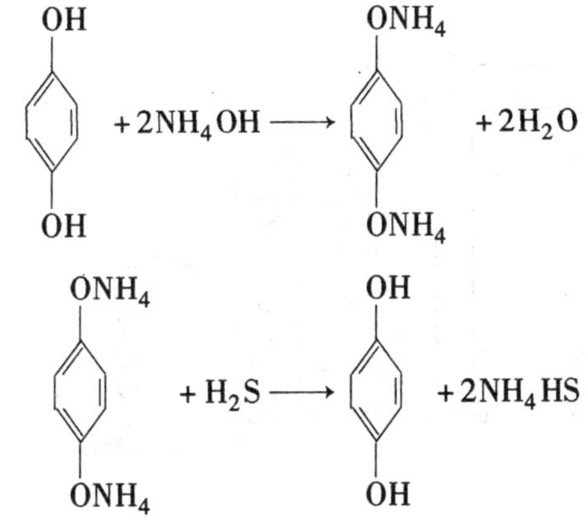

在再生塔内的反应

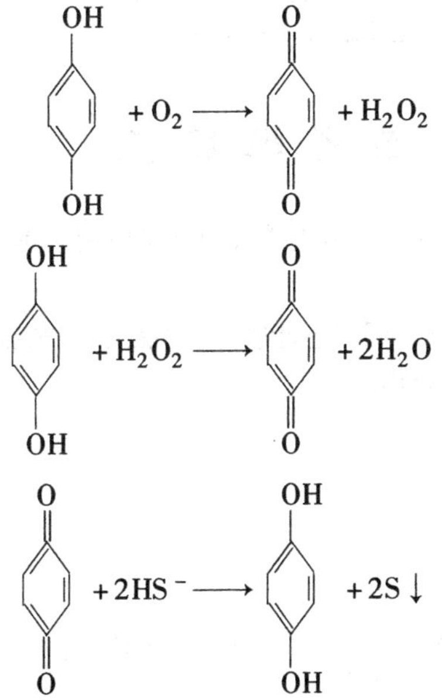

在脱硫塔和再生塔内的副反应

$$2NH_4HS + 2O_2 \longrightarrow (NH_4)_2S_2O_3 + H_2O$$

$$NH_4CN + S \longrightarrow NH_4CNS$$

$$NH_3 + H_2O + CO_2 \longrightarrow NH_4^+ + HCO_3^-$$

$$4H_2O_2 + 2HS^- \longrightarrow 5H_2O + S_2O_3^{2-}$$

4.10.2　生产工艺流程

对苯二酚法的生产工艺流程与改良 ADA 法流程类似，见图 4-19。脱除煤焦油和萘并冷却后的煤气进入脱硫塔，与塔顶喷洒的循环吸收液逆流接触，进行吸收反应。净化后的煤气从塔顶排出。脱硫塔底排出的吸收液，经液封槽进入循环槽，经加热后用泵送入再生塔底，与送入的压缩空气在塔内进行再生反应。再生后的吸收液经液位调节器进入脱硫塔循环使用。再生塔顶分离出的硫泡沫流入硫泡沫槽，经真空过滤后，硫膏入熔硫釜制取熔融硫，滤液入循环槽，其中一部分滤液用以制取硫酸。

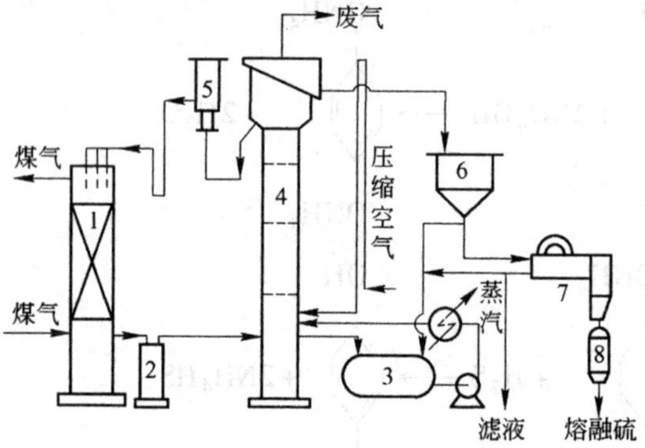

图 4-19　对苯二酚法工艺流程

1—脱硫塔；2—液封槽；3—循环槽；4—再生塔；5—液位调节器；6—硫泡沫槽；7—真空过滤器；8—熔硫釜

4.11　单 乙 醇 胺 法

单乙醇胺法在 20 世纪 70 年代由美国伯利恒钢铁公司开发应用于焦炉煤气的净化。该法也称萨尔费班法(Sulfiban process)。

单乙醇胺法吸收 H_2S 和 HCN 能力强，同时还能脱除有机硫；工艺流程短，基建投资较低。但蒸汽耗量大，单乙醇胺消耗多，操作费用高。

4.11.1　生产工艺原理

在脱硫塔内进行的反应

(1) 脱 H_2S 和 HCN 的反应

$$2\begin{array}{l}CH_2—OH\\|\\CH_2—NH_2\end{array} + H_2S \longrightarrow \left(\begin{array}{l}CH_2—OH\\|\\CH_2—NH_3\end{array}\right)_2 S$$

$$\begin{array}{l}CH_2\text{—}OH\\ |\\ CH_2\text{—}NH_2\end{array} + HCN \longrightarrow \begin{array}{l}CH_2\text{—}OH\\ |\\ CH_2\text{—}NH_3CN\end{array}$$

$$\begin{array}{l}CH_2\text{—}OH\\ |\\ CH_2\text{—}NH_2\end{array} + HCN + \frac{1}{2}O_2 + H_2S \longrightarrow \begin{array}{l}CH_2\text{—}OH\\ |\\ CH_2\text{—}NH_3CNS\end{array} + H_2O$$

(2) 脱有机硫的反应

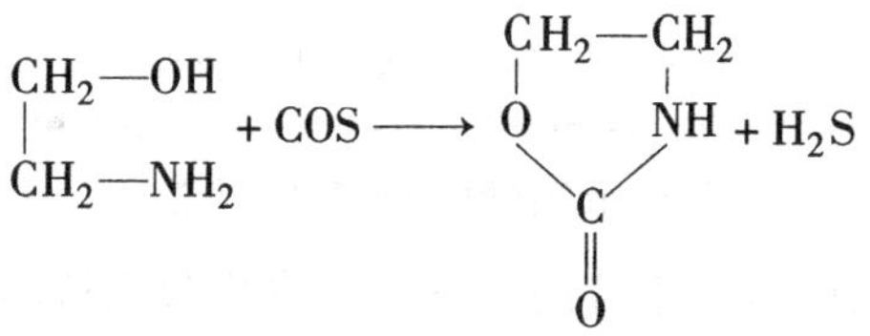

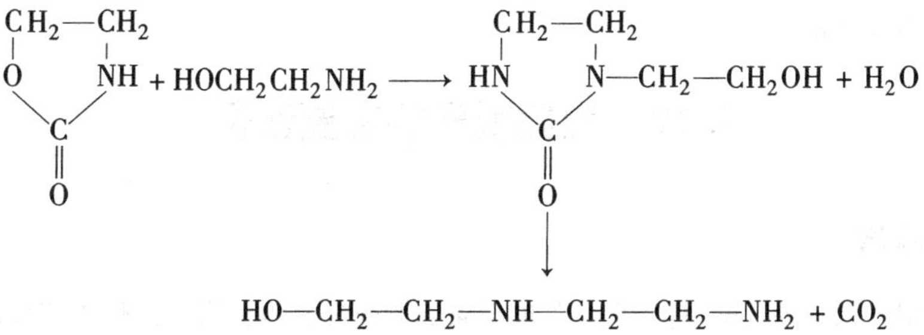

$$2RNH_2 + CS_2 \longrightarrow RNCSSH_2 \cdot H_2NR$$

脱有机硫的反应是不可逆的。

(3) 生成硫代硫酸胺的反应

$$RNH_2 + 2H_2S + 2O_2 \longrightarrow (RNH_2)_2S_2O_3 + H_2O$$

在解吸塔内的反应

$$\left(\begin{array}{l}CH_2\text{—}OH\\ |\\ CH_2\text{—}NH_3\end{array}\right)_2 S \longrightarrow 2\begin{array}{l}CH_2\text{—}OH\\ |\\ CH_2\text{—}NH_2\end{array} + H_2S$$

$$\begin{array}{l}CH_2\text{—}OH\\ |\\ CH_2\text{—}NH_3CN\end{array} \longrightarrow \begin{array}{l}CH_2\text{—}OH\\ |\\ CH_2\text{—}NH_2\end{array} + HCN$$

4.11.2 生产工艺流程

单乙醇胺法生产工艺流程见图4-20。回收粗苯后的焦炉煤气进入脱硫塔底部，与上部喷洒的质量分数为15%的单乙醇胺溶液逆流接触，脱除 H_2S 和 HCN 后的煤气由塔顶排出。脱硫塔底的富液用泵经热交换器送入解吸塔上部，与来自重沸器的蒸汽逆流接触，脱出酸性气体而成为贫液。贫液由塔底流入重沸器，在此用蒸汽间接加热，产生的气体进入解吸塔，液体流至调整槽，再用泵送入热交换器，与富液热交换后经贫液冷却器返回脱硫塔顶循环使用。酸性气体和解吸用蒸汽一起从解吸塔顶排出，经冷凝器进入解吸塔底的气液分离槽。为了维持水平衡和防止乙醇胺损失，冷凝液的一部分作为解吸塔的回流，其余送污水处理装置。酸性气体用来制取硫磺或硫酸。

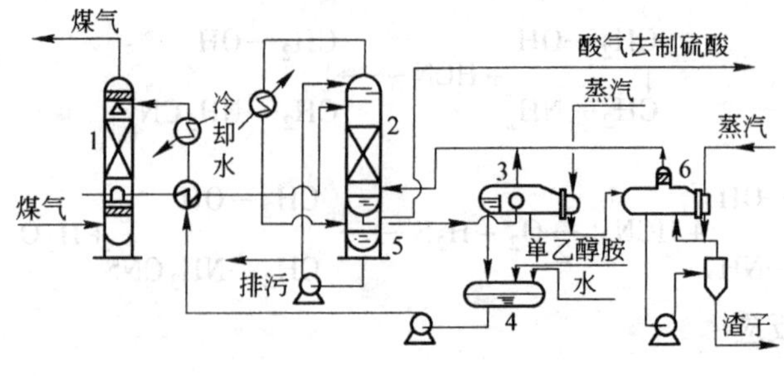

图 4-20 单乙醇胺法工艺流程

1—脱硫塔；2—解吸塔；3—重沸器；4—调整槽；
5—气液分离槽；6—MEA 回收槽

为了除去乙醇胺与煤气中某些组分的副反应生成物和维持溶液的纯度，从重沸器抽出1% ~3%的脱硫液送入乙醇胺回收槽，在此用蒸汽间接加热处理。乙醇胺蒸气进入解吸塔下部，渣子经分离后外排。

4.12 脱硫脱氰的主要设备

4.12.1 脱硫塔

脱硫塔是用以吸收煤气中 H_2S 和 HCN 的设备。脱硫塔有填料塔、空喷塔和板式塔等型式。常用的是填料塔，见图 4-21。它由圆筒形塔体和堆放在塔内对传质起关键作用的填料等组成，内有喷淋、捕雾等装置。常用填料有木格栅、钢板网和塑料花形填料等。塔体和金属内件一般需要防腐。

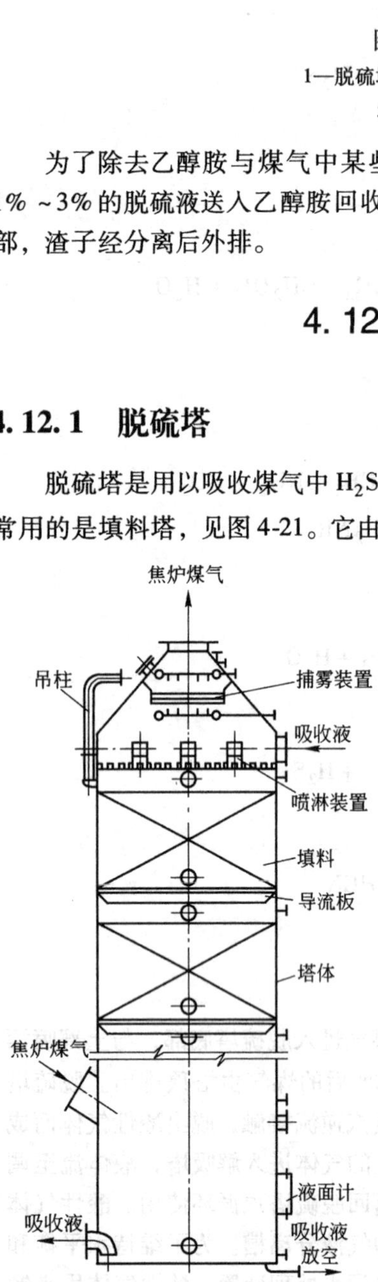

图 4-21 填料式脱硫塔

脱硫塔的主要设计参数见表 4-5。

表 4-5 脱硫塔主要设计参数

脱硫方法	空塔速度 /m·s⁻¹	喷淋密度 /m³·(m²·h)⁻¹	液气比 /L·m⁻³	填料面积 /m²·(m³/h)⁻¹
改良 ADA	0.5	>27	20	0.8（木格）
TAKAHAX	0.5	约 55	33	1.0（塑料花形）
FR	0.5	约 50	20	0.63（HEILEX）
AS	1.2 ~1.4	上段 5 ~6 中、下段约 20	2.3	0.3（钢板网）

4.12.2 再生塔

再生塔是用空气氧化和再生脱硫脱氰溶液的设备，大多为圆柱形空塔，见图 4-22。顶部扩大段为环形硫泡沫槽；

中段至塔底装有三块筛板，以使硫泡沫和空气均匀分布；底部设有空气分配盘，以使压缩空气在塔截面上均匀分布。塔体用碳钢制成，内衬玻璃钢，以防腐蚀。喷射再生槽的构造见图4-23。

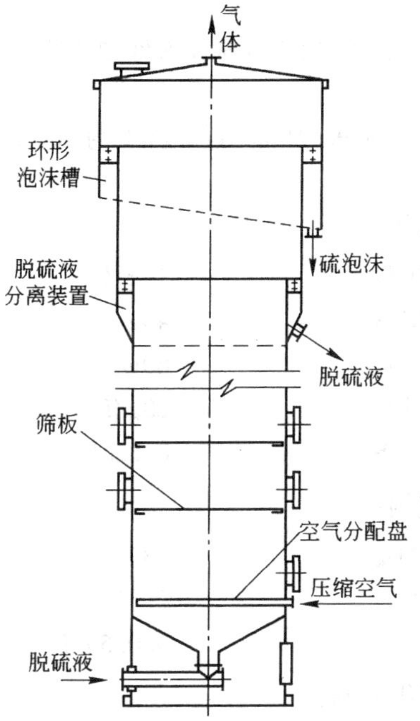

图4-22 再生塔

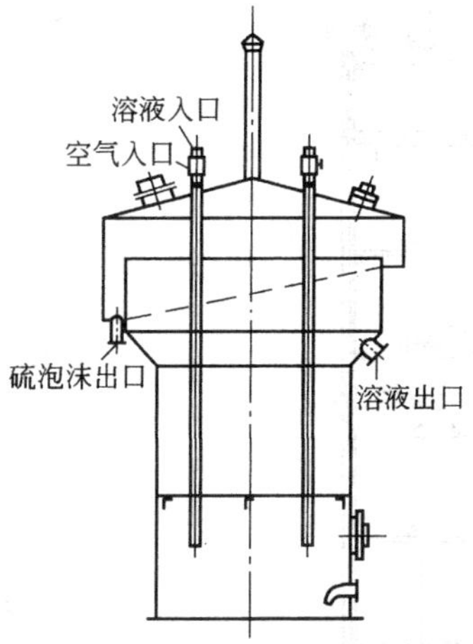

图4-23 喷射再生槽

再生塔主要设计参数例见表4-6。

表4-6 再生塔主要设计参数

脱硫方法	改良 ADA	TAKAHAX	FR	HPF
空气用量 $/m^3\cdot(kg\cdot s)^{-1}$	9~13	10	4	8~12
鼓风强度 $/m^3\cdot(m^2\cdot h)^{-1}$	120	130	40	100

4.12.3 解吸塔

解吸塔是吸收法脱硫脱氰吸收液的再生设备。在塔内利用水蒸气的加热和汽提作用，对吸收了硫化氢等酸性气体的吸收液进行解吸，从而将硫化氢等酸性气体从中分离出来。水蒸气和脱硫液分别从下部和上部进入解吸塔，汽液两相逆流接触，塔顶获得硫化氢等酸性气体用来制取硫磺或硫酸。塔底获得的再生吸收液，送回脱硫塔循环使用。酸性气体在解吸塔中的解吸率为60%~100%。解吸塔的结构型式有填料塔、板式塔或两者的复合结构。

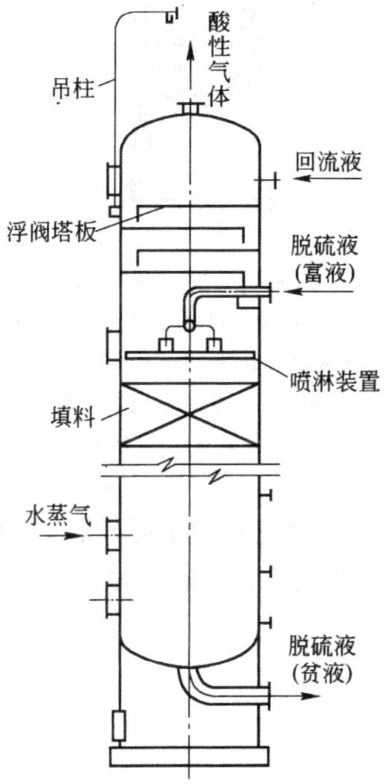

图4-24 解吸塔

复合结构的解吸塔见图4-24，它由圆筒形塔体和塔内的喷淋装置、填料及塔板组成。常用的填料有瓷质改良矩鞍型和聚丙烯鲍尔环，常用塔板为浮阀塔板，壳体和金属内件采用钛材、00Cr17Ni14Mo2 或海氏合金制造。

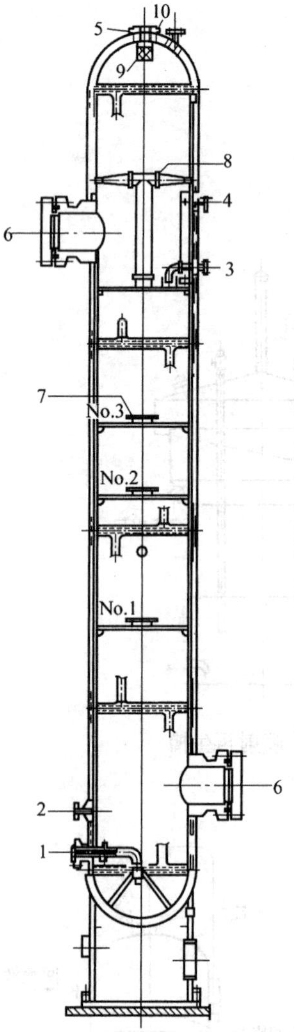

图 4-25 反应塔结构

1—原料液装入口；2—温度计接管；3—氧化液出口；4—液位计接口；5—气体出口；6—人孔；7—泡罩；8—气液分离器；9—捕雾网；10—安全阀、压力计接口

4.12.4 反应塔

反应塔是塔卡哈克斯法脱硫脱氰废液处理装置，其结构见图 4-25。

反应塔的设计压力为 9.5MPa，设计温度为 280℃。每 $1m^3$ 原料液需空气 $147m^3$。

入塔原料液组成例：

NH_3	10g/L
NH_4SCN	40g/L
$(NH_4)_2S_2O_3$	60g/L
$(NH_4)_2SO_4$	20g/L
S	0.2g/L

出塔氧化液组成例：

$(NH_4)_2SO_4$	38%
H_2SO_4	2.5% ~3%
$-SCN^-$	<0.5g/L

塔顶排出的废气组成例：

N_2	86%
O_2	5%
CO_2	6%
NH_3	2%
CO	1%

4.12.5 克劳斯炉与反应器

克劳斯炉为直立式圆筒形，外壳为普通钢板，内衬为耐火纤维隔热层和耐火砖，其构造与氨分解炉(图 3-36)相同。炉的中部为催化床，其顶部和底部分别装有一层氧化铝球，中部填充 NCA-2 型镍催化剂，用以分解 NH_3 和 HCN。

克劳斯反应器为两端带封头的卧式圆柱体，中间设隔板将其分为一段和二段。一段上部填充 NCT-11 型催化剂，下部填充 NCT-10 型催化剂，催化剂的主要成分是活性氧化铝，但 NCT-11 型还添加了可分解有机硫的助催化剂。二段填充 NCT-10 型催化剂。过程气在克劳斯反应器中将有机硫转化为 H_2S，将 H_2S 转化为元素硫。

5 粗苯的回收与制取

苯族烃是宝贵的化工原料，焦炉煤气一般含苯族烃 25 ~ 40g/m^3，因此，经过脱氨后的煤气需进行苯族烃的回收并制取粗苯。

从焦炉煤气中回收苯族烃的方法有洗油吸收法、活性炭吸附法和深冷凝结法。其中洗油吸收法工艺简单，经济可靠，因此得到广泛应用。

洗油吸收法依据操作压力分为加压吸收法、常压吸收法和负压吸收法。加压吸收法的操作压力为 800 ~ 1200kPa，此法可强化吸收过程，适于煤气远距离输送或作为合成氨厂的原料。常压吸收法的操作压力稍高于大气压，是各国普遍采用的方法。负压吸收法应用于全负压煤气净化系统。

吸收了煤气中苯族烃的洗油称为富油。富油的脱苯按操作压力分为常压水蒸气蒸馏法和减压蒸馏法。按富油加热方式又分为预热器加热富油的脱苯法和管式炉加热富油的脱苯法。各国多采用管式炉加热富油的常压水蒸气蒸馏法。

本章重点介绍洗油常压吸收法回收煤气中的苯族烃和管式炉加热富油的水蒸气蒸馏法脱苯工艺。

5.1 粗苯的组成、性质和质量

粗苯主要含有苯、甲苯、二甲苯和三甲苯等芳香烃。此外，还含有不饱和化合物、硫化物、饱和烃、酚类和吡啶碱类。当用洗油回收煤气中的苯族烃时，粗苯中尚含有少量的洗油轻质馏分。

粗苯的组成取决于炼焦配煤的组成及炼焦产物在炭化室内热解的程度。粗苯各组分的平均含量见表 5-1。

表 5-1 粗苯各组分的平均含量

组 分	分 子 式	质量分数/%	备 注
苯	C_6H_6	55 ~ 80	
甲苯	$C_6H_5CH_3$	11 ~ 22	
二甲苯	$C_6H_4(CH_3)_2$	2.5 ~ 6	同分异构物和乙基苯总和
三甲苯和乙基甲苯	$C_6H_3(CH_3)_3$ $C_2H_5C_6H_4CH_3$	1 ~ 2	同分异构物总和
不饱和化合物		7 ~ 12	
其中：			
环戊二烯	C_5H_6	0.5 ~ 1.0	
苯乙烯	$C_6H_5CHCH_2$	0.5 ~ 1.0	
苯并呋喃	C_8H_6O	1.0 ~ 2.0	包括同系物
茚	C_9H_8	1.5 ~ 2.5	包括同系物
硫化物		0.3 ~ 1.8	按硫计
其中：			
二硫化碳	CS_2	0.3 ~ 1.5	
噻吩	C_4H_4S	0.2 ~ 1.6	
饱和物		0.6 ~ 2.0	

此外，粗苯中酚类的质量分数通常为0.1%～1.0%，吡啶碱类的质量分数一般不超过0.5%。当硫酸铵工段从煤气中回收吡啶碱类时，则粗苯中吡啶碱类质量分数不超过0.01%。

粗苯的各主要组分均在180℃前馏出，180℃后的馏出物称为溶剂油。在测定粗苯中各组分的含量和计算产量时，通常将180℃前的馏出量当作100%来计算，故以其180℃前的馏出量作为鉴别粗苯质量的指标之一。粗苯在180℃前的馏出量取决于粗苯工段的工艺流程和操作制度。180℃前馏出量愈多，粗苯质量就愈好。一般要求粗苯的180℃前馏出量为93%～95%。

粗苯是黄色透明液体，比水轻，微溶于水。在贮存时，由于低沸点不饱和化合物的氧化和聚合所形成的树脂状物质能溶解于粗苯中，使其着色变暗。粗苯易燃，闪点为12℃。粗苯蒸气在空气中的体积分数为1.4%～7.5%时，能形成爆炸性混合物。

粗苯的理化性质依其组成而定。一般可采用下列有关计算式确定。

粗苯比热容：

$$c_t = 1.604 + 0.004367t \quad J/(g \cdot K) \tag{5-1}$$

粗苯蒸气比热容：

$$c = \frac{86.67 + 0.1089t}{M} \quad J/(g \cdot K) \tag{5-2}$$

式中 t——温度，℃；

M——粗苯相对分子质量，依粗苯组成而定。

粗苯蒸气质量焓：

$$i = 431.24 + c \cdot t \quad J/g \tag{5-3}$$

式中 t——温度，℃；

c——粗苯蒸气比热容，J/(g·K)。

粗苯的运动黏度：

$$\lg\nu_t = [(-5.8\rho + 4.6)(\lg t - 2.5)] \tag{5-4}$$

式中 ν_t——温度为t时的黏度，cm^2/s；

ρ——20℃时的密度，g/cm^3；

t——温度，℃。

粗苯工段的产品，依工艺过程的不同而异。一般生产轻苯和重苯，也可以生产粗苯一种产品或轻苯、精重苯及萘溶剂油三种产品。各产品的质量指标见表5-2和表5-3。

表5-2 粗苯和轻苯的质量指标

指标名称	加工用粗苯	溶剂用粗苯	轻苯
外观	黄色透明液体		
密度(20℃)/$g \cdot mL^{-1}$	0.871～0.900	≤0.900	0.870～0.880
馏程			
75℃前馏出量(体积分数)/%		≤3	
180℃前馏出量(质量分数)/%	≥93	≥91	
馏出96%(体积分数)温度/℃			≤150
水分	室温(18～25℃)下目测无可见不溶解的水		

注：加工用粗苯，如用石油洗油作吸收剂时，密度允许不低于0.865g/mL。

表 5-3 精重苯的质量指标

指标名称	精重苯	
	一级	二级
密度(20℃)/g·mL^{-1}	0.930～0.980	
馏程(101.33kPa)		
初馏点/℃	≥160	
200℃馏出量(体积分数)/%	≥85	
水分(质量分数)/%	≤0.5	
古马隆-茚含量(质量分数)/%	≥40	≥30

5.2 用洗油吸收煤气中的苯族烃

5.2.1 吸收苯族烃的工艺流程

用洗油吸收煤气中的苯族烃所采用的洗苯塔虽有多种型式，但工艺流程基本相同。煤气终冷洗苯工艺流程见图 5-1。

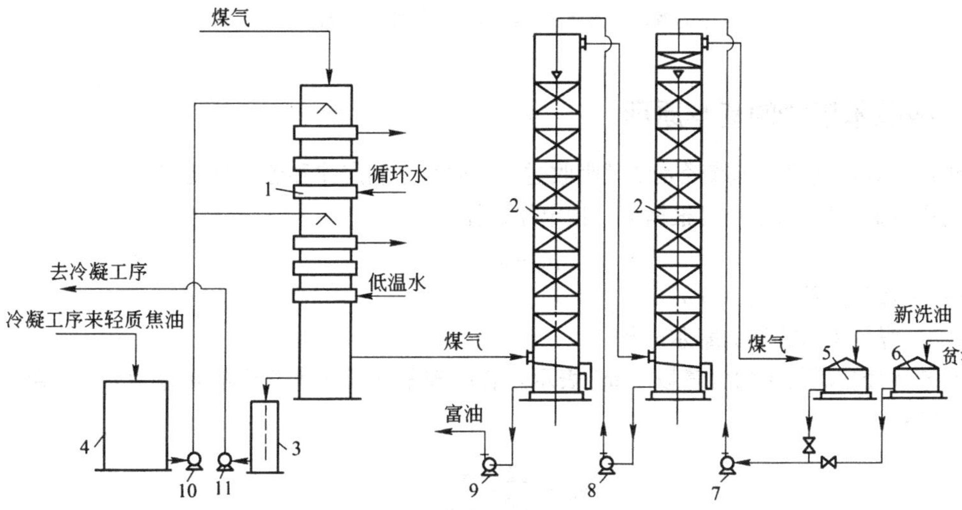

图 5-1 煤气终冷洗苯工艺流程

1—横管式终冷器；2—洗苯塔；3—液封槽；4—轻质焦油槽；
5—新洗油槽；6—贫油槽；7—贫油泵；8—半富油泵；
9—富油泵；10—轻质焦油泵；11—含萘焦油泵

煤气经最终冷却器冷却到 25～27℃后，依次通过两个洗苯塔，塔后煤气中苯族烃含量一般为 2g/m^3。温度为 27～30℃的脱苯洗油(贫油)用泵送至顺煤气流向最后一个洗苯塔的顶部，与煤气逆向沿着填料向下喷洒，然后经过油封流入塔底接受槽，由此用泵送至下一个洗苯塔。按煤气流向第一个洗苯塔底流出的含苯质量分数约 2.5% 的富油送至脱苯装置。脱苯后的贫油经冷却后再回到贫油槽循环使用。

也有的厂采用如图 5-2 所示的终冷洗苯工艺流程。

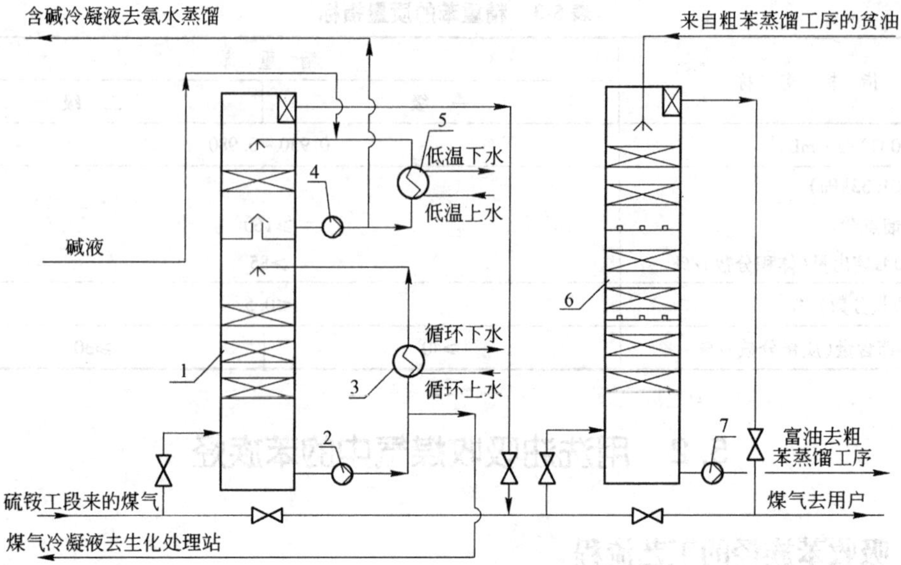

图 5-2 终冷洗苯工艺流程

1—终冷塔；2—下段喷洒液循环泵；3—下段循环喷洒液冷却器；4—上段喷洒液循环泵；
5—上段循环喷洒液冷却器；6—洗苯塔；7—富油泵

5.2.2 吸收苯族烃的基本原理

用洗油吸收煤气中的苯族烃是物理吸收过程，服从亨利定律和道尔顿定律。

煤气中苯族烃的分压 p_g 可根据道尔顿定律计算：

$$p_g = p \cdot y \tag{5-5}$$

式中 p——煤气的总压力，kPa；

y——煤气中苯族烃的摩尔分数。

通常苯族烃在煤气中的含量以 g/m³ 表示。若已知苯族烃在煤气中的含量为 a，则换算为体积含量得：

$$y_b = \frac{22.4 \times a}{1000 \times M_b}$$

式中，M_b 为粗苯的平均相对分子质量。将此式代入式(5-5)，则得：

$$p_g = 0.0224 \frac{a \cdot p}{M_b} \tag{5-6}$$

用洗油吸收苯族烃所得的稀溶液可视为理想溶液，其液面上粗苯的平衡蒸气压 p_L 可按拉乌尔定律确定：

$$p_L = p^{\circ} \cdot x \tag{5-7}$$

式中 p°——在回收温度下苯族烃的饱和蒸气压，kPa；

x——洗油中粗苯的摩尔分数。

通常洗油中粗苯的含量以 C(质量百分数)表示，换算为摩尔分数得：

$$x=\frac{C/M_b}{\frac{C}{M_b}+\frac{100-C}{M_m}}$$

式中 M_m——洗油的相对分子质量。

将此式代入式(5-7)，则得：

$$p_L=\frac{\frac{C}{M_b}\times p^\circ}{\frac{C}{M_b}+\frac{100-C}{M_m}} \tag{5-8}$$

当煤气中苯族烃的分压 p_g 大于洗油液面上苯族烃的平衡蒸气压 p_L 时，煤气中的苯族烃即被洗油吸收。p_g 与 p_L 之间的差值愈大，则吸收过程进行得愈容易，吸收速率也愈快。

洗油吸收苯族烃过程的极限为气液两相达成平衡，此时 $p_g=p_L$，即：

$$0.0224\frac{a\cdot p}{M_b}=\frac{\frac{C}{M_b}\cdot p^\circ}{\frac{C}{M_b}+\frac{100-C}{M_m}} \tag{5-9}$$

由于洗油中粗苯的浓度很小，式(5-9)可简化为：

$$0.0224\frac{a\cdot p}{M_b}=\frac{\frac{C}{M_b}\cdot p^\circ}{\frac{100}{M_m}} \tag{5-10}$$

因此，在平衡状态下 a 与 C 之间的关系式为：

$$a=0.446\frac{C\cdot M_m\cdot p^\circ}{p} \tag{5-11}$$

或

$$C=2.24\frac{a\cdot p}{M_m\cdot p^\circ} \tag{5-12}$$

用洗油吸收苯族烃的速率，可按一般传质速率方程式进行计算，即：

$$Q=K\cdot F\cdot \Delta p_m \tag{5-13}$$

式中 Q——被吸收的苯族烃量，kg/h；
F——吸收表面积，m^2；
K——总吸收系数，$kg/(m^2\cdot h\cdot kPa)$；
Δp_m——p_g 与 p_L 之间的对数平均分压差(吸收推动力)，kPa。

上式表明，所需吸收表面积 F 与单位时间内所吸收的苯族烃量 Q 成正比，与吸收推动力 Δp_m 及吸收系数 K 成反比。

目前吸收过程的机理一般仍建立在被吸收组分经稳定的界面薄膜扩散传递的概念上，即液相与气相之间有相界面。假定在相界面的两侧，分别存在着不呈湍流的薄膜，在气相侧的称为气膜，在液相侧的称为液膜。扩散过程的全部阻力就等于气膜和液膜的阻力之和。

根据双膜理论，总吸收系数值可按下列步骤进行计算：

气膜吸收系数 K_g：

$$K_g=0.0445\cdot\frac{D_g}{d_e}\cdot Re_g^{0.752}\cdot Pr_g^{0.628}\cdot\left(\frac{d_e}{b}\right)^{0.066}\quad \mathrm{m/s} \tag{5-14}$$

或
$$K'_g = K_g \frac{M_b \cdot 3600}{22.4 \times 101.33} \text{kg/(m}^2 \cdot \text{h} \cdot \text{kPa)} \tag{5-15}$$

液膜吸收系数 K_L：

$$K_L = 471 \frac{D_L}{d_e} Re_L^{0.324} \cdot Pr_L^{0.165} \cdot \left(\frac{d_e}{b}\right)^{0.508} \quad \text{m/h} \tag{5-16}$$

或
$$K'_L = K_L \cdot \frac{1}{H} \text{kg/(m}^2 \cdot \text{h} \cdot \text{kPa)} \tag{5-17}$$

式中 Re_g，Re_L——煤气和洗油的雷诺数；

Pr_g，Pr_L——煤气和洗油的普朗特数；

$D_g \cdot D_L$——苯族烃在煤气和洗油中的扩散系数，m^2/s；

d_e——填料的当量直径，m；

b——一层木格填料的高度，m；

H——亨利常数，$kPa \cdot m^3/kg$。

总吸收系数 K 即可按下式求得：

$$K' = \frac{K'_g \cdot K'_L}{K'_g + K'_L} \quad \text{kg/(m}^2 \cdot \text{h} \cdot \text{kPa)} \tag{5-18}$$

可见，吸收系数的大小取决于所采用的吸收剂的性质、填料的类型、规格及吸收过程进行的条件(温度、煤气流速、喷淋量及压力等)。

5.2.3 影响苯族烃吸收的因素

煤气中的苯族烃在洗苯塔内被吸收的程度称为回收率。回收率是评价洗苯操作的重要指标，可用下式表示：

$$\eta = 1 - \frac{a_2}{a_1} \tag{5-19}$$

式中 η——粗苯回收率,%；

a_1，a_2——洗苯塔入口煤气和出口煤气中苯族烃的含量，g/m^3。

回收率的大小取决于下列因素：煤气和洗油中苯族烃的含量，煤气流速及压力，洗油循环量及其相对分子质量，吸收温度，洗苯塔的构造及填料特性等。

5.2.3.1 吸收温度

吸收温度系指洗苯塔内气液两相接触面的平均温度，它取决于煤气和洗油的温度，也受大气温度的影响。

吸收温度是通过吸收系数和吸收推动力的变化而影响粗苯回收率的。提高吸收温度，可使吸收系数略有增加，但不显著，而吸收推动力却显著减小。

式(5-11)中洗油相对分子质量 M_m 及煤气总压 p 波动很小，可视为常数。而粗苯的饱和蒸气压 $p°$是随温度而变的。将式(5-11)在不同温度时所求得的 a 与 c 的数值用图表示，即得图5-3和图 5-4 所示的苯族烃在煤气和洗油中的平衡浓度关系曲线。

由图可见，当煤气中苯族烃的含量一定时，温度愈低，洗油中与其平衡的粗苯含量愈高；温度愈高，洗油中与其平衡的粗苯含量则显著降低。

当入塔贫油含苯量一定时，洗油液面上苯族烃的蒸气压随吸收温度升高而增高，吸收推动力则随之减小，致使洗苯塔后煤气中的苯族烃含量 a_2（塔后损失）增加，粗苯的回收率 η 降低。

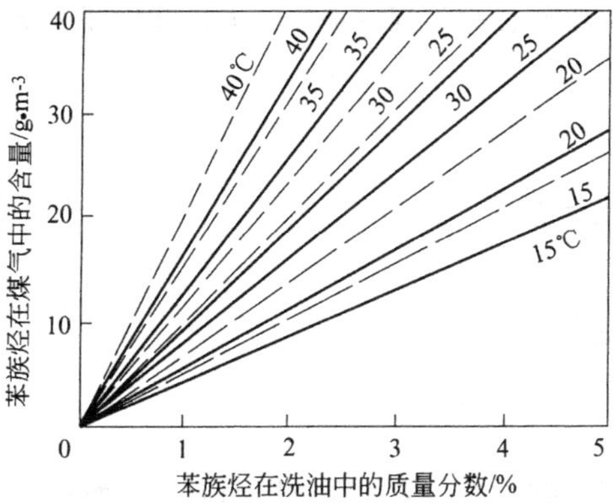

图 5-3 苯族烃在煤气和洗油中的平衡浓度
——焦油洗油；- - -石油洗油

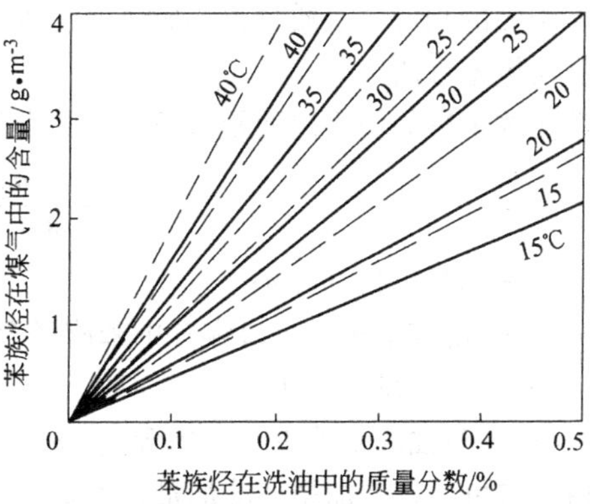

图 5-4 苯族烃在煤气和洗油中的平衡浓度
——焦油洗油；- - -石油洗油

图 5-5 表明了 η 及 a_2 与吸收温度间的关系。由图可见，当吸收温度超过 30℃时，随着吸收温度的升高，a_2 显著增加，η 显著下降。

因此，吸收温度不宜过高，但也不宜过低。在低于 15℃时，洗油的黏度将显著增加，使洗油输送及其在塔内均匀分布和自由流动都发生困难。当洗油温度低于 10℃时，还可能从油中析出固体沉淀物。因此适宜的吸收温度为 25℃左右，实际操作温度波动于 20～30℃之间。

操作中洗油温度应略高于煤气温度，以防止煤气中的水汽冷凝而进入洗油中。一般规定洗油温度在夏季比煤气温度高 2℃左右，冬季高 4℃左右。

为保证适宜的吸收温度，自硫酸铵工序来的煤气进洗苯塔前，应在最终冷却器内冷却至 18～28℃，贫油应冷却至低于 30℃。

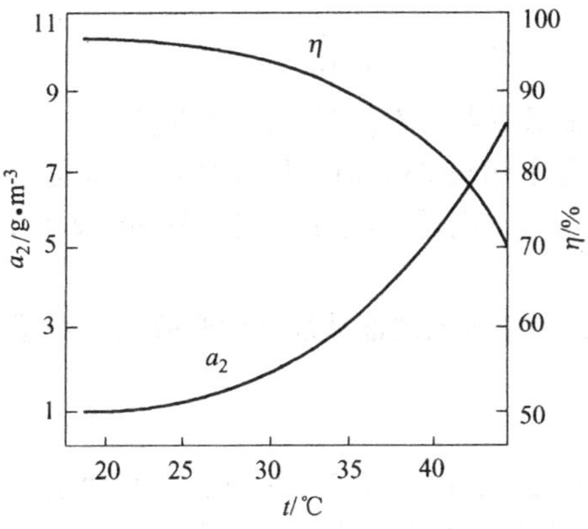

图 5-5 η 和 a_2 与吸收温度之间的关系

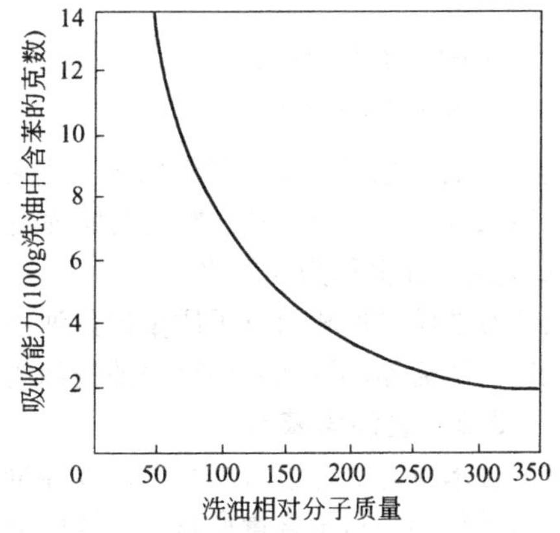

图 5-6 洗油相对分子质量与其吸收能力的关系(20℃时)

5.2.3.2 洗油的吸收能力及循环油量

由式(5-12)可见，当其他条件一定时，洗油的相对分子质量减小将使洗油中粗苯含量 C 增大，即吸收能力提高。同类液体吸收剂的吸收能力与其相对分子质量成反比，吸收剂与溶质的相对分子质量愈接近，则愈易相互溶解，吸收得愈完全。在回收等量粗苯的情况下，如洗油的吸收能力强，使富油的含苯量高，则循环洗油量也可相应减少。图 5-6 表明了洗油相对分子质量与其吸收能力的关系。

但洗油的相对分子质量也不宜过小，否则洗油在吸收过程中挥发损失较大，并在脱苯蒸馏时不易与粗苯分离。

送往洗苯塔的循环洗油量可根据下式求得：

$$V \cdot \frac{a_1 - a_2}{1000} = L(C_2 - C_1) \tag{5-20}$$

式中 V——煤气量，m^3/h；

a_1, a_2——洗苯塔进、出口煤气中苯族烃含量，g/m^3；

L——洗油量，kg/h；

C_1, C_2——贫油和富油中粗苯的含量，%。

由上式可见，增加循环洗油量，可降低洗油中粗苯的含量，增加吸收推动力，从而可提高粗苯回收率。但循环洗油量也不宜过大，以免过多地增加电、蒸汽的耗量和冷却水用量。

在塔后煤气含苯量一定的情况下，随着吸收温度的升高，所需要的循环洗油量也随之增加。其关系如图5-7所示。

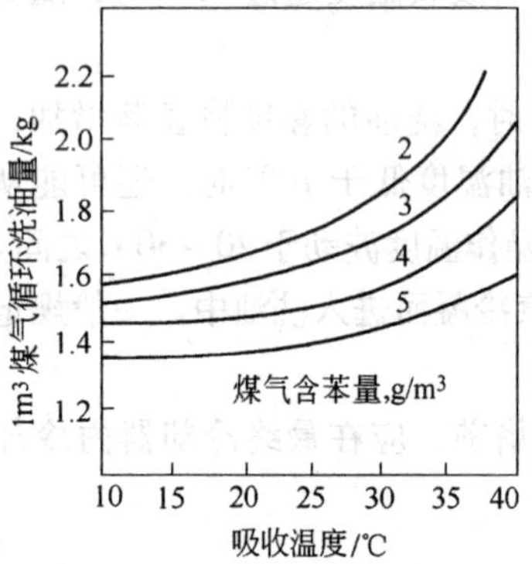

图5-7 循环洗油量与吸收温度的关系

实际的循环洗油量可按理论最小量计算确定：

$$L_{min} = \frac{p_b \cdot M_m \cdot V \cdot \eta}{22.4 \cdot p_1 \cdot \eta_\infty} \text{ kg/h} \tag{5-21}$$

式中 p_b——纯苯的饱和蒸气压，kPa；

M_m——洗油相对分子质量；

V——不包括苯族烃的入塔煤气体积，m^3/h；

p_1——入塔煤气压力（绝对压力），kPa；

η——要求达到的苯族烃的实际回收率；

η_∞——当吸收面积为无限大时苯族烃的回收率。

$$\eta_\infty = 1 - \frac{a_2}{1.1a_1}$$

实际循环洗油量可取为L_{min}的1.5～1.6倍。

循环洗油量也可按设计定额确定。当装入煤挥发分不超过28%时，则循环洗油量可取为每吨干装入煤0.5～0.55m^3；当装入煤挥发分超过28%时，则循环洗油量宜按每m^3煤气1.6～1.8L确定，此值称为油气比。

由于石油洗油的相对分子质量比焦油洗油大，因此当用石油洗油从煤气中吸收同一数量的苯族烃时，所需循环洗油量要比焦油洗油约大30%。

5.2.3.3 贫油含苯量

贫油含苯量是决定塔后煤气含苯族烃量的主要因素之一。由式(5-12)可见，当其他条件一定时，入塔贫油中粗苯含量愈高，则塔后损失愈大。如果塔后煤气中苯族烃含量为2g/m^3，设洗苯塔出口煤气压力$p = 107.19$kPa，洗油相对分子质量$M = 160$，30℃时粗苯的饱和蒸气压$p_0 = 13.466$kPa，将有关数据代入式(5-12)，即可求出与此相平衡的洗油中粗苯含量C_1：

$$C_1 = 2.24 \times \frac{2 \times 107.19}{160 \times 13.466} = 0.22\%$$

计算结果表明，为使塔后损失不大于2g/m^3，贫油中的最大粗苯质量分数为0.22%。为了维持一定的吸收推动力，C_1值应除以平衡偏移系数n，一般$n = 1.1 \sim 1.2$。若取$n = 1.14$，则允许的贫油含苯质量分数$C_1 = \frac{0.22\%}{1.14} = 0.193\%$。实际上，由于贫油中粗苯的组成里，苯和甲苯含量少，绝大部分为二甲苯和溶剂油，其蒸气压仅相当于同一温度下煤气中所含苯族烃蒸气压的20%～30%，故实际贫油含粗苯质量分数可允许达到0.4%～0.6%，此时仍能保证塔后煤气含苯族烃在$2g/m^3$以下。如进一步降低贫油中的粗苯含量，虽然有助于降低塔后损失，但将增加脱苯蒸馏时的水蒸气耗量，使粗苯产品的180℃前馏出率减少，并使洗油的耗量增加。

近年来，国外有些焦化厂，塔后煤气含苯量控制在$4g/m^3$左右，甚至更高。这一指标对大型焦化厂的粗苯回收是经济合理的。另外从表5-4所列一般粗苯和从回炉煤气中分离出的苯族烃的性质可以看出，由回炉煤气中得到的苯族烃，硫含量比一般粗苯高3.5倍，不饱和化合物含量高1.1倍。由于这些物质很容易聚合，会增加粗苯回收和精制操作的困难，故塔后煤气含苯量控制高一些也是合理的。

表5-4 一般粗苯和回炉煤气中分离出的粗苯的性质

指标名称	一般粗苯(180℃前馏分)	回炉煤气中分离出的粗苯
密度/$g \cdot mL^{-1}$	0.8780	0.8747
冰点/℃	-12.9	-29.1
硫含量(质量分数)/%	1.22	5.56
用硫酸洗涤时损失/%	6.59	13.91
80℃前馏出量/%	5.55	28.0

5.2.3.4 吸收表面积

为使洗油充分吸收煤气中的苯族烃，必须使气液两相之间有足够的接触表面积(即吸收面积)。填料塔的吸收表面积即为塔内填料表面积。填料表面积愈大，则煤气与洗油接触的时间愈长，回收过程进行得也愈完全。

根据生产实践，当塔后煤气含苯量要求达到$2g/m^3$时，对于木格填料洗苯塔，每小时$1m^3$煤气所需的吸收面积一般为1.0～$1.1m^2$；对于钢板网填料塔，则为0.6～$0.7m^2$。当减少吸收面积时，粗苯的回收率将显著降低。如图5-8所示，在吸收面积$F=F_0$时，粗苯回收率η为93.56%，随着F/F_0值的降低，η值也随之下降。当F/F_0值在0.5以下时，η值则随吸收面积减少而急剧下降。而当吸收面积大于F_0时，η值提高得有限。因此适宜的吸收面积应既能保证一定的粗苯回收率，又使设备费和操作费经济合理。

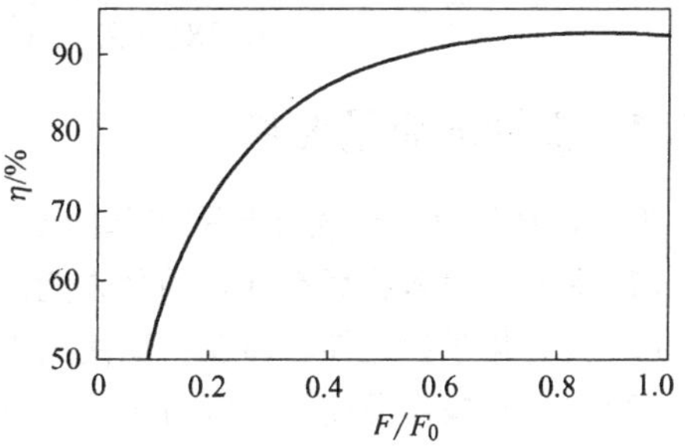

图5-8 吸收面积对粗苯回收率的影响

5.2.3.5 煤气压力和流速

当增大煤气压力时，扩散系数D_g将随之减少，因而使吸收系数有所降低。但随着压力的增加，煤气中的苯族烃分压将成比例地增加，使吸收推动力显著增加，因而吸收速率也将增大。

由式(5-14)可见，增加煤气速度可提高气膜吸收系数，从而提高吸收速率，强化吸收过程。但煤气速度也不宜过大，以免使洗苯塔阻力和雾沫夹带量过大。对木格填料塔，空塔气速以不高于载点气速的0.8倍为宜。回收率η和上述诸因素之间的关系，可用下列无因次式表示：

$$\eta = 1 - \frac{b + n(e^{mb} - 1)}{b + e^{mb} - 1} \tag{5-22}$$

式中 η——回收率；

m——指数，$m = 0.27p\frac{KF}{V}$；

p——煤气的平均压力，kPa；

F——填料的表面积，m^2；

V——煤气量，m^3/h；

K——总吸收系数，$kg/(m^2 \cdot h \cdot kPa)$；

b——指数，$b = 1 - \frac{99.992}{p \cdot l}$；

l——油气比，kg/m^3；

n——系数，$n = \frac{999.92}{p} \cdot \frac{C_1}{a_1}$；

C_1——贫油中粗苯质量分数，%；

a_1——入洗苯塔煤气中苯族烃含量，g/m^3。

例如，已知下列有关数据：

$C_1 = 0.2\%$，$a_1 = 40g/m^3$，$p = 106.65kPa$，$V = 32500m^3/h$，$L = 49200kg/h$，$K = 0.27kg/(m^2 \cdot h \cdot kPa)$，$F_0 = 38600m^2$。

先求得

$$m = 0.27 \times 106.65 \times \frac{0.27 \times 38600}{32500} = 9.23$$

$$b = 1 - \frac{99.992}{106.65 \times 1.514} = 0.381$$

$$n = \frac{999.92}{106.65} \times \frac{0.2}{40} = 0.0469$$

则

$$\eta = 1 - \frac{0.381 + 0.0469(2.728^{9.28 \times 0.881} - 1)}{0.381 + 2.728^{9.28 \times 0.881} - 1} \approx 0.942(或94.2\%)$$

5.2.4 洗油的质量要求

为满足从煤气中回收和制取粗苯的要求，洗油应具有如下性能：

(1)常温下对苯族烃有良好的吸收能力，在加热时又能使苯族烃很好地分离出来；

(2)具有化学稳定性，即在长期使用中其吸收能力基本稳定；

(3)在吸收操作温度下不应析出固体沉淀物；

(4)易与水分离，且不生成乳化物；

(5)有较好的流动性，易于用泵抽送并能在填料上均匀分布。

焦化厂用于洗苯的主要有焦油洗油和石油洗油。

焦油洗油是高温煤焦油中230～300℃的馏分，容易得到，为大多数焦化厂所采用。其质量指标见表5-5。

表5-5 焦油洗油质量指标

指标名称	指标	指标名称	指标
密度(20℃)/$g \cdot mL^{-1}$	1.04～1.07	萘含量(质量分数)/%	≤13
馏程		黏度E_{25}	2
230℃前馏出量(体积分数)/%	≤3	水分(质量分数)/%	≤1
300℃前馏出量(体积分数)/%	≥90	15℃结晶物	无
酚含量(质量分数)/%	≤0.5		

要求洗油的萘质量分数小于13%，苊质量分数不大于5%，以保证在10～15℃时无固体沉淀物。萘因熔点较高，在常温下易析出固体结晶，因此，应控制其含量。但萘与苊、芴、氧芴

及洗油中其他高沸点组分混合时，能生成熔点低于有关各组分的共熔点混合物。因此，在洗油中存在一定数量的萘，有助于降低从洗油中析出沉淀物的温度。洗油中甲基萘含量高，洗油黏度小，平均相对分子质量小，吸苯能力较大。所以，在采用洗油脱萘工艺时，应防止甲基萘成分随之切出。

洗油含酚高易与水形成乳化物，破坏洗苯操作。另外，酚的存在还易使洗油变稠。因此，应严格控制洗油中的含酚量。

石油洗油系指轻柴油，为石油精馏时，在馏出汽油和煤油后所切取的馏分。生产实践表明：用石油洗油洗苯，具有洗油耗量低、油水分离容易及操作简便等优点。石油洗油的质量指标见表5-6。

表5-6　石油洗油质量指标

指标名称	指　标	指标名称	指　标
密度(20℃)/g·mL^{-1}	0.89	350℃前馏出量(体积分数)/%	≥95
黏度 E_{50}	≤1.5	凝固点/℃	≤10
蒸馏试验		水分(质量分数)/%	≤0.2
初馏点/℃	≥265	固体杂质	无

石油洗油脱萘能力强，一般在洗苯塔后，可将煤气中萘脱至0.15g/m^3 以下。但吸苯能力弱，故循环油量比用焦油洗油时大，因而脱苯蒸馏时的蒸汽耗量也大。

石油洗油在循环使用过程中会形成不溶性物质——油渣，并堵塞换热设备，因而破坏正常的加热制度。另外，含有油渣的洗油与水还会形成稳定的乳浊液，影响正常操作。故在洗苯流程中增设沉淀槽，控制含渣量不大于20mg/L。

洗油的品质在循环使用过程中将逐渐变坏，其密度、黏度和相对分子质量均会增大，300℃前馏出量降低。这是因为洗油在洗苯塔中吸收苯族烃的同时还吸收了一些不饱和化合物，如环戊二烯、古马隆、茚和丁二烯等，这些不饱和化合物在煤气中硫醇等硫化物的作用下，汇聚合成高分子聚合物并溶解在洗油中，因而使洗油质量变坏并析出沉淀物。此外，在循环使用过程中，洗油的部分轻质馏分被出塔煤气和粗苯带走，也会使洗油中高沸点组分含量增多，黏度、密度及平均相对分子质量增大。

循环洗油的吸收能力比新洗油约下降10%，为了保证循环洗油的质量，在生产过程中，必须对洗油进行再生处理。

5.2.5　洗苯塔

焦化厂采用的洗苯塔类型主要有填料塔、板式塔和空喷塔。

5.2.5.1　填料塔

填料洗苯塔是应用较早较广的一种塔。塔内填料可用木格、钢板网、金属螺旋、陶瓷、泰勒花环、鲍尔环及鞍形填料等。

木格填料塔阻力比鲍尔环及鞍形填料小，一般每米高填料的阻力为20～40Pa，操作弹性大且稳定可靠。但由于木格填料塔存在处理能力小、设备庞大笨重、基建投资和操作费用高、木材耗量大等缺点。因此，木格填料已被新型高效填料如金属螺旋、泰勒花环及钢板网等取代。在进行木格填料计算时，可取空塔气速0.8～1.0m/s，煤气在木格缝隙间的流速1.6～1.8m/s。

金属螺旋填料系用钢带或钢丝绕成，其比表面积大，且较轻；形状复杂、填料层的持液量大，因此吸收剂与煤气接触时间较长；煤气通过填料时搅动激烈，因此吸收效率较高。

钢板网填料是用0.5mm厚的薄钢板，在剪拉机上剪出一排排交错排列的切口，再将口拉开，板

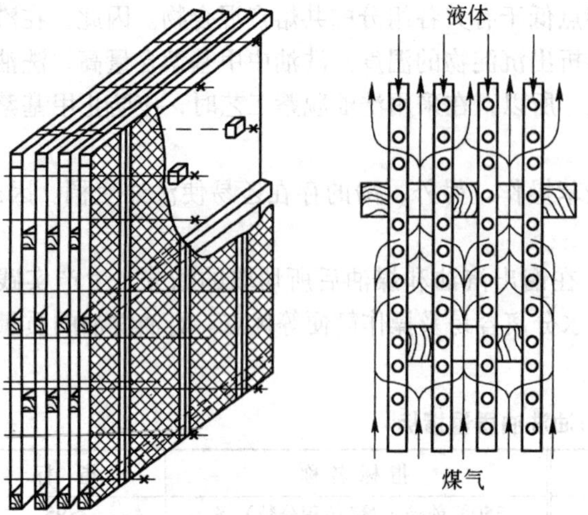

图 5-9 钢板网填料及两相作用示意图

上即形成整齐排列的菱形孔。将钢板网立着一片片平行叠合起来，相邻板间用厚为20mm长短不一、交错排列的木条隔开，再用长螺栓固定起来，就形成了图5-9所示的钢板网填料。

由图5-9可见，从顶部喷淋下来的洗油，被钢板网间的木条分配到板网上形成液膜向下流动。煤气在网间向上流动，当被板网间的长木条挡住时，便穿过网孔进入邻近的空间。这样网上的液膜就不断地被鼓破，新的液膜又随即形成。所以，在钢板网填料中，气液两相的接触面积远大于填料表面积，并由于较激烈的湍动和吸收表面不断更新而强化了操作。

钢板网填料塔的构造如图5-10所示。由图可见，钢板网填料分段堆砌在塔内，每段高约1.5m。填料板面垂直于塔的横截面，在板网之间即形成了煤气的曲折通路。

为了保证洗油在塔的横截面上均匀分布，在塔内每隔一定距离安装一块如图5-11所示的带有煤气涡流罩的液体再分布板。

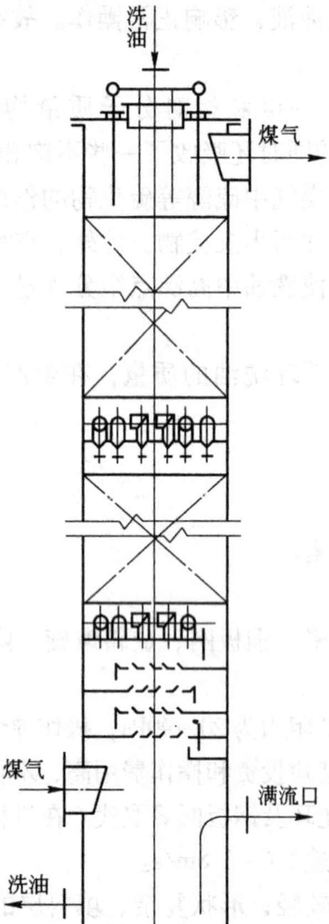

图 5-10 钢板网填料塔

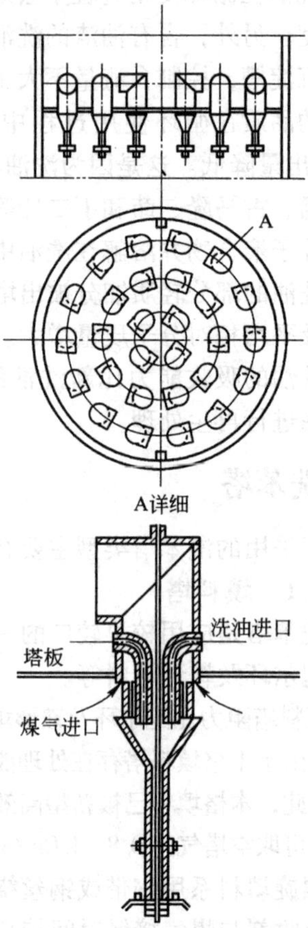

图 5-11 液体再分布板

煤气涡流罩按同心圆排列在液体再分布板上，弯管出口方向与圆周相切，在同一圆周上的出口方向一致，相邻两圆周上的方向相反。由于弯管的导向作用，煤气流出涡流罩时，形成多股上升的旋风气流，因而使煤气得到混合，以均一的浓度进入上段填料。

汇聚在液体再分布板上的洗油，经升气管内的弯管流到设于升气管中心的圆棒表面，再流到下端的齿形圆板上，借重力喷溅成液滴而淋洒到下段填料上。从而可消除洗油沿塔壁下流及分布不均的现象。

在进行钢板网填料塔计算时，可采用下列数据：填料比表面积 $44m^2/m^3$；油气比 $1.6 \sim 2.0L/m^3$；空塔气速 $0.9 \sim 1.1m/s$；煤气所需填料面积 $0.6 \sim 0.7m^2/(m^3 \cdot h)$。

图 5-12 泰勒花环填料

泰勒花环填料是由聚丙烯塑料制成的，它由许多圆环绕结而成，其形状如图 5-12。该填料无死角，有效面积大；线性结构空隙率大、阻力小；填料层中接触点多，结构呈曲线形状，液体分布好；填料的间隙处滞液量较高，气液两相的接触时间长，传质效率高；结构简单、质量轻、制造安装容易。其特性参数见表 5-7。

表 5-7 泰勒花环填料特性参数

型号	外形 /mm	高/mm	环壁厚 /mm	环个数	材 质	堆积个数 /个·m^{-3}	比表面积 /$m^2 \cdot m^{-3}$	堆积密度 /kg·m^{-3}	空隙率 /$m^3 \cdot m^{-3}$
S 型	47	19	3×3	9	PP PE PVC	32500	185	11 119 206	88
M 型	73	27.5	3×4	12	PP PE PVC	8000	127	102 102 149	89
L 型	95	37	3×6	12	PP PE PV	3600 3900 3600	94 102 94	88 95 105	90

注：PP—聚丙烯塑料；PE—聚乙烯塑料；PVC—聚氯乙烯塑料。

在进行泰勒花环填料计算时，可采用下列数据：空塔气速 $1.0 \sim 1.2m/s$；油气比 $1.5 \sim 1.8L/m^3$；煤气所需填料面积 $0.2 \sim 0.25m^2/(m^3 \cdot h)$。

5.2.5.2 孔板塔

孔板塔容易改善塔内的流体力学条件，即增加两相接触面积，提高两相的湍流程度，迅速更新两相界面以减小扩散阻力。用于洗苯的主要为穿流式筛板塔，其工作情况如图 5-13 所示。这种塔结构简单、容易制造、安装检修简便、生产能力大、投资省、金属材料耗量小，但塔板效率受气液相负荷变动的影响较大。

影响穿流式筛板塔塔板效率的因素有小孔速度、液气比和塔板结构。筛板可根据实践经验选用下列结构参数：筛板厚度 4 ~ 6mm；筛孔直径 7mm；塔板开孔率 27% ~ 30%；板间距 300 ~ 400mm。

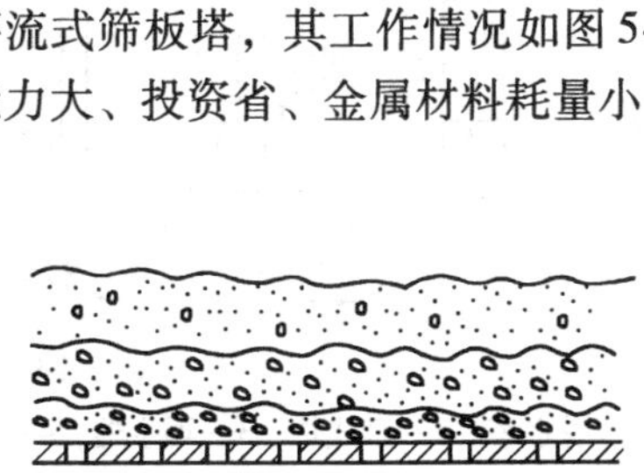

图 5-13 穿流式筛板上工作示意图

对上述结构的穿流式筛板塔，为保证正常操作和达到较高的塔板效率，可采用下列操作参数：小孔气速6～8m/s；液气比1.6～2.0L/m^3；空塔气速1.2～2.5m/s。

5.2.5.3 空喷塔

空喷塔与填料塔相比具有投资省、处理能力较大、阻力小、不堵塞及制造安装方便等优点。但是单段空喷效率低，多段空喷动力消耗大。多段空喷洗苯塔的空塔气速可取为1.0～1.5m/s。

5.3 富油脱苯

富油脱苯按其加热方式分为预热器加热富油的脱苯法和管式炉加热富油的脱苯法。前者是利用列管式换热器用蒸汽间接加热富油，使其温度达到135～145℃后进入脱苯塔。后者是利用管式炉用煤气间接加热富油，使其温度达到180～190℃后进入脱苯塔。该法由于富油预热温度高，与前者相比具有以下优点：脱苯程度高，贫油中苯质量分数可达0.1%左右，粗苯回收率高；蒸汽耗量低，每生产1t 180℃前粗苯为1～1.5t，仅为预热器加热富油脱苯蒸汽耗量的$\frac{1}{3}$；产生的污水量少；蒸馏和冷凝冷却设备的尺寸小。因此，各国广泛采用管式炉加热富油的脱苯工艺。

5.3.1 富油脱苯工艺流程

5.3.1.1 生产一种苯的流程

生产一种苯的工艺流程见图5-14。来自洗苯工序的富油依次与脱苯塔顶的油气和水气混合物、脱苯塔底排出的热贫油换热后温度达110～130℃进入脱水塔。脱水后的富油经管式炉加热至180～190℃进入脱苯塔。脱苯塔顶逸出的90～93℃的粗苯蒸气与富油换热后温度降到73℃左右进入冷凝冷却器，冷凝液进入油水分离器。分离出水后的粗苯流入回流槽，部分粗苯送至塔顶作为回流，其余作为产品采出。脱苯塔底部排出的热贫油经贫富油换热器进入热贫油槽，再用泵送贫油冷却器冷却至25～30℃后去洗苯工序循环使用。脱水塔顶逸出的含有萘和洗油的蒸汽进入脱苯塔精馏段下部。在脱苯塔精馏段切取萘油。从脱苯塔上部断塔板引出液体

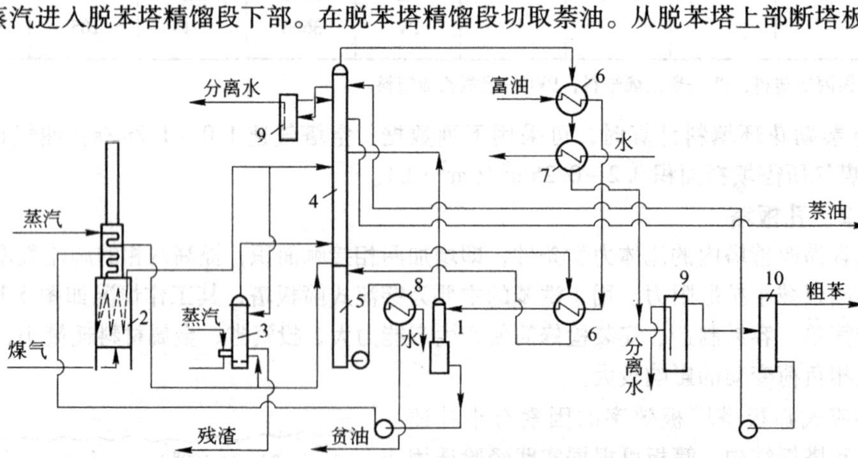

图5-14 生产一种苯的流程

1—脱水塔；2—管式炉；3—再生器；4—脱苯塔；5—热贫油槽；6—换热器；7—冷凝冷却器；8—冷却器；9—分离器；10—回流槽

至油水分离器分出水后返回塔内。脱苯塔用的直接蒸汽是经管式炉加热至400～450℃后经由再生器进入的，以保持再生器顶部温度高于脱苯塔底部温度。

为了保持循环洗油质量，将循环油量的1%～1.5%由富油入塔前的管路引入再生器进行再生。在此用蒸汽间接将洗油加热至160～180℃，并用蒸汽直接蒸吹，其中大部分洗油被蒸发并随蒸汽直接进入脱苯塔底部。残留于再生器底部的残渣油，靠设备内部的压力间歇或连续地排至残渣油槽。残渣油中300℃前的馏出量要求低于40%。洗油再生器的操作对洗油耗量有较大影响。在洗苯塔捕雾及再生器操作正常时，每生产1t 180℃前粗苯的焦油洗油耗量可在100kg以下。

5.3.1.2 生产两种苯的工艺流程

生产两种苯的工艺流程见图5-15。与生产一种苯流程不同的是脱苯塔逸出的粗苯蒸气经分凝器进入两苯塔。两苯塔顶逸出的73～78℃的轻苯蒸气经冷凝冷却并分离出水后进入轻苯回流槽，部分送至塔顶作回流，其余作为产品采出。塔底引出重苯。

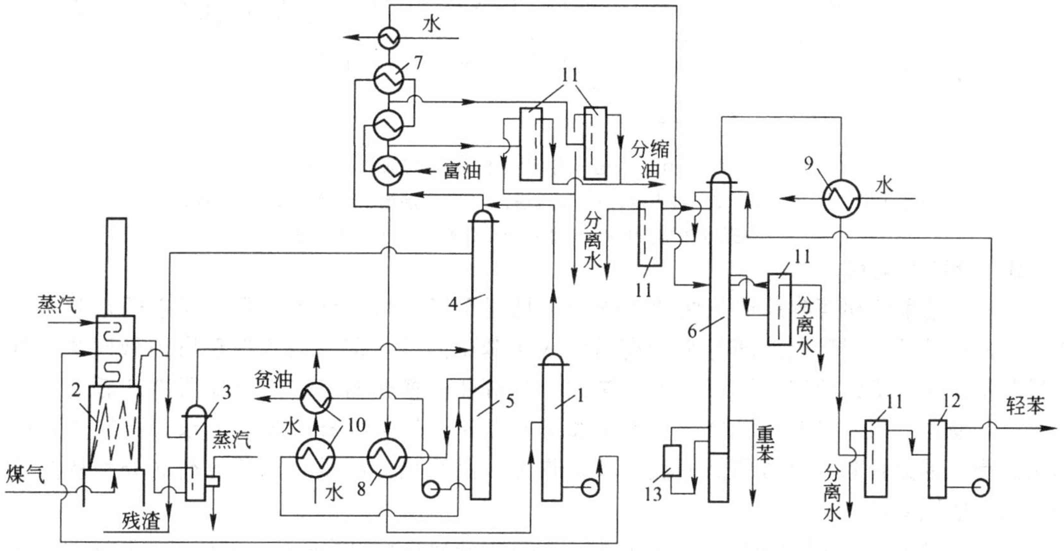

图5-15 生产两种苯的流程

1—脱水塔；2—管式炉；3—再生器；4—脱苯塔；5—热贫油槽；6—两苯塔；7—分凝器；8—换热器；9—冷凝冷却器；10—冷却器；11—分离器；12—回流柱；13—加热器

5.3.1.3 生产三种产品的工艺流程

有一塔式和两塔式流程。

A 一塔式流程

轻苯、精重苯和萘溶剂油均从一个脱苯塔采出，见图5-16。自洗苯工序来的富油经油气换热器、二段油油换热器进入脱水塔。脱水塔顶部逸出的油气和水汽混合物经冷凝冷却后，进入分离器进行油水分离。脱水后的富油经一段油油换热器和管式炉加热到180～190℃进入脱苯塔。脱苯塔顶部逸出的轻苯蒸气经与富油换热、冷凝冷却并与水分离后进入回流槽，部分轻苯送至塔顶作回流，其余作为产品采出。精重苯和萘溶剂油分别从脱苯塔侧线引出。从塔上部断塔板上将塔内液体引至分离器与水分离后返回塔内。视情况可将精重苯引至汽提柱利用蒸汽蒸吹以提高其初馏点，轻质组分返回塔内。脱苯塔底部热贫油经一段油油换热器进入热贫油槽，再用泵送经二段油油换热器、贫油冷却器冷却后至洗苯工序循环使用。

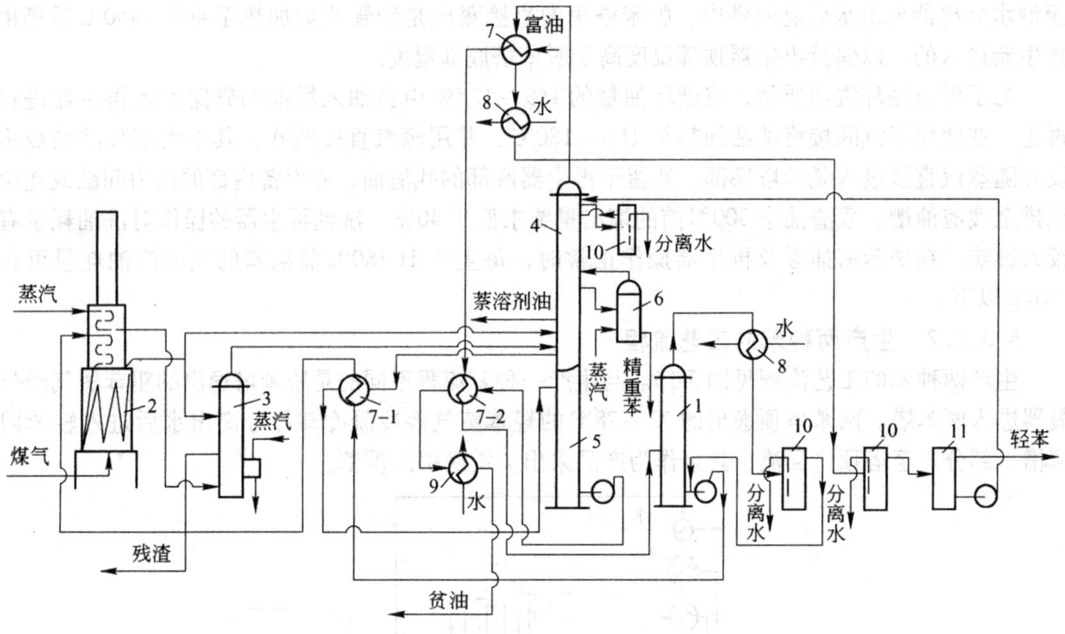

图 5-16 一塔式生产三种产品的流程

1—脱水塔；2—管式炉；3—再生器；4—脱苯塔；5—热贫油槽；6—汽提柱；7—换热器；8—冷凝冷却器；9—冷却器；10—分离器；11—回流槽

B 两塔式流程

轻苯、精重苯和萘溶剂油从两个塔采出，见图 5-17。与一塔式流程不同之处是脱苯塔顶逸出的粗苯蒸气经冷凝冷却与水分离后流入粗苯中间槽。部分粗苯送至塔顶做回流，其余粗苯用做两苯塔的原料。塔底排出热贫油。热贫油经换热器、贫油冷却器冷却后至洗苯工序循环使用。粗苯经两苯塔分馏，塔顶逸出的轻苯蒸气经冷凝冷却及油水分离后进入轻苯回流槽，部分轻苯送至塔顶做回流，其余作为产品采出。精重苯、萘溶剂油分别从两苯塔侧线和塔底采出。

在脱苯的同时进行脱萘的工艺，可以解决煤气用洗油脱萘的萘平衡，省掉了富萘洗油单独脱萘装置。同时因洗油含萘低，又可进一步降低洗苯塔后煤气含萘量。

5.3.2 脱苯工艺要点

富油脱苯采用一般的蒸馏方法，欲达到要求的脱苯程度，须将洗油加热到 250 ~ 300℃。为了降低脱苯蒸馏的温度，多采用水蒸气蒸馏法。该法直接蒸汽用量对于脱苯蒸馏操作有重要的影响。

为了分析操作因素对脱苯过程的影响，假定在具有 n 块塔板的脱苯塔内，每块塔板上均有 $\frac{1}{n}$ 的粗苯被蒸出，并沿脱苯塔全高蒸气压力是均匀变化的。当进入脱苯塔的直接蒸汽温度和洗油温度相等时，每蒸出 1t 180℃前的粗苯，每块塔板上的蒸汽耗量 G_i 为：

$$G_i = \frac{[p - (p_b + p_m)] \times 18}{p_b \cdot M_b \cdot n} \text{ t/t} \tag{5-23}$$

式中 p, p_b, p_m ——分别为在指定塔板上的气相混合物总压、粗苯蒸气和洗油蒸气的分压；

M_b——粗苯平均相对分子质量。

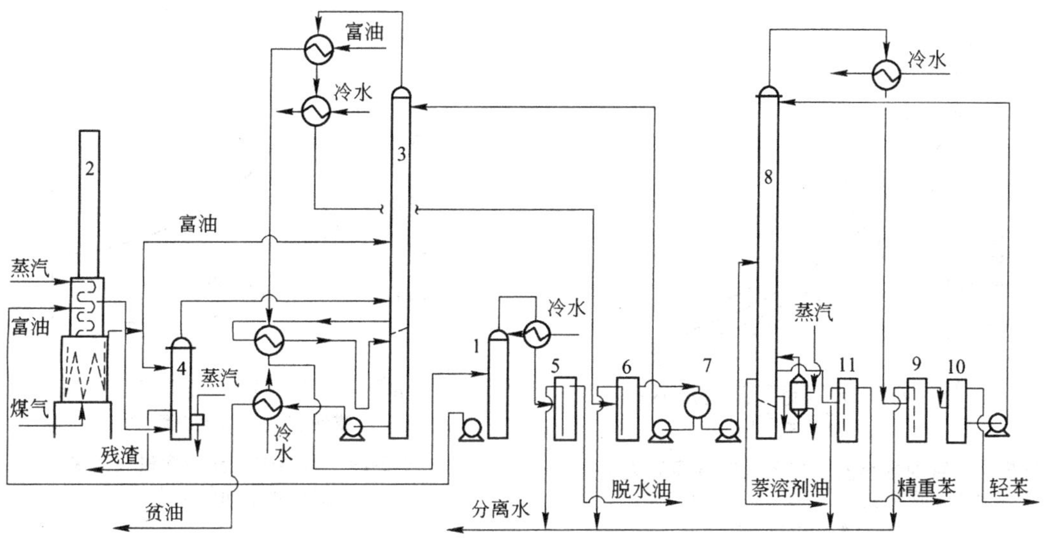

图 5-17 两塔式生产三种产品的流程

1—脱水塔；2—管式炉；3—脱苯塔；4—洗油再生器；5—脱水塔油水分离器；6—粗苯油水分离器；7—粗苯中间槽；8—两苯塔；9—轻苯油水分离器；10—轻苯回流槽；11—精重苯油水分离器

则整个脱苯塔的蒸汽耗量 G 为：

$$G = \frac{18}{M_b \cdot n} \times \Sigma \frac{p - (p_b + p_m)}{p_b} \ \text{t/t} \tag{5-24}$$

脱苯蒸馏过程中通入的直接蒸汽为过热蒸汽，以防止水蒸气冷凝而进入塔底的贫油中。当入脱苯塔的直接蒸汽温度高于洗油温度时，直接蒸汽用量将随其过热程度而成比例地减少，则上式可变为：

$$G = \frac{18T_m}{M_b \cdot n \cdot T_s} \times \Sigma \frac{p - (p_b + p_m)}{p_b} \tag{5-25}$$

式中 T_m，T_s——分别为洗油及过热蒸汽的绝对温度，K。

分析上式可以确定直接蒸汽耗量与脱苯蒸馏诸因素间的关系。

(1)富油预热温度与直接蒸汽耗量的关系。此关系可按式(5-25)绘制的图 5-18 说明。由图可见，当贫油含苯量一定时，直接蒸汽耗量随富油预热温度的升高而减少，当富油预热温度由140℃提高到 180℃时，直接蒸汽耗量可降低一半以上。

(2)直接蒸汽温度与蒸汽耗量的关系。由式(5-25)可见，提高直接蒸汽过热温度，可降低直接蒸汽耗量。因此，将低压蒸汽(0.4MPa)在管式炉对流段过热到400℃，不但可减少直接蒸汽耗量，而且能改善再生器的操作，保证再生器残渣含油合格。

(3)富油含苯量与直接蒸汽耗量的关系。由图 5-19 可见，当富油中粗苯含量高时，在一定的预热温度下，由于粗苯的蒸气分压 p_b 较大，则可减少直接蒸汽耗量。

(4)贫油含苯量与直接蒸汽耗量的关系。由图 5-18 可见，在同一富油预热温度下，欲使贫油含苯量降低，直接蒸汽耗量将显著增加。

(5)脱苯塔内总压与直接蒸汽耗量的关系。由式(5-25)可见，当其他条件不变时，蒸汽耗量将随着塔内总压的提高而增加。否则，要达到要求的脱苯程度，塔内操作温度必须提高。

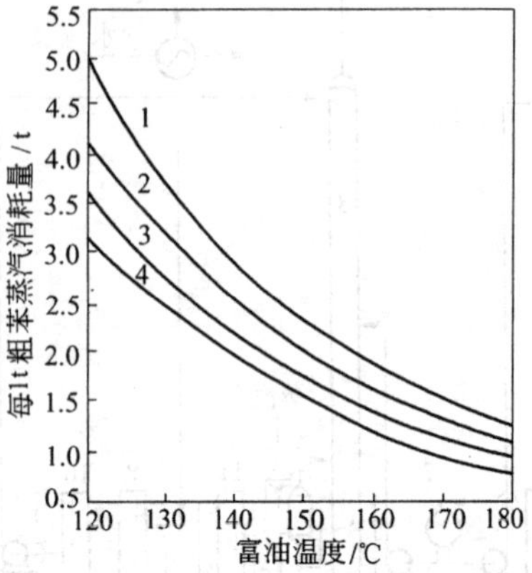

图 5-18　富油预热温度与蒸汽耗量间的关系
贫油中苯质量分数：1—0.2%；2—0.3%；3—0.4%；4—0.5%

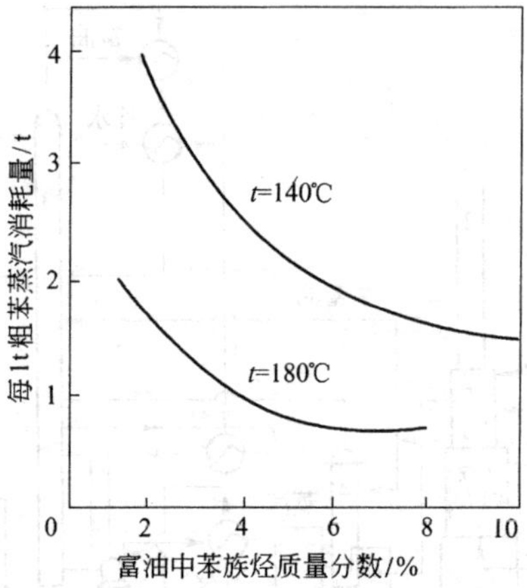

图 5-19　富油中苯族烃含量与脱苯蒸汽耗量间的关系

在正常操作情况下，富油中粗苯含量及脱苯塔内的总压基本是稳定的。所以，富油预热温度及直接蒸汽温度是影响直接蒸汽耗量的主要因素。

5.3.3　粗苯回收与制取的主要设备

5.3.3.1　管式炉

A　构造简介

管式加热炉的炉型有几十种，按其结构形式可分箱式炉、立式炉和圆筒炉。按燃料燃烧的方式可分有焰炉和无焰炉。

我国焦化厂脱苯蒸馏用的管式加热炉均为有焰燃烧的圆筒炉。圆筒炉的构造如图 5-20 所示，圆筒炉由圆筒体的辐射室、长方体的对流室和烟囱三大部分组成。外壳由钢板制成，内衬耐火砖。辐射管沿圆筒体的炉墙内壁周围排列(立管)。火嘴设在炉底中央，火焰向上喷射，与炉管平行，且与沿圆周排列的各炉管等距离，因此沿圆周方向各炉管的热强度是均匀的。

沿炉管的长度方向，热强度的分布是不均匀的。一般热负荷小于 1675×10^4kJ/h 的圆筒炉，在辐射室上部设有一个由高铬镍合金钢制成的辐射锥，它的再辐射作用，可使炉管上部的热强度提高，从而使炉管沿长度方向的受热比较均匀。

对流室置于辐射室之上，对流管水平排放。其中紧靠辐射段的两排横管为过热蒸汽管，用于将脱苯用的直接蒸汽过热至400℃以上。其余各排管用于富油的初步加热。

温度为130℃左右的富油分两程先进入对流段，然后再进入辐射段，加热到180～200℃后去脱苯塔。

炉底设有 4 个煤气燃烧器(火嘴)，每个燃烧器有 16 个喷嘴，煤气从喷嘴喷入，同时吸入所需要的空气。由于有部分空气先同煤气混合而后燃烧，故在较小的过剩空气系数下，可达到完全燃烧。

B　物料衡算

计算依据如下：

粗苯产量 1073kg/h，其组成质量分数：苯：76%；甲苯；13%；二甲苯：4%；溶剂油：7%。贫油量 55250kg/h，贫油中粗苯质量分数 0.4%(贫油中粗苯组成质量分数：苯 2.7%；甲苯 19%；二甲苯 31%；溶剂油 47.3%)。富油中萘质量分数 5%。

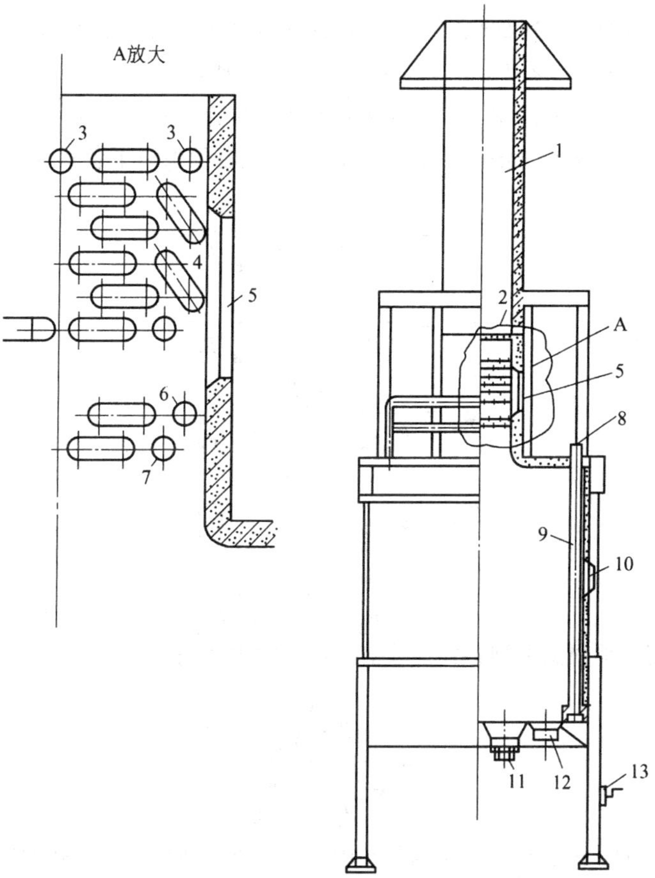

图 5-20 圆筒炉

1—烟囱；2—对流室顶盖；3—对流室富油入口；4—对流室炉管；5—清扫门；6—饱和蒸汽入口；7—过热蒸汽出口；8—辐射段富油出口；9—辐射段炉管；10—看火门；11—火嘴；12—人孔；13—调节闸板的手摇鼓轮

富油中水质量分数1%。

进入脱苯工序的富油量：

富油量 $1073+55250+55250\times0.4\%=56544$ kg/h

富油中水量 $56544\times1\%=565$ kg/h

富油中萘量 $56544\times5\%=2827$ kg/h

洗油量 $55250-2827=52423$ kg/h

富油组成：

	kg/h		kmol/h
苯	821		10.53
甲苯	181	1293	1.97
二甲苯	111		1.05
溶剂油	180		1.5
萘	2827	55250	22.09
洗油	52423		308.37
水	565		31.39
合计	57108		376.90

进入管式炉的富油首先经过脱水塔脱水。富油中各组分在脱水温度和管式炉加热温度下的气化率或各组分在液相中的残留率，可按下述计算方法确定。

以 φ_B、φ_T、φ_X、φ_S、φ_N、φ_m、φ_W 分别代表苯、甲苯、二甲苯、溶剂油、萘、洗油和水留在液相中的质量分数(%)。先设 φ_W，再设 φ_B，其余各值按以下各式计算：

$$\varphi_T = \frac{\varphi_B p_B^\circ}{\varphi_B p_B^\circ + (1-\varphi_B)p_T^\circ} \tag{5-26}$$

$$\varphi_X = \frac{\varphi_B p_B^\circ}{\varphi_B p_B^\circ + (1-\varphi_B)p_X^\circ} \tag{5-27}$$

$$\varphi_S = \frac{\varphi_B p_B^\circ}{\varphi_B p_B^\circ + (1-\varphi_B)p_S^\circ} \tag{5-28}$$

$$\varphi_N = \frac{\varphi_B p_B^\circ}{\varphi_B p_B^\circ + (1-\varphi_B)p_N^\circ} \tag{5-29}$$

$$\varphi_m = \frac{\varphi_B p_B^\circ}{\varphi_B p_B^\circ + (1-\varphi_B)p_m^\circ} \tag{5-30}$$

为了验算 φ_B 值，须根据上列各式计算值，按下式求 A 值：

$$A = \frac{p\Sigma \dfrac{\varphi_i G_i}{M_i}}{\Sigma \dfrac{G_i}{M_i} - \Sigma \dfrac{\varphi_i G_i}{M_i}} \tag{5-31}$$

式中 p_B°，p_T°，p_X°，p_S°，p_N°，p_m°——各组分在脱水温度下，或管式炉加热温度下的饱和蒸气压，kPa；

G_i——进入脱水塔或管式炉的各组分流量，kg/h；

M_i——各组分的相对分子质量；

p——脱水塔顶或管式炉出口总压力，kPa。

然后，以计算所得 A 值，按式 $\varphi_B = \dfrac{A}{A + p_B}$ 验算 φ_B。如果计算的 φ_B 值与假定的 φ_B 值相符，则证明假设的 φ_B 合适，按上述各式计算的结果成立。

进入脱苯工序的富油被预热到135℃后进入脱水塔，脱水塔顶压力 $p = 120\text{kPa}$，水的汽化率为90%，在此条件下按上述方法计算的脱水后各组分留在液相中的分率：$\varphi_B = 0.753$，$\varphi_T = 0.862$，$\varphi_X = 0.932$，$\varphi_S = 0.965$，$\varphi_N = 0.993$，$\varphi_m = 0.998$，则进入管式炉的各组分的数量为：

	kg/h		kmol/h
苯	618		7.92
甲苯	156	1051	1.70
二甲苯	103		0.97
溶剂油	174		1.45
萘	2807	55125	21.93
洗油	52318		307.75
水	57		3.17
合计	56233		344.9

管式炉出口富油温度 180℃，压力 122.66kPa，180℃时各组分的饱和蒸气压，kPa：p_B°：1016.58；p_T°：477.29；p_X°270.11；p_S°106.66；p_N°39.33；p_m°14.67。富油进入脱苯塔闪蒸后与闪蒸前液相中各组分的比率计算如下：

设 $\varphi_B = 0.898$

$$\varphi_T = \frac{0.898 \times 1016.58}{0.898 \times 1016.58 + (1 - 0.898) \times 477.29} = 0.949$$

$$\varphi_X = \frac{0.898 \times 1016.58}{0.898 \times 1016.58 + (1 - 0.898) \times 270.11} = 0.971$$

$$\varphi_S = \frac{0.898 \times 1016.58}{0.898 \times 1016.58 + (1 - 0.898) \times 106.66} = 0.988$$

$$\varphi_N = \frac{0.898 \times 1016.58}{0.898 \times 1016.58 + (1 - 0.898) \times 39.33} = 0.996$$

$$\varphi_m = \frac{0.898 \times 1016.58}{0.898 \times 1016.58 + (1 - 0.898) \times 14.67} = 0.998$$

$$\varphi_W = 0$$

闪蒸后留在液相中各组分的数量(包括进入再生器的油量)如下：

	kg/h		kmol/h
苯	555		7.11
甲　苯	143	975	1.61
二甲苯	100		0.94
溶剂油	172		1.43
萘	2796		21.84
洗　油	52213		307.14
合　计	55984		340.07

验算：φ_B：

$$A = \frac{340.07 \times 122.66}{344.9 - 340.07} = 8636.23$$

$$\varphi_B = \frac{8636.23}{8636.23 + 1016.58} = 0.895$$

与假设 $\varphi_B = 0.898$ 接近，证明以上计算正确。

在脱苯塔进口各组分的蒸发量(包括进入再生器的蒸发量)如下：

	kg/h	
苯	63	76
甲　苯	8	
二甲苯	3	
溶剂油	2	
萘	11	116
洗　油	105	
水	57	
合　计	249	

C 加热面积的确定

在进行一般工艺计算时，可采用已知的热强度数据按下式确定所需要的加热面积：

$$F = \frac{Q}{\delta}$$

式中 Q——单位时间内炉管吸收的热量，kJ/h；

δ——炉管的表面热强度，辐射段单排管可取为 84000 ~ 105000kJ/(m²·h)；对流段可取为 21000 ~ 50000kJ/(m²·h)。

a 管式炉供给富油的热量 Q_m

从脱水塔来的富油带入的热量 Q_1

洗油(包括萘) $q_1 = 55125 \times 2.056 \times 125 = 14167125$kJ/h

粗苯 $q_2 = 1051 \times 2.148 \times 125 = 282194$kJ/h

水 $q_3 = 57 \times 4.258 \times 125 = 30338$kJ/h

式中 2.056，2.148，4.258——依次为 125℃时，洗油、粗苯和水的比热容，kJ/(kg·K)。

$$Q_1 = q_1 + q_2 + q_3 = 14479657\text{kJ/h}$$

出管式炉 180℃的富油带出的热量 Q_2

洗油(包括萘) $q_1 = 55125 \times 2.236 \times 180 = 22186710$kJ/h

粗苯 $q_2 = 1051 \times 2.391 \times 180 = 452329$kJ/h

式中 2.236，2.391——分别为 180℃时，洗油和粗苯的比热容，kJ/(kg·K)。

$$Q_2 = q_1 + q_2 = 22639039\text{kJ/h}$$

出管式炉粗苯蒸气和油气带出的热量 Q_3

洗油蒸气(包括萘蒸气) $q_1 = 116 \times 565.2 = 65563$kJ/h

粗苯蒸气 $q_2 = 76 \times 665.7 = 50593$kJ/h

水蒸气 $q_3 = 57 \times 2834.5 = 161567$kJ/h

式中 565.2，665.7——分别为洗油蒸气和粗苯蒸气的焓，kJ/kg；

2834.5——0.12MPa，180℃时水蒸气的焓，kJ/kg。

$$Q_3 = q_1 + q_2 + q_3 = 277723\text{kJ/h}$$

$$Q_m = Q_2 + Q_3 - Q_1 = 8437105\text{kJ/h}$$

b 管式炉供给蒸汽的热量 Q_V

入管式炉对流段低压蒸汽带入热量 Q_4

蒸馏用直接蒸汽消耗量 $G = 1.5 \times 1073 = 1609.5$kg/h

$$Q_4 = 2747.8 \times 1609.5 = 4422584\text{kJ/h}$$

式中 2747.8——0.4MPa(表压)饱和蒸汽的焓，kJ/kg。

400℃过热蒸汽带出热量 Q_5

$$Q_5 = 1609.5 \times 3272 = 5266284\text{kJ/h}$$

式中 3272——0.4MPa(表压)400℃过热蒸汽的焓，kJ/kg。

$$Q_V = Q_5 - Q_4 = 5266284 - 4422584 = 843700\text{kJ/h}$$

c 管式炉加热面积

取 Q_m 的 95% 由辐射段供给，5% 由对流段供给，取辐射段热强度为 105000kJ/(m²·h)，则辐射段炉管加热面积为：

$$F=\frac{8437105\times 95\%}{105000}=76.3\mathrm{m}^2$$

取对流段热强度为21000kJ/(m^2·h)，则对流段炉管加热面积为：

蒸汽部分 $$F_2=\frac{843700}{21000}=40\mathrm{m}^2$$

富油部分 $$F_3=\frac{8437105\times 5\%}{21000}=20\mathrm{m}^2$$

对流段总加热面积：$F_2+F_3=60\mathrm{m}^2$

设管式炉热效率为75%，煤气热值为17800kJ/m^3，则煤气消耗量为：

$$V_g=\frac{Q_m+Q_V}{0.75\times 17800}=\frac{9280805}{0.75\times 17800}=695\mathrm{m}^3/\mathrm{h}$$

依上述计算，可选用热负荷为113×10^5kJ/h 的圆筒管式炉一台。

5.3.3.2 洗油再生器

A 构造简介

洗油再生器构造见图5-21。再生器为钢板制的直立圆筒，带有锥形底。中部设有带分布装置的进料管，下部设有残渣排出管。蒸汽法加热富油脱苯的再生器下部设有加热器，管式炉法加热富油脱苯的再生器不设加热器。

为了降低洗油的蒸出温度，再生器底部设有直接蒸汽管，通入脱苯蒸馏所需的绝大部分或全部蒸汽。

在富油入口管下面设两块弓形隔板，以提高再生器内洗油的蒸出程度。在富油入口管的上面设三块弓形隔板，以捕集油滴。

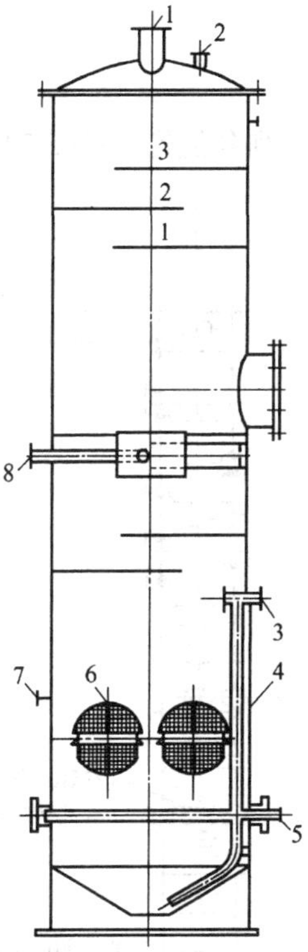

图5-21 再生器

1—油气出口；2—放散口；3—残渣出口；4—电阻温度计接口；5—直接蒸汽入口；6—加热器；7—水银温度计接口；8—油入口

B 富油中各组分的蒸出率计算

进入再生器的富油中各组分蒸出率按下式计算：

$$\eta_i=\frac{1-\left(\frac{l}{k_i}\right)^{n/2}}{1-\left(\frac{l}{k_i}\right)^{n/2+1}} \tag{5-32}$$

式中 η_i——i组分的蒸出率；

n——提馏段塔板层数；

k_i——i组分的平衡常数，按下式计算：

$$k_i=\frac{p_i^{\circ}}{p}$$

p_i°——i组分的饱和蒸气压力，kPa；

p——再生器内总压力，kPa；

l——油与水蒸气摩尔量之比，按下式计算：

$$l=\frac{G_m\times M_s}{G_s\times M_m}$$

G_m，G_s——油量和水蒸气量，kg/h；

M_m，M_s——油和水蒸气的相对分子质量，分别为170和18。

再生器内设5层多孔折流板，设其相当于两层泡罩塔板，即$n=2$。

油在再生器内被加热到200℃。该温度下萘和洗油的饱和蒸气压力分别为66.128kPa和26.664kPa。再生器出口油气压力为130.656kPa，则组分的平衡常数 k_i 为：

萘 $$k_N = \frac{66.128}{130.656} = 0.5061$$

洗油 $$k_m = \frac{26.664}{130.656} = 0.2041$$

进入再生器内的油量 G_m 为脱水塔后富油量的1%，即562.33kg/h，其中气相2.49kg/h，液相559.84kg/h。气相包括洗油1.05kg/h，萘0.11kg/h，粗苯0.76kg/h，水蒸气0.57kg/h。液相包括洗油522.13kg/h，萘27.96kg/h，粗苯9.75kg/h。进入再生器内的水蒸气量 G_S 为1609.5kg/h。

液相油与水蒸气摩尔量之比为：

$$l = \frac{559.84 \times 18}{1609.5 \times 170} = 0.0368$$

将上列各值代入式(5-32)，得组分蒸出率为：

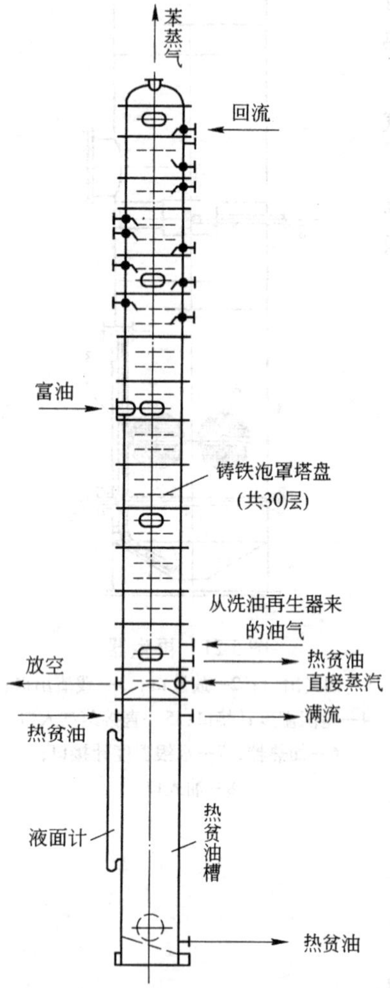

图5-22 管式炉加热脱苯塔

萘 $$\eta_N = \frac{1 - \left(\frac{0.0368}{0.5061}\right)}{1 - \left(\frac{0.0368}{0.5061}\right)^2} = 0.932$$

洗油 $$\eta_m = \frac{1 - \left(\frac{0.0368}{0.2041}\right)}{1 - \left(\frac{0.0368}{0.2041}\right)^2} = 0.847$$

从再生器进入脱苯塔的气体数量：

洗油 $1.05 + 522.13 \times 0.847 = 443.3$kg/h

萘 $0.11 + 27.96 \times 0.932 = 26.17$kg/h

粗苯 $0.76 + 9.75 = 10.51$kg/h

水蒸气 $0.57 + 1609.5 = 1610.1$kg/h

从再生器排出残渣数量：

洗油 $522.12 \times (1 - 0.847) = 79.88$kg/h

萘 $27.96 \times (1 - 0.932) = 1.9$kg/h

共计 81.78kg/h，对每吨180℃前粗苯为：

$$\frac{81.78}{1.073} = 76.2\text{kg}$$

富油再生的油气和过热水蒸气从再生器顶部进入脱苯塔的底部，作为富油脱苯蒸气。该蒸汽中粗苯蒸气分压与脱苯塔热贫油液面上粗苯蒸气压接近，很难使脱苯贫油含苯量再进一步降低，贫油含苯质量分数一般在0.4%左右。故有人提出将富油再生改为热贫油再生，这样可使贫油含苯量降到0.2%，甚至更低，使吸苯效率得以提高。

5.3.3.3 脱苯塔

脱苯塔多采用泡罩塔，塔盘泡罩为条形或圆形，其材质一般采用铸铁或不锈钢。管式炉加热富油的脱苯塔，一般采用30层塔盘，见图5-22。

在脱苯塔提馏段富油中各组分的蒸出率也可按式(5-32)计算求得。显然，各组分的蒸出率同样取决于下列诸因素：塔底油温下各组分的饱和蒸气压；塔内操作总压力；提馏段的塔板数 n；直接蒸汽量 G_S 和循环洗油量 G_m。

5.3.3.4 两苯塔

两苯塔主要有泡罩塔和浮阀塔两种类型。

气相进料的泡罩两苯塔见图5-23。精馏段设有8块塔板，每块塔板上有若干个圆形泡罩，板间距为600mm。精馏段的第二层塔板及最下一层塔板为断塔板，以便将塔板上混有冷凝水的液体引至油水分离器，将水分离后再回到塔内下层塔板，以免塔内因冷凝水聚集而破坏精馏塔的正常操作。

提馏段设有3块塔板，板间距约1000mm。每块塔板上有若干个圆形高泡罩及蛇管加热器，在塔板上保持较高的液面，使之能淹没加热器。重苯由提馏段底部排出。

气相进料的浮阀两苯塔见图5-24。精馏段设有13层塔板，提馏段为5层。每层塔板上装有若干个十字架形浮阀，其构造及在塔板上的装置情况见图5-25。

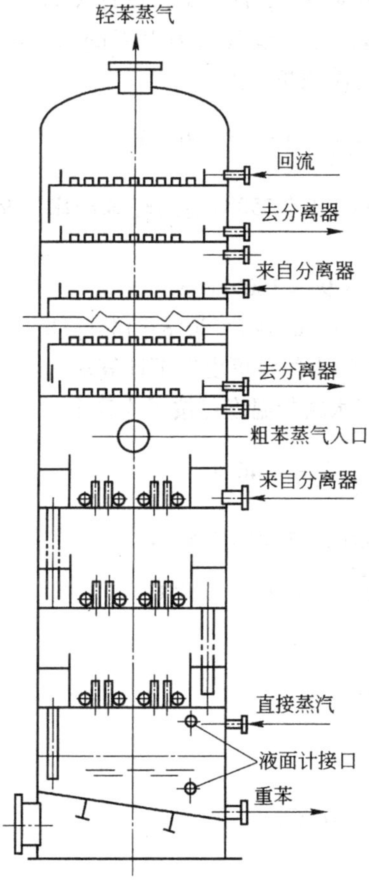

图5-23 泡罩两苯塔

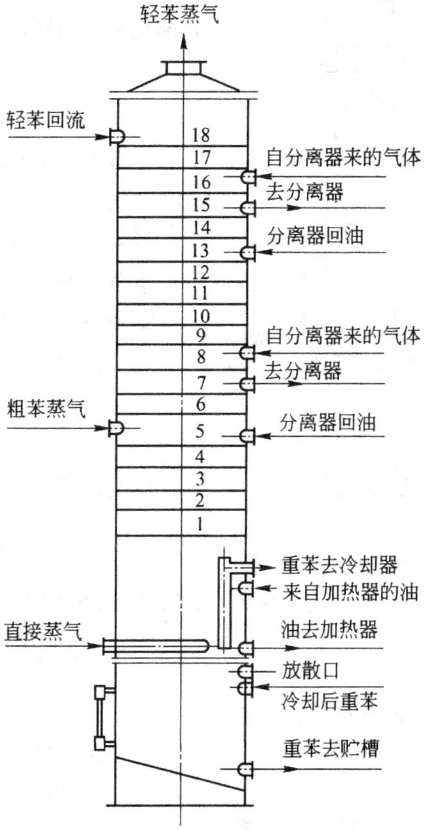

图5-24 浮阀两苯塔

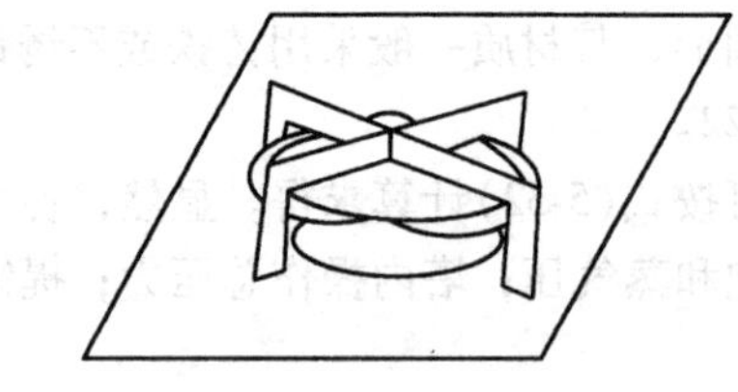
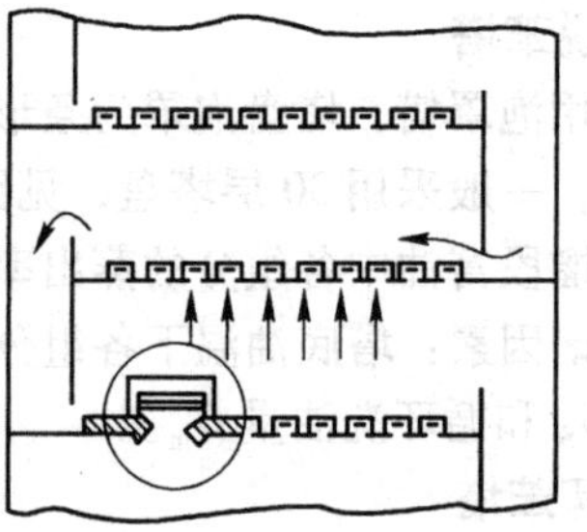

图 5-25　十字架形浮阀及其塔板

浮阀两苯塔的塔板间距为300～400mm。空塔截面的蒸气流速可取为0.8m/s。采用设有30层塔板的精馏塔，将粗苯分馏为轻苯、精重苯和萘溶剂油三种产品，以利于进一步加工精制。

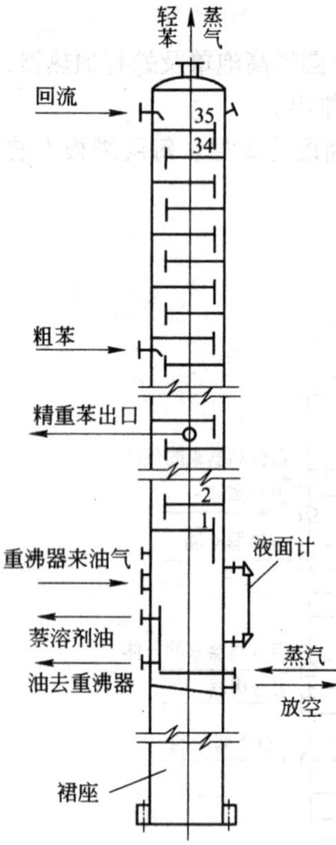

图 5-26　液相进料两苯塔

液相进料的两苯塔见图 5-26。一般设有 35 层塔盘，粗苯用泵送入两苯塔中部。塔体外侧有重沸器，在重沸器内用蒸汽间接加热从塔下部引入的粗苯，气化后的粗苯进入塔内。塔顶引出轻苯气体，顶层有轻苯回流入口。塔侧线引出精重苯，底部排出萘溶剂油。

在生产轻苯和重苯的两苯塔中，两者的产率计算如下：

设进入两苯塔的180℃前粗苯蒸气量为1073kg/h。当180℃前馏出量为93%时，带入的洗油量即为：

$$1073 \times \left(\frac{1}{0.93} - 1\right) = 80.8\text{kg/h}$$

一般从180℃前粗苯中蒸出的150℃前的轻苯产率为93%～95%，现取为94%，则得：

轻苯产量　$G_1 = 1073 \times 0.94 = 1009\text{kg/h}$

重苯产量　$G_2 = 1073 \times (1 - 0.94) + 80.8 \approx 145\text{kg/h}$

随轻苯一起由塔顶逸出的水气量可由以下计算求得。

在70～80℃范围内，苯水共凝温度可按下式确定：

$$t = \frac{p}{3.994} + 46.8$$

设两苯塔出口轻苯蒸气压力为101.33kPa，

则
$$t = \frac{101.33}{3.994} + 46.8 = 72.2℃$$

共凝物中水气的含量 x_s(摩尔分数)可按下式计算：

$$x_s = \frac{1.619t - 82.14}{101.33} \tag{5-33}$$

将有关数据代入，则得：

$$x_s = \frac{1.619 \times 72.2 - 82.14}{101.33} = 0.343$$

因此，轻苯的摩尔分数为0.657。

设回流比 $R = 2.5$，则离开两苯塔的轻苯气量为：

$$1009 \times (1 + 2.5) = 3532\text{kg/h}$$

取轻苯的相对分子质量 $M = 81$，则上述轻苯气量为：

$$\frac{3532}{81} = 43.6\text{kmol/h}$$

此时，随轻苯一起由塔内出来的水气量为：

$$m_s = m_b \times \frac{x_s}{x_b} = 43.6 \times \frac{0.343}{0.657} = 22.76\text{kmol/h} \quad \text{或} \quad 22.76 \times 18 \approx 410\text{kg/h}$$

因而，在两苯塔冷凝的水汽量，即为随粗苯蒸气带来的水气量加上由塔底供入的直接汽量与随轻苯带出的水气量的差值。这部分冷凝水必须经分离器分离出去，以保证两苯塔的正常操作。

6 粗苯的精制

粗苯精制的目的是将粗苯加工成苯、甲苯和二甲苯等产品。

粗苯精制的方法主要有酸洗精制法、加氢精制法和萃取精馏法。酸洗精制法工艺简单，但有液体废物产生。该法在我国焦化厂得到了广泛应用。加氢精制法工艺复杂，对设备材质和自动控制要求高，所得产品质量好，没有液体废物产生，有利于环境保护。该法在我国也得到了应用。萃取精馏法与酸洗精制法和加氢精制法相比，最突出的优点是回收了苯中含有的贵重化合物噻吩，目前，该法正在工业化。

6.1 粗苯的组成及精制产品

6.1.1 粗苯的组成及其主要组分的性质

粗苯中各组分的含量依炼焦煤性质及其工艺条件的不同而有较大波动。粗苯中主要组分含量及其性质见表6-1。

表6-1　180℃前粗苯中主要组分含量及性质

名　称	分子式	结构式	相对分子质量	相对密度 d_4^{20}	101.3kPa时沸点/℃	结晶点/℃	折射率 n_0^{20}	质量分数/%
苯族烃								
苯	C_6H_6		78.108	0.8790	80.1	5.53	1.50112	55~80
甲　苯	$C_6H_5CH_3$	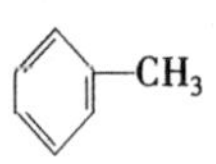	92.134	0.8669	110.6	-95.0	1.49693	12~22
邻二甲苯	$C_6H_4(CH_3)_2$	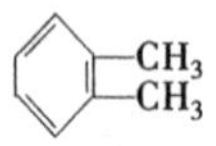	106.160	0.8802	144.4	-25.3	1.50545	0.4~0.8
间二甲苯	$C_6H_4(CH_3)_2$	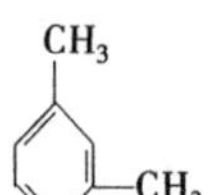	106.160	0.8642	139.1	-47.9	1.49722	2.0~3.0

续表 6-1

名 称	分子式	结 构 式	相对分子质量	相对密度 d_4^{20}	101.3kPa 时沸点/℃	结晶点 /℃	折射率 n_0^{20}	质量分数 /%
			苯 族 烃					
对二甲苯	$C_6H_4(CH_3)_2$		106.160	0.8611	138.35	13.3	1.49582	0.5～1.0
乙基苯	$C_6H_5C_2H_5$	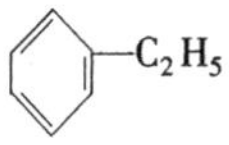	106.160	0.8670	136.2	-94.9	1.49583	0.5～1.0
均三甲苯 (1, 3, 5-三甲苯)	$C_6H_3(CH_3)_3$	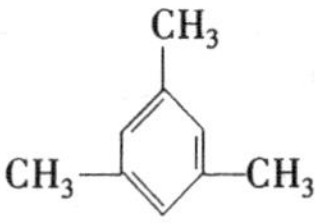	120.186	0.8652	164.7	-44.8	1.50112	0.2～0.4
偏三甲苯 (1, 2, 4-三甲苯)	$C_6H_3(CH_3)_3$	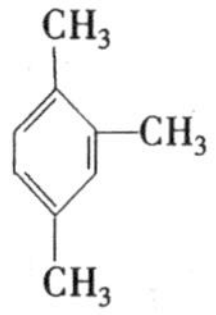	120.186	0.8758	189.3	-43.8	1.50484	0.15～0.3
连三甲苯 (1, 2, 3-三甲苯)	$C_6H_3(CH_3)_3$	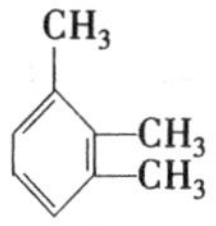	120.186	0.894	176.1	-25.5	1.5134	0.05～0.15
异丙苯	$C_6H_5C_3H_7$	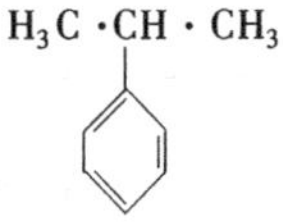	120.186	0.8618	152.4	-96.03	1.49245	0.03～0.05
正丙苯	$C_6H_5C_3H_7$	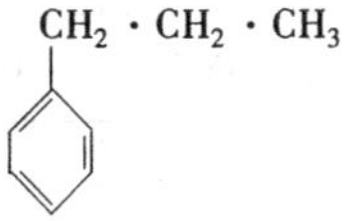	120.186	0.8620	159.2	-99.5	1.49202	
间-乙基甲苯	C_9H_{12}	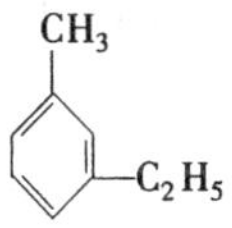	120.186	0.8645	161.3	-99.55	1.49660	0.08～0.1 (间-乙基甲苯、对-乙基甲苯)
对-乙基甲苯	C_9H_{12}		120.186	0.8612	162	-62.35	1.49500	
邻-乙基甲苯	C_9H_{12}	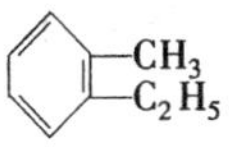	120.186	0.8807	165.15	-80.83	1.50456	0.03～0.05

续表 6-1

名 称	分子式	结 构 式	相对分子质量	相对密度 d_4^{20}	101.3kPa时沸点/℃	结晶点/℃	折射率 n_0^{20}	质量分数/%
不饱和化合物								
戊烯-1	C_5H_{10}	$C_3H_7CH=CH_2$	70.1	0.642	30	-165	1.3712	0.5~0.8
戊烯-2	C_5H_{10}	$C_2H_5CH=CHCH_3$	70.1	0.650	36.5	-138	1.3798	
2-甲基丁烯-2	C_5H_{10}	$CH_3C(CH_3)=CHCH_3$	70.1	0.662	38.5	-133.8	1.3878	
环戊二烯	C_5H_6		66.06	0.804	42.5	-85	1.4432	0.5~1.0
直链烯烃	C_6—C_8	—	—	0.69~0.73	66~122		1.38~1.42	0.6
苯乙烯	$C_6H_5CHCH_2$	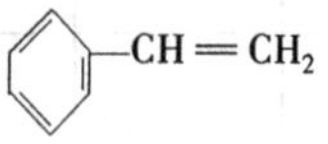	104.08	0.907	145.2	-30.6	1.5462	0.5~1.0
古马隆	C_8H_6O	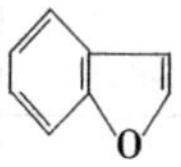	118.66	1.051	172.0	-17.8	1.5624	0.6~1.2
茚	C_9H_8	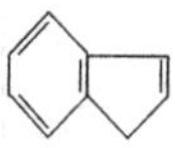	116.09	0.998	181.6	-1.7	1.5784	1.5~2.5
硫化物								
硫化氢	H_2S	H—S—H	34.016		-60.4	-85.5		0.2
二硫化碳	CS_2	S=C=S	76.14	1.263	46.3	-110.8	1.6278	0.3~1.5
噻 吩	C_4H_4S		84.1	1.064	84.1	-37.1	1.5288	0.2~1.0
2-甲基噻吩(α-甲基噻吩)	C_5H_6S	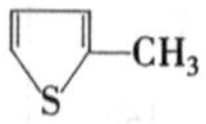	98	1.025	112.5	-63.5	1.5240	0.1~0.2
3-甲基噻吩(β-甲基噻吩)	C_5H_6S	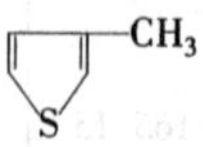	98	1.026	114.5	-68.6	1.5266	

续表 6-1

名称	分子式	结构式	相对分子质量	相对密度 d_4^{20}	101.3kPa 时沸点/℃	结晶点 /℃	折射率 n_0^{20}	质量分数 /%
其他夹杂物								
吡啶	C_5H_5N		79.05	0.986	115.4	-42	1.5092	
2-甲基吡啶	C_6H_7N	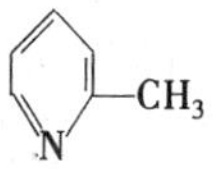	93.06	0.950	130	-64 ~ -66.7	1.5029	0.1 ~ 0.5
3-甲基吡啶	C_6H_7N	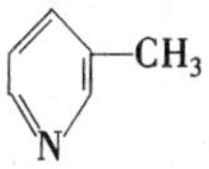	93.06	0.9564	143 ~ 143.9	-6.1	1.4971	
4-甲基吡啶	C_6H_7N	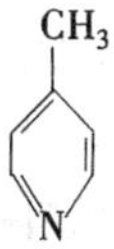	93.06	0.9546	145.3	3.8	1.504	
酚	C_6H_5OH		94.06	1.072	181.9	40.84	1.5425	
邻-甲基苯酚	C_7H_8O	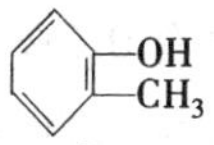	108	1.0465	191.5	30	1.5453	0.1 ~ 0.6
间-甲基苯酚	C_7H_8O	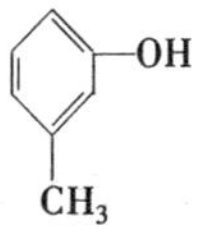	108	1.034	201.8 ~ 202.6	12.3	1.5398	
对-甲基苯酚	C_7H_8O	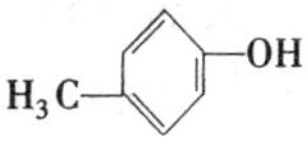	108	1.0347	202.5	34.8	1.5395	
萘	$C_{10}H_8$	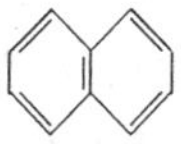	128.08	1.148	217.9	80.2	1.5822	0.5 ~ 2.0
饱和烃	$C_6—C_8$	—		0.68 ~ 0.76	49.7 ~ 131.8	65 ~ 126.6	—	0.5 ~ 2.0

粗苯中的苯、甲苯和二甲苯含量约占90%以上，是粗苯精制提取的主要产品。此外，还有不饱和化合物及少量含硫、氮、氧的化合物。

苯类产品是易流动，几乎不溶于水，而溶于乙醇和乙醚等多种有机溶剂的无色透明液体，极易燃烧。苯的闪点为 -11℃，甲苯为4.5℃，二甲苯为25℃，其蒸气与空气能形成爆炸性混合物。在常温常压下的爆炸极限,%(体积)：苯蒸气下限为1.4，上限为7.1；甲苯蒸气下限为1.4，上限为6.7；二甲苯蒸气下限为1.0，上限为6.0。

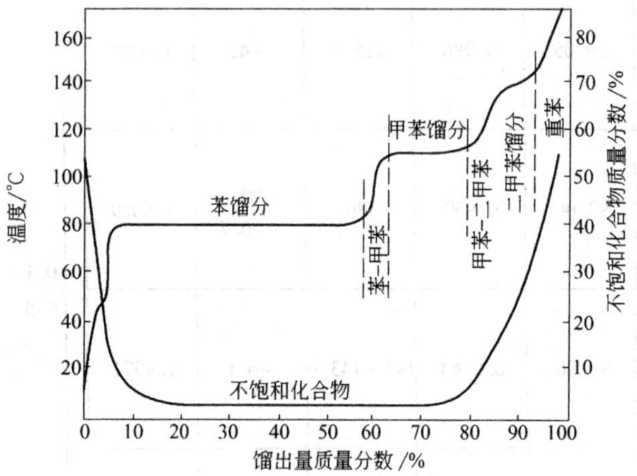

图6-1 粗苯蒸馏温度曲线和各馏分中不饱和化合物的分布

粗苯中不饱和化合物质量分数约为5% ~12%，此含量主要取决于炭化温度，温度愈高，不饱和化合物的含量就愈低。不饱和化合物在粗苯馏分中的分布不均匀，主要集中在低于79℃的馏分和高于140℃的馏分中。粗苯的蒸馏曲线及各馏分中不饱和化合物的分布见图6-1。

粗苯中所含的不饱和化合物主要是带有一个或两个双键的环烯烃和直链烯烃，它们极易聚合，易和空气中的氧形成深褐色的树脂状物质，并能溶于苯类产品，使之变成棕色。故在生产苯、甲苯和二甲苯时，需将不饱和化合物除去。

粗苯中硫化物的质量分数约为0.6% ~2.0%，其中主要是二硫化碳、噻吩及其同系物。在刚产出的粗苯中尚含有质量分数约0.2%的硫化氢，它在粗苯贮存过程中，逐渐被氧化成单体硫。此外还有硫醇等，但含量一般不超过总硫化物质量的0.1%。二硫化碳可作为有用产品加以提取，其他硫化物在粗苯精制过程中作为有害杂质脱除。

粗苯中尚含有吡啶碱类和酚类，因含量甚少，不作为产品提取。

粗苯中饱和烃的质量分数约为0.6% ~2.0%，苯一般含有0.2% ~0.8%的饱和烃，其中主要是环己烷和庚烷，都能与苯形成共沸混合物。粗苯的高沸点馏分中饱和烃的质量分数较高，如二甲苯馏分可达3% ~5%。

6.1.2 粗苯精制产品的质量和用途

粗苯精制的主要产品为苯、甲苯、二甲苯及溶剂油，此外，还提取某些不饱和化合物和硫化物用作化工原料。为了得到合格的苯类产品，首先将粗苯分离为轻苯和重苯。苯、甲苯和二甲苯的绝大部分(98%以上)、硫化物(二硫化碳、噻吩等)的大部分和近50%的不饱和化合物(环戊二烯等)都集中于轻苯中，苯乙烯、古马隆及茚等高沸点不饱和化合物则集中于重苯中。轻苯和重苯需分别加工。

苯、甲苯和二甲苯均为有机化学工业的基础原料，其应用情况如图6-2所示。

粗苯精制在145 ~180℃范围内馏出的混合产品称为溶剂油。溶剂油中各组分的质量分数大致为：二甲苯25% ~40%；脂肪烃和环烷烃8% ~15%；丙苯和异丙苯10% ~15%；均三甲苯10% ~15%；偏三甲苯12% ~20%；乙基甲苯20% ~25%。溶剂油主要用做油漆和颜料工业中的溶剂。溶剂油经分离所得二甲苯同分异构体及三甲苯同分异构体可分别用于生产树脂、染料和药物。

根据使用上的不同要求，粗苯精制所得产品质量指标如表6-2所示。

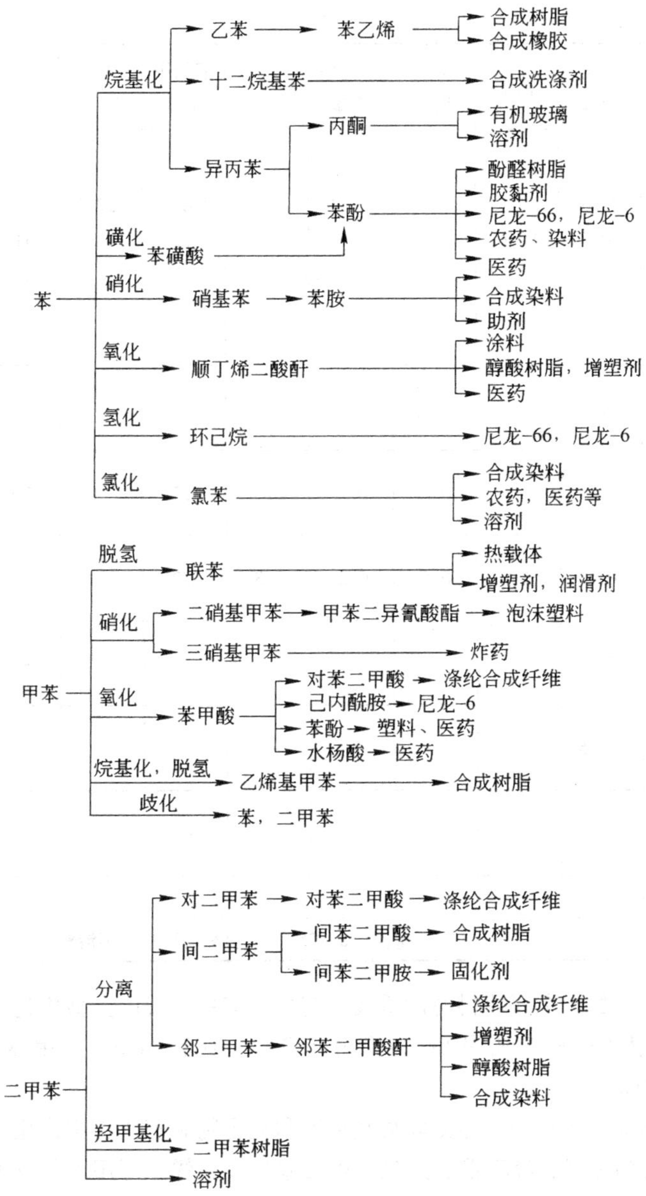

图 6-2 主要苯类产品的应用

表 6-2 焦化苯类产品质量指标

指标名称	硝化用苯	精苯	溶剂用苯	硝化用甲苯	精甲苯	溶剂用甲苯	3℃二甲苯	5℃二甲苯	10℃二甲苯	轻溶剂油
外观	室温(18～25℃)下透明液体，不深于每1000mL水溶液中含有0.003g重铬酸钾的颜色						室温(18～25℃)下透明液体，不深于每1000mL水溶液中含有0.03g重铬酸钾的颜色			淡黄色透明液体
密度(20℃)/g·mL^{-1}	0.876～0.880	0.875～0.880	0.874～0.880	0.862～0.868	0.862～0.868	0.860～0.870	0.857～0.866	0.857～0.866	0.840～0.870	0.845～0.910

续表 6-2

指标名称	硝化用苯	精苯	溶剂用苯	硝化用甲苯	精甲苯	溶剂用甲苯	3℃二甲苯	5℃二甲苯	10℃二甲苯	轻溶剂油
馏程(101.33kPa) 初馏点/℃(不低于) 终点/℃(不高于)	 79.6 80.5	 79.5 80.6	 79.0 81.0	 110.0 111.0	 109.8 111.0	 109.0 112.0	 137.5 140.5	 136.5 141.5	 135.0 145.0	 135.0 95.0
200℃前馏出量(体积分数)/%(不低于)										95.0
馏出95%(体积分数),温度范围/℃(不高于)	0.6	0.8	—	0.8	0.8	—	—	—	—	—
酸洗比色(按标准比色液)(不深于)	0.2	0.3	0.5	0.2	0.3	0.3	2.0	2.0	5.0	—
溴价/g · 100mL^{-1}苯(不高于)	0.2	0.4	0.6	0.2	0.3	0.3	—	—	—	—
结晶点/℃(不低于)	5.0	—	—	—	—	—	—	—	—	—
二硫化碳含量/g · 100mL^{-1}苯(不高于)	0.006	—	—	—	—	—	—	—	—	—
噻吩含量/g · 100mL^{-1}苯(不高于)	0.08	—	—	—	—	—	—	—	—	—
反应	中性									
水分	室温(18～25℃)下目测无可见的不溶解水									

粗苯精制主要产品的产率同原料的性质及工艺操作有关，我国大型焦化厂以轻苯为原料所得精制产品的产率为(对轻苯质量)：初馏分 1.0%，纯苯 74.5%，甲苯 13.9%，二甲苯 3.3%，轻溶剂油 0.9%。

粗苯精制除得到苯类产品外，还提取某些不饱和化合物和硫化物用作化工原料。

以粗苯的初馏分为原料，经蒸馏和热聚合得二聚环戊二烯，可用以制取单体环戊二烯。二聚物和单体物可制取合成树脂、农药、香料和杀菌剂。

古马隆和茚制取的树脂可用于制造油漆、塑料和绝缘材料。苯乙烯经过聚合可制成用于生产绝缘材料的无色树脂。

二硫化碳可用作溶剂、硫化促进剂，还可用以生产农药和磺酸盐。噻吩可用于生产染料、医药、耐急冷急热塑料、高活性溶剂、生物活化物质、增亮剂及化妆品等。

6.2 酸洗精制

在酸洗精制法中，轻苯需先经初步精馏，把初馏分与苯、甲苯和二甲苯的混合馏分分离开来，然后对混合馏分进行净化处理。经过净化的混合馏分用碱中和后，再进行最终精馏，以制取各类产品。

6.2.1 轻苯的初步精馏

轻苯初步精馏的目的是将低沸点的不饱和化合物和硫化物与苯族烃进行分离，得到初馏分和苯类混合馏分。其工艺流程见图6-3。

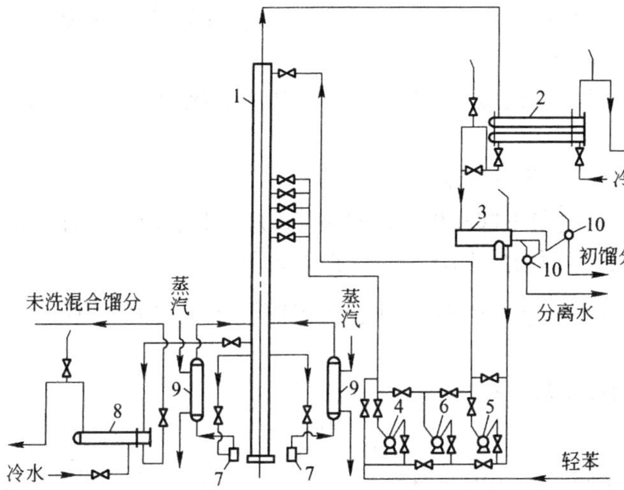

图6-3 轻苯连续初馏工艺流程

1—初馏塔；2—冷凝冷却器；3—油水分离器；4—原料泵；5—回流泵；6—备用泵；7—过滤器；8—冷却器；9—初馏塔重沸器；10—视镜

轻苯在贮槽中静止脱水后，用原料泵送入初馏塔进行精馏，塔顶温度控制在45～50℃。由塔顶逸出的初馏分蒸气经冷凝冷却、油水分离后分为两部分，一部分作为产品采出，另一部分用作回流，回流比约为0.9(对进料)。初馏塔底部温度控制在90～95℃，由重沸器供热。塔底排出的混合馏分经冷却器自流至中间槽，作为硫酸洗涤的原料。由于低沸点不饱和化合物易发生聚合而造成重沸器堵塞，所以塔底排出的混合馏分进入重沸器之前先经过滤器滤出聚合物。

以粗苯为原料进行初步精馏切取初馏分的工艺也有应用。该工艺与以轻苯为原料进行初步精馏工艺相比，可以降低低沸点不饱和化合物的聚合程度，减少未洗混合馏分中环戊二烯二聚体和多聚体的含量，具有降低洗涤酸耗的优点。初馏分的组成见表6-3。

表6-3 初馏分组成

组分(质量分数)/%	粗苯的初馏分	轻苯的初馏分
二硫化碳	15～25	25～40
环戊二烯及二聚环戊二烯	10～15	20～30
其他不饱和化合物	10～15	15～25
苯	30～50	5～15
饱和碳氢化合物	3～6	4～8

初馏分干点要求不大于70℃。未洗混合馏分要求初馏点大于82℃，干点小于150℃，溴价小于9g/100mL，二硫化碳质量分数小于0.087%。

有的焦化厂在轻苯初馏前，先用质量分数约15%的氢氧化钠溶液进行洗涤，以脱除轻苯中所含的硫化氢，从而减轻了初馏系统的堵塞、腐蚀和对大气的污染，同时还能得到含低硅的工业用硫化钠产品。

6.2.2 酸洗净化法的主要化学反应及工艺

6.2.2.1 主要化学反应

混合馏分在用硫酸洗涤时，由于同时进行多种反应，因此过程很复杂，其中主要反应有：

A 清除硫化物的反应

混合馏分中的二硫化碳与硫酸不起反应，所以清除硫化物主要是指排除噻吩及其同系物。其反应如下：

a 噻吩与不饱和化合物的共聚反应

噻吩的脱除主要是通过与不饱和化合物的共聚反应，其反应过程首先在硫酸和不饱和化合物之间进行，生成有反应能力的中间产物——正碳离子：

$$H_2SO_4 + R—CH═CH_2 \longrightarrow HSO_4^- + R—\overset{+}{C}H—CH_3$$

正碳离子进一步与噻吩反应：

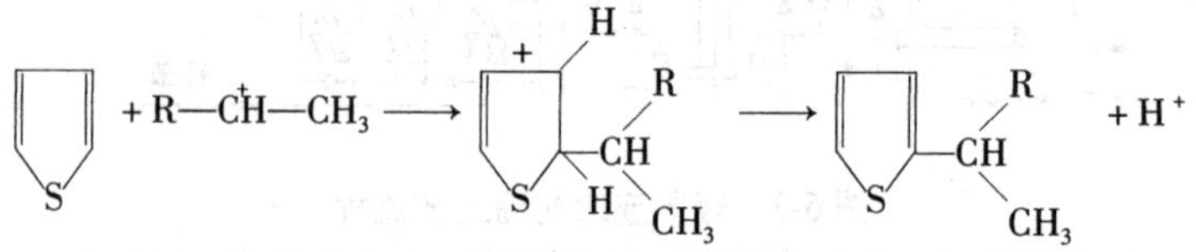

反应结果生成噻吩与不饱和化合物的共聚物，而酸的状态则保持不变。

噻吩及其同系物在少量硫酸的催化作用下，与高沸点的不饱和化合物的聚合很容易进行，如与茚的反应：

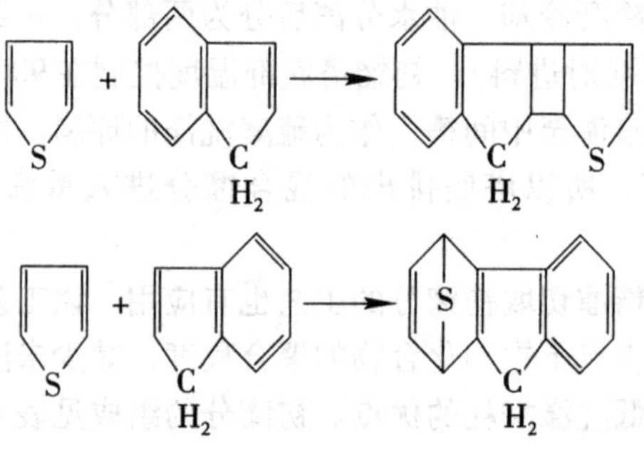

噻吩及其同系物与不饱和化合物的反应过程不会停留在生成二聚物阶段，而是继续下去，如与不饱和化合物再发生加成反应。

噻吩大部分集中在苯馏分中。由于苯馏分中不饱和化合物的含量很少，所以其中所含的噻吩很难除净。若对苯、甲苯、二甲苯混合馏分进行酸洗，则由于其中不饱和化合物质量分数高达4%～6%，所以容易将噻吩及其同系物分离出来，且硫酸耗量少，酸焦油生成量也少。所得的聚合物一般均溶于已洗混合馏分中，在最终精馏时转入釜底残液。

b 噻吩的磺化反应

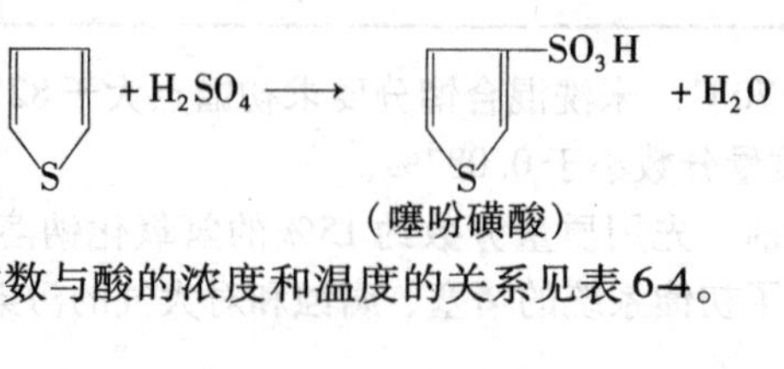

噻吩磺化的反应速度常数与酸的浓度和温度的关系见表6-4。

表 6-4 噻吩磺化的反应速度常数与酸的浓度和温度的关系

酸的质量分数/%	反应速度常数 K		相对反应速度		K_{30}/K_{15}
	15℃	30℃	15℃	30℃	
88.7	0.0005	0.0012	0.25	0.4	2.4
93.0	0.002	0.003	1.0	1.0	1.5
95.4	0.007	0.014	3.5	4.6	2.0
96.5	0.013	0.029	6.5	9.6	2.2
98.5	0.031	0.056	15.5	18.6	1.8
101.3	0.065	0.098	32.5	32.6	1.5

由表 6-4 可见，噻吩磺酸的生成相当慢，硫酸浓度对反应速度的影响比温度对反应速度的影响大得多。

B 不饱和化合物的聚合反应

不饱和化合物在浓硫酸的作用下很容易发生聚合反应，并生成各种复杂的聚合物。聚合反应的第一阶段生成酸式酯，第二阶段是酸式酯同不饱和化合物反应生成聚合物。例如：

$$(CH_3)_2C{=}CH_2 + HOSO_3H \longrightarrow \underset{\text{(酸式酯)}}{(CH_3)_3COSO_3H}$$

$$(CH_3)_2C{=}CH_2 + (CH_3)_3COSO_3H \longrightarrow \underset{\text{(异丁烯二聚物)}}{(CH_3)_2C{=}CHC(CH_3)_3} + H_2SO_4$$

此反应还可继续进行，并能生成深度聚合物。聚合程度愈大，聚合物的黏度也愈大。各种不饱和化合物的聚合反应是不同的。初馏分中所含的低沸点不饱和化合物，如环戊二烯等，在浓硫酸作用下能发生深度聚合，其聚合产物为结构很复杂的树脂，此种聚合物所形成的酸焦油，在分离排放时，易夹带混合馏分。高沸点的不饱和化合物聚合程度较轻，聚合产物(二聚体和三聚体)可溶于已洗混合馏分中，在最终精馏过程呈釜底残液而除去。

上述反应分离出来的硫酸，加水稀释后，即形成所谓的再生酸。

C 不饱和化合物和硫酸的加成反应

硫酸和不饱和化合物作用不仅能生成酸式酯还能生成中式酯。例如，两个异丁烯分子和硫酸作用即生成中式酯：

$$2(CH_3)_2C{=}CH_2 + H_2SO_4 \longrightarrow O_2S\begin{matrix} \diagup OC(CH_3)_3 \\ \diagdown OC(CH_3)_3 \end{matrix}$$

(中式酯)

酸式酯易溶于硫酸和水，从而由净化的产品中分离出来。中式酯不易溶于硫酸和水中，但易溶于苯族烃中。因此，中式酯几乎全部转移到已洗混合馏分中。

初馏分中的低沸点不饱和化合物易与硫酸生成中式酯。在最终精馏时，中式酯分解为二氧化硫、硫化氢、三氧化硫、硫醇、二氧化碳、某些不饱和化合物及碳渣。分解出来的酸性气体将腐蚀设备，而其他分解产物将影响产品质量。

上述三种反应是以除去混合馏分中硫化物和不饱和化合物为主的反应，同时还发生引起苯类产品损失的副反应。

D 苯族烃与不饱和化合物的共聚反应

在浓硫酸存在下，苯族烃与不饱和化合物能发生共聚反应，例如：

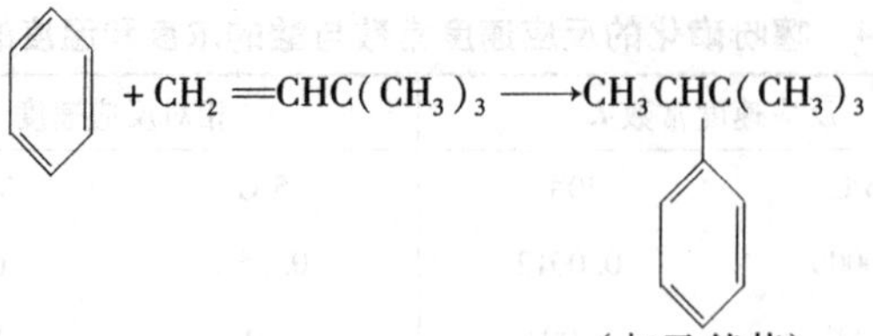

（叔己基苯）

苯的同系物和苯乙烯、茚等的共聚反应要比苯强烈。

不饱和化合物与苯族烃的共聚反应将降低纯产品的产率，同时增加蒸馏残渣和酸焦油的产率。

E 苯族烃的磺化反应

当进行酸洗时，在一定程度上也可发生苯族烃的磺化反应，例如：

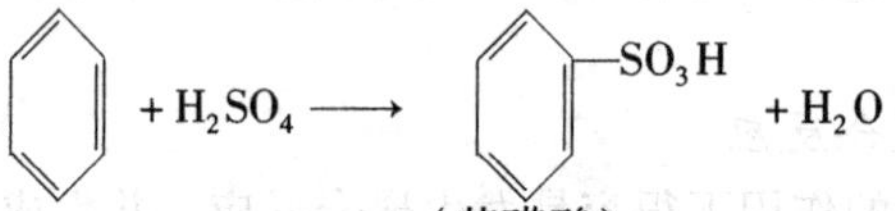

（苯磺酸）

苯的同系物比苯易于进行磺化反应。显然，应尽量减少后两种化学反应。因此，要求在所耗酸量最少和最短时间内完成洗涤操作。

前苏联学者对苯族烃、噻吩与不饱和化合物之间的反应动力学进行过研究，得到如表 6-5 所示的反应速度常数。

表 6-5 苯族烃、噻吩与不饱和化合物的反应速度常数

反 应 物	反应速度常数 $K_{30℃}$	相 对 值
苯和苯乙烯	8.82×10^{-5}	1
甲苯和苯乙烯	5.52×10^{-3}	63
二甲苯和苯乙烯	9.38×10^{-3}	106
苯和戊间二烯	几乎不反应	—
甲苯和戊间二烯	3.50×10^{-3}	40
二甲苯和戊间二烯	4.28×10^{-3}	49
噻吩和戊间二烯	8.74×10^{-2}	991
噻吩和丁间二烯	9.38×10^{-2}	1063
噻吩和苯乙烯	6.85×10^{-2}	777
噻吩和茚	9.25×10^{-2}	1049

由表 6-5 数据可见，苯族烃与不饱和化合物的反应速度依不饱和化合物的种类不同而异，苯族烃与苯乙烯或茚的反应比苯族烃与戊间二烯或丁间二烯的反应强烈。而清除噻吩的反应与不饱和化合物的种类关系不大。因此采用戊间二烯或丁间二烯作添加剂可以选择性地清除噻吩。前苏联一些焦化厂的苯精制车间采用了加添加剂的酸洗净化苯-甲苯或含硫化物多、含不饱和化合物少的苯-甲苯-二甲苯混合馏分的工艺。但在净化苯-甲苯馏分时，添加剂应在供给硫酸之前加入，在净化苯-甲苯-二甲苯混合馏分时，为防止添加剂消耗在聚合上，应合理地分级供给添加剂。

6.2.2.2 酸洗净化的工艺要求及生产流程

A 酸洗净化的工艺要求

对混合馏分进行酸洗净化的工艺操作，不仅要求尽可能除去其中所含的硫化物和不饱和化合物，而且要求硫酸耗量低、苯族烃损失小、酸焦油生成量少，并使反应尽量向形成能溶解于已洗混合馏分中的聚合物方向进行。为此，应对下列因素加以控制。

a 反应温度

噻吩与不饱和化合物反应的活化能比苯族烃与不饱和化合物反应的活化能小，例如噻吩、甲苯、二甲苯与戊间二烯反应，相应的活化能分别为20.916、50.731、63.968kJ/mol。因此，反应控制在35～45℃比较低的温度，既保证了噻吩的净化效果，又减少了苯族烃因磺化反应及与不饱和化合物的共聚反应而引起的损失。

酸洗反应是放热反应，其放出的热量取决于未洗混合馏分中不饱和化合物的含量及组成。如在酸洗质量分数仅为2%～3%不饱和物的苯馏分时，温升通常不超过4～6℃，而当酸洗质量分数为4%～6%不饱和物的苯、甲苯、二甲苯混合馏分时，温升可达10～20℃。考虑到酸洗过程的热效应，未洗混合馏分温度可取为25～30℃。

b 硫酸浓度

硫酸浓度的影响可用酸洗甲苯和二甲苯混合物的试验数据说明：

硫酸质量分数,%	90	94	98
除去苯族烃的质量分数,%			
有不饱和化合物时	50	88	100
无不饱和化合物时	3	10	27

随着硫酸浓度的增加，苯族烃与不饱和化合物的共聚反应和磺化反应加剧。但与共聚反应相比，磺化反应仅处于从属地位。

在实际生产中，应根据轻苯的组成和质量来确定适宜的硫酸浓度。通常采用硫酸质量分数为93%～95%，耗量约5%(对混合馏分)。

c 反应时间

硫酸净化混合馏分各阶段的净化效果见表6-6。

表6-6 混合馏分在各阶段的净化效果

项目	取样位置			
	净化前	泵后	球形混合器后	反应器后
过程进行时间/s	0	5	60	300
质量分数/%				
不饱和物	3.27	0.52	—	—
噻吩	1.32	0.28	0.13	0.11
釜渣	—	—	6.4	4.1
酸焦油产率/%	—	—	2.0	5.07
苯族烃损失/%	—	—	8.1	3.73

所得结果表明，延长反应时间，可改善洗涤效果，但同时会加剧磺化反应，增加酸焦油的生成量及苯族烃的损失。尤其对酸焦油的生成量影响显著。一般反应时间为10min左右。

在酸洗净化过程中所消耗的酸量不多，并且大部分还可用加水洗涤再生的方法回收。再生酸的回收率根据洗涤条件及混合馏分的组成波动于65%～80%，其质量分数为40%～50%。在酸洗过程中，酸焦油生成量越少，则酸的回收率越高。

酸焦油的生成量和稠度同未洗混合馏分的性质和操作条件有关，当混合馏分中二硫化碳含量高时，黏稠的酸焦油生成量增加；反之，则易于生成同酸和苯分离的稀酸焦油。对于不同组成的原料所生成的酸焦油数量一般为0.5%～6%（占原料馏分质量）。酸焦油组成的质量分数一般为：硫酸15%～30%；苯族烃15%～30%；聚合物40%～60%。

B　连续洗涤工艺流程

大中型焦化厂多采用连续洗涤装置进行混合馏分的酸洗净化。其工艺流程见图6-4。

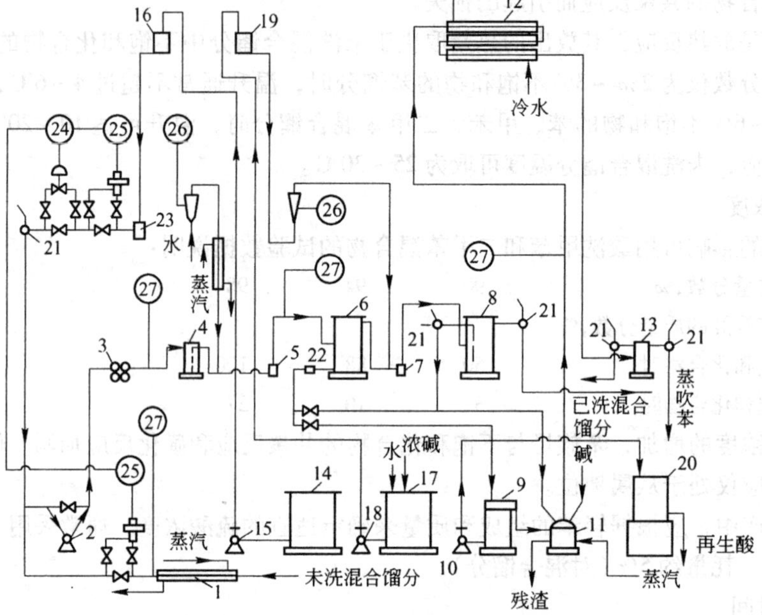

图6-4　未洗混合馏分连续洗涤工艺流程

1—加热套管；2—连洗泵；3—混合球；4—酸洗反应器；5—加水混合器；6—酸油分离器；7—碱油混合器；8—碱油分离器；9—再生酸沉降槽；10—再生酸泵；11—酸焦油蒸吹釜；12—蒸吹苯冷凝冷却器；13—油水分离器；14—硫酸槽；15—酸泵；16—硫酸高位槽；17—配碱槽；18—碱泵；19—碱高位槽；20—再生酸贮槽；21—视镜；22—放料槽；23—酸过滤器；24—流量自动调节；25—流量变送、指示；26—流量指示；27—温度指示

轻苯经初馏得到的未洗混合馏分先经加热套管预热至25～30℃，然后与连洗泵前连续加入的浓硫酸混合，经泵送往混合器。液体在泵和混合器内呈湍流状态，以进行酸洗反应。液体在混合器内停留约1min后，送入酸洗反应器内进一步反应。

酸洗反应器后的混合馏分及硫酸进入加水混合器，连续加入占未洗混合馏分质量3%～4%的水以停止反应并产生了再生酸。然后，在酸油分离器中停留约1h，经澄清分离后，再生酸和酸焦油沉积下来，混合馏分由酸油分离器上部排至碱油混合器，在碱油混合器前连续加入质量分数为12%～16%的碱液进行中和，使已洗混合馏分呈弱碱性，然后进入碱油分离器停留约1～1.5h。分离出碱液的油进入已洗混合馏分中间槽，静止分离出残留碱液后作为吹苯塔的原料。从碱油分离器下部排出的废碱用于中和酸焦油。

酸油分离器底部排出的再生酸进入再生酸沉降槽，进一步分出酸焦油后，送入再生酸贮槽或硫铵工段。酸油分离器中排放的酸焦油和再生酸沉降槽分离出的酸焦油均排入酸焦油蒸吹釜，用碱液中和后再用蒸汽直接蒸吹其中所含的苯族烃。蒸吹出的苯蒸气经冷凝冷却、油水分离后，送入已洗或未洗混合馏分中间槽，釜内残渣排放至沉淀池。

按100%浓度计量的硫酸耗量为未洗混合馏分质量的4%～5%，氢氧化钠耗量约为未洗混合馏分质量的0.45%，对1kg 100%的硫酸可回收质量分数为40%的再生酸1.7kg。

如果酸洗净化噻吩含量高、不饱和化合物含量低的苯、甲苯和二甲苯混合馏分(BTX)，或者为了保存苯乙烯等树脂化合物，在酸洗净化苯、甲苯混合馏分(BT)时，应采用加入不饱和添加剂的方法进行酸洗。添加剂的加入方式见图6-5。

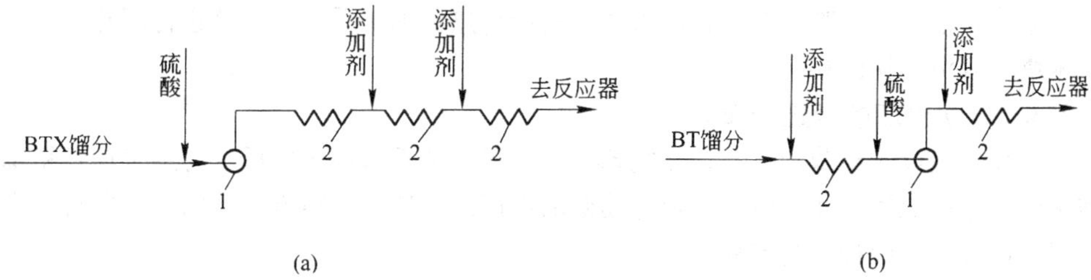

图6-5 加入不饱和添加剂的硫酸净化流程
(a)净化BTX馏分；(b)净化BT馏分
1—混合泵；2—水力混合器

6.2.3 已洗混合馏分的精馏

带微碱性的已洗混合馏分首先进行吹苯(简单蒸吹)，然后对吹出苯(苯族烃混合物)进行最终精馏。

6.2.3.1 已洗混合馏分的连续吹苯

已洗混合馏分的连续吹苯是一次闪蒸分离过程，其目的：

(1) 将酸洗净化时溶于混合馏分中的各种聚合物作为吹苯残渣排出，以免影响精馏产品的质量和防止设备堵塞，同时吹苯残渣还可以作为生产古马隆树脂的原料。

(2) 使在酸洗净化时溶于混合馏分中的中式酯在高温作用下分解为二氧化硫、二氧化碳、硫醇(RSH)及残碳。为了防止酸性气体腐蚀精馏系统，吹出的苯蒸气需用碱液洗涤中和。

连续吹苯工艺流程见图6-6。

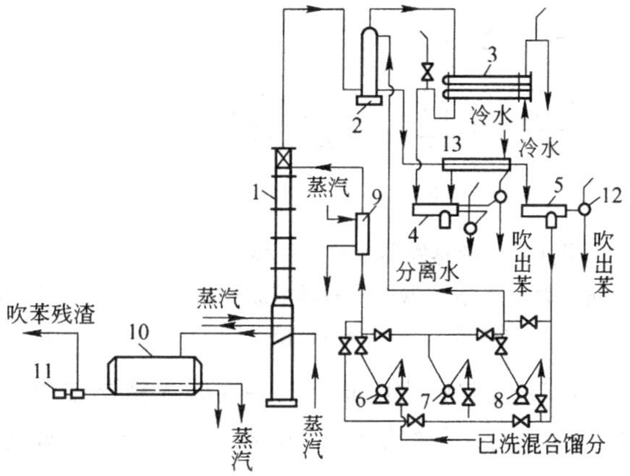

图6-6 已洗混合馏分连续吹苯工艺流程
1—吹苯塔；2—中和器；3—冷凝冷却器；4—油水分离器；5—碱油分离器；6—原料泵；7—备用泵；8—环碱泵；9—加热器；10—吹苯残渣槽；11—汽泵；12—视镜；13—套管冷却器

已洗混合馏分由中间槽用原料泵抽出经加热器加热至105～130℃，以气液混合物的状态进入吹苯塔上部闪蒸段，闪蒸的苯蒸气上逸，未气化的液体向下流经各层塔板时，其中轻馏分被塔底送入的蒸汽提馏出来。从塔顶逸出100～110℃的吹出苯蒸气进入中和器，与顶部喷洒的质量分数12%～16%的氢氧化钠溶液进行中和反应。中和后的吹出苯蒸气经冷凝冷却、油水分离后流入中间槽。吹出苯的质量要求比色小于0.5，反应为中性。

从中和器底部排出的碱液，经套管冷却器冷却后入碱油分离器，分离出的油入中间槽。碱液由环碱泵送中和器循环使用。

碱液温度要求高于70℃，以减少苯类蒸气和水蒸气在碱液中的冷凝，同时还有利于中和反应的进行。

吹苯塔底温度约135℃，聚合物从塔底排入吹苯残渣槽。为了使吹苯残渣含油、含水合格，塔底除通入直接蒸气外，还设有间接加热器。

也有采用带蒸发器的吹苯系统，即入塔原料经加热器加热后经蒸发器进行闪蒸，气液分别进入吹苯塔。其流程见图6-7。

6.2.3.2 吹出苯的半连续精馏

半连续精馏是以吹出苯为原料，在纯苯精馏装置连续提取纯苯以后，再用半连续精馏的方法从纯苯残油中提取甲苯和二甲苯。半连续精馏根据纯苯残油进料方式不同，主要有间歇釜式精馏和间断连续精馏两种工艺流程。

A 间歇釜式精馏

工艺流程见图6-8。

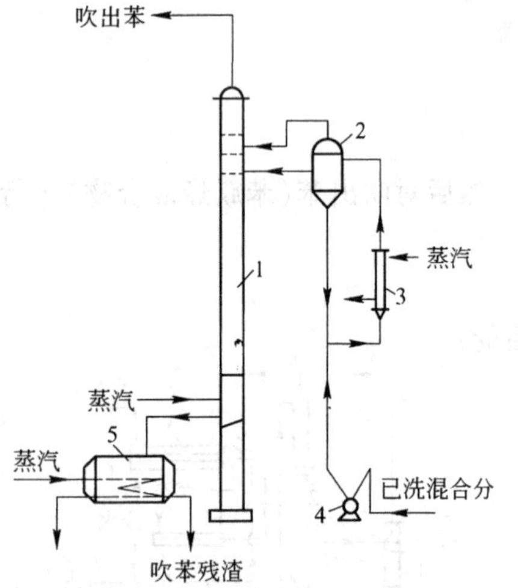

图6-7 带蒸发器的吹苯系统

1—吹苯塔；2—蒸发器；3—吹苯塔加热器；4—原料泵；5—吹苯残渣槽

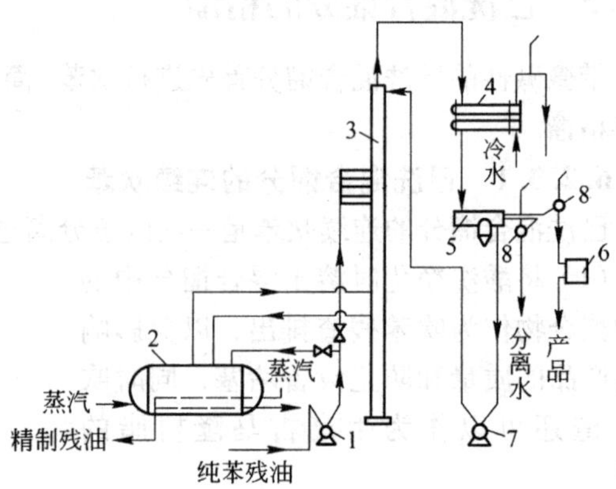

图6-8 间歇釜式精馏工艺流程

1—原料泵；2—精制釜；3—精制塔；4—冷凝冷却器；5—油水分离器；6—计量槽；7—精制回流泵；8—视镜

纯苯残油自贮槽用原料泵一次装入精制釜内，用蒸汽间接加热进行全回流。当釜温达到124～125℃时，开始切取苯-甲苯馏分，当塔顶温度达到110℃时，开始切取纯甲苯。当釜内液面下降约$\frac{1}{3}$时，开始向精制塔连续送纯苯残油，并连续切取甲苯，直到釜内液面达到控制高度，并在釜内温度约145℃时停止送料，再相继切取甲苯-二甲苯馏分、二甲苯及轻溶剂油。各产品经计量槽自流入产品贮槽。釜底排出的精制残油用汽泵经套管冷却器送入贮槽。在切取二甲苯时，向釜内通入适量的直接蒸汽进行水蒸气蒸馏，也可用蒸汽喷射器造成一定的真空度，从而降低精馏温度和减少直接蒸汽耗量。

此精馏装置也可用于加工重苯，得到甲苯和二甲苯馏分，精重苯和溶剂油。其中甲苯和二甲苯馏分可均匀地加入从初馏塔底排出的混合馏分中，精重苯可作为制取古马隆树脂的原料。间歇釜式精馏操作制度见表6-7。

表 6-7 间歇釜式精馏操作制度

项 目	切取甲苯	切取二甲苯(水蒸气蒸馏)
回流比(对馏出液)	2~3	2~3
塔顶温度/℃	110±0.5	90~100
塔底温度/℃	145~154	145~160
塔压/MPa	<0.03	<0.03

B 间断连续精馏

采用同一精馏塔分阶段连续精馏纯苯残油和甲苯残油。纯苯残油贮存一定量后，用原料泵连续送入精馏塔，自塔顶馏出的甲苯经冷凝冷却、油水分离后，部分送入塔顶作回流，其余作为产品采出。塔底由重沸器循环供热，残油经冷却后流入甲苯残油槽。甲苯残油要求不含甲苯；初馏点大于138℃。纯苯残油精馏完后，再改为连续精馏甲苯残油，此时塔底供适量蒸汽。根据需要也可在提馏段从侧线切取部分轻溶剂油。间断连续精馏操作制度见表6-8。

表 6-8 间断连续精馏操作制度

项 目	指标	
	切取甲苯	切取二甲苯
塔顶温度/℃	110±0.5	89~96(水蒸气精馏) 149~151(非水蒸气精馏)
塔底温度/℃	150~155	140~150(水蒸气精馏) 172~175(非水蒸气精馏)
回流比(对原料)	1~1.5	1.5~2.5
塔压/MPa	<0.035	<0.035

间断连续精馏与间歇釜式精馏相比，操作简便，便于自动控制，中间馏分复蒸量小，约为5%(占纯苯残油)。

6.2.3.3 吹出苯的连续精馏

对年处理轻苯2万t以上的精苯车间，可采用连续精馏流程，即以吹出苯为原料一直连续精馏到提取二甲苯。对于规模较大的精苯车间还可以从二甲残油间歇提取三甲苯。连续精馏流程具有产品产率高、质量好、操作简单、能耗低、减少中间贮槽和便于自控等优点。我国大型焦化厂采用的吹出苯连续精馏流程见图6-9。

吹出苯经开停工槽用泵连续送入纯苯塔，塔顶纯苯蒸气经冷凝冷却、油水分离后，一部分用泵送至塔顶作回流，其余作产品采出。塔底纯苯残油用热油泵送至甲苯塔，塔顶甲苯蒸气经冷凝冷却、油水分离后，一部分用泵送至塔顶作回流，其余作产品采出。塔底甲苯残油同样用热油泵送至二甲苯塔，塔顶二甲苯蒸气经冷凝冷却、油水分离后，一部分用泵送至塔顶作回流，其余作产品采出，塔底二甲苯残油经冷却后入二甲苯残油贮槽。各塔均采用重沸器供热。

热油连续工艺要求各塔的原料组成、进料量、回流比、蒸汽压力、塔顶温度及塔底液面相对稳定。若其中一塔产品不合格，则各塔均需进行大循环重蒸(即循环到开停工槽)，同时适当减少吹出苯塔进料量或停塔，以免造成物料不平衡。

热油连续精馏的操作制度见表6-9。

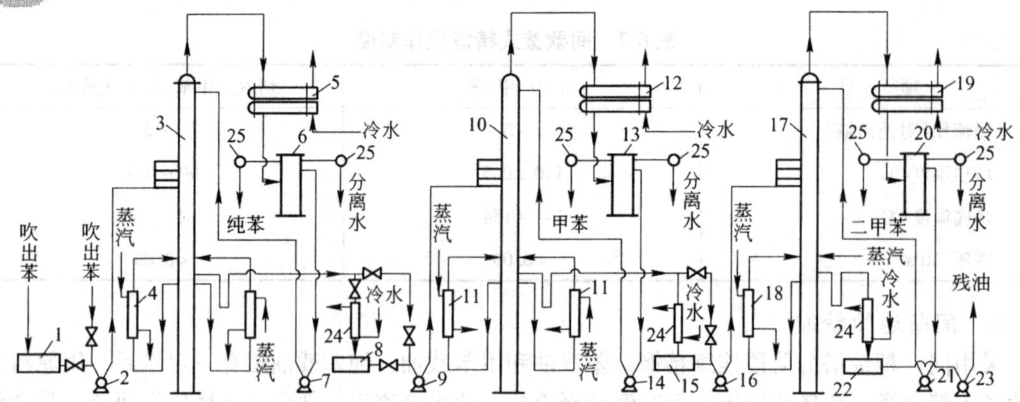

图 6-9　热油连料全连续精馏工艺流程

1—纯苯塔开停工槽；2—纯苯塔原料泵；3—纯苯塔；4—纯苯塔重沸器；5—纯苯冷凝冷却器；6—纯苯油水分离器；7—纯苯回流泵；8—甲苯塔开停工槽；9—甲苯塔热油原料泵；10—甲苯塔；11—甲苯塔重沸器；12—甲苯冷凝冷却器；13—甲苯油水分离器；14—甲苯回流泵；15—二甲苯开停工槽；16—二甲苯塔热油原料泵；17—二甲苯塔；18—二甲苯塔重沸器；19—二甲苯冷凝冷却器；20—二甲苯油水分离器；21—二甲苯回流泵；22—二甲苯残油槽；23—二甲苯残油泵；24—冷却套管；25—视镜

表 6-9　热油连料精馏操作制度

项　目	塔名称		
	纯苯塔	甲苯塔	二甲苯塔
	指　标		
回流比(对原料)	1～1.5	1.5～2.0	0.8～1.0
塔顶温度/℃	80±0.5	110±0.5	140～150 89～96(水蒸气蒸馏)
塔底温度/℃	124～128	150～155	184 140～150(水蒸气蒸馏)
塔压/MPa	<0.035	<0.035	<0.035
塔底液面波动范围低于	$\frac{1}{3}\sim\frac{1}{2}$	$\frac{1}{3}\sim\frac{1}{2}$	$\frac{1}{3}\sim\frac{1}{2}$

国内有的焦化厂已实现了吹苯塔和纯苯塔之间的气相串联，即从吹苯塔出来的苯蒸气直接进入纯苯塔作为精馏原料。该工艺操作简单，设备少，节省水、电、蒸汽消耗。但纯苯塔易积水，操作不稳。国外也有采用管式炉用煤气加热塔底残油或用热载体代替蒸汽加热塔底残油，以减少蒸汽耗量。

6.2.4　酸洗精制的主要设备

6.2.4.1　混合器

在轻苯酸洗精制过程中，连续洗涤工艺使用的混合器有球型混合器、锐孔板混合器、旋涡混合器、文氏管混合器和静态混合器等。对于不同的混合物系，由于物料的表面性质和混合的目的不同，选用的混合器类型也不同。

A　球形混合器

球形混合器的构造见图 6-10，它由两片内衬防酸层钢板或铸铁制的半球用法兰盘连接而成。其内径有 150mm，200mm 和 250mm 等多种规格，视原料处理量选用。实际应用是将混合器按图 6-11 所示方式连接在一起。混合物料通过混合器时，由于流速反复地突变，物料接触界面不断更新，而达到均匀混合。通过一个球的压力降约为98kPa，在球中平均滞留时间为20～30s。物料在连接管中的流速为3～4m/s，雷诺数范围为2300～10000。生产中可根据处理的物料量、预期混合效果和系统的压力降选择一组或多组球形混合器，其间可以并联或串联组合。

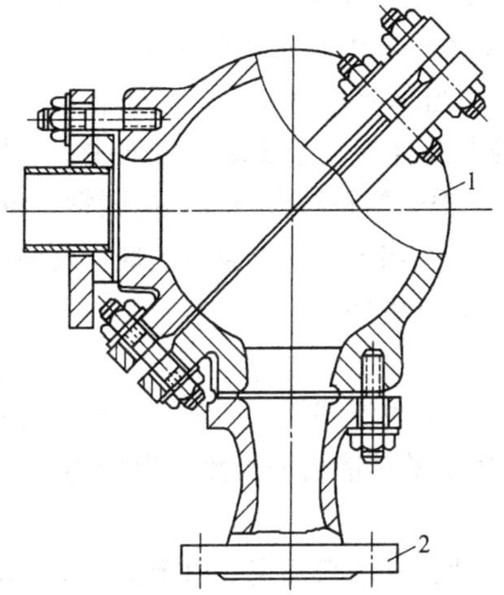

图6-10 球形混合器

1—铸造半球；2—连接管法兰

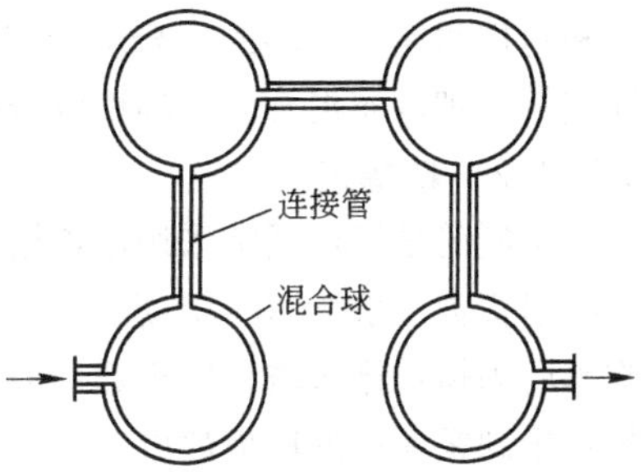

图6-11 球形混合器

B 锐孔板混合器

锐孔板混合器的构造见图6-12，它由锐孔板及混合管组成，锐孔板数可根据所需的总压力降及通过每块板的压力降计算确定。对于酸、碱与油的混合，可选用总压力降为 $\Delta p = 0.08 \sim 0.1\text{MPa}$，每一锐孔板的压力降可取为0.007～0.014MPa。

锐孔板的板孔直径可按下式计算：

$$D = 0.00288\sqrt{\frac{G \cdot d^{0.5}}{K \cdot \Delta p^{0.5}}} \quad \text{m} \qquad (6\text{-}1)$$

式中 G——混合液的流量，m^3/h；

d——混合液密度，kg/m^3；

K——流量系数，一般取 $K = 0.65$；

Δp——通过一块锐孔板的压力降，可取 $\Delta p = 0.014\text{MPa}$。

锐孔板板数：

$$n = \frac{\Delta p_s}{\Delta p}$$

式中，Δp_s 为混合器的总压力降。

锐孔板混合器立管直径可取为孔板孔径的2～10倍，相邻两孔板的间距可按立管内径的3倍左右选取。对易混合物料混合接触时间可取10～30s，对难混合物料可取50s，对酸、碱与苯类的混合物料可取20～30s。

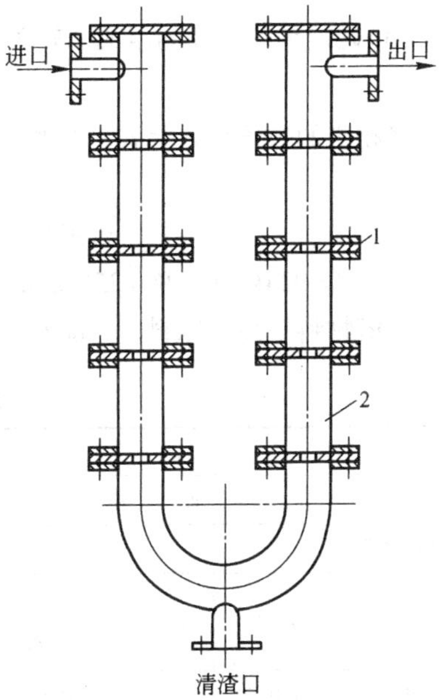

图6-12 锐孔板混合器

1—锐孔板；2—混合管

C 静态混合器

静态混合器的构造见图6-13。在两端带有法兰的管段内设置分割、导流元件，使流经的物料反复分割、叠

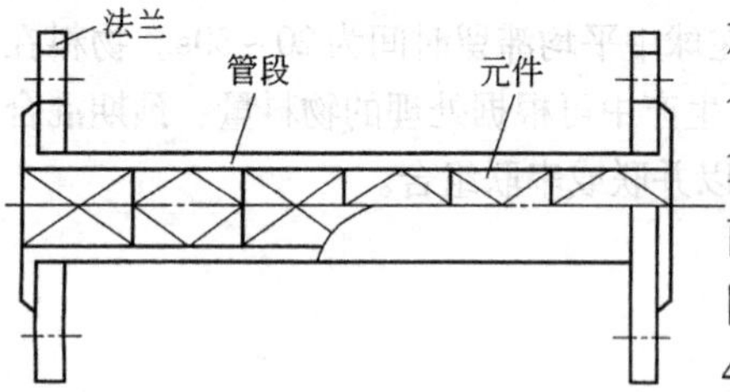

图 6-13　静态混合器

加、翻转、改变流向，物料接触界面不断更新而达到混合。在管段内设置的元件有两端互为90°的导板、扭转180°的叶片和互为120°的三条螺旋叶片等。管段的内截面积由流体力学计算决定。依物料性质和混合要求的不同，选取不同的雷诺数范围。每一管段内，一般设置4～8个元件(单元)，当单元数为 n 时，流体经混合后的分散相数为 2^n。静态混合器便于安装，占地少，适用范围广。管段的材质，根据物料特性可以选用碳钢、铸铁、不锈钢和衬以耐腐蚀材料的复合层碳钢管等。元件的材质多选用不锈钢、聚氯乙烯、聚四氟乙烯和陶瓷等。把静态混合器与喷射混合器组合使用，混合效果更好。

6.2.4.2　精馏塔

粗苯精制的精馏塔通常采用泡罩塔和浮阀塔，新建厂多采用浮阀塔。纯苯塔、甲苯塔和二甲苯塔的塔板数一般为30～35层。从二甲苯残油提取三甲苯的精馏塔塔板数约为85层。

吹苯塔为铸铁栅板塔，塔板数一般为20～22层。

粗苯精制精馏塔的塔板数可按多组分理想溶液的精馏计算方法来确定。由于这些精馏塔均无侧线产品，故可用比较简单的“关键组分法”(Fenske-Gillilana 法)计算。现以纯苯塔为例计算如下。

(1)原始数据

原料：处理量 1.18×10^3kg/h 轻苯。

组成(质量分数)：苯78%；甲苯16%；二甲苯4%；溶剂油2%。

纯苯产品组成(质量分数)：苯99.5%；甲苯小于0.5%。

纯苯残油组成(质量分数)：苯小于0.5%。

(2)选定关键组分。根据纯苯塔的生产条件，选定苯为轻关键组分(Ⅰ)，甲苯为重关键组分(Ⅱ)。

(3)确定纯苯残油的组成。轻关键组分的物料衡算式为：

$$Px_{\mathrm{p}} + Wx_{\mathrm{w}} = Fx_{\mathrm{f}}$$

将相应的数值代入上式，并和全塔物料衡算式联立求解：

$$P + W = 1.18\times10^3$$

$$0.995P + 0.005W = 1.18\times10^3\times0.78$$

得：$P=924$kg/h；$W=256$kg/h。

全塔物料平衡及原料、产品和残油的组成列于表6-10中。

表 6-10　纯苯塔物料平衡

组分名称	原料 kg/h	原料 kmol/h	原料 摩尔分数 x_{fi}	塔顶产品 kg/h	塔顶产品 kmol/h	塔顶产品 摩尔分数 x_{pi}	塔底产品 kg/h	塔底产品 kmol/h	塔底产品 摩尔分数 x_{wi}
苯	920.4	11.8	0.8142	919.38	11.787	0.9958	1.02	0.0131	0.00495
甲　苯	188.8	2.05	0.1415	4.62	0.0502	0.0042	184.18	2.0	0.755

续表 6-10

组分名称	物料								
	原料			塔顶产品			塔底产品		
	单位								
	kg/h	kmol/h	摩尔分数 x_{fi}	kg/h	kmol/h	摩尔分数 x_{pi}	kg/h	kmol/h	摩尔分数 x_{wi}
二甲苯	47.2	0.445	0.03071				47.2	0.445	0.1678
溶剂油	23.6	0.197	0.01359				23.6	0.197	0.0744
合计	1180	14.49	1.0	924	11.837	1.0	256	2.655	1.0

(4)最小回流比的计算。多组分系统精馏最小回流比常用的计算方法有柯尔本法与恩德渥德法。柯尔本法适用范围较广，较准确，但计算比较复杂。由于纯苯塔内各组分的相对挥发度变化较小，并可视为恒分子流动，故可采用恩德渥德法计算。计算过程如下：

1)按试差法由下式求解 θ 值

$$\sum_{i=1}^{n} \frac{\alpha_i x_{fi}}{\alpha_i - \theta} = 1 - q \tag{6-2}$$

式中 α_i——各组分的相对挥发度(以进料中最难挥发组分的相对挥发度为 1)，其计算温度选用进料层温度；

x_{fi}——进料中各组分的摩尔分数；

q——进料状态参数，

$$q = \frac{r + c_p(t_2 - t_1)}{r} = \frac{388.5 + 1.951 \times (90 - 30)}{388.5} = 1.30$$

r——在进料层温度下，进料的气化潜热，当进料层温度为 90℃时，$r = 388.5\text{kJ/kg}$；

c_p——在进料与进料层温度下，进料的平均比热容，$c_p = 1.951\text{kJ/(kg·K)}$；

θ——上述方程式的根，需用试差法计算确定。θ 值应选取介于轻、重关键组分的相对挥发度之间的值，即 $\alpha_{\text{I}} < \theta < \alpha_{\text{II}}$。经计算求得的 θ 值应尽可能满足式(6-2)，即只有很小的误差。

2)选用不同的 θ 值按式(6-2)计算，计算结果列于表 6-11。

表 6-11 计算结果

组分名称	项目								
	$t_f = 90$℃ 饱和蒸气压 p_0/kPa	相对挥发度 α_i	进料组分 x_{fi} 摩尔分数	$\alpha_i x_{fi}$	设 $\theta = 6.3$ $\alpha_i - \theta$	$\frac{\alpha_i x_{fi}}{\alpha_i - \theta}$	塔顶产品组成 x_{pi} 摩尔分数	$\alpha_i x_{pi}$	$\frac{\alpha_i x_{pi}}{\alpha_i - \theta}$
苯	135.06	14.48	0.8142	11.78	8.18	1.4401	0.9958	14.419	1.7627
甲苯	54.33	5.82	0.1415	0.8235	−0.48	−1.7156	0.0042	0.0244	0.05084
二甲苯	22.40	2.4	0.03071	0.0737	−3.9	−0.0189			
溶剂油	9.33	1	0.01359	0.01359	−5.3	−0.00256			
合计			1.0			−0.295			1.814

因 $q = 1.30$，则：

$$1 - q = 1 - 1.30 = -0.30$$

当设 $\theta = 6.3$ 时，试算求得：

$$\sum_{i=1}^{n} \frac{\alpha_i x_{fi}}{\alpha_i - \theta} = -0.295, \text{近于} -0.30, \text{故试算值可采用。}$$

3）按下式计算最小回流比 R_{min}：

$$R_{min} = \sum_{i=1}^{n} \frac{\alpha_i x_{pi}}{\alpha_i - \theta} - 1 = 1.814 - 1 = 0.814$$

（5）确定操作回流比 R（热回流比）。一般按经验选 $R = (1.2 \sim 2.0)R_{min}$，现取系数为 1.8，则操作回流比为：

$$R = 1.8 \times 0.814 \approx 1.5$$

（6）全回流下最小理论塔板数 N_{min} 的计算。多组分系统全回流时求最小理论塔板数的芬斯克方程为：

$$N_{min} = \frac{\lg\left[\left(\frac{x_{p\text{I}}}{x_{p\text{II}}}\right)\left(\frac{x_{w\text{II}}}{x_{w\text{I}}}\right)\right]}{\lg\alpha_{\text{I}\cdot\text{II}}} \tag{6-3}$$

式中 $\alpha_{\text{I}\cdot\text{II}}$——轻关键组分对重关键组分的平均相对挥发度，

$$\alpha_{\text{I}\cdot\text{II}} = \sqrt{\alpha_p \cdot \alpha_w} \tag{6-4}$$

α_p, α_w——塔顶及塔底条件下的轻关键组分对重关键组分的相对挥发度。

塔顶 $t_p = 80.8$℃，苯和甲苯的蒸气压分别为 $p_B = 102.52$kPa；$p_T = 41.06$kPa，则

$$\alpha_p = \frac{102.52}{41.06} = 2.5$$

塔底 $t_w = 126$℃，苯和甲苯的蒸气压分别为 $p_B = 345.04$kPa，$p_T = 159.85$kPa，则

$$\alpha_w = \frac{345.04}{159.85} = 2.2$$

$$\alpha_{\text{I}\cdot\text{II}} = \sqrt{2.5 \times 2.2} = 2.35$$

$$N_{min} = \frac{\lg\left[\left(\frac{0.9958}{0.0042}\right)\left(\frac{0.755}{0.00495}\right)\right]}{\lg 2.35}$$

$$N_{min} = 12.3 \text{ 块}$$

（7）全塔理论板数 N 和实际板数的确定。根据计算所得的 $\frac{R - R_{min}}{R + 1}$ 值查吉利兰图，可求得在操作回流比下的理论塔板数 N。

$$\frac{R - R_{min}}{R + 1} = \frac{1.5 - 0.814}{1 + 1.5} = 0.275$$

由图 6-14 查得相应的纵坐标值为：

$$\frac{N - N_{min}}{N + 1} = 0.395$$

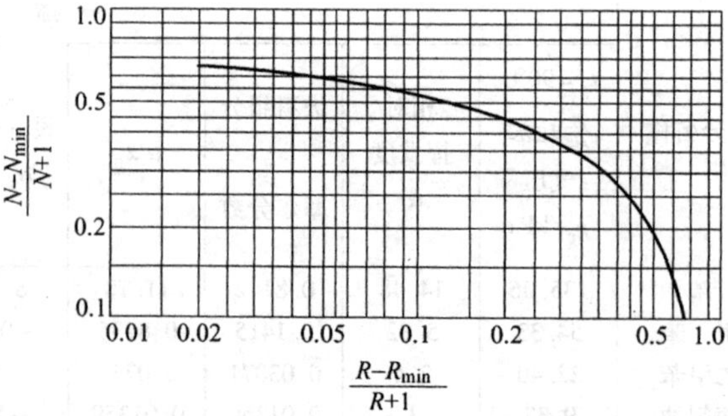

图 6-14 吉利兰关系图

$$\frac{N-12.3}{N+1}=0.395$$

由此得 $N=21$。

取塔板效率 $\eta=0.75$，则实际塔板数 $N_{实}=\frac{21}{0.75}=28$ 块。此塔板数内未计塔底再沸器(或蒸馏釜)所起的分离作用。

由于生产实际采用的是冷进料、冷回流，在进料板上进行传质过程的同时也进行传热过程，因此影响进料板甚至附近各板的塔板效率；由于进料板位置是随原料组成及塔顶、塔底产品及操作线等不同而异，在实际操作中不易使进料层组成完全符合原料组成，因此也影响塔板效率；操作中回流比也不是一成不变的，而回流比的波动会直接影响分离效率。鉴于上述情况，所以设计选取 $N_{实}=35$ 块。

(8)进料板位置的确定。适宜的进料板位置，应使板上液相组成接近于进料组成。精馏段的最小理论板数 N_{min} 也可由芬斯克方程算出：

$$N_{min}=\frac{\lg\left[\left(\frac{x_{p\,\mathrm{I}}}{x_{p\,\mathrm{II}}}\right)\left(\frac{x_{f\,\mathrm{II}}}{x_{f\,\mathrm{I}}}\right)\right]}{\lg\alpha_{\mathrm{I}\cdot\mathrm{II}}} \tag{6-5}$$

式中，$\alpha_{\mathrm{I}\cdot\mathrm{II}}=\sqrt{\alpha_p\cdot\alpha_f}$。

在进料板处 $t=90℃$，苯和甲苯的蒸气压分别为 $p_B=135.06\text{kPa}$，$p_T=54.33\text{kPa}$

$$\alpha_f=\frac{135.06}{54.33}=2.49;\quad \alpha_{\mathrm{I}\cdot\mathrm{II}}=\sqrt{2.5\times2.49}=2.495$$

则

$$N_{min}=\frac{\lg\left[\left(\frac{0.9958}{0.0042}\right)\left(\frac{0.1415}{0.8142}\right)\right]}{\lg2.495}=4.1$$

按操作回流比 $R=1.5$ 计算并由吉利兰图查得：

$$\frac{N'-4.1}{N'+1}=0.395$$

由此得纯苯塔精馏段的理论板数 $N'=8$ 块，实际塔板数 $N'_{实}=\frac{8}{0.75}=11$ 块。

对于 $N_{实}=35$ 块塔板的纯苯塔，精馏段的塔板数为 $11\times\frac{35}{28}\approx14$ 块，提馏段为 21 块。在实际生产操作中，由于设有数块进料板以便选用，故精馏段和提馏段的塔板数是有变动的。

6.3 催化加氢精制

6.3.1 催化加氢方法及加氢催化剂

6.3.1.1 催化加氢方法

轻苯加氢精制方法，按加氢反应温度，分为高温加氢、中温加氢和低温加氢。

高温加氢反应温度为 600 ~ 650℃，使用 Cr_2O_3-Al_2O_3 系催化剂。主要进行脱硫、脱氮、脱氧、加氢裂解和脱烷基等反应。裂解和脱烷基所生成的烷烃大多为 C_1、C_2 及 C_4 等低分子烷烃，因而在加氢油中沸点接近芳烃的非芳烃含量很少，仅0.4%左右。采用高效精馏法处理加氢油即可得到纯产品。莱托法高温催化加氢得到的纯苯，其结晶点可达5.5℃以上，纯度99.9%。

中温加氢反应温度为500～550℃，使用Cr_2O_3-MoO_2-Al_2O_3系催化剂。由于反应温度比高温加氢约低100℃，脱烷基反应和芳烃加氢裂解反应弱，因此与高温加氢相比，苯的产率低，苯残油量多，气体量和气体中低分子烃含量低。在加氢油的精制中，提取苯之后的残油可以再精馏提取甲苯。当苯、甲苯中饱和烃含量高时，可以采用萃取精馏分离出饱和烃。

低温加氢反应温度为350～380℃，使用CoO-MoO_2-Fe_2O_3系催化剂，主要进行脱硫、脱氮、脱氧和加氢饱和反应。由于低温加氢反应不够强烈，裂解反应很弱，所以加氢油中含有较多的饱和烃。用普通的精馏方法难以将芳烃中的饱和烃分离出来，需要采用共沸精馏、萃取精馏等方法，才能获得高纯度芳烃产品。

上述三种加氢方法的工艺流程基本相同。

6.3.1.2 催化加氢用催化剂

粗苯加氢用的催化剂由主催化剂、助催化剂和载体组成。

对主催化剂，要求具有一定的破坏C—S键的能力，对双烯键有选择性加氢饱和的能力，能尽量减少脱氢和聚合反应，具有抵抗有机硫化物、硫化氢、有机氮化物、金属钒和镍离子毒性的能力，具有抑制游离碳生成的能力。主催化剂即活性组分主要是元素周期表第Ⅷ族和第ⅥB族过渡元素，如铬、钼、钴、镍、钨、铂和钯等。选用钼-钴、钼-镍、镍-钴双金属体系搭配使用对脱噻吩的硫显示出最大的活性。

助催化剂有金属和金属氧化物，起到提高或控制活性组分催化能力的作用。

载体一般使用经成型、干燥和活化处理后的γ型氧化铝。

典型的轻苯加氢精制用催化剂的性质见表6-12。

表6-12 几种加氢用催化剂的特性

加氢类型	低温加氢		高温加氢	
研制厂	德国 BASF		美国 APCL 胡德利	
牌　号	M8-21	M8-12	Houdry	Houdry
催化剂	NiO-MoO_3 NiO～40% MoO_3～15% 担体 Al_2O_3	CoO-MoO_3 CoO～4% MoO_3～15.5% 担体 γAl_2O_3	CoO-MoO_3 担体 Al_2O_3	Cr_2O_3 Cr_2O_3 18%～20% 碱金属 0.2% 担体 Al_2O_3
平均堆密度/$g \cdot mL^{-1}$	0.66	0.67	0.529	0.929
比表面积/$m^2 \cdot g^{-1}$	～200	～200	—	200～250
使用寿命/a	≥5	≥5	4	5
充填的反应器	预反应器	主反应器	预反应器	主反应器

新制备出的催化剂，在未使用时，均为氧化态，活性不高，而且不稳定，选择性也差。为使催化剂在使用时有良好的加氢脱硫活性，需将制成的催化剂用反应炉进行预硫化处理。硫化剂可采用二硫化碳、硫醇、硫醚及含有少量硫化氢的氢气。预硫化后催化剂中的组分呈硫化态，如MoS_2和Co_9S_8等。

催化剂经长期使用，活性将逐渐下降，直至几乎完全失去活性。表面沉积聚合物或游离碳而失去活性的催化剂，经再生可以恢复活性。如活性不能继续再生恢复，则需更换新催化剂。一般情况下，催化剂的寿命为3～5年。

6.3.2 催化加氢的主要化学反应

6.3.2.1 高温加氢的主要化学反应

催化加氢净化是对轻苯或苯、甲苯和二甲苯混合馏分进行气相催化加氢，以将其中所含烯烃、环烯烃、噻吩等有机硫化物及吡啶等含氮化合物等杂质转化成相应的饱和烃而除去。在莱托法反应条件下，还发生苯的同系物加氢脱烷基反应，转化为苯及低分子烷烃。催化加氢的主要反应如下：

A 加氢脱硫

轻苯中的硫化物主要是噻吩及其同系物，噻吩类总质量分数约为1%。莱托法催化加氢几乎能使噻吩完全氢化分解，得到噻吩含量小于0.5mg/kg的苯类产品。加氢脱硫主要在莱托第一反应器中进行。

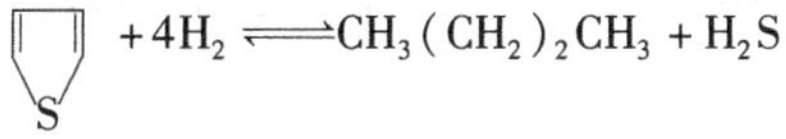

$$C_4H_9SH + H_2 \rightleftharpoons C_4H_{10} + H_2S$$

$$CS_2 + 4H_2 \rightleftharpoons CH_4 + 2H_2S$$

有机硫化物氢解的平衡常数随温度升高而降低，但由于平衡常数相当大，所以为增加有机硫化物的氢解速度，可以采用较高的操作温度，也不致因化学平衡的限制而影响脱硫效果。

有机硫化物氢解的难易程度取决于分子结构，噻吩的氢解比硫醚、二硫化碳和硫醇难，所以噻吩的氢解速度决定着整个原料油的脱硫速度。

B 不饱和烃的脱氢和加氢

轻苯中含有不饱和芳烃、烯烃和环烯烃，其中大部分在预加氢过程被加氢饱和，少部分在莱托反应条件下加氢和脱氢。

a 预反应加氢

预反应加氢是莱托反应正常进行的保护性加氢，属选择性加氢，主要脱除占轻苯质量分数约2%的苯乙烯及其同系物。

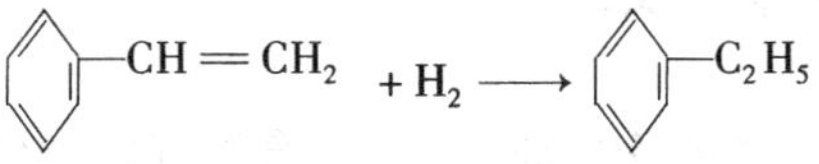

b 主反应加氢

主反应加氢主要进行环烯烃的加氢和脱氢而生成饱和芳烃。

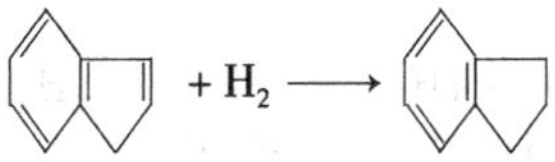

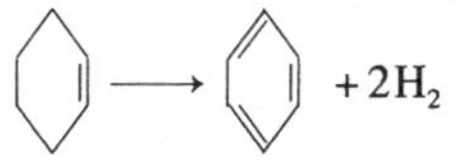

C 饱和烃的加氢裂解

轻苯中的饱和烃，主要是直链烷烃和环烷烃，莱托加氢使之裂解，转化为低碳分子的饱和烃而被分离出去。

$$C_6H_{12} + 3H_2 \longrightarrow 3C_2H_6$$

$$C_6H_{12} + 2H_2 \longrightarrow 2C_3H_8$$

$$C_7H_{16} + 2H_2 \longrightarrow 2C_2H_6 + C_3H_8$$

饱和烃的加氢裂解主要在莱托第一反应器中进行，它是提高苯产品质量的重要反应，氢主要消耗在这类反应上。加氢裂解是放热反应，由它产生的温升占第一反应器总温升的一半。

D 环烷烃的脱氢

饱和烃的加氢裂解，消耗相当数量的氢气，但在一定程度上又可以由脱氢反应得到补偿，大约可有50%的环烷烃由于脱氢而生成芳烃和氢气。

$$C_6H_{12} \longrightarrow C_6H_6 + 3H_2$$

$$C_{10}H_{12} \longrightarrow C_{10}H_8 + 2H_2$$

E 加氢脱烷基

苯的同系物将发生某些加氢脱烷基反应：

$$C_6H_5CH_3 + H_2 \longrightarrow C_6H_6 + CH_4 \quad \text{转化率 } 70\%$$

$$C_6H_4(CH_3)_2 + H_2 \longrightarrow C_6H_5CH_3 + CH_4$$

$$\hookrightarrow C_6H_6 + CH_4$$

$$C_6H_5C_2H_5 + H_2 \longrightarrow C_6H_6 + C_2H_6 \quad \text{转化率 } 95\%$$

也有如下反应：

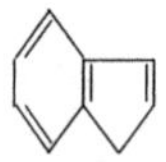

$$+ 2H_2 \longrightarrow C_6H_5CH_2CH_2CH_3 \xrightarrow{+H_2} C_6H_6 + C_3H_8$$

加氢脱烷基反应主要在莱托第二反应器进行。

F 加氢脱氮和脱氧

$$C_5H_5N + 5H_2 \longrightarrow CH_3(CH_2)_3CH_3 + NH_3$$

$$C_6H_5OH + H_2 \longrightarrow C_6H_6 + H_2O$$

G 芳烃的氢化及联苯的生成

$$C_6H_6 \underset{}{\overset{+3H_2}{\rightleftharpoons}} C_6H_{12} \overset{+2H_2}{\rightleftharpoons} 2C_3H_8$$

$$2C_6H_6 \rightleftharpoons C_6H_5C_6H_5 + H_2$$

这两种反应是非选择性反应，前者对产品纯度和结晶点有影响，后者是苯损失的原因。但反应是可逆的，在一定条件下便达到平衡。

6.3.2.2 低温加氢的主要化学反应

A 预反应加氢

预反应加氢是保护性加氢，属选择性加氢。当混合油气经过催化剂床层时，将烯烃、CS_2等易聚合的化合物在低温下加氢为饱和烃，以避免在后续工序中发生聚合反应，引发堵塞事故。预加氢反应例如下：

$$CS_2 + 4H_2 \longrightarrow 2H_2S + CH_4$$

$$C_2H_4 + H_2 \longrightarrow C_2H_6$$

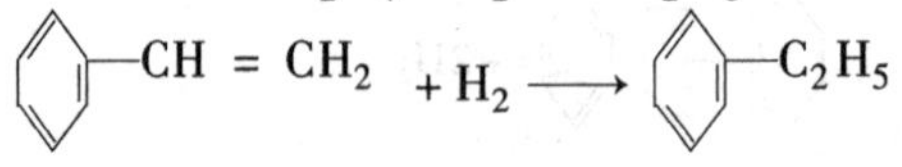

B 主反应加氢

预反应生成物经过催化剂床层时，主要发生含氧、氮、硫的化合物加氢转化为饱和烃、H_2S、H_2O和NH_3，并最大限度地抑制芳烃转化。主加氢反应例如下：

$$C_4H_4S + 4H_2 \longrightarrow H_2S + C_4H_{10}$$

$$C_2H_5SC_2H_5 + 2H_2 \longrightarrow H_2S + 2C_2H_6$$

$$C_4H_3SCH_3 + 4H_2 \longrightarrow H_2S + C_5H_{12}$$

$$C_5H_5N + 5H_2 \longrightarrow CH_3(CH_2)_3CH_3 + NH_3$$

$$C_6H_5OH + H_2 \longrightarrow C_6H_6 + H_2O$$

$$C_6H_6 + 3H_2 \longrightarrow C_6H_{12}$$

$$C_6H_5CH_3 + 3H_2 \longrightarrow C_6H_{11}CH_3$$

后两个反应是不希望发生的。

6.3.3 莱托法高温加氢工艺流程

以粗苯为原料的莱托法加氢工艺包括粗苯的预备蒸馏、轻苯加氢预处理，莱托加氢和苯精制工序组成，见图6-15。

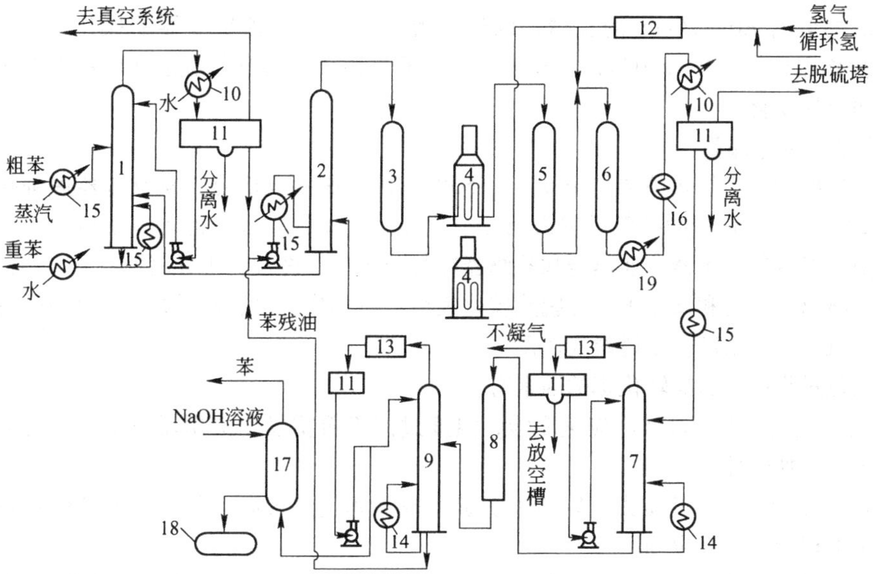

图6-15 轻苯高温加氢工艺流程

1—预蒸馏塔；2—蒸发器；3—预反应器；4—管式加热炉；5—第一反应器；6—第二反应器；7—稳定塔；8—白土塔；9—苯塔；10—冷凝冷却器；11—分离器；12—冷却器；13—凝缩器；14—重沸器；15—预热器；16—热交换器；17—碱洗槽；18—中和槽；19—蒸汽发生器

6.3.3.1 粗苯预备蒸馏

粗苯的预备蒸馏是将粗苯在预蒸馏器中分馏为轻苯和重苯。轻苯作为加氢原料，一般控制C_9以上的化合物质量分数小于0.15%。这不仅降低了催化剂的负荷，而且还保护了生产古马隆树脂的原料资源。

经预热到90~95℃的粗苯进入预蒸馏器，在约26.7kPa的绝对压力下进行分馏。塔顶蒸气温度控制不高于60℃，逸出的油气经冷凝冷却至40℃进入油水分离器，分离出水的轻苯，小部分作为回流，大部分送入加氢装置。塔底重苯经冷却至60℃送往贮槽。

6.3.3.2 轻苯加氢预处理

A 轻苯的加热气化

轻苯的加热气化在蒸发器内进行。蒸发器为钢制立式中空圆筒形设备，底部装有氢气喷雾器。

轻苯用高压泵送经预热器预热至120~150℃后进入蒸发器，液位控制在筒体的$\frac{1}{3}$~$\frac{1}{2}$高度。经过净化的纯度约为80%的循环氢气与补充氢气混合后，约有一半氢气进入管式炉，加热至约400℃后送入蒸发器底部喷雾器。

蒸发器内操作压力为5.8～5.9MPa，操作温度约为232℃。在此条件下，轻苯在高温氢气保护下被蒸吹，大大减少了热聚合，器底排出的残油量仅为轻苯质量的1%～3%，含苯类约65%，经过滤后，返回预蒸馏塔。

B　轻苯预加氢

预加氢的目的是通过催化加氢脱除约占轻苯质量2%的苯乙烯及其同系物。因为这类不饱和化合物热稳定性差，在高温条件下易聚合。这不但能引起设备和管路的堵塞，还会使莱托反应器催化剂比表面积降低，活性下降。

由蒸发器顶部排出的芳烃蒸气和氢气的混合物进入预反应器，于此进行选择性加氢。预反应器为立式圆筒形，内填充ϕ3.2mm，$L/D=1.4$的圆柱形$CoO\text{-}MoO_3/Al_2O_3$催化剂。在催化剂上部和下部均装有ϕ6～20mm的瓷球，以使气源分布均匀。预反应器的操作压力为5.8～5.9MPa，操作温度为200～250℃，温升不大于25℃。预反应器操作温度随原料油中苯乙烯含量的多少而有所变化。

6.3.3.3　莱托加氢

预加氢后的油气经加热炉加热至600～650℃，进入第一反应器，从反应器底部排出的油气温升约17℃，加入适量的冷氢后进入第二反应器，在此完成最后的加氢反应。由第二反应器排出的油气经蒸气发生器、换热器和凝缩器冷凝冷却后，进入高压分离器。分离出的液体为加氢油，分离出的氢气和低分子烃类脱除硫化氢后，一部分送往加氢系统，一部分送往转化制氢系统制取氢气，剩余部分做燃料气使用。

在主加氢过程中，影响转化率的因素有：

（1）反应温度。温度过低反应速度慢，温度过高不希望发生的副反应加剧，可采取控制送入的冷氢气量加以控制。

（2）反应压力。适当的压力可以使噻吩硫的脱除率达到最高，并且能抑制催化剂床层的积炭，防止出现芳烃加氢裂解反应。

（3）进料速度。决定物料在反应器中的滞留时间。滞留时间与催化剂的性能有密切关系，性能优异的催化剂可以大大缩短物料滞留时间。

（4）氢气与轻苯的摩尔比值。操作中此值必须大于化学计量比值，以防止生成高沸点聚合物和结焦。

6.3.3.4　苯精制

苯精制的目的是使加氢油通过稳定塔系、白土塔系、苯蒸馏塔系和产品的碱洗涤处理，得到合格的特级苯。

A　稳定处理

由高压闪蒸分离器出来的加氢油，在预热器换热升温至120℃后入稳定塔。稳定塔顶压力约为0.81MPa，温度为155～158℃。用加压蒸馏的方法将在高压闪蒸器中没有闪蒸出去的H_2、小于C_4的烃及少量H_2S等组分分离出去，使加氢油得到净化。另外，加压蒸馏可以得到温度高的（179～182℃）塔底馏出物，以此作为白土精制系统的进料，可使白土活性充分发挥。

稳定塔顶馏出物经冷凝冷却进入分离器，分离出的油作为塔顶回流，未凝气体再经凝缩，分离出苯后外送处理。

B　白土吸附处理

经稳定塔处理后的加氢油，尚含有一些痕量烯烃、高沸点芳烃及微量H_2S。通过白土吸附处理，可进一步除去这些杂质。

白土塔内充填有以 SiO_2 和 Al_2O_3 为主要成分的活性白土。其真密度为 2.4g/mL；比表面积 $200m^2/g$；孔隙体积 280mL/g。白土塔操作温度为 180℃，操作压力约为 0.15MPa。白土可用水蒸气吹扫进行再生，以恢复其活性。

C 苯精馏

经过白土塔净化后的加氢油，经调节阀减压后温度约为 104℃进入苯塔。苯塔为筛板塔，塔顶压力控制为 41.2kPa，温度为 92 ~ 95℃。纯苯蒸气由塔顶馏出，经冷凝冷却至约 40℃后入分离器。分离出的液体苯一部分作回流，其余送入碱处理槽，用质量分数 10% 的 NaOH 溶液去除其中微量的 H_2S 后，苯产品纯度达 99.9%，凝固点大于 5.45℃，每 1kg 苯全硫低于 1mg。分离出的不凝性气体，可以做燃料气使用。苯塔底部排出的苯残油，返回轻苯贮槽，重新进行加氢处理。

6.3.4 莫菲兰法低温加氢工艺流程

以粗苯和轻苯各半的混合油为原料的莫菲兰法加氢工艺包括混合油加氢、预蒸馏、萃取蒸馏和二甲苯蒸馏工序组成。

6.3.4.1 混合油加氢

混合油首先在多段蒸发器内进行气化，得到的混合气再去加氢。其工艺流程见图 6-16。

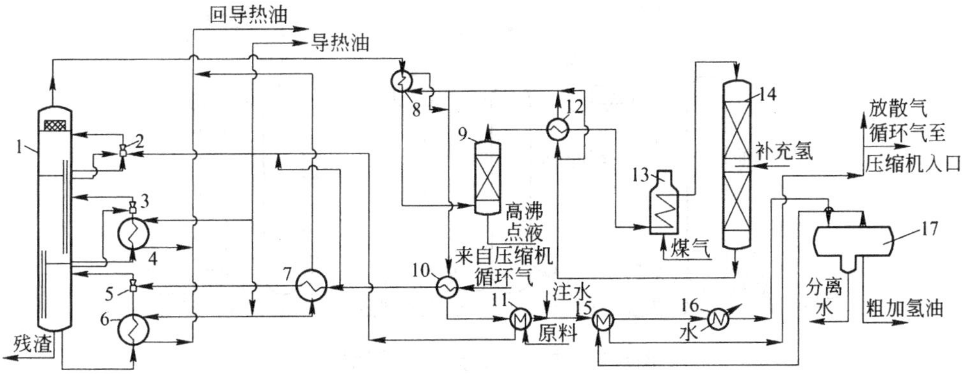

图 6-16 低温加氢工艺流程

1—多段蒸发器；2—喷嘴 3；3—喷嘴 2；4—二段重沸器；5—喷嘴 1；6——段重沸器；7—循环气体预热器；8—换热器；9—预反应器；10—循环气体加热器；11—预蒸发器；12—预反应生成物换热器；13—加热炉；14—主反应器；15—排气加热器；16—主反应生成物冷却器；17—分离器

多段蒸发器分上、中、下三段。混合油经过滤除去颗粒状聚合物后，再由泵加压并与少部分富氢循环气混合，一起与主反应生成物换热升温至 139 ~ 150℃进入上段喷嘴，在此与中段的油气及上段塔板的混合油混合，经喷嘴入器内。气化的油气经捕雾层排出，作为加氢的原料气。上段未气化的混合油经降液管流入中段塔板，再经重沸器进入中段喷嘴与下段的油气混合后进入器内。中段未气化的混合油经降液管流入蒸发器底部，经重沸器进入下段喷嘴与预热到 200 ~ 250℃的循环气体混合后进入器内。利用喷嘴循环气液混合物，有利于混合油的气化，同时也减轻了热聚合。

多段蒸发器顶部温度 200℃，底部温度 210℃，底部压力 3 ~ 3.5MPa。

由多段蒸发器排出的油气与主反应器生成物换热到 180 ~ 230℃进入预反应器，经催化剂床层完成烯烃加氢饱和反应后，与主反应生成物换热，然后从顶部进入主反应器，经催化剂床层完成加氢脱硫、氧、氮化合物反应，抑制芳烃脱烷基反应。出主反应器的生成物依次与预反应生成物、蒸发油气、循环气体、混合油及排气换热后，经冷却至35～50℃进入分离器，在此得到粗加氢油。分离出来的含氢循环气经预热排至压缩机入口，然后循环至多段蒸发器及加氢系统。

在预蒸发器后由定量泵间断地向主反应生成物中注入锅炉给水，以溶解析出的NH_4Cl及NH_4HS等盐类。补充氢由主反应器催化剂上下床之间进入，其作用一是除去氢气中的氧，二是降低因催化反应而引起的升温，避免发生聚合反应。

主反应器加热炉在主反应器开工、主反应器正常运转需补充热量及催化剂再生时运转。

预反应器和主反应器的温度依催化剂的活性变化而改变。一般预反应器的温度在195～245℃，压力3～4MPa；主反应器的温度在280～355℃，压力3～4MPa；分离器压力2.4～2.9MPa；补充氢和循环气体压力均为3.5MPa。

6.3.4.2 加氢油预蒸馏

加氢油预蒸馏工艺流程见图6-17。粗加氢油首先进入稳定塔汽提出溶解在其中的不凝性气体（H_2、N_2、NH_3、H_2S等）。为了减少苯类产品损失，又最大限度地蒸出不凝性气体，稳定塔采用加压操作。稳定塔顶压力0.5MPa，塔底压力0.53MPa；稳定塔顶温度88℃，塔底温度155℃。

由稳定塔底得到的净加氢油送至预蒸馏塔进行常压蒸馏。塔顶分馏出的苯-甲苯馏分作为萃取蒸馏的原料，塔底残油送至二甲苯塔以制取二甲苯和溶剂油。预蒸馏塔塔顶温度97℃，塔底温度180℃；预蒸馏塔塔顶压力0.04MPa，塔底压力0.09MPa。

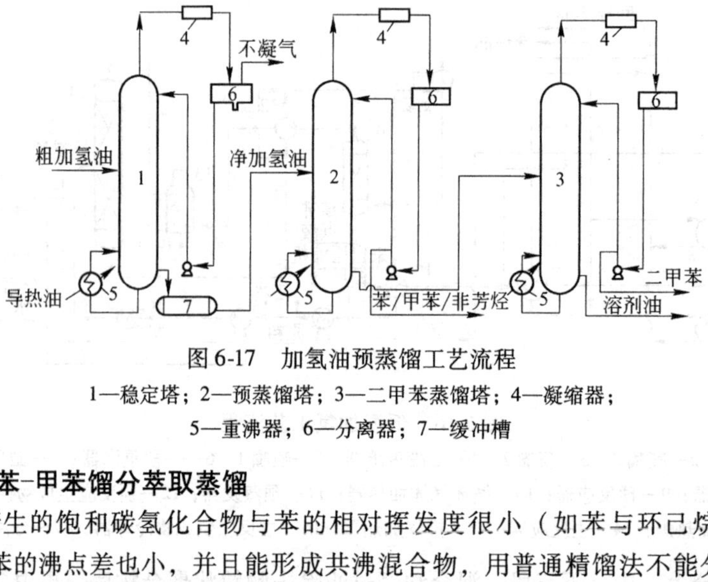

图6-17 加氢油预蒸馏工艺流程

1—稳定塔；2—预蒸馏塔；3—二甲苯蒸馏塔；4—凝缩器；5—重沸器；6—分离器；7—缓冲槽

6.3.4.3 苯-甲苯馏分萃取蒸馏

低温加氢产生的饱和碳氢化合物与苯的相对挥发度很小（如苯与环己烷的相对挥发度$\alpha_p = 1.15$），与苯的沸点差也小，并且能形成共沸混合物，用普通精馏法不能分离，这将使苯的结晶点、密度和折射率降低，严重影响其质量。因此，必须采用萃取蒸馏的方法才能得到苯的纯产品。萃取蒸馏的关键是选择萃取剂，本工艺选择N-甲酰吗啉。N-甲酰吗啉加入苯-甲苯馏分中，提高了非芳烃与芳烃之间的相对挥发度，对苯类是良好的溶剂，沸点较高（243℃），与待分离组分不形成恒沸物，热稳定性和化学稳定性较好，循环使用过程损失小。也有采用环丁砜和N-甲基吡咯烷酮作萃取剂的。

苯-甲苯萃取蒸馏的工艺流程见图6-18。苯-甲苯-非芳烃馏分由萃取塔的中部进入，N-甲酰吗啉由塔上部进入，在流经上部填料段过程中，完成了液-液萃取操作，同时净化了由塔顶排出的非芳烃气体。物料经塔下部的浮阀塔盘完成蒸馏过程，塔底排出富溶剂油。萃取塔顶温度90℃，塔底温度175℃；萃取塔塔顶压力0.2MPa，塔底压力1.55MPa。

萃取塔顶部逸出的含少量溶剂的非芳烃气体进入填料溶剂回收塔，从塔顶分馏出非芳烃，

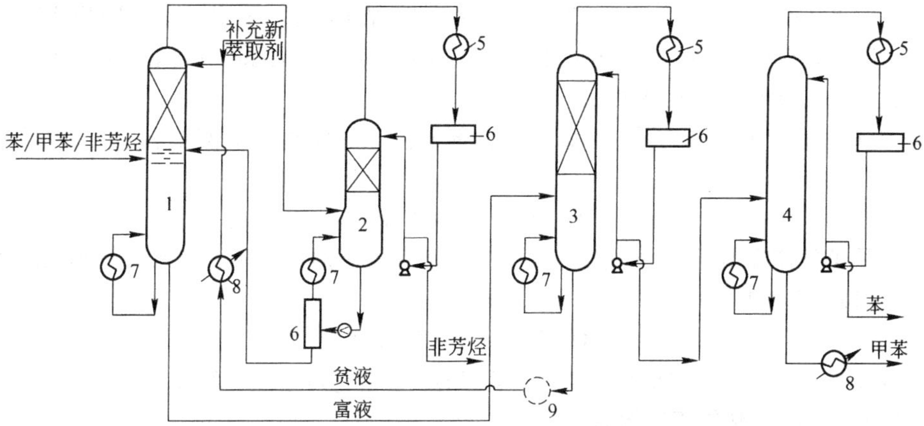

图 6-18　苯-甲苯馏分萃取蒸馏工艺流程

1—萃取塔；2—溶剂回收塔；3—汽提塔；4—苯-甲苯蒸馏塔；5—凝缩器；
6—分离器；7—重沸器；8—冷却器；9—代表塔底重沸器

塔底油经分离器分为轻相和重相。轻相含非芳烃和芳烃，强制循环返回溶剂回收塔底部，重相含少量溶剂和芳烃返回萃取塔填料的下部。溶剂回收塔塔顶温度 79℃，塔底温度 151℃。

萃取塔底排出的富液进入汽提塔下段，塔顶采出苯-甲苯馏分，塔底排出贫液。贫液经换热和冷却后进入萃取塔。汽提塔顶温度 56℃，塔底温度 185℃；汽提塔顶压力 -0.005MPa，塔底压力 -0.05MPa。为了去除萃取剂在循环使用中形成的高聚物及混入的铁锈等固体颗粒，从汽提塔底间歇定量地引入再生槽进行减压蒸馏，再生温度 200℃。

由汽提塔得到的苯-甲苯馏分送入蒸馏塔，塔顶采出纯苯，塔底采出甲苯。蒸馏塔顶温度 85℃，塔底温度 128℃；蒸馏塔顶压力 0.03MPa，塔底压力 0.06MPa。

6.3.5　转化法制取加氢用氢气

6.3.5.1　转化法制氢基本原理

制氢的原料气是轻苯加氢的尾气。尾气组成（体积分数）：H_2S 0.6%；苯类化合物 10%；$C_1 \sim C_4$ 化合物大于 70%；$H_2$14%。要使这种原料气转化为 H_2 含量大于 99% 的加氢用氢气，必须经过预处理、水蒸气重整和一氧化碳转换。

A　预处理

a　脱硫化氢

原料气中的 H_2S 易使重整和转换过程的催化剂中毒，且腐蚀设备，需先予以脱除。脱除方法有单乙醇胺法和氧化锌法。

单乙醇胺法是用单乙醇胺做吸收剂，在高压低温条件下吸收原料气中的 H_2S，生成硫化乙醇胺，再在低压高温条件下，使硫化乙醇胺分解为 H_2S 和单乙醇胺，再生后的单乙醇胺循环使用。反应如下：

$$H_2S + 2NH_2C_2H_4OH \rightleftharpoons (NH_3C_2H_4OH)_2S$$

氧化锌法是在 380℃ 和 2.1MPa 压力下脱除原料气中的 H_2S。反应如下：

$$H_2S + ZnO \longrightarrow ZnS + H_2O$$

经过上述处理，原料气中的 H_2S 可以降至 $1mL/m^3$ 以下。

b　脱苯

原料气中含有苯，会在加热炉中受热分解，导致炉管结焦堵塞。采用加氢油精制系统的苯残油作吸收剂，吸收原料气中的苯后，再返回加氢油精制系统。经脱苯后原料气含苯在1mL/L以下。

B　水蒸气重整和一氧化碳转换

在约800℃和2.1MPa压力下，以镍系催化剂催化，用水蒸气重整原料气中的甲烷，其反应如下：

$$CH_4 + H_2O \rightleftharpoons CO + 3H_2$$

将重整后的气体降温至360℃左右，再在铁-铬系催化剂作用下，用水蒸气使CO转换为H_2和CO_2，其反应如下：

$$CO + H_2O \rightleftharpoons CO_2 + H_2$$

轻苯催化加氢的尾气经重整和转换后，氢气的质量含量可增加3倍多。

6.3.5.2　转化法制氢工艺流程

转化法制氢工艺流程见图6-19。由高压分离器来的加氢分离气体，进入脱硫塔底部，塔底压力约5.18MPa，操作温度约55℃。塔顶喷洒质量分数13%～15%的单乙醇胺水溶液，吸收上升气体中的H_2S，出塔气体H_2S含量约4mL/m^3。脱除H_2S后的气体，90%作为加氢用的循环气体，其余作为制氢原料气进入吸苯塔，用加氢油精制系统的苯残油吸收原料气中的苯。从吸苯塔顶排出的约43℃的原料气冷凝冷却至10℃进入分离器，在此分离出的苯冷凝液与吸苯塔底排出的苯洗净液汇合，返回加氢油精制系统的稳定塔。分液后的原料气经改质炉对流段被加热到380℃，进入脱硫反应器。从脱硫反应器出来的气体与压力为2.4MPa的水蒸气混合进入改质炉辐射段，在此完成甲烷重整反应。出辐射段的重整气温度为790～800℃，压力为2.15MPa，经蒸汽发生器回收热量后，温度降至360℃进入CO转换反应器。出转换反应器温度为380～390℃的转换气经过冷凝冷却，最终温度降到40℃，分离出冷凝液后，作为变压吸附法制取高纯氢的原料气。

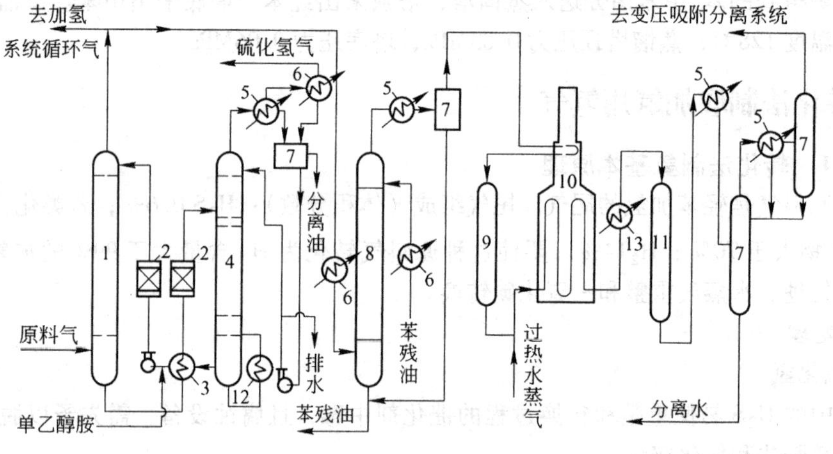

图6-19　转化制氢工艺流程

1—脱硫塔；2—过滤器；3—换热器；4—解吸塔；5—凝缩器；6—冷却器；7—分离器；8—吸苯塔；9—脱硫反应器；10—改质炉；11—转换反应器；12—重沸器；13—蒸汽发生器

由脱硫塔底排出的硫化乙醇胺进入解吸塔，进行蒸馏解吸。塔顶温度约为112℃，塔顶压力为0.06MPa。解吸出的H_2S气体送往焦炉煤气净化系统，再生的单乙醇胺溶液循环使用。

6.3.5.3　变压吸附法分离氢气

经重整和转换后的反应气体，经冷却后进入吸附塔，吸附塔内充填对不同气体有不同吸附能力的吸附剂。很多吸附剂对氢气的吸附能力很弱，加之氢分子的体积又最小，所以在加压吸附时，混合气体中除氢气之外的所有其他气体均被吸附，只有氢气能穿过吸附剂，从而得到高纯氢。

吸附剂对某组分的平衡吸附量随被吸附组分分压的升高而增加。在减压时，被吸附的组分解吸出来，使吸附剂恢复到初始状态。

吸附塔内填充的吸附剂有吸附水汽的活性氧化铝、吸附 CO 和 CH_4 的分子筛和吸附 CO_2 的活性炭。出吸附塔气体 H_2 的体积分数为 99.9%。

变压吸附法分离制氢工艺包括吸附、均压、顺向放压、逆向放压、冲洗、升压和最终升压等环节。以上诸环节顺序进行并反复循环，得到的氢气大部分作为产品，少量用于并联操作床层的最终充压。均压是待吸附床中吸附剂的吸附量趋于饱和，氢气纯度将下降时，停止向吸附床送原料气并做顺向多级降压。降压时放出的氢气，用于其他并联吸附床的升压。顺向放压是由吸附床出口端继续降压。降压时排出的氢气，用于冲洗已完成逆向放压的并联吸附床。逆向放压是由吸附床原料气入口处排出床内气体，降低压力，使被吸附的杂质脱附并排出吸附床。冲洗则是由吸附床气体出口送入氢气，氢气来自并联的吸附床顺向放压时的排出气。氢气逆向地流过吸附剂对床层进行冲洗，排出被吸附的杂质，使吸附剂得到再生。升压是逐级送入吸附床均压时排出的氢气，使已再生的吸附床升压。接着进行最终升压，将产品氢气送入吸附床，使吸附床内压力上升到过程的最高压力，为吸附床转入吸附阶段做准备。至此，吸附床完成了一个吸附与再生的循环过程。变压吸附法分离制氢的生产装置，有三床式、四床式和多床式（6~12 床）。

6.3.6 催化加氢精制的主要设备

6.3.6.1 加氢反应器

加氢反应器的构造见图 6-20，它是由两端带有半球形封头的胴体构成，内衬板由隔热层和保护层组成。反应器内依次填充氧化铝球和催化剂。物料进入反应器后，经缓冲器、油气分布筛、催化剂床层到油气排出拦筐后离开。轻苯催化加氢反应是在较高温度和压力下进行的，所以反应器的强度应按照压力容器设计。反应器的容积则以单位体积催化剂在单位时间内处理的物料体积（即空间速度）为计算依据。空间速度低时，物料在催化剂床层中的停留时间长，反应率高，但裂解反应也加剧；空间速度高时，物料在催化剂床层中的停留时间短，处理能力大，但反应不彻底。空间速度与催化剂的性能和对加氢生成物的质量要求等因素有关，需要经过试验和生产实践确定。为防止反应器在长期使用中，因隔热层损坏引起胴体局部过热而造成事故，需要在反应器外壁涂上示温变色漆，以便随时进行监视。

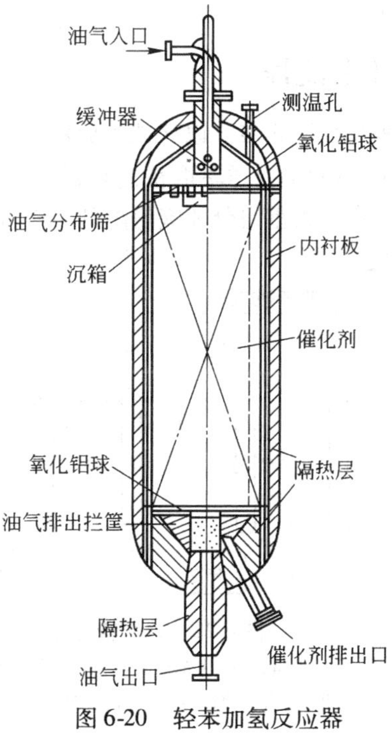

图 6-20 轻苯加氢反应器

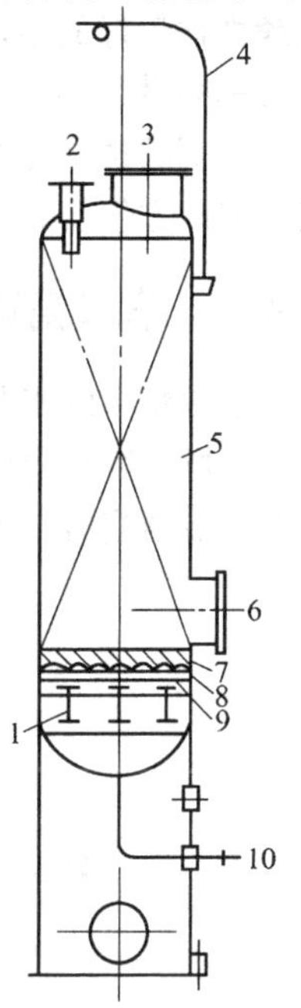

图 6-21 白土塔

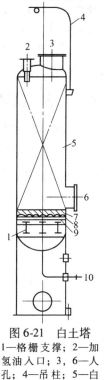

1—格栅支撑；2—加氢油入口；3，6—人孔；4—吊柱；5—白土；7—支承白土层；8—金属网；9—格栅；10—加氢油出口

6.3.6.2 白土吸附塔

白土吸附塔的构造见图 6-21，它

的塔体由碳钢制作，塔体内底部设有格栅和金属网，金属网上填充活性白土。加氢油在塔内的空间速度以0.8m/s为宜。

6.4 萃取精馏

1975年以来，前苏联焦化工作者进行的一系列研究工作表明，对于深度净化苯中饱和烃和噻吩杂质最有前途的方法是萃取精馏法。天津大学和北京石油化工学院采用萃取精馏法制备苯类产品和噻吩，所做的研究工作表明，该法除了能回收噻吩外，减少了因大量酸洗而造成苯的损失，酸焦油生成量减少，环境得到改善。

6.4.1 萃取精馏的溶剂

苯-噻吩物系接近理想物系，服从拉乌尔定律。在常压下苯和噻吩的沸点只相差4.1℃，其相对挥发度为1.1~1.13，显然，用普通的精馏法很难进行分离。如果向苯-噻吩溶液中加一种溶剂，由于该溶剂与原有两个组分之间相互作用的不同，因而使得它们的相对挥发度发生了变化，而且溶剂的沸点又比原有任一组分都高，因而将随釜液离开精馏塔，实现了萃取精馏。

选择的溶剂应具有高的选择性。由苯-噻吩与极性溶剂形成的体系，溶剂的选择性取决于溶剂分子的外电子层的π电子与苯和噻吩分别形成稳定程度不同的π-络合物的能力，使得苯比噻吩的挥发度降低。在溶剂浓度接近85%~90%（摩尔）时，使用N，N-二甲基甲酰胺，苯-噻吩的相对挥发度$\alpha_p=1.45\sim1.5$，使用N-甲基吡咯烷酮$\alpha_p=1.40\sim1.45$。根据文献报道选择性比较好的溶剂有N，N-二甲基甲酰胺，N-甲基吡咯烷酮、单乙醇胺、1，2-乙二胺、N-甲酰基吗啉、环丁砜、甘醇等。

溶剂的选择除具有高的选择性外，还应满足使用安全无毒、不腐蚀、热稳定性好、价格便宜、来源方便及易于再生等要求。

6.4.2 萃取精馏的工艺流程

萃取精馏的工艺流程见简图6-22。以轻苯为原料，首先经初馏塔切取头馏分，塔底液进入苯蒸馏塔，塔顶得到的苯-噻吩馏分送萃取精馏装置。在该馏分中要求甲苯含量尽可能低，否则在萃取精馏时，甲苯也会作为重组分随噻吩溶剂一起自塔底引出，增加了溶剂回收和噻吩精

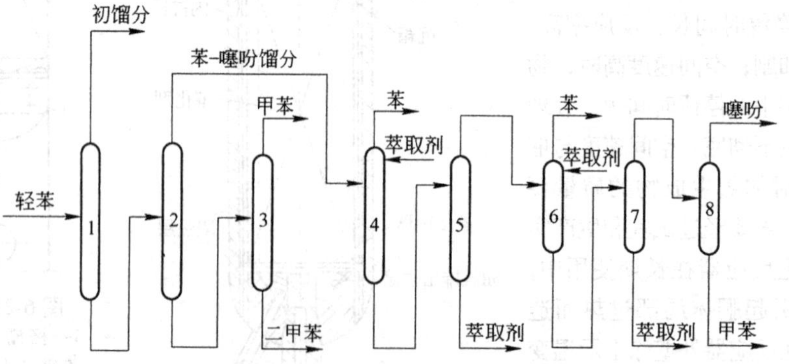

图6-22 萃取精馏工艺流程

1—初馏塔；2—苯塔；3—甲苯塔；4—第一萃取精馏塔；5—第一蒸出塔；6—第二萃取精馏塔；7—第二蒸出塔；8—噻吩精馏塔

制的困难。苯蒸馏塔塔底液送入甲苯塔，塔顶切取甲苯，塔底液为二甲苯。在苯蒸馏塔得到的苯-噻吩馏分送入第一萃取精馏塔，塔顶切取苯，塔底液送入第一蒸出塔。第一蒸出塔塔顶切取质量分数约30%的噻吩馏分，塔底为萃取溶剂。从第一蒸出塔得到的噻吩馏分送入第二萃取精馏塔，塔顶切取苯馏分，然后返回第一萃取精馏塔，塔底液送入第二蒸出塔。从第二蒸出塔顶切取的噻吩馏分送入噻吩精馏塔，则得到质量分数高于98%的噻吩产品。从蒸出塔底排出的萃取溶剂循环使用。苯和甲苯可以单独进行酸洗去除不饱和化合物。

6.5 初馏分的加工

以初馏分为原料可以生产环戊二烯、二聚环戊二烯和工业二硫化碳。这几种化合物的主要物理性质见表6-13。

表6-13 环戊二烯和二硫化碳的物理性质

名　称	相对分子质量	沸点/℃	熔点/℃	密度(20℃)/g·mL^{-1}	折射率
环戊二烯 C_5H_6	66	42.5	-85	0.8074	1.4446(18.5℃)
二聚环戊二烯 $C_{10}H_{12}$	132	168	32.5	0.9768	1.5050(35℃)
二硫化碳 CS_2	76.1	46.25	-111.6	1.2927	1.6315(15℃)

环戊二烯同橄榄油、桐油和亚麻仁油等在溶剂中催化聚合，得到的聚合物可以用于生产薄膜。环戊二烯与过渡金属的盐，在二甲基亚砜-乙二醇二甲醚的碱性溶液中发生反应，生成的二茂铁可以作火箭燃料添加剂、汽油抗震剂、硅树脂及橡胶的熟化剂和紫外线的吸收剂。

二硫化碳是硫、磷、樟脑、树脂、蜡、橡胶和油脂等的良好溶剂，也是许多有机物进行红外光谱测定和氢质子核磁共振光谱测定用的溶剂。二硫化碳可用于合成四氯化碳、橡胶硫化促进剂、杀虫剂和局部刺激剂等。

6.5.1 初馏分的组成及性质

初馏分的组成是依轻苯原料的组成、初馏塔的操作、贮存时间及气温条件等而定，一般波动范围很大，见表6-3。

初馏分的组成很复杂，用色谱法分析，发现约含40种组分。初馏分中的环戊二烯的资源含量与初馏塔的操作制度有很大关系，国外焦化工作者曾对初馏塔进行了生产标定，其操作条件为回流比0.5~0.6(对原料)，塔底温度88℃，塔顶温度62℃，初馏分提取率1%~4%。测定结果如表6-14所示。

表6-14 初馏塔生产标定结果 %

项　目	结　果			
初馏分提取率(占粗苯质量)	0.96	1.92	2.88	3.85
初馏分中组分质量分数				
环戊二烯	32.5	21.5	16.5	12.8
二聚环戊二烯	1.70	1.40	1.10	0.95
初馏分中环戊二烯和二聚环戊二烯的集中度	40.4	51.5	62.0	64.9

环戊二烯由于分子中具有共轭双键及亚甲基上活泼的氢原子而具有较高的反应能力，因此在粗苯加工过程和初馏分贮存期间，部分环戊二烯将发生聚合反应。聚合程度与馏分中环戊二烯含量、聚合温度和时间有关系，见图6-23。

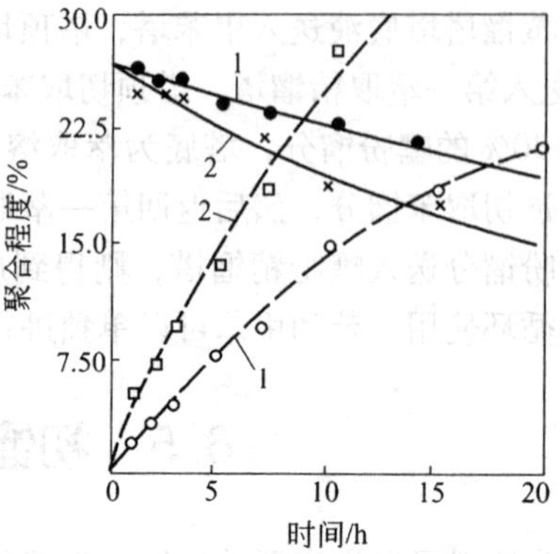

图6-23 环戊二烯的聚合程度与时间的关系
实线—环戊二烯含量；虚线—环戊二烯的聚合量
1—温度为25℃；2—温度为35℃

由于环戊二烯容易发生聚合，二硫化碳与环戊二烯沸点又很接近，所以用精馏的方法很难获得纯度较高的二硫化碳和环戊二烯产品。初馏分的加工方法主要采用热聚合法。

6.5.2 热聚合法生产二聚环戊二烯

热聚合法的理论依据是环戊二烯在加热时能聚合生成二聚环戊二烯，其反应式为：

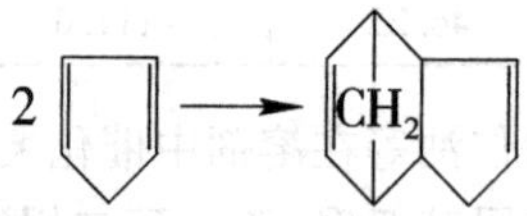

环戊二烯的聚合过程在室温下即开始发生，在提高温度时反应显著加快。当温度超过115℃则发生解聚反应，二聚物又变为单体环戊二烯，同时还会形成三聚物和四聚物。

已知二聚环戊二烯有两种形式：α型和β型。室温下只形成α型二聚环戊二烯，在较高温度下则α、β型同时形成。α型二聚物在100℃即开始解聚形成单体，到170℃解聚结束。β型二聚环戊二烯解聚反应还不清楚。因此聚合温度控制在60~80℃，以防因温度过高引起突然解聚而发生爆沸。二聚环戊二烯的沸点为168℃，当精馏热聚合后的初馏分时，二聚物呈釜底残液被分离出来。

热聚合法的间歇操作工艺流程见图6-24。高位槽内的初馏分直接装釜或满流至原料槽后用泵打入聚合釜。釜内用间接蒸汽加热，聚合时间约16~20h。聚合操作完成后进行精馏，先切取前馏分入前馏分槽，此时仅少量回流液回塔，然后切取苯馏分，经控制分离器后至轻苯贮槽。精馏结束后，釜内液体即为二聚体，用泵送经冷却套管冷却后至二聚体槽，其操作制度见表6-15。

表6-15 初馏分热聚合操作制度

阶 段	项 目			
	釜底温度/℃	釜压/MPa	加热用蒸汽压/MPa	提取率/%
热聚合	60~80	0.02~0.03	0.01~0.1	
切前馏分	80	0.04	<0.6	10
切苯馏分	80~120	0.04	<0.7	30
釜底二聚体	120			20~30

聚合操作完成后的精馏过程也可提取如表6-16所示的各种馏分。

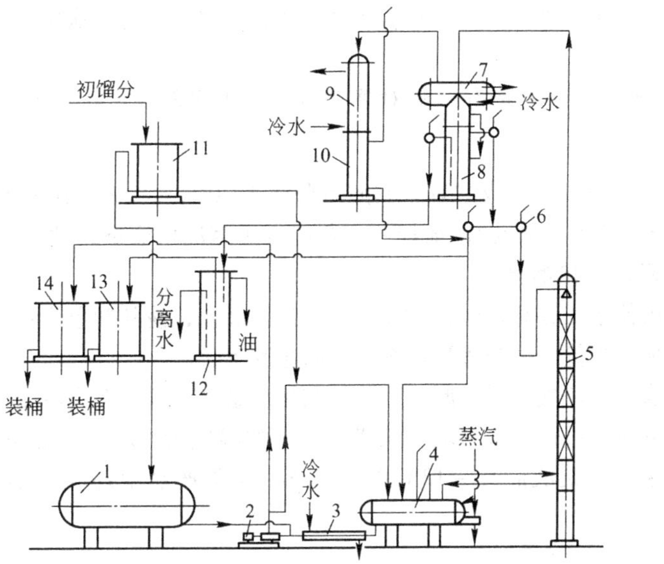

图 6-24 二聚环戊二烯生产工艺流程

1—原料槽；2—汽泵；3—冷却套管；4—聚合釜；5—蒸馏塔；6—视镜；7—冷凝器；8—油水分离器；9—尾气冷凝器；10—汽液分离器；11—高位槽；12—控制分离器；13—前馏分槽；14—二聚体槽

表 6-16 热聚合后初馏分中提取的产品

馏分名称	主要组分(质量分数)/%		
	二硫化碳	不饱和化合物	苯
初馏分	35～45	25～30	—
工业二硫化碳	70～75	5～15	10～20
中间馏分	25～35	10～15	25～50
动力苯	3～5	10～20	75～85
苯馏分	0.5～1.0	5～10	85～95

各种馏分的提取温度和产率大致如下所列：

初馏分(40℃前)	7.4%
工业二硫化碳(48℃前)	19.0%
中间馏分(60℃前)	5.0%
中间馏分(78℃前，包括动力苯和苯馏分)	10.0%
釜底残液	31.5%
损失(主要是不凝性气体)	27.1%

所得初馏分可送入回炉煤气管道中，中间馏分及轻质苯可送回粗苯或轻苯原料中。如切取的是动力苯和苯馏分，则动力苯作为发动机燃料，苯馏分回配入未洗混合馏分中。

工业二硫化碳含有相当数量的易于氧化和树脂化的不饱和化合物，会使产品质量变坏。为防止发生此种现象，要往新鲜的二硫化碳中加入0.05%～0.06%的阻氧化剂——二甲酚，以稳定产品的质量。为了提高工业二硫化碳的产品质量，也可进行二次精馏，以使杂质从初馏分及残液中除去。

工业二硫化碳产品质量为：相对密度 $d_4^{20}=1.082$；质量分数大于 70%；折光率 $n_D^{20}=1.5478$。

釜底残液即为工业二聚环戊二烯，其质量分数为 70% ~75%，其中还有 3% ~5% 的沸点低于 100℃ 的组分、环戊二烯及 C_5 烯烃等。若用直接蒸汽精馏釜底残液，可得到质量分数不小于 95% 的二聚环戊二烯馏分。

二聚环戊二烯便于贮存和运输，但在空气中易被氧化，使其颜色变黄，并呈酸性反应。向二聚环戊二烯中加入少量二甲酚等稳定剂，可防止其氧化。

二聚物是制取单体环戊二烯的原料。其工艺过程是将二聚物在裂解罐内气化，然后送入裂解釜裂解，再使单体通过瓷环填料塔，从塔顶逸出的温度为 42 ~46℃ 的环戊二烯蒸气于骤冷条件下被冷凝下来，冷凝液需在 -12℃ 以下贮存，所得产品中环戊二烯质量分数可达 90% 以上。

6.6 古马隆-茚树脂的制取

高质量的古马隆-茚树脂具有极珍贵的性质，如对酸和碱的化学稳定性、防水性、坚固性、绝缘性、绝热性、黏着性，本身近乎中性以及良好的溶解性等。在橡胶中加入适量的古马隆-茚树脂，可以改善橡胶的加工性能，提高橡胶的抗酸、碱和海水浸蚀的能力。由古马隆-茚树脂配制的黏合剂，可以用作砂轮的黏合材料；在建筑工业用于制作防潮层，其隔水性能好；在涂料工业用它配制的船底漆，黏着性能好，还能抑制海生物在船底的生长速度。此外，古马隆-茚树脂还可用来配制喷漆、绝缘材料、防锈和防腐涂料。

古马隆-茚树脂的质量指标见表 6-17。

表 6-17 固体古马隆-茚树脂的质量指标

指标名称	指标		
	特级	一级	二级
外观颜色(按标准比色液)不深于	3	3	7
软化点(环球法)/℃	80 ~90		
酸碱度(酸度计法)pH 值	5 ~9	5 ~9	4 ~10
水分/%(不高于)	0.3	0.3	0.4
灰分/%(不高于)	0.15	0.5	1.0

6.6.1 古马隆-茚树脂的生成原理

古马隆又名苯并呋喃或氧杂茚，是具有芳香气味的无色油状液体，不溶于水，易溶于醇、醚、苯类及轻溶剂油等有机溶剂，其物理性质见表 6-18。

古马隆在碱液和稀酸溶液中相当稳定，但极易被浓酸分解。在浓硫酸、三氟化硼乙醚络合物和三氯化铝等催化剂存在下，将发生剧烈的聚合反应，生成相对分子质量不很高(一般相对分子质量不大于1000）的黏稠的树脂状聚合物。

用硫酸作催化剂的聚合反应：

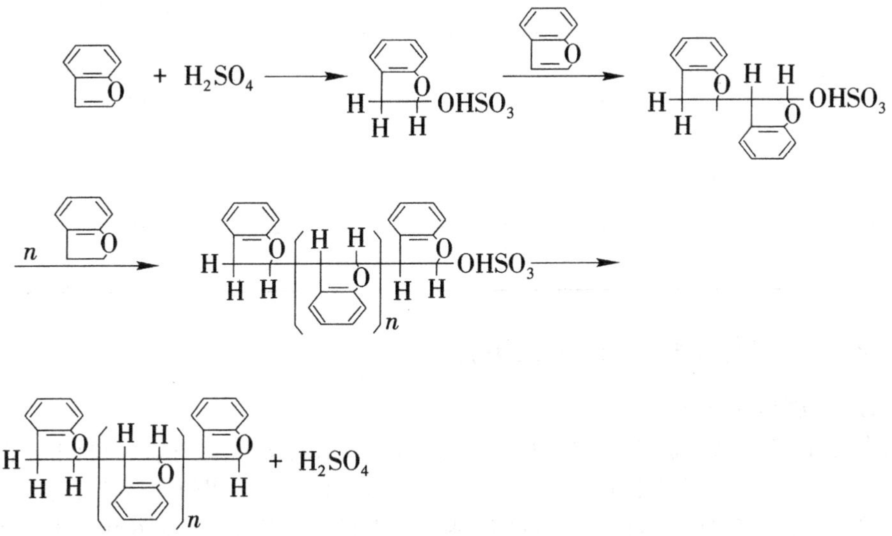

用三氟化硼乙醚络合物作催化剂的聚合反应：

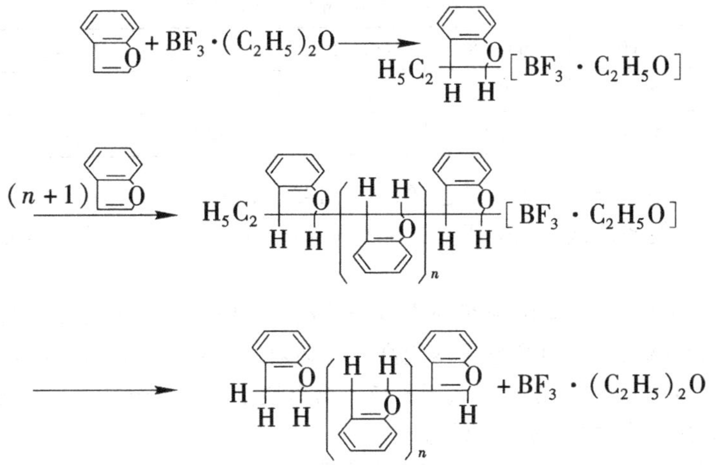

古马隆聚合反应是通过2、3位间的双键裂解而进行的。双键破裂后，p电子向两端移动，一端和氢离子（或H_5C_2）结合，另一端呈正电荷，构成了与另一古马隆单体相聚合的活性条件。当聚合达到终链时，古马隆呋喃环上再度形成双键，同时3位上的碳原子释放出一个氢离子（或H_5C_2），与带负电荷的$OHSO_3$（或$BF_3C_2H_5O$）结合，使催化剂复原。

古马隆在光和热的作用下，也会发生聚合反应，但聚合反应慢，聚合程度低。

茚是一种无色的油状液体，不溶于水，易溶于苯等有机溶剂，其物理性质见表6-18。茚的化学性质比古马隆更为活泼，容易氧化，在光的照射下能发生程度较低的聚合反应。

古马隆和茚同时存在时，在催化剂作用下能发生聚合反应，生成高分子的古马隆-茚树脂。但两种单体在同一溶液中的反应不会是单纯的共聚合或均相聚合，因此生成物是共聚合和均聚合的混合物。共聚物占全部聚合物质量的20%，其余为均聚物。均聚物中又以茚的均聚物占多数。聚合物的结构有线型、镶嵌型和简单支链型。

表6-18　古马隆和茚的物理性质

名　称	结构式	相对分子质量	沸点/℃	熔点/℃	密度(20℃)/g·mL^{-1}	折射率 n_D
古马隆 C_8H_6O	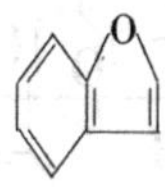	118.14	173.5	~ -18	1.051	1.569(16.3℃)
茚 C_9H_8	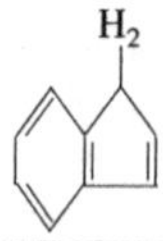	116.16	181.5	-2	0.9915	1.5642(20℃)

6.6.2　古马隆-茚树脂的生产工艺步骤

6.6.2.1　原料的初馏

制取古马隆-茚树脂的原料有脱酚脱吡啶的酚油、重苯或精重苯。这些原料中，古马隆和茚的含量不同，且沸点范围也比较宽，所以需进行初馏，以切取适用的古马隆-茚馏分。

用脱酚酚油和重苯的不同沸点范围的馏分制取树脂的产率及性质见表6-19。由表中数据可见，沸点范围为160~200℃的馏分，是制取古马隆-茚树脂的适宜原料。

表6-19　不同原料的树脂产率及性质

馏分沸点范围/℃	<160	160~180	180~200	200~220	220~240	240~260
树脂产率/%	4.9	20.3	35.0	12.7	4.2	6.2
树脂性状	黏性	硬质	硬质	软质	黏性	黏性

影响树脂质量的有害杂质主要有苯乙烯(沸点145~146℃)及二聚环戊二烯(沸点168℃)等。苯乙烯使树脂软化点降低，二聚环戊二烯影响树脂透明度。故在原料初馏时，应尽量除去这些组分。

在重苯和脱酚酚油中，古马隆和茚的质量分数约为20%，重苯的200℃前体积馏出量为50%以上，酚油为60%以上，且含萘量均较高，故必须进行初馏。精重苯中古马隆和茚的质量分数大于45%，200℃前体积馏出量大于80%，含萘质量分数小于10%，故质量好的精重苯可不经过初馏，直接作为生产树脂的原料。

原料初馏切取的160~200℃古马隆-茚馏分的质量要求是：

初馏点	大于150℃
160℃前馏出量	小于5%(体积分数)
200℃前馏出量	大于90%(体积分数)
干点	小于210℃
含萘质量分数	小于5%

6.6.2.2　古马隆-茚馏分的净化

A　酸洗和碱洗

初馏后得到的古马隆-茚馏分尚含有吡啶和酚类杂质，吡啶类杂质能与催化剂发生反应，致使催化剂的消耗量增加，含酚不合格会引起设备腐蚀。另外，吡啶和酚类混入树脂中还会降低树脂的光亮度，因此需分别用质量分数14%~15%的苛性钠溶液(固体苛性钠的用量为原料含酚质量的50%~70%)和质量分数40%~60%的硫酸(折合100%硫酸用量为原料含吡啶质量的1.3～1.5倍)洗涤除去。用稀硫酸洗涤时，还能除去一部分能生成暗色树脂的碳氢化合物。酸洗和碱洗后，古马隆-茚馏分中吡啶和酚类质量分数均应小于0.5%。

B 水洗和脱色

水洗的目的是除去酸碱洗涤过程生成的盐类及游离的酸或碱。

脱色是将酸洗中和后的馏分，通过蒸馏，最大限度地除去萘和酸焦油等杂质，得到精制的聚合原料油。

6.6.2.3 聚合

净化后的古马隆-茚馏分可采用间歇聚合法或连续聚合法，使用的催化剂有硫酸和三氟化硼等。

A 间歇聚合法

间歇聚合法一般用质量分数为92%～93%的硫酸作催化剂，其用量占原料质量的4%～5%。硫酸浓度过高，树脂在溶液中溶解性将减弱，同时还会增加硫酸与聚合液中甲基苯类的磺化；硫酸浓度过低，树脂的聚合程度低，软化点降低，甚至生成液体树脂。

聚合温度宜控制在80℃左右，温度过高，易生成暗色酸性树脂，油类的挥发损失也较大；温度过低，则聚合反应缓慢。

在硫酸催化作用下，聚合反应速度极快。因此，为了控制反应温度，除了缓慢地向洗涤聚合器注入硫酸和在反应温度超过60℃使用器内的蛇管冷却器间接冷却外，还在聚合前加入定量的重溶剂油作为稀释剂。在稀释后的馏分中，古马隆-茚的质量分数一般为20%～25%，相对密度不应大于0.97(20℃)。

聚合反应的终点，可以根据聚合液的密度不再增加或温度不再上升来确定。

B 连续聚合法

连续聚合法是将古马隆-茚馏分和催化剂按一定比例连续通过聚合管，在流动的状态下，于管内进行充分地搅拌混合接触，使其呈湍流状态，发生剧烈的聚合反应。随着时间的延续，反应趋向缓慢，同时流速也逐渐减小，最终完成聚合反应。因此，聚合管的管径在反应初期要小，反应后期要增大。例如，初馏点140℃、干点190℃的古马隆-茚馏分以流量1t/h，三氟化硼乙醚络合物催化剂以流量10kg/h通过聚合管，反应温度100±5℃，聚合管尺寸及物料流速为：

1段　D25mm，L5m×3，流速0.5m/s

2段　D50mm，L5m×2，流速0.1m/s

3段　D80mm，L5m×4，流速0.06m/s

按此设计进行反应，得树脂400kg/h，软化点85℃，比色好，树脂收率比间歇式聚合提高5%。

6.6.2.4 中和与水洗

硫酸聚合法反应结束后放出废酸，然后用质量分数约为15%的碱液进行中和。中和温度以50℃左右为宜，以防乳化。在聚合液的pH值接近8时停止加碱液，也可目测聚合液由酸性的红色开始转变成透明而接近微黄时，停止加碱液。中和结束，静置分层，放掉黏稠的硫酸钠废液，然后进行水洗，进一步净化聚合液，以使产品比色降低，透明而又有光泽。

三氟化硼乙醚络合物聚合法所得到的聚合油中残留着未经反应的催化剂。它能使树脂产品颜色变坏，还能导致设备管件腐蚀，因此必须清除。清除的方法是进行水洗。由于聚合油的黏度比较大，密度与水相近，水洗时会出现混合不完全和分离难的现象，影响水洗效果。为此在水洗之前将聚合油用轻质油进行稀释，使其密度和黏度都有所降低，稀释后的聚合油中树脂质量分数为30%～50%，这样水洗后油水分离效果好。

6.6.2.5　最终蒸馏

最终蒸馏的目的是回收稀释剂和未聚合的油类，同时获得软化点合格的古马隆-茚树脂。蒸馏时，聚合温度不应超过200℃，以防树脂分解和残留的不饱和化合物氧化，引起树脂颜色变化。因此，蒸馏时应通入直接蒸汽或在减压下进行操作。

6.6.3　制取古马隆-茚树脂的工艺流程

6.6.3.1　间歇式生产工艺流程

古马隆-茚树脂的间歇式生产工艺流程见图6-25。原料脱酚酚油或重苯由原料槽用泵送入初馏釜进行初馏。

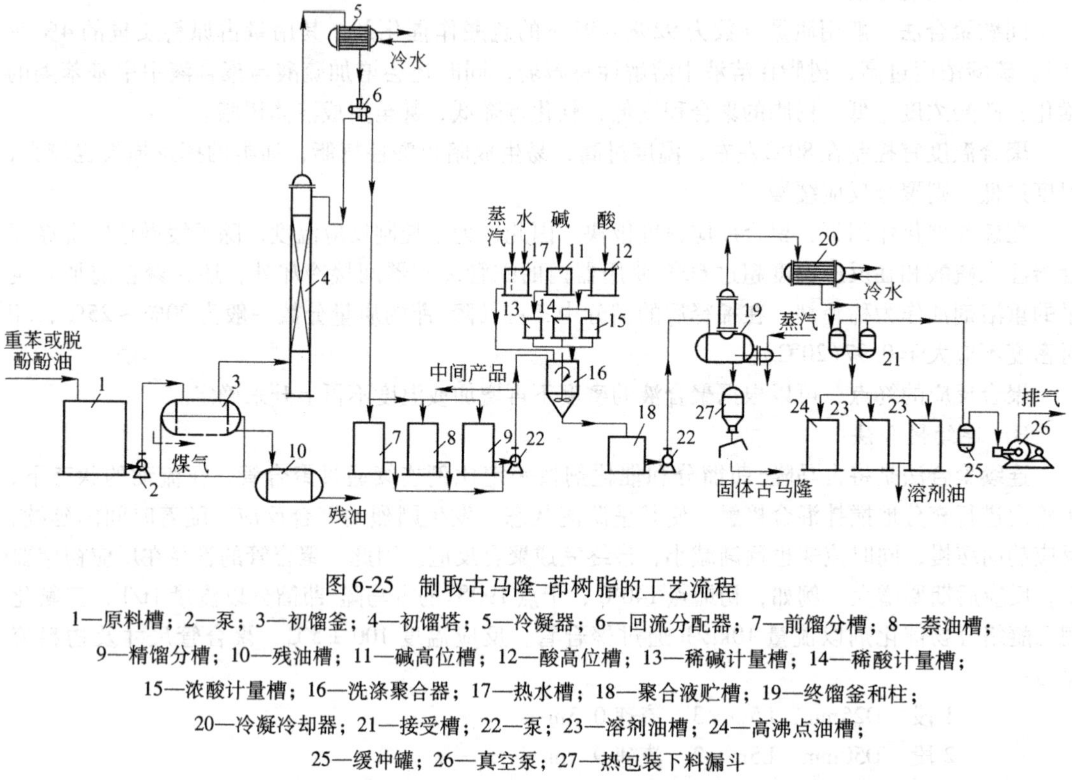

图6-25　制取古马隆-茚树脂的工艺流程

1—原料槽；2—泵；3—初馏釜；4—初馏塔；5—冷凝器；6—回流分配器；7—前馏分槽；8—萘油槽；9—精馏分槽；10—残油槽；11—碱高位槽；12—酸高位槽；13—稀碱计量槽；14—稀酸计量槽；15—浓酸计量槽；16—洗涤聚合器；17—热水槽；18—聚合液贮槽；19—终馏釜和柱；20—冷凝冷却器；21—接受槽；22—泵；23—溶剂油槽；24—高沸点油槽；25—缓冲罐；26—真空泵；27—热包装下料漏斗

当初馏脱酚酚油时，先切取前馏分(145℃前)，再切取古马隆-茚馏分(精脱酚酚油，145～195℃)。当塔顶温度升至195℃时取馏出样分析，当初馏点达170℃、干点达205℃时，结束蒸馏，釜底残油于自然冷却后放入残油槽。前馏分和残油均送回焦油蒸馏工段配入焦油重蒸。

当蒸馏重苯时，在塔顶温度为150℃前切取前馏分(如量太少也可不切)，塔顶温度升至150℃时开始回流，切取古马隆-茚馏分(精重苯)；当塔顶温度升至195℃时，取样分析；当初馏点达180℃、干点达210℃时，停止提取精重苯。然后在塔顶温度为195～210℃时，提取低萘油；在210～225℃时提取高萘油；一般在220℃左右结束蒸馏，釜内残油于自然冷却后放入残油槽。前馏分送往精苯原料槽，低萘油和残油送回焦油蒸馏工段重蒸，高萘油可送往工业萘工段作原料。

初馏所得的精馏分用泵送入洗涤聚合器内进行碱洗、酸洗净化和聚合反应，然后经热水洗涤，再用稀碱液中和至pH值为8～9。

最后，将合格的聚合液用泵送入终馏釜进行最后精馏。当馏出高沸点油类时，从釜内取样测定树脂软化点，当软化点合格(大于80℃)时，结束蒸馏。放料进行热包装，并冷却成为固体古马隆。

由脱酚酚油或重苯所得的固体古马隆的质量见表6-20。

表6-20　固体古马隆的质量

指标名称	指　标	指标名称	指　标
外　观	浅黄色至棕褐色固体	酸碱度/%	≤0.05
软化点(环球法)/℃	80～90	水分/%	≤0.5
灰分/%	≤1.0		

6.6.3.2　连续式生产工艺流程

A　*初馏工艺流程*

初馏工艺流程见图6-26。原料油经与热油换热和水蒸气加热至125℃后，进入初馏塔。初馏塔底由1568kPa水蒸气加热的重沸器循环供热。塔顶温度为130℃。塔顶馏出物即初馏分，经凝缩器冷却到60℃，一部分作为塔顶回流，其余经冷却器冷却到40℃，定期送往焦油蒸馏中间馏分槽。初馏塔底油，温度约160℃，直接送入古马隆馏分减压蒸馏塔，塔底供热方式与初馏塔相同。减压塔塔顶压力17.3kPa，温度110℃。塔顶馏出物经凝缩器冷却到60℃，一部分作为塔顶回流，其余与初馏塔原料换热，温度达到45℃贮存于槽中，作为酸洗工序的原料。塔底压力30.6kPa，温度163℃。塔底萘油与初馏塔原料换热后，贮于中间槽。

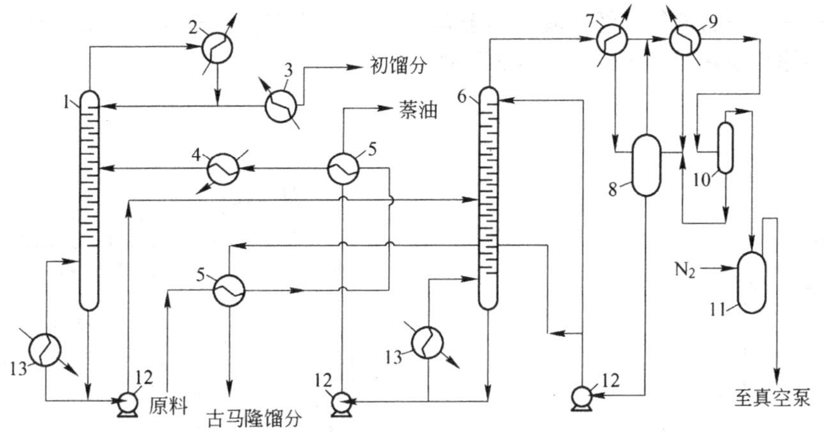

图6-26　初馏工艺流程

1—初馏塔；2—初馏凝缩器；3—初馏冷却器；4—初馏原料加热器；5—热交换器；6—减压蒸馏塔；7—古马隆馏分凝缩器；8—回流槽；9—排气冷却器；10—排气捕集器；11—调压槽；12—泵；13—重沸器

B　*酸洗工艺流程*

古马隆馏分酸洗工艺流程见图6-27。将古马隆-茚馏分和质量分数40%的稀硫酸用泵依次送入喷射混合器和管道混合器，然后进入第一酸洗槽的分离室，洗涤后的油进入油室。油室的油和第二酸洗槽的稀酸再依次送入喷射混合器和管道混合器，然后进入第二酸洗槽的分离室。洗涤后的油经隔板溢流入油室，再用泵送去中和。当循环酸洗到硫酸质量分数低于20%时，进行废酸更换，否则酸洗脱盐基效率降低，酸油分离操作恶化，乳化物聚集。废酸经静置除油和水洗进一步静置除油后，供生产吡啶用。

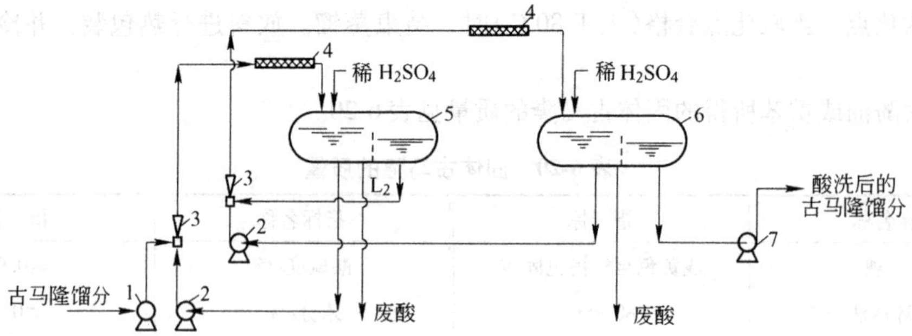

图 6-27 酸洗工艺流程

1—酸洗原料泵；2—酸洗泵；3—喷射混合器；4—管道混合器；
5—第一酸洗槽；6—第二酸洗槽；7—古马隆馏分泵

C 酸洗馏分的中和与水洗工艺流程

酸洗馏分中和与水洗工艺流程见图 6-28。在苛性钠洗涤槽内，装入质量分数为 1% ~5% 的 NaOH 溶液，酸洗后的古马隆-茚馏分送入洗涤槽底部，通过碱液层，馏分中的游离酸便得到了中和，同时也能除去微量的酚类杂质。中和后的馏分依次经过 3 台串联的带搅拌器的水洗槽进行水洗，去除中和生成的硫酸钠。

D 中和水洗后馏分的脱色工艺流程

脱色工艺流程见图 6-29。中和水洗后，馏分经与脱色塔塔顶馏出的精制聚合原料油换热至 45℃后，进入脱色塔。塔底由卧式重沸器供热。含萘和酸焦油等的塔底残油用泵间歇排出。塔顶馏出的精制聚合原料油气，经冷凝冷却至 60℃进入回流槽，一部分送入塔顶作回流，其余与入脱色塔的原料换热后，入聚合原料油贮槽。

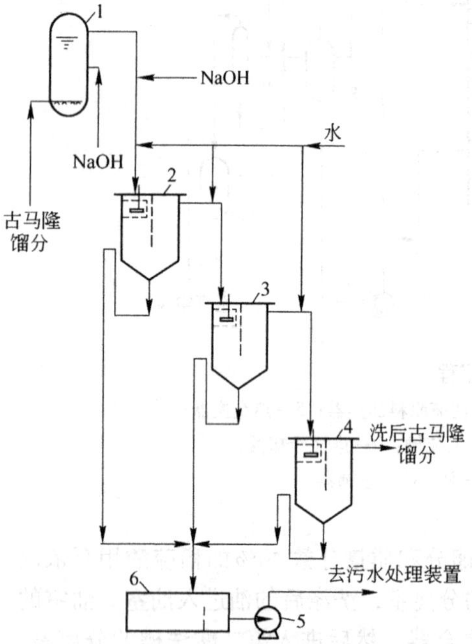

图 6-28 酸洗馏分中和与水洗工艺流程

1—苛性钠洗涤槽；2，3，4—第 1，2，3 水洗槽；
5—排水泵；6—排水 pH 值调整槽

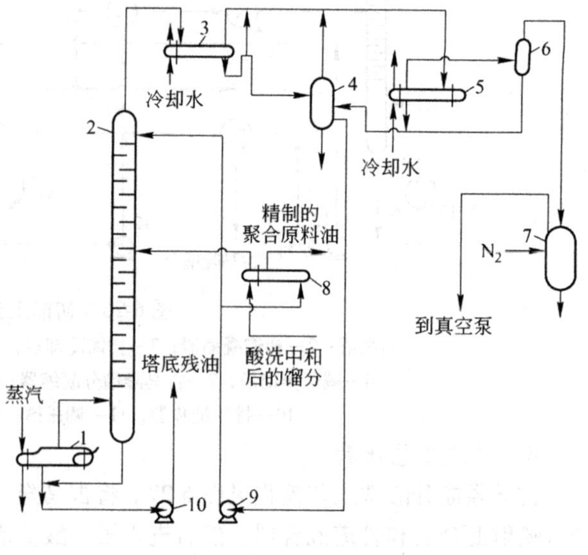

图 6-29 脱色工艺流程

1—重沸器；2—脱色塔；3—冷凝器；4—回流槽；
5—排气凝缩器；6—分液槽；7—调压槽；
8—原料换热器；9—回流泵；10—塔底油泵

脱色塔内进行减压蒸馏操作，塔顶压力17.3kPa，塔顶温度110℃；塔底压力26.6kPa，塔底温度158℃。

E 连续聚合工艺流程

连续聚合工艺流程见图6-30。精制的聚合原料油预热后与三氟化硼乙醚络合物按一定比例在管道中混合，然后进入带冷却水夹套的聚合管和聚合槽，聚合热通过换热而除去，确保适宜的聚合反应温度，完成生成树脂的反应。

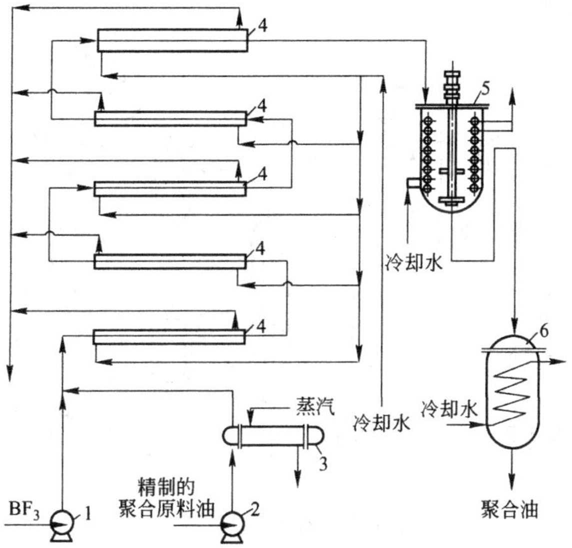

图6-30 连续聚合工艺流程

1—催化剂泵；2—聚合原料油泵；3—加热器；4—聚合管；5—1号聚合槽；6—2号聚合槽

F 水洗工艺流程

水洗工艺流程见图6-31。聚合反应生成的聚合油用溶剂油稀释，再加入适量的水，通过喷

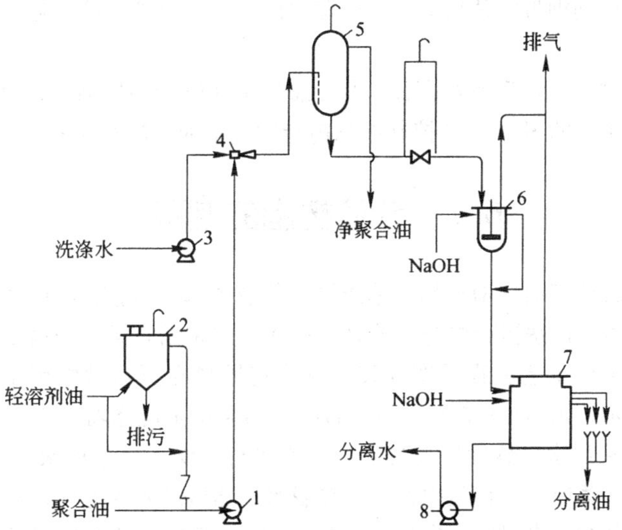

图6-31 水洗工艺流程

1—油装入泵；2—溶解槽；3—水装入泵；4—喷射混合器；5—水分离槽；

6—分离水pH值调整槽；7—油水分离槽；8—排水泵

射混合器进入分离槽。分离槽上部分离出的净聚合油作为闪蒸的原料。分离水经调整后送污水处理装置。

G　闪蒸工艺流程

闪蒸工艺流程见图6-32。聚合油首先进入第一闪蒸塔，塔顶温度控制在135℃。气液闪蒸过程是在分离槽A和B中两次完成，分离出的液体贮存于中间槽，作为第二闪蒸塔的原料。分离闪蒸出的油气经过冷凝冷却后，作为轻闪蒸油，即轻溶剂油副产品。其中一部分作为稀释剂，加入水洗前的聚合油中。

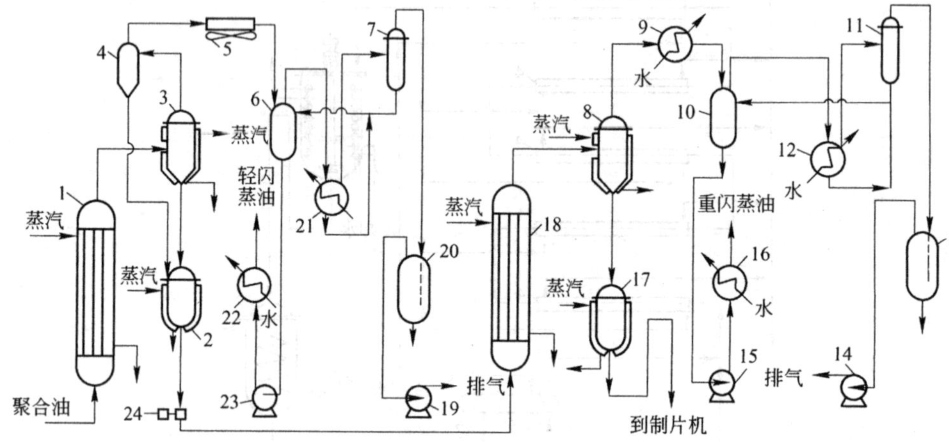

图6-32　闪蒸工艺流程

1—第1闪蒸塔；2—中间槽；3，4—分离槽A、B；5，9凝缩器；6，10—顶部槽；7，11—捕集器；8—气液分离槽；12，21—排气冷却器；13，20—调压槽；14，19—真空泵；15—HSN输出泵；16—HSN冷却器；17—产品中间槽；18—第2闪蒸塔；22—LSN冷却器；23—LSN输出泵；24—第2闪蒸塔装入泵

第二闪蒸塔塔顶温度控制在220℃。在气液分离槽进行一次分离，得到的分离液即为液体古马隆树脂，可直接送到钢带制片机。分离闪蒸出的气体经过冷凝冷却后，作为重闪蒸油，即重溶剂油副产品。

一般情况下，经过第1闪蒸塔闪蒸后，聚合油中有70%的中性油类被蒸出，经过第2闪蒸塔闪蒸后，可闪蒸出剩下的30%，并控制液态树脂中残留油不超过5%。

6.7　苯渣树脂的制取

苯渣树脂用做橡胶填充剂的增塑剂。苯渣树脂分液体苯渣树脂和固体苯渣树脂两种。苯渣树脂的原料为吹苯残渣、已洗混合馏分最终精馏残渣及粗苯回收系统的再生器残渣。

固体苯渣树脂的生产工艺流程见图6-33。首先将原料在原料槽中用水蒸气加热至80℃，静置30min，将含矿物质和碱的水放出，得到的原料用泵送至洗涤器，先用重溶剂油稀释，再加热至80℃，静置分离出水，然后加入约80℃的水进行洗涤，至分离水的pH值为7～8时为止。水洗后的原料放入蒸馏釜，在釜中首先加热脱水，然后通入水蒸气，蒸出重溶剂油。当生产液体苯渣树脂时，蒸至釜内树脂挥发分小于6%就停止蒸吹，经冷却即可排出液体苯渣树脂产品。蒸出的重溶剂油气冷凝后进入贮槽，循环使用。当生产固体苯渣树脂时，已洗原料在蒸馏釜中经脱水、水蒸气蒸吹之后，还需进行真空蒸吹，其真空度不小于80kPa，直至釜内树脂的软化点达到 80 ~ 100℃为止。最后将树脂排至冷却盘冷却，成为块状产品。质量指标参考如下：外观棕红至棕黑色；软化点（环球法）80 ~ 90℃；灰分不大于 1.5%；酸碱度不大于 0.05%；水分不大于 0.5%。

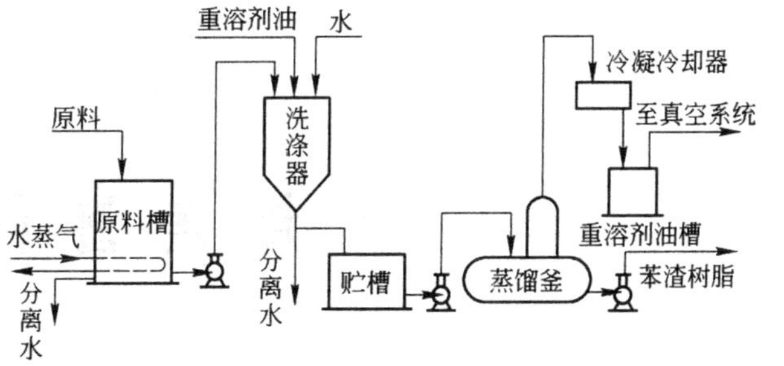

图 6-33 苯渣树脂生产工艺流程

液体苯渣树脂的制取过程是将吹苯残油静置脱水后装入洗涤器，加入生产固体古马隆时切取的高沸点油，再进行水洗至 pH 值等于 7 ~ 8 为止。然后将其装入初馏釜蒸馏，蒸出一部分油，调节塔顶温度为 190 ~ 195℃，釜液温度为 290 ~ 300℃时，进行保温。当釜液挥发物含量小于 7%时，蒸馏结束，放料。质量指标参考如下：灰分不大于 1.5%；水分不大于 0.5%；挥发分不大于 6%（用于橡胶），不大于 20%（用于涂料）；pH 值 6 ~ 8（用于橡胶），pH 值 3 ~ 7（用于涂料）。

7 煤焦油的加工

7.1 煤焦油的种类

煤焦油是煤在干馏和气化过程得到的液态产物。根据干馏温度和过程的方法不同，可以得到以下几种焦油：

低温焦油，干馏温度在450～600℃；

中温焦油，干馏温度在700～900℃；

高温焦油，干馏温度在1000℃。

低温焦油是煤大分子侧链和基团的断裂所得到的初次分解产物，亦称原始焦油。中温焦油和高温焦油是低温焦油在高温下经过二次分解的产物，或者说经过深度芳构化过程的产物，只不过是中温焦油的芳构化深度低于高温焦油。

低温焦油和高温焦油在组成上有很大差别，见表7-1。

表7-1　低温和高温焦油的组成(质量分数)　　%

项　目	低温焦油	高温焦油	项　目	低温焦油	高温焦油
产　率	10.0	3.0	萘	3.0	10.0
组　分			菲和蒽	1.0	6.0
饱和碳氢化合物	10.0	—	沥　青	35.0	50.0
酚　类	25.0	1.5			

低温焦油的组成和性质与原料煤的种类和加工方法有密切关系，分别见表7-2、表7-3和表7-4。

表7-2　不同种类烟煤所得低温焦油的族组成(质量分数)　　%

组　分	气　煤	肥　煤	焦　煤
有机碱	2.22	1.45	1.50
羧　酸	0.21	0.14	0.82
酚　类	16.20	10.00	5.37
烃(溶于石油醚)	28.10	23.50	19.90
沥青烯	5.63	14.50	19.51
中性含氧化合物	6.60	11.50	12.6
其他重质物	41.04	38.91	40.20

表 7-3 不同种类煤所得焦油的性质

项 目	低 温 焦 油			
	乌克兰褐煤	莫斯克褐煤	长焰煤	气 煤
密度/g·cm^{-3}	0.900	0.970	1.066	1.065
馏分产率/%				
<170℃	5.5	12.3	9.4	9.2
170~230℃	13.2	15.7	7.6	7.2
230~300℃	17.5	19.8	31.7	29.9
300~360℃	41.8	25.3	21.2	21.8
>360℃	22.0	26.9	30.9	31.7
酚质量分数/%	12.3	12.6	39.4	28.3

表 7-4 不同加工方法所得焦油的性质

项 目	加压气化褐煤焦油	低温干馏褐煤焦油	低温干馏烟煤焦油
密度/g·cm^{-3}	0.94~0.99	0.91~0.99	0.97~1.04
凝固点/℃	15	37~40	15~20
组分(质量分数)/%			
沥青质	3.5	2.6~4.1	2.6
碱 类	1~2	0.8~1.3	1.7~2.5
蜡	2.6	10~19	5.2~6.1
酚 类	8.5~17	10~19	17.4~38
元素分析/%			
C	81.16~81.71	82.6~83.4	86.6
H	9.61~9.48	9.24~10.5	7.5
O	6.61~6.07	4.09~7.64	4.3
N	1.23~1.5	0.17~0.29	1.1
S	1.39~1.24	0.23~1.75	0.5

高温煤焦油的组成和性质主要依赖于煤料在炭化室内的热分解程度。热分解程度取决于炼焦温度和热分解产物在高温下作用的时间。在正常的炼焦过程，炉顶空间状态的影响是决定性的。焦油质量与炉顶空间温度的关系见图 7-1。

本章重点讨论高温煤焦油，以下简称煤焦油。

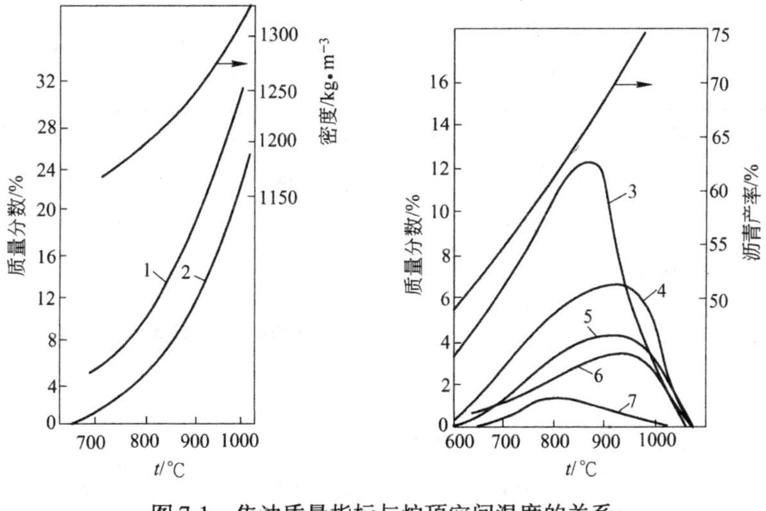

图 7-1 焦油质量指标与炉顶空间温度的关系

1—甲苯不溶物；2—喹啉不溶物；3—萘；4—菲；5—荧蒽；6—芘；7—蒽

7.2 煤焦油组成及特性

7.2.1 煤焦油组成

高温煤焦油是一种主要由芳烃组成的复杂混合物，估计组分的总数在 1 万种左右，目前已查明的约 500 种，其中绝大多数组分的含量仅有千分之几或万分之几，超过 1% 和接近 1% 的组分仅有 10 余种。表 7-5 列出了焦油中主要组分的含量及性质。

表 7-5 高温煤焦油组成

名 称	[分子式] (相对分子质量) 结构式	密度 /g·cm^{-3}	沸点/℃	熔点/℃	占焦油质量分数/%
	碳 氢 化 合 物				
苯	[C_6H_6] (78.11) 	0.879	80.1	5.5	0.12 ~ 0.15
甲 苯	[$C_6H_5CH_3$] (92.14) 	0.866	110.8	-95	0.18 ~ 0.25
二甲苯	[$C_6H_4(CH_3)_2$] (106.17)				0.08 ~ 0.12
苯的高级同系物					0.8 ~ 0.9
茚	[C_9H_8] (116.16) 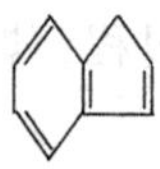	0.9915	181 ~ 182	-2	0.25 ~ 0.3
四氢化萘	[$C_{10}H_{12}$] (132.21) 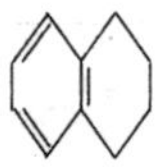	0.971	207.2	-31.5	0.2 ~ 0.3
萘	[$C_{10}H_8$] (128.17) 	1.145	218	80.2	8 ~ 12
α-甲基萘	[$C_{11}H_{10}$] (142.20) 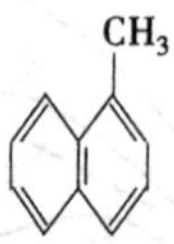	1.0203	244.4	-30.5	0.8 ~ 1.2
β-甲基萘	[$C_{11}H_{10}$] (142.20) 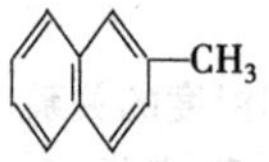	1.029	241.1	34.57	1.0 ~ 1.8

续表 7-5

名 称	[分子式]（相对分子质量）结构式	密度/g·cm^{-3}	沸点/℃	熔点/℃	占焦油质量分数/%
碳 氢 化 合 物					
二甲基萘及同系物					1.0~1.2
联 苯	[$C_{12}H_{10}$]（154.21）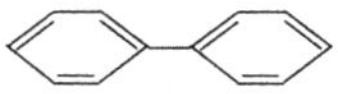	1.180	255.2	69.2	0.30
苊	[$C_{12}H_{10}$]（154.21）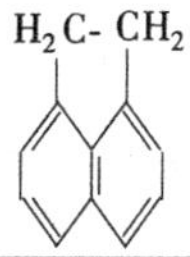	1.0242（99℃）	278	96	1.2~1.8
芴	[$C_{13}H_{10}$]（166.22）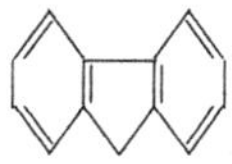	1.181	297.9	115	1.0~2.0
蒽	[$C_{14}H_{10}$]（178.23）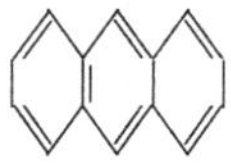	1.251	340	218~219	1.2~1.8
菲	[$C_{14}H_{10}$]（178.23）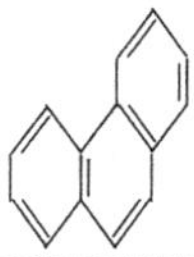	1.179（25℃）	340	100.5	4.5~5.0
甲基菲	[$C_{15}H_{12}$]（192.26）		351.5~355		0.9~1.1
荧 蒽	[$C_{16}H_{10}$]（202.26）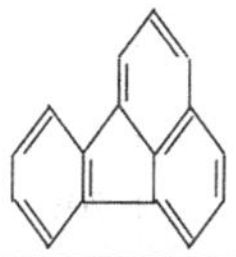	1.236	382	109	1.8~2.5
芘	[$C_{16}H_{10}$]（202.26）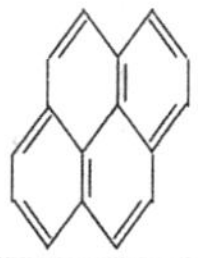	1.277	393	150	1.2~1.8
苯并芴	[$C_{17}H_{12}$]（216.28）				1.0~1.1
䓛	[$C_{18}H_{12}$]（228.29）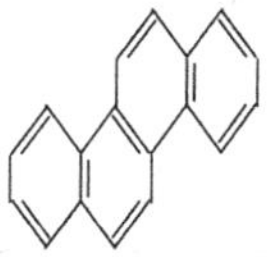	1.274	440.7 448	255	0.65

续表 7-5

名称	[分子式] (相对分子质量) 结构式	密度 /g·cm^{-3}	沸点/℃	熔点/℃	占焦油质量分数/%
	碳氢化合物				
1，2-苯并蒽	[$C_{18}H_{12}$] (228.29) 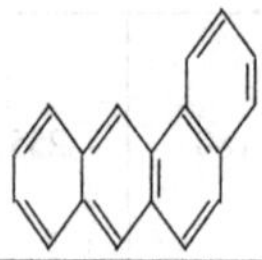		435 437.6	159~160	0.68
	含氧化合物				
苯酚	[C_6H_5OH] (94.11) 	1.0708	181.8	40.9	0.2~0.5
邻位甲酚	[$C_6H_4CH_3OH$] (108.14) 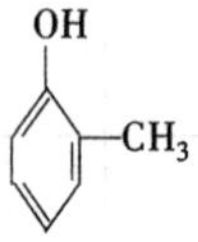	1.0465	190.95	30.8	
间位甲酚	[$C_6H_4CH_3OH$] (108.14) 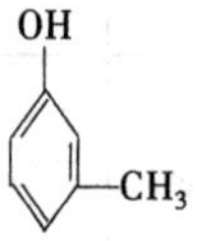	1.0336	202.8	10.9	0.4~0.8
对位甲酚	[$C_6H_4CH_3OH$] (108.14) 	1.0331	202	36.5	
二甲酚	[$C_6H_3(CH_3)_2OH$] (122.17)		201~225	26~75	0.3~0.5
高沸点酚					0.75~0.95
氧芴	[$C_{12}H_8O$] (168.20) 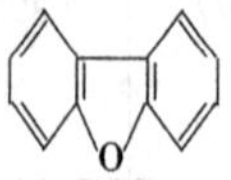	1.168	287	82.8~83	0.6~0.8
古马隆	[C_8H_6O] (118.14) 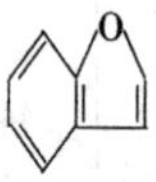	1.0776	173~174	<−18	0.04
苯并氧芴	[$C_{16}H_{10}O$] (218.26)				0.5~0.7

续表 7-5

名　称	[分子式]　（相对分子质量） 结构式	密度 /g·cm^{-3}	沸点/℃	熔点/℃	占焦油质量分数/%
含　氮　化　合　物					
吡啶及其同系物					0.1～0.11
吲　哚	[C_8H_7N]　（117.15） 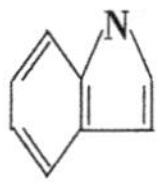	1.22	253	53	0.10～0.16
喹　啉	[C_9H_7N]　（129.16） 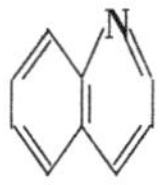	1.095	237.3	-15.6	0.18～0.25
喹啉同系物					0.20～0.22
其他盐基物					0.7～0.8
咔　唑	[$C_{12}H_9N$]　（167.21） 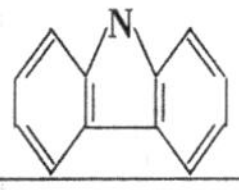	1.1035	354.76	246～247	1.5
含　硫　化　合　物					
硫杂茚	[C_8H_6S]　（134.20） 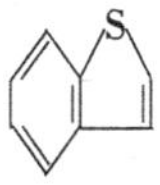	1.165	221～222	32	0.4
硫杂芴	[$C_{12}H_8S$]　（184.26） 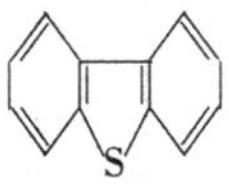		331.4 332～333	99 97	0.35

表 7-5 所列各类化合物中，碳氢化合物均呈中性。含氧化合物中，侧链含氧的具有酸性，如酚类；而形成含氧杂环的则呈中性，如古马隆、氧芴等。含氮化合物中，含氮杂环的氮原子上有氢原子相连时呈中性，如咔唑、吲哚等；而当无氢原子相连时呈碱性，如吡啶、喹啉等。含硫化合物均呈中性。

7.2.2　煤焦油的物理化学特性

煤焦油属分散体系，分散质以固、液、气态微粒的形式分散在焦油中。分散质包括水滴、各种盐溶液、煤粉、焦粉、石墨以及喹啉不溶的平均直径约为 1μm 的聚合物。这些微粒分散在油介质中，形成非均相体系——悬浮液。水分子分散在油介质中，形成均相体系。各种盐溶于氨水中，使油相和水相密度差变小，形成油包水型乳化液。

煤焦油组分由于分子间力的作用，导致形成复合物，即共沸混合物、低共熔物和固体溶液。

煤焦油在精馏过程中，能证实的共沸物至少有百种，实际存在的比能证实的还要复杂，所形成的共沸混合物体系，既有正偏差的，也有负偏差的共沸体系；既有二组分的，也有三组分的共沸混合物体系；还可以推断，也能形成四组分的正、负偏差共沸混合物体系。所以，从理论上讲，不可能用精馏方法分离各组分。煤焦油的恒沸组成见表7-6。

表7-6 煤焦油的恒沸组成

组分名称 A-B	沸点/℃		恒沸点/℃	组分B的质量分数/%
	A	B		
邻甲酚-萘	191.5	218	193.72	68.90
对甲酚-萘	202.5	218	202.35	96.43
间甲酚-萘	202.6	218	202.40	97.00
萘-3,4-二甲酚	218	226.9	217.80	88.90
萘-3,5-二甲酚	218	219	216.80	74.90
2,3-二甲基萘-苊	269.2	277.5	277.9	2~3 A(摩尔比)
2,3-二甲基萘-2-甲基吲哚	269.2	277.5	273.2	78~80 A(摩尔比)
2-甲基吲哚-苊	272.3	277.5	273.2	56~58 A(摩尔比)
酚-吡啶	182.2	115.5	183.6	12.9
酚-2-甲基吡啶	182.2	129.4	185.3	21.3
酚-2,4-二甲基吡啶	182.2	158.5	194.6	39.9
酚-2,6-二甲基吡啶	182.2	144.0	186.3	27.7
酚-2,4,6-三甲基吡啶	182.2	186.8	195.8	46.7
邻甲酚-α-甲基吡啶	191.5	129.4	191.9	4.2
邻甲酚-2,4-二甲基吡啶	191.5	158.5	197.7	29.8
邻甲酚-2,4,6-三甲基吡啶	191.5	186.8	198.7	37.2
间甲酚-2,4,6-三甲基吡啶	202.6	186.8	207.5	28.9
对甲酚-2,4,6-三甲基吡啶	202.5	186.8	207.2	29.3
对甲酚-2,4-二甲基吡啶	202.5	158.5	205.5	23.1
间甲酚-2,4-二甲基吡啶	202.6	158.5	197.7	29.8
吡啶-水	115.5	100	94.4	23.0 A(摩尔比)
α-甲基吡啶-水	129.4	100	94.8	53.5 A(摩尔比)
β-甲基吡啶-水	144.14	100	96.8	39.5 A(摩尔比)
γ-甲基吡啶-水	145.36	100	97.2	
2,6-二甲基吡啶-水	144.0	100	95.6	
萘-水	218	100	98.8	

煤焦油组分绝大部分形成低共熔体系，使焦油油分的固化温度大大低于其所含纯物质的熔点温度，所以尽管煤焦油馏分主要是由熔点相当高的物质所组成，但仍呈液态。共熔体实际上也是一种溶液，固相和液相平衡，当体系冷却时可以分开。形成的固态共晶体，当升温至某一温度后，又可以熔化。

几种主要化合物可形成的二元低共熔物的数目如下：

萘形成的二元共熔物 >15 种
荧蒽形成的二元共熔物 >11 种
菲形成的二元共熔物 >7 种
芘形成的二元共熔物 >6 种
咔唑形成的二元共熔物 >5 种
芴形成的二元共熔物 >5 种
α-甲基萘形成的二元共熔物 >3 种

目前已掌握的双组分低共熔物的结晶温度见表7-7。

表7-7 双组分低共熔物的结晶温度

低共熔物	结晶温度/℃	低共熔物	结晶温度/℃
萘-β-甲基萘	26.0	苊-芴	65
萘-α-甲基萘	-34.8	苊-氧芴	52
萘-苊	51	菲-苊	53
萘-2,7-二甲基萘	53	菲-硫芴	76
萘-菲	50	菲-荧蒽	74
萘-2,3-二甲基萘	54	菲-芘	82
萘-荧蒽	57	荧蒽-咔唑	104
萘-2,6-二甲基萘	60	荧蒽-苊	64
萘-芴	57	荧蒽-芴	70
萘-芘	68	荧蒽-芘	95
萘-蒽	76	荧蒽-蒽	102
萘-咔唑	76	蒽-芘	131
α-甲基萘-β-甲基萘	-41	咔唑-芘	135

在焦油及其馏分中也存在着固体溶液，特别是在较高沸点的焦油馏分中，所含的某些组分更容易形成固体溶液。固体溶液比共熔体更具有序的晶形结构，它们的形成需要形状和尺寸接近。所有已知的固体溶液均伴有稳定的物质，如萘-硫茚、萘-蒽、蒽-咔唑、咔唑-菲、菲-芴、菲-硫茚、菲-蒽、咔唑-蒽及蒽-菲-咔唑三元体系。固体溶液的固相组成与液相组成差别不大，所以用重结晶或液固萃取的方法很难分离。

7.2.3 煤焦油的质量

对加工用的原料焦油，要求达到下述规格：密度（20℃）1.17～1.20kg/L；水分不高于4%；游离碳不高于10%；黏度（$°E_{80}$）不高于5.0。此外，还要求所夹带的水中固定铵盐含量不高于1.5g/L（氨水），对酚、萘、蒽的含量及各种馏分和沥青产率应进行分析检测。

7.3 煤焦油的初步蒸馏

7.3.1 煤焦油蒸馏前的准备

7.3.1.1 贮存及质量均合

由本厂生产的粗焦油及外厂来油均送入焦油油库贮存，并于油库进行质量均合、初步脱水及脱渣。

焦油油库通常至少设三个贮槽，即一个接收焦油，一个静置脱水，一个向管式炉送油，三

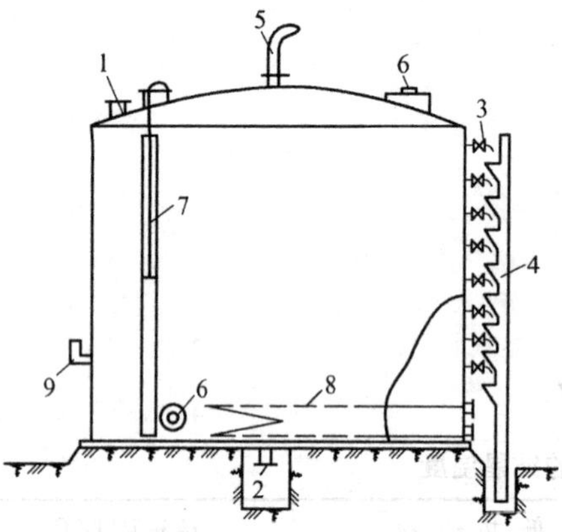

图 7-2 焦油贮槽

1—焦油入口；2—焦油出口；3—放水旋塞；4—放水竖管；5—放散管；6—人孔；7—液面计；8—蛇管蒸汽加热器；9—温度计

槽轮换使用。焦油贮槽多为钢板焊制的立式槽，其构造如图 7-2 所示。

焦油贮槽内设有蒸汽加热器，使焦油保持一定温度，以利于油水分离。澄清分离水由溢流管排出，流入收集槽后送去与氨水混合加工。

为了防止焦油槽内沉积焦油渣，槽底配置了 4 根搅拌管（图 7-2 中未示出）。搅拌管开有两排小孔，由搅拌油泵将焦油抽出，再经由搅拌管循环泵入槽内，使焦油渣呈悬浮状态而不能沉积。为了搅拌均匀及节省能耗，使用了时间继电器依次切换搅拌管来进行循环搅拌。

7.3.1.2 脱水

焦油含水多，会使焦油蒸馏系统的压力显著提高，阻力增大，甚至打乱蒸馏操作制度。此外，伴随水分带入的腐蚀性介质，还会引起设备和管道的腐蚀。在管式炉二段，焦油出口温度为 395℃时。焦油含水量与泵后压力的关系见表 7-8。

表 7-8 二段焦油含水量与泵后压力的关系

含水质量分数/%	二段泵后压力/MPa	含水质量分数/%	二段泵后压力/MPa
0.2	0.55	0.4	0.60
0.3	0.55	0.5	0.84
0.3	0.60	0.6	0.84

焦油脱水可分为初步脱水和最终脱水。

焦油的初步脱水是在焦油贮槽内加热静置脱水，焦油温度维持在 70 ~ 80℃，经静置 36h 以上，水和焦油因密度不同而分离。静置脱水可使焦油中水分初步脱至 2% ~ 3%。

在连续式管式炉焦油蒸馏系统中，焦油的最终脱水是在管式炉的对流段及一段蒸发器内进行的。如焦油含水 2% ~ 3%，当管式炉对流段焦油出口温度达 120 ~ 130℃时，可使焦油水分脱至 0.5% 以下。此外，还可在专设的脱水装置中，使焦油在加压（490 ~ 980kPa）及加热（130 ~ 135℃）条件下进行脱水。加压脱水法的优点是水不汽化，分离水以液态排出，节省了水汽化所需的潜热，降低了能耗。

7.3.1.3 脱盐

焦油中所含的水实即氨水，其中所含的挥发铵盐在最终脱水阶段即被除去，而占绝大部分的固定铵盐仍留在脱水焦油中。当加热到 220 ~ 250℃时，固定铵盐会分解成氨和游离酸：

$$NH_4Cl \xrightleftharpoons{220 \sim 250℃} HCl + NH_3$$

产生的酸存于焦油中，会严重腐蚀管道和设备，因此必须尽量减少焦油中的固定铵盐。为此采取了脱盐措施。

焦油的脱盐，多采用在焦油入管式炉前连续加入碳酸钠溶液，也有的采用向切除沥青后的馏分中加入碳酸钠溶液，使之与固定铵盐中和，以生成稳定的钠盐。其反应式为：

$$2NH_4Cl + Na_2CO_3 \longrightarrow 2NH_3 + CO_2 + 2NaCl + H_2O$$

$$2NH_4CNS + Na_2CO_3 \longrightarrow 2NH_3 + CO_2 + 2NaCNS + H_2O$$

$$(NH_4)_2SO_4 + Na_2CO_3 \longrightarrow 2NH_3 + CO_2 + Na_2SO_4 + H_2O$$

生成的各种钠盐在焦油蒸馏加热的温度下是不会分解的。

由高置槽来的质量分数8%~12%的碳酸钠溶液经转子流量计加入一段焦油泵的吸入管中，以达到均匀混合。碳酸钠加入量取决于焦油中固定铵盐含量。考虑到碳酸钠和焦油混合程度不够，或焦油中固定铵盐含量可能变化，实际加入量要大于理论量的25%。其计算式如下：

$$A = \frac{Q \times C \times 3.1 \times 1.25}{10 \times B \times D} \tag{7-1}$$

式中 A——碳酸钠溶液消耗量，L/h；

Q——进入管式炉一段的焦油量，kg/h；

C——按固定铵盐含量，换算为每1kg焦油中含氨克数，g/kg（一般为0.03~0.04g/kg）；

3.1——按化学反应计算求得的碳酸钠理论需要量，即焦油中固定铵盐含量换算为每克氨所耗碳酸钠克数；

B——碳酸钠溶液的质量分数，%；

D——碳酸钠溶液的密度，kg/L。

脱盐后的焦油中，固定氨含量应小于0.01g/kg，才能保证管式炉的正常操作。

应当指出的是，铵盐易溶于水而不易溶于焦油，故欲脱盐，必先脱水。某厂焦油含水量与固定氨含量的关系见表7-9。

表7-9 焦油含水量与含固定氨的关系

含水质量分数/%	每1kg无水焦油固定氨含量/g	含水质量分数/%	每1kg无水焦油固定氨含量/g
2.4	0.0486	1.5	0.0295
2.3	0.037	1.2	0.029
1.8	0.0295	0.9	0.018

7.3.2 连续式焦油蒸馏

根据生产规模的不同，可采用间歇式或连续式焦油蒸馏装置。后者分离效果好，各种馏分产率高，酚和萘可高度集中在一定的馏分中，故生产规模较大的焦油车间均采用管式炉连续式装置进行焦油蒸馏。

7.3.2.1 一次气化过程及一次气化温度

A 焦油在管式炉装置中一次气化过程

在管式炉装置中，煤焦油的蒸发是以一次气化（或称一次蒸发）的方式完成的。脱水焦油由二段焦油泵送入管式炉辐射段后，由于辐射段炉管的热负荷强度很大，又有足够的传热面积，焦油可被迅速地加热到指定温度。焦油从进入炉管后，在整个加热过程中所形成的馏分蒸气，一直与液体密切接触，相互达成平衡，又因在高温下低沸点组分产生很高的蒸气压，故炉管内压力很高。当加热到规定温度时，气液混合物从辐射段炉管进入二段蒸发器，由于压力急剧下降，馏分蒸气立即一次气化，并与残液分离。此时残液（沥青）和油气（各种馏分蒸气）数量之比应符合焦油蒸馏所要求的馏分产率。可见焦油的一次气化过程是在二段蒸发器内最后完成的。

B 一次气化（蒸发）温度

管式炉连续蒸馏过程要求二蒽油以前的全部馏分都在二段蒸发器内一次蒸出，为使馏分产率及沥青质量都符合工艺要求，需合理地确定一次气化温度。

一次气化温度是焦油气液混合物在进入二段蒸发器内进行闪蒸，液体和油气达到平衡状态时的温度。这个温度低于管式炉二段出口温度，而略高于沥青由二段蒸发器排出的温度。这主要是因馏分在二段蒸发器闪蒸所需的气化热是由气液混合物放出显热供给的，温度亦随即降低至与二段蒸发器内压力相应的数值。

一般最适宜的一次气化温度应保证从焦油中蒸出的酚和萘最多，并得到软化点为 80 ~ 90℃的沥青。显然，当焦油的组成不同或对沥青的软化点要求不同时，最适宜的一次气化温度也不同。

焦油的一次气化温度可近似地按下述经验公式计算：

$$t = 683 - \tan\alpha(174.5 - g_x) \tag{7-2}$$

式中 t——一次气化温度，℃；

g_x——馏出物的质量分数，%；

$\tan\alpha$——在一定压力下，按下式求出的一次蒸发直线的斜率

$$\tan\alpha = -0.008026p_m + 3.24 \tag{7-3}$$

p_m——二段蒸发器内油气的分压(绝对压力)，kPa。

例如，已知脱水焦油处理量为9500kg/h，馏出物质量分数为45%；二段蒸发器操作压力为44.13kPa(表压)，通入器内的直接过热水蒸气量为脱水焦油量的1.5%。则求得一次蒸发温度如下：

二段蒸发器内绝对压力：

$$p = 98.07 + 44.13 = 142.2\text{kPa}$$

因通入直接过热水蒸气，油气的分压应为：

$$p_m = pN_m$$

气相中油气的摩尔分数 $$N_m = \frac{\frac{G_m}{M_m}}{\frac{G_m}{M_m} + \frac{G_w}{M_w}}$$

馏出物产量 $G_m = 9500 \times 45\% = 4275\text{kg/h}$

通入水汽量 $G_w = 9500 \times 1.5\% = 143\text{kg/h}$

油气平均相对分子质量取为 $M_m = 155$

则得 $$N_m = \frac{\frac{4275}{155}}{\frac{4275}{155} + \frac{143}{18}} = 0.776$$

$$p_m = 142.2 \times 0.776 = 110.35\text{kPa}$$

$$\tan\alpha = -0.008026 \times 110.35 + 3.24 = 2.354$$

则一次气化温度即为：

$$t = 683 - 2.354(174.5 - 45) = 378℃$$

一次气化温度与馏分产率、二段蒸发器底部压力以及直接蒸汽量之间，在一定条件下，大致有下列变化关系：

参数变化值	一次气化温度提高值
馏分产率提高2%	5 ~ 6℃

器底压力提高 4.9kPa	3~4℃
直接蒸汽量由 3.3%降至 2.3%	11~12℃
由 2.3%降至 1.3%	15~16℃
由 1.3%降至 0.3%	21~22℃

一般在常压下操作的管式炉焦油蒸馏系统，一次气化温度保持在 380℃左右。当直接过热蒸汽通入量不变时，提高一次蒸发温度(即提高管式炉二段出口温度)，馏分产率即相应增加，而沥青产率减少，同时沥青的软化点和游离碳含量也随之增加。

焦油馏分产率同一次蒸发温度的关系如图 7-3 所示，为一直线关系。

沥青软化点同焦油加热温度(管式炉二段出口温度)之间的关系如图 7-4 所示，几乎成直线关系，可用下列实验式表示：

$$y = 0.835x - 250 \tag{7-4}$$

式中 x——焦油加热温度,℃；

y——沥青软化点,℃。

例如，焦油加热温度为 400℃时，则沥青软化点温度为：

$$y = 0.835 \times 400 - 250 = 84℃$$

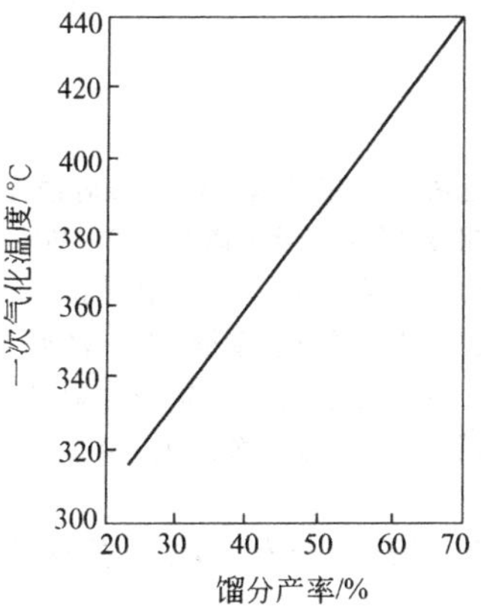

图 7-3 焦油馏分产率与一次气化温度间的关系

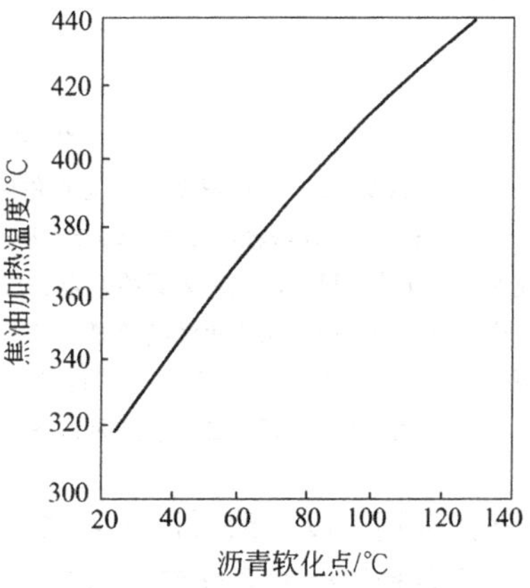

图 7-4 沥青软化点与焦油加热温度间的关系

7.3.2.2 焦油连续蒸馏工艺流程

近代焦油加工的基本方向主要有两个：一是对焦油进行分馏，将沸点接近的化合物集中到相应的馏分中，以便进一步加工，分离单体产品；二是以获得电极工业原料(电极焦、电极黏结剂)为目的进行焦油加工。因此，焦油连续蒸馏工艺也有多种流程。下面介绍几种具有典型意义的流程。

A 常压两塔式焦油连续蒸馏流程

煤焦油连续通过管式炉加热，并在蒽塔和馏分塔中(在常压下)先后分馏成各种馏分的煤焦油蒸馏工艺。工艺流程见图 7-5。

原料焦油用一段焦油泵送入管式炉对流段，加热后进入一段蒸发器。在此，粗焦油中大部分水分和部分轻油蒸发出来，混合蒸气自蒸发器顶逸出，经冷凝冷却和油水分离后得一段轻油和氨水。一段蒸发器排出的无水焦油入器底的无水焦油槽，自其中满流的无水焦油进入满流槽，由此引入一段焦油泵前管路中。

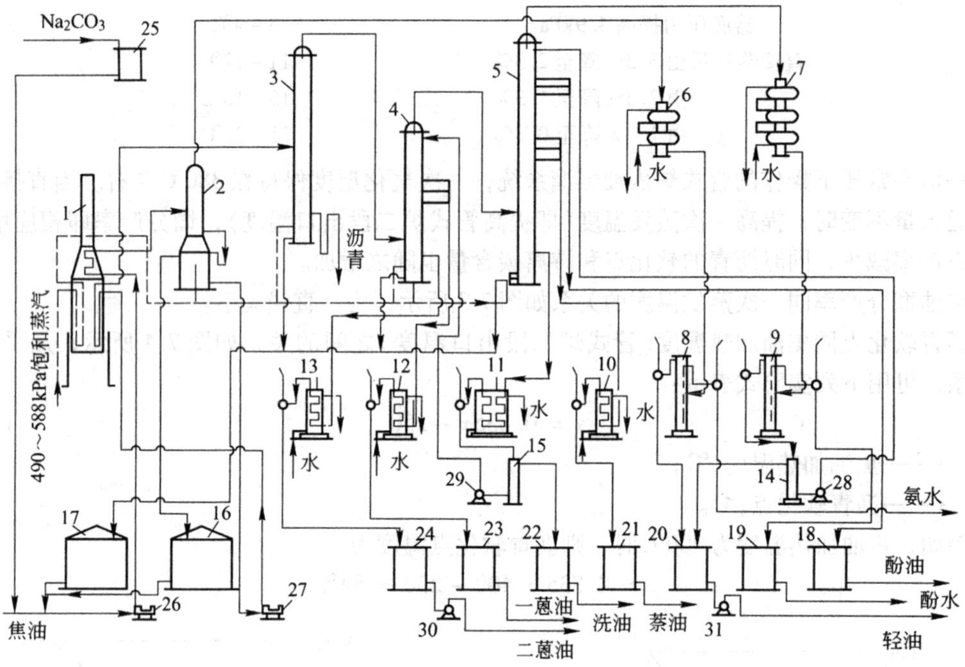

图 7-5 两塔式焦油蒸馏流程

1—焦油管式炉；2—一段蒸发器及无水焦油槽；3—二段蒸发器；4—蒽塔；5—馏分塔；6—一段轻油冷凝冷却器；7—馏分塔轻油冷凝冷却器；8—一段轻油油水分离器；9—馏分塔轻油油水分离器；10—萘油埋入式冷却器；11—洗油埋入式冷却器；12—一蒽油冷却器；13—二蒽油冷却器；14—轻油回流槽；15—洗油回流槽；16—无水焦油满流槽；17—焦油循环槽；18—酚油接受槽；19—酚水接受槽；20—轻油接受槽；21—萘油接受槽；22—洗油接受槽；23—一蒽油接受槽；24—二蒽油接受槽；25—碳酸钠高位槽；26—一段焦油泵；27—二段焦油泵；28—轻油回流泵；29—洗油回流泵；30—二蒽油泵；31—轻油泵

无水焦油用二段焦油泵送入管式炉辐射段，加热至405℃左右，进入二段蒸发器一次蒸发，分离成各种馏分的混合蒸气和液体沥青。

由二段蒸发器底部排出的沥青，送往沥青冷却浇铸系统。从二段蒸发器顶逸出的油气进入蒽塔下数第三层塔板，塔顶用洗油馏分打回流，塔底排出二蒽油。自11、13、15层塔板的侧线切取一蒽油。一、二蒽油分别经埋入式冷却器冷却后，放入各自的贮槽，以备送出处理。

自蒽塔顶逸出的油气进入馏分塔下数第五层塔板。洗油馏分自塔底排出；萘油馏分从第18、20、22、24层塔板侧线采出；酚油馏分从第36、38、40层采出。这些馏分经冷却后流入各自贮槽。馏分塔顶逸出的轻油和水的混合蒸气经冷凝冷却和油水分离后，水导入酚水槽，用来配制洗涤脱酚时所需的碱液；轻油入回流槽，部分用作回流液，剩余部分送粗苯工段处理。

蒸馏用直接蒸汽经管式炉加热至450℃，分别送入各塔底部。

我国有些工厂在馏分塔中将萘油馏分和洗油馏分合并一起切取，叫做两混馏分。此时塔底油称为苊油馏分，含苊量大于25%。这种操作可使萘较多地集中在两混馏分中，萘的集中度达93%～96%，从而提高了工业萘的产率。同时，由于洗油馏分中的重组分已在切取苊油馏分时除去，从而提高了洗油质量。

两塔式焦油蒸馏馏分产率和质量指标见表7-10，主要操作指标见表7-11。

表 7-10 两塔式焦油蒸馏馏分产率和质量指标

馏分名称	产率(对无水焦油)/%		密度/g·cm^{-3}	组分含量(质量分数)/%		
	窄馏分	两混馏分		酚	萘	苊
轻油馏分	0.3~0.6	0.3~0.6	≤0.88	<2	<0.15	
酚油馏分	1.5~2.5	1.5~2.5	0.98~1.0	20~30	<10	
萘油馏分	11~12	16~17(1)	1.01~1.03	<6	70~80	
洗油馏分	5~6		1.035~1.055	<3	<10	
			(1)1.028~1.032	(1)3	(1)57~62	
苊油馏分		2~3	1.07~1.09			>25
一蒽油馏分	19~20	17~18	1.12~1.13	<0.4	<1.5	
二蒽油馏分	4~6	3~5	1.15~1.19	<0.2	<1.0	
中温沥青	54~56	54~56	1.25~1.35	软化点80~90℃(环球法)		

表 7-11 两塔式焦油蒸馏操作指标

操作温度/℃	窄馏分	两混馏分
一段焦油出口温度	120~130	120~130
二段焦油出口温度	400~410	400~410
一段蒸发器顶部温度	105~110	105~110
二段蒸发器顶部温度	370~374	370~374
蒽塔顶部温度	250~265	250~265
馏分塔顶部温度	95~115	95~115
酚油馏分侧线温度	160~170	160~170
萘油馏分侧线温度	198~200	
洗油馏分(塔底)温度	225~235	
两混馏分侧线温度		196~200
一蒽油馏分温度	280~295	280~295
二蒽油馏分(塔底)温度	330~355	330~355

B 常压一塔式焦油连续蒸馏流程

煤焦油连续通过管式加热炉，并在馏分塔中(在常压下)分馏成各种馏分的煤焦油蒸馏工艺。一塔式流程与两塔式流程的不同之处，是取消了蒽塔，二段蒸发器改由两部分组成，上部为精馏段，下部为蒸发段。工艺流程见图 7-6。

原料焦油于管式炉一段加热后进行脱水。无水焦油于管式炉二段加热后送入二段蒸发器进行蒸发分馏，沥青由器底排出，油气升入上部精馏段。二蒽油自上数第四层塔板侧线引出，经冷却后送贮槽。其余馏分的混合蒸气自顶部逸出进入馏分塔下数第三层塔板。自馏分塔底排出一蒽油，经冷却后，一部分用于二段蒸发器顶部打回流，回流量为每 1t 无水焦油 0.15~0.2t，以保持二段蒸发器顶部温度，其余送去处理。由第 15、17、19 层塔板侧线切取洗油馏分；由第 33、35、37 层切取萘油馏分；由第 51、53、55 层切取酚油馏分。各种馏分均经冷却后导入相应的中间槽，然后送去处理。轻油及水的混合蒸气自塔顶逸出，经冷凝冷却油水分离后，部分轻油打回流，回流量为每 1t 无水焦油 0.35~0.4t，其余送粗苯工段处理。

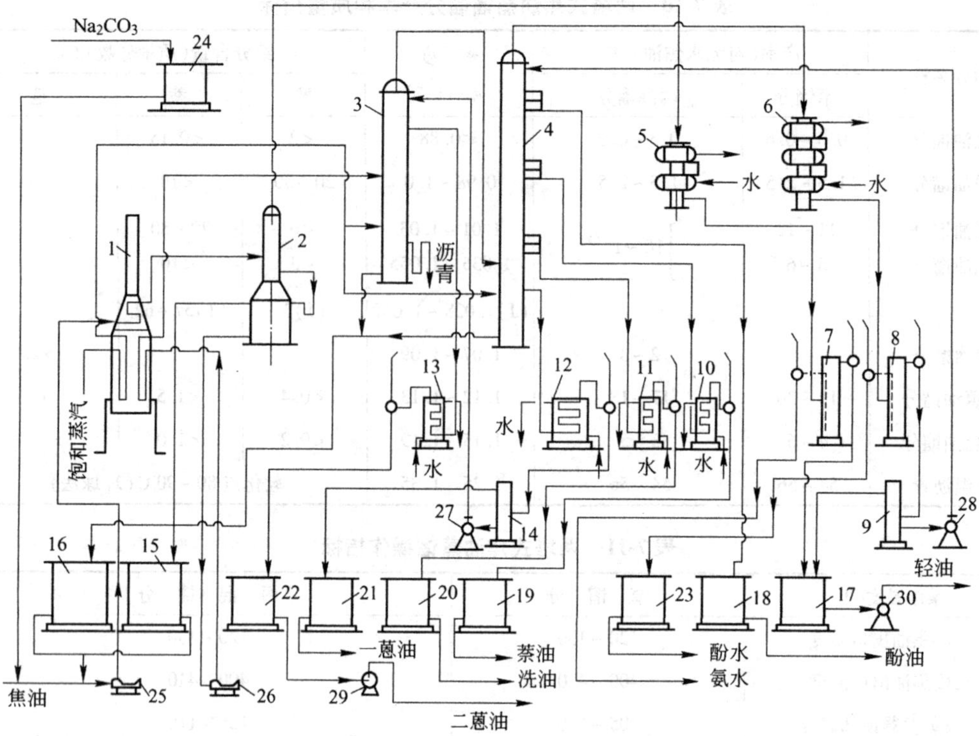

图 7-6 一塔式焦油蒸馏流程

1—焦油管式炉；2—一段蒸发器及无水焦油槽；3—二段蒸发器；4—馏分塔；5—一段轻油冷凝冷却器；6—馏分塔轻油冷凝冷却器；7—一段轻油油水分离器；8—馏分塔轻油油水分离器；9—轻油回流槽；10—萘油埋入式冷却器；11—洗油埋入式冷却器；12—一蒽油冷却器；13—二蒽油冷却器；14—一蒽油回流槽；15—无水焦油满流槽；16—焦油循环槽；17—轻油接受槽；18—酚油接受槽；19—萘油接受槽；20—洗油接受槽；21—一蒽油接受槽；22—二蒽油接受槽；23—酚水接受槽；24—碳酸钠溶液高位槽；25—一段焦油泵；26—二段焦油泵；27—一蒽油回流泵；28—轻油回流泵；29—二蒽油泵；30—轻油泵

国内有些工厂将酚油馏分、萘油馏分和洗油馏分合并一起作为三混馏分切取，这种工艺可使煤焦油中的萘最大限度地集中到三混馏分中，萘的集中度达 95% ~98%，从而提高了工业萘的产率。同时馏分塔的塔板层数可从 63 层减少到 41 层（提馏段 3 层，精馏段 38 层）。三混馏分自下数 25、27、29、31 或 33 层塔板切取。

一塔式焦油蒸馏馏分产率和质量指标见表 7-12，主要操作指标见表 7-13。

表 7-12 一塔式焦油蒸馏馏分产率和质量指标

馏分名称	产率（对无水焦油）/%		密 度 /g · cm^{-3}	酚含量（质量分数） /%	萘含量（质量分数） /%
	窄馏分	三混馏分			
轻油馏分	0.3 ~ 0.6	0.3 ~ 0.6	≤0.88	<2	<0.15
酚油馏分	1.5 ~ 2.5	18 ~ 23(1)	0.98 ~ 1.0	20 ~ 30	<10
萘油馏分	11 ~ 12		1.01 ~ 1.03	<6	70 ~ 80
洗油馏分	5 ~ 6		1.035 ~ 1.055	<3	<10
			(1)1.028 ~ 1.032	(1)6 ~ 8	(1)45 ~ 55
一蒽油馏分			1.12 ~ 1.13	<0.4	<1.5
二蒽油馏分			1.15 ~ 1.19	<0.2	<1.0
中温沥青			1.25 ~ 1.35	软化点 80 ~ 90℃（环球法）	

表 7-13 一塔式焦油蒸馏操作指标

操作温度/℃	窄 馏 分	三 混 馏 分
一段焦油出口温度	120 ~ 130	120 ~ 130
二段焦油出口温度	400 ~ 410	400 ~ 410
一段蒸发器顶部温度	105 ~ 110	105 ~ 110
二段蒸发器顶部温度	315 ~ 325	315 ~ 325
馏分塔顶部温度	95 ~ 115	95 ~ 115
酚油馏分侧线温度	165 ~ 185	
萘油馏分侧线温度	200 ~ 215	
洗油馏分侧线温度	225 ~ 245	
三混馏分侧线温度		200 ~ 220
一蒽油馏分温度	270 ~ 290	270 ~ 290
二蒽油馏分温度	320 ~ 335	320 ~ 335

C 减压焦油连续蒸馏流程

煤焦油连续通过管式炉加热，并在蒸馏塔中负压条件下分馏成各种馏分的煤焦油蒸馏工艺。煤焦油在负压下蒸馏，可降低各组分的沸点，避免或减少高沸点物质的分解和结焦现象，提高各组分的相对挥发度，有利于分离。工艺流程见图 7-7。

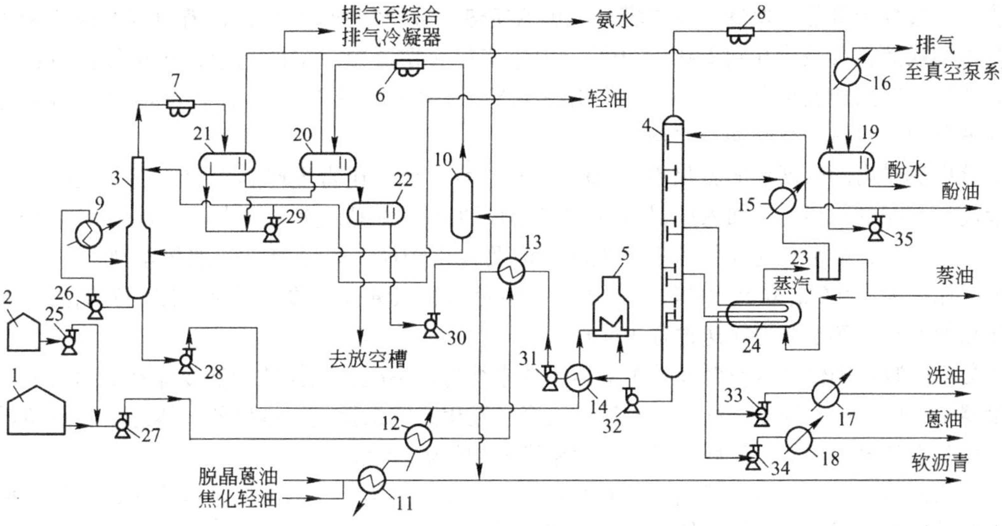

图 7-7 减压焦油蒸馏工艺流程

1—焦油槽；2—Na_2CO_3 槽；3—脱水塔；4—分馏塔；5—加热炉；6—1 号轻油冷凝冷却器；7—2 号轻油冷凝冷却器；8—酚油冷凝器；9—脱水塔重沸器；10—预脱水塔；11—脱晶蒽油加热器；12—焦油预热器；13—软沥青热交换器 A；14—软沥青热交换器 B；15—萘油冷却器；16—酚油冷却器；17—洗油冷却器；18—蒽油冷却器；19—主塔回流槽；20—1 号轻油分离器；21—2 号轻油分离器；22—3 号轻油分离器；23—萘油液封罐；24—蒸汽发生器；25—Na_2CO_3 装入泵；26—脱水塔循环泵；27—焦油装入泵；28—脱水塔底抽出泵；29—脱水塔回流泵；30—氨水输送泵；31—软沥青升压泵；32—主塔底抽出泵；33—洗油输送泵；34—蒽油输送泵；35—酚油输送泵（主塔回流泵）

原料焦油用泵送入焦油预热器，用784kPa蒸汽加热，然后进入软沥青热交换器与软沥青进行热交换，再进入预脱水塔。进塔焦油温度依焦油含水量和轻油质量而定，用预热蒸汽量调节。焦油中大部分水分和部分轻油以气态从塔顶逸出，经冷凝冷却和油水分离后，轻油打回流，塔底部的焦油靠压头自流入脱水塔。

脱水塔塔底焦油由循环泵压送入重沸器加热后返回塔内，以供给脱水塔所需热量。重沸器用3920kPa蒸汽加热。脱水塔顶温度以回流量调节。塔顶逸出的水和轻油蒸气，经冷凝冷却和油水分离后，轻油部分打回流，其余送轻油槽。全部分离水经再次油水分离后，送入氨水槽。

脱水塔底的焦油用泵送入软沥青热交换器，经与分馏塔塔底来的软沥青进行热交换后进入管式加热炉。焦油经管式炉的出炉温度根据原料性质、处理量及分馏塔操作压力等因素而定。管式加热炉用焦炉煤气作燃料，其流量依分馏塔入口焦油温度调节。

经管式炉加热后的焦油进入分馏塔，被分馏成各种馏分。塔顶馏出酚油，从侧线顺次切取萘油、洗油和蒽油馏分，塔底得到软沥青。分馏塔塔顶压力为13.3kPa，由减压系统通入真空槽的氮气量来调节。

从塔顶蒸出的酚油气进入空气冷却器冷凝冷却，然后在水冷却器中冷却至约40℃后进入回流槽。空气冷却器内未凝缩的酚油气被引入减压系统。回流槽内酚油大部分打回流，剩余部分送入酚油槽。馏分塔塔顶温度依酚油质量而定，并据此来调节回流量。

萘油馏分经用60~65℃的温水于萘油冷却器冷却到80℃后进入萘油槽。

洗油馏分和蒽油馏分，先通过蒸汽发生器降温至160℃，再用泵送入冷却器用温水冷却后，送至贮槽。

馏分塔底槽内的液面要保持一定，故设有液面调节器以控制软沥青的送出量。塔底排出的软沥青先通过软沥青热交换器与脱水塔来的焦油换热，被冷却到200℃，接着再经一热交换器与原料焦油换热，再被冷却到140~150℃。为保持热交换器内一定的流速，防止管内壁沉积垢物，从与原料焦油换热后的软沥青中引出一小部分循环回到升压泵吸入侧，其余部分经管道内配油调整软化点后送往软沥青贮槽。

馏分塔底排出的软沥青的软化点为60~65℃，为了制取作为生产延迟焦、成型煤的黏结剂以及高炉炮泥的原料，需加入脱晶蒽油和焦化轻油进行调配，使之成为软化点为35~40℃的软沥青。为此，由本装置外部送来的脱晶蒽油及焦化轻油，先经加热器加热至90℃，然后进入温度保持为130℃的软沥青的输送管道中，两者的加入量应依软沥青流量按比例输入。沥青软化点的调整全部于管道输送过程中完成。

馏分塔的减压操作由真空泵及整个减压系统来维持。不凝性气体从酚油冷却器被抽入一气体冷凝器中，用甲基萘油喷洒洗净，然后进入真空罐用真空泵排出。排出的气体经排气洗净塔再次用甲基萘油喷洒洗净，最后经排气液封罐进入加热炉焚烧。

整个焦油蒸馏装置中各个轻油分离器及各种有排气的槽类，均与减压系统连接，排气汇集进入综合排气冷凝器，未凝缩气体也经排气液封罐进入加热炉焚烧。

为了回收馏分塔切取的洗油和蒽油馏分的热量，设置有蒸汽发生器，利用焦油蒸馏及其他装置产生的蒸汽冷凝液(需要时补充锅炉给水)作为供给水，并添加脱氧剂及清罐剂等药液处理(加入量为供水量的10%)可防止蒸汽发生器腐蚀和结垢。所产生的压力为294~392kPa的蒸汽排入低压蒸汽管网。

减压焦油蒸馏各种馏分对无水焦油的产率(质量分数),%：

轻油馏分	0.5
酚油馏分	1.8

萘油馏分	13.2
洗油馏分	6.4
蒽油馏分	16.9
软沥青	61（软化点60～65℃环球法）

主要操作指标见表7-14。

表7-14 减压焦油蒸馏操作指标

项目	指标	项目	指标
1号软沥青换热器		萘油馏分侧线温度/℃	152
焦油出口温度/℃	130～135	洗油馏分侧线温度/℃	215
预脱水塔顶部温度/℃	110～120	蒽油馏分侧线温度/℃	264
脱水塔顶部温度/℃	100	分馏塔底部温度/℃	325～330
脱水塔底部温度/℃	185	分馏塔顶部压力/kPa	13.3
管式炉焦油出口温度/℃	330～335	分馏塔底部压力/kPa	33～41
分馏塔顶部温度/℃	118～120		

D 常压-减压焦油连续蒸馏流程

a 吕特格式工艺流程

煤焦油连续通过管式炉加热，并相继在常压馏分塔和减压馏分塔中分馏成各种馏分的煤焦油蒸馏工艺，特点是各种馏分能较精细地分离，减少高沸点物质的热分解，降低耗热量。吕特格式常压-减压焦油连续蒸馏流程见图7-8 。

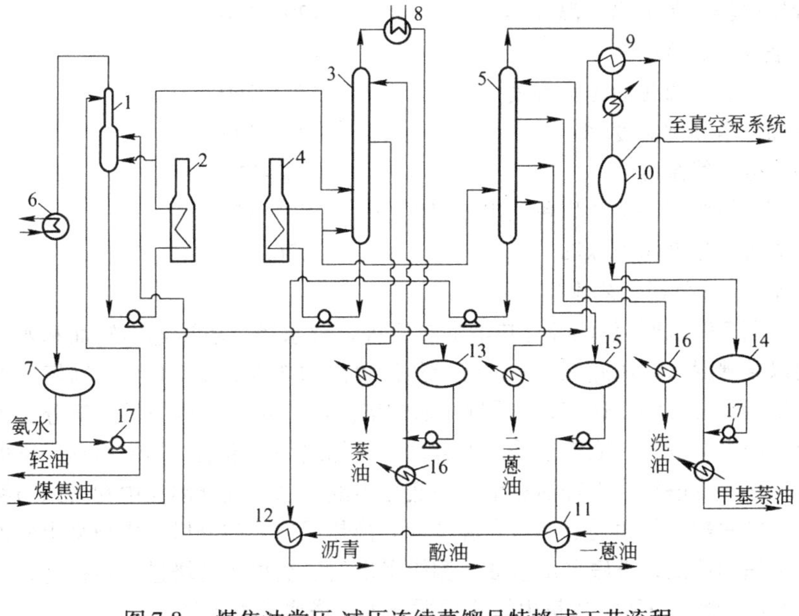

图7-8 煤焦油常压-减压连续蒸馏吕特格式工艺流程

1—脱水塔；2—脱水塔管式炉；3—常压馏分塔；4—常压馏分塔管式炉；5—减压馏分塔；6—轻油冷凝冷却器；7—油水分离器；8—蒸汽发生器；9—甲基萘油换热器；10—气液分离器；11——蒽油换热器；12—沥青换热器；13—酚油回流槽；14—甲基萘油回流槽；15——蒽油中间槽；16—馏分冷却器；17—油泵

煤焦油与甲基萘油馏分、一蒽油馏分和煤焦油沥青多次换热到120～130℃进入脱水塔。煤焦油中的水分和轻油馏分从塔顶逸出，经冷凝冷却、油水分离后得到氨水和轻油馏分。脱水塔顶部送入轻油回流，塔底的无水焦油送入管式炉加热到250℃左右，部分返回脱水塔底循环供热，其余送入常压馏分塔。酚油蒸气从常压馏分塔顶逸出，进入蒸汽发生器，利用其热量产生0.3MPa的蒸汽，供本装置加热用。冷凝的酚油馏分部分送回塔顶作回流，从塔侧线切取萘油馏分。塔底重质煤焦油送入常压馏分塔管式炉加热到360℃左右，部分返回常压馏分塔底循环供热，其余送入减压馏分塔。减压馏分塔顶逸出的甲基萘油馏分蒸气，在换热器中与煤焦油换热后冷凝，经气液分离器分离得到甲基萘油馏分，部分作为回流送入减压馏分塔顶部，从塔侧线分别切取洗油馏分、一蒽油馏分和二蒽油馏分。各馏分流入相应的接受槽，分别经冷却后送出，塔底沥青经沥青换热器同煤焦油换热后送出。气液分离器顶部与真空泵连接，以造成减压蒸馏系统的负压。

各种馏分对无水焦油的产率(质量分数)/%：

轻油馏分	0.5～1.0
酚油馏分	2.0～2.5
萘油馏分	11～12
甲基萘油馏分	2～3
洗油馏分	4～5
一蒽油馏分	14～16
二蒽油馏分	6～8
沥青	54～55(软化点80～90℃环球法)

常压-减压连续蒸馏的主要操作指标如下：

沥青换热器煤焦油出口温度/℃	120～130
脱水塔顶部温度/℃	100～110
脱水塔管式炉煤焦油出口温度/℃	250～260
常压馏分塔顶部温度/℃	170～185
萘油馏分侧线温度/℃	200～210
常压馏分塔管式炉重质煤焦油出口温度/℃	360～370
减压馏分塔顶部压力/kPa	<26.6

b 法国IRH工程公司工艺流程

工艺流程见图7-9。原料焦油经导热油加热后进入脱水塔，塔顶排出轻油和水，轻油回兑原料焦油，用以共沸脱水。塔底无水焦油经导热油再次加热至约240℃与初馏塔底经管式炉循环加热的部分沥青汇合，温度达375℃后进入初馏塔。经管式炉加热的另一部分沥青经汽提柱进一步汽提得到中温沥青。初馏塔顶采出混合油气，侧线采出重油。初馏塔顶采出的混合油气经氨水急冷后，在急冷塔顶分出轻油和水，塔底分出混合油。混合油在中和塔内与稀碱液混合分解固定铵盐。经脱盐后的净混合油与高温位馏分换热后进入馏分塔，塔顶采出酚油，侧线分别采出萘油、洗油和蒽油，塔底采出重油。侧线采出的洗油再经副塔进一步提纯，得到含萘低于2%的低萘洗油。馏分塔所需热量由管式炉循环加热塔底重油提供。

该流程的主要特点是采用轻油共沸脱水；切除沥青后加碱脱固定铵盐，沥青质量得到改善；馏分塔液相进料，精馏的可调节性提高，馏分分离的精确度提高；洗油在副塔进一步脱萘，萘的收率较国内常规流程提高10%～15%，一蒽油产率降低，但蒽的含量可提高10%。

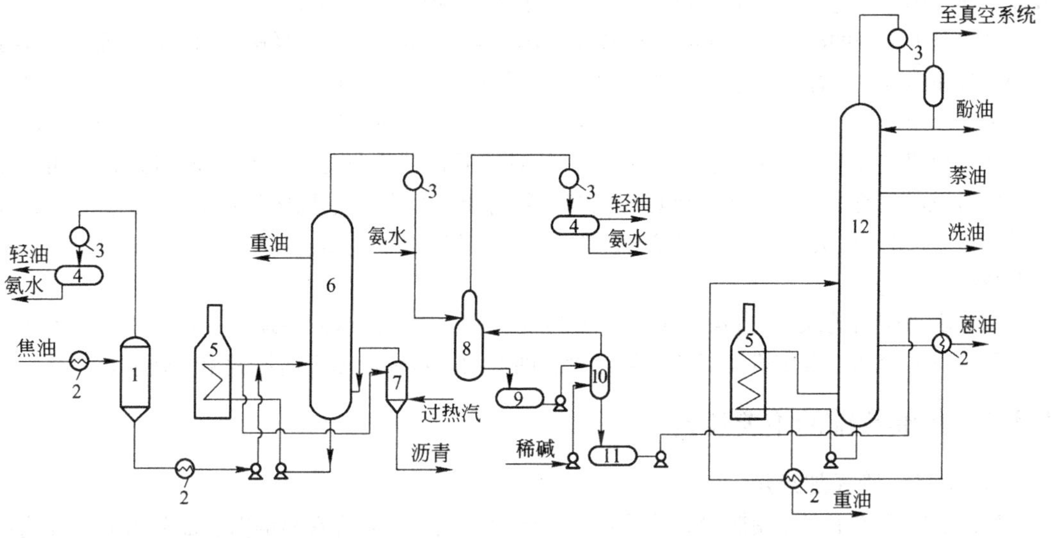

图 7-9 法国常减压焦油蒸馏流程

1—脱水塔；2—换热器；3—冷凝冷却器；4—油水分离器；5—管式加热炉；
6—初馏塔；7—沥青汽提柱；8—急冷塔；9—混合油槽；10—中和塔；
11—净混合油槽；12—馏分塔

E 焦油分馏和电极焦生产工艺流程

在使用电极制品量大的工业发达国家，煤焦油是重要的电极工业原料资源。如新日铁用萃取法净化脱水焦油，再用精馏法分离出无喹啉不溶物的沥青。此种沥青即用于制造电极焦和电极黏结剂，其工艺流程如图 7-10 所示。

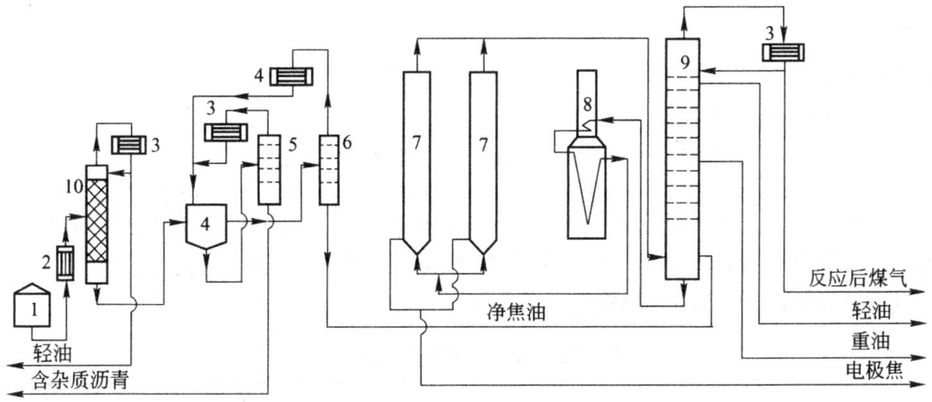

图 7-10 焦油分馏和电极焦生产工艺流程

1—焦油槽；2—预热器；3—冷凝器；4—萃取器；5，6—溶剂蒸出器；
7—焦化塔；8—管式炉；9—分馏塔；10—脱水塔

原料焦油经预热器加热至 140℃后入脱水塔脱水，塔顶逸出的水和轻油的混合蒸气经冷凝冷却和油水分离后，部分轻油回流至脱水塔顶板，其余部分去轻油槽。塔底排出的脱水焦油进入萃取器用脂族(正己烷、石脑油等)和芳族(萘油、洗油等)的混合溶剂进行萃取，可使喹啉不溶物分离，并在重力作用下沉淀下来。脱水焦油与溶剂混合后分为两相，上部分为净焦油，下部分是含喹啉不溶物的焦油。含杂质的焦油送入溶剂蒸出器，器顶蒸出的溶剂及轻馏分经冷凝后返回萃取器，器底排出软化点为35℃含杂质的沥青，可用于制取筑路焦油和高炉用燃料焦油。

萃取器上部分的净焦油送入溶剂蒸出器，蒸出溶剂后的净焦油用泵送入馏分塔底部，分馏成各种馏分和沥青。沥青由馏分塔底排出并泵入管式炉，加热至500℃后进入并联的延迟焦化塔中的一个塔，经焦化后，所产生的挥发性产品和油气从塔顶返回馏分塔内，并供给所需的热源。

于焦化塔内得到的主要产品为延迟焦，其对软沥青的产率约为64%。所得延迟焦再经煅烧后即得成品沥青焦。沥青焦对延迟焦的产率约为86%，其质量规格为：硫（质量分数%，下同）0.3%～0.4%；灰分0.1%～0.2%；挥发分<0.5%；重金属（主要是钒）<5mg/kg；真密度1.96～2.04kg/L。

馏分塔顶引出的煤气（占焦油4%），经冷凝后所得冷凝液返回塔顶板；自上段塔板引出的是含酚、萘的轻油；自中段塔板切取的为含蒽的重油。对轻油和重油均做相应处理。

7.3.3 焦油蒸馏的主要设备

7.3.3.1 管式加热炉

焦油蒸馏装置中多采用圆筒式管式炉，主要由燃烧室、对流室和烟囱三部分组成，其构造基本和图5-20所示管式炉类似，不再赘述。

圆筒管式炉因生产能力不同有多种规格，炉管均为单程，辐射段炉管及对流段光管的材质为1Cr5Mo合金钢。辐射段炉管沿炉壁圆周等距直立排列，无死角，加热均匀。对流段炉管在燃烧室顶水平排列，兼受对流及辐射两种传热方式作用。蒸汽过热管设置于对流段和辐射段，其加热面积应满足将所需蒸汽加热至450℃。辐射段炉管热强度取为75400～92100kJ/(m^2·h)；对流段采用光管时，热强度取为25200～41900kJ/(m^2·h)。

为了确定焦油加热温度和燃料耗量，需进行管式炉的物料衡算和热量衡算。

A 物料衡算

计算举例如下：

原始数据

原料焦油水分：4%

各馏分产率：%（对无水焦油）

轻油	酚油	萘油	洗油	一蒽油	二蒽油	沥青
0.6	2.0	11.5	5.5	20	6	54.4

为简化计算，假设：焦油水分全部在一段蒸发器中脱除，占无水焦油0.25%的轻油在一段蒸发时蒸出，脱盐用碱液不计入，物料损失略而不计，不考虑无水焦油满流。

计算基准为1000kg/h焦油的物料衡算结果见表7-15。

表7-15 管式炉的物料衡算 kg

入方	出方
1. 焦油水分： 1000×4%=40 2. 无水焦油： 1000－40=960	1. 焦油水分（从一段蒸发器蒸出）：1000×4%=40 2. 轻油：从一段蒸出 960×0.25%=2.4 从二段蒸出 960×(0.6－0.25)%=3.36 3. 酚油：960×2%=19.2 4. 萘油：960×11.5%=110.4 5. 洗油：960×5.5%=52.8 6. 一蒽油：960×20%=192 7. 二蒽油：960×6%=57.6 8. 沥青：960×54.4%=522.24
共计 1000	共计 1000

B 热量衡算(以两塔式流程为例)

原始数据

温度：原料焦油80℃；对流段出口焦油130℃；辐射段出口焦油400℃；一段蒸发器底部焦油110℃，顶部蒸气105℃；二段蒸发器底部沥青360℃，顶部油气350℃；进入管式炉水蒸气143℃；过热后蒸汽400℃。

过热的水蒸气量按无水焦油量的4%计算，其他数据与物料衡算相同。

（1）对流段焦油吸收的有效热量

入方：

① 无水焦油带入热量

$$q_1 = 960 \times 1.675 \times 80 = 128640\text{kJ/h}$$

式中 1.675——无水焦油在50~160℃之间的平均比热容，kJ/(kg·K)。

② 焦油中水分带入热量

$$q_2 = 40 \times 4.187 \times 80 = 13398\text{kJ/h}$$

入方总热量 $Q_{对入} = 128640 + 13398 = 142038\text{kJ/h}$

出方：

③ 一段蒸发器顶轻油蒸气带走的热量

$$q_3 = 2.4 \times (450.1 + 1.926 \times 105) = 1566\text{kJ/h}$$

式中 450.1——轻油蒸发潜热，kJ/kg；

1.926——轻油在0~105℃之间的平均比热容，kJ/(kg·K)。

④ 一段蒸发器底排出的无水焦油带走热量

$$q_4 = (960 - 2.4) \times 1.675 \times 110 = 176438\text{kJ/h}$$

⑤ 一段蒸发器顶水汽带走热量

$$q_5 = 40 \times (2248 + 4.187 \times 105) = 107505\text{kJ/h}$$

式中 2248——水在105℃时的蒸发潜热，kJ/kg。

出方总热量 $Q_{对出} = 1566 + 176438 + 107505 = 285509\text{kJ/h}$

则对流段焦油吸收的有效热量为

$$Q_{对} = 285509 - 142038 = 143471\text{kJ/h}$$

（2）辐射段焦油吸收的热量

入方：

① 无水焦油带入的热量

$$q'_1 = (960 - 2.4) \times 1.675 \times 110 \approx 176438\text{kJ/h}$$

出方：

② 二段蒸发器顶油气带走的热量

$$q'_2 = (3.36 + 19.2 + 110.4 + 52.8 + 192 + 57.6) \times (376.8 + 1.884 \times 350) \approx 451120\text{kJ/h}$$

式中 376.8——混合油气的蒸发潜热，kJ/kg；

1.884——混合油气在0~350℃间的平均比热容，kJ/(kg·K)。

③ 二段蒸发器底沥青带走的热量

$$q'_3 = 522.24 \times 1.758 \times 360 = 330515\text{kJ/h}$$

式中 1.758——沥青在0~360℃间的平均比热容，kJ/(kg·K)。

则辐射段焦油吸收的有效热量为：

$$Q_{辐} = 451120 + 330515 - 176438 = 605197\text{kJ/h}$$

(3) 蒸汽过热段水汽吸收的有效热量

入方：

饱和蒸汽带入的热量(392.3kPa，温度143℃饱和蒸汽)

$$q_S = 960 \times 4\% \times 2742 = 105293\text{kJ/h}$$

式中 2742——饱和蒸汽的焓，kJ/h。

出方：

过热蒸汽带走的热量(392.3kPa，温度400℃过热蒸汽)

$$q'_S = 960 \times 4\% [2742 + 2.093(400 - 143)] = 125948\text{kJ/h}$$

式中 2.093——水蒸气比热容，kJ/(kg·K)。

则蒸汽过热段水汽吸收的有效热量为：

$$Q_S = 125948 - 105293 = 20655\text{kJ/h}$$

这样，管式炉每小时加热每1000kg焦油吸收的总有效热量为：

$$Q'_T = 143471 + 605197 + 20655 = 769323\text{kJ/h}$$

管式炉用焦炉煤气作燃料，炉热工效率取为$\eta = 70\%$，则供给管式炉热量为：

$$Q_T = \frac{Q'_T}{\eta} = \frac{769323}{0.7} = 1099033\text{kJ/h}$$

焦炉煤气热值$Q_{低} = 17585\text{kJ/m}^3$，则(每1000kg焦油)煤气耗量为：

$$V = \frac{Q_T}{Q_{低}} = \frac{1099033}{17585} = 62.5\text{m}^3$$

C 辐射段炉管内物料的变化情况

焦油在辐射段炉管内不仅提高了温度，且有相变化。炉管内焦油处于一定压力下，要加热到一定温度下才开始气化，开始气化温度与所处压力的关系如图7-11所示。

假设开始气化时的绝对压力$p_e = 333\text{kPa}$，则由图可查得开始气化温度$t_e = 351℃$。

显然，焦油在辐射段炉管内的加热过程，可分为无相变化的加热段及有相变化的气化段。在不同阶段和不同温度下，焦油的焓是变化的，其值可由图7-12查取。

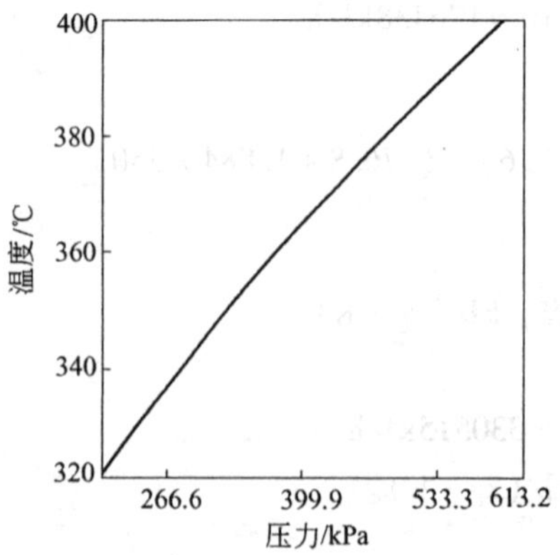

图7-11 煤焦油开始气化温度与压力的关系

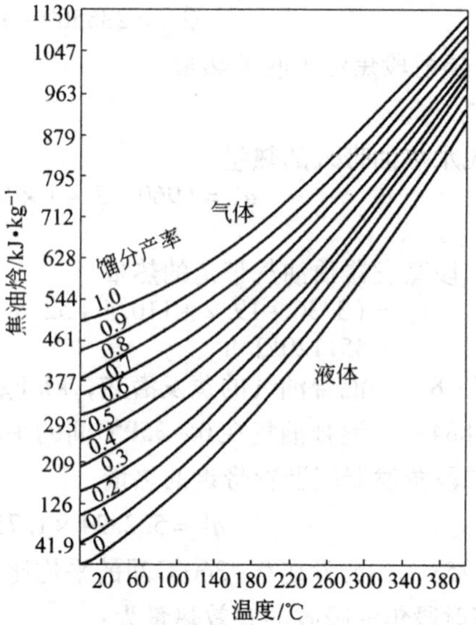

图7-12 在不同温度下焦油馏分及油类的焓

按一次气化温度为379℃及气化率(即馏分产率)为45%，可由图查得焦油焓为950kJ/kg(焦油)。设由管式炉至二段蒸发器的管道热损失为1%，则管式炉二段出口焦油的焓约为959kJ/kg(焦油)。再计入无水焦油中尚含0.5%的水分，在上述状态条件下，每千克焦油所含水分的焓约为17kJ，则二段出口焦油的焓共计为976kJ/kg(I_t)。

开始气化时焦油的焓，可按前述由图7-10查得的开始气化温度及馏分产率为零的条件，再查图7-11得焦油焓为762kJ/kg，将焦油所含水分的焓计入，共计约为779kJ/kg(I_e)。

进入辐射段炉管处焦油的焓，可按入口焦油温度为110℃及馏分产率为零的条件，再查图7-11得焦油焓为167.5kJ/kg，计入所含水分的焓2.5kJ/kg，共计为170kJ/kg(I_i)。

若辐射段炉管的总长度为L，则在视炉管的热强度不变情况下，可根据以上所得各焦油焓值，按下式求出气化段炉管的长度为：

$$L_V = \frac{I_t - I_e}{I_t - I_i} \times L \tag{7-5}$$

将有关数值代入得：

$$L_V = \frac{976 - 779}{976 - 170} \times L = 0.244L$$

在上述条件下，气化段炉管长度为辐射段炉管总长度的24.4%，当条件变动时，L_V也将变动。

从气化段开始至二段出口，炉管各点的气化率是逐渐变化的。在气化段开始处的气化率$e=0$；在二段出口处，焦油的焓为959kJ/kg，温度为400℃，则查图7-12得此点的气化率约为0.2。

7.3.3.2 一段蒸发器

一段蒸发器是快速蒸出煤焦油中所含水分和部分轻油的蒸馏设备，其构造见图7-13。塔体由碳素钢或灰铸铁制成，焦油从塔中部沿切线方向进入。为保护设备内壁不受冲蚀，在焦油入口处有可拆卸的保护板，入口的下部有2~3层分配锥。焦油入口至捕雾层有高为2.4m以上的蒸发分离空间，顶部设钢质拉西环捕雾层，塔底为无水焦油槽。气相空塔速度宜采用0.2m/s。

7.3.3.3 二段蒸发器

二段蒸发器是将400~410℃的过热无水焦油闪蒸并使其馏分与沥青分离的蒸馏设备。

在两塔式流程中所用的二段蒸发器不带精馏段，构造比较简单。在一塔式流程中用的二段蒸发器带有精馏段，其构造如图7-14所示。

二段蒸发器由若干铸铁塔段组成。热焦油进入蒸发段上部以切线方向运动，并立即进行闪蒸。为了减缓焦油的冲击力和热腐蚀作用，在油入口部位设有缓冲板，其下设有溢流塔板，焦油由周边汇向中央大溢流口，再沿齿形边缘形成环状油膜流向下层溢流板，在此板上向四周外缘流动，同样沿齿形边缘形成环状油膜落向器底。这样即形成相当大的蒸发面积。所蒸发的油气及所通入的直接蒸汽一同上升进入精馏段，沥青聚于器底。

蒸发器精馏段设有4~6层泡罩塔板，塔顶送入一蒽油做回流。由蒸发段上升的蒸汽汇同闪蒸的馏分蒸气，经精馏作用后，于精馏段底部侧线排出二蒽油馏分，一蒽油以前的各馏分蒸气连同水蒸气自器顶逸出去馏分塔。

在精馏段与蒸发段之间也设有两层溢流塔板，其作用是阻挡上升蒸气所挟带的焦油液滴，并使液滴中的馏分蒸气充分蒸发出去。

无精馏段的二段蒸发器中，焦油入口以上有高度大于4m的分离空间，顶部有不锈钢或钢质拉西环的捕雾层，馏分蒸气经捕雾层除去挟带的液滴后，全部从塔顶逸出。液相为沥青。气相空塔速度采用0.2~0.3m/s。

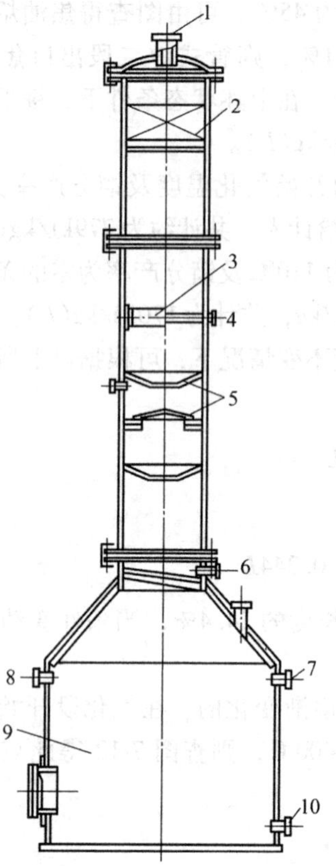

图 7-13　一段蒸发器

1—蒸气出口；2—捕雾层；3—保护板；4—焦油入口；5—再分配锥；6—无水焦油出口；7—无水焦油入口；8—满流口；9—无水焦油槽；10—无水焦油出口

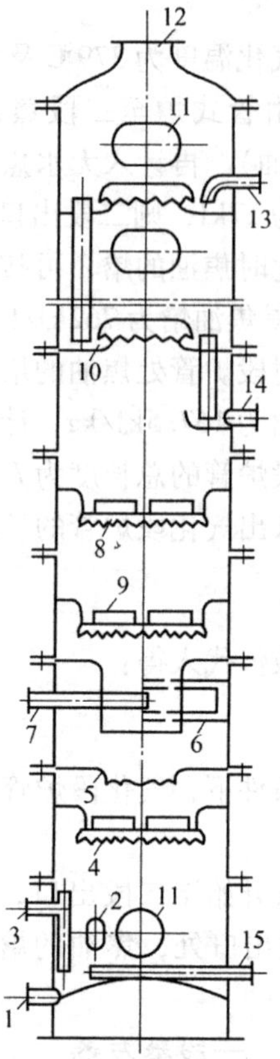

图 7-14　二段蒸发器

1—放空口；2—浮球液面计接口；3—沥青出口；4，5，8，9—溢流塔板；6—缓冲板；7—焦油入口；10—泡罩塔板；11—人孔；12—馏分蒸气出口；13—回流液入口；14—二蒽油出口；15—蒸汽入口

7.3.3.4　馏分塔

A　馏分塔功能与结构

馏分塔是焦油蒸馏工艺中切取各种馏分的设备。馏分塔分精馏段和提馏段，内设塔板。塔板间距依塔径确定，一般为 350 ~ 500mm，相应的空塔气速可取为 0.35 ~ 0.45m/s。进料层的闪蒸空间宜采用板间距的 2 倍。馏分塔的塔板层数和切取各馏分的侧线位置见表 7-16。

表 7-16　煤焦油馏分塔塔板层数和切取各馏分的侧线位置

项　目　名　称		两塔式流程		一塔式流程	
		切取窄馏分	切取两混馏分	切取窄馏分	切取三混馏分
塔板总层数		47	47	63	41
精馏段塔板层数		44	44	60	38
提馏段塔板层数		3	3	3	3
侧线位置（以塔板层数表示）	轻油馏分	塔顶	塔顶	塔顶	塔顶
	酚油馏分	36 ~ 42	36 ~ 42	51 ~ 57	（三混馏分）25 ~ 35
	萘油馏分	18 ~ 26	（两混馏分）18 ~ 26	33 ~ 39	
	洗油馏分	塔底	塔底（苊油）	15 ~ 21	备用 15 ~ 19
	一蒽油馏分			塔底	塔底

一般采用灰铸铁制造塔体时，采用泡罩塔板，泡罩有条形、圆形和星形等；采用合金钢制造塔体时，采用浮阀塔板。

B 馏分塔塔板层数的计算

馏分塔理论塔板层数的计算非常复杂，比较可行的方法是按轻、中、重3个代表组分用“逐板计算法”分段确定塔板层数，现简介如下。

在此种方法中，将多组分系统当做3组分系统来处理，首先需选定中沸点组分(MC)，所有其余沸点高于或低于它的组分，分别被当做综合高沸点组分(HC)或综合低沸点组分(LC)。选做中沸点组分的应是在所研究的塔段中要提取的产品，或是其全塔分布情况已能确定的某种单一组分。

上述计算方法需有以下两项基本假设：

(1) 视煤焦油各种馏分均为接近理想溶液的系统。事实上，煤焦油的各种馏分主要由芳香烃及其同系物组成的液体混合物，与理想溶液偏差很小。煤焦油中吡啶碱类和酚虽然会形成恒沸混合物，但吡啶碱类含量极少，对萘在全塔分布的影响可忽略不计。

(2) 假定煤焦油中各组分的气化热是相等的，从而认为单位时间内塔内蒸气流和回流液体流的摩尔量在焦油精馏每一塔段范围内是近似不变的。

现对上述法则举例说明如下：

例如切取萘洗混合馏分的焦油馏分塔(两塔式流程)，可按下述方法来划分3种代表组分。在此工艺流程中，馏分塔进料和切取产品的情况如图7-15所示。

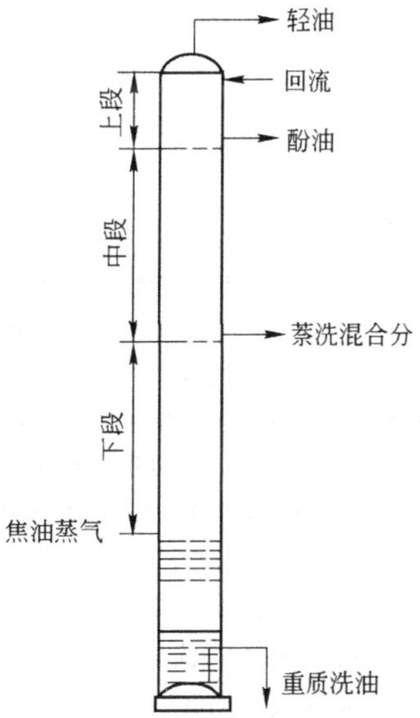

图7-15 切取萘洗混合馏分的馏分塔物料流动示意图

由于从侧线切取酚油馏分和萘洗混合馏分，故将全塔分为3段：

(1) 酚油馏分侧线以上为上段；

(2) 两侧线之间为中段；

(3) 萘洗混合馏分侧线至加料板之间为下段。

由于塔顶产品轻油和塔底产品重质洗油的平均相对分子质量相差很大，其平均沸点温度也相差很大，所以各段均需分别选择符合实际情况的代表组分，各段分别为：

上段：LC——轻油；MC——酚和甲酚的混合物；HC——萘。

中段：LC——上段的LC和MC的混合物；MC——萘；HC——甲基萘的同分异构物。

下段：LC——沸点比萘沸点低的所有组分；MC——萘；HC—沸点比萘沸点高的所有组分。

在按3种代表组分进行的馏分塔计算中，要反复应用道尔顿定律和拉乌尔定律，并需知道各种混合组分在不同温度下的饱和蒸气压，其查取方法如下：

查取某种混合组分在不同温度下的蒸气压时，先需知道此种组分的平均相对分子质量(可由实测或计算确定)，再由图7-16查得相应的平均沸点温度，然后利用图7-17查

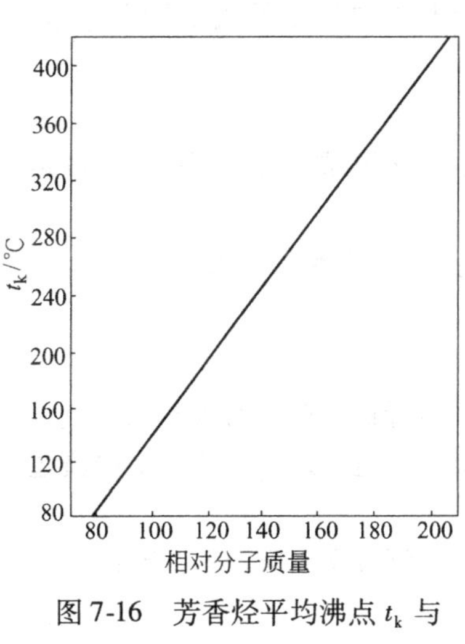

图7-16 芳香烃平均沸点 t_k 与混合物平均相对分子质量的关系

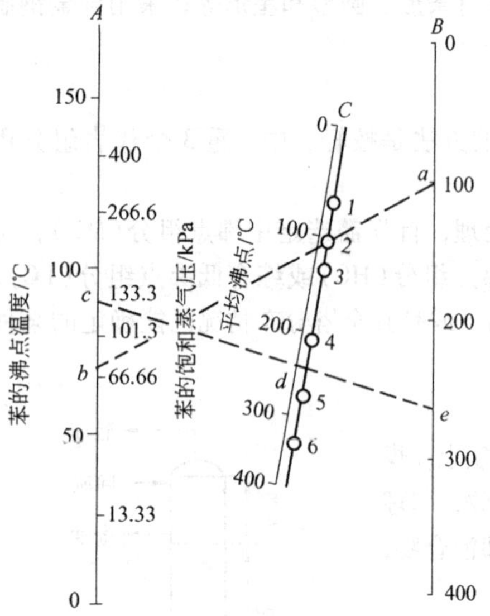

图 7-17 芳烃平均沸点温度与平均蒸气压的关系图

1—苯；2—甲苯；3—三甲苯；4—萘；5—苊；6—蒽

举例：(1) 温度为100℃时(点 a)甲苯(点2)的蒸气压为75.99kPa(点 b)；(2) 133322Pa 的压力下(点 c)平均沸点为250℃的油类，(点 d)约在265℃(点 e)沸腾

取此组分在不同温度下的饱和蒸气压。

当已知某综合组分的平均相对分子质量时，先于图 7-16 查得相应的平均沸点温度，再于图 7-17 的 B 线上查得表明此温度位置的一点，由此点与 A 线上蒸气压为 101.3kPa 处连一直线，与图中的 C 线交于一点，此点即表示此综合组分在列线图上的位置。此位置确定后，即可查找此组分在各种温度下的蒸气压数据。反之，如已知蒸气压，也可求得相应的沸点温度。

在进行计算时，首先要确定加料板上气、液两相组成，然后确定塔顶产品轻油的组成，再由塔顶向下逐层计算，直到所算出的气、液两相组成同加料板上气、液两相组成相符时，即可求出馏分塔精馏段的理论塔板层数。

馏分塔的塔板效率在 0.33 ~ 0.44 的范围内(依塔板间距取相应值)。以塔板效率除理论塔板数，即得精馏段实际塔板数，再加上提馏段的塔板数(3 ~4 块)，即得馏分塔全塔总塔板数。

馏分塔塔板层数的计算步骤

a 列出焦油蒸馏的总物料衡算表

按无水焦油年处理量、各种馏分及沥青的产率和产量以及有关馏分中酚、萘的含量等原始资料，列出焦油蒸馏的总物料衡算表。

对于两塔式流程的馏分塔，重质洗油(或苊油馏分)以前的 4 种馏分(轻、酚、萘、洗)蒸气全部进入馏分塔，又向蒽塔顶打回流的洗油馏分经蒸出后也全部进入馏分塔(洗油回流量取为无水焦油的 20% ~25%)。据此求出进入馏分塔各种馏分的蒸气数量，作为计算的依据。

b 确定进入馏分塔内蒸气的组成

进入馏分塔的蒸气混合物的代表组分可按馏分塔下段来确定。这 3 个代表组分为：

LC——沸点低于萘沸点的产物，设由轻油馏分、酚油馏分及不包括萘的萘油馏分组成，其相对分子质量取为 $M=123$。

MC——萘，相对分子质量 $M=128$。

HC——沸点高于萘沸点的产物，设由不包括萘的洗油馏分组成，相对分子质量取为$M=160$。

根据已知的各种馏分的物料数据，即可计算确定 3 种代表组分的摩尔分数(α_{LC}、α_{MC}、α_{HC})。

c 剩余蒸气分率 e 及加料板上气、液两相组成的确定

由蒽塔来的蒸气以饱和状态进入馏分塔的加料板时，温度略有降低，此时有少量的蒸气冷凝下来，气、液两相达成新的平衡，剩余的蒸气上升进入上层塔板，这一过程称为一次冷凝过程，在一次冷凝完成时的温度称为一次冷凝温度。

经一次冷凝后的蒸气量比进料蒸气量减少的程度，可用剩余蒸气分率 e 来表示，即：

$$e=\frac{\text{一次冷凝后剩余的蒸气量}}{\text{原来进入蒸气量}}$$

进入馏分塔的饱和蒸气经一次冷凝后剩余的蒸气分率 e，同加料板处总压 p 及所达到的一次冷凝温度密切相关。为了使进入的油气能得到最好的分馏，应使 e 在所确定的总压及已知油气组成条件下最大可能地接近于 1，经计算所求得的 e 值应在 0.95 以上。

e 值可按下述一次冷凝方程式来确定：

$$\sum_{i=1}^{n} x_i = \sum_{i=1}^{n} \frac{\alpha_i}{1 + e\left(\frac{p_i}{p} - 1\right)} = 1 \tag{7-6}$$

式中 α_i——冷凝前蒸气混合物中某组分的摩尔分数；

e——冷凝后剩余蒸气分率；

p_i——在该温度下某组分的蒸气压，kPa；

p——塔内加料板处的总压(绝对压力)，kPa；

x_i——原来的蒸气混合物部分冷凝后，液相中某组分的浓度(摩尔分数)。

对于三组分混合物系统，上式的展开形式为：

$$\frac{\alpha_{LC}}{1 + e\left(\frac{p_{LC}}{p} - 1\right)} + \frac{\alpha_{MC}}{1 + e\left(\frac{p_{MC}}{p} - 1\right)} + \frac{\alpha_{HC}}{1 + e\left(\frac{p_{HC}}{p} - 1\right)} = 1 \tag{7-7}$$

解上式所求得的 e，即为在一定的冷凝温度和一定的总压下，进入馏分塔的原料蒸气经一次冷凝后的剩余蒸气分率。

为解上式并求得 e，设：

$$\frac{p_{LC}}{p} - 1 = A;\ \frac{p_{MC}}{p} - 1 = B;\ \frac{p_{HC}}{p} - 1 = C$$

代入式(7-7)得：

$$ABCe^2 + [AB(1 - \alpha_{HC}) + AC(1 - \alpha_{MC}) + BC(1 - \alpha_{LC})]e + (A\alpha_{LC} + B\alpha_{MC} + C\alpha_{HC}) = 0 \tag{7-8}$$

经这样处理后，对于三组分系统，就变为解 e 的二次方程式。按照解一元二次方程式的方法，即可求得相应的 e 值。

e 值最好能介于 1 ~ 0.95 之间。如 e 值较小，说明在加料板上冷凝下来的蒸气较多，必然会使较多的萘转入液相，从而使萘的集中度变小。

为求得适宜的 e 值，须应用试差法进行计算确定。即根据原始资料、工艺流程及馏分切取制度，选设加料板处的总压 p 及一次冷凝温度 t 来求 e，如不符合要求，须另设 p 及 t，按上述步骤进行第二次试算，如仍不符合要求，则须进行第三次以至更多次试算，直到符合要求为止。

在求得符合要求的 e 值后，还须对 e 值进行验算，即将 e 值代入 $x = \frac{\alpha_i}{1 + e\left(\frac{p_i}{p} - 1\right)}$，分别求出冷凝液的组成 x_{LC}、x_{MC} 及 x_{HC}，并要求 $\sum x_i = 1$。如符合要求，则所求得的 e 值就是正确的。

一般来说，如 $\sum x_i \approx 1$，则基本上 $\sum y_i$ 也近似地等于 1。当求得的 $\sum x_i$ 不等于 1，但误差在 3% 以内时，e 值不须重算。

为了判断加料板上的液相组成是否符合对含萘量的规定要求，须将上面所求出的液相组成由摩尔分数换算为质量百分数组成，以进行分析判断。当求得的加料板上液相组成中萘的质量分数低于 8% 时，则认为是可取的。因为加料板以下提馏段还有 4 块塔板，在过热蒸汽作用下，塔底排出的重质洗油（或芘油）中含萘量将进一步降低（可能降至约5%），故可保证达到预期的萘集中度。

d　提馏段蒸发的蒸气量、剩余液体量及气、液两相组成的确定

从加料板溢流下来的液体中，必有相当部分于提馏段蒸发。这部分蒸发的蒸气（V'，kmol/h）上升至加料板上，同原料蒸气（F，kmol/h）经一次冷凝后的剩余部分（F_e，kmol/h）一起进入精馏段。

所以，在精馏段上升的蒸气量应为：

$$V = F_e + V' \quad \text{kmol/h} \tag{7-9}$$

V'值的大小同下列因素有关：从加料板溢流下去的液体数量 L'（kg·mol/h），直接蒸汽用量 G_s（kg/h），塔底温度 t（℃），塔底的总压 p（kPa），提馏段的塔板层数。在这些因素中，直接蒸汽用量、塔底温度及总压应按生产工艺要求选定；塔底槽贮油用直接蒸汽蒸吹，其作用相当于提馏段两层实际塔板，所以提馏段塔板层数 $n=6$；从加料板溢流下来的液体量 L'需先假设，然后用试差法计算确定。

当上述条件均为已知时，则溢流液体中各组分蒸出的程度，即可按第5章式(5-32)求得。

于提馏段蒸发后剩余的液体数量应等于拟切取的重质洗油量。因此，为了求得符合此项要求的溢流液量及蒸气量，须经多次试算，才能求得正确结果。

在求得各组分的蒸出程度后，即可经计算求得剩余液体的数量、各组分在剩余液体中所占的数量以及各组分在蒸气中所占的数量。据此，便可分别求得按摩尔分数计算的剩余液体及蒸气的组成。

e　加料板上蒸气混合物中油气和水蒸气所占摩尔分数的确定

由于向馏分塔内通入直接过热蒸汽，因而塔内的蒸气混合物是油气和过热水蒸气的混合物。为了计算馏分塔的理论塔板数，须先求出蒸气混合物中油气和水蒸气各自所占的摩尔分数。

从加料板上升的实际油气量为（$F_e + V'$）kmol/h，直接蒸汽量包括从蒽塔来的和通入馏分塔的两部分，其总量为无水焦油量的3%。据此即可分别求得两者在蒸气混合物中的摩尔分数 α_m 及 α_s。

f　馏分塔上段塔板层数的计算

上段的3个代表组分为：

综合低沸点组分 LC——轻油，$M=105$；

综合中沸点组分 MC——酚和甲酚的混合物，$M=117$；

高沸点组分 HC——萘，$M=128$。

(1) 第一层塔板。先按工艺要求确定3种代表组分在塔顶产品（轻油）中的摩尔分数组成，即从第一层塔板上升蒸气的组成 y_{1L}、y_{1M}及 y_{1H}。

已知气相组成，可按下式求出与之达成平衡的液相组成：

$$x_i = \frac{p_{m1}}{p_i} y_i \tag{7-10}$$

此式的 p_{m1} 为第一层塔板上的油气分压。一般馏分塔顶的混合蒸气总压可定为 $p_1 = 102.7$kPa，从其中减去水蒸气的分压，即得油气分压。油气分压可按下式求取：

$$p_m = p(1 - \alpha_s) \tag{7-11}$$

式(7-10)的 p_i 为某一代表组分的蒸气压。为求取 p_i，需先假设塔板上的温度，再利用图7-15及图7-16查取蒸气压数据，将有关的 p_i 及 y_i 值代入式(7-10)，即可分别求出 x_{iL}、x_{iM}

及 x_{iH}。

然后对所求得的液相组成的正确性进行判别。如果 $\sum x_i \approx 1$（允许误差3%），则所设温度正确，液相组成也随之确定。否则，需另设一温度，重复计算，直到符合要求为止。

（2）第二层塔板。已知 x_{1L}、x_{1M} 及 x_{1H}，利用精馏操作线方程式可求出 y_{2L}、y_{2M}、y_{2H}。

精馏操作线方程式为：

$$y_{n+1} = \frac{R}{R+1}x_n + \frac{1}{R+1}x_P$$

首先需确定 R。

馏分塔打入的是冷回流，冷回流量较上段的热回流量为低，所以需先求出热回流量 $L_{热}$，再按 $R = \frac{L_{热}}{p}$ 计算求得实际回流比。因轻油产量很小，所以实际回流比很大，约在 90 ~ 100 之间。

将求得的 R 值及相应的 x_1 值代入精馏操作线方程式，即可分别求出第二层塔板的气相组成 y_{2L}、y_{2M}、y_{2H}。

根据塔内压力分布情况，第二层及其以下各层塔板上的蒸气总压均较其上一层塔板的蒸气总压约递加 1.06kPa 左右。

在求得 y_{2L}、y_{2M} 及 y_{2H} 后，即可按式(7-10)求取 x_{2L}、x_{2M} 及 x_{2H}，其计算方法及正确性的判断同前。

同理，可求得 y_{3L}、y_{3M}、y_{3H} 及 x_{3L}、x_{3M}、x_{3H}。

一般情况下，第三块理论塔板的液相组成即可能符合酚油馏分的质量规格。其判断方法是将液相摩尔分数组成换算为质量百分组成，如综合中沸点组分（含酚组分）达到 30% 左右，高沸点组分（萘）在 10% 以下，则可认为符合酚油馏分的质量要求。此时即可从第三层理论塔板切取酚油馏分，以下即应转入中段进行计算。

g 馏分塔中段塔板层数的确定

中段的代表组分可为：

低沸点组分 LC——上段的 LC 及 MC 的混合物，其相对分子质量取为 $M = 116$；

中沸点组分 MC——萘，$M = 128$；

高沸点组分 HC——甲基萘的同分异构物，相对分子质量取为 $M = 142$。

由于中段的代表组分不同于上段的代表组分，原设塔顶产品的组成不能用于中段的计算，中段的回流比也与上段不同，所以上段的操作线方程式已不适用于中段。

对第 n 层塔板作物料平衡并作相应的整理，即可求得计算第四层及以下各层塔板气相组成的方程式：

$$y_{n+1} = \left(\frac{R}{R+1} + K_n\right)x_n - \frac{R}{R+1}x_{n-1} \tag{7-12}$$

式中 y——某组分由塔板上升的气相组成摩尔分数；

x——某组分由塔板溢流的液相组成摩尔分数；

K——某组分的平衡常数，$K = \frac{p_i}{p}$；

R——回流比。

由于在第三层塔板侧线切取了酚油馏分，自第三层塔板向下溢流的回流量及回流比需另行计算。

中段回流比可按下式求得：

$$R = \frac{L'}{V - L'} \tag{7-13}$$

式中　V——从加料板上升的油气量，kmol/h；

L'——自上段最后一层塔板溢流的液体量，kmol/h。

L'为上段热回流量减去酚油馏分切取量后的回流液量。

中段回流比约为 15 左右。将 R 值代入式(7-12)，即得实际应用的操作线方程式。

应用式(7-12)求取第四层塔板上的气相组成时，需用上两层塔板的液相组成 x_2 及 x_3 的数据，分别计算求出 y_{4L}、y_{4M} 及 y_{4H}，以备中段计算中应用。但此时求得的 y_4 值仍表示上段各代表组分的气相组成。由于中段的代表组分不同于上段，所以需将第四层塔板的气相组成转换为以中段代表组分表示的组成。然后，再按式(7-10)分别求出 x_{4L}、x_{4M} 及 x_{4H}。同样要用 $\sum x_i \approx 1$ 来判断所设温度是否正确，直至符合要求为止。

依上述计算法则并应用式(7-12)及式(7-10)依次对中段塔板进行计算，直至某层塔板上的液体中含萘量达到对萘洗混合馏分的规定(约 60% 左右)，且此层塔板计算求得的温度也符合生产实际情况时，则可确认应从此层塔板切取萘洗混合馏分，并自此层以下转入下段塔板的计算。

h　馏分塔下段塔板层数的确定

下段的 3 个代表组分同计算进料板上气、液两相组成所用的代表组分相同，即为：

低沸点综合组分——沸点较萘低的产物，$M = 123$；

中沸点组分——萘，$M = 128$；

高沸点综合组分——沸点较萘高的产物，$M = 152$。

由于在中段的最后一层塔板侧线切取了萘洗混合馏分，则下段的回流量比中段又有所减少，因而下段的回流比也不同于中段。

下段的回流液量 L'' 等于中段回流液量 L' 减去萘洗混合馏分切取量(均按 kmol/h 计)，下段回流比为：

$$R = \frac{L''}{V - L''} \tag{7-14}$$

下段回流比约为 2 左右。将下段 R 值代入式(7-12)，即得用于下段计算的操作线方程式。

应用式(7-12)及上两层塔板液相组成数据，可求得下段第一层塔板气相组成，同样需将其转换成用下段 3 个代表组分所表示的组成。然后，依上述计算法则对下段进行逐板计算，直至计算所得某层塔板的液相组成与前已求得的加料板上的液相组成相符时，则此板即为理论加料板。至此，馏分塔精馏段的理论塔板层数即可确定。

按上述计算求得的理论塔板层数约为 15 层左右，除以塔板效率 η，即得实际塔板数，再加上提馏段的塔板数，即得全塔总塔板数。

以上仅就馏分塔的理论计算法则及步骤作简要介绍。这一计算方法是在一些假设和简化的条件下进行的，虽然不是很精确的，但计算结果尚符合生产实际情况，对工业生产来说是可用的。

7.4　煤焦油馏分的加工

7.4.1　轻油馏分

轻油是煤焦油蒸馏切取的馏程为 170℃前的馏出物，产率为无水焦油的 0.4% ~0.8%。

常规的焦油连续蒸馏工艺，轻油馏分来源有两处，一是一段蒸发器焦油脱水的同时得到的轻油馏分，简称一段轻油；二是馏分塔顶得到的轻油馏分，简称二段轻油。一段轻油和二段轻油的质量差别较大，举例见表7-17。

表7-17 一段轻油和二段轻油质量

厂名		密度/g·cm^{-3}	含酚（质量分数）/%	含萘（质量分数）/%	含吡啶（质量分数）/%	蒸馏试验		
						初馏点/℃	180℃前馏出量（体积分数）/%	干点/℃
一段轻油	1厂	0.964	4.3	11.07	1.9	77	43.5	258
	2厂	0.996	4.3	46	1.5	105	25	255
二段轻油	1厂	0.88	2.5			88.6		179
	2厂		3.8~5.2	约1.85	0.4~3.1	87~96	97	166~170

由表中数据可见，一段轻油质量差。一段轻油质量主要与管式炉一段加热温度有关，温度越高，质量越差。一段轻油不应与二段轻油合并作为馏分塔回流，否则易引起塔温波动，使产品质量变差，酚萘损失增加。因此，宜将一段轻油配入原料焦油重蒸，也可兑入洗油回流或一蒽油回流中。如果一段蒸发器设有回流，轻油质量将得到改善，则可与二段轻油合并。

轻油馏分的化学组成与重苯相似，但其中含有较多的茚和古马隆类型的不饱和化合物，而苯、甲苯和二甲苯含量则比重苯少。轻油馏分的含氮化合物为吡咯、苯腈、苯甲腈及吡啶等，含硫化合物为二硫化碳、硫醇、噻吩及硫酚，含氧化合物为酚类等。轻油馏分一般并入吸苯后的洗油（富油），或并入粗苯中进一步加工，分离出苯类产品、溶剂油及古马隆-茚树脂。

馏分塔轻油质量控制指标如下：

密度（20℃）/g·cm^{-3}	<0.9
酚含量（质量分数）/%	<5
蒸馏试验：	
初馏点/℃	<95
180℃前馏出量（体积分数）/%	>90

7.4.2 焦油馏分中酚类化合物的提取

7.4.2.1 焦油馏分中的酚类化合物

焦油馏分中酚类化合物含量参考例见表7-18，各馏分中酚类化合物组成见表7-19。由表中数据可见，酚类化合物主要存在于酚油、萘油和洗油馏分中。酚油馏分主要含有苯酚和甲酚，萘油馏分主要含有甲酚和二甲酚，洗油馏分中高沸点酚占一半以上，蒽油馏分主要是高沸点酚。根据馏分产率和贵重的低沸点酚含量的多少，确定从酚油、萘油和洗油馏分中提取酚类化合物。

表7-18 焦油馏分中酚类含量

厂名	馏分名称	产率/%（占无水焦油）	含酚质量分数/%		
			占馏分	占焦油	占焦油中酚
鞍钢化工总厂	轻油	0.422	2.5	0.0106	0.85
	酚油	1.84	23.7	0.436	35.1
	萘油	16.23	2.95	0.479	38.6

续表 7-18

厂　名	馏分名称	产率/%（占无水焦油）	含酚质量分数/%		
			占馏分	占焦油	占焦油中酚
鞍钢化工总厂	洗　油	6.7	2.4	0.161	13.0
	一蒽油	22.0	0.64	0.141	11.3
	二蒽油	3.23	0.40	0.0129	1.04
	总　计			1.24	100
吉林电石厂	轻　油	0.42	4	0.017	1.11
	混合分	23.36	5.46	1.275	83.4
	一蒽油	14.7	0.146	0.215	14.1
	二蒽油	10.1	0.22	0.022	1.43
	总　计			1.529	100

表 7-19　馏分中酚类化合物组成

组分名称	占馏分中酚类化合物的质量分数/%				
	轻　油	酚　油	萘　油	洗　油	一蒽油
苯　酚	90.3	61.9	5.48	5.24	0.515
邻位甲酚	5.14	14.5	5.46	3.34	0.33
间对位甲酚	3.40	23.0	44.20	14.70	2.08
2,6-二甲酚		0.69	1.862	0.33	0.121
2,5-、2,4-二甲酚			17.30	4.22	1.417
3,5-、2,3-二甲酚			19.70	5.74	2.46
3,4-二甲酚			4.08	2.60	1.73
未知物			1.84	3.60	5.26
3-甲基 5-乙基酚				0.861	4.94
2,3,5-三甲酚				0.694	4.046
α-萘酚				20.0	28.72
β-萘酚				12.41	22.50
其　他				24.32	25.34

7.4.2.2　从焦油馏分中提取酚类化合物的工艺

从焦油馏分中提取酚类化合物的工艺包括馏分碱洗脱酚、粗酚钠的净化和净酚钠的分解等工序。

A　*馏分碱洗脱酚*

一般酚油馏分多采用单独脱酚，萘油馏分和洗油馏分采用单独脱酚和混合脱酚均可。碱洗脱酚工艺有间歇釜式和连续式两种。在此仅介绍连续式工艺。

a　喷射混合器式脱酚工艺流程

宝钢化工公司萘油脱酚采用的工艺流程见图 7-18。温度为 80～85℃的萘油用泵送入第一脱酚塔下部的分配盘，由第二脱酚塔下部排出的碱性酚钠用泵送入第一脱酚塔上部的分配盘，

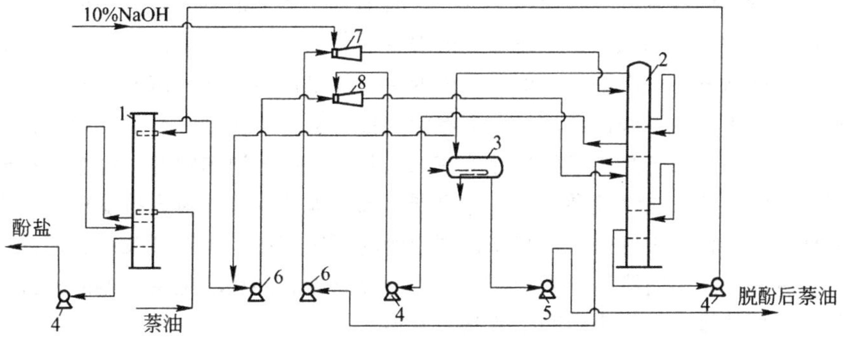

图 7-18 萘油脱酚工艺流程

1—第一萘油抽提塔；2—第二萘油抽提塔；3—中间槽；4—酚盐抽出泵；
5—输出泵；6—循环泵；7—1 号喷射混合器；8—2 号喷射混合器

萘油和碱性酚钠在塔内对流接触过程，萘油中所含的酚与碱反应生成酚钠：

$$C_6H_5OH + NaOH \longrightarrow C_6H_5ONa + H_2O$$

$$C_6H_4CH_3OH + NaOH \longrightarrow C_6H_4CH_3ONa + H_2O$$

脱酚后的萘油从塔上部溢出进行第二次脱酚。塔下层澄清的粗酚钠经液封管流入接受槽。

第二脱酚塔由上下两段澄清器和上下两段接受槽组成。从第一脱酚塔来的萘油经 2 号喷射混合器与上段接受槽来的碱性酚盐混合进入下段澄清器。喷射混合器必须保持一定的萘油流量，因此由第二脱酚塔上段澄清器引出部分萘油入萘油循环泵入口管。在下段澄清器上部排出的萘油经 1 号喷射混合器与 70 ~ 75℃ 的 NaOH 溶液混合反应后进入上段澄清器，澄清出的萘油从顶部溢流入萘油中间槽，底部的碱性酚钠经液封管进入上段接受槽，由此送往 2 号喷射混合器。

该流程脱酚后的萘油含酚在 0.2% ~0.7%，可以保证用来生产工业萘和精萘的质量。

b 泵前混合式连续洗涤工艺流程

焦油馏分同时脱酚和吡啶盐基采用的工艺流程见图 7-19。酚萘洗混合馏分与来自高位槽的

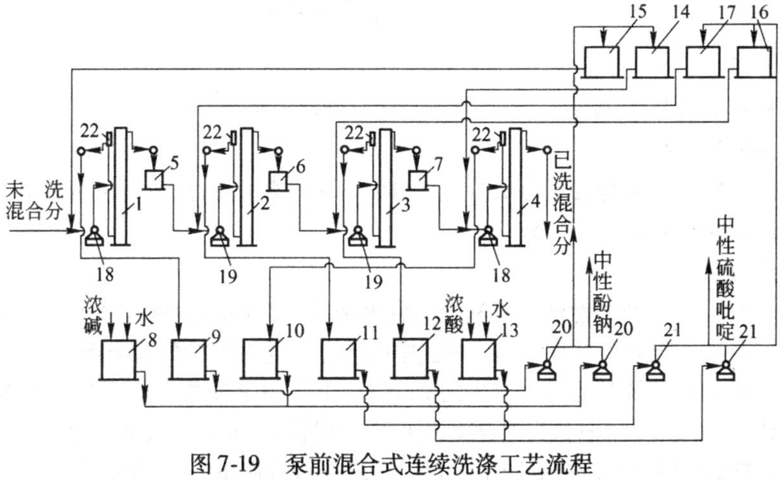

图 7-19 泵前混合式连续洗涤工艺流程

1—一次脱酚分离器；2—一次脱盐基分离器；3—二次脱盐基分离器；4—二次脱酚分离器；
5—一次脱酚缓冲槽；6—一次脱盐基缓冲槽；7—二次脱盐基缓冲槽；8—稀碱槽；
9—中性酚钠槽；10—碱性酚钠槽；11—中性硫酸盐基槽；12—酸性硫酸盐基槽；
13—稀酸槽；14—稀碱高位槽；15—碱性酚钠高位槽；16—稀酸高位槽；17—酸性硫酸盐基高位槽；
18—连洗用碱泵；19—连洗用酸泵；20—碱泵；21—酸泵；22—液面调节器

碱性酚钠在泵前管道内混合，经泵搅拌送入一次脱酚分离器澄清分离。中性酚钠由分离器底部经液位调节器流入中性酚钠槽，一次脱酚后的混合馏分从分离器顶部排入缓冲槽，然后与来自高位槽的酸性硫酸盐基在一次酸洗泵前管道内混合，经泵搅拌送入一次脱盐基分离器内澄清分离。中性硫酸盐基由分离器底部经液位调节器流入接受槽，一次酸洗后的混合分自分离器顶部排入缓冲槽，然后再与来自高位槽的稀硫酸在二次酸洗泵前管道内混合，经泵搅拌送入二次脱盐基分离器内澄清分离。酸性硫酸盐基由分离器底部经液位调节器排入接受槽，二次酸洗后的混合分自分离器顶部排入缓冲槽，再与来自高位槽的新碱液在二次碱洗泵前管道内混合，经泵搅拌送入二次脱酚分离器内澄清分离。碱性酚钠由分离器底部经液位调节器流入接受槽，已洗混合分由分离器顶部排出，作为生产工业萘的原料。

应该指出，盐基呈弱碱性，酚呈弱酸性，当馏分中同时存在时，则盐基和酚易生成分子络合物：

$$C_6H_5OH + C_7H_9N \rightleftharpoons C_7H_9N \cdot HOC_6H_5$$

此反应是可逆的，其平衡与酚和盐基含量比例有关，如馏分中酚含量高于盐基含量时，所形成的络合物酸洗时不易分解；反之，则碱洗时不易分解。所以，酚含量高于盐基含量时，应先脱酚后脱盐基；反之，则应先脱盐基后脱酚。这样做可以使反应向左移，破坏分子络合物的生成。

馏分脱酚加入碱性酚钠量的计算公式：

$$G_1 = \frac{G_0 \times A \times 0.36}{B}$$

式中 G_1——碱性酚钠量，t；

G_0——洗涤馏分量，t；

A——馏分含酚质量分数，%；

B——碱性酚钠含游离碱质量分数，%；

0.36——1kg 粗酚需 100% NaOH 约 0.36kg。

馏分脱酚加入稀碱量计算公式：

$$G_2 = \frac{G_0 \times A \times 0.36 \times 2.5}{B_2}$$

式中 G_2——稀碱量，t；

B_2——稀碱质量分数，%；

2.5——碱的过量系数。

碱洗脱酚得到的馏分含酚质量分数应小于1%，中性粗酚钠含酚质量分数控制在20%～25%，含游离碱质量分数不大于1.5%。

B 粗酚盐的净化

粗酚盐含有1%～3%的中性油、萘和吡啶碱等杂质，在用酸性物分解为粗酚前必须除去，以免影响粗酚精制产品质量。同时也脱除酚盐中的水分，这对保持酚盐分解和苛化工艺的水平衡很重要。因为用 CO_2 分解酚盐过程产生的 Na_2CO_3 中集中了酚盐中的水分，在 Na_2CO_3 用石灰乳苛化后得到 $CaCO_3$ 和 NaOH，为保证 $CaCO_3$ 中少残存 NaOH，对 $CaCO_3$ 滤饼水洗，这样将降低 NaOH 溶液浓度。因此酚盐精制脱水可以保证最终得到质量分数10%的碱液，以便循环使用。

粗酚盐精制主要采用蒸吹法，其工艺流程见图 7-20。粗酚钠依次与脱油塔底约 110℃的净酚钠和塔顶约 100℃的馏出物换热至 90℃，进入第一层淋降板，经过汽提从塔底得到净酚钠，

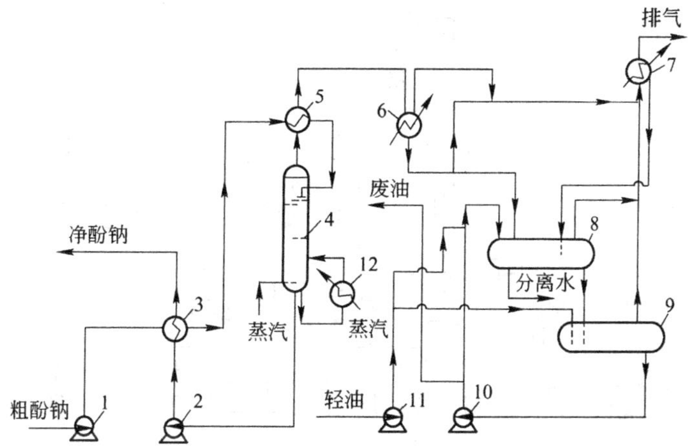

图 7-20 粗酚钠脱油工艺流程

1—粗酚钠泵；2—塔底油泵；3—塔底换热器；4—脱油塔；5—塔顶换热器；
6—塔顶冷凝器；7—排气冷却器；8—脱出油分离槽；9—脱出油槽；
10—油泵；11—轻油装入泵；12—重沸器

经与粗酚钠换热后，温度为70℃，送入槽中作为酚钠分解的原料。经过与粗酚钠换热后的塔顶馏出物入冷凝器冷却，冷却到45℃的冷凝液流入分离槽进行油水分离。脱油塔需要的热量由重沸器循环加热塔底油供给，热源为蒸汽。同时从塔底通入蒸汽进行直接汽提，塔底温度控制在108～112℃。

为了提高脱出油分离槽油水分离的效果，可将密度较小的焦油轻油加入脱出油中，并用泵进行由脱出油槽到脱出油分离槽的循环。当分离效果恶化时，还可以直接向脱出油分离槽加入新轻油，以改善分离效果。

脱油塔的脱水率约为35%，此时塔底重沸器不会发生堵塞。脱水率可近似由下式求得：

$$\text{脱水率} = \frac{\text{粗酚盐装入量} - \text{净酚盐提取量}}{\text{粗酚盐装入量}}$$

净酚盐要求含油低于0.05%，含酚26%～28%。

C 净酚钠的分解

净酚钠分解有硫酸法和二氧化碳法。硫酸分解法采用质量分数为60%～75%的硫酸作分解剂，有间歇操作和连续操作两种。二氧化碳分解法可利用高炉煤气（含 CO_2 约为13%）、焦炉烟道气（含 CO_2 为10%～17%）或石灰窑气（含 CO_2 约为30%）作分解剂，采用连续操作。

a 烟道气分解酚钠工艺流程

用烟道气分解酚钠的工艺流程见图7-21。烟道气经除尘后进入直接冷却器，冷却至40℃，由鼓风机送入酚钠分解塔的上段、下段和酸化塔的下段。酚钠溶液经套管加热器加热至40～50℃，送到分解塔顶部，同上升的烟道气逆流接触，然后流入分解塔下段，再次同烟道气逆流接触进行如下分解反应：

$$C_6H_5ONa + CO_2 + H_2O \xrightarrow{CO_2\text{过量}} C_6H_5OH + NaHCO_3$$

$$2C_6H_5ONa + CO_2 + H_2O \xrightarrow{CO_2\text{不足}} 2C_6H_5OH + Na_2CO_3$$

粗酚和碳酸钠混合液流入塔底分离器，粗酚从上部排出，碳酸钠从底部排出。粗酚初次产品中含有少量未分解的酚钠，再送到酸化塔顶部进行第三次分解，分解率可达99.5%。

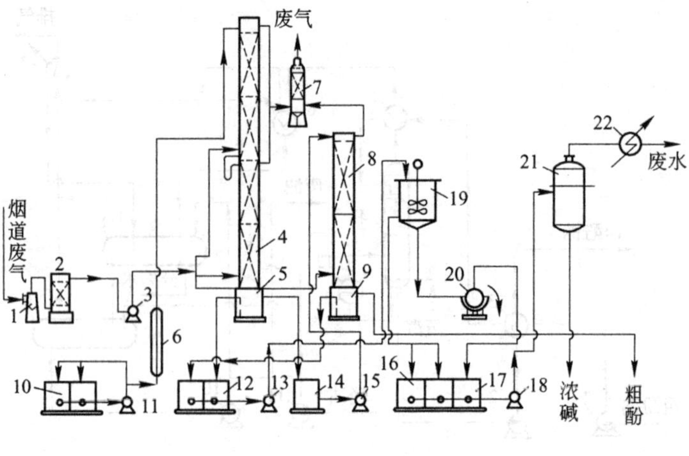

图 7-21　烟道气分解酚钠工艺流程

1—除尘器；2—直接冷却器；3—罗茨鼓风机；4—酚钠分解塔；5，9—分离器；
6—套管加热器；7—酚液捕集器；8—酸化塔；10—酚钠贮槽；11，15—齿轮泵；
12—碳酸钠溶液槽；13，18—离心泵；14—粗酚中间槽；16—氢氧化钠溶液槽；
17—稀碱槽；19—苛化器；20—真空过滤机；21—蒸发器；22—冷凝器

b　高炉煤气分解酚钠工艺流程

宝钢化工公司用高炉煤气分解酚钠的工艺流程见图 7-22。净酚钠用泵送入高炉气洗净塔顶部喷洒，通过填料层与从塔底通入的分解反应后的高炉气逆向接触，高炉气中含有的酚被净酚钠中的游离碱中和而回收，同时净酚钠也被高炉气中的 CO_2 分解一部分。洗净后的温度约

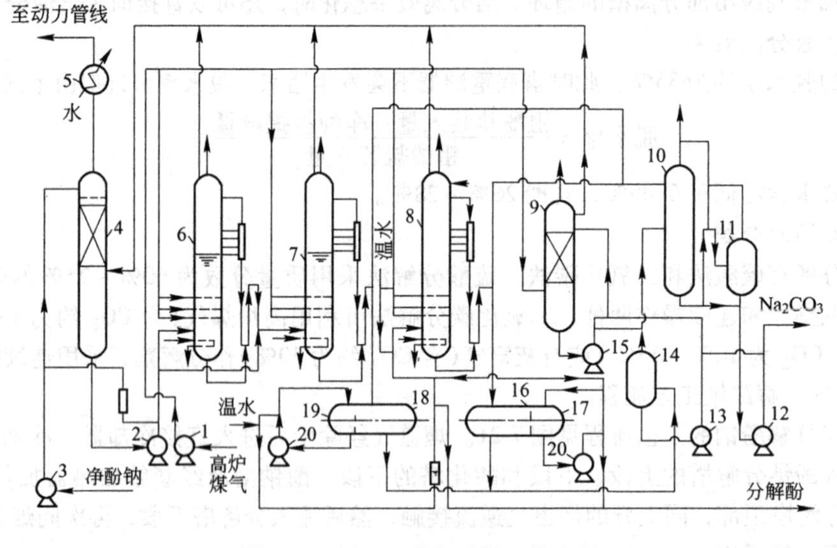

图 7-22　用 CO_2 分解酚钠工艺流程

1—BFG 鼓风机；2—洗净塔循环泵；3—净酚钠泵；4—高炉煤气洗净塔；5—高炉煤气冷却器；6—№1 分解塔；
7—№2 分解塔；8—№3 分解塔；9—碳酸盐处理塔；10—碳酸盐静置槽；11—№2 碳酸盐工作槽；
12—碳酸盐装入泵；13—碳酸盐泵；14—№1 碳酸盐工作槽；15—碳酸盐循环泵；
16—二次分离槽一室；17—二次分离槽二室；18—一次分离槽一室；
19—一次分离槽二室；20—分解酚泵

65℃的高炉气，经冷却器冷却到45℃排至高炉煤气管道系统。塔底酚钠由循环泵抽出，一部分定量循环到洗净塔，其余送入1号分解塔。

一次分解酚钠是在1号和2号分解塔内进行。酚钠由循环泵送入1号分解塔塔底，同时与由分配管鼓入的高炉煤气并流接触，进行鼓泡传质，发生分解反应。反应液从1号分解塔中段满流到2号分解塔，过程同上。塔的操作温度为58～62℃，用塔底蒸汽盘管进行调节。一次分解率控制在85%～90%，以防止因一次分解过度而产生$NaHCO_3$，造成堵塞。

从2号分解塔中段满流出来的反应生成物排入一次分离槽，将粗酚和Na_2CO_3水溶液分离开。粗酚送入3号分解塔，继续由CO_2完成尚未分解的酚盐。这一过程称为二次分解，分解率达到97%～99%。二次分解由于CO_2过量，产生$NaHCO_3$的副反应明显，则析出结晶的可能性很大。因此，要向进3号分解塔的粗分解酚中注入温水，用以溶解和抑制$NaHCO_3$结晶。从3号分解塔满流出来的反应生成物排入二次分离槽，将粗酚和Na_2CO_3水溶液分离开。

经二次分解得到的粗酚尚有残留的酚钠需用质量分数60%的硫酸进一步分解，其工艺流程见图7-23。粗分解酚作为主流体，稀硫酸作为副流体分别用泵送入喷射混合器，再经管道混合器充分混合，完成残余酚钠的分解反应：

$$2C_6H_5ONa + H_2SO_4 \longrightarrow 2C_6H_5OH + Na_2SO_4$$

反应后的混合液进入1号分离槽。为洗去粗酚中的游离酸和Na_2SO_4，分离出的粗酚与加入占粗酚量30%的水经管道混合器进入2号分离槽，分离出的粗酚作为生产酚类化合物的原料，分离水与其他工序排水混合，调整pH值为7～8，送往污水处理装置。

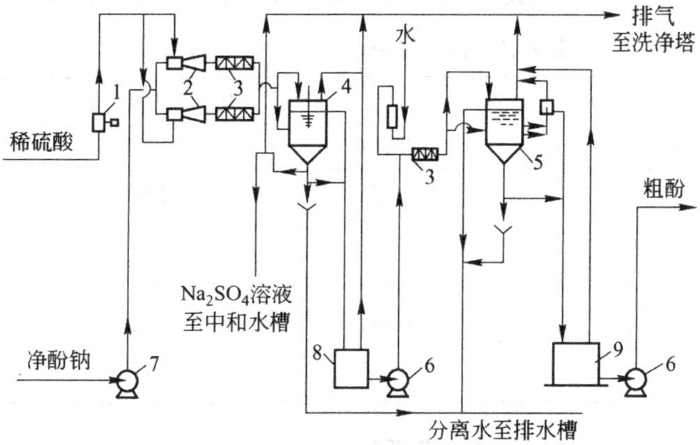

图7-23　硫酸分解酚钠工艺流程

1—稀酸泵；2—喷射混合器；3—管道混合器；4—1号分离槽；5—2号分离槽；6—粗酚泵；7—净酚钠泵；8—粗酚中间槽；9—粗酚贮槽

D　Na_2CO_3的苛化

Na_2CO_3的苛化在苛化器内进行。将Na_2CO_3溶液和CaO装入苛化器，在器内进行搅拌混合，维持反应温度101～103℃，在器内发生如下反应：

$$Na_2CO_3 + CaO + H_2O \longrightarrow 2NaOH + CaCO_3$$

经沉降分离可得到质量分数10%的NaOH溶液，再用于脱酚，$CaCO_3$浆液经真空过滤、干燥，得到副产品固体$CaCO_3$。

经上述工艺得到的粗酚质量见表7-20。

表 7-20 粗酚质量

项　目	指　标
酚及其同系物的质量分数(无水基)/%	>83
馏分(无水基)：	
210℃前/%(容)	>60
230℃前/%(容)	>85
中性油的质量分数/%	<0.8
吡啶碱的质量分数/%	<0.5
pH值	5~6
灼烧残渣的质量分数/%	<0.4
水分/%	<10

粗酚经过减压精馏，可以得到苯酚、工业酚、邻甲酚、工业邻甲酚、间对混合甲酚、三混甲酚和二甲酚等产品。

7.4.3 焦油馏分中盐基化合物的提取

7.4.3.1 焦油馏分中的盐基化合物

焦油馏分中的盐基化合物是指吡啶和喹啉类化合物，在馏分中的含量参考例见表7-21，各馏分中盐基化合物组成见表7-22。由表可见，酚、萘、洗油馏分集中了焦油的盐基化合物，并且是贵重的盐基化合物，因此，确定从酚、萘、洗油馏分中提取盐基化合物。

表 7-21 焦油馏分中盐基化合物组成

馏分名称	产率/%（占无水焦油）	盐基的质量分数/%		
		占馏分	占焦油	占焦油中盐基
轻　油	0.42	1.5	0.0063	0.84
混合分	23.36	2.73	0.638	85.33
一蒽油	14.7	0.446	0.066	8.82
二蒽油	10.1	0.372	0.0375	5.01
总　计			0.748	100

表 7-22 焦油馏分中盐基组成　　质量分数/%

组分名称	轻　油	酚　油	萘　油	洗　油	一蒽油
吡　啶	65.2	12.7	0.085		
β, γ-甲基吡啶	2.38	13.62	0.569		
2, 6-二甲基吡啶	12.84	12.11	0.129		
2, 4-二甲基吡啶		4.16	8.590		
苯　胺 3, 5-二甲基吡啶 2, 3, 6-、2, 4, 6-三甲基吡啶	3.29	14.7	14.45	0.143	0.492
未知物	16.34	31.8	3.98	0.486	1.06

续表 7-22

组分名称	轻油	酚油	萘油	洗油	一蒽油
间位甲基苯胺		5.89	16.10	0.235	0.123
未知物		4.76	7.83	0.753	1.48
喹啉			45.5	73.3	46.0
异喹啉			1.93		4.67
2-甲基喹啉			0.687	9.75	4.07
6-、7-甲基喹啉				3.71	2.76
4-甲基喹啉				2.02	1.26
3-甲基喹啉				7.00	
2,6-二甲基喹啉				1.265	1.55
2,4-二甲基喹啉				1.297	2.28
未知物					26.0

7.4.3.2 从焦油馏分中提取盐基化合物的工艺

从焦油馏分中提取盐基化合物的工艺包括馏分酸洗脱盐基和硫酸盐基的分解工序。

A 馏分酸洗脱盐基

酸洗脱盐基可以单一馏分或混合馏分为原料。酸洗脱盐基工艺有间歇釜式和连续式两种，这里仅介绍连续式工艺。

a 喷射混合器式脱盐基工艺流程

喷射混合器式脱盐基工艺流程见图 7-24。脱酚后的馏分和稀硫酸连续用泵送入喷射混合器，再经管道混合器，馏分中的盐基与硫酸接触，发生如下反应：

$$C_7H_9N + H_2SO_4 \longrightarrow C_7H_9NH \cdot HSO_4$$

$$2C_7H_9N + H_2SO_4 \longrightarrow (C_7H_9NH)_2SO_4$$

$$C_9H_7N + H_2SO_4 \longrightarrow C_9H_7NH \cdot HSO_4$$

$$2C_9H_7N + H_2SO_4 \longrightarrow (C_9H_7NH)_2SO_4$$

反应后的馏分进入分离塔，硫酸盐基从塔底部排出，脱盐基后的馏分从塔上部排入中和塔的底部。中和塔装有质量分数 20% 的 NaOH，以中和馏分中的游离酸。中和后的馏分从中和塔上部排出。为了保证驱动流体所必需的流量，设置了循环管线。分离塔排出的乳化物(泥浆)进入1号泥浆槽，由此用泵打入离心机，分离出的轻液(乳化物及部分油)排入2号泥浆槽，中和后外运。分离出的重液排入硫酸盐基槽。如馏分酸洗时不产生乳化物，则不一定设乳化物处理系统。

b 泵前混合式连续洗涤工艺流程

流程见图 7-18。馏分脱盐基加入酸性盐基量的计算公式：

$$G_1 = \frac{G_0 \times C \times 0.4}{D_1}$$

式中，G_1 为酸性盐基量，t；G_0 为洗涤馏分量；C 为馏分含盐基质量分数，%；D_1 为酸性盐基含游离酸质量分数，%；0.4 为 1kg 粗盐基需 100% H_2SO_4 约 0.4kg。

馏分脱盐基加入稀酸量的计算公式：

$$G_2 = \frac{G_0 \times C \times 0.4 \times 2.0}{D_2}$$

式中，G_2 为稀酸量，t；D_2 为稀酸质量分数,%；2.0 为酸的过量系数。

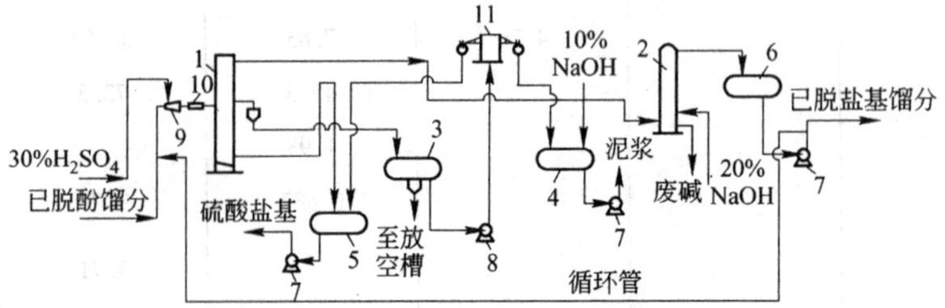

图 7-24 喷射混合器式洗涤工艺流程

1—分离塔；2—中和塔；3—1 号泥浆槽；4—2 号泥浆槽；5—硫酸盐基槽；
6—馏分槽；7—输出泵；8—泥浆装入泵；9—喷射混合器；
10—管道混合器；11—离心分离机

酸洗脱盐基得到的馏分含盐基质量分数应小于 1%，中性硫酸盐基含盐基不小于 20%，含游离酸不大于 2%。

B 硫酸盐基的分解

硫酸盐基的分解有氨法和碳酸钠法。氨法采用质量分数 18% ~20% 的氨水或氨气作分解剂，碳酸钠法采用质量分数 20% ~25% 的碳酸钠作分解剂。分解工艺有间歇式和连续式两种，碳酸钠法一般采用间歇式。

用氨分解硫酸盐基的工艺流程见图 7-25。为了脱除硫酸盐基中的中性油和酚类杂质，首先将硫酸盐基和纯苯送入管道混合器，充分混合后进入纯苯分离槽，纯苯由槽上部流入纯苯循环槽循环使用。用过的纯苯在相对密度达 0.9 以上时排入废苯槽。脱除了杂质的硫酸盐基从分离槽底部进入分解器，同时通入氨气进行如下分解反应：

$$(C_5H_5NH)_2SO_4 + 2NH_3 \longrightarrow 2C_5H_5N + (NH_4)_2SO_4$$

$$(C_9H_7NH)_2SO_4 + 2NH_3 \longrightarrow 2C_9H_7N + (NH_4)_2SO_4$$

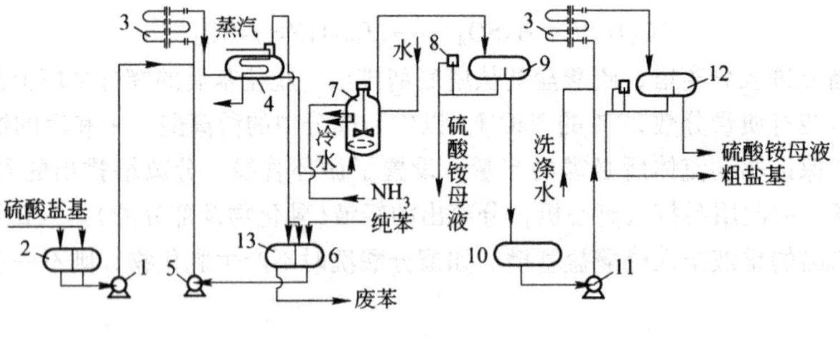

图 7-25 连续式氨分解硫酸吡啶工艺流程

1—硫酸盐基泵；2—硫酸盐基槽；3—管式混合器；4—纯苯分离槽；5—纯苯泵；
6—纯苯循环槽；7—分解器；8—界面调节器；9—硫酸铵母液分离槽；
10—粗盐基中间槽；11—粗盐基泵；12—水分离槽；13—废苯槽

为了防止硫酸铵结晶析出，要向分解器中加入占硫酸盐基量 20% 的稀释水。分解器内通入冷却水，吸收反应放出的热量，使器内温度保持在 70℃ 以下。分解后的混合液进入分离槽静置分离，上层的粗盐基流入中间槽，然后再同洗涤水一起经管式混合器进入水分离槽，由槽底排出粗盐基。由分离器排出的硫酸铵母液送硫酸铵生产工序。

由上述工艺得到的粗喹啉盐基质量指标如下：外观暗黑色油状液体；相对密度 $d_4^{20}>1.0$；喹啉盐基的质量分数(无水基)高于70%；水分低于15%。

粗喹啉盐基经过减压精馏可以得到工业喹啉、浮选剂，混合二甲基吡啶和2,4,6-三甲基吡啶等产品。

7.4.4 焦油馏分中萘的提取

7.4.4.1 焦油馏分中的萘

萘在萘油馏分的集中度依工艺流程不同而异，见表7-23。

表7-23 几种工艺流程的萘集中度

名称	产率/%	馏分含萘的质量分数/%	馏分中萘占焦油质量分数/%	萘的集中度/%
两塔式(切取窄馏分)				
轻油	0.9			
酚油馏分	2.3	12.7	0.292	3.20
萘油馏分	10.7	73.3	7.840	87.1
洗油馏分	6.4	6.5	0.416	4.6
一蒽油馏分	20.5	1.8	0.369	4.1
二蒽油馏分	5.1	1.5	0.077	0.9
小计	45.9		8.99	
一塔式(切取三混馏分)				
轻油	1.1			
酚萘洗三混馏分	18.7	52.13	9.75	96.5
一蒽油馏分	18.85	1.3	0.245	2.42
二蒽油馏分	5.65	2.1	0.119	1.17
小计	44.3		10.11	
两塔式(切取两混馏分)				
轻油	0.22			
酚油馏分	2.28	11.86	0.27	2.48
萘洗两混馏分	16.54	61.95	10.24	93.61
苊油馏分	2.87	6.56	0.188	1.73
一蒽油馏分	15.95	1.31	0.21	1.91
二蒽油馏分	4.1	0.68	0.028	0.26
小计	42		10.94	

脱酚后的含萘馏分作为提取萘的原料。脱酚后的含萘馏分质量指标见表7-24。

表7-24 脱酚后的含萘馏分质量指标

指标名称	萘油馏分	萘洗混合馏分	酚萘洗混合馏分
密度(20℃)/g·cm^{-3}	1.01~1.02	1.028~1.032	1.028~1.04
初馏点/℃	>215	>217	>200
干点/℃	<230	<270	280~290
酚质量分数/%	<0.5	<0.5	<0.5
萘质量分数/%	>75	60~63	50~55
水分/%	<0.5	<0.5	<0.5

7.4.4.2 从含萘馏分中提取萘的工艺

从含萘馏分中提取萘普遍采用精馏法制取工业萘。工业萘的质量指标见表7-25。所采用的工艺有双炉双塔连续精馏，单炉单塔连续精馏和单炉双塔加压连续精馏等工艺。

表7-25 工业萘质量指标

指标名称	指标		
	优等品	一等品	合格品
外观颜色	片状或粉末状晶体，白色允许带微红或微黄		
结晶点/℃	78.3	78.0	77.5
不挥发物/%	0.04	0.06	0.08
灰分/%	0.01	0.01	0.02

A *双炉双塔连续精馏*

双炉双塔连续精馏工艺流程见图7-26。经过静置脱水后的萘洗混合分，由原料泵送至工业萘换热器，温度由80~90℃升至200℃左右，进入设有70层浮阀塔板的初馏塔。初馏塔顶逸出的酚油蒸气经冷凝冷却和油水分离后进入回流槽。在此大部分作初馏塔回流，少部分从回流槽满流入酚油槽。已脱除酚油的萘洗塔底油用热油泵送往初馏塔管式炉加热后返回初馏塔底，以供给初馏塔热量。同时在热油泵出口分出一部分萘洗油打入精馏塔。精馏塔顶逸出的工业萘蒸气，在热交换器中与原料油换热后进入汽化冷凝冷却器，液态的工业萘流入回流槽，一部分作精馏塔回流。一部分经转鼓结晶机冷却结晶，则得到含萘质量分数大于95%的工业萘产品。精馏塔塔底残油用热油泵送至管式炉加热后返回塔底，以供给精馏塔热量。同时在热油泵出口分出一部分残油作低萘洗油，经冷却后进入洗油槽。操作指标例见表7-26。

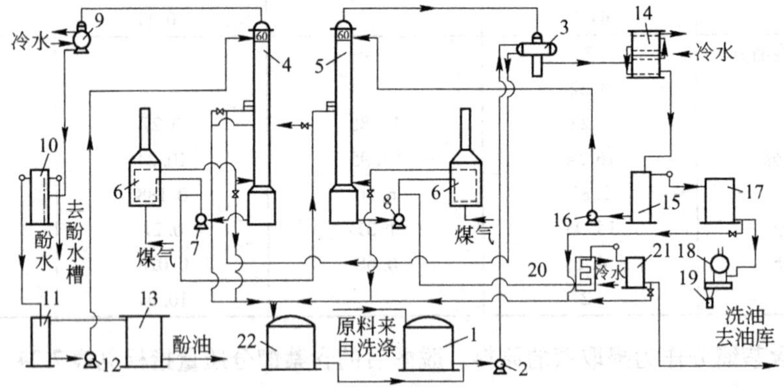

图7-26 双炉双塔工业萘连续精馏流程

1—原料槽；2—原料泵；3—原料与工业萘换热器；4—初馏塔；5—精馏塔；6—管式炉；7—初馏塔热油循环泵；8—精馏塔热油循环泵；9—酚油冷凝冷却器；10—油水分离器；11—酚油回流槽；12—酚油回流泵；13—酚油槽；14—工业萘汽化冷凝冷却器；15—工业萘回流槽；16—工业萘回流泵；17—工业萘贮槽；18—转鼓结晶机；19—装袋自动称量装置；20—洗油冷却器；21—洗油计量槽；22—中间槽

B 单炉单塔连续精馏

单炉单塔连续精馏工艺流程见图7-27。该流程与双炉双塔连续精馏流程不同之处是采用一炉一塔；原料经管式炉对流段加热后进入工业萘精馏塔，塔底的洗油送至管式炉辐射段加热后返回塔内，以供给精馏塔热量；工业萘由精馏塔侧线采出。操作指标见表7-26。

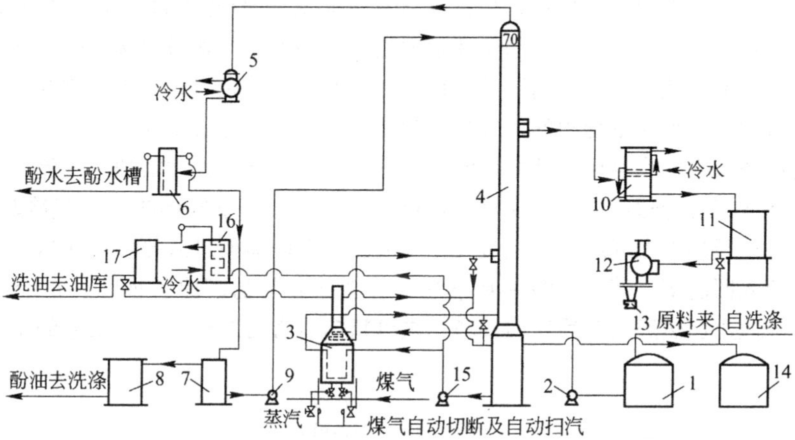

图7-27 单炉单塔工业萘连续精馏流程

1—原料槽；2—原料泵；3—管式炉；4—工业萘精馏塔；5—酚油冷凝冷却器；6—油水分离器；7—酚油回流槽；8—酚油槽；9—酚油回流泵；10—工业萘汽化冷凝冷却器；11—工业萘贮槽；12—转鼓结晶机；13—工业萘装袋自动称量装置；14—中间槽；15—热油循环泵；16—洗油冷却器；17—洗油计量槽

表7-26 工业萘生产操作指标

项　目	双炉双塔流程			单炉单塔流程		
原　料	三混馏分	二混馏分	萘油馏分	三混馏分	二混馏分	萘油馏分
原料含萘质量分数/%	48～52	60～65	>70	48～52	60～65	>70
原料槽油温/℃	65	75	85	65	75	85
原料预热或换热温度/℃	～200	～200	～200			
管式炉油出口温度/℃						
初　馏	～270	270～275	250～255	250(对)	230～240(对)	245～250(对)
精　馏	～300	～290	265～270	303(辐)	310～315(辐)	280(辐)
塔顶温度/℃				195	194～198	210～220
初　馏	185	194	188			
精　馏	221	219	220			
塔底温度/℃				281	272～278	260～270
初　馏	250	～248	237			
精　馏	280	～268	258			
工业萘侧线采出温度/℃				222	219	220～230
冷凝冷却器出口温度/℃						
酚　油	90	85	60～70	～80	～80	68～70
工业萘	～100	～100	100～110	114	110	～95
回流比(对产品)						
初　馏	15	30	20			
精　馏	2	3	3.5	5	3～5	3～4
热油循环比(对原料)				23～32	18～46	21～45
初　馏	18～28	26～40	15～22			
精　馏	18～28	26～40	15～22			
浮阀塔塔板数	60～70	60～70	50～55	≥70	70	～70

C　单炉双塔加压连续精馏

单炉双塔加压连续精馏工艺流程见图 7-28。脱酚后的萘油经第一换热器和第二换热器分别与萘精馏塔底的甲基萘油和萘塔回流槽来的工业萘换热后进入初馏塔。从初馏塔顶逸出的酚油气，经第一凝缩器将热量传递给锅炉给水，使其产生蒸汽。冷凝液再经第二凝缩器而进入回流槽。在此大部分作回流返回初馏塔顶，少部分经冷却后作脱酚的原料。初馏塔底液被分成两路，一部分用泵送入萘塔，另一部分用循环泵抽送入重沸器，与萘塔顶逸出的萘气换热后返回初馏塔，以供给初馏塔热量。为了利用萘塔顶逸出的萘蒸气的余热，萘塔采用加压操作。此压力是靠调节阀自动调节加入系统内的氮气量和向系统外排出的氮气量而实现的。从萘塔顶逸出的萘蒸气经初馏塔重沸器冷凝后入萘塔回流槽。在此，一部分送到萘塔顶作回流，另一部分送入第二换热器和冷却器冷却后作为产品排入贮槽。回流槽的未凝气体排入排气冷却器冷却后，用压力调节阀减压至接近大气压，再经过安全阀喷出气凝缩器而进入排气洗净塔。在排气冷却器冷凝的萘液流入回流槽。萘塔底的甲基萘油，一小部分与初馏原料换热，再经冷却排入贮槽；另外大部分通过加热炉加热后返回萘塔，供给精馏所必需的热量。该工艺的主要操作指标见表 7-27。

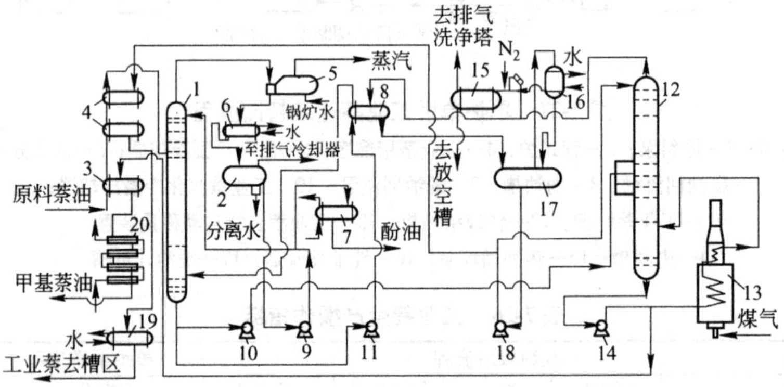

图 7-28　单炉双塔加压连续精馏流程

1—初馏塔；2—初馏塔回流液槽；3—第一换热器；4—第二换热器；5—初馏塔第一凝缩器；6—初馏塔第二凝缩器；7—冷却器；8—重沸器；9—初馏塔回流泵；10—初馏塔底抽出泵；11—初馏塔重沸器循环泵；12—萘塔；13—加热炉；14—萘塔底液抽出泵；15—安全阀喷出气凝缩器；16—萘塔排气冷却器；17—萘塔回流液槽；18—萘塔回流泵；19—工业萘冷却器；20—甲基萘油冷却器

表 7-27　操作指标

初馏系统		精馏系统	
第一换热器萘油温度/℃	125	萘塔顶部压力/kPa	225
第二换热器萘油温度/℃	190	萘塔顶温度/℃	276
初馏塔顶温度/℃	198	第二换热器工业萘温度/℃	193
初馏塔重沸器出口温度/℃	255	冷却器出口工业萘温度/℃	90
第一凝缩器酚油温度/℃	169	加热炉出口油温/℃	311
第二凝缩器酚油温度/℃	130	循环冷却水温度/℃	80

7.4.5 洗油馏分

洗油馏分是煤焦油蒸馏切取的馏程为 230～300℃ 的馏出物。脱除酚类和喹啉类洗油的组成实例见表 7-28。

表 7-28 洗油的中性组分

组 分	含量(质量分数)/%	组 分	含量(质量分数)/%
二氢化茚	0.059	联 苯	5.13
茚	0.029	1,6-二甲基萘	3.70
苯甲腈	0.088	2,3-、1,4-、1,5-二甲基萘	1.12
萘	8.35	1,2-二甲基萘	0.69
硫杂茚	0.718	苊	19.2
β-甲基萘	24.18	苊 烯	0.35
α-甲基萘	11.35	氧 芴	6.97
2,6-、2,7-二甲基萘	2.48	芴	1.62

脱除酚类和喹啉类的洗油，除了用作吸收焦炉煤气中的苯族烃外，还可按如图 7-29 所示的方案进一步精馏切取窄馏分，以提取有价值的产品。

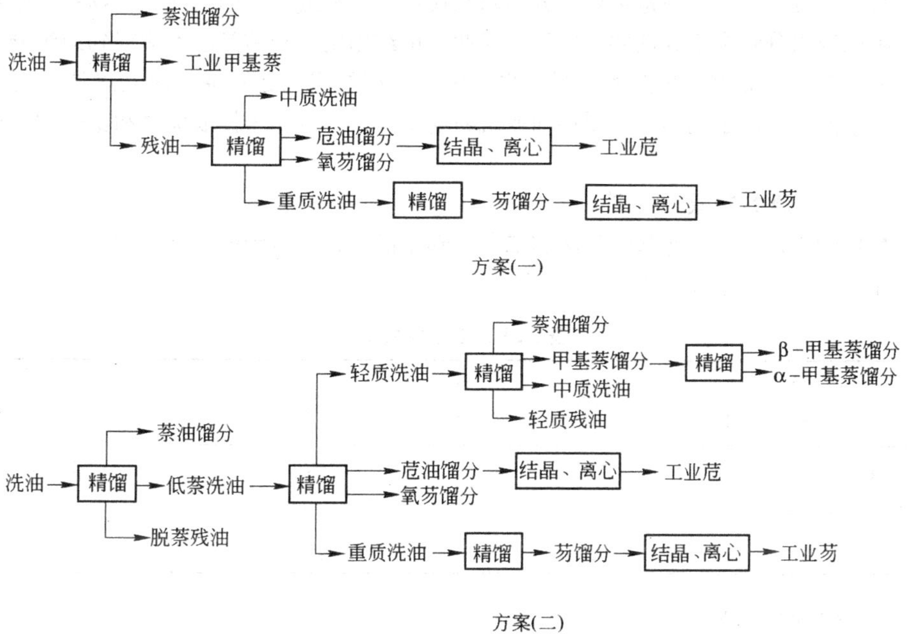

图 7-29 洗油加工方案

7.4.6 蒽油馏分

7.4.6.1 蒽油馏分的特性

依焦油蒸馏切取制度不同，可切取蒽油馏分，或将蒽油馏分再分为一蒽油馏分和二蒽油馏分。蒽油馏分是焦油蒸馏切取的馏程为 300～360℃ 的馏分，一蒽油是焦油蒸馏切取的馏程为

300～330℃的馏分，二蒽油是焦油蒸馏切取的馏程为330～360℃的馏分。各馏分的主要控制指标见表7-29。

表7-29 蒽油馏分控制指标

馏 分	密度/g·cm^{-3}	馏程/%	
		300℃前	360℃前
一蒽油	1.11～1.12	≤10	50～70
二蒽油	1.15～1.19		<15
蒽 油	1.12～1.14	≤5	40～60

前苏联焦化工作者利用气相色谱分析蒽油馏分含有194种化合物，表7-30列举两个工厂蒽油中主要组分的含量供参考。

表7-30 蒽油主要组分含量 质量分数/%

厂 家	萘	苊	氧芴	芴	硫芴	咔唑	菲	蒽	荧蒽	芘	䓛
1厂蒽油	2.3～3.1	1.7～2.4	1.4～1.5	2.5～2.9	1.9～2.5	2.0～3.9	19.2～25.9	5.1～7.1	10.9～11.0	6.0～7.4	2.6
2厂 一蒽油	7.1	2.5	2.0	4.2	3.2	6.4	26.0	11.1	10.5	5.3	0.1
2厂 二蒽油	6.6	3.0	2.1	3.0	1.5	3.8	14.3	4.6	16.7	11.6	3.3

蒽油组成有两个特点，一是主要组分的沸点接近，并形成复杂的共沸混合物；二是某些组分倾向于组成双组分和多组分低共熔体系。因此，单纯用精馏和结晶法不能得到纯组分。

一蒽油(或蒽油)是制取粗蒽的原料，也可配制生产炭黑的原料油。脱晶蒽油可用来配制防腐油。二蒽油主要用于配制炭黑原料油或筑路沥青等，也可作为提取荧蒽和芘等化工产品的原料。

7.4.6.2 粗蒽的制取

制取粗蒽的工艺有一段冷却结晶法和二段冷却结晶法，所得到的粗蒽也称工业蒽，是一种黄绿色结晶物，其质量指标见表7-31。

表7-31 工业蒽质量

组 分 \ 级 别	一级	二级	三级
蒽的质量分数/%	≥36	≥32	≥25
油的质量分数/%	≤8	≤15	
水分/%	≤3	≤5	≤5

A 一段冷却结晶法

一段冷却结晶工艺流程见图7-30。将一蒽油馏分装入高置槽内，温度保持在70～80℃，由此装入机械化结晶机内进行结晶。结晶机外部用冷却水喷洒冷却，机内用带刮刀的搅拌器搅拌。开始时以2℃/h的降温速度进行冷却，经过16～18h，物料温度由80～90℃降至40～50℃，析出粗蒽结晶。然后再以0.5℃/h的降温速度冷却至38～40℃。形成的结晶液送入离心分离机，反复进行给料和甩干，最后由刮刀卸出，经螺旋运输机送入粗蒽贮斗。洗网液自流入中间槽，循环使用。当其含蒽达到8%～9%时，全部更换，送一蒽油馏分槽或原料焦油槽。

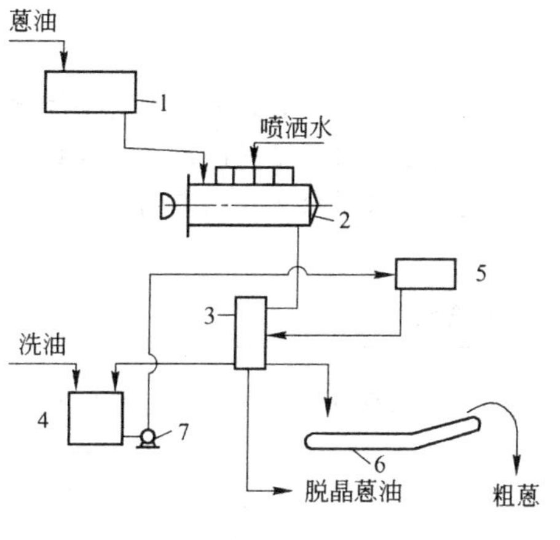

图7-30 蒽油一段结晶工艺流程

1—蒽油高置槽；2—机械化结晶机；3—离心分离机；4—洗网液中间槽；5—洗网液高置槽；6—刮板输送机；7—泵

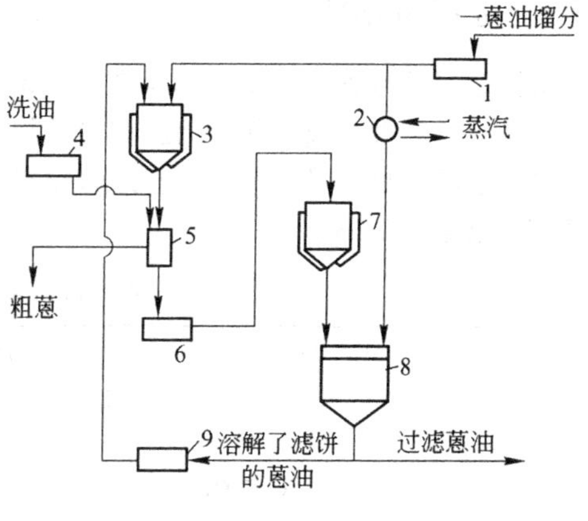

图7-31 蒽油二段结晶工艺流程

1—蒽油高置槽；2—加热器；3——段结晶冷却器；4—洗油槽；5—离心分离机；6，9—油槽；7—二段结晶冷却器；8—真空吸滤器

B 二段冷却结晶法

二段冷却结晶工艺流程见图7-31。一蒽油馏分首先在一段结晶冷却器内冷却结晶，控制温度为55～60℃。结晶液送入离心分离机，滤饼用60℃的热洗油洗涤，以改善粗蒽质量。离心液送入二段结晶冷却器，控制温度为35～40℃。结晶液送入真空吸滤器，分离出脱晶蒽油后，用加热到150～160℃的一蒽油馏分溶解吸滤器内的滤饼，然后通过油槽返至一段结晶冷却器。该法得到的粗蒽含蒽可达40%，一蒽油中蒽回收率可达80%。

7.5 煤焦油沥青

沥青是煤焦油蒸馏提取馏分后的残余物，常温下为黑色固体，无固定的熔点，呈玻璃相，受热后软化继而熔化。按其软化点高低可分为低温、中温和高温沥青。沥青的性质和组成与炼焦煤的性质、炼焦工艺条件、焦油蒸馏条件及沥青的生产工艺有关。我国煤沥青的质量指标见表7-32。

表7-32 煤沥青的质量指标

指标名称	低温沥青		中温沥青		高温沥青
	一类	二类	电极用	一般用	
软化点/℃（环球法）	30～45	>45～75	>75～90	>75～95	>95～120
甲苯不溶物/%			15～25	<25	
灰分/%			0.3	0.5	
水分/%			5.0	5.0	5.0
挥发分/%			60～70	55～75	
喹啉不溶物/%			10		

低温沥青用于建筑、铺路、电极炭素材料和炉衬黏结剂，也可用于制炭黑和做燃料用。中温沥青用于生产油毡、建筑物防水层、高级沥青漆等产品，也是沥青延迟焦化和改质沥青的原料。沥青经过特殊处理，还可用于制取针状焦和沥青炭纤维等新型炭素材料。

7.5.1 沥青的组成

沥青是多环芳香碳氢化合物及高分子树脂的混合物，其中还含有氧、氮及硫的杂环化合物和少量高分子炭素物质。除了树脂和炭素物质外，其余的化合物具有结晶性，并形成具有多种组成的共熔混合物，显著降低沥青的软化点。沥青中的化合物数量众多，已查明的有 70 余种，主要化合物见表 7-33。

表 7-33 沥青中的主要化合物

名 称	[分子式] (相对分子质量) 结构式	熔点/℃	沸点/℃
1,2,3-苯三酚	[$C_6H_6O_3$] (126.11) 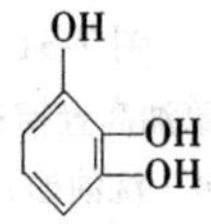	132.5 ~ 133.5	309
邻羟基苯甲酸	[$C_7H_6O_3$] (138.13) 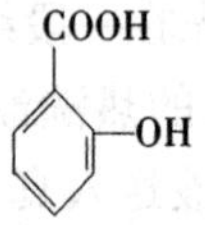	159	211 (2660Pa)
4,5-亚氨菲	[$C_{14}H_9N$] (191.23) 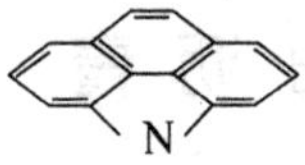	173 ~ 174	408.2
10-氮杂荧蒽	[$C_{15}H_9N$] (203.25) 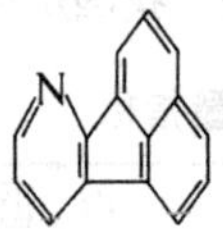	96 ~ 97	396 ~ 397
芘	[$C_{16}H_{10}$] (202.26) 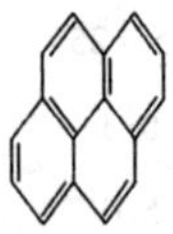	150	393
2,3-苯并硫芴	[$C_{16}H_{10}S$] (234.32) 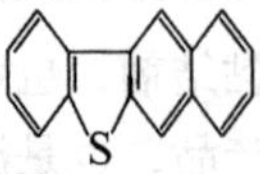	160	440

续表 7-33

名　称	［分子式］（相对分子质量） 结构式	熔点/℃	沸点/℃
1,2-苯并咔唑	［$C_{16}H_{11}N$］（217.27） 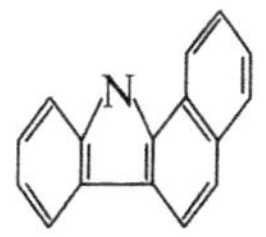	228 235	440
2,7-二甲基蒽	［$C_{16}H_{14}$］（206.29） 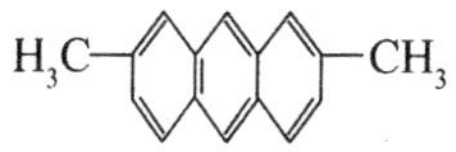	241	约 370
苯并蒽酮	［$C_{17}H_{10}O$］（230.30） 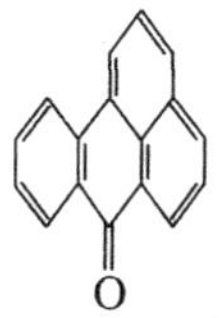	170	
1,2-苯并吖啶	［$C_{17}H_{11}N$］（229.28） 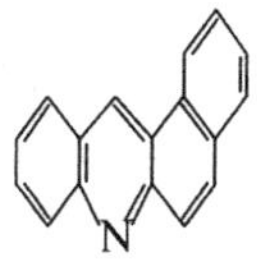	131 ~ 132	438
1-甲基芘	［$C_{17}H_{12}$］（216.28） 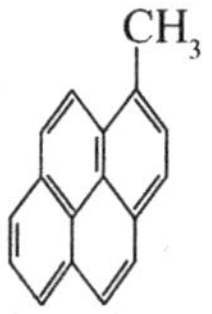	71 ~ 72	410
苯并(mno)荧蒽	［$C_{18}H_{10}$］（226.28） 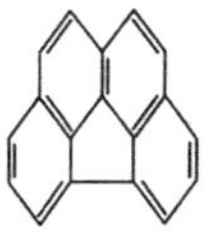	149	431.8
䓛	［$C_{18}H_{12}$］（228.29） 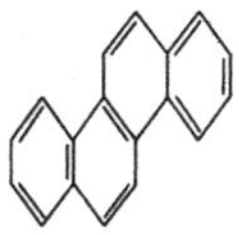	255	448 440.7

续表 7-33

名　称	［分子式］（相对分子质量） 结构式	熔点/℃	沸点/℃
丁　省	［$C_{18}H_{12}$］（228.29） 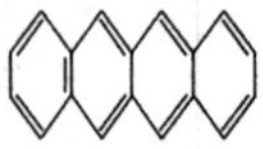	337 341	约 450 升华
10,11-苯并荧蒽	［$C_{20}H_{12}$］（252.23） 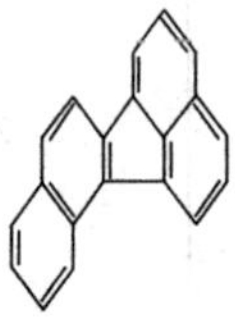	165	约 480
1,2-苯并芘	［$C_{20}H_{12}$］（252.32） 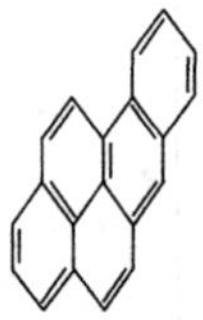	175.5～176.5	310～312 （1330Pa）
苝	［$C_{20}H_{12}$］（252.32） 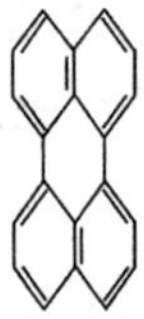	273	350～400 升华
1,2-萘并 2,3-芴	［$C_{21}H_{14}$］（266.34） 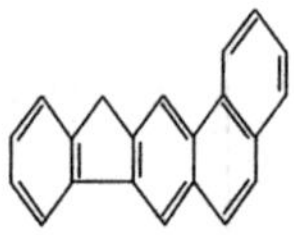	226	
2,3-萘并 2,3-芴	［$C_{21}H_{14}$］（266.34） 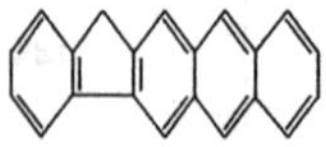	317	
1,12- 苯并苝	［$C_{22}H_{12}$］（276.34） 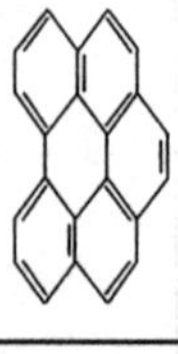	273 278～281	500

续表 7-33

名称	[分子式] (相对分子质量) 结构式	熔点/℃	沸点/℃
1,2,5,6-二苯并蒽	[$C_{22}H_{14}$] (278.36) 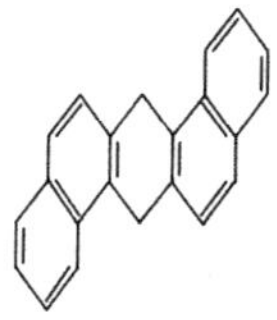	262	
1,2,7,8-二苯并蒽	[$C_{22}H_{14}$] (278.36) 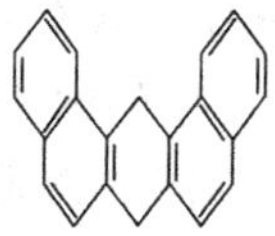	196	
2,3,6,7-二苯并菲	[$C_{22}H_{14}$] (278.36) 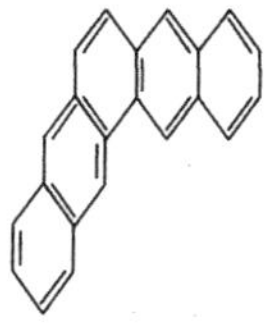	257 265	
1-苯基苯并蒽酮	[$C_{23}H_{14}O$] (306) 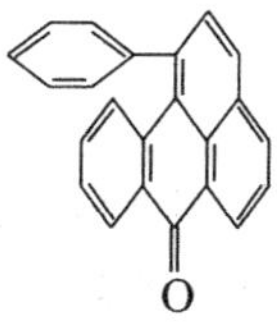	186	
晕　苯	[$C_{24}H_{12}$] (300.36) 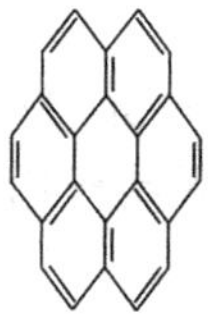	430 ~ 432	525
萘并[1,2-b]䓛	[$C_{26}H_{16}$] (328.42) 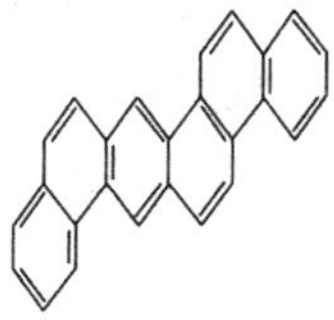	385	约 530
苯并[a]戊省	[$C_{26}H_{16}$] (328.42) 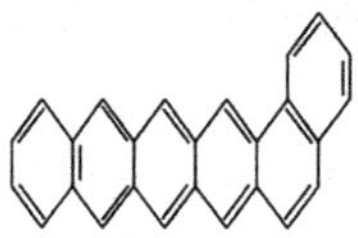	357	

续表 7-33

名 称	[分子式] （相对分子质量） 结构式	熔点/℃	沸点/℃
1,2-苯并苉	[$C_{26}H_{16}$] （328.42） 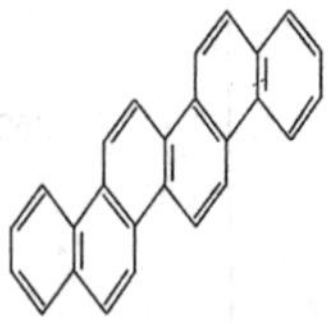	444 ~ 446	

沥青的平均元素组成（质量分数）实例为：C 92.7% ~ 94.16%，H 4.08% ~ 4.63%，S 0.34% ~ 0.46%，N 0.7% ~ 1.07%，O 0.32% ~ 1.36%，灰分 0.08% ~ 0.28%。灰分来自焦油中存在的矿物组分及用碳酸钠脱焦油中固定铵盐而产生的钠盐。

沥青的族组成是利用溶剂萃取的方法将沥青分成不同的物质群，它表征沥青的一般特性。沥青的族组成取决于溶剂的性质，我国采用的方法如下：

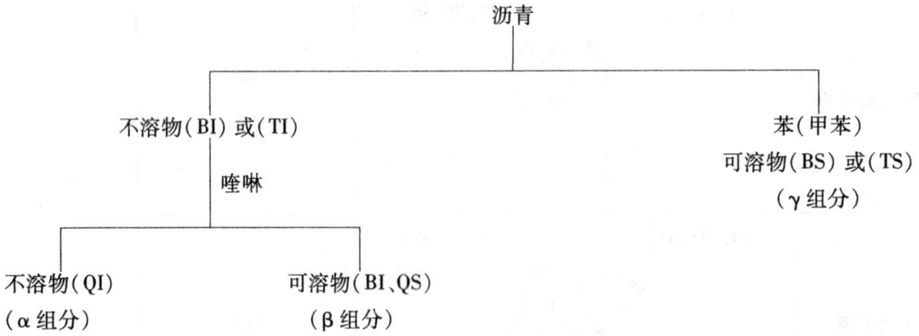

γ组分是沥青中较轻的组分，在苯或甲苯中可溶，平均相对分子质量范围为 210 ~ 1000。沥青在用做炭素制品的黏结剂时，γ树脂的含量决定沥青的黏度特性。增加γ树脂的含量可以改善糊料的塑性，易于成型。γ树脂含量过高会降低沥青炭化后的残碳量，影响其孔隙率和机械强度。

α组分是沥青中不溶于喹啉的残留物。沥青中含有一定量的α组分，有利于提高炭制品的机械强度和导电性，对炭制品焙烧中的膨胀有一定的限制作用。沥青的结焦值随α组分的增加而增加。

β组分是沥青中不溶于甲苯而溶于喹啉的组分，其值等于 BI（或 TI）与 QI 之差。β组分在常温下为固态，加热后熔融膨胀。其平均相对分子质量范围为 1000 ~ 1800。β组分黏结性好，结焦性好，所生成的焦结构呈纤维状，具有较好的易石墨化性能。因此，作为黏结剂，沥青中β组分含量直接影响炭素制品的密度、强度和电阻率等性质。

7.5.2 沥青的软化点和密度

沥青的软化点是在规定负荷作用下，沥青软化呈黏性流动时的温度，工业上一般根据软化点的高低对沥青进行分级。沥青的一些重要性质，如密度、表面张力、润湿性、热稳定性和结焦性等均随软化点的不同而异。

在相同条件下制取的沥青，其密度随软化点增高呈线性规律变化，见图 7-32。

不同软化点的沥青密度，随着加热温度的升高呈线性关系，且彼此平行，见图 7-33。

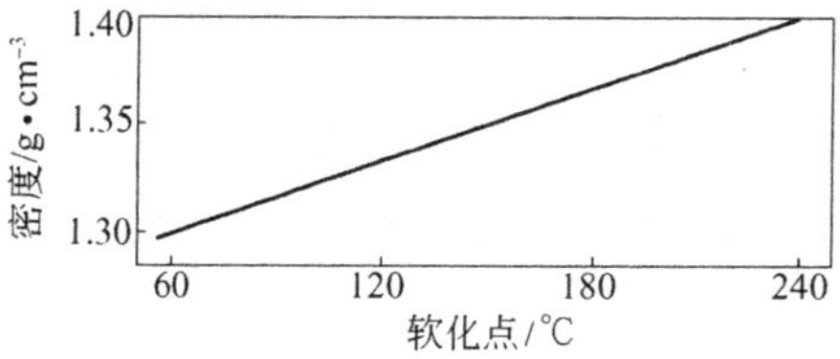

图 7-32　沥青密度与软化点的关系

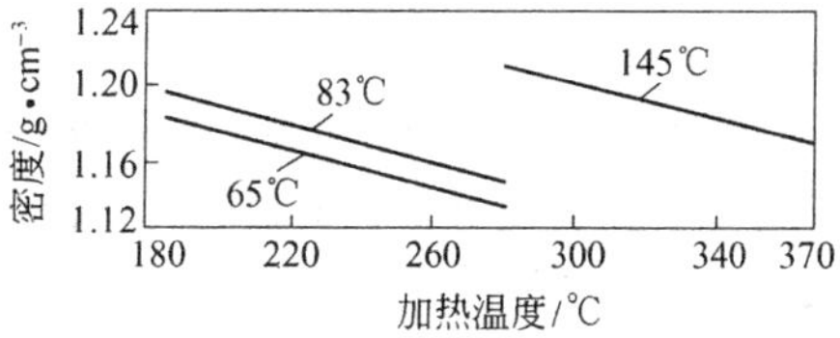

图 7-33　不同软化点（示于曲线旁）沥青密度与加热温度的关系

在 250～350℃范围内，高温和中温沥青密度之间的关系按下式计算：

$$d_{h}^{t} = d_{m}^{t} + 0.001(t_{h} - t_{m})$$

式中　d_{h}^{t}，d_{m}^{t}——分别为高温和中温沥青的密度，g/cm^3；

t_h，t_m——分别为高温和中温沥青的软化点，℃；

0.001——系数，$g/(cm^3 \cdot K)$。

7.5.3　黏结剂用改质沥青的生产

7.5.3.1　沥青改质的意义

普通中温沥青中的 TI 值为 18% 左右，QI 值为 6% 左右。当对此种沥青进行热改质处理后，可有效地增加 TI 含量。沥青在热处理过程中，在 250℃前主要为液气相的转化，聚合反应不明显；超过 250℃后，相转化加强，同时发生缩聚反应（芳烃缩聚为大分子，侧链基团脱落变为小分子）和聚合反应，同时产生 H_2S、CH_4、H_2、C_2H_2、CO_2、CO、O_2 和 N_2 等不凝性气体。据分析，组成沥青的化合物大约半数带有取代基团，主要是甲基、羰基、酚羟基、亚胺基，还有苯基、巯基等。沥青在热处理时，不稳定化合物上的取代基发生脱落，甲基变成亚甲基。这些脱去取代基团和带亚甲基的化合物，产生自身缩合或彼此缩合，从而导致较深的芳构化，失去置换基的芳烃在缩聚时构成了多核芳烃。

沥青在热处理过程中，沥青中原有的 β-树脂一部分转化为二次 α-树脂（α_2-组分）；甲苯可溶分的一部分转换为二次 β-树脂，其转化程度随加热处理强度的加深而增大，从而形成更多的二次 β-树脂。经加热处理后的沥青，其 QI 值可增大至 8%～16%，TI 值增至 25%～37%（依用户要求不同而控制其含量）。显然，（TI—QI）值也得到增长。因黏结性成分有了增长，沥青即得到了改质，称为改质沥青。

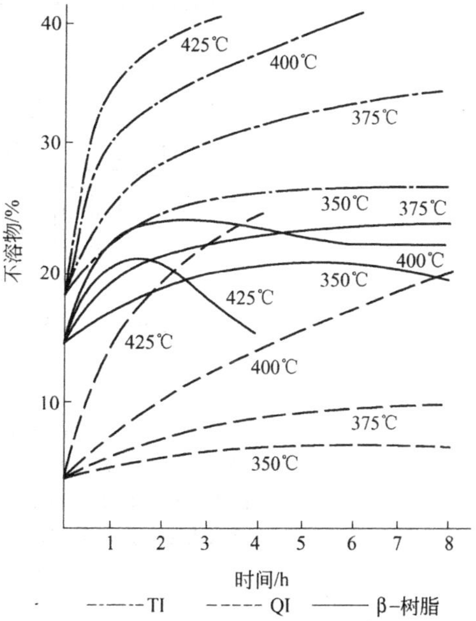

图 7-34　普通沥青在热处理时不溶物含量与温度和时间的关系

沥青的规格可通过改变加热温度及釜内反应时间加以变更。可溶物向不溶物转化速度与加热温度和时间的关系如图 7-34 所示，在 375℃以前，甲苯可溶物主要转化为甲苯不溶物，而 β-

树脂转化为二次 α-树脂的速度很低。当温度升高到400℃时，后者的生成速度明显加快，QI也显著增加，β-树脂含量很快达到最高点，随着加热时间的延长，β-树脂含量反趋降低。

β-树脂在电极煅烧时有良好的膨胀性，能起到将制作电极的骨料——焦炭粒牢固结合起来的作用。但β-树脂含量也不宜过高，否则会因过分膨胀而引起不良变形和增加脆性，从而使电极成品的强度降低。

作为电极黏结剂的改质沥青质量指标见表7-34。

表7-34 改质沥青质量指标

指标名称	一 级	二 级	指标名称	一 级	二 级
软化点(环球法)/℃	100~115	100~120	结焦值/%	>54	>50
甲苯不溶物/%	28~34	>26	灰分/%	<0.3	<0.3
喹啉不溶物/%	8~14	6~15	水分/%	<5	<5
β-树脂/%	>18	>16			

7.5.3.2 热聚合法制取改质沥青

A 釜式常压热聚合法工艺流程

釜式常压热聚合法工艺流程见图7-35。热沥青由二次蒸发器自流入反应釜，在釜内加热到400~420℃。由反应釜顶排出的油气在冷凝冷却器中形成闪蒸油和不凝性气体。不凝性气体用洗油洗涤后送往加热炉作为燃料。由反应釜得到的改质沥青自流入改质沥青中间槽，再经冷却器送入沥青高置槽，经自然冷却至150~180℃后，放至沥青冷却成型机制成柱状产品。如需调整改质沥青的软化点，可用沥青泵将反应釜内的改质沥青送往闪蒸塔。当需提高软化点时，可启动真空泵，调整闪蒸塔顶真空度，进一步闪蒸出改质沥青中的油分；当需降低软化点时，可向闪蒸塔中喷入闪蒸油。石家庄焦化厂改质沥青闪蒸油相对密度为1.07，360℃前馏出量为65%~77%。尾气中可燃组分主要是CH_4、H_2、CO和少量的C_nH_m。

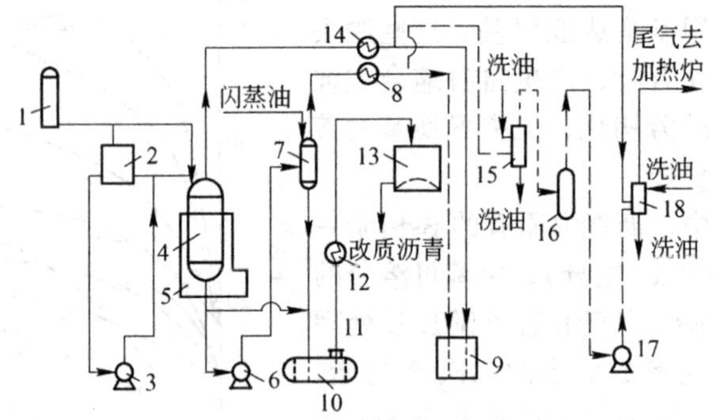

图7-35 釜式连续流程

1—二段蒸发器；2—中温沥青中间槽；3，6—沥青泵；4—反应釜；5—反应釜加热炉；7—闪蒸塔；8，12，14—冷凝冷却器；9—闪蒸油槽；10—改质沥青中间槽；11—埋入式沥青泵；13—沥青高置槽；15—真空尾气洗涤塔；16—真空罐；17—真空泵；18—尾气清洗塔

B 管式炉加压聚合法工艺流程

管式炉加压聚合法是日本大阪煤气公司开发的“重质残油改质精制综合流程”（即

Cherry-T法)，以煤焦油为原料，其工艺流程见图7-36。

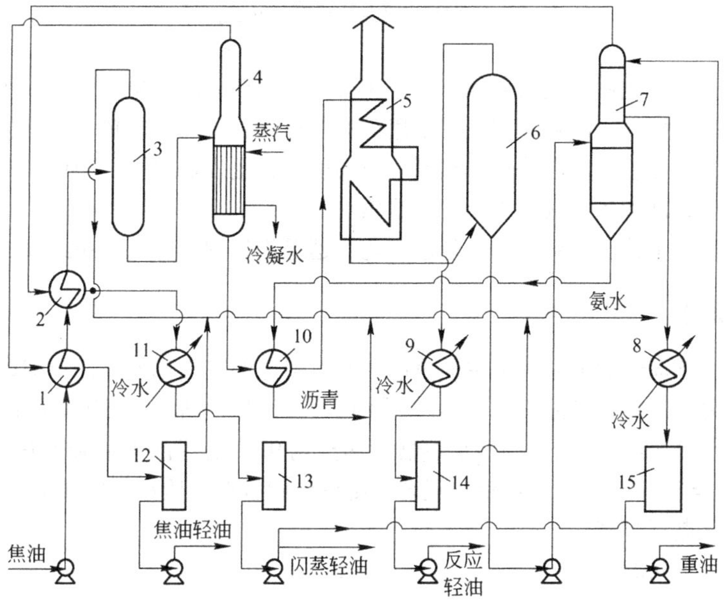

图7-36 Cherry-T法制取沥青黏结剂工艺流程

1，2，10—换热器；3—脱水塔；4—低压脱水器；5—管式炉；6—反应器；
7—闪蒸塔；8，9，11—冷凝冷却器；12～14—油水分离器；15—中间槽

原料焦油先经脱水塔脱水后，送入低压脱水器，使其残留的水分和轻油蒸发出去。脱水焦油进入管式加热炉，加热至400～420℃后进入反应器。

热焦油在设有搅拌器的反应器内，保持温度为400℃左右，并在880～900kPa的压力下停留5h。此时焦油内的不稳定组分在高温高压下发生聚合和缩合，即形成改质沥青。

反应后的焦油由反应器底进入闪蒸塔内，由于压力解除，馏分油气闪蒸而出，液体沥青聚于塔底，并通过通入过热蒸汽调整其软化点。最后由闪蒸塔底部排出的即为改质沥青。其性质为：软化点（水银法）65～110℃，TI 25%～38%，β-树脂20%～25%。改质沥青的收率约为60%。

由闪蒸塔内蒸出的馏分油气经上部精馏段分馏成轻油和重油。轻油自塔顶逸出，经冷凝冷却和油水分离后，部分送闪蒸塔打回流，部分送贮槽。重油自精馏段底部侧线引出，经冷却后送贮槽。轻油和重油收率总计约为39%，反应气收率约为0.6%。

由闪蒸塔内分出的馏分油气，也可全部从塔顶引出送入二段反应器（图中未表示）。二段反应器的操作条件要求较高，温度保持在450℃，停留时间为10h。馏分油气经反应后，由器底出来的称为S沥青（于此种流程中，由一段反应器出来的称为F沥青），其性质为：软化点（水银法）70～90℃，TI 23%～31%，QI 0～2%，β-树脂含量更高。由器顶出来的油气为中油，经分馏可得轻油及洗油。二段的沥青收率为入塔油气的41%，中油收率约为56%，反应气收率约为2.7%。

Cherry-T法的改质沥青产率高、质量好，特别是β-树脂含量高且易控制。这种改质沥青主要用于作超高功率电极及电解制铝极板的黏结剂，也可掺入配煤中供型煤炼焦用。此外，S沥青加热炭化时易形成流态状结构，经焙烧可制成针状焦（是制造人造石墨电极的高级原料）以及其他优质炭素产品。

7.6 沥青延迟焦的生产

沥青焦是沥青经炭化后生成的固体产物，主要用做生产人造石墨、电解铝用阳极糊以及石墨电极等炭素制品的原料。沥青焦的生产采用延迟焦化法：将沥青加热和结焦分别在不同设备中进行，即将软沥青在管式炉内快速加热到反应温度后，送入焦化塔，利用其本身显热，使沥青裂解和缩聚而生成沥青焦，故也称沥青延迟焦。

沥青延迟焦生产工艺由原料准备、延迟焦化、延迟焦处理和煅烧工序组成。

7.6.1 原料准备

原料准备系指软沥青的配制。依焦油蒸馏二段得到的沥青软化点高低，配以适量的脱晶蒽油和少量本工段得到的焦化轻油调制。某厂采用焦油蒸馏塔底排出约320℃的沥青，经与原料焦油换热后，温度降至约160℃，与经加热器加热至约90℃的脱晶蒽油和焦化轻油按沥青∶脱晶蒽油∶焦化轻油=31.3∶7.7∶1的质量比混合，则得到的软沥青质量指标如下：

软化点（环球法）	35℃
密度（100℃）	~1.18g/cm^3
黏度（140℃）	~2.5Pa·s
康拉丝残炭	~31%（质量分数）
初馏点~300℃馏出	<10%（质量分数）

配制好的软沥青储存在设有加热器的贮槽内，保持软沥青温度在130~140℃。为防止渣沉淀，还设有循环泵连续搅拌。

7.6.2 延迟焦化

延迟焦化工艺流程见图7-37。软沥青用泵送入预热器，待温度由135℃升至270℃后进入分馏塔的上口或下口。软沥青的软化点偏低进入上口，同时也有冲洗塔板的作用。软沥青的软化点偏高进入下口。进塔软沥青与来自焦化塔的高温油气换热，油气的重组分冷凝成循环油，与软沥青混合。混合油用泵从馏分塔底抽出，送入管式炉加热，温度由320℃加热到近500℃，经四通阀由焦化塔底部进入，在0.22~0.26MPa压力下热解聚合，生成沥青焦和油气。沥青焦定期排出，温度高于460℃的油气进入分馏塔底部。

混合油在管式炉入口管内流速较低（约1.2m/s），为了防止结焦，向炉管内注入2940kPa高压水蒸气，使混合油以高速湍流状态通过临界分解区域。注汽点一般选在沥青的临界分解范围之前。软沥青的临界分解段一般认为是455~485℃。若提前注入蒸汽，管内压力增大，油料在低温区停留时间短，高温部分的热负荷增大，管内也容易结焦。混合油在炉管内停留约20s，压降约为1MPa。出口状态下液态部分质量分数约为48%，气态（包括水蒸气）部分质量分数约为52%。

焦化塔顶的油气进入分馏塔下部。分馏塔有21层浮阀塔盘，5层淋降板和1层盲塔板。盲塔板将塔分为分馏段和换热闪蒸段。来自焦化塔的油气与进入换热闪蒸段的软沥青（24盘或塔底）和重油回流（22盘）进行热交换和闪蒸。油气中的重组分被冷凝成循环油，循环油与软沥青的质量比一般控制在约0.84。塔底未凝的气体进入分馏段，首先冷凝下来的焦化重油集于盲板塔的集油箱内（集油箱约高2800mm），停留约5min。由此引出的约317℃的焦化重油与软沥青换热，温度降至276℃。再通过蒸汽发生器，温度降至224℃后，一路返回塔内作

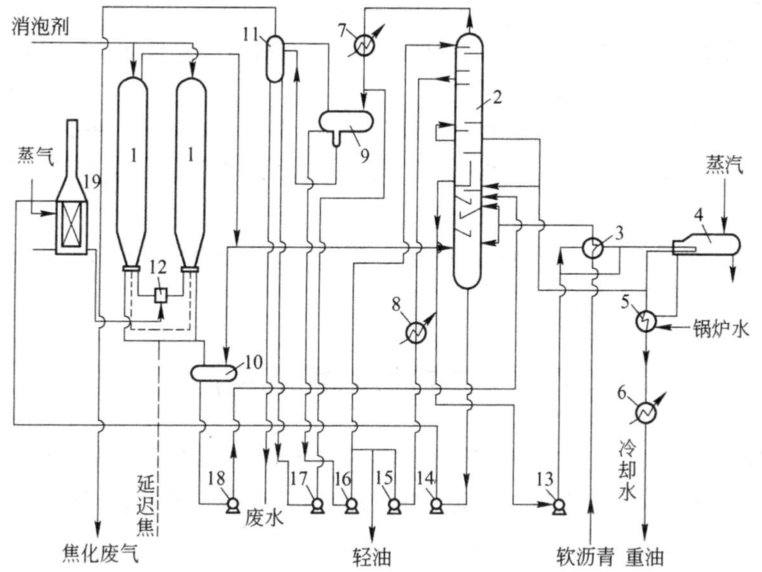

图 7-37　延迟焦化工艺流程

1—焦化塔；2—分馏塔；3—软沥青预热器；4—蒸汽发生器；5—锅炉给水预热器；6—重油冷却器；7—分馏塔凝缩器；8—轻油冷却器；9—回流槽；10—冷凝液槽；11—废气分离器；12—四通阀；13—重油循环泵；14—加热炉装料泵；15—轻油泵；16—回流泵；17—废油排出泵；18—冷凝液泵；19—加热炉

中段回流，其量约占正常循环油量的 90%，以维持塔的热平衡。中段回流分两处入塔，从 22 盘进入入塔循环油量的 30%，从 15 盘进入入塔循环油量的 70%。继续上升的轻质组分，一部分冷凝为焦化轻油，从 7 盘引出，经冷却后，温度由 206℃冷却至 70℃，再送至贮槽。塔顶逸出的 172℃的油气经凝缩器冷凝降温至 49℃入回流槽。由回流槽分离出的塔顶油大部分作为回流送至分馏塔顶部，回流比控制在 30 左右，多余部分与焦化轻油一起排至贮槽。回流槽的分离水进入废气分离槽，分离油返回回流槽再一次分离。分离水去废水处理装置。分离槽排出的废气，送往火炬塔。

7.6.3 延迟焦处理

焦化塔连续进料 24h，料位至一定的高度就停止进料，通过四通阀切入另一焦化塔。接着向塔内吹入 0.8MPa 的饱和蒸汽，赶出留在塔内的油分，提高延迟焦质量，同时也使塔温降低。吹出的大量蒸汽和油气引入分馏塔，时间约 30min。以后吹出的气体引入排污塔。连续吹气时间约 3h。停止吹气后，向塔内注入水。水冷初期产生的温度约 150℃的气体引入排污塔。注水冷却的时间以放水的最终温度约 50℃为宜。最后卸下焦化塔顶盖和底盖，用压力为 13.72MPa 的高压水进行切割水力出焦，水与焦排入焦坑，分离出的焦称为生焦。生焦的质量控制指标为：水分低于 10%；挥发分 8% ~12%；块度小于 75mm。

7.6.4 煅烧

生焦在隔绝空气的条件下进行高温热处理的过程称为煅烧。煅烧的目的是驱除生焦中的水分和挥发分，提高焦的含碳量、密度、强度和导电性。

煅烧在回转窑内进行。某厂采用的回转窑内径 2750mm，有效长度 50.5m，倾斜度 5.2%。

窑体的转速在 1 ~ 2r/min，物料通过的时间约为 1.5h。在生焦进口处，废气的出口温度约 500℃。在此温度下，生焦很快脱水，同时被预热。随着物料向前移动，窑内温度达到 1200 ~ 1300℃，焦炭内的挥发分基本挥发完毕。

回转窑的下料量、转速、火焰温度、火焰长度、原料块度等对煅后焦的质量均有影响。

温度为 1200℃的煅后焦进入回转冷却器，在此用清水喷洒冷却，温度可降至 170℃。然后通过磁力分离机，除去成品中的铁物。

成品焦的质量指标如下：水分低于 0.5%，挥发分低于 0.5%，真密度 2.00 ± 0.04g/cm^3，硫分低于 0.5%，灰分低于 0.5%。

7.7　沥青针状焦的生产

精制的煤沥青，经过延迟焦化和煅烧而制得的层状结构明显的各向异性焦炭，外观具有金属光泽，线胀系数小，导电和导热性能好。粉碎后呈细长的针状颗粒，因而得名针状焦。针状焦主要用于制造超高功率石墨电极和特种炭素制品。

日本在 1979 年建立了煤沥青针状焦工业化装置。我国在 20 世纪 80 年代开发了此项技术，目前也建立了工业化装置。

7.7.1　制取沥青针状焦的理论基础

7.7.1.1　中间相沥青的生成

制取沥青针状焦的关键是中间相沥青的生成。中间相沥青是指沥青由液相向固相转化过程中的中间过渡态。与物理液晶的相同点是具有塑性流动性，光学各向异性，两相之间有明显界面和低共熔效应；与物理液晶的不同点是中间相的生成过程是不可逆的，中间相不溶于苯、吡啶和喹啉，中间相生成主要是化学过程，中间相的相对分子质量大，C/H 比高，在一定温度下层间距随时间变化。中间相沥青的生成经历了小球体的初生、小球体的成长和融并过程。

A　小球体的初生

沥青在加热时，首先形成各向同性的塑性体（母体）。当加热到 350℃以上时，经过热解、热脱氢缩聚等一系列反应，逐步形成相对分子质量较大的多环芳烃平面状的大分子。多环芳烃大分子通过 π-π 电子力和范德华力促使其聚集而缔合。若干分子的缔合并按向列液晶排列时，显示出取向性，而从母体中形成晶核。一旦形成核，便从各相同性母相中吸附较大分子，相对分子质量愈大，吸附分子焓也大，被吸附的分子在晶核上的停留时间也较长（约为毫秒级），促使其进一步缩合。初生的小球直径只有百分之几微米，当其长到十分之一微米时，才能被放大率为 1000 倍的偏光显微镜观察到。当长到 5μm 以上时，为使其保持最小的表面积、处于最稳定的热力学状态而成为圆球，故得名小球体。小球体初生的推动力是向热力学稳定态转化，其基本过程是化学反应。

B　小球体的成长和融并

初生小球体的表面张力比母相沥青的表面张力大，因而驱使它们进一步融并为更大的复球，使体系处于更稳定的热力学状态。当复球直径大到表面张力难以维持其球形时，则发生形变，以至解体而融并在一起，成为流动态，称为中间相沥青。中间相沥青是沥青在生成半焦过程中的中间产物，是与沥青原相有区别的另一物态。中间相沥青与沥青原相的主要区别是相对分子质量大、软化点高、黏度高、密度大及大分子取向排列。

7.7.1.2　生成中间相的化学过程

中间相的生成过程属一级反应，其反应速率可用下式表示：

$$\frac{dM}{dt} = k(a - M)$$

式中，M 为中间相物质的质量；t 为时间；a 为沥青中可转变为中间相的组分量；k 为反应速度常数。

中间相的生成过程，根据反应动力学研究所获得的数据推测如下：

$$M_m \longrightarrow M_v$$

$$M_m \longrightarrow M_1 + M_{R1}$$

$$M_1 + M_{R1} \longrightarrow M_L + M_{R2}$$

$$M_L + M_{R2} \longrightarrow \text{中间相}$$

式中，M_m 为沥青分子；M_v 为挥发物分子；M_1 为中间化合物分子；M_{R1}，M_{R2}为炭化时生成的自由基；M_L 为达到1000 原子质量单位的分子。反应式 $M_m \longrightarrow M_1 + M_{R1}$ 为反应速率的限制步骤。单位分子大于1000 原子质量单位和这些分子具有形成平面的性能，是生成中间相的重要条件。

沥青在热脱氢缩聚过程，首先小分子化合物低聚为相对分子质量较大的苯不溶物（BI），BI 是中间相小球体的胚胎。BI 进一步缩聚为相对分子质量更大的喹啉不溶物（QI）。通常将 QI 值作为沥青中间相质量百分含量。

7.7.2　影响中间相沥青生成的因素

7.7.2.1　沥青组成

A　固体杂质

沥青中的固体杂质，主要指一次喹啉不溶物，如游离碳、炭黑和煤尘等。这些物质是活性中心，它们导致反应活化能降低，反应速度常数增加，虽然可促使小球体的初生，但因其易吸附在初生小球的表面上，而有碍小球体的成长和融并，不能得到流变性能好的中间相沥青。

B　氧、氮、硫杂环化合物

氧、氮、硫杂环化合物的影响可从两方面考虑：一是氧、氮、硫原子的负电性大，分子中含有这些原子，易在分子内产生极性，加速脱氢缩聚反应，促进小分子的低聚，有利于小球体的初生。但硫和氧有交联作用，使体系的黏度提高，有碍小球体的成长和融并，使分子的积层和取向性降低。二是氧、氮、硫杂环化合物对热相当稳定，易浓聚在初生的小球里，生成镶嵌结构。由于上述原因，生成的针状焦在炭化和石墨化过程中发生“晶胀”，使产品产生微裂纹。通常将这种影响，称之为“O. N. S 阻碍”。

C　金属元素

沥青中主要含有 Na、K、Mg、Ca、Fe、Cu、Al、V、Ni 等。它们具有催化作用，促使生成大量的苯不溶物和中间相小球体，且在成长为大的复球前就融并，生成细镶嵌结构。另外，这些金属杂质在碳化和石墨化过程中逸出，形成缺陷，致使产品强度下降。

7.7.2.2　热处理条件

A　热处理温度和时间

中间相小球体的初生和成长随热处理温度的升高而加快。采取较低的热处理温度，有利于控制聚合度，获得黏度适中的中间相，小球体成长和融并的母相环境更佳。一般认为较低的热处理温度和较长的热处理时间，有利于小球体的成长和融并。另外，升温速度越慢，小球体的成长和融并越有充足的时间，易得到大的复球和各向异性区域大、流变性能好的中间相沥青；升温速度过快，容易发生突沸。

B 热处理压力

提高热处理压力，可抑制低分子馏分的逸出，提高炭化率。同时，低分子馏分在压力下凝聚于液相之中，使黏度得到改善，流动性能更好，从而有利于小球体的融并和重排，各向异性程度提高，但压力过大，也有碍小球体的融并，取向性降低。

7.7.3 沥青针状焦的生产工艺

针状焦的生产工艺主要包括原料预处理、延迟焦化和煅烧三部分。

7.7.3.1 原料预处理

原料煤沥青的预处理，主要是去除一次喹啉不溶物等有害杂质，和调制相对分子质量分布适宜。

预处理的方法有加氢法、热聚合法和溶剂法等。加氢法对去除杂原子和调制相对分子质量适宜比较有效。热聚合法适用于以焦油、重质油和沥青闪蒸油为原料，采用热聚合得到含量高的中间相先驱体的缩聚沥青，同时控制 QI_2 含量尽可能低。溶剂法对去除沥青中的 QI 等杂质很有效。我国鞍山焦化耐火材料设计研究院等单位用软沥青闪蒸油或其中的一段馏分作为原料，采用加压缩聚法制取针状焦的原料；鞍山热能研究院采用溶剂法处理煤沥青调制针状焦原料。

溶剂处理法的工艺流程见图 7-38。煤系软沥青和脂肪烃与芳香烃的混合溶剂按比例送入混合器，充分混合溶解后，静置分离。残渣从底部排出，轻相经加热炉加热后进入闪蒸塔。闪蒸塔顶馏出的气体经冷凝冷却，进入溶剂回收槽循环使用。蒸馏塔底排出精制沥青，作为制取针状焦的原料。

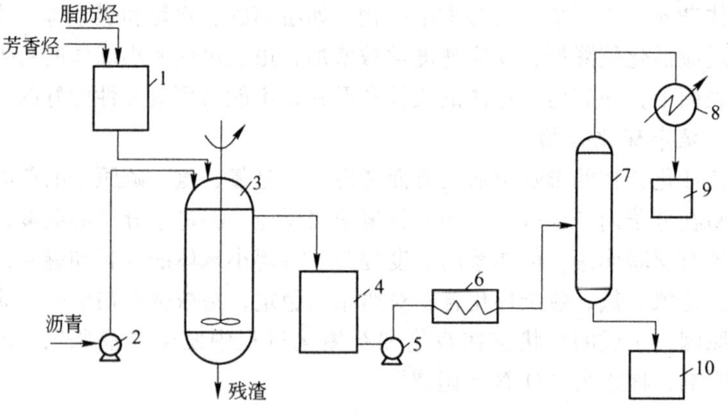

图 7-38 溶剂处理法工艺流程

1—混合溶剂槽；2—沥青泵；3—混合器；4—轻相槽；5—轻相泵；6—加热炉；7—闪蒸塔；8—冷凝冷却器；9—溶剂回收槽；10—精制沥青槽

常用的脂肪烃溶剂有煤油、粗汽油、溶剂油等。常用的芳香烃溶剂有苯类、洗油、萘洗混合分等。脂肪烃溶剂的作用是降低黏度，有利于轻相和聚集颗粒相的分离。芳烃溶剂的作用是溶解沥青中的有效成分即 β 组分和 γ 组分。

日本有工厂采用焦油沥青与有机溶剂混合，产生黏性溶渣，将几微米粒径的喹啉不溶物粘附在渣上，使其粒径增大到约 100μm，再采用离心分离法将其除去，所得沥青中的 QI 低于0.1%。

7.7.3.2 延迟焦化

针状焦的延迟焦化工艺流程和设备与软沥青延迟焦化基本相同，只是工艺条件有异。沥青在焦化塔内应维持相对稳定的状态，充分利用中间相物质的塑性流动和分子排列的有序性，同时使气相产物产生剪切力，创造所谓“气流拉焦”的条件，以形成流线形结构的针状焦。因此，应控制适宜的原料进焦化塔温度、循环比、焦化塔压力及物料在塔内的停留时间等。

7.7.3.3 煅烧

通常采用回转窑进行煅烧，其煅烧温度比普通沥青焦高100～150℃，煅烧时间也长。经过煅烧的针状焦可以改善焦炭结构、提高其真密度和降低挥发分。

煅烧后的针状焦质量指标如下：

线膨胀系数（100～600℃）	$\leqslant 1.15\times10^{-6}$/℃
电阻率	≤600μΩ·m
真密度	$\geqslant 2.13g/cm^3$
硫	≤0.4%
挥发分	≤0.5%
氮	≤0.7%
长宽比（k）	≥1.65

8 煤气化气的加工和利用

8.1 煤气化气体

煤气化气体是煤与气化剂作用生成的气体混合物。气化剂常用空气、氧气、水蒸气、二氧化碳及氢气等。它们与煤中碳发生非均相气化反应，反应式如下：

$$O_2 + C \longrightarrow CO_2 \qquad \Delta H_{298} = -393.5\text{kJ}$$

$$\frac{1}{2}O_2 + C \longrightarrow CO \qquad \Delta H_{298} = -110.6\text{kJ}$$

$$H_2O + C \longrightarrow CO + H_2 \qquad \Delta H_{298} = 131.4\text{kJ}$$

$$2H_2O + C \longrightarrow CO_2 + 2H_2 \qquad \Delta H_{298} = 90.2\text{kJ}$$

$$2H_2 + C \longrightarrow CH_4 \qquad \Delta H_{298} = -74.9\text{kJ}$$

$$CO_2 + C \longrightarrow 2CO \qquad \Delta H_{298} = 172.6\text{kJ}$$

煤热分解析出的气态产物如 CO_2、H_2O 及烃类等，也能与赤热的碳发生上述反应。

气化反应产物之间也能进行均相反应，如：

$$CO + 3H_2 \longrightarrow CH_4 + H_2O \qquad \Delta H_{298} = -206.3\text{kJ}$$

$$CO + H_2O \longrightarrow CO_2 + H_2 \qquad \Delta H_{298} = -41.2\text{kJ}$$

$$CO_2 + 4H_2 \longrightarrow CH_4 + 2H_2O \qquad \Delta H_{298} = -165.1\text{kJ}$$

$$CO + \frac{1}{2}O_2 \longrightarrow CO_2 \qquad \Delta H_{298} = -283.7\text{kJ}$$

煤中含有的少量元素硫和氮与气化剂和反应产物之间可能进行如下反应：

$$S + O_2 \longrightarrow SO_2$$

$$SO_2 + 3H_2 \longrightarrow H_2S + 2H_2O$$

$$SO_2 + 2CO \longrightarrow S + 2CO_2$$

$$2H_2S + SO_2 \longrightarrow 3S + 2H_2O$$

$$C + 2S \longrightarrow CS_2$$

$$CO + S \longrightarrow COS$$

$$N_2 + 3H_2 \longrightarrow 2NH_3$$

$$N_2 + H_2O + 2CO \longrightarrow 2HCN + \frac{3}{2}O_2$$

$$N_2 + xO_2 \longrightarrow 2NOx$$

依气化方法、气化条件及煤的性质不同，气化气的组成也不同。各种气化气体组成例见表 8-1。

表 8-1 煤气化气组成

气化气种类		气化剂	组成（质量分数）/%						高热值 /MJ·m^{-3}	用途
			CO_2	H_2	CH_4	CO	N_2	C_nH_m		
固定床常压气化气	水煤气	水蒸气	5	50		40	5		10.5～12.2	工业燃料气
	发生炉气	空气、水蒸气	5.5	10.5	0	29	55		4.4～5.2	贫煤气
		空气、水蒸气	3.6	12.4	0.2	27.8	56			贫煤气
		氧气、水蒸气	16.5	41	0.9	40	1.6		10.6	工业燃料气 城市煤气 合成气
鲁奇加压气化气	褐煤气	氧气 水蒸气	30.2	37.2	11.8	19.7	0.7	0.4	12.3	合成气 城市煤气 代替焦炉煤气
	气焰煤气		27.0	39.0	9.9	23.0	0.7	0.4	12.0	
	焦煤气		32.4	39.1	9.0	17.2	1.4	0.8	11.1	
考伯斯-托茨克气流床气化气（K-T）		氧气 水蒸气	11.4 12.6	31 28.5	0.1 0.1	56 57.0	1.5			合成气
德士古气流床气化气（Texaco）		氧气 水蒸气	11	34	0.01～0.1	54	0.6			合成气
改良型温克勒流化床气化气		氧气 水蒸气	19.5	40	2.5	36	1.7		10.1	合成气 工业燃料气

由煤气化炉产生的热煤气称粗煤气。粗煤气中含有焦油、水、粉尘及硫化物。硫化物主要有 H_2S、CS_2 和 COS 等。因用途不同，粗煤气需要进行加工，其主要工序见图 8-1。

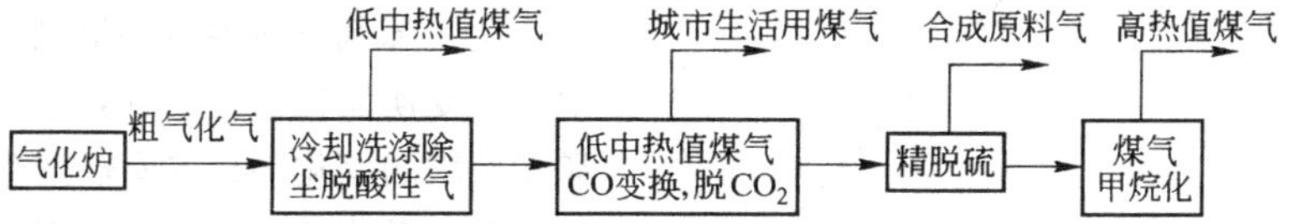

图 8-1 煤气化气主要加工工序

8.2 一氧化碳变换

作为城市生活用煤气，为了减小毒性，一般认为 CO 的体积分数宜控制在 10% 以下；作为合成气，要求 CO/H_2 有适当的比例，较高的 CO 分压会增加催化剂表面的生碳，导致催化剂过早失活；当生产氢气时，则要求进行 CO 变换反应。因此，对 CO 含量过高的煤气化气，应设置 CO 变换工序。

8.2.1 一氧化碳变换基本原理

CO 变换按下式进行：

$$CO + H_2O \rightleftharpoons CO_2 + H_2 \quad \Delta H_{298} = -41.2\text{kJ/mol}$$

工业生产中常采用中温变换，其反应温度为 380～520℃，此时的平衡常数可按下式计算：

$$\lg K_p = \frac{3994.704}{T} + 12.220277\lg T - 0.004462408T + 0.671814 \times 10^{-6}T^2 - 36.72508 \tag{8-1}$$

式中，K_p 为平衡常数；T 为热力学温度，K。

工程计算时，一般从根据催化剂型号绘制的反应温度与反应速度常数绘制的曲线查得，$\lg K_p$ 也可按以下简化式计算：

$$\ln K_p = \frac{4575}{T} - 4.33 \tag{8-2}$$

CO 的平衡变换率 x_p 可根据粗气中的起始组成和平衡常数求得：

$$x_p = \frac{K_p(A+B)+(C+D)-\sqrt{[K_p(A+B)+(C+D)]^2-4(K_p-1)(K_pAB-CD)}}{2A(K_p-1)} \tag{8-3}$$

式中，A、B、C、D 分别为粗气中 CO、H_2O、CO_2、H_2 的起始摩尔分数,%。

若已知原料气组成和变换气组成，变换率 x 可按下式计算：

$$x = \frac{(V'_{CO_2} - V_{CO_2})100}{(100 - V'_{CO_2})V_{CO_2}} \times 100\% \tag{8-4}$$

或

$$x = \frac{(V_{CO} - V'_{CO})100}{(100 - V'_{CO})V_{CO}} \times 100\% \tag{8-5}$$

式中 V_{CO}、V_{CO_2}——变换前粗气 CO、CO_2 体积分数,%；

V'_{CO}、V'_{CO_2}——变换气 CO、CO_2 体积分数,%。

一氧化碳变换反应放出的热量与反应温度有关，见图 8-2。

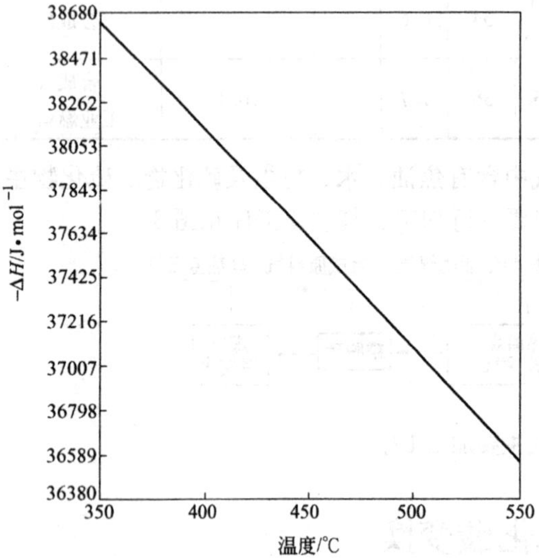

图 8-2 一氧化碳变换反应热效应

为了降低反应温度和提高反应速度，一氧化碳变换需在催化剂存在下进行。一氧化碳变换用的催化剂，主要根据粗煤气和净化气中的一氧化碳含量、粗气中的有机硫化物和硫化氢的含量选择。未脱硫的粗气，可选用耐硫耐油的钴钼系催化剂；已脱除硫化氢而未脱除有机硫的粗气，可采用铁铬系催化剂；已彻底脱除硫化物的粗气，可采用铜锌系催化剂。几种 CO 中温变换催化剂的主要特性见表 8-2。

表 8-2 CO 中温变换催化剂

项目 / 催化剂型号	主要组成	堆密度 /kg·L^{-1}	比表面积 /m^2·g^{-1}	工业使用条件
B106	主催化剂为氧化铁，助催化剂为氧化铬、氧化钾和氧化镁等	1.3～1.5	40～50	温度：350～520℃ 蒸汽/半水煤气（体积比）：0.9～1.1 干气空速：常压 300～500h^{-1} 加压（≥1MPa）600～1000h^{-1} 原料气含 H_2S：<100mg/m^3 原料气含 O_2：<0.5%

续表 8-2

催化剂型号 \ 项目	主要组成	堆密度 /kg·L^{-1}	比表面积 /m^2·g^{-1}	工业使用条件
B109	主催化剂为氧化铁，助催化剂为氧化铬和氧化钾	1.3~1.5	>70	温度：300~500℃ 蒸汽/半水煤气（体积比）：>0.8 干气空速：常压 400~500h^{-1} 加压（≥1MPa）800~1000h^{-1} 原料气含 H_2S：<50mg/m^3 原料气含 O_2：<0.5%
B110-1	主催化剂为氧化铁，助催化剂为氧化铬等	1.6		温度：300~500℃ 最高允许温度：530℃ 干气空速：常压 300~500h^{-1} 加压 600~1300h^{-1}，≈3MPa 可达 3000h^{-1} 原料气含 H_2S：≤100mg/m^3
B111	主催化剂为氧化铁，助催化剂为氧化铬等	1.4~1.5		温度：300~530℃ 干气空速：500~700h^{-1} 原料气含 H_2S：≤5.0g/m^3 原料气含 O_2：<0.5%
B112	主催化剂为氧化铁，助催化剂为氧化铬及其他特殊助剂	1.4~1.6	50	温度：290~480℃ 蒸汽/半水煤气（体积比）：≥0.5 干气空速：常压 300~500h^{-1} 加压（≥0.7MPa）600~1000h^{-1} 原料气含 H_2S：≤1.5g/m^3 原料气含 O_2：≤0.5%
B115	低铬型催化剂	1.35~1.45	35	温度：300~500℃ 蒸汽/半水煤气（体积比）：≥0.7 干气空速：常压 400~500h^{-1} 加压（>1.0MPa）800~1000h^{-1} 原料气含 H_2S：≤1.2g/m^3 原料气含 O_2：≤0.5%

8.2.2 一氧化碳变换工艺流程

8.2.2.1 一氧化碳常压变换流程

常压变换流程见图 8-3。来自脱硫工序的粗气进入饱和塔底部，与塔上部进入的蒸汽混合并被加热，出饱和塔的为水汽饱和的混合粗气依次通过第一热交换器Ⅰ、Ⅱ和第二热交换器，与来自变换炉的高温变换气间接换热，然后进入变换炉上部的一段催化剂层进行部分变换反应。初步变换的粗气返回第二热交换器，与混合粗气换热后，温度由约 500℃降到约 400℃后，

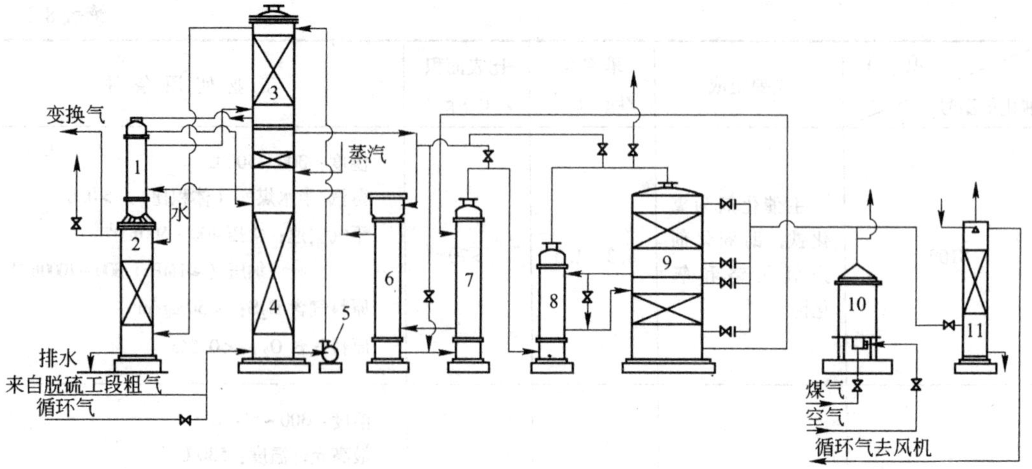

图 8-3　一氧化碳常压变换流程

1—水加热器；2—冷凝塔；3—热水塔；4—饱和塔；5—热水泵；6—第一热交换器（Ⅰ）；7—第一热交换器（Ⅱ）；8—第二热交换器；9—变换炉；10—燃烧炉；11—冷却器

进入变换炉下部的二段催化剂层完成最终变换。出变换炉的温度约为415℃的变换气，依次通过第一热交换器Ⅰ和Ⅱ，与管程内的混合粗气换热，再入水加热器，加热管程内来自热水塔的热水，然后进入热水塔被来自饱和塔底的水直接喷淋冷却。喷淋水出热水塔后，去水加热器进一步被加热，并借位差自流入饱和塔上部，喷淋饱和塔内的混合粗气使之升温饱和达到规定的蒸汽比，降温后的热水由饱和塔底排出，用热水泵压送至热水塔内再升温，由此形成热水循环系统。从热水塔顶出来的变换气去冷凝塔，被冷却水最终冷却。

8.2.2.2　一氧化碳加压变换流程

加压变换流程见图8-4。来自脱硫工序的粗气加压至0.5～2.0MPa，进入饱和塔加热增湿。出饱和塔的混合粗气，按规定的蒸汽比加进来自蒸汽过热器的过热蒸汽，然后依次进入蒸汽混合器和热交换器。粗气被加热到约380℃进入变换炉一段催化剂层，变换后的粗气用来自蒸汽

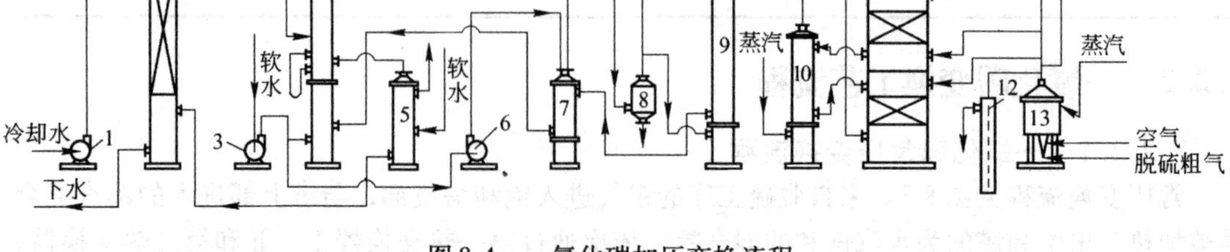

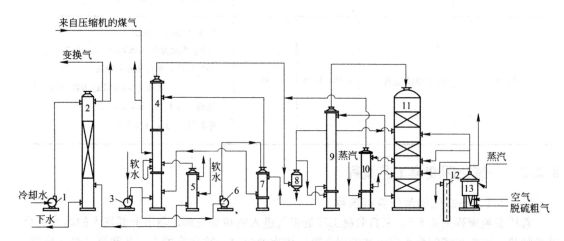

图 8-4　一氧化碳加压变换流程

1—冷却水泵；2—冷凝塔；3—软水泵；4—饱和热水塔；5—第二水加热器；6—热水泵；7—水加热器；8—蒸汽混合器；9—热交换器；10—蒸汽过热器；11—变换炉；12—水封；13—燃烧炉

混合器但未经热交换器加热的粗气进行激冷（一般激冷气量约占总煤气体积的25% ~30%），激冷后的粗气进入二段催化剂层进行变换反应。经二段变换后的变换气引至蒸汽过热器，使饱和蒸汽过热至约350℃。降低了温度的变换气返回变换炉下部，通过三段催化剂层完成最终变换反应。达到规定变换率的变换气去热交换器与部分冷粗气换热降温，然后去水加热器和热水塔加热系统中的循环热水，再进第二水加热器加热供锅炉用的软水等，最后进入冷凝塔，用冷却水冷却降温并将变换气中的水汽冷凝下来。

开工时，变换炉催化剂层可采用燃烧炉或电加热器使之达到反应所需的温度，开工投产后即停止使用。

上述两种流程，粗气是经过脱硫后进行一氧化碳变换的。这种流程通常也称做“后变换”流程。

8.2.2.3 一氧化碳前变换流程

粗气未经脱硫而直接进行一氧化碳变换的，称做“前变换”。前变换流程适用于低硫煤气的变换过程。鲁奇炉加压气化气采用的一氧化碳中温前变换工艺流程见图8-5。

8.2.3 一氧化碳变换的影响因素

8.2.3.1 操作压力

CO变换反应是等分子反应，因此操作压力在一定范围内对反应平衡基本没有影响。但是压力的提高可以加快反应速度，图8-6是粒度为6.5 ~9.5mm的铁-铬系催化剂加压与常压下的反应速度常数的比值关系曲线。

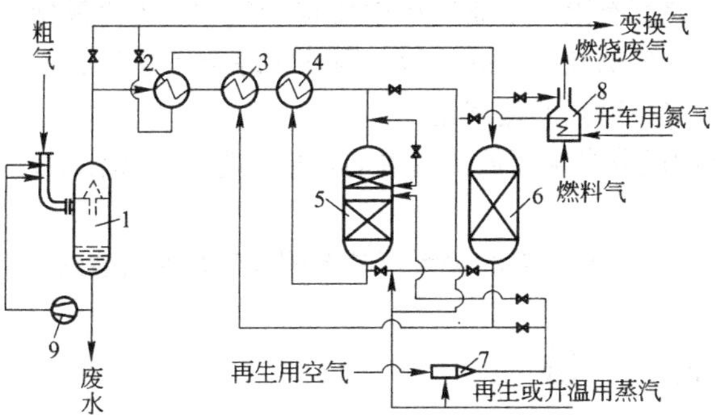

图8-5 一氧化碳中温前变换流程

1—分离器；2 ~4—煤气热交换器；5—第一变换炉；6—第二变换炉；7—混合器；8—管式炉；9—泵

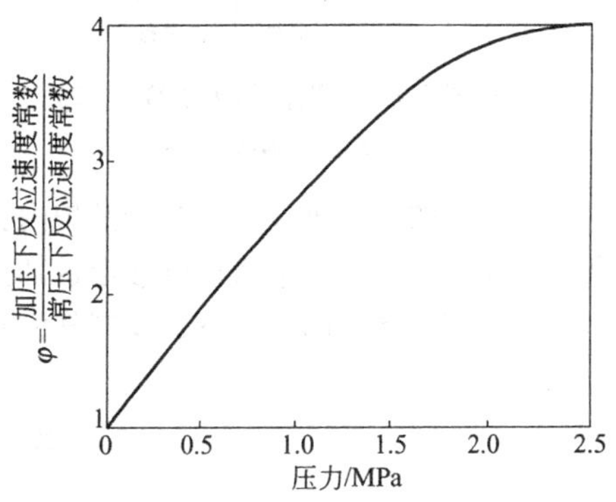

图8-6 压力对反应速度的影响

在处理相同粗气量时，加压变换与常压变换相比，具有催化剂用量少和节省材料的优点。

8.2.3.2 操作温度

对于中温变换，已知气体的起始组成和所选型号催化剂活化能，就可按下式计算不同平衡变换率时的最适宜反应温度：

$$T_m = \frac{1986}{\lg\left[\frac{E_2}{E_1}\frac{(C + Ax_p)(D + Ax_p)}{(A - Ax_p)(B - Ax_p)}\right] + 1.88} \tag{8-6}$$

式中 E_1，E_2——分别为正逆反应活化能，J/mol；

A，B，C，D——分别为气体 CO、H_2O、CO_2 和 H_2 的起始组成摩尔分数；

x_p——平衡变换率。

对于中温变换反应，可取 $E_2 - E_1 = 37634J/mol$。已知催化剂活化能 E_1，即可求得 E_2。

变换炉粗气进口温度，应高于选用的催化剂活性起始温度。

变换反应是放热反应，随着反应的进行，变换气的温度不断升高，使变换炉温偏离最适宜的反应温度，甚至损坏催化剂。因此，均采用分段变换，同时采用直接冷激或间接换热的方法冷却催化剂床层。

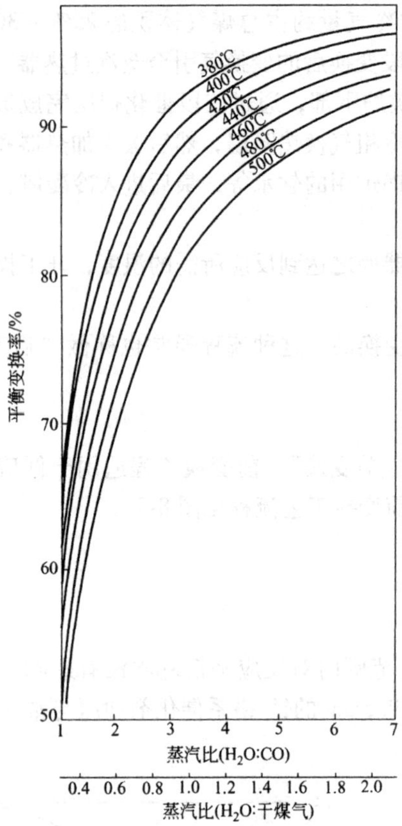

图 8-7　蒸汽比与平衡变换率的关系（块煤原料）

8.2.3.3　蒸汽比

进行变换的反应粗气中，蒸汽与一氧化碳的体积比称为蒸汽比。蒸汽比的确定主要是考虑变换反应达到的预定变换率。

CO 变换为可逆反应，增加蒸汽比，可使反应向生成 H_2 和 CO_2 方向进行。由图 8-7 可见，蒸汽比低时，随着蒸汽比的增加，平衡变换率增加幅度较大；蒸汽比高时，平衡变换率增加幅度有限。工业生产中要求干气中 CO 含量低，并要消耗较少的能量。因此应综合考虑各因素，选择适宜的蒸汽比。

粗气中的氧含量过高，在变换炉内会与可燃成分燃烧而放出过多的热量。为防止催化剂过热而烧坏，必须增大蒸汽比以移走这部分热量。

在无实测数据的情况下，煤制气的蒸汽比与平衡变换率的关系可参考图 8-7 的关系曲线。

8.3　脱　　碳

一氧化碳变换气中 CO_2 的体积分数约为 20%，为了提高煤气热值或满足合成气对 CO_2 含量的要求，必须脱除 CO_2，简称脱碳。

脱碳方法根据所用吸收剂的性质不同，可分为物理吸收法、物理化学吸收法和化学吸收法。几种有代表性的脱碳方法的特点见表 8-3。除了溶剂法脱碳外，在 20 世纪末我国也出现了变压吸附脱碳技术，即利用固体吸附剂与气相接触，在升高压力时，气相中的目的组分向吸附剂表面选择性吸附，在降低压力或抽真空时，使之从吸附剂解吸，利用压力的变化完成循环操作。

应该指出，脱碳的方法对脱除 H_2S 和 COS 也有效。

脱碳方法的选择应根据处理气体中 CO_2 分压，要求达到的净化气体中 CO_2 含量、副产 CO_2 的用途及技术指标等因素综合考虑。

表 8-3　几种脱碳方法特点

脱碳方法		溶剂	吸收压力/MPa	吸收温度/℃	脱碳前气体 CO_2 体积分数/%	脱碳后气体 CO_2 体积分数/%	溶液吸收 CO_2 能力/$m^3 \cdot m^{-3}$
物理吸收法	低温甲醇法	甲　醇	2.8	-40	21	60mL/m^3	70~90
	水洗法	水	1.4~1.5	30	29	1~3	2~3
	碳酸丙烯酯法	碳酸丙烯酯	1.8~2.5	30	20~28	0.5	14~15
	N，2-甲基吡咯烷酮法	N，2-甲基吡咯烷酮 水　1%	4.0	25	35	35mL/m^3	43.2
物理化学吸收法	环丁砜法	环丁砜-异丙醇胺 水	4.0	40	—	0.3	55
	聚乙二醇二甲醚法	聚乙二醇二甲醚 二异丙醇胺	2.7	43	18	0.01	25
化学吸收法	一乙醇胺法	15%~20% 一乙醇胺溶液	2.7	43	20	0.2	18~25
	有机胺硼酸盐催化热钾碱法	$K_2CO_3$25% 有机胺硼酸盐 5% $V_2O_5$0.5%	2.7	80（上段）	20	0.1	20
	二乙醇胺催化热钾碱法	$K_2CO_3$25% 二乙醇胺 3%~6% $V_2O_5$0.2%~0.6%	2.7	60~70（上段）	20	0.2	20

8.3.1　水洗法

8.3.1.1　水洗法脱碳工艺流程

水洗法脱碳工艺流程见图 8-8。来自一氧化碳变换工序的具有一定压力（1~3MPa）的变换气进入填料或筛板水洗塔下部，塔顶进入的加压水均匀喷洒洗涤变换气，并吸收其中的 CO_2，使出塔变换气中的 CO_2 体积分数降至 1%~3%，然后经气液分离器分离出夹带的水滴后，即可供用户使用。

从水洗塔排出的高压水，经水力透平加压送至一、二级膨胀器膨胀卸压，放出一部分溶解于水中的 CO_2 和微量溶解于水中的 H_2 和 N_2，而后进入脱气塔。脱气塔底鼓入空气，脱去水中的 CO_2，水则由塔底排出，用泵加压返回水洗塔顶循环使用。

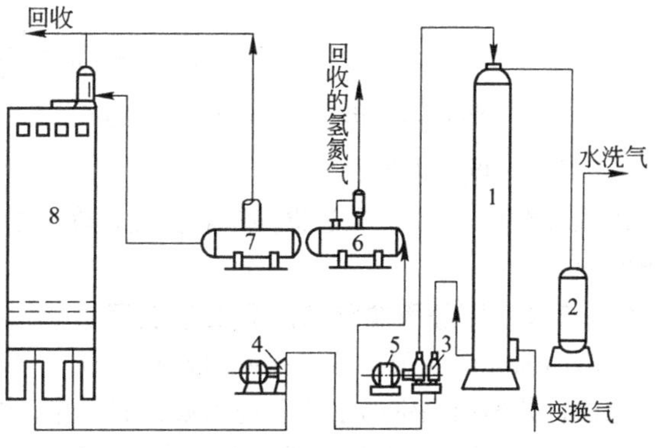

图 8-8　水洗法脱碳工艺流程
1—水洗塔；2—分离器；3—水力透平；4—泵；5—电动机；6—一级膨胀器；7—二级膨胀器；8—脱气塔

8.3.1.2　水洗脱碳的影响因素

（1）压力。按容积计的 CO_2 在水中的溶解度见表 8-4。由表中数据可见，提高压力有利于增加 CO_2 在水中的溶解度，亦即有利于提高水洗脱碳效率。

表 8-4 CO_2 在每 $1m^3$ 水中的溶解度 m^3

CO_2 分压/MPa	温 度/℃		
	10	20	30
0.05	0.61	0.44	0.33
0.1	1.20	0.88	0.65
0.3	3.53	2.58	1.91
0.5	5.71	4.16	3.10
1.0	10.71	78	5.81

(2) 水洗饱和度。降低温度，提高压力，可提高 CO_2 在水中饱和度，有利于减少水洗用水量和提高脱碳效率。水洗饱和度一般控制在 70% 左右为宜。

(3) 液气比。采用筛板塔脱碳时，一般选用 $0.1 \sim 0.2m^3/m^3$（变换气）。液气比过大易产生液泛。

8.3.2 碳酸丙烯酯法

8.3.2.1 脱碳基本原理

碳酸丙烯酯溶液吸收 CO_2 等酸性气体属典型的物理吸收过程，传质阻力主要集中在液相，吸收过程属液膜扩散控制。

当变换气中二氧化碳分压小于 2.0MPa 时，其平衡溶解度与二氧化碳分压关系服从亨利定律：

$$C = Hp_{CO_2} \tag{8-7}$$

式中，C 为平衡溶解度；H 为亨利系数；p_{CO_2} 为 CO_2 分压。

根据道尔顿分压定律，有

$$p_{CO_2} = p_{总} y_{CO_2} \tag{8-8}$$

式中，$p_{总}$ 为气相总压；y_{CO_2} 为气相中 CO_2 的摩尔分数。

由式（8-8）可见，在 y_{CO_2} 一定的条件下，提高总压 $p_{总}$，可使 p_{CO_2} 提高，有利于变换气的脱碳过程。若同时降低脱碳温度，则可提高平衡溶解度。

平衡溶解度与 CO_2 分压及温度的关联式为

$$\lg x_{CO_2} = \lg p_{CO_2} + \frac{676}{T} - 4.205 \tag{8-9}$$

式中 x_{CO_2}——平衡溶解度（摩尔分数），%；

T——绝对温度，K。

由式（8-9）可见，通过提高吸收温度、降低总压或向溶液中吹入空气，可使 CO_2 从溶液中解吸出来。

8.3.2.2 碳酸丙烯酯法脱碳工艺流程

碳酸丙烯酯法脱碳工艺流程见图 8-9。来自一氧化碳变换工序的变换气，在一定压力下进入过滤器，分离出夹带的水分后进入吸收塔下部，塔顶喷洒碳酸丙烯酯贫液以吸收变换气中的 CO_2。脱碳后的净化气由塔上部侧线引出去气液分离器，分离出吸收液后，再进入净化气回收塔，用软水进一步回收净化气中夹带的残留吸收液。由回收塔上部逸出的气体引至第二级气液分离器，再进一步分离出夹带的吸收液后，即为净化气。

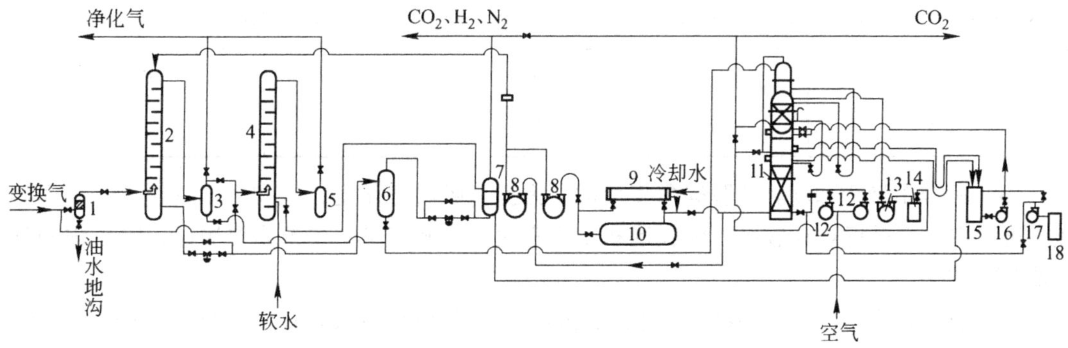

图 8-9　碳酸丙烯酯法脱碳工艺流程

1—过滤器；2—吸收塔；3—分离器（Ⅰ）；4—净化气回收塔；5—分离器（Ⅱ）；6—闪蒸器；7—闪蒸气回收塔；8—丙碳泵；9—冷却器；10—丙碳贮罐；11—再生塔；12—鼓风机；13—真空泵；14—分离器（Ⅲ）；15—稀液贮罐；16—稀液泵；17—地槽泵；18—地槽

吸收塔底排出的富液，经自动放液阀进入闪蒸器上部，降压至 0.2～0.4MPa，闪蒸出的 H_2、N_2 及一部分 CO_2 自器顶逸出，经闪蒸气回收塔回收夹带的吸收液后放散。吸收液自闪蒸器下部流出，借助自压从再生塔上部依次进入常压解吸段和真空解吸段，解吸出 CO_2 后再流入塔底部气提段，被塔底进入的空气气提出残留的 CO_2 后自塔底排出；而气提出的 CO_2 则上升至回收段，经回收夹带的吸收液后去 CO_2 气总管。

再生塔底排出的贫液经冷却后返回吸收塔循环使用。再生塔排出的稀液，当质量分数达 10% 时，补充去贫液循环系统。

8.3.2.3　碳酸丙烯酯脱碳的影响因素

（1）压力。CO_2 分压与碳酸丙烯酯溶液的溶解度关系见图 8-10。由图可见，操作压力越高，CO_2 分压也越高，则 CO_2 在碳酸丙烯酯溶液中的溶解度越大，脱碳效率越高。

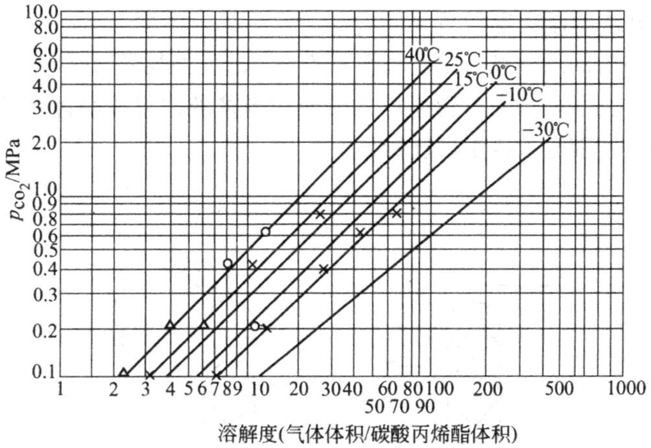

图 8-10　CO_2 分压对在碳酸丙烯酯中溶解度的影响

（2）贫液中 CO_2 含量。贫液中 CO_2 含量越低，脱碳效率越高，见表 8-5。设计时溶液贫度可选用 0.1～1.0L CO_2/L 溶液。

表 8-5 贫液中 CO_2 含量对吸收的影响

贫液中 CO_2 含量/$L \cdot L^{-1}$	净化气中 CO_2 体积分数/%	贫液中 CO_2 含量/$L \cdot L^{-1}$	净化气中 CO_2 体积分数/%
5.9	2.5	1.0	0.5
3.2	2.0		

(3) 吸收溶液饱和度。从脱碳角度考虑，为提高吸收净化度，饱和度不宜过大；从回收碳角度考虑，为提高 CO_2 收率，吸收饱和度不宜太小。城市煤气主要是要脱碳，吸收饱和度宜取 90% 左右。

(4) 富液的闪蒸压力。闪蒸压力越高，闪蒸气中氢和氮含量越高，而 CO_2 含量相应下降。闪蒸压力大于 0.25MPa，常压解吸气中 CO_2 体积分数可达 98% 以上。

(5) 富液的再生。常压解吸段 CO_2 解吸率在 70% ~ 80%；增开真空解吸段，当真空度达 70.7kPa 时，CO_2 解吸率可达脱碳量的 95% 以上。气提段气液比在单开常压解吸段时控制在 12 左右；增开真空解吸段时，控制在 5 左右。

8.3.3 热钾碱法

热钾碱法是利用碳酸钾水溶液在较高温度（105 ~ 130℃）下进行吸收 CO_2 的方法。

8.3.3.1 脱碳基本原理

热碳酸钾溶液吸收 CO_2 反应如下：

$$K_2CO_3 + CO_2 + H_2O \longrightarrow 2HCO_3^- + 2K^+$$

吸收反应生成的 $KHCO_3$ 键能弱，有利于溶液的再生循环使用。

在碳酸钾溶液中加入活化剂，可增加反应速率。常见的无机活化剂有亚砷酸、硼酸等，有机活化剂为有机胺类。

吸收在较高的温度下进行，可使碳酸钾溶液浓度提高，并增加碳酸氢钾的溶解度，从而显著提高吸收效率。

8.3.3.2 热钾碱法脱碳工艺流程

两段吸收、两段再生的热钾碱法工艺流程见图 8-11。变换气经与吸收塔顶逸出的净化气换热后进入吸收塔底部，在塔内与来自再生塔的贫液和半贫液逆流接触过程其中的 CO_2 被化学吸收。吸收塔底排出的富液送入再生塔进行再生。

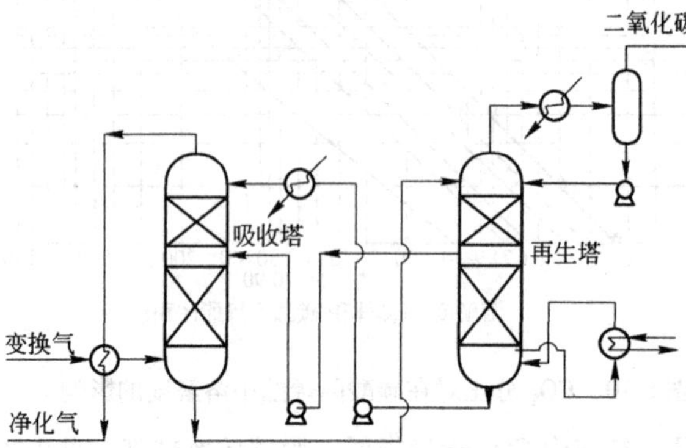

图 8-11 两段吸收、两段再生流程

8.4 煤气化气的脱硫与脱氧

煤气化气体中所含的微量杂质，如硫化物和氧，前者会引起催化剂中毒，导致其活性下降，影响使用寿命；后者易导致催化剂床层温升过高，并使催化剂氧化而降低活性。因此，气化气作为合成用原料气，必须进行精脱硫和脱氧。通常要求硫含量小于1mg/m^3，氧含量不超过10mL/m^3。

脱硫方法有干法和湿法。干法脱硫效率高，但设备较笨重，投资大，需间断式再生或更换。湿法脱硫效率比干法低，但设备处理量大，投资和运行费用低，连续操作。

主要几种干法脱硫的特点见表8-6。主要几种既能脱无机硫又能脱有机硫的湿法脱硫特点见表8-7。

表8-6 干法脱硫

脱硫方法	操作温度/℃	操作压力/MPa	空速/h^{-1}	脱除的硫化物	脱硫效果
氧化铁法	300～400	0～0.3		H_2S、RSH、COS	可脱至百万分之几的含量
活性炭法	常温	0～0.3	400	H_2S、RSH、CS_2、COS	可脱至百万分之几的含量
氧化锌法	350～400	0～0.5	400	H_2S、RSH、CS_2、COS	可脱至千万分之几的含量

表8-7 湿法脱硫

脱硫方法		吸收液	脱除的硫化物	使用情况
物理吸收法	低温甲醇法（Rectisol）	甲醇	H_2S、有机硫及CO_2	在−10～−40℃下吸收，净化度较高，溶液便宜，但动力消耗大；稳定、不腐蚀，能选择性脱除H_2S
	聚乙二醇二甲醚法（Selexol）	$n=3\sim9$的聚乙二醇二甲醚混合物	H_2S、有机硫及CO_2	
化学吸收法	一乙醇胺（MEA）	质量分数为15%的乙醇胺水溶液	H_2S、有机硫及CO_2	在0.1～7MPa下操作，溶剂活性强
	二乙醇胺（DEA）	质量分数为22%～27%二乙醇胺水溶液	H_2S、CO_2，同有机硫反应慢	
	二异丙醇胺（ADIP）	质量分数为15%～30%的二异丙醇胺水溶液	H_2S、CO_2、有机硫	
物理化学法	常温甲醇法（Amisol）	甲醇和乙醇胺混合溶液	H_2S、CO_2、有机硫	在高压常温下操作，净化度高，存在甲醇挥发问题

8.4.1 氧化铁法

8.4.1.1 氧化铁脱硫剂

氧化铁脱硫剂按配方可分为两类：一类是以天然沼铁矿、铁屑、炼钢等厂的赤泥为原料制备的脱硫剂，特点是价廉，但脱硫效率低，常用于粗脱硫，如焦炉气、气化气、天然气等的脱硫；另一类是人工合成氧化铁为原料制备的脱硫剂，内添加助催化剂等，其特点是价高，但脱硫效率高，常用于精脱硫，如化肥厂精炼气的脱硫。下面介绍粗脱硫工艺。

8.4.1.2 脱硫与再生原理

脱硫反应： $Fe_2O_3 \cdot H_2O + 3H_2S \longrightarrow Fe_2S_3 \cdot H_2O + 3H_2O$

再生反应： $Fe_2S_3 \cdot H_2O + \frac{3}{2}O_2 \longrightarrow Fe_2O_3 \cdot H_2O + 3S\downarrow$

8.4.1.3 脱硫工艺流程

氧化铁法脱硫的主体设备有箱式和塔式两种（见图8-12和图8-13），煤气通过进口管上的切换装置（阀门或水封），根据操作要求以串联或并联的形式通过脱硫箱，然后由煤气出口管输出。

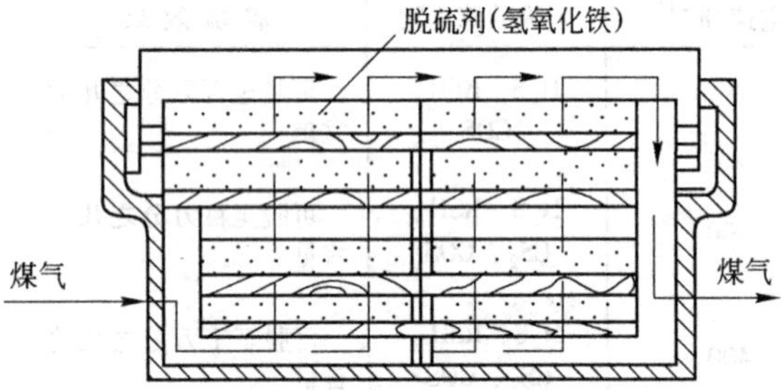

图8-12 箱式脱硫反应器

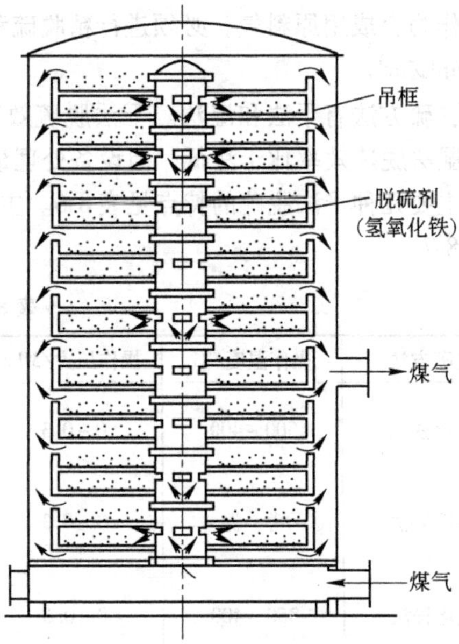

图8-13 塔式脱硫反应器

为了充分发挥各脱硫箱的脱硫效率，均匀地利用煤气中的氧，使各脱硫箱中的脱硫剂得到再生，延长其使用周期，可以采用定期改换箱内煤气流向的操作方法。此外也有采用在进箱煤气中加入少量空气的方法，以维持煤气中氧含量为1% ~1.1%，使箱内硫化铁得到一定程度的再生。

为保证干法脱硫的效率，应有计划的定期更换脱硫效率下降、阻力升高的脱硫剂，装入新的或经过再生后的脱硫剂。一般脱硫剂上含有质量分数为30% ~40%的硫磺时，或每1m高脱硫剂阻力大于1960Pa时，应换脱硫剂。

8.4.1.4 主要影响因素

（1）温度。操作温度高再生速度增加，在30℃以下，温度每增高5℃，再生速度约加快1倍。操作温度一般控制在25~30℃。

（2）碱度。氧化铁表面的 OH^- 增加，对增大 H_2S 的溶解度及氧的带电吸附和提高反应活性都是有利的，因此保持脱硫剂的碱度是脱硫和再生的共同需要。通常是向脱硫剂中加入0.5% ~1%的熟石灰或喷洒稀氨水，以控制脱硫剂的pH值为8~9。

（3）活性铁分散度。脱硫剂中活性铁高度密集将增加 H_2S 和 O_2 的扩散阻力，而使脱硫和再生反应减缓，使温度的影响变得迟缓。因此一般都将活性铁高度分散在木纤维及其他有机载体上。如直径1~2mm的天然沼铁矿掺混木屑4% ~4.5%，直径0.6~2.4mm的铸铁屑与木屑按质量比1:1掺混。

（4）气固接触时间。原料气和脱硫剂接触时间短反应不充分。脱硫箱的设计一般取气速为7~11mm/s，接触时间为130~200s。

8.4.2 氧化锰法

氧化锰法脱硫化氢反应如下：

$$MnO + H_2S \longrightarrow MnS + H_2O$$

在较低温度下，能与 CS_2 和 COS 反应：

$$2MnO + CS_2 \longrightarrow 2MnS + CO_2$$

$$MnO + COS \longrightarrow MnS + CO_2$$

氧化锰吸硫生成的 MnS 有分解和氢解某些有机物的作用，如：

$$2CH_3SH \xrightarrow{>300℃} 2H_2S + C_2H_4$$

$$H_2 + CH_3SH \longrightarrow H_2S + CH_4$$

8.4.3 氧化锌法

氧化锌是性能最好的干法脱硫剂，它不仅能脱除无机硫，而且能脱除一些简单的有机硫化物，反应如下：

$$ZnO + H_2S \longrightarrow ZnS + H_2O$$

$$ZnO + C_2H_5SH \longrightarrow ZnS + C_2H_5OH$$

当气体中有 H_2 存在时，COS 和 CS_2 等有机硫可转化为无机硫，然后再被 ZnO 脱除，反应如下：

$$COS + H_2 \longrightarrow H_2S + CO$$

$$CS_2 + 4H_2 \longrightarrow 2H_2S + CH_4$$

有机硫的脱除比无机硫困难得多，为此可将有机硫先转化为无机硫，然后再用脱硫剂将其脱除。采用的方法是利用水解氧化剂中的 Al_2O_3 催化脱水性能，在 100 ~ 140℃条件下，将有机硫转化为无机硫。有机硫的水解反应如下：

$$COS + H_2O \longrightarrow H_2S + CO_2$$

$$CS_2 + 2H_2O \longrightarrow 2H_2S + CO_2$$

一般要求 p_{H_2O}/p_{COS} 之比大于 5。

也可采用催化加氢转化法，操作压力在 2.0MPa 以上，操作温度在 300℃以上。在加氢转化器中，煤气中的有机硫转化为无机硫，不饱和烃加氢变为饱和烃，氧与氢反应生成水。

8.4.4 低温甲醇洗涤法

该法是以甲醇为溶剂，在低温加压下操作。不同气体在甲醇中溶解度见图 8-14，由图可见，低温下 H_2S 和 CO_2 的溶解度是较大的。甲醇的蒸气分压和温度的关系见图 8-15，由图可见，常温下甲醇的蒸气分压很大，为了减少溶剂损失，故采用低温操作。

典型的低温甲醇洗涤法流程见图 8-16，经冷却压缩的粗煤气，在吸收塔内经中部的甲醇半贫液和顶部的甲醇贫液洗涤脱除 H_2S 和 CO_2 后，从塔顶排出。吸收塔底的富液进入减压再生塔，脱出 H_2S 和 CO_2 后的半贫液，一部分进入吸收塔中部洗涤煤气，另一部分送入热再生塔蒸脱再生。脱除 H_2S 和 CO_2 后的贫液一部分送入吸收塔顶洗涤煤气，另一部分送入甲醇脱水塔脱除水分。

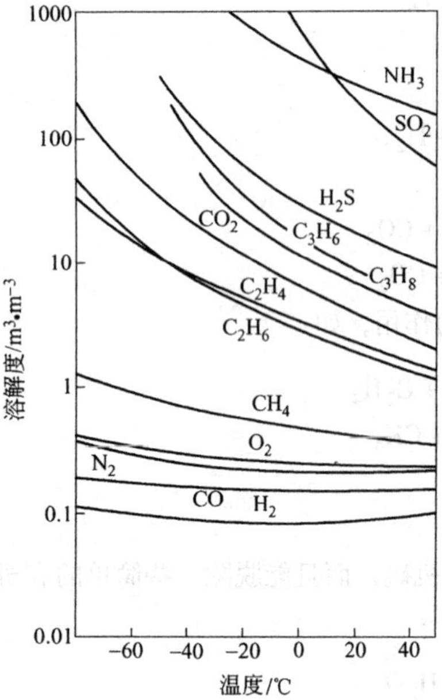

图 8-14　各种气体在甲醇中的溶解度

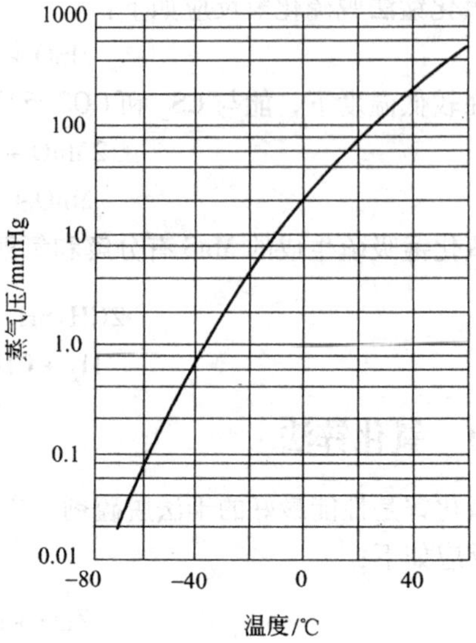

图 8-15　甲醇的蒸气分压和温度的关系

(1mmHg = 133.322Pa)

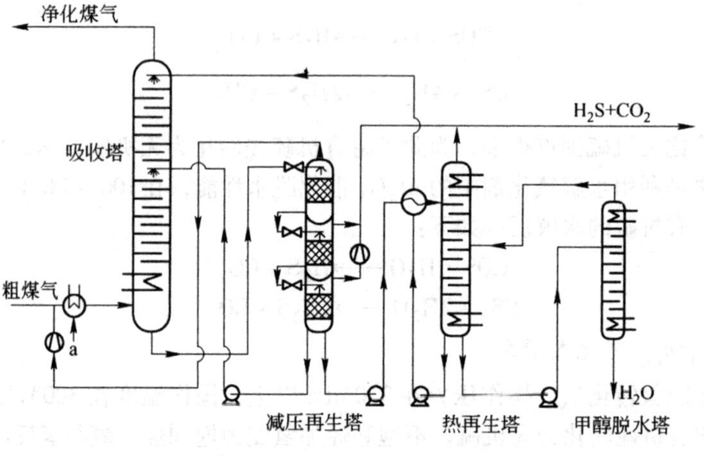

图 8-16　典型的低温甲醇洗涤法工艺流程

8.4.5　常温甲醇洗涤法

该法是一个物理溶解和化学吸收相结合的过程，在酸气分压较高的情况下，以物理吸收为主；在酸气分压较低的情况下，以化学吸收为主。吸收液组成质量分数为：甲醇 60%，二乙醇胺 38%，水 2%。酸性气体在甲醇溶液中有较高的溶解度，二乙醇胺又可与溶解的 H_2S、CO_2 和 COS 等组分发生化学反应，这就强化了溶液的吸收能力。

常温甲醇洗涤法工艺流程见图 8-17。自压缩机来的粗煤气首先进入煤气过滤器，除去夹带的油雾和水滴，然后进入预洗塔。在预洗塔内，煤气由下而上穿过塔板上的甲醇液，进一步脱

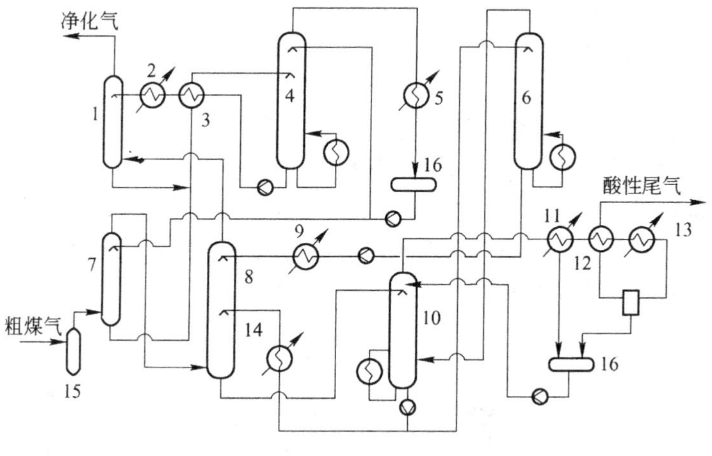

图 8-17 常温甲醇洗涤法工艺流程

1—水洗塔；2—水冷器；3—换热器；4—甲醇水塔；5—甲醇冷凝器；6—深度再生塔；7—预洗塔；8—吸收塔；9—贫液冷却器；10—再生塔；11—冷凝器；12—换冷器；13—氨冷器；14—贫液冷却器；15—煤气过滤器；16—回流槽

去煤气中的水分，以防吸收液逐渐被稀释，降低脱硫效率。粗煤气从预洗塔顶出来进入吸收塔，在此分两段进行吸收。塔顶部用贫液，塔中部用半贫液，进行喷洒洗涤煤气，塔顶排出的煤气即是符合要求的净煤气。由于净煤气中夹带有甲醇，因此要进入水洗塔进行洗涤。

吸收塔底吸收了酸性气体的富液，送入再生塔顶部。在再生塔中，富液经减压和加热释放出吸收的酸性气体。酸性气体和甲醇蒸气在0.07MPa，69℃下从再生塔顶部排出。

再生塔底排出的半贫液，一部分通过冷却器送入吸收塔中部，其余部分送入深度再生塔顶部，在此残留的酸性气体和部分甲醇释放出来，成为贫液。贫液经冷却后送入吸收塔上部。深度再生塔顶排出的气体进入再生塔下部，以强化再生过程。

从水洗塔和甲醇预洗塔底排出的甲醇和水的混合溶液汇合后，经过换热送至甲醇水塔中部，用精馏的方法分离。从甲醇水塔顶排出的质量分数为99%的甲醇蒸气，冷凝后收集到回流槽，一部分送甲醇水塔顶部做回流，其余送到预洗塔顶部。甲醇水塔底分离出来的水经换热冷却后进入水洗塔顶部，作为回收净化气中甲醇的洗涤水。

再生塔顶的酸性气体中含有大量的甲醇，为了回收，先用水冷降温至30℃，后用氨冷降温至-25℃，冷凝下来的甲醇液作为再生塔的回流。酸性尾气回收冷量后排放。

8.4.6 聚乙二醇二甲醚法

8.4.6.1 脱硫（碳）的基本原理

该法是以聚乙二醇二甲醚（$CH_3—O—(CH_2—CH_2—O)_n—CH_3$）为溶剂的物理吸收过程，传质阻力主要集中在液相，吸收过程属液膜扩散控制。

H_2S 在聚乙二醇二甲醚中的溶解度可用下式描述：

$$\lg c_{H_2S} = \lg p_{H_2S} + b/T - a$$

CO_2 分压低于1MPa时，在聚乙二醇二甲醚中的溶解度可用下式描述：

$$\lg c_{CO_2} = \lg p_{CO_2} + b/T - a$$

式中 c——酸性气体在溶剂中的溶解度，L/L；

p——气体分压，MPa；

T——热力学温度，K；

a，b——常数。

8.4.6.2　聚乙二醇二甲醚法脱硫（碳）工艺流程

聚乙二醇二甲醚脱硫（碳）工艺流程见图8-18。原料气加压至2.7MPa，经分离器分离夹带雾沫后，进入换热器，与净化气，高压闪蒸气、低压闪蒸气换热降温，再经分离器进入脱硫塔底部。原料气由下而上与从塔顶喷淋下来的溶液逆流过程其中的H_2S和CO_2被溶液吸收。净化气经分离器分离掉夹带的少量雾沫后，进入下一工序。

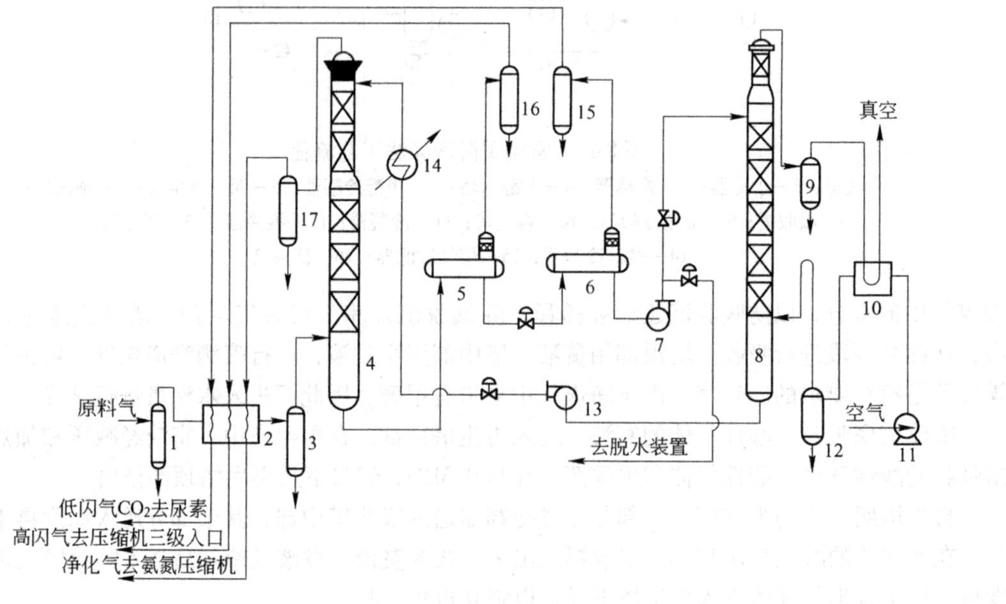

图8-18　聚乙二醇二甲醚法脱硫（碳）工艺流程

1，3，9，12，15～17—分离器；2，10—气换热器；4—脱硫塔；5—高压闪蒸器；6—低压闪蒸器；7—富液泵；8—汽提塔；11—罗茨风机；13—贫液泵；14—氨冷器

从脱硫塔底排出的富液经高压闪蒸器将溶解的部分H_2S、CO_2和大部分H_2等气体闪蒸解吸出来。高压闪蒸气经分离器分离掉所夹带的少量雾沫后进入换热器回收冷量。高压闪蒸后的富液经减压后进入低压闪蒸器，将溶解的大部分H_2S和CO_2闪蒸解吸出来。低压闪蒸气经分离器分离掉所夹带的少量雾沫后进入换热器回收冷量，然后可直接作为生产尿素或Claus回收硫装置的原料。

从低压闪蒸器底部排出的溶剂经泵提压后，送至汽提塔。溶剂自塔顶喷淋而下，与从下部送入的汽提空气逆流将残留在溶液中的CO_2汽提出来，解吸气经分离器回收少量雾沫夹带后入换热器，与风机送来的空气进行间接换热后放空。

从汽提塔底部排出的贫液经泵加压和流量调节后进入氨冷却器管间，被液氨蒸发冷却后送入脱硫（碳）塔吸收原料气中的酸性气体，如此循环使用。当溶液吸收超标后，要分流部分送脱水处理。

8.4.7　脱氧

气化气体中的氧是煤气化过程中剩余的气化剂，有时体积分数甚至高达1%。氧的存在会使还原过的合成催化剂逐渐氧化而降低活性。因此，用气化气合成液体燃料时对氧含量应有限制。

脱氧采用以活性炭为载体的铜系催化剂，脱氧过程消耗碳，反应如下：

$$C + O_2 \longrightarrow CO_2$$

$$C + \frac{1}{2}O_2 \longrightarrow CO$$

另外,由于气化气中含有 H_2 和 CO 等还原性组分,CuO 对 H_2 和 CO 起催化氧化作用,反应如下：

$$H_2 + \frac{1}{2}O_2 \longrightarrow H_2O$$

$$CO + \frac{1}{2}O_2 \longrightarrow CO_2$$

脱氧是强放热过程。脱氧可在常压或加压下进行。脱氧催化剂床层空速可在 1000 ~ 10000h^{-1}，反应温度为 180 ~ 250℃。

8.4.8 转化

净焦炉煤气含甲烷 24% ~ 28%，C_nH_m2% ~ 3%，为使其转化为合成甲醇的有用成分 CO 和 H_2，多采用纯氧催化部分氧化转化工艺。

精脱硫的焦炉气，温度约 350℃，与蒸汽混合进入预热炉，预热到 660℃进入转化炉。

来自空分装置的氧气加入安全蒸汽后，预热到 300℃进入转化炉，在转化炉顶与焦炉气和蒸汽混合。混合气中的氧先与可燃气体反应产生反应热，为甲烷转化提供热量。反应如下：

$$2H_2 + O_2 \longrightarrow 2H_2O$$

$$2CO + O_2 \longrightarrow 2CO_2$$

气体进入床层后，在催化剂作用下，发生甲烷转化反应：

$$CH_4 + H_2O \longrightarrow CO + 3H_2$$

8.4.9 合成用煤气化气的脱硫脱氧流程

通常根据煤气化气的组成、净化指标及净化工艺的技术经济指标来选择净化流程。下面介绍 4 种流程方案供参考。

（1）流程方案 1

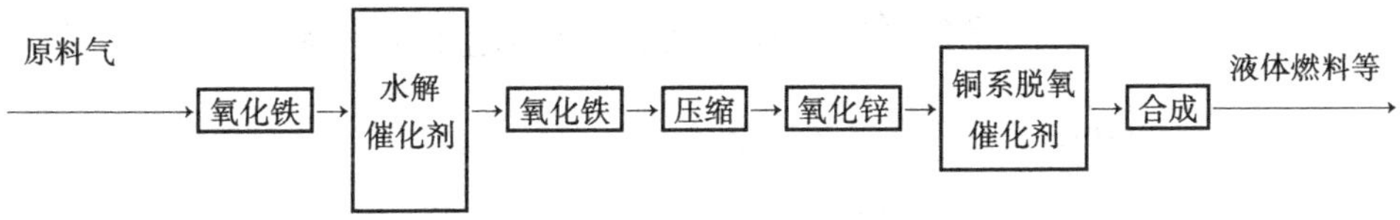

该流程方案属干法净化，先以氧化铁脱除原料气中的 H_2S，然后以氧化铝为主的羰基硫水解催化剂，将有机硫水解为 H_2S，再用氧化铁将其脱除，最后用氧化锌脱硫剂将硫脱至千万分之几的含量，最后用脱氧催化剂脱氧。此法操作费用高，不太适用于大、中型合成液体燃料厂的原料气净化。

（2）流程方案 2

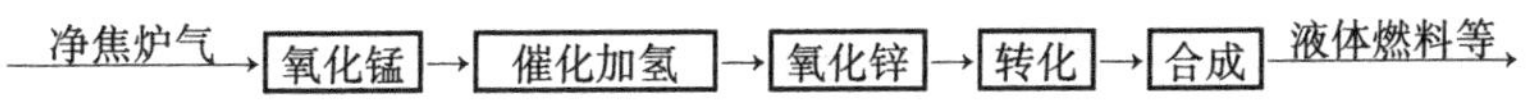

该流程适合焦炉煤气制甲醇。

（3）流程方案3

原料气 → [压缩] → [常温甲醇洗] → [氧化锌] → [合成] → 液体燃料等

该流程方案是在加压常温条件下用甲醇洗涤脱硫，然后再用氧化锌深脱硫。此法净化度高，能将硫脱至千万分之几的含量，再生温度低，较适用于中型合成液体燃料厂的原料气净化。

（4）流程方案4

原料气 → [压缩] → [低温甲醇洗] → [合成] → 液体燃料等

该流程方案是在低温（-10～-40℃）条件下用甲醇洗涤脱硫。该法能耗低，净化度高，但系统复杂，低温设备多，投资大，适用于大型合成液体燃料厂的原料气净化。

8.5　合 成 甲 醇

1923年，德国BASF公司首先用铬锌催化剂在高温高压的条件下实现了由CO和H_2合成甲醇的工业化生产，其操作压力为25～35MPa，温度为320～400℃。1966年，英国ICI公司使用铜基催化剂，操作压力为5～10MPa，温度为230～280℃的低压甲醇合成工艺获得成功，后来又实现了中压法甲醇合成工艺。与此同时，德国Lurgi公司也成功地开发了中低压甲醇合成工艺。

高压法合成甲醇操作压力高，动力消耗大，设备复杂，产品质量差，经济效益低于低、中压法。目前合成甲醇工艺普遍采用ICI法和Lurgi法。

甲醇是一种重要的化工原料，除用做工业溶剂外，还是生产塑料、合成橡胶、合成纤维、农药、医药、染料、醋酸等化工产品的原料，见图8-19。

甲醇也是重要的燃料，它具有辛烷值高，燃烧性能好，排污量比汽油少等优点，是有望代替汽油和柴油的洁净燃料。

由煤气化气合成甲醇是煤间接液化的成熟技术，是煤转化利用的重要途径。

甲醇的质量指标见表8-8。

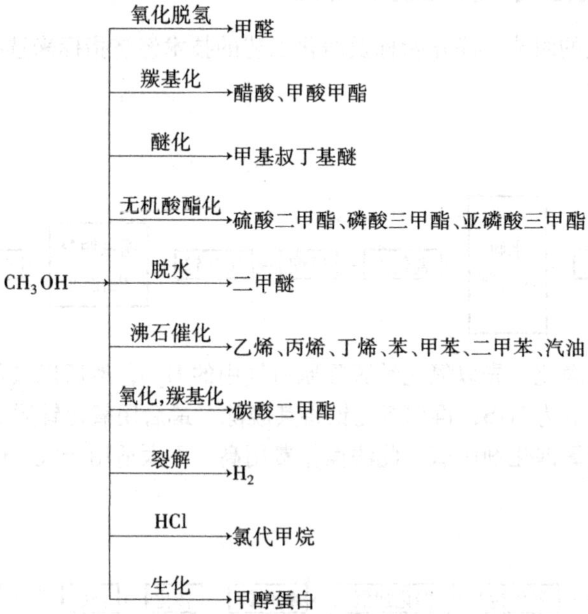

图8-19　由甲醇制造的化学产品

表 8-8 甲醇的质量指标

项目		指标		
		优等品	一等品	合格品
色度(铂-钴)/号	≤	5		10
密度(20℃)/g·cm^{-3}		0.791～0.792	0.791～0.793	
温度范围(0℃,101325Pa)/℃		64.0～65.5		
沸程(包括64.6±0.1℃)/℃	≤	0.8	1.0	1.5
高锰酸钾试验/min	≥	50	30	20
水溶性试验		澄清		—
含水质量分数/%	≤	0.10	0.15	—
酸度(以 HCOOH 计)/%	≤	0.0015	0.0030	0.0050
或碱度(以 NH_3 计)/%	≤	0.0002	0.0008	0.0015
羰基化合物质量分数(以 CH_2O 计)/%	≤	0.002	0.005	0.010
蒸发残渣质量分数/%	≤	0.001	0.003	0.005

8.5.1 合成甲醇的原理

经过精脱硫的合成气进入甲醇合成反应器，在催化剂参与下，在一定的温度和压力条件下，合成气中的 CO 和 H_2 将发生如下的可逆平衡反应：

$$CO + 2H_2 \rightleftharpoons CH_3OH,\ \Delta H_{298} = -90.8\text{kJ/mol}$$

反应气中有 CO_2 存在时，还能发生以下反应：

$$CO_2 + 3H_2 \rightleftharpoons CH_3OH + H_2O,\ \Delta H_{298} = -49.5\text{kJ/mol}$$

同时 CO_2 和 H_2 发生 CO 的逆变换反应：

$$CO_2 + H_2 \rightleftharpoons CO + H_2O,\ \Delta H_{298} = 41.3\text{kJ/mol}$$

此外还伴有一些副反应发生，生成少量的烃、醇、醛、醚、酸和酯等化合物。

烃类：

$$CO + 3H_2 \rightleftharpoons CH_4 + H_2O$$

$$2CO + 2H_2 \rightleftharpoons CH_4 + CO_2$$

$$CO_2 + 4H_2 \rightleftharpoons CH_4 + 2H_2O$$

$$2CO + 5H_2 \rightleftharpoons C_2H_6 + 2H_2O$$

$$3CO + 7H_2 \rightleftharpoons C_3H_8 + 3H_2O$$

$$nCO + (2n+1)H_2 \rightleftharpoons C_nH_{2n+2} + nH_2O$$

醇类：

$$2CO + 4H_2 \rightleftharpoons C_2H_5OH + H_2O$$

$$3CO + 3H_2 \rightleftharpoons C_2H_5OH + CO_2$$

$$3CO + 6H_2 \rightleftharpoons C_3H_7OH + 2H_2O$$

$$4CO + 8H_2 \rightleftharpoons C_4H_9OH + 3H_2O$$

$$CH_3OH + nCO + 2nH_2 \rightleftharpoons C_nH_{2n+1}CH_2OH + nH_2O$$

醛：

$$CO + H_2 \rightleftharpoons HCHO$$

醚类：

$$2CO + 4H_2 \rightleftharpoons CH_3OCH_3 + H_2O$$
$$2CH_3OH \rightleftharpoons CH_3OCH_3 + H_2O$$

酸类：

$$CH_3OH + nCO + 2(n-1)H_2 \rightleftharpoons C_nH_{2n+1}COOH + (n-1)H_2O$$

酯类：

$$2CH_3OH \rightleftharpoons HCOOCH_3 + 2H_2$$
$$CH_3OH + CO \rightleftharpoons HCOOCH_3$$
$$CH_3COOH + CH_3OH \rightleftharpoons CH_3COOCH_3 + H_2O$$
$$CH_3COOH + C_2H_5OH \rightleftharpoons CH_3COOC_2H_5 + H_2O$$

元素碳：

$$2CO \rightleftharpoons C + CO_2$$

CO 加氢合成甲醇是放热的体积缩小反应，常压下不同温度的反应热可按下式计算：

$$\Delta H_T = -75013 - 66.1T + 4.78 \times 10^{-2}T^2 - 11.3 \times 10^{-6}T^3$$

式中 ΔH_T——常压下合成甲醇反应热，J/mol；

T——热力学温度，K。

反应热与温度及压力的关系见图 8-20。由图可见，在高压下温度低时反应热大，并且随压力变化的幅度大。

由化学计算得出的平衡转化率见图 8-21。计算用的合成气组成体积分数为：H_2 64%，CO 29%，CO_2 2%，惰性物 5%。

从热力学角度看，提高反应压力和降低反应温度有利于生成甲醇的反应，但同时也有利于副反应的发生。因此，为了达到合成甲醇的目的，必须选择适宜的催化剂，严格控制反应条件，以提高主反应的生成速率，抑制副反应的发生。

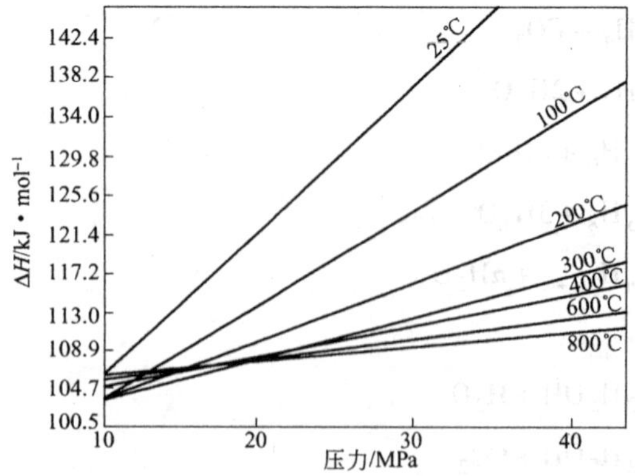

图 8-20 反应热与温度及压力的关系

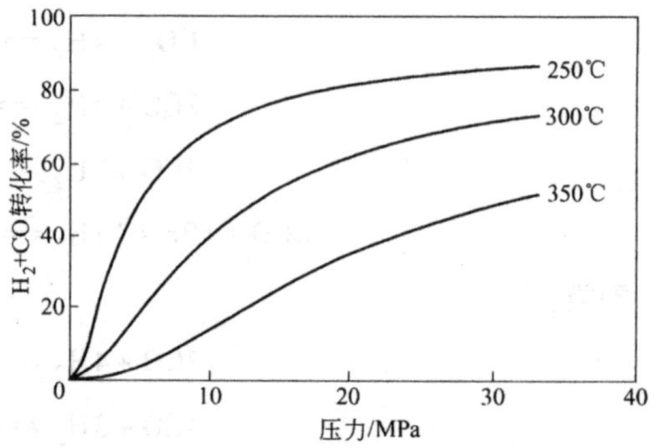

图 8-21 甲醇合成平衡转化率与温度和压力的关系

合成甲醇常用的工业催化剂见表8-9。

表8-9 合成甲醇铜锌铝和铜锌铬催化剂

组分质量分数/%	温度/K	压力/MPa	空速/h^{-1}	产率/kg·(L·h)$^{-1}$	公司
CuO: ZnO: Al_2O_3					
12:62:25	503	20	10000	3.29	BASF
12:62:25	503	10	15000	2.09	BASF
24:38:38	496	5	12000	0.70	ICI
60:20:8	496	5	40000	0.50	ICI
66:17:17	548	7	200mol/h	4.75	Dupont
CuO: ZnO: Al_2O_3: V_2O_5					
59:32:4:5	628	5	9000	1.0	Lurgi
CuO: ZnO: Cr_2O_3					
31:38:5	503	5	10000	0.76	BASF
40:40:20	523	4	6000	0.26	ICI
24:38:38	496	8	10000	0.77	ICI
15:48:37	523	14	10000	1.95	Mitsubishi
60:30:10	523	10	9800	2.28	Mitsubishi

8.5.2 合成甲醇工艺流程

8.5.2.1 Lurgi低压合成甲醇流程

低压合成甲醇流程见图8-22。合成原料气经压缩、换热后，进入合成甲醇反应器，在铜基催化剂床中进行合成反应，反应条件见表8-10。反应热由循环沸腾水汽化热带出。由反应器出

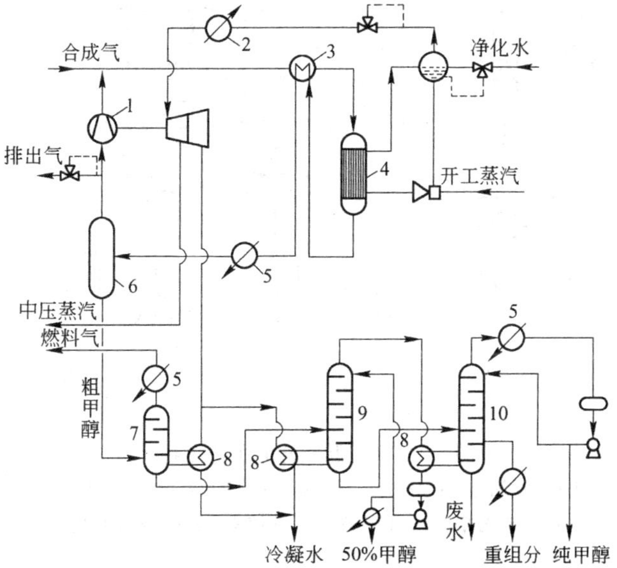

图8-22 Lurgi低压合成甲醇流程

1—压缩机；2—过热器；3—换热器；4—反应器；5—冷凝冷却器；6—分离器；7—低沸物塔；8—重沸器；9，10—甲醇精馏塔

来的反应气体中约有体积分数为7%的甲醇，经过换热器换热后进入水冷凝冷却器，使甲醇冷凝，然后通过分离器将液态甲醇与未反应的气体分离，获得粗甲醇。

表 8-10 Lurgi 低压合成甲醇工艺参数

项 目	指 标	项 目	指 标
反应压力	5 ~ 10MPa	空 速	$10000h^{-1}$
反应温度	<280℃	时空产率	500 ~ 1000kg/(m^3 催化剂 · h)
反应塔入口温度	230 ~ 240℃		

粗甲醇入低沸物塔，压力降至0.35MPa左右，闪蒸出溶解的气体后送去精制。在分离器分出的气体中还含有大量未反应的 H_2 和 CO，部分排出系统，以维持系统内惰性气体在一定浓度范围内。排放的气体可作燃料用。其余气体与合成气相混循环使用。

粗甲醇中含有易挥发的低沸点组分(如 H_2、CO、CO_2、二甲醚、乙醛和丙酮等)和难挥发的高沸点组分(如乙醇、高级醇和水等)，可用两个塔精制。第一个塔为脱轻组分塔，由塔顶排出的低沸点物中含有甲醇，经冷凝冷却回收甲醇，不凝气体和低沸点物排出系统。该塔一般为40 ~ 50 块塔板。第二个塔为脱重组分塔，重组分乙醇、高级醇等杂醇油在塔的加料板下6 ~ 14 块板处侧线采出，塔底排出水，塔顶采出纯甲醇。一般常压操作塔板数为60 ~ 70 块。

8.5.2.2 ICI 低压合成甲醇流程

低压合成甲醇流程见图8-23。中低压合成的甲醇中杂质含量少，精制比较容易，利用双塔精制流程，便可获得纯度为99.85%的甲醇产品。

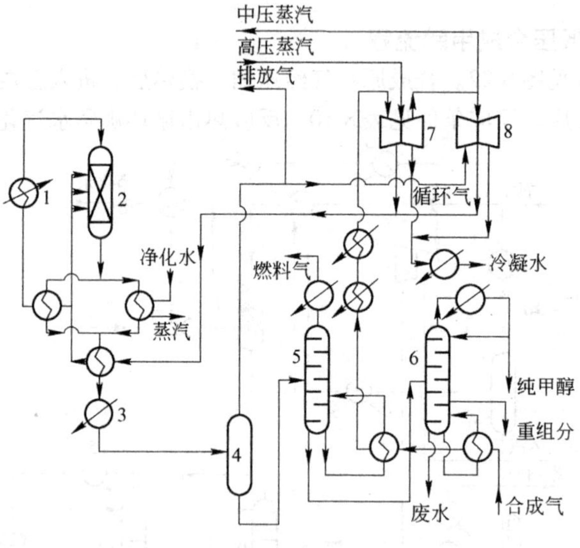

图 8-23 ICI 低压合成甲醇流程

1—启动加热器；2—合成反应器；3—冷却器；4—分离器；5—轻馏分塔；6—甲醇塔；7—压缩机；8—循环压缩机

8.5.2.3 浆态床合成甲醇流程

Lurgi 工艺和 ICI 工艺由于受化学平衡的限制，单程转化率均较低，大量未转化的合成气需要循环使用，因而能耗高。浆态床合成技术突破了化学平衡的限制，提高了单程转化率，美国已建立了万吨级工业试验装置。

浆态床工艺所用的催化剂为 $Cu-CrO_2/KOCH_3$ 或 $CuO-ZnO/Al_2O_3$，以惰性液态烃为反应介质，催化剂呈极细的粉末状分布在溶剂中。中试工艺流程见图 8-24、CO 和 H_2 合成原料气经压缩，从反应器底以鼓泡方式进入催化剂浆态床中，进行甲醇合成反应。反应热被液态烃所吸收。反应后气体和液态烃从塔顶排出，进入初级气液分离器，分离出的液体烃经换热后返回反应器。气体与原料气进行热交换，并在次级气液分离器中进一步分离。甲醇产品经冷却、分离和脱气后送甲醇贮槽。未转化的气体少部分放空，大部分循环使用。

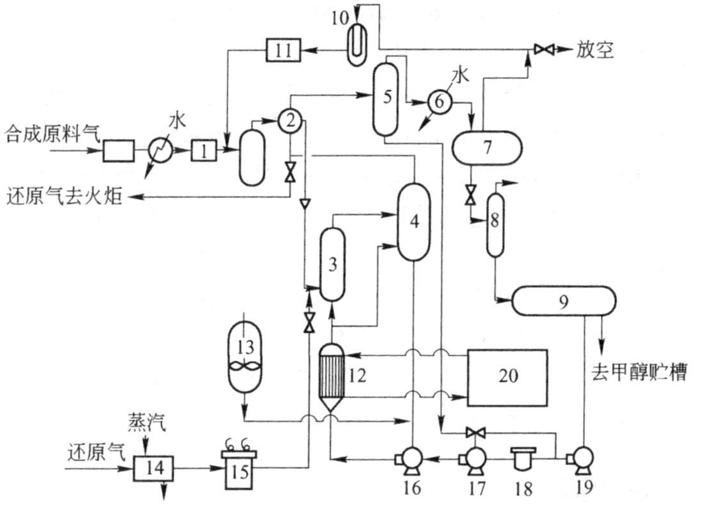

图 8-24 浆态床合成甲醇—拉波特中试工艺流程

1—压缩机；2—热交换器；3—反应器；4—初级气液分离器；5—次级气液分离器；6—产品冷却器；7—产品分离器；8—脱气塔；9—甲醇、油分离器；10—除雾器；11—循环气压缩机；12—浆液热交换器；13—浆态混合槽；14—蒸汽加热器；15—电加热器；16—浆态循环泵；17—冷凝油泵；18—过滤器；19—液相油回收泵；20—公用油系统

$Cu-CrO_2/KOCH_3$ 浆态床法的最大优点是反应温度低（80 ~ 160℃），压力适中（4.0 ~ 6.5MPa），合成气的单程转化率高，产物选择性好。

8.5.3 合成甲醇的影响因素

8.5.3.1 反应温度与压力

反应温度影响反应速度和选择性，因此确定最适宜的反应温度非常重要。最适宜的反应温度与催化剂的组成、催化剂的活性及催化剂的老化程度等有关。一般为了使催化剂有较长的寿命，开始时宜采用较低温度，过一定时间后再升至适宜温度。其后随着催化剂老化程度的增加，反应温度也应相应提高。另外，及时移走反应热也是非常重要的，否则易使催化剂温升过高，致使生成高级醇的副反应增加，甚至催化剂因发生熔结现象而导致活性下降。一般将反应温度控制在 220 ~ 270℃ 范围。

增加压力可以加快反应速度，一般采用 5 ~ 10MPa。但压力过高，甲醇的收率虽得到提高，而甲烷和二甲醚等副产物也随之增加，压缩费用也急剧增加。采用铜基催化剂，一般操作压力为 5 ~ 15MPa。

8.5.3.2 空速

合成甲醇空速的大小影响选择性、转化率、催化剂的生产能力和单位时间的放热量。当催化剂的活性和反应温度一定时，低空速有利于副反应的进行，生成高级醇类，而且降低催化剂的生产能力。但是空速太高，转化率低，甲醇浓度低，很难从反应气中分离出来。一般空速多为 $10000h^{-1}$。

8.5.3.3 原料气组成

原料气中 CO 含量高，反应温度不易控制，并且能引起羰基铁在催化剂上积聚，使催化剂失掉活性。因此一般采用 H_2 过量。H_2 过量可提高反应速度，抑制生成甲烷及酯的副反应，改善甲醇质量，并有利于导出反应热。低压合成甲醇原料气 H_2/CO 摩尔比的理论值为2:1，实际为（5~10）:1。

CO_2 的比热容高，而且其加氢反应热比 CO 低，因此原料气中有一定 CO_2 含量，可以降低峰值温度。对于低压合成甲醇，CO_2 体积分数为5%时甲醇产率最高，CO_2 含量高时甲醇产率降低。此外，含有 CO_2 可抑制二甲醚的生成。

原料气中存在 N_2 及 CH_4 等惰性组分时，使 H_2 及 CO 分压降低，导致反应的转化率降低。由于合成甲醇的空速大，在反应器的停留时间短，单程转化率低（只有10%~15%），因此反应气体中仍含有大量未转化的 H_2 和 CO，必须循环利用。为了避免惰性气体积累，必须将部分循环气从反应系统排出，以维持适当的浓度范围。一般生产控制循环气量是新原料气量的3.5~6倍。

新鲜原料气组成取决于操作条件，一般在下列范围内波动（摩尔分数/%）：

H_2	65~85	CH_4	0.2~1.5
CO	8~35	N_2+Ar	1.5~3.5
CO_2	0.5~5.5	O_2	微量

8.5.4 合成甲醇反应器

合成甲醇反应是强放热过程，因反应热移出方法不同，主要有直接冷却的冷激式反应器和间接冷却的管壳式反应器。

8.5.4.1 冷激式绝热反应器

冷激式反应器构造见图8-25。反应器内装设多段绝热催化床，一般为3~4段，段间直接加入冷的原料气使反应气冷却。因是绝热反应过程，故名冷激式绝热反应器。

原料气先与反应后的气体换热，预热至反应温度下限（230℃），自器顶进入，依次通过各段催化剂。在各段催化床层中，反应是绝热进行，温度逐渐升高，为调节各段温度，从段间冷激管通入原料气进行冷激，使反应气温度降至反应温度下限，再进入下一段催化剂床层。其温度分布见图8-26。这种反应器每段加入冷激用原料气，流量在不断增大，各段反应条

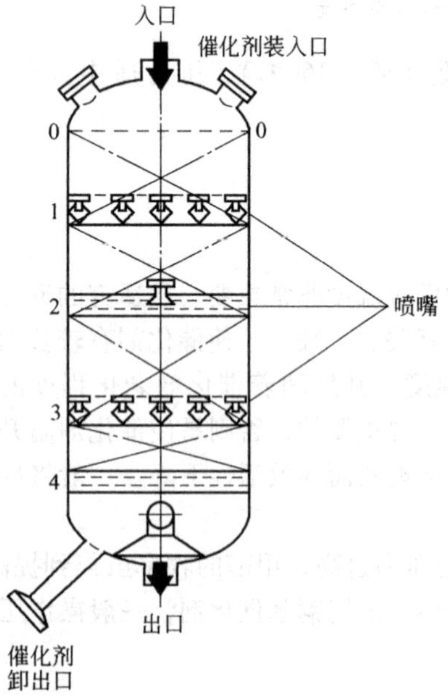

图8-25 冷激式合成反应器

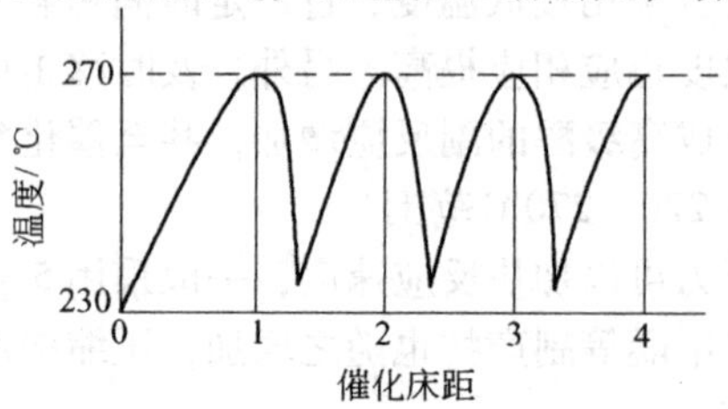

图8-26 冷激式合成反应器温度分布

（此图中催化床距与图8-25相对应）

件是有差异的，气体的组成和空速均不同。

冷激式反应器结构简单，催化剂装卸方便，但要避免过热现象发生。ICI 法甲醇合成反应器属于这一类。

8.5.4.2　列管式等温反应器

列管式反应器构造见图 8-27。催化剂置于列管内，壳程走沸腾水。反应热由管外水沸腾汽化的蒸汽带走，发生的高压蒸汽供本装置中压缩机的透平等使用。通过蒸汽压的调节，可控制反应器内反应温度，沿整个床层高度温差小，避免了催化剂过热，是等温反应过程，故名等温反应器。

列管式反应器与冷激式反应器相比，具有生产强度大，单程转化率高，循环气量少，热利用率高的优点，但设备复杂。

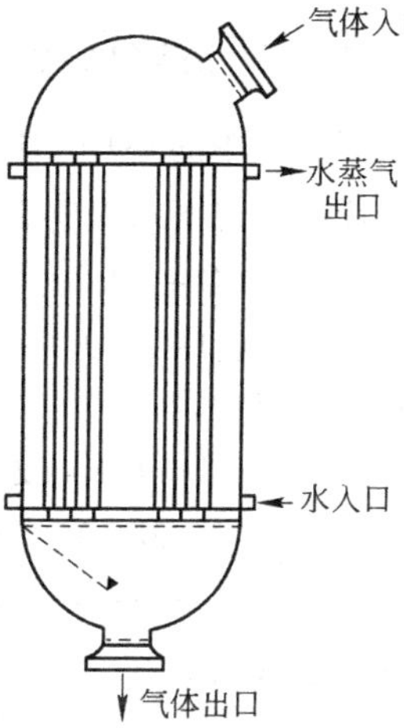

图 8-27　管壳式等温反应器

8.6　液体燃料的合成

1923 年，F. Fischer 和 H. Tropsch 用 CO 和 H_2 合成气在铁系催化剂上于常压下合成出脂肪烃，后来称为费-托（F-T）合成法。该法得到的产品如下：

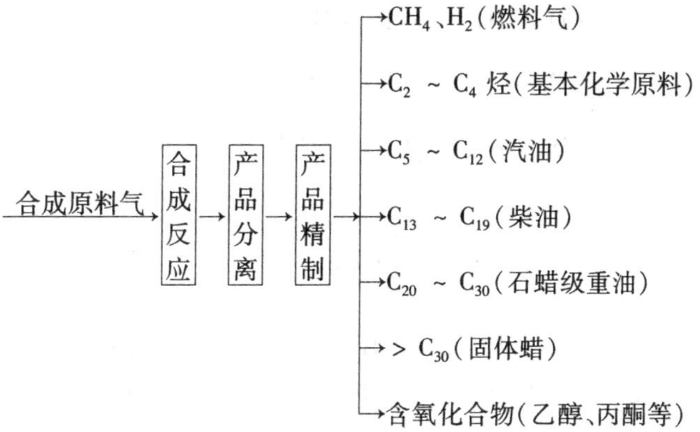

F-T 法存在的主要问题是合成产品复杂，选择性差。为了提高 F-T 合成技术的经济性和改善产品的选择性等问题，出现了复合型催化剂的应用和改进的 F-T 法的工业化。改进的 F-T 法即 MFT（Modifild F-T）法，其基本原理流程如下：

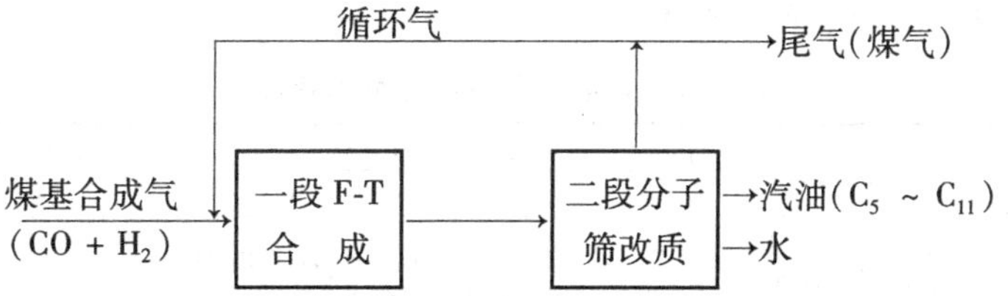

目前，CO 和 H_2 一步合成高辛烷值汽油的工艺以及高选择性的新型催化剂等均在开发之中。

8.6.1 F-T 法合成反应

用煤气化气中的 CO 和 H_2 合成液体燃料是一个极其复杂的反应，产物可达百种以上。主反应可用以下基本反应式描述：

$$CO + 2H_2 \longrightarrow (-CH_2-) + H_2O \qquad \Delta H_{R(227℃)} = -165kJ/mol$$

$$CO + H_2O \longrightarrow H_2 + CO_2 \qquad \Delta H_{R(227℃)} = -39.8kJ/mol$$

烷烃生成反应：

$$nCO + (2n+1)H_2 \longrightarrow C_nH_{2n+2} + nH_2O$$

$$2nCO + (n+1)H_2 \longrightarrow C_nH_{2n+2} + nCO_2$$

$$nCO_2 + (3n+1)H_2 \longrightarrow C_nH_{2n+2} + 2nH_2O$$

烯烃生成反应：

$$nCO + 2nH_2 \longrightarrow C_nH_{2n} + nH_2O$$

$$2nCO + nH_2 \longrightarrow C_nH_{2n} + nCO_2$$

$$3nCO + nH_2O \longrightarrow C_nH_{2n} + 2nCO_2$$

$$nCO_2 + 3nH_2 \longrightarrow C_nH_{2n} + 2nH_2O$$

以上各式表明，主要产物为不同链长的烃类，副产物为 CO_2 和 H_2O。

主要副反应如下：

甲烷生成反应：

$$CO + 3H_2 \longrightarrow CH_4 + H_2O$$

$$2CO + 2H_2 \longrightarrow CH_4 + CO_2$$

$$CO_2 + 4H_2 \longrightarrow CH_4 + 2H_2O$$

CO 歧化反应：

$$2CO \longrightarrow C + CO_2$$

醇类生成反应：

$$nCO + 2nH_2 \longrightarrow C_nH_{2n+1}OH + (n-1)H_2O$$

$$(2n-1)CO + (n+1)H_2 \longrightarrow C_nH_{2n+1}OH + (n-1)CO_2$$

$$3nCO + (n+1)H_2O \longrightarrow C_nH_{2n+1}OH + 2nCO_2$$

醛类生成反应：

$$(n+1)CO + (2n+1)H_2 \longrightarrow C_nH_{2n+1}CHO + nH_2O$$

$$(2n+1)CO + (n+1)H_2 \longrightarrow C_nH_{2n+1}CHO + 2nCO_2$$

合成反应所用的几种催化剂见表 8-11。

表 8-11 合成用几种催化剂的特性

项目 \ 催化剂	熔铁型催化剂 F007	沉淀铁系催化剂		烧结型催化剂	担载型催化剂
		S003	8760	S01	
组成	主催化剂：Fe_3O_4 助催化剂：Al_2O_3、MgO、MnO、Cr_2O_3、K_2O 等	100Fe/0.3Cu/0.5K_2O	Fe_2O_3、Fe-Mn 固溶体、K_2O；Fe:Mn = 1:4	Fe_3O_4、MgO、Cr_2O_3、K_2O、RE_2O_3	9.0% Fe、0.9% K 载体硅浮石
堆密度/$g \cdot cm^{-3}$	2.7	1.2	1.4	1.81	
比表面积/$m^2 \cdot g^{-1}$	1	87	79.6	41	

一段 F-T 合成反应产物是 $C_1 \sim C_{40}$ 的烃类，为了提高汽油馏分产率，简化后处理工序，应当采用 MFT 法。即将一段合成反应产物，在沸石分子筛催化剂（如 ZSM-5）存在下，进行二段反应，使一段反应产物发生裂解、脱氢、环化、低分子烯烃聚合、不饱和烃加氢及芳构化等反应。最终油相产物主要是 $C_5 \sim C_{11}$ 的汽油馏分。

传统的 F-T 法和 MFT 法合成产物分布见图 8-28。

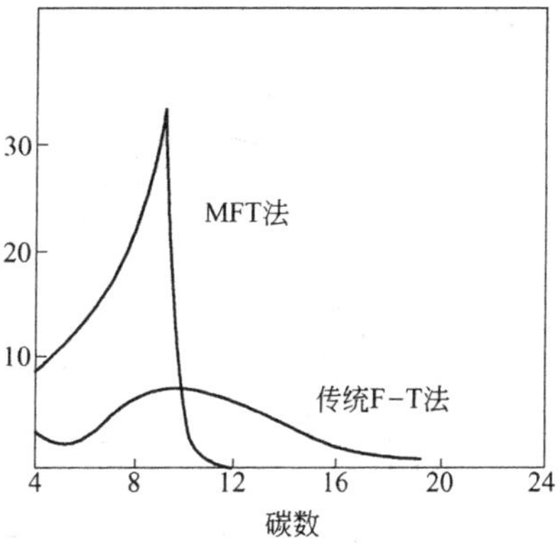

图 8-28 传统 F-T 法与 MFT 法合成产物分布

8.6.2 合成液体燃料反应器

生产中使用的反应器类型有固定床和气流床反应器，浆态床反应器是正在开发的新技术。

8.6.2.1 固定床反应器

固定床反应器为管壳式，管内装催化剂，管间有沸腾水循环，合成时放出的反应热，借水蒸发产生的蒸汽带出反应器。反应器顶部装有一个蒸汽加热器加热入炉气体。管内反应温度可由管间蒸汽压力加以控制。其结构见图 8-29。此种结构的反应器在南非 SASOL 厂已经应用，是鲁奇鲁尔化学公司的技术，简称 Arge。

该反应器适于采用高空速（$500 \sim 700h^{-1}$）合成，气流速度达 $2 \sim 4m/s$，传热系数大，冷却面积小，催化剂床层各方向的温度差较小，合成效果较好。

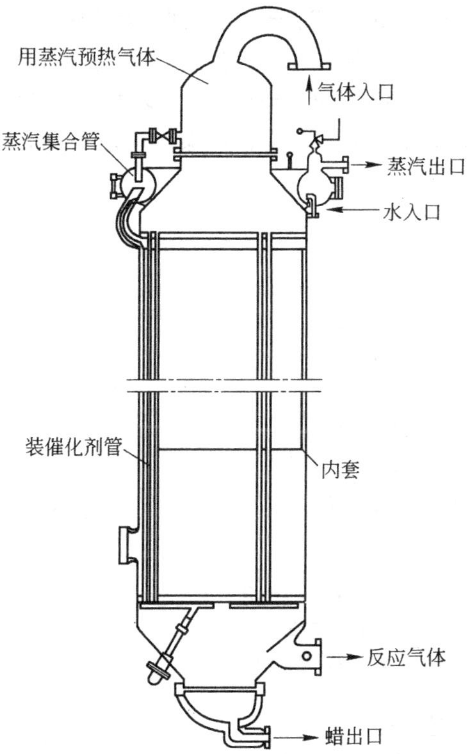

图 8-29 固定床反应器

8.6.2.2 气流床反应器

气流床反应器是指催化剂随合成原料气一起进入反应器，悬浮在反应气流中，并被气流带至沉降器与反应气体分离。其结构见图 8-30。此种结构的反应器在 SASOL 厂已经应用，是美国凯洛哥公司的技术，简称 Synthol。

气流床反应器强化了气-固两相间的传质、传热过程，床层内各处温度比较均匀，有利于合成反应。反应放出的热，一部分由催化剂带出反应器，一部分由油循环带出。由于传热系数大，散热面积小，反应器结构得到简化，生产能力显著提高。

8.6.2.3 浆态床反应器

浆态床反应器是床内为高温液体（如熔蜡），催化剂微粒悬浮其中，合成原料气以鼓泡形式通过，呈气、液、固三相的流化床。其构造见图 8-31。与气流床相比，浆态床的操作条件和产品分布的弹性大，阻力大，传递速度小。

8.6.3 F-T 法合成液体燃料的工艺流程

南非 SASOL 厂是至今唯一用 F-T 法，以当地烟煤经气化制成的合成气为原料，生产汽油、柴油和蜡类等产品的工厂。下面介绍 SASOL 厂采用的两种工艺流程。

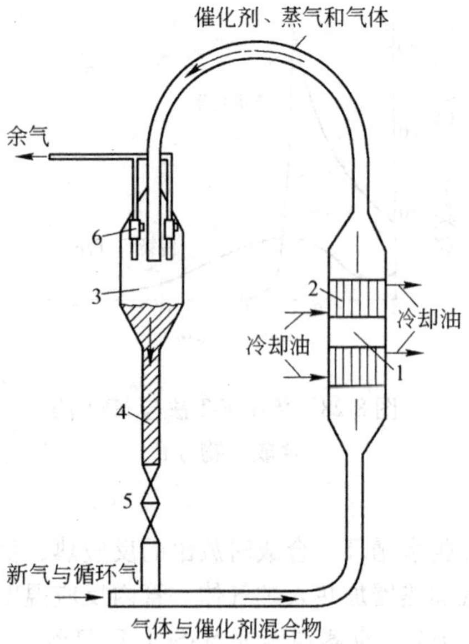

图 8-30 Synthol 气流床反应器

1—反应器；2—冷却器；3—催化剂沉降室；4—竖管；5—调节阀；6—旋风器

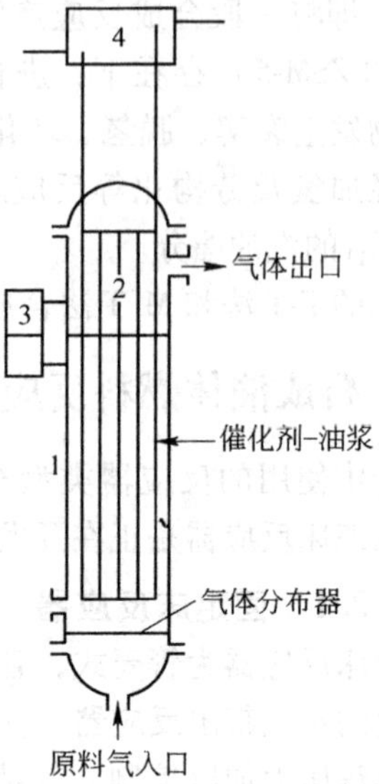

图 8-31 浆态床 F-T 合成反应器

1—泡沫塔式反应器；2—冷却管；3—液面控制器；4—蒸汽收集器

8.6.3.1 Arge 固定床合成液体燃料的工艺流程

Arge 固定床合成工艺流程见图 8-32。原料煤经鲁奇炉加压气化得到的粗煤气，经过冷却净化，得到 H_2/CO 为 1.7 的净合成原料气。新鲜合成气和循环气以 1∶2.3 比例混合，压缩到 2.45MPa 送入 Arge 反应器。合成气先在热交换器中被加热到 150～180℃，再进入催化剂床层进行合成反应。每个反应器装有 $40m^3$ 颗粒（2～5mm）沉淀铁催化剂，其组成为 Fe∶Cu∶K_2O∶SiO_2 = 100∶5∶5∶25。反应管外通过沸腾水产生水蒸气带走反应热。开始反应温度为 220～235℃，在操作周期末期允许最高温度为 245℃。

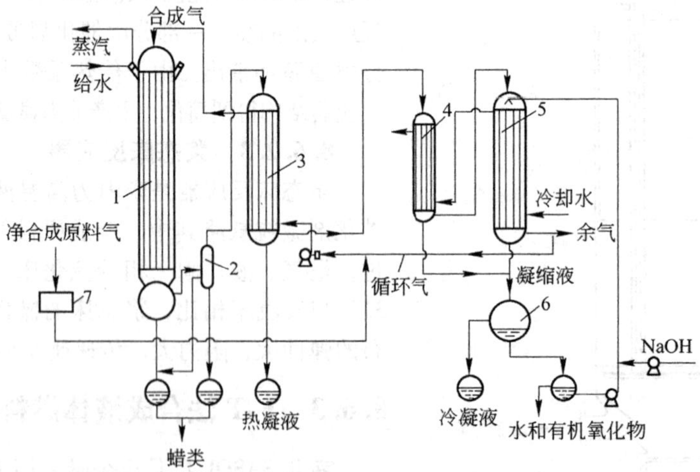

图 8-32 Arge 固定床合成工艺流程

1—反应器；2—蜡分离器；3—换热器；4，5—冷却器；6—分离器；7—压缩机

自反应器出来的产物，先经分离器脱去石蜡烃，然后气体产物进入热交换器与原料气进行热交换，在其底部分出热凝液，再进入水间冷器被冷却分离出轻油和水。为了防止有机酸腐蚀设备，用碱中和冷凝油中酸性组分。在分离器中得到冷凝油和水溶性含氧物及碱液。

冷却器排出的尾气，一部分作循环气，其余送油吸收塔回收 C_3 和 C_4 烃类。

8.6.3.2 Synthol 气流床合成液体燃料的工艺流程

气流床合成工艺流程见图 8-33。新合成气与循环气以 1∶2.4 比例混合，当装置新开车时，需要开工炉点火加热反应气体。在转入正常操作后，通过与重油和循环油换热加热反应气体，使温度达到 160℃后，进入反应器的水平进气管，与沉降室下来的热催化剂混合，进入提升管和反应器内进行反应，温度迅速升到 320～330℃。部分反应热由循环冷却油移走，用于生产 1.2MPa 的蒸汽。

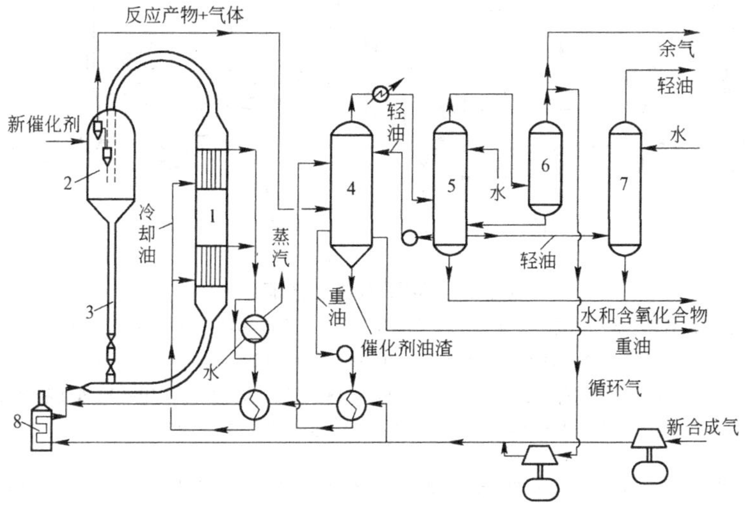

图 8-33 Synthol 气流床合成工艺流程

1—反应器；2—催化剂沉降室；3—竖管；4—油洗塔；5—气体洗涤分离塔；6—分离器；7—洗塔；8—开工炉

反应后的气体和催化剂一起排出反应器，经催化剂沉降室中的旋风分离器分离，催化剂被收集在沉降漏斗中循环使用。气体进入冷凝回收系统，先经油洗涤塔除去重质油和夹带的催化剂，塔顶温度控制在 150℃。由塔顶出来的气体，经冷凝分离得含氧化物的水相产物、轻油和尾气。尾气通过分离器脱除液雾，大部分经循环压缩机返回反应器。

F-T 法合成的液态产物通过蒸馏便可得到所需要的产品。

8.6.4 MFT 法合成液体燃料的工艺流程

合成液体燃料的工艺流程见图 8-34。水煤气经压缩、常温甲醇洗、水洗、预热到 250℃，经 ZnO 脱硫和脱氧成为合格原料气，然后按体积比 1∶3 的比例与循环气混合。混合气进入加热炉对流段，预热至 240～255℃送入一段反应器，器内温度 250～270℃，压力 2.5MPa，在铁催化剂存在下主要发生 CO 和 H_2 合成烃类反应。由于生成的烃相对分子质量分布较宽（C_1～C_{40}），需进行改质。故一段反应生成物进入一段换热器与 330℃的二段反应尾气换热至 295℃，再进入加热炉辐射段进一步加热至 350℃后，送入二段反应器，进行烃类改质反应，生成汽油。二段反应温度为 350℃，压力为 2.45MPa。为了从气相产品中回收汽油和热量，二段反应产物首先进一段换热器，与一段产物换热，降温至 280℃，再进循环气换热器，与循环气

(25℃，2.5MPa)换热至110℃后，入水冷器冷却至40℃。此时绝大多数烃类产品和水均被冷凝下来，经气液分离器分离，冷凝液进入油水分离器，分离的合成废水送水处理装置，粗汽油进入贮槽，然后送入蒸馏塔切割汽油馏分。气液分离器的尾气仍含有少量汽油馏分，故进入换冷器与5℃的冷尾气换热至20℃，再入氨冷器冷却至1℃，经气液分离器分出汽油馏分。该汽油馏分较轻，直接送精制工段汽油贮槽。分离后的冷尾气进换冷器与气液分离器的尾气换冷至27℃。此尾气大部分(80%以上)做循环气，由循环压缩机增压，进入循环气换热器，与280℃的二段尾气换热至240℃，再与净化压缩后的原料气混合，重新进入反应系统。小部分作为加热炉的燃料气，其余作为城市煤气。

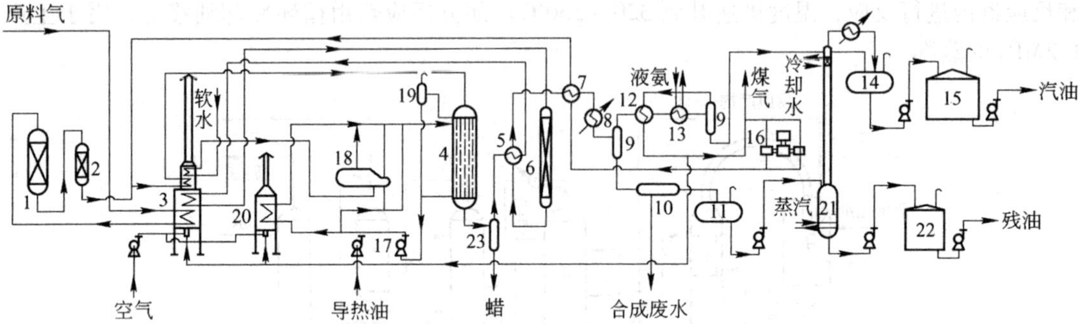

图 8-34 MFT 合成工艺流程

1—ZnO 脱硫器；2—脱氧器；3—加热炉；4—一段反应器；5—一段换热器；6—二段反应器；7—循环气换热器；8—水冷器；9—气液分离器；10—油水分离器；11—粗汽油贮槽；12—换冷器；13—氨冷器；14—汽油贮槽；15—成品油槽；16—循环压缩机；17—热油泵；18—导热油冷却器；19—导热油膨胀罐；20—开工炉；21—蒸馏塔；22—残油槽；23—分蜡罐

一段合成为强放热反应，为了严格控制反应温度，及时移走反应热，在一段列管式反应器的壳程用导热油强制对流换热。导热油自上部进入反应器壳程，由底部流出进热油泵入口。出泵的热油分两路，一路(约占总量$\frac{2}{3}$)经导热油冷却器产生1.3MPa的蒸气，自身降温7~9℃后与另一路未经冷却的热油混合，作为冷却介质重新进入反应器壳程。不凝性气由导热油膨胀罐排出。在开工阶段，导热油的升温借助于开工炉完成。

另外，根据市场需要，也可从分蜡罐放出部分重质产物作生产精蜡的原料。

几种合成方法的结果对比见表 8-12。

表 8-12 几种合成方法结果对比

合成方法 / 项目	F-T 法		MFT 法	
	Arge	Synthol	1	2
催化剂	加碱助剂-Fe 催化剂 沉淀铁	加碱助剂-Fe 催化剂 熔铁	沉淀铁/ZSM-5	Fe 系催化剂/分子筛
温度/℃	220~255	320~340	230/300	250~270/310~320
压力/MPa	2.5~2.6	2.3~2.4	2.5/2.5	2.5/2.5
原料气 H_2/CO	1.7~2.5	2.4~2.8	2	1.3~1.5
循环比	1.5~2.5	2.0~3.0	1.6	2~4
CO 转化率/%	}60~68	79~85	88.0	85.4
H_2 转化率/%			70.4	

续表 8-12

项目 \ 合成方法	F-T 法		MFT 法	
	Arge	Synthol	1	2
产品产率（质量分数）/%				
甲烷	5.0	10.1	6.6	6.8
乙烯	0.2	4.0		
乙烷	2.4	6.0		
丙烯	2.0	12.0		
丙烷	2.8	2.0		
丁烯	3.0	8.0		
丁烷	2.2	1.0		
（乙烯~丁烷合计）	12.6	33	18.4	16.9
汽油（$C_5 \sim C_{12}$）	22.5	39.0	75.0	76.3
柴油（$C_{13} \sim C_{18}$）	15.0	5.0	约 0	约 0
重油（$C_{19} \sim C_{30}$）	23.0	4.0		
蜡（C_{31}^+）	18.0	2.0		
备注	SASOL 厂生产数据	SASOL 厂生产数据		中科院山西煤炭化学研究所中试数据

8.6.5 合成液体燃料的影响因素

8.6.5.1 反应温度

合成反应温度主要取决于所选用的催化剂。活性高的催化剂，合成的温度范围较低。如钴催化剂的最佳合成温度为 170 ~ 210℃，铁催化剂的最佳合成温度为 220 ~ 340℃。在合适的温度范围内，提高反应温度，有利于低沸点产物的生成。因为反应温度高，中间产物的脱附增强，限制了链的生长反应。而降低反应温度有利于高沸点产物的生成。在生产过程中一般反应温度是随催化剂的老化而升高，产物中低分子烃随之增多，高分子烃减少。

反应速度和时空产率均随温度的升高而增加。但反应温度升高，副反应的速度也随之增加。因此，生产过程中必须严格控制反应温度。

8.6.5.2 反应压力

反应压力不仅影响催化剂的活性和寿命，而且也影响产物的组成与产率。对铁催化剂采用常压合成，其活性低，寿命短，一般要求在 0.7 ~ 3.0MPa 压力下合成比较好。随着压力的增加，产物中重组分和含氧物增多，产物的平均相对分子质量也随之增加。

压力增加，反应速度加快，特别是氢气分压的提高，更有利于反应速度的加快。但压力太高，CO 可能与主催化剂金属铁生成易挥发的羰基铁[$Fe(CO)_5$]，使催化剂的活性降低，寿命缩短。

8.6.5.3 原料气组成

原料气中($CO + H_2$)含量的高低影响合成反应速度。一般($CO + H_2$)含量高，反应速度快，转化率增加，但是反应放出热量多，易造成床层温度过高。所以，一般要求其体积分数为 80% ~85%。

原料气中 H_2/CO 比值的高低，影响反应进行的方向。H_2/CO 比值高，有利于饱和烃 CH_4

和低沸点产物的生成；比值低，有利于链烯烃、高沸点产物及含氧物的生成。H_2/CO 比值小于0.5不能利用，因为易产生 CO 分解，生成的碳沉积在催化剂上，使催化剂失活。

原料气中 H_2 与 CO 起反应的比值(H_2/CO)称为利用比或消耗比。此值变化在 0.5～3 之间。通常低于原料气 H_2/CO 的组成比，这说明参加反应的 CO 比 H_2 多。

提高原料气中 H_2/CO 比值和反应压力，可以提高 H_2/CO 利用比。排除反应气中的水汽，也能增加利用比和产物产率，因为水汽与 CO 反应($CO + H_2O \longrightarrow H_2 + CO_2$)，使 CO 的有效利用降低。采用尾气循环，由于生成的水被稀释，大大地抑制了 CO_2 的生成，使 H_2/CO 的利用比更接近原料气中 H_2/CO 组成比，可获得较高的产物产率。此外，由于尾气循环增加了通过床层的气速，使床层的传热系数增加，超温现象减少，生成产物被迅速带出，蜡在催化剂表面上的覆盖减轻，使转化率和液体产率提高，CH_4 生成量减少。目前铁系催化剂采用循环比为2～3(循环气与新鲜原料气之体积比)。

8.6.5.4 空速

对不同催化剂和不同的合成方法，都有最适宜的空速范围，如沉淀铁剂固定床合成为 $500 \sim 700h^{-1}$，熔铁剂气流床合成为 $700 \sim 1200h^{-1}$。在适宜的空速下合成，油收率高；空速增加，通常转化率降低，产物变轻，并且有利于烯烃的生成。

8.7 甲 烷 化

煤通过气化方法制取的煤气中，含有大量的 H_2 和 CO，也有一定数量的 CH_4。为了进一步提高煤气热值，减少煤气中 CO 含量，达到城市煤气的质量要求，必须采用甲烷化工艺来加工煤气。即使是由煤制取合成原料气，为了消除 CO 对合成催化剂的影响，也常采用甲烷化工艺来脱除合成原料气中的 CO。

8.7.1 甲烷化基本原理

一氧化碳和氢按下列反应生成甲烷：

$$CO + 3H_2 \longrightarrow CH_4 + H_2O \qquad \Delta H_{298} = -206.3\text{kJ/mol}$$

还有 CO_2 与 H_2 作用生成 CH_4 的次要反应：

$$CO_2 + 4H_2 \longrightarrow CH_4 + 2H_2O \qquad \Delta H_{298} = -165.1\text{kJ/mol}$$

在甲烷化过程发生的副反应：

$$2CO \longrightarrow CO_2 + C \qquad \Delta H_{298} = -162.4\text{kJ/mol}$$

$$C + 2H_2 \longrightarrow CH_4 \qquad \Delta H_{298} = -74.9\text{kJ/mol}$$

$$CO + H_2O \longrightarrow CO_2 + H_2 \qquad \Delta H_{298} = 41.2\text{kJ/mol}$$

在甲烷化合成温度下，达到平衡是很慢的。如产生碳的沉积，会造成催化剂失活。

离开甲烷化反应器的气体混合物的平衡组成，决定原料气的组成、压力和温度。分别见图8-35和图8-36。由图可见，原料气中 CO_2 含量增加，将使达到平衡时反应气体中的 CH_4 含量降低，CO 和 CO_2 含量升高。随反应温度的升高，平衡时反应气体中的 CH_4 含量降低，CO 和 CO_2 含量增加。提高压力将使反应气体中的 CH_4 含量增加。

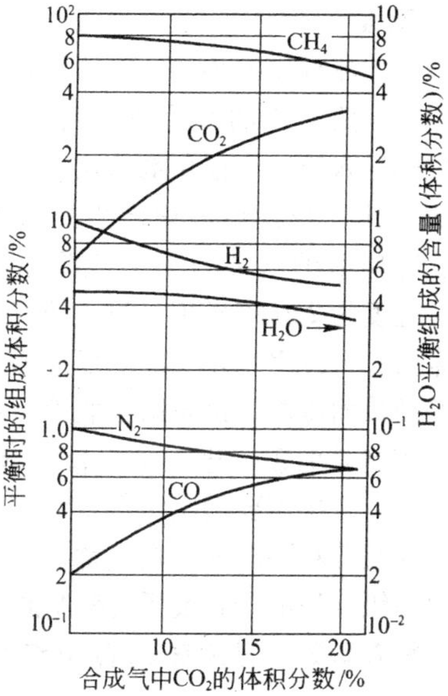

图 8-35 二氧化碳对合成气转化的影响

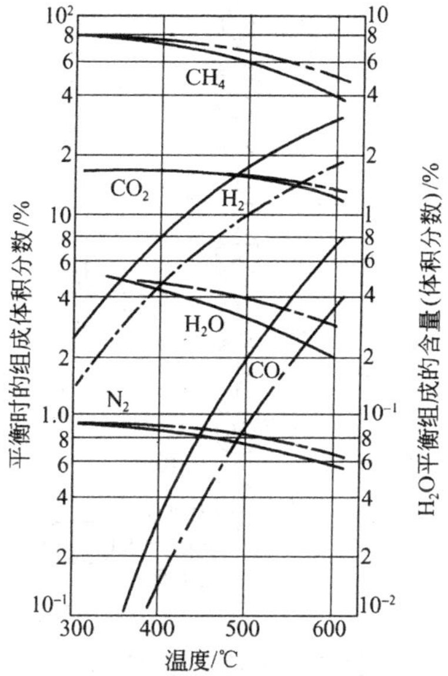

图 8-36 压力和温度对合成气转化的影响

——0.5MPa；— - — —2MPa

常用甲烷化催化剂见表8-13。

表 8-13 几种甲烷化催化剂的特性

特性 \ 催化剂名称	J101	J101Q	J105	J106	M348-2
外 形	φ5.0 ×（4.5 ~5.5）mm 灰黑色圆柱体	φ3.0 ~ 6.0mm 球形颗粒	φ5.0 ×（4.5 ~5.5）mm 灰黑色圆柱体	φ(3.7 ~ 4.0) ×(5.0 ~ 10.0) mm 灰色圆柱体	φ4 ~ 4.5mm 球形
组 成	NiO、Al_2O_3 等	Ni 为主催化剂，加特殊助催化剂，Al_2O_3 为载体	NiO、Al_2O_3、MgO、稀土	NiO、Al_2O_3 等	Ni、Al_2O_3 等
堆密度/kg · L^{-1}	0.9 ~ 1.2	约 1.0	约 1.2	0.7 ~ 0.9	0.85
比表面积/m^2 · g^{-1}	约 250	约 120	120 ~ 130	154	
使用条件：					
温度/℃	270 ~ 400	270 ~ 460	270 ~ 425	280 ~ 425	250 ~ 400
压力/MPa	1 ~ 8	常压 ~ 20	0.1 ~ 8	常压 ~ 3	
空速/h^{-1}	2000 ~ 3000	2000 ~ 5000	6000 ~ 10000	6000 ~ 8000	3000 ~ 5000
对碳氧化物含量要求	少量	少量	少量	少量	适于煤气甲烷化

8.7.2 甲烷化工艺流程

在不同的制气工厂中，对甲烷化工艺的要求是不同的。为满足各种用途的需求，开发了多种甲烷化工艺，如固定床工艺，流化床工艺及特殊接触装置工艺。现将前两种工艺的典型流程介绍如下。

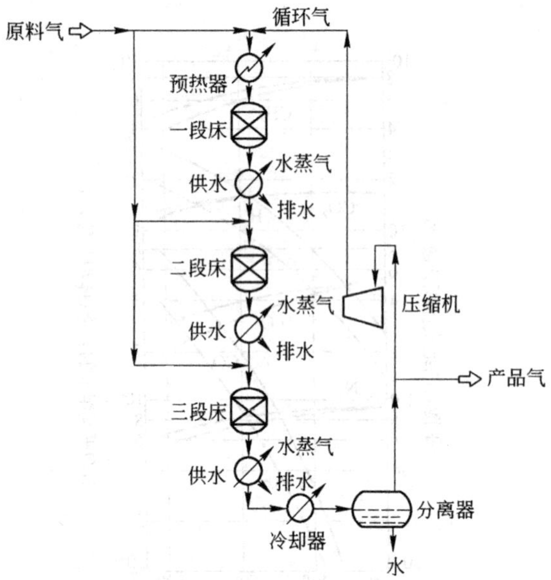

图 8-37　急冷循环甲烷化工艺

8.7.2.1　固定床急冷循环甲烷化工艺流程

工艺流程见图 8-37。冷的原料气分成两路，一路与冷的产品循环气汇合一起，经预热进入第一个催化剂床层。由此出来的热气体，经废热锅炉产生蒸汽而被冷却。冷却后的气体与另一股冷原料气汇合，温度为 260～287℃，进入第二个催化剂床层，再经甲烷化反应。形成的热气体再经换热而冷却，再与第三股冷原料气汇合，控制其温度，进入第三催化剂床层。实际上，可按需要增减级数。对于给定的原料气组分和要求的甲烷化深度，可以计算出各级气流的分布及所要控制的温度。

8.7.2.2　固定床帕森甲烷化工艺流程

工艺流程见图 8-38。原料气加入少量水蒸气，分成两股或三股进入串联在一起的反应器中，进行一氧化碳变换和甲烷化反应。根据粗煤气的组成，可酌情串联 4～6 个反应器。反应器进口温度按顺序逐个降低，到最后一个反应器的进气温度控制在 316℃。经最后一段甲烷化反应之后，再脱除 CO_2 和水蒸气，送入精加工车间。

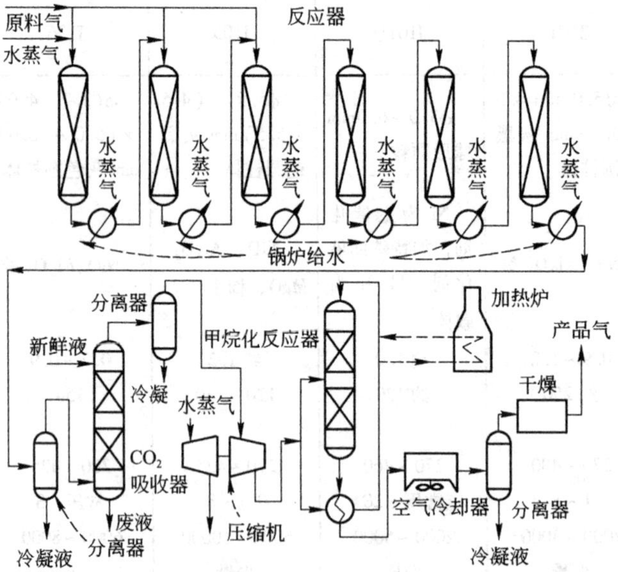

图 8-38　帕森甲烷化工艺

该工艺的特点是可用于 CO 含量高的原料气，能使一氧化碳变换和甲烷化两个工序结合起来，无需调整 H_2/CO 比值。只要在粗煤气中加入适量的水蒸气，就可控制床层温度和气体成分，防止碳沉积。

8.7.2.3 气相流化床甲烷化工艺流程

工艺流程见图8-39。此工艺是美国烟煤研究所开发的，仍处在发展完善中。与固定床相比，流化床具有反应温度均匀；可连续加减催化剂；能够有效地排出热量，循环量低；原料气中CO含量可以高于25%；可以不使用价高的镍催化剂等优点。其主要缺点是催化剂损失大，转化率较固定床低，温度控制系统复杂。

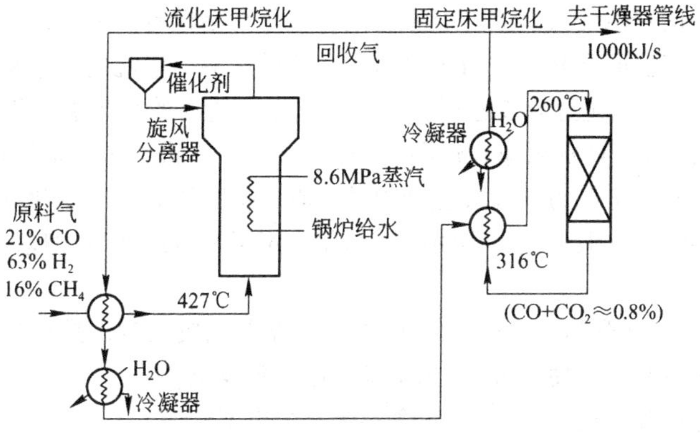

图8-39 气相流化床甲烷化流程简图

8.7.2.4 液相流化床甲烷化工艺流程

中试工艺流程见图8-40。原料气与含有分散均匀镍催化剂的液态烃同时进入反应器底部，经反应后，气体产品在反应分离器上部分离器分离。分离的气体主要是CH_4并含有少量的CO_2、H_2、CO和气态烃。这部分气体通过预热锅炉给水和进入换热器用水冷却降温，同时产生冷凝液，然后再经产品分离器分离。分出的冷凝液，一部分进入脱气塔，脱出的气体与反应气分离的气体汇合作为生产气；另一部分冷凝液用泵经过滤器（或不经过滤器）进入循环系统，返回反应器。

由反应分离器底排出的液体，用泵输送到过滤器，滤去细小的催化剂粒子，再经换热器冷却，同时产生高压蒸汽。冷却后的液体，通过加热器补充系统的热损失，再返回反应器。

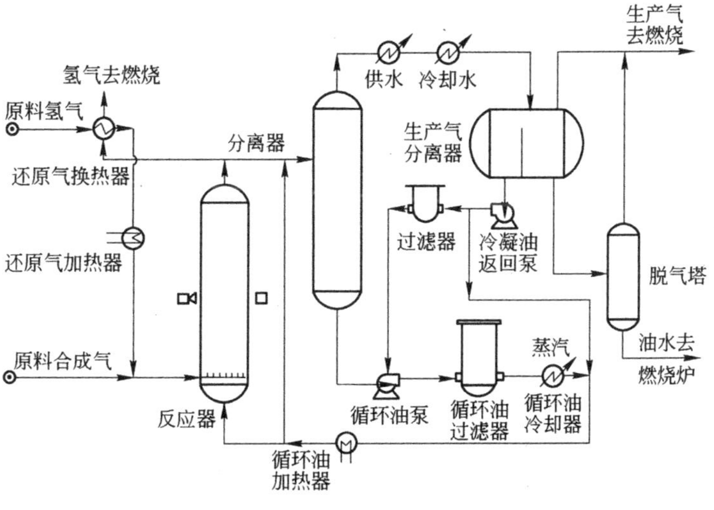

图8-40 液相流化床甲烷化中试流程简图

8.7.3 甲烷化的影响因素

（1）反应温度。催化剂初期操作温度通常控制在300℃以下，因为在200℃以上，甲烷生成的催化反应能达到足够高的反应速度。在后期可适当提高温度。但在450℃以上，CO分解反应不规则地增加。为了避免碳在催化剂上沉积，可在原料气中加入蒸汽，使气体温升减小，以抑制析碳反应，且因化学平衡移动而使CO转化率有所增加。当原料气的H_2/CO比值较小时，也需引入蒸汽，使发生变换反应。但通蒸汽对催化剂活性有影响。

当压力不变而反应温度升高时，由于热力学平衡的影响，甲烷的含量将下降，如果要达到使CO完全加氢的目标，反应宜分步进行。第一步在尽可能高的合理温度下进行，以便合理利用反应热；第二步残余的CO加氢应在低温下进行，以便CO最大限度地转化成甲烷。

（2）反应压力。从化学热力学和反应动力学来看，提高压力对甲烷化反应有利。压力对催化剂的选择有一定影响，一般情况，不耐硫的催化剂用于常压或加压过程，耐硫的催化剂仅可用于加压过程。

（3）原料气的H_2/CO摩尔比。原料气中H_2/CO摩尔比较低时，易产生析碳现象，因此必须用蒸汽量和温度来控制，以便调节H_2/CO摩尔比达到要求。

采用不同的催化剂和工艺，对H_2/CO摩尔比要求也不同。

9 煤直接液化工艺

煤液化技术可分为直接液化和间接液化，煤直接液化是指在适宜温度和压力下，将煤直接转化成液体或固体燃料的过程；煤间接液化是将煤先转化成合成气（$CO + H_2$），然后通过高活性催化剂的催化作用将合成气转化成合成油。煤直接液化后可以生产汽油、柴油和航空煤油等合成油产品，也可以将液化后得到的液化油进一步加工和精制，生产高质量的液体燃料、运输燃料或基本化工原料。本章仅讨论煤直接液化工艺过程。

9.1 煤直接液化技术发展概况

1913 年德国 Berguis 首先研究了煤高温高压加氢技术，并从中获得了液体燃料，从而为煤的直接液化奠定了基础。1927 年，I. G. Farben 公司在德国 Leuna 建成了第一座 10×10^4t/a 褐煤液化厂。1935 年，英国 I. C. I. 公司在 Bilingham 建成烟煤加氢液化厂。从 1936 ~ 1943 年，德国有 12 套煤直接液化装置投产，到 1944 年，生产能力达到 4.23×10^6t/a。它为发动第二次世界大战的德国提供了约 66% 的航空燃料和 50% 的汽车和装甲车燃料。二战前后，法国、意大利、朝鲜和我国的东北也相继建设了煤或煤焦油加氢工厂。但后来特别是 20 世纪 50 年代，中东国家廉价石油的大量开采及随后石油炼制技术的迅速发展，使煤液化制油技术在经济上难与石油燃料竞争，因此德国等一些国家也相继关闭了煤加氢液化工厂。到目前为止，人们对煤液化技术的研究和工艺开发已有近一个世纪的发展历程。

在 1973 年世界石油危机时，美国、联邦德国、日本、英国和前苏联等国家为解决能源短缺和对石油的依赖性问题，重新开始重视煤液化制液体燃料的技术研究工作，开发了许多煤直接液化制油新工艺。美国开发的溶剂精制煤工艺（SRC）、供氢溶剂工艺（EDS）、氢-煤工艺（H-Coal），联邦德国开发的 IGOR 工艺，日本开发的 NEDOL 工艺，以及后来美国开发的煤两段催化液化工艺（CSTL）和煤油共处理工艺等新技术，并相应建有小型煤液化连续试验装置（BSU）、工艺开发装置（PDU）和中试装置，为大型工业生产需要提供相关设计数据。

煤直接液化技术和液化产品深加工技术的研究和开发，对提高煤的利用价值，增加煤液化产品与石油产品的竞争力具有重要意义。

9.2 煤直接液化基本原理

煤直接液化过程是煤大分子结构在一定温度和氢压下解聚成小分子液体和气体产物的反应过程。Curran 和 Steuck 等人在 1967 年首先提出煤液化过程的自由基机理，指出煤在高温高压条件下首先发生热分解反应生成自由基“碎片”，自由基再与反应体系中的活性氢结合而得到稳定，从而生成相对分子质量相对较小的液体和气体产物。否则这些自由基“碎片”将进一步发生缩聚反应，形成相对分子质量较高的不溶物或残渣，并降低煤液化油产率。煤直接液化自由基反应过程可用下列化学反应方程式表示：

$$R—CH_2—CH_2—R' \xrightarrow[\triangle]{} R—CH_2 \cdot + R'—CH_2 \cdot$$

$$R—CH_2 \cdot + R'—CH_2 \cdot + 2H \xrightarrow[\triangle]{} RCH_3 + R'CH_3$$

$$R—CH_2 \cdot + R'—CH_2 \cdot \xrightarrow[\triangle]{} R—CH_2—CH_2—R'$$

$$2R—CH_2 \cdot \xrightarrow[\triangle]{} RCH_2—CH_2R$$

$$2R'—CH_2 \cdot \xrightarrow[\triangle]{} R'—CH_2—CH_2R'$$

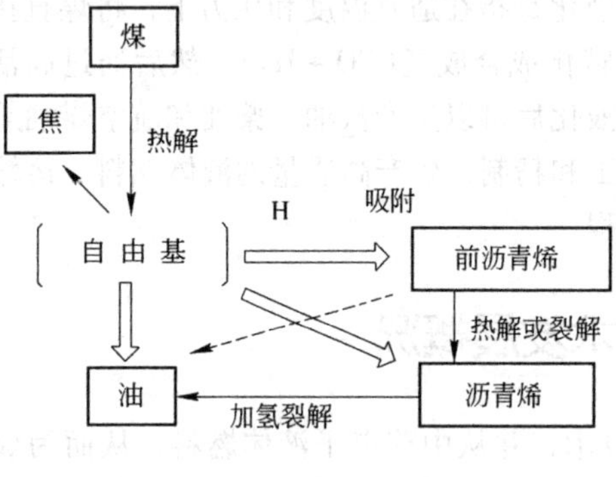

图 9-1 煤催化液化过程示意图

当煤液化反应在催化剂存在时，其液化反应过程与无催化剂时的反应过程有所不同。Suzuki. T 等人提出如图 9-1 所示的煤催化液化反应过程示意图。图中表明，煤液化反应主要由以下几个反应过程所组成：

(1) 煤经热作用后，大分子结构间的共价键首先发生热裂解并形成自由基“碎片”。

(2) 自由基“碎片”与催化剂所吸附的活性氢或供氢溶剂提供的氢原子相结合而形成稳定的小分子液体或气体产物。

(3) 煤热解产生的芳烃“碎片”被加氢和加氢热解生成液化油。

从图可见，控制好(2)和(3)两个反应过程，对提高煤液化油产率具有至关重要作用。为保证煤热解产生的自由基“碎片”能有效得到活性氢而稳定，要求催化剂、供氢溶剂和煤颗粒间能够相互充分作用，以便自由基“碎片”与溶剂提供的活性氢和催化剂吸附的活性氢有效结合。

9.3 煤直接液化的一般工艺过程

煤在高温高压和氢气氛作用下生成的液化产物可分为液化油、沥青烯、前沥青烯及液化残渣，其中沥青烯和前沥青烯的相对分子质量较大，平均相对分子质量分别为 500 和 1000。液化油的平均相对分子质量为 300 以下，并可用于制备优质汽油、柴油和航空燃料油，特别是航空燃料要求单位体积燃料的发热量较高，即要求油中要有较多的环烷烃，而煤的液化油中就富含较多的环烷烃，因此对液化油进一步加工可得到高级航空燃料油。

煤直接液化过程通常是将煤粉与一种溶剂或液化工艺过程产生的循环溶剂混合后制成煤浆或煤糊，然后用泵输送到液化反应器中。此处煤液化溶剂的主要作用是为了分散煤粉，便于输送和提高液化体系的传热和传质效率；同时溶剂也参与煤液化反应，特别是具有供氢性能的溶剂可提供煤液化需要的部分氢源。

煤直接液化工艺过程一般可分为两种：单段液化(SSL)和两段液化(TSL)工艺。典型的单段液化工艺主要是通过单一操作条件的加氢液化反应器来完成煤的液化反应。两段液化是指原料煤浆在两种不同反应条件的反应器内进行加氢反应。典型的 SSL 和 TSL 工艺流程如图 9-2 和 9-3 所示。

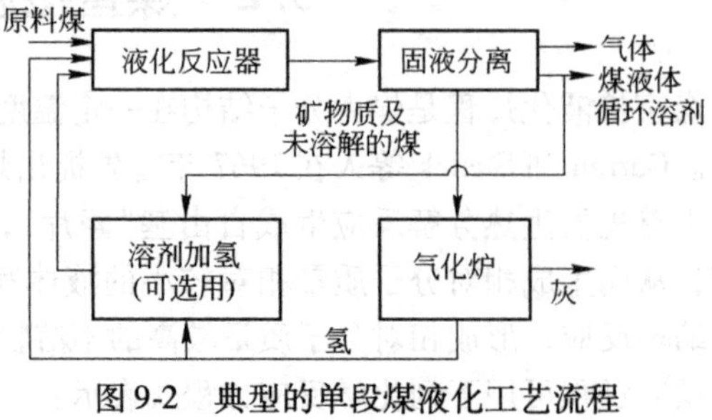

图 9-2 典型的单段煤液化工艺流程

在单段煤液化工艺中，原料煤浆在液化反应器内加氢液化后，煤液化产物经高温分离和固液分离等装置处理后，可得到煤液化油、燃料气和液化残渣。由于煤直接液化反应过程相当复杂，其间存在着各种竞争反应，特别是液化反应过程中提供的氢气又难以满足单段煤液化过程的最佳需要，因而不可避免地引起煤液化过程中含氧等基团形成的自由基“碎片”间发生交联和缩聚等逆反应过程，从而影响煤的液化转化率和油收率。图9-4示出了液化油收率、氢耗与煤液化反应进程的关系。从图中可以看出，反应初期油收率增加很快，随后趋于平缓；而氢耗在煤液化反应初期增长率很快，之后因煤的热解和自由基的大量生成，使氢耗呈缓慢上升趋势，到反应末期又因反应体系内的液化产物发生热解而产生大量的气体，使氢耗逐渐增大。

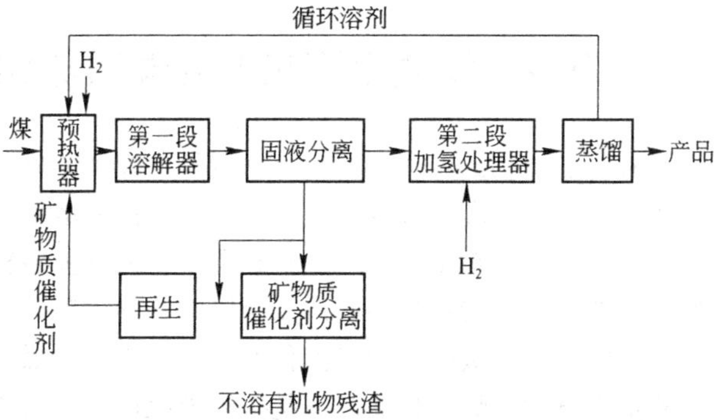

图9-3 典型的两段煤液化工艺流程

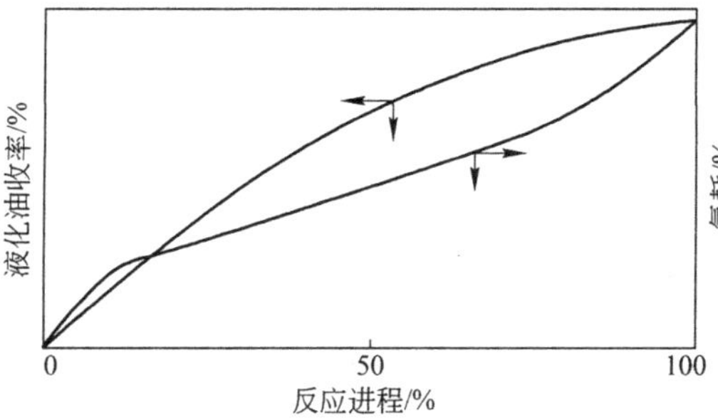

图9-4 单段液化工艺过程油收率和氢耗的关系

两段煤液化工艺是将煤液化过程分成两步，使煤液化可在两个不同条件的反应器内进行加氢反应。两段煤液化工艺比单段煤液化工艺具有很多优越性，它不仅可以显著降低煤液化反应过程中因逆反应而形成大分子产物的数量，而且对液化用煤种的适应性、液化产品的选择性和液化油质量的提高等多方面都具有明显的优点。

在两段煤液化工艺中，第一段是在操作过程相对温和的反应条件下进行，可加入或不加催化剂，或采用低成本的可弃性催化剂。该阶段对煤液化的主要作用是将煤在供氢溶剂存在下加氢溶解，以便得到较高产率的重质油馏分。第二段液化反应可采用高活性的工业加氢催化剂，如Ni-Mo/Al_2O_3、Co-Mo/Al_2O_3等，该阶段的主要作用是将第一段反应中产生的重质产物进一步加氢热解生成更多的轻质油馏分和少量的气态烃。两段煤液化工艺可有效提高氢气的利用率。

同单段煤液化相比，两段煤液化工艺过程具有下列优点：

（1）煤液化过程可在较佳的条件下操作。由于煤液化反应是在两个不同条件的反应器内分别进行，使操作条件可以分别控制，因而有利于两个反应阶段都达到较佳的工艺操作条件，有利于减缓逆反应进程，提高煤液化油产率，降低氢耗，降低煤液化成本。

（2）原料煤经第一段液化后，可降低产物中的沥青烯含量，有利于延长第二段煤液化反应中高活性加氢催化剂的寿命。

（3）两段煤液化工艺比单段煤液化工艺的操作灵活性强，既可以生产低硫固体产品，也可以生产合成油。

由于两段煤液化工艺具有许多优点，因此已得到许多国家研究者的重视。

9.4 煤液化产物的处理方法和液化产品产率的计算

煤液化后产物的处理方法可分为两种。在实验室的小型间歇反应器中得到的液化产物，分别用环已烷、苯和吡啶或四氢呋喃等不同极性的溶剂进行分级处理，可以分出液化油、沥青烯和前沥青烯产物。在小型连续试验装置、工艺开发装置和中试装置上进行煤液化试验，可以通过最后工艺分离装置得到不同沸点范围的液化油馏分和液化残渣数量来表示。

用不同溶剂分级处理的煤液化产物，一般以干燥无灰基煤为计算基准来确定各产物产率。在实验室小试中，煤液化油产率是按煤液化产物中溶于正己烷或戊烷组分的质量分数。沥青烯产率是按苯可溶组分的质量分数，它是正己烷或戊烷溶剂的不溶物。前沥青烯产率是指吡啶或四氢呋喃可溶组分的质量分数，也是苯不溶物。煤液化残渣是吡啶或四氢呋喃不溶物。上述产品的产率可按下式计算：

原料煤的液化油产率 Y_1：

$$Y_1 = \frac{m^{o}}{m_{daf}} \times 100\%$$

式中 m^{o}——液化油质量，g；

m_{daf}——干燥无灰基煤质量，g。

沥青烯产率 Y_2：

$$Y_2 = \frac{m^{a}}{m_{daf}} \times 100\%$$

式中 m^{a}——沥青烯质量，g。

前沥青烯产率 Y_3：

$$Y_3 = \frac{m^{p}}{m_{daf}} \times 100\%$$

式中 m^{p}——前沥青烯质量，g。

残渣产率 Y_4：

$$Y_4 = \frac{m^{r}_{daf}}{m_{daf}} \times 100\%$$

式中 m^{r}_{daf}——残渣质量，g。

煤转化率是指煤有机质在加氢液化后转化为液体和气体产物的质量分数。有两种计算方法，直接法和间接法。直接法是通过液化前后原料煤和残渣的质量(按干燥无灰基基准)进行计算；间接法是通过液化前后原料煤和残渣中灰分的质量分数进行计算。计算公式如下所示：

直接法：

$$Y_t = \frac{m_{daf} - m^{r}_{daf}}{m_{daf}} \times 100\%$$

式中 Y_t——原料煤转化率,%。

间接法：

$$Y_t = \frac{1 - A_d/A^{r}_d}{100 - A_d} \times 100\%$$

式中 A_d——原料煤干基灰分质量分数,%；

A_d^r——煤液化残渣干基灰分质量，g。

从连续实验装置直接得到的液化产物，一般将其分为轻油(沸程 C_5 ~200℃)、中油(沸程200~300℃)、重质油(沸程300~480℃)或溶剂精制煤。各种煤液化工艺过程对液化馏分的沸程定义有所不同。

9.5 煤直接液化工艺

煤直接液化技术主要有美国的溶剂精制煤(SRC-Ⅰ、SRC-Ⅱ)工艺、供氢溶剂(EDS)工艺和氢-煤工艺，德国的IGOR工艺，日本的NEDOL工艺，以及后来的煤两段液化工艺和煤/油共炼工艺等煤液化技术。这些煤液化工艺的特点是反应条件趋于缓和、煤转化率高和设备性能稳定。

9.5.1 溶剂精制煤(SRC-Ⅰ、SRC-Ⅱ)工艺

溶剂精制煤工艺(SRC)是美国煤炭研究局(OCR)于1962年与Spencer化学公司开发的煤直接加氢液化工艺。最初目的是制备低灰低硫固体燃料，即溶剂精制煤产品(SRC)，主要用做发电厂锅炉的洁净燃料。Spencer化学公司后来并入美国匹兹堡中途煤公司(Pittsburgh and Midway Coal Mining Company)，该公司最后成为海湾石油公司(Gulf Oil Corporation)的子公司，并于1966年在Merriam实验室开发了处理量为1t/d的SRC工艺开发装置(PDU)。

SRC煤液化工艺属于一段煤液化技术，反应过程不加催化剂，反应条件比较温和，反应压力为14MPa。SRC工艺依生产目的不同可分为SRC-Ⅰ和SRC-Ⅱ工艺。SRC-Ⅰ工艺是以生产低灰低硫的溶剂精制煤固体燃料为主，SRC-Ⅱ工艺是在SRC-Ⅰ工艺基础上改进形成的，以生产全馏分低硫液体燃料油为主。Southern Services Inc在Edison Electric Institute(EEI)支持下，以中途煤公司的直接液化技术为基础，在阿拉巴马州Wilsonvill建设了6t/d的SRC-Ⅰ工艺中试厂。60年代末和70年代初，该公司在华盛顿州Fort Lewis建成了50t/d的中试厂，并与海湾石油公司共同负责该厂的生产操作。1977年，该厂改建成SRC-Ⅱ煤液化工艺。

9.5.1.1 溶剂精制煤SRC-Ⅰ工艺

SRC-Ⅰ工艺是将原料煤在溶剂中加氢溶解，通过分离及蒸馏工艺过程得到溶剂精制煤固体燃料和溶剂产品。同时也能得到少量的馏分油和气体燃料。

A Fort lewis煤液化厂的SRC-Ⅰ中试工艺流程

Fort lewis煤液化厂的SRC-Ⅰ中试工艺流程见图9-5。

SRC-Ⅰ工艺主要包括煤浆制备、煤溶解反应和溶解产物分离等工艺过程。在煤浆制备过程中，原料煤粉碎至小于0.074mm，然后送入煤浆混合罐中，与液化过程的循环溶剂按溶煤比为2:1~4:1的比例混合(一般为2:1)。制备煤浆用循环溶剂的沸程为250~455℃。本工艺最初是用煤焦油馏分作为制浆溶剂，试验过初馏点为230℃、250℃和260℃的煤焦油馏分用做煤液化过程的可行性，后来采用自身液化工艺过程产生的液化油馏分作为循环溶剂来制备煤浆。

在煤溶解过程中，将制备好的煤浆用往复泵送往直接火加热的煤浆预热器，连同工艺过程送来的富氢循环气体和制氢装置补充的新鲜氢气一并混合并送往预热器螺旋管中加热到400~425℃。煤在预热过程中可发生溶解反应，生成部分相对分子质量较大的液固产物和一些气体产物，然后再进入煤溶解液化反应器中发生加氢反应。溶解器操作温度455℃，压力10MPa，浆料在溶解器中停留时间40min。煤液化反应是放热反应过程，因此液化溶解器内的温度将略有升高。

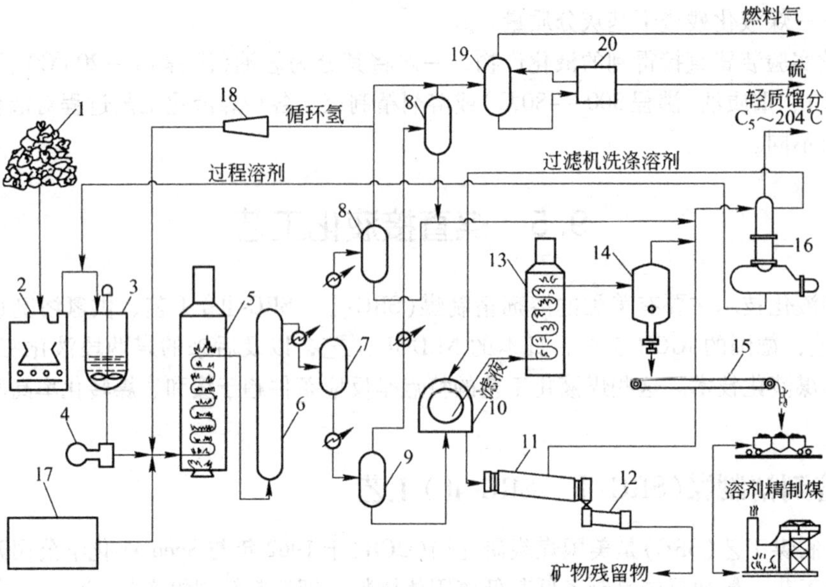

图 9-5 Fort Lewis 煤液化厂的 SRC-Ⅰ中试工艺流程

1—原料煤；2—粉碎机；3—煤浆混合罐；4—往复泵；5—煤浆预热器；6—液化溶解器；7—高温分离器；8—低温分离器；9—真空闪蒸塔；10—预涂层过滤机；11—回转式干燥机；12—冷却器；13—过滤液预热器；14—真空闪蒸鼓；15—带式运输机；16—蒸馏塔；17—制氢装置；18—气体压缩机；19—气体净化装置；20—硫磺制备装置

在煤液化产物分离过程中，从溶解器排出的液化产物经换热器后进入到高温分离器，将气体和液固产物分离。从高温分离器排出的气体被低温分离器冷却到65℃，从中分离出水和有机物，有机物作为轻质溶剂回送到蒸馏塔中以制备轻质液体燃料和煤浆用溶剂。在分出的气体产物中含有未反应的氢气、轻质烃类气体、硫化氢、一氧化碳和二氧化碳等，然后进入气体净化装置。从高温分离器底部排出的物料送入真空闪蒸塔进行闪蒸处理。由闪蒸塔底部排出的产物中主要含有目的产物溶剂精制煤、少量无机矿物质、未反应煤料和过程溶剂。由塔顶排出的气相产物中，主要有硫化氢、一氧化碳、二氧化碳及烃类气体，依次送入气体分离器、气体净化装置及硫制备装置，从中可以分离出燃料气和生成硫磺产品。从真空闪蒸塔底部排出的产物送往预涂层过滤机，将其过滤分离，得到滤饼（液化产物中的固体物和少量预涂层原料）和滤液，滤饼由过滤机刮出后送往回转式干燥器，由此得到矿物残渣。滤液经加热后送往真空闪蒸鼓。在干燥过程中从滤饼内析出的轻质组分与真空闪蒸鼓顶部排出的气体产物和低温分离器底部排出的液体产物混合后一起送往蒸馏塔，可得到轻油馏分（沸点 >204℃）、洗涤过滤溶剂（沸程 195～250℃）及制浆用循环溶剂（沸程 250～455℃）。在真空闪蒸鼓底部可以得到固化温度 175℃的溶剂精制煤产品，并经带式运输机送入产品储槽。

B Wilsonville 中试厂的 SRC-Ⅰ工艺流程

该技术是在 P&M 公司的煤液化技术基础上开发成功的。其工艺流程见图 9-6。

该工艺的液化浆料在液化溶解器内的反应是在无催化剂条件下进行的，因此液化油产品产率较低。在工艺过程中，保持循环溶剂在系统内的物料平衡是至关重要的，它直接影响煤浆制备工艺过程的溶煤比。另外，为得到较充足的循环溶剂，应尽量提高煤液化率，以保证有足够的煤液化循环溶剂。

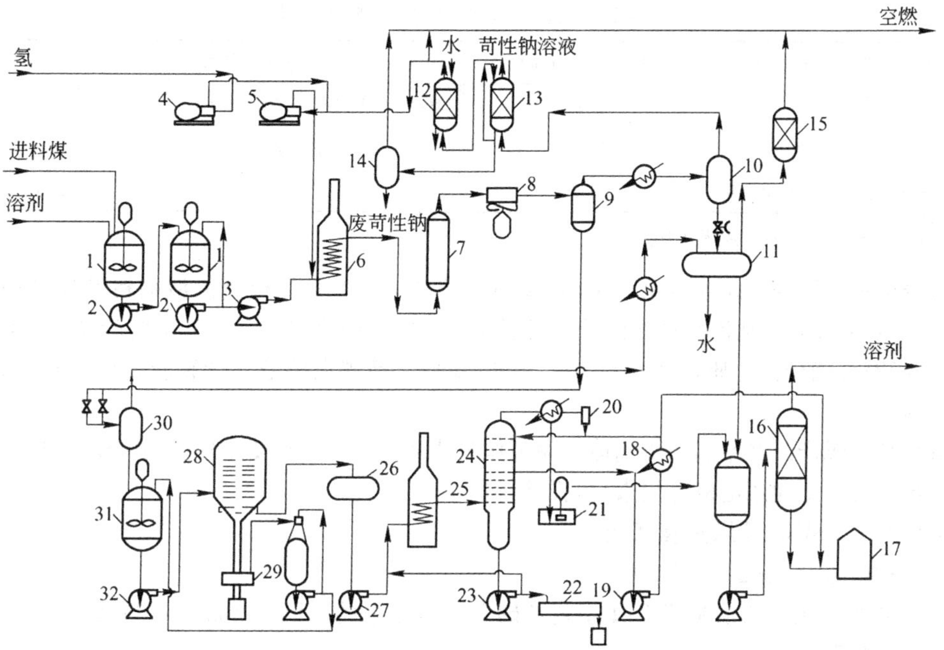

图9-6 Wilsonville 中试厂的 SRC-1 工艺流程图

1—煤浆混合罐；2—煤浆泵；3—预热器进料泵；4，5—氢气压缩机；6—煤浆预热器；7—热溶解器；8—液化产物冷却器；9—高压分离器；10—真空闪蒸塔；11—溶剂倾析槽；12—气体洗涤器；13—苛性钠洗涤器；14—苛性钠排放槽；15—放散气体洗涤器；16—轻质有机物回收塔；17—过程溶剂贮槽；18—溶剂冷却器；19—溶剂泵；20—真空泵；21—热水井；22—SRC 产物冷却器；23—SRC 产品泵；24—真空闪蒸塔；25—预热器；26—预热器中间槽；27—滤液泵；28—加压叶片过滤机；29—灰冷却器；30—液固产物分离器；31—重质产物贮槽；32—输送泵

C SRC-Ⅰ工艺煤液化试验结果

在 Wilsonville 中试厂的 SRC-Ⅰ生产工艺过程中，用 Illinois 6 号煤作为液化原料的产品产率及物料平衡数据如表 9-1 和表 9-2 所示。

表 9-1 Wilsonville 中试厂的 SRC-Ⅰ生产操作结果

操作参数	Kentucky 州 Colonial 矿 Kentucky 9 号和 14 号煤	Pennsylvania 州 Loveridge 矿 Pittsburgh 8 号煤	Illinois 州 Burning Star 矿 Illinois 6 号煤	Illinois 州 Monterey 矿 Illinois 6 号煤	Wyoming 州 Belle Ayr 矿 Roland Smith 煤
煤中硫含量(质量分数)/%	3.1	2.6	3.1	4.4	0.7
温度/℃	427 ~ 454	457	438	457	457
压力/MPa	10.34 ~ 16.55	11.72	12.41	16.55	16.55
空速/kg·(h·m^3)$^{-1}$	400 ~ 800	400	368	400	400
煤转化率/%	91 ~ 95	91	90	95	85
溶剂精制煤质量产率/%	55 ~ 60	69	63	54	45
精制煤中硫的质量分数/%	0.8	0.9	0.9	0.95	0.1

表 9-2 SRC-Ⅰ工艺煤液化产物的产率

Illinois 6 号煤的液化产物	质量产率/%(daf)	Illinois 6 号煤的液化产物	质量产率/%(daf)
C_1 ~ C_5 气体	8.2	$H_2S + CO + CO_2 + NH_3 + H_2O$	9.9
C_6 ~ 371℃馏分	27.4	未溶解煤	5.0
高沸点(371℃以上)的液化产物	52.4	氢耗	2.9

注：daf = dry，ash free 干燥无灰基。

由表可见，Pittsburgh 8 号煤和 Burning Star 矿 Illinois 6 号煤得到的溶剂精制煤产率较高，分别为69%和63%。从液化产物的分析可以看出，以生产溶剂精制煤为主要产品的 SRC-Ⅰ工艺，C_6 ~ 371℃馏分油的质量产率只有 27.4%(daf)。高沸点的液化产物质量产率较高，达到 52.4%(daf)。

溶剂精制煤产品在室温下为固体。除可作为清洁用锅炉燃料使用外，还可作为制备成型煤的黏结剂，炼铝工业用电极等炭素材料的原料。

9.5.1.2 SRC-Ⅱ煤液化工艺

A SRC-Ⅱ煤液化工艺流程

SRC-Ⅱ煤液化工艺是在 SRC-Ⅰ工艺基础上发展起来的，以生产液体燃料为主。SRC-Ⅱ工艺流程见图 9-7。

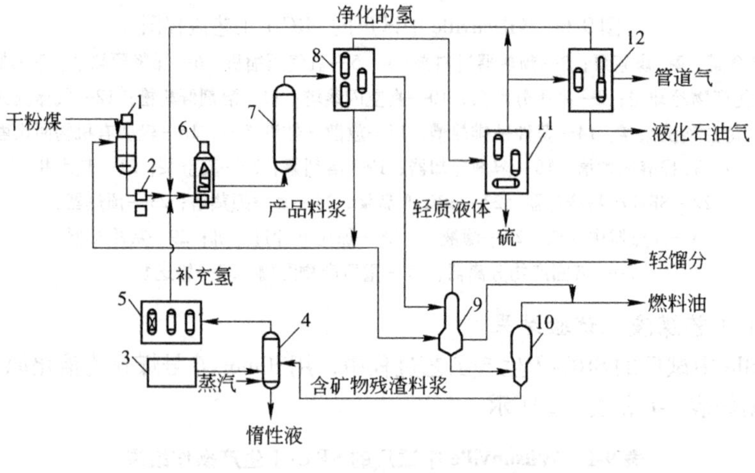

图 9-7 SRC-Ⅱ煤液化工艺流程简图

1—煤浆混合罐；2—往复泵；3—制氧装置；4—气化炉；5—气体变换与净化装置；
6—煤浆预热器；7—液化溶解器；8—气液分离器；9—蒸馏塔；10—真空闪蒸塔；
11—脱酸气装置；12—深冷分离装置

原料煤粉碎至粒度小于 200 目，占总质量 80%，然后再进行干燥处理，使水分含量小于 0.5%。将预处理后的煤料与液化工艺过程送回的循环溶剂按溶煤比 2∶1 的比例在煤浆混合罐中混合。煤浆混合罐的温度保持在 177℃。混合后的浆料用泵加压到 14MPa 并送入煤浆预热器内，与工艺过程送入的循环氢气和补充的新鲜氢气一同预热到 371 ~ 399℃。预热后的煤浆直接送入液化溶解器中。溶解器的操作温度为 438 ~ 466℃，反应压力约 14MPa，停留时间 60min。煤料在溶解器中发生热解聚反应，形成相对分子质量较小的液体、气体和残渣。因煤液化反应是放热过程，因此在溶解器高向的不同位置设置有冷氢喷入口，以有效控制溶解器内温度的均匀性和稳定性。

溶解器中排出的产物，经高温分离器分成气相和液相两部分料流，气相物料经一系列换热器和分离器进行冷却和分离。未冷凝的气体经酸性气体处理装置，可除去硫化氢和二氧化碳等，并将部分气体在深冷分离装置中分出大部分甲烷和其他烃类气体。从深冷分离装置排出的富氢气体与酸性处理装置得到的一部分气体被一同送入煤浆预热器前，一起作为预热器的富氢气体进料。从高温分离器排出的液体产物，一部分作为制备煤浆用的循环溶剂，另一部分送往蒸馏塔，从中得到的轻质油作为产品。高温分离器底部得到的重质馏分一部分送入煤浆制备罐，一部分送入真空闪蒸塔。闪蒸后，塔顶可以得到液体燃料油；塔底得到重质物料，主要含有重质油、未溶解的煤及矿物残渣，将它们送往气体变换装置，制备煤液化需要的新鲜氢气。

B SRC-Ⅱ煤液化工艺试验结果

几种典型煤的主要操作参数和煤液化结果见表9-3和表9-4。

表9-3 SRC-Ⅱ工艺的操作条件和煤浆组成

操作参数	Western Kentucky 9号和14号煤	Illinois 6号煤	Pittsburgh 煤
煤浆组成			
煤浆中煤质量分数/%	29.5	29.5	30.3
溶剂质量分数/%	33.4	35.6	29.8
溶剂精制煤质量分数/%	23.9	20.0	24.1
循环溶剂中灰质量分数/%	8.2	11.0	8.3
循环溶剂中不溶有机质质量分数/%	5.0	3.9	7.5
煤液化操作条件			
溶解器平均温度/℃	461	457	456
停留时间/h	0.98	0.97	1.00
反应压力/MPa	13.34	13.44	14.09
氢气摩尔分数/%	89.8	93.7	91.6

表9-4 SRC-Ⅱ工艺得到的煤液化产物质量产率

液化产物种类	Western Kentucky 9号和14号煤	Illinois 6号煤	Blacksville 2号煤	Powhatan 5号煤
$C_1 \sim C_4$(daf)/%	18	16	13	17
杂原子气体(daf)/%	12	15	6	9
石脑油(daf)/%	15	16	9	6
燃料油(中油和重油)(daf)/%	28	31	26	38
溶剂精制煤(daf)/%	26	23	38	29
未溶解煤的有机质(daf)/%	6	5	11	5
氢耗/%	4.8	4.6	3.4	4.2

由上述结果可见，所列出几种煤的石脑油和燃料油之和的质量产率为34%～47%(daf)，明显高于SRC-Ⅰ工艺的液化油产率。同时，在SRC-Ⅱ工艺得到的液化油馏分中芳碳及环烷烃含量较高，可以作为汽油的掺和原料或重整工艺原料。但油中硫、氮和氧的含量较高，表明油中杂原子化合物较多。如某煤液化得到的燃料油中硫质量分数0.24%、氮质量分数0.88%和

氧质量分数0.3%，因此在储存时极不稳定，需要进一步加氢精制来脱除有害杂质，才能保证液化油的化学稳定性。

SRC-Ⅱ工艺生产的燃料油包括中油和重油组分，一般比例为2.9∶1。早期的SRC-Ⅱ工艺得到的这两种产物比例是6∶1。之后，随着工艺的改进，中油馏分的质量产率明显增加。另外，SRC-Ⅱ工艺生产的燃料油具有相当低的液体流动温度，可达到-12.2℃，其氢质量分数较低，为8.8%。

SRC-Ⅱ煤液化工艺的加氢深度高于SRC-Ⅰ，且氢压相对较高，约14MPa。因此液化产物主要以液体燃料和气体产物为主。同时，SRC-Ⅱ工艺省去SRC-Ⅰ工艺中的过滤、固体矿物残渣干燥及溶剂精制煤的固化等工艺过程，故SRC-Ⅱ工艺中，煤液化溶解反应器出来的液体产物一部分可用于系统内循环，作为制备煤浆的溶剂，并有利于缩短煤料溶解时间，提高液化油产率。SRC-Ⅱ工艺应用的循环溶剂中含有未溶解的煤残渣和固体物质，而SRC-Ⅰ工艺的循环溶剂是中油馏分(沸程248~454℃)。液化溶解器内的物料空速小于SRC-Ⅰ中的物料空速。

C　SRC-Ⅱ工艺生产操作要点

a　溶解器温度

溶解器温度对煤转化率和液化油产率影响较大。以Kentucky 9号煤为例，当溶解器进口氢气压力为13MPa，煤浆停留时间1h，煤浆中煤质量分数为40%时，溶解器温度对液化产物产率的影响结果见图9-8。

由图可见，溶解器温度从445℃增加到465℃时，液体馏分的质量产率增加近10%，而蒸馏残渣的质量产率减少约15%。同时，C_1~C_4气体产率逐渐增加，特别是当溶解器温度超过455℃时，气体产率增加较大。因此，以生产液体燃料为主要产品时，煤溶解器温度应为460℃。

b　停留时间

煤浆在溶解器内的停留时间对液化油产率影响较大。以Kentucky 9号煤为例，当溶解器进口氢气压力为13MPa，溶解器温度为455℃，煤浆中煤质量分数为40%时，停留时间对液化产物的产率影响结果见图9-9。由图可见，液化产物质量产率与煤浆停留时间呈线性关系。增加停留时间，有利于减少蒸馏残渣量，并可显著提高液体馏分的产率。

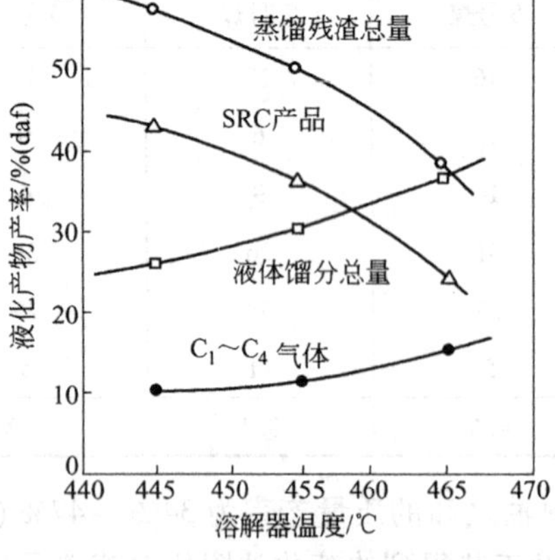

图9-8　溶解器温度对Kentucky 9号煤液化产物产率的影响

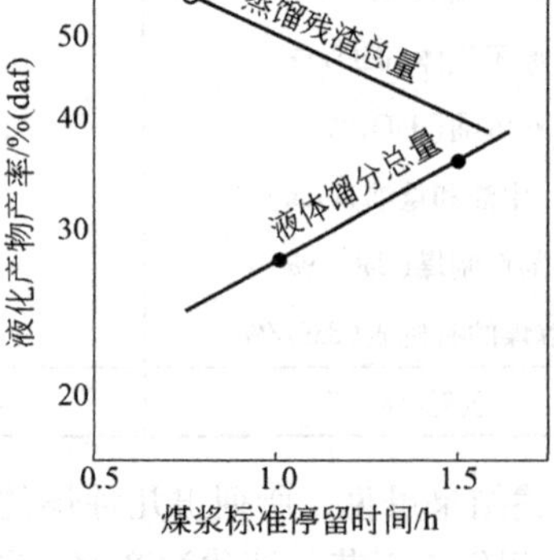

图9-9　停留时间对Kentucky 9号煤液化产物产率的影响

c 氢气压力

溶解器内氢气压力对 SRC-Ⅱ工艺的液化产物产率影响较小。试验表明，提高氢气压力，可相应减少溶剂精制煤和沥青烯的质量产率，有利于馏分油产率的提高，而 $C_1 \sim C_4$ 烃类气体产率变化不大。当 SRC-Ⅱ工艺溶解器内的氢气压力接近 14MPa 时，即可满足液化生产要求。

9.5.2 埃克森供氢溶剂(EDS)工艺

EDS(Exxon Donor Solvent)工艺是美国埃克森研究和工程公司(Exxon Research and Engineering Company)于 1966 年首先开发使用供氢溶剂(Donor Solvent)的煤液化工艺，故称为 EDS 工艺。该工艺的开发受到美国能源部、美国电力研究所(EPRI)和日本煤液化发展公司的资助，并在 1976 年建成 1t/d 的工艺开发装置(PDU)。1979 年，在德州 Baytown 建成 250t/d 的中试厂，累计运转了 2.5 年。到 1985 年，为开发本项目共花费资金 3.4 亿美元。

9.5.2.1 EDS 工艺流程

EDS 工艺主要由煤浆制备、液化反应、液化产物分离、溶剂催化加氢和残渣制氢工艺过程所组成。为提高煤液化油产率，后来又开发了液化残渣循环利用工艺过程。EDS 工艺流程如图 9-10 所示。

原料煤经干燥并粉碎至小于 0.165mm，送入煤浆混合罐中，与固定床加氢反应器送来的循环溶剂一起在煤浆混合罐中混合。溶煤比按质量比例 43:57。用泵将混合后的煤浆送往煤浆预热器预热至 425℃，压力为 17.85MPa。预热后的煤浆再送入四个串连的活塞流液化反应器中，并与反应器前加入的氢气一起流入反应器中。反应器操作温度 427 ~ 470℃，操作压力 10 ~ 14MPa。煤浆在每个反应器中停留 20min。

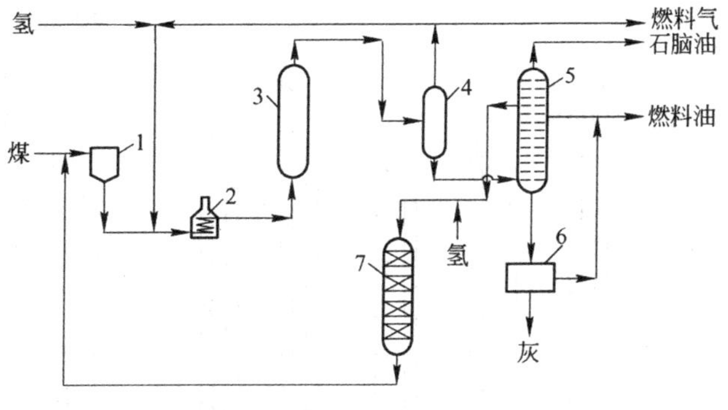

图 9-10 EDS 煤液化工艺流程

1—煤浆制备罐；2—煤浆预热器；3—液化反应器；4—高温分离器；5—蒸馏塔；6—灵活焦化装置；7—固定床加氢反应器

反应后的液化产物从反应器上部排出，并进入高温分离器，分离器底部排出的物料进入常压蒸馏塔，在此分离出石脑油产品。从该塔侧线切取一部分馏分油送入固定床循环溶剂加氢反应器内。在反应器内装有 Co-Mo 和 Ni-Mo 工业加氢催化剂。循环溶剂加氢目的是由于煤液化后得到的循环溶剂组分已经失去大部分活性氢，需通过强化加氢处理来提高循环溶剂的供氢能力。

从蒸馏塔底排出的残渣被送往灵活焦化装置，以进一步增加煤液化油收率。

9.5.2.2 残渣循环工艺

美国埃克森研究和工程公司建成 EDS 中试装置后，一直致力于工艺过程的改进工作。在控制循环溶剂的性质方面，最初采用控制蒸馏工艺和循环溶剂催化加氢工艺的条件，后来采用将部分真空闪蒸塔底残渣回送到循环溶剂中的方法，以此增加 $C_3 \sim 538$℃ 馏分油产率。该项试验工作是在 40kg/d 和 1t/d 的小型试验装置上完成的。工艺流程见图 9-11。

以烟煤、次烟煤和褐煤作液化原料时，塔底残渣循环与否对 $C_3 \sim 538$℃ 液化油的质量产率有较大的影响，结果见图 9-12。当真空闪蒸塔底残渣不循环时，烟煤液化后可得到 $C_3 \sim 538$℃ 的液化油质量产率为 33% ~46% (daf)，相应次烟煤的质量产率约为 38% (daf)，褐煤的质量产率约为 36% (daf)。如将真空塔底残渣送入煤液化系统循环时，煤液化油质量产率将显著增

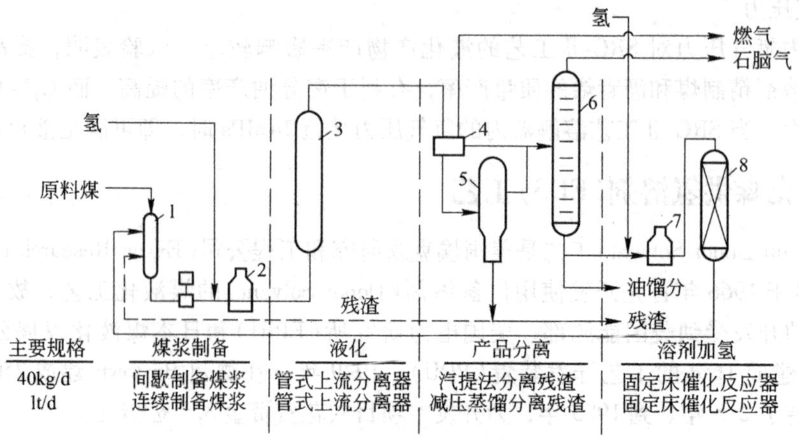

图 9-11 EDS 煤液化工艺流程

1—煤浆制备罐；2—煤浆预热器；3—煤液化反应器；4—高温分离器；5—减压塔；6—常压蒸馏塔；7—重油预热器；8—循环溶剂加氢反应器

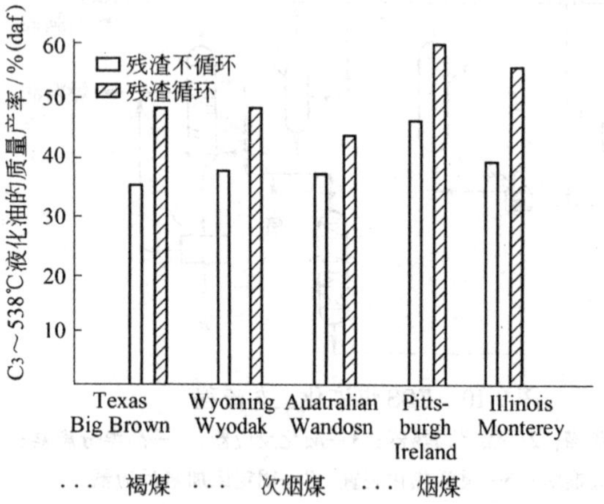

图 9-12 EDS 工艺残渣循环与不循环时煤的液化油质量产率变化

加。其中烟煤的液化油质量产率增加到 55% ~60%(daf)，次烟煤的质量产率增加到 44% ~50%(daf)，褐煤的质量产率增加到 47%(daf)。当用一种次烟煤液化时，采用残渣循环工艺可使循环溶剂质量产率从约 30%(d)增加到 40%(d)。

根据美国埃克森研究和工程公司的试验表明，采用 EDS 残渣循环工艺进行煤液化生产操作具有以下特点：

(1) 减少液化过程中碳酸钙的聚集。以 Texas 褐煤为例，在液化过程中碳酸钙的聚集率降低 60%。

(2) 采用塔底残渣循环工艺，可以改变残渣的性质，使煤液化反应设备内固体物的沉积率降低，由此可延长煤液化试验装置的连续运行时间。

(3) 采用残渣循环工艺，使氢气耗量相应增加。

另外，当用美国中西部烟煤、西部次烟煤和褐煤进行液化试验时，采用 EDS 残渣循环工艺可得到较高产率的低硫液体燃料。

9.5.2.3 灵活焦化装置

为进一步回收蒸馏塔底残渣中含有的碳化物，EDS 工艺采用灵活焦化装置对其进一步加工处理，来提高液化馏分油的产率。其设备结构示意图见图 9-13。

灵活焦化装置是 EDS 工艺的特殊装置。通常，灵活焦化装置是用于石油渣油的加工工艺中，主要是由流化焦化和流化气化反应器集成构成的。

灵活焦化装置将残渣进一步处理后，在提高液化馏分油产率的同时，还可以增加低热值燃气和焦炭产率。该装置的流化焦化反应器热解温度为 485 ~650℃，操作压力小于 3MPa。装置所用蒸汽由焦化器底部通入，从上部产出高沸点液体燃料油。该油可并入蒸馏装置得到的液化油中。在流化气化反应器中，操作介质温度为 815 ~ 950℃。通过流化焦化装置可将液化油质量产率增加 5% ~ 10%，该值相当入焦化反应器残渣量的 25%(daf)。一般来说，通过灵活焦化装置处理残渣得到的液化油产率以烟煤最高，次烟煤次之，褐煤最低。通过灵活焦化装置处理的残渣，基本上可将入料中的碳化物转化成液体和气体产品。少量的碳随煤中的矿物质从装置底部排出。

在 EDS 工艺中，灵活焦化装置和塔底残渣循环工艺的结合，可以达到灵活调节煤液化油产物分布的目的。以 Illinois 6 号煤为例，当塔底残渣不循环时，石脑油(C_5 ~ 175℃)占整个液体馏分的质量分数为 25%，中油馏分占 24%，C_1 ~ C_4 气体占 19%。当采用灵活焦化装置和塔底残渣循环工艺时(包括采用煤部分氧化制氢工艺)，得到的石脑油质量产率占整个蒸馏产物的 37%，中油馏分质量产率占 37%，C_1 ~ C_4 气体质量产率占 22%。结果见图 9-14。因此，可以通过 EDS 工艺条件的控制来调节需要的煤液化产物组成比例。

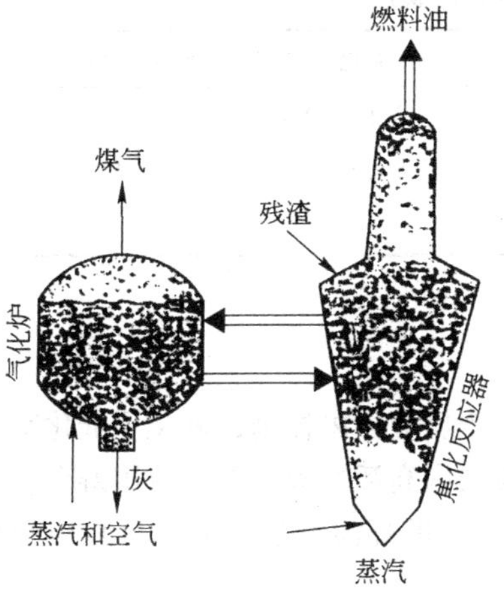

图 9-13 灵活焦化装置示意图

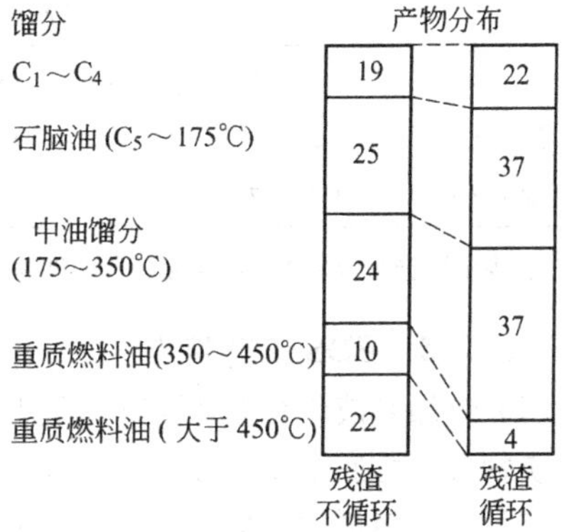

图 9-14 EDS 工艺残渣循环与不循环时煤的液化产物产率分布

9.5.2.4 EDS 中试工艺煤液化试验结果

在 250t/d 的 EDS 中试工艺装置上，对 Illinois 6 号煤进行了液化试验研究。表 9-5 和表 9-6 分别列出了液化原料煤的性质和煤液化试验结果。从表中可以看出，EDS 工艺得到的液体产物中，石脑油和残渣的产率较高。

表 9-5 液化用煤的性质

项 目	Monterey 矿 Illinois 6 烟煤	Burning Star 矿 Illinois 6 烟煤
元素分析/%(d)		
碳	70.1	69.9
氢	5.1	4.9
氧(差值)	10.6	10.4
硫	4.1	3.1
氮	1.2	1.2
氯	0.1	
工业分析/%(d)		
固定碳	47.3	50.8

续表 9-5

项　目	Monterey 矿 Illinois 6 烟煤	Burning Star 矿 Illinois 6 烟煤
挥发分	41.8	38.7
灰分	8.9	10.5
H/C 原子比	0.87	0.84
岩相组成/%(d)		
活性组分	79.6	78.2
惰性组分	8.7	11.3
矿物质	12.0	10.5
镜质组反射率 R_{max}/%	0.45	0.52

表 9-6　EDS 工艺用 Illinois 6 号煤的液化产物产率

	液化产物	质量产率/%(d)		液化产物	质量产率/%(d)
气　体	C_1 ~ C_3	6.6	重质馏分	371 ~ 538℃	7.2
石脑油	C_4 ~ 264℃	18.2	残　渣	>538℃残渣	49.7
中质馏分	264 ~ 371℃	7.7			

注：表中数据是未采用灵活焦化装置的试验结果。

9.5.2.5　EDS 工艺特点

(1) 煤加氢液化和循环溶剂加氢工艺条件可以分别在两个反应器内控制，避免了催化剂与煤中矿物质或塔底重油馏分间的直接接触，可延长加氢反应器内高活性催化剂的使用寿命。

(2) 循环溶剂催化加氢工艺是 EDS 工艺过程的主要特点。循环溶剂加氢后，可相应提高煤的液化油产率。

(3) EDS 工艺灵活焦化装置是由流化焦化和流化气化装置构成的。通过灵活焦化装置处理塔底残渣，可以提高液化馏分油的产率。

9.5.2.6　煤液化油应用

EDS 工艺制备的煤液化产品可以在多种生产过程中使用。如 C_1 ~ C_2 气体可以用于生产合成气。C_3 ~ C_4 气体可以用作优质燃料或炼厂原料气。石脑油可以用作汽油的添加原料。中油可用作电厂透平机的燃料等。其煤液化油的主要用途见图 9-15。

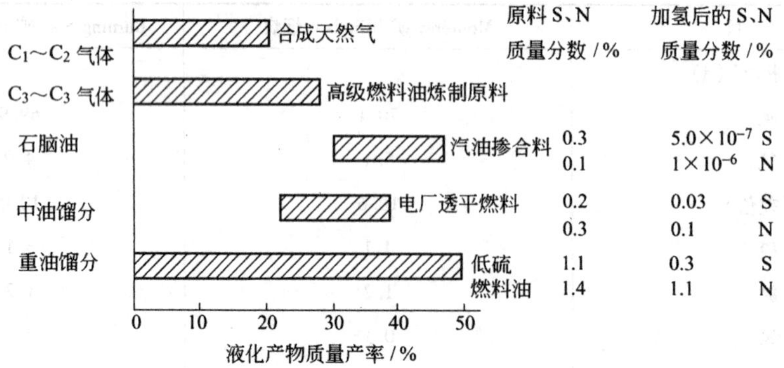

图 9-15　EDS 工艺生产的煤液化产品用途

9.5.3 美国氢-煤工艺(H-Coal)

1964 年，美国 HRI 公司(后来并入美国碳氢技术公司 Hydrocarbon Technologies Inc.，简称 HTI)在石油渣油加氢裂解的 H-Oil 工艺基础上，开发出一段沸腾床煤加氢液化的氢-煤工艺，并完成 5000t/d 煤液化厂的概念设计。氢-煤工艺的开发得到美国能源部(DOE)、美国电力研究所(EPRI)和 Ashland 合成燃料公司等政府和企业部门的资助。该工艺属于一段催化液化工艺。HRI 公司从 11.3kg/d 的小型连续实验装置到 3t/d 的工艺开发装置(PDU)和 200 及 600t/d 的中试厂都进行了许多试验工作。在 Kentucky 州 Catlettsburg 所建的 200t/d 和 600t/d 中试厂，可以按照两种不同的燃料生产模式运转。两种模式的主要区别在于煤加氢液化的反应程度不同。对 200t/d 的合成油生产模式，可制备沸点范围较宽的合成油产品，主要目的是替代石油炼制原料，并从合成油中提取汽油和低硫燃料油。600t/d 的燃料油生产模式，主要目的是制备低硫重质燃料油和脱灰残渣，燃料油产品主要用于锅炉等设备的燃料。

9.5.3.1 氢-煤工艺流程

氢-煤工艺主要由煤浆制备、煤液化反应、液化产物分离和液化油的精馏工艺部分所组成。在 New Jersey 州的 Trenton 建有 3t/d 的氢-煤工艺开发装置(PDU)，工艺流程如图 9-16 所示。

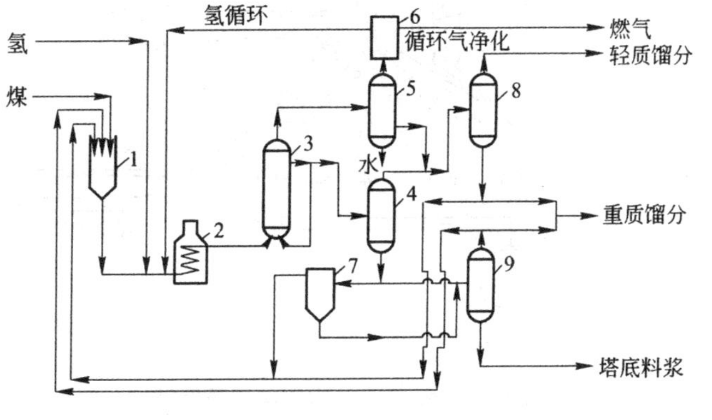

图 9-16 氢-煤工艺流程

1—煤浆混合槽；2—预热器；3—反应器；4—真空闪蒸塔；5—产物冷却器；6—气体洗涤装置；7—水力旋流分离器；8—常压蒸馏塔；9—真空闪蒸塔

在煤浆制备和液化反应过程中，煤料粉碎至小于 60 目，经干燥处理后送往煤浆混合槽与循环溶剂混合。煤浆中煤的质量分数为 30%。在煤浆加压到 20.4MPa 后泵入煤浆预热器中，用直接火加热并与过程送入的循环氢气和新鲜氢气一起预热到 400℃。预热后的煤浆送入反应器内，反应器操作温度 427 ~ 455℃，反应压力 18.6MPa。料浆在反应器内停留 30 ~ 60min。由于煤加氢液化反应是强放热过程，因此反应器出口的物料温度比进口温度约高 66 ~ 149℃。当原料煤浆(包括含残渣的循环溶剂)经过 Co-Mo/Al_2O_3 催化剂床层时，煤浆在催化剂的作用下发生加氢反应。原料煤和循环残渣经加氢热解后转化成液化油、气体和残渣。

在液化产物分离过程中，反应器顶部排出的含烃气体直接进入到冷凝器，冷却后的气体通过气体净化装置可分出气态烃，并用做煤浆预热器的燃料或用于加热水产生高温水蒸气；从中分出的富氢气体作循环氢气并返回到煤浆预热器前继续使用。从反应器内排出的液体产物，包括未反应的煤和矿物质，被直接送入真空闪蒸塔中，分出气体、液体和固体产物。气体产物经冷却后送入常压蒸馏塔，制取轻质油馏分。在闪蒸塔底排出的液体产物中含有较多的残留油、矿物质和少量的轻质液体组分，将其送入水力旋流分离器，从中分离出高固体含量和低固体含量两种料流。从水利旋流器下部排出的高固含量料流被送往闪蒸塔进行闪蒸处理，从中可得到重质馏分油和塔底残渣，重质油被送往煤浆混合槽作循环溶剂使用。从水力旋流分离器上部流出的低固含量物料被直接送入煤浆混合槽用作循环溶剂。因此，该工艺过程提高了重质馏分油产率。

9.5.3.2 氢-煤工艺液化反应器的结构及催化剂的性能

氢-煤工艺使用的核心设备是沸腾床液化反应器，床内装入 Ni-Mo/Al_2O_3 催化剂。反应器结构见图 9-17。

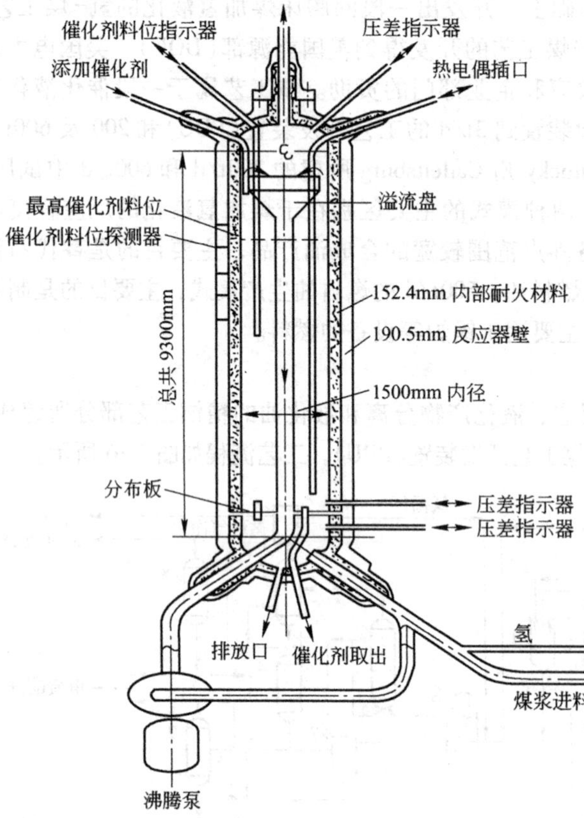

图 9-17 氢-煤工艺液化反应器的结构

反应器下部设有液体分布板，以控制进入反应器内煤浆向上流动的均匀性，同时也可以提高沸腾床反应器内煤浆在高向液化温度的均匀性，因此有利于煤液化时放出反应热的均匀分布。

煤液化反应器中使用的催化剂是 HDS-1402，为石油加工用柱状 Co-Mo/Al_2O_3 催化剂。其颗粒平均长度为 4.69mm，直径为 1.65mm。经孔分布测定表明，催化剂具有双峰分布，小孔平均直径 5.8nm，较大孔体积占总孔体积的体积分数为 28%。因其相对密度高于煤料，故在煤浆处于流化状态时，可保证催化剂颗粒留在反应器内，未反应的煤粒子可随液体浆料从反应器上部排出。煤液化试验结果表明，每吨煤的催化剂耗量为 0.45kg，费用约占生产成本的 2.7%。催化剂可以定期从反应器下部取出小部分，同时从上部补充相应量的新鲜催化剂，这样可以保持液化反应器内催化剂的催化活性。

9.5.3.3 氢-煤工艺煤液化试验结果

美国碳氢研究公司采用氢-煤工艺，分别在工艺开发装置和中试装置上试验了烟煤、次烟煤和褐煤的液化反应性能。主要包括 Kentucky 9、11 号，Illinois 6 号及 Wyodak 煤。试验用原料煤的工业分析和元素分析结果见表 9-7。在工艺开发装置和中试装置上的煤液化试验结果见表 9-8。

表 9-7 原料煤的工业分析和元素分析

项 目	Illinois No. 6	Wyodak	项 目	Illinois No. 6	Wyodak
工业分析/%(d)			氢	4.89	5.2
灰 分	11.60	8.10	氮	0.90	0.9
挥发分	38.11	46.70	硫	3.13	0.7
固定碳	50.29	45.20	氧	9.2	16.3
元素分析/%(d)			灰	11.60	8.1
碳	70.28	68.8			

表 9-8 氢-煤工艺开发装置和中试装置煤的液化产物产率

煤液化产物质量分数	Illinois No. 6		Kentucky No. 9 和 No. 14		Wyodak	
	中试装置	工艺开发装置	中试装置	工艺开发装置	中试装置	工艺开发装置
$C_1 \sim C_3$/%	11.77	10.68	10.36	9.80	9.29	9.98
$C_4 \sim 204$℃/%	22.41	18.74	14.74	15.05	25.95	22.12
204 ~ 343℃/%	16.46	20.37	17.80	16.10	14.60	13.20
343 ~ 524℃/%	8.81	7.96	10.23	10.88	9.33	10.86
其他气体/%	9.99	10.87	12.55	12.86	18.20	18.58
残渣/%	21.26	19.00	27.38	27.59	10.65	11.27
未转化煤/%	3.46	5.78	2.18	3.64	9.12	10.72
灰分/%	11.31	11.51	9.27	8.27	9.13	8.84
氢耗/%	5.47	4.91	4.51	4.19	6.28	5.57

由表 9-8 可见，对同种煤料进行液化试验时，在中试装置和工艺开发装置上得到的液化试验结果基本一致。由此表明，从小试到工艺放大试验过程所确定的工艺条件和选择的各项工艺设备参数是合理的。

9.5.3.4 氢-煤工艺操作要点

A 粉煤干燥

美国碳氢研究公司在工艺开发装置上，用 Wyssmonf 旋转盘干燥机来处理原料煤。对粒度小于 0.246mm 的原料煤进行了干燥试验研究，目的是使煤料水分的质量分数降到小于 2%。

Wyssmonf 旋转盘干燥机是由密闭圆筒和若干个旋转盘组成。圆筒从上到下共设有 18 个旋转盘子。当需干燥煤料时，用纯度为 95% 的氮气从筒的下部吹入并向上流动，而煤料是从筒上部向下流动。筒内干燥温度为 99 ~ 105℃。首先煤料经过星式喂料机落入第一个盘子上，当盘子转动一周后，即将煤料擦落到第二个盘子上。依此类推，当煤料落到最下面一个盘子时，就完成了整个干燥过程。煤料的水分质量分数可从原来的 10% 降到 2%，煤料的干燥时间为 35min，干燥机处理能力为 226.8kg/h。但该法对含水量较高的原料煤处理时，达不到液化用煤的水分指标要求。如处理水分质量分数为 30% 的 Wyodak 次烟煤时就存在这一问题。

B 预热煤浆的黏度

预热煤浆的黏度对液化反应器操作的稳定性有着重要影响。煤浆黏度高时，将影响反应器内催化剂床层的流化高度。中试装置操作的结果表明，控制好进入预热器内的氢气量可以达到调节煤浆黏度大小的目的。这已在工艺开发装置上取得了满意的效果。

C 煤液化反应器内催化剂床层的流化高度

反应器内催化剂床层的流化高度，可以通过调节进入反应器内煤浆的循环量来实现。通过煤浆的循环来达到需要的催化剂床层流化高度。这样既可以保证反应器的生产能力、反应器内温度的均匀性和稳定性，也可以保证煤的液化效果。

9.5.3.5 氢-煤工艺的主要特点

（1）氢-煤工艺技术生产操作的灵活性较大。主要体现在对原料煤种的适应性和对液化产物品种的可调性上。试验表明，该工艺可适用于褐煤、次烟煤和烟煤的液化反应。由于氢-煤工艺是用外加催化剂进行加氢液化，不依赖于原料煤中矿物质的催化作用，因此通过控制外加催化剂的活性就可以达到调节煤液化反应过程的目的。如调节氢-煤工艺的操作条件，可以实现由以生产轻质油和中油为主的合成原油产品过程转到以生产低硫液体燃料油为主的工艺过程。而且氢-煤工艺对上述两种过程的操作都具有较高的煤转化率。

（2）煤液化时反应器内的催化剂呈流化状态，使催化剂、反应物煤浆和供氢溶剂间可以密切接触，从而提高反应器的传热和传质效果。既有利于供氢溶剂与煤热解产生的自由基“碎片”间的氢传递作用，也有利于缩短浆料在反应器内的停留时间以增加煤的液化率。在达到同样煤转化率的条件下，催化流化床反应器的操作温度可低于非催化流化床反应器的操作温度。

（3）氢-煤工艺将煤催化液化反应、循环溶剂加氢反应和液化产物的精制过程综合在一个反应器内进行，因此缩短了工艺流程，提高了煤转化效率。

（4）在同样液化反应温度下，氢-煤工艺的流化床反应器空速较高，有利于提高流化催化剂床层温度的均匀性。

（5）在流化床反应器内使用的催化剂可以连续加入和抽出，因此可以保持煤液化催化剂的高活性。

（6）氢-煤工艺过程的热效率高。据美国工程学会能源委员会 ESCOE 编写的报告中说明，在国际上几种主要的煤液化工艺中，氢-煤工艺生产液体燃料油的热效率处于领先地位，达到74%。生产合成油的热效率达到69%。

9.5.3.6 氢-煤工艺的主要产品和用途

氢-煤工艺生产的主要产品有石脑油、中油和重质油。其中石脑油经过进一步加氢处理可降低油中氮和硫等杂原子的含量，因此可用于汽油的掺和原料。如果对石脑油产物加氢重整处理，可得到研究法辛烷值为103的重整油品。

中质和重质燃料油可作为电厂和工厂的主要燃料，也可以作为轮船用的运输燃料油。中质油经过中度加氢处理，还可以作为民用燃料油。如进一步深加工处理，可以制备汽油、柴油和喷气机燃料。由于燃料油的H/C原子比低，而氮、氧含量较高，故在催化裂解之前需先进行加氢处理，这样可显著提高氢-煤工艺的汽油产率。

9.5.4 日本 NEDOL 煤液化工艺

20世纪80年代初，日本新能源产业技术综合开发机构（NEDO）负责实施日本阳光计划，开发出 NEDOL 烟煤液化新工艺，建成了1t/d的小型连续试验装置。在此装置试验工作的基础上，于1996年在鹿岛建成150t/d的 NEDOL 煤液化中间试验厂，液体燃料产量约为550bl/d。至1998年，中试厂已运转5次，探索了不同煤种和不同液化条件下煤的液化反应性能，并完成两种印尼煤（Tanitoharum 和 Adaro）和一种日本煤（Ikeshima）的试验研究，取得了工艺过程放大的试验数据。

9.5.4.1 NEDOL 煤液化工艺流程

NEDOL 煤液化工艺是一段煤液化反应过程，它吸收了美国 EDS 工艺与德国新工艺的技术经验。该工艺的特点是将制备煤浆用的循环溶剂进行预加氢处理，以提高溶剂的供氢能力，同时可使煤液化反应在较缓和的条件下进行，所产液化油的质量高于美国 EDS 工艺，操作压力低于德国煤液化新工艺。但 NEDOL 煤液化工艺流程较为复杂。生产的主要产品有轻质油（沸点<220℃）、中质油（沸程220~350℃）、重质油（沸程350~538℃）和液化残渣，其中重油馏分经加氢后可作为循环供氢溶剂使用。150t/d的 NEDOL 煤液化中试装置工艺流程见图9-18。

NEDOL 煤液化工艺过程主要包括煤浆制备、液化反应、液化产物分离和循环溶剂加氢工艺过程。

原料煤从受煤槽经提升机输送到原料煤斗后，送到粉碎机中粉碎至平均粒径50μm。然后

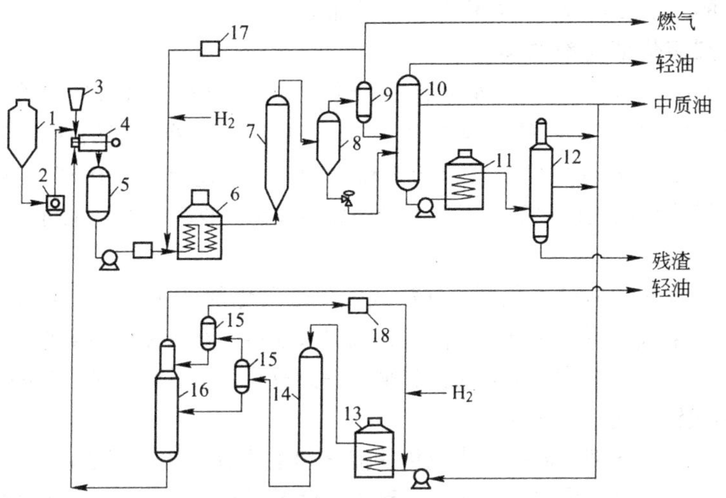

图 9-18 NEDOL 煤液化工艺流程

1—原料煤贮槽；2—粉碎机；3—催化剂贮槽；4—煤浆混合器；5—煤浆贮槽；6—煤浆预热器；7—液化反应器；8—高温分离器；9—低温分离器；10—常压蒸馏塔；11—常压塔底重油预热器；12—真空闪蒸塔；13—循环油预热器；14—固定床加氢反应器；15—分离器；16—汽提塔；17，18—循环氢气压缩机

将粉煤输送到煤浆混合器中，在此与溶剂加氢工艺过程送来的循环溶剂及高活性铁基催化剂一起混合并送入煤浆贮槽。煤浆中煤的质量分数为45%～50%，铁基催化剂加入3%。

从原料煤浆制备工艺过程送来的含铁催化剂煤浆，经高压原料泵加压后，与氢气压缩机送来的富氢循环气体一起进入到煤浆，直接在预热器内加热到387～417℃，并连续送入三个串联的高温液化反应器内。原料煤浆在反应器内的温度为450～460℃，反应压力为16.8～18.8MPa。煤浆在反应器内的停留时间为1h。

反应后的液化产物送往高温分离器中进行气、液分离，高温分离器出来的含烃气体经过冷却器冷却后再进入低温分离器，将得到的分离液进行油、气分离。低温分离液和高温分离器排放阀降压后排出的分离液一起送往常压蒸馏塔，从中生产出轻油（沸点<220℃）和常压塔底残油。

从常压塔底得到的塔底残油经加热后，送入真空闪蒸塔处理。在此被分成重质油（沸程350～538℃）和中质油（沸程220～350℃）及液化残渣（沸点>538℃）。重质油和部分中质油被送入加氢工段以制备加氢循环溶剂油。残渣主要是含未反应的煤、矿物质和催化剂。残渣可送往制氢工艺气化制氢。

为提高煤溶剂的供氢性能和液化反应效率，NEDOL工艺用液化反应过程得到的重质油和用于调节循环溶剂量的部分中质油作为加氢循环溶剂。加氢反应器的操作温度为290～330℃，反应压力为10.0MPa，空速为$1.0h^{-1}$。从加氢反应器出来的富氢循环溶剂经分离器和汽提塔处理后进入原料煤浆制备过程，在此与煤料和加入的催化剂一起输送到煤浆混合器中。

循环溶剂加氢反应是在固定床反应器内进行的。反应器为圆筒形结构，内径1.150m，高16.995m。加氢催化剂主要组分的质量分数为NiO 3.0%、MoO_3 15.0%，载体为γ-Al_2O_3。催化剂直径1.5mm，长3.0mm。催化剂填充密度为$0.7g/cm^3$。反应器内有6层Ni-Mo/γ-Al_2O_3构成的催化剂床层。加氢催化剂在使用前，需在氢气氛中进行预硫化，处理温度为250℃，压力为10.0MPa，空速为$1.0h^{-1}$。在预硫化时，可用煤焦油中分出的蒽油和杂酚油作流动相，并添加质量分数为1%的二甲二硫醚化合物作为硫化添加剂。

9.5.4.2 煤液化催化剂的制备

NEDOL 煤液化工艺是使用铁基催化剂。主要有天然黄铁矿、合成硫化铁及从铁气化炉中制备的铁粉。其中天然黄铁矿的平均粒径为0.7~0.8μm，催化剂的活性组分质量分数为60%，S和Fe原子的质量分数分别为51.0%和48.2%，其他组分含0.8%。催化剂的比表面积为6.1m^2/g。煤液化加入催化剂，不仅可以提高煤液化油收率，而且也可以提高循环溶剂的供氢能力。

(1) 铁浴式气化法(CGS)催化剂。铁浴式气化法催化剂是通过向铁浴式气化炉中加入煤粉、液化残渣粉和氧气进行气化反应，同时，也加入辅料生石灰和铁屑等物质。将气化炉煤气中夹带的粉尘冷却后，用湿式集尘器收集起来并得到成浆。然后对其进行浓缩、分级、脱水及干燥处理即可制成铁浴式气化法催化剂。

(2) 合成硫化铁催化剂。制备合成硫化铁催化剂主要有干法和湿法。在 NEDOL 中试工艺装置上是采用干法。制备时先将硫酸亚铁、硫磺、燃料气和空气按一定比例相混合，并在流动的焙烧炉中进行焙烧处理。产物经旋风分离器回收后即可得到合成硫化铁催化剂。

(3) 天然铁系催化剂。NEDOL 工艺采用的天然铁系催化剂主要是铁矾土和铁矿石。为使天然铁系催化剂粉碎到需要的粒度，NEDOL 工艺采用湿式两段粉碎方式。一段粉碎采用球磨机，粉碎后的平均粒径达到1.5μm。二段粉碎采用球承磨机，粉碎后的平均粒径达到0.7μm。粉碎设备处理能力为5t/d。

9.5.4.3 NEDOL 工艺中试装置煤液化试验结果

用150t/d的 NEDOL 中试装置分别对 Tanitoharum、Adaro 和 Ikeshima 三种煤进行液化试验研究。原料煤的性质及液化试验结果见表9-9和表9-10。

表9-9 NEDOL 煤液化工艺用原料煤的工业分析和元素分析

项 目	Tanitoharum	Adaro	Ikeshima
工业分析/%			
挥发分(daf)	51.4	47.6	42.3
固定碳(d)	47.2	47.9	48.5
灰 分(d)	1.4	4.5	9.2
全水分	16.8	6.0	1.7
元素分析/%(daf)			
碳	74.9	75.9	82.0
氢	5.2	5.7	6.1
氮	0.9	1.7	1.4
硫	0.0	0.3	1.4
氧(差值法)	19.0	16.4	9.2
H/C 原子比	0.83	0.90	0.89

表9-10 150t/d的 NEDOL 工艺中试装置煤的液化试验结果

项 目	Tanitoharum	Adaro	Ikeshima
运行时间/h	1012	1402	
煤浆中煤质量分数/%	40	40~45	40~50
反应温度/℃	450	450~460	450~460
反应压力/MPa	17	17	17
最大压力差/kPa	<100	<120	<100
每吨浆料产气量/$m^3\cdot t^{-1}$	700	700~900	700~900

续表 9-10

项　　目	Tanitoharum	Adaro	Ikeshima
氢耗/%(daf)	5.4	5.3~5.9	4.5
煤液化产物质量产率/%(daf)			
气体	17.8	21.5~24.3	15.0
水	10.4	11.4~11.3	6.1
油(C_4~538℃)	53.7	48.2~49.4	44.0
残渣(沸点>538℃)	23.5	24.2~20.8	39.4

从表9-10可知，三种煤液化后，Tanitoharum次烟煤的C_4~538℃馏分油质量产率较高，为53.7%(daf)；Ikeshima煤的液化油质量产率最低，为44.0%(daf)。由三种煤的碳含量和挥发分数值可以明显看出，Ikeshima煤的变质程度较高，其煤中碳质量分数比其他两种煤都高，为82%(daf)；挥发分最低，为42.3%(d)。因此该煤是属于变质程度较高的煤，表现在煤液化后油收率相对较低。

在NEDOL煤液化工艺中，采用三个高温煤液化反应器串联使用。反应器直径为1.0m，高11.0m。

NEDOL煤液化工艺中，煤浆浓度的确定主要应考虑反应器容积利用率、煤的变质程度和液化操作条件等因素。当用变质程度较高的煤液化时，宜采用高煤浆浓度，如煤浆中煤的质量分数为50%。如用变质程度较低的煤液化时，因煤的孔隙率较高，吸附性强，宜采用相对较低的煤浆浓度，如45%。

9.5.4.4 循环溶剂的性质

从表9-11可见，将上述三种煤液化后得到的循环溶剂再用Ni-Mo/Al_2O_3催化剂加氢处理后，加氢溶剂的化学性质极其相近。尽管三种煤的硫含量差异较大，最高质量分数为1.4%(daf)，但加氢处理后，溶剂中硫含量为零。由此可见，使用的加氢催化剂具有较高的脱硫活性。循环溶剂中氧和氮原子的质量分数分别为0.6%~1.5%(daf)和0.2%~0.9%(daf)，与原煤中氧和氮含量相比，所用加氢催化剂的脱氧效果优于脱氮。另外，Ikeshima煤挥发分低，碳含量较高，其水分和灰分等指标都与其他两种煤差别较大，但煤液化后得到循环溶剂芳碳率均为0.45。该芳碳率数值可以完全达到煤液化所需要的供氢能力要求。

表9-11　150t/d的NEDOL煤液化工艺加氢溶剂的性质

项　　目	液化用煤种		
	Tanitoharum煤	Adaro煤	Ikeshima煤
加氢溶剂组成/%(daf)			
200~260℃	26.4	23.2	24.6
260~350℃	46.8	44.8	44.1
350~538℃	26.8	32.0	31.3
元素组成/%(daf)			
C	87.8	88.6	88.8
H	9.8	9.9	10.2
N	0.9	0.2	0.4
S	0.0	0.0	0.0
O	1.5	1.3	0.6
H/C	1.34	1.34	1.38
芳碳率/%	0.45	0.45	0.45

9.5.4.5 NEDOL 工艺的特点

(1) 液化反应条件比较温和，操作压力较低，为17～19MPa，反应温度为455～465℃。煤液体产品收率较高，特别是轻质和中质油的比例较高；

(2) 煤液化反应器等主要操作装置的稳定性高，性能可靠；

(3) NEDOL 工艺可适用从次烟煤到烟煤间的多个煤种的液化反应要求；

(4) 使用价格低廉的天然黄铁矿等铁基催化剂用于煤液化反应过程，可降低煤液化成本；

(5) 液化反应后的固-液混合物用真空闪蒸方法进行分离，简化了工艺过程，易于放大生产规模；

(6) 煤液化工艺使用的循环溶剂进行单独加氢处理，可提高循环溶剂的供氢能力。

9.5.5 德国 IGOR 煤液化工艺

德国环保与原材料回收公司与德国矿冶研究院(DMT)联合开发了煤加氢液化与加氢精制一体化联合工艺 IGOR(Integrated Gross Oil Refining)。原料煤经该工艺过程液化后，可直接得到加氢裂解及催化重整工艺处理的合格原料油，从而改变了以往煤加氢液化制备的合成原油还需再单独进行加氢精制工艺处理的传统煤液化模式。

9.5.5.1 德国 IGOR 煤液化工艺流程

在 IGOR 工艺过程的研究和开发中，先后建有0.2t/d 的工艺开发装置和200t/d 中试装置。原料煤主要采用德国鲁尔地区的高挥发分烟煤。煤液化过程使用的催化剂为炼铝工业的废弃物赤泥。固定床加氢精制工艺过程使用的催化剂为工业加氢催化剂，主要组成为 Ni-Mo/Al_2O_3。德国 IGOR 工艺流程见图9-19。

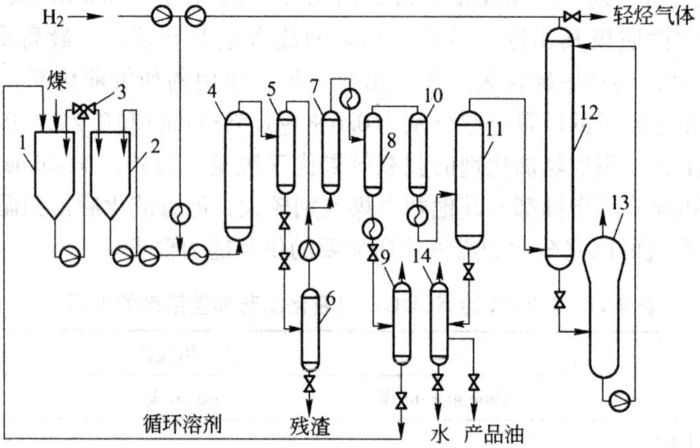

图9-19 德国 IGOR 煤液化工艺流程

1—煤浆混合罐；2—煤浆贮槽；3—煤浆泵；4—液化反应器；5—高温分离器；6—真空闪蒸塔；7—第一固定床加氢反应器；8—中温分离器；9—储油罐Ⅰ；10—第二固定床加氢反应器；11—汽液分离器；12—洗气塔；13—储油罐Ⅱ；14—油水分离器

IGOR 工艺主要由煤浆制备、液化反应、两段催化加氢、液化产物分离和常减压蒸馏工艺过程所组成。

原料煤经粉碎并干燥处理后，与循环溶剂和赤泥催化剂一起送入煤浆混合罐中，保持煤浆中固体物质量分数大于50%。用泵将其送入煤浆预热器并与反应系统返回的循环氢和补充的新鲜氢气一起泵入液化反应器中。反应器操作温度为470℃，反应压力为30MPa，反应器空速

0.5t/(m^3·h)。煤经高温液化后，反应器顶部排出的液化产物进入到高温分离器中，在此将轻质油气、难挥发有机液体及未转化的煤等产物分离。其中重质产物经高温分离器下部减压阀排出被送入真空闪蒸塔，在此分出塔底残渣和闪蒸油。残渣直接送往气化制氢工艺生产氢气。真空闪蒸塔顶流出的闪蒸油与从高温分离器分出的气相产物一并送入第一固定床加氢反应器。

加氢反应器操作温度为350~420℃。加氢后的产物被送入中温分离器，在分离器底部排出重质油，经储油罐收集后，将其返回到煤浆混合罐中循环使用。从中温分离器顶部出来的馏分油气送入第二固定床反应器再进行一次加氢处理，由此得到的加氢产物送往汽液分离器。从中分离出的轻质油气被送入气体洗涤塔。从中可回收轻质油，并储存在储油罐中。洗涤塔顶排出的富氢气体产物经循环压缩机压缩后返回到工艺系统中循环使用。为保持循环气体中氢气的浓度达到工艺要求，还需补充一定量的新鲜氢气。由汽液分离器底部排出的馏分油送入油水分离器，分离出水后的产品油可以进一步精制。

9.5.5.2 德国IGOR煤液化工艺的试验结果

在200kg/d的IGOR工艺开发装置上，对烟煤进行了液化性能研究，结果见表9-12和表9-13。煤液化使用的催化剂是赤泥，主要组成为Fe_2O_3。煤液化反应温度为470℃，反应压力为30MPa，溶煤比为1:1。固定床加氢精制催化剂的主要组成为Ni-Mo。

表9-12 德国IGOR工艺液化用原料煤的性质

工业分析/%(daf)		元素分析/%(daf)				
灰分	挥发分	碳	氢	氧	氮	硫
5.1	36.5	84.8	5.6	7.2	1.5	1.0

表9-13 德国IGOR工艺煤液化产品的性质

煤液化产品的质量产率/%(daf)		>C_5的液化油质量分析		>C_5的液化油蒸馏试验	
>C_4的液化油	60.5	密度(20℃)/g·cm^{-3}	833	初馏点/℃	80
闪蒸残渣	21	氢/%	13.7	10℃	115/%(体积)
C_1~C_3气态烃	17	氮/mg·kg^{-1}	<5	30℃	175/%(体积)
化合水和惰性气体	10	氧/mg·kg^{-1}	<2	50℃	220/%(体积)
				70℃	251/%(体积)
				90℃	289/%(体积)
				终馏点/℃	331

我国云南先锋褐煤在德国200kg/d的工艺开发装置上进行了液化性能研究。结果表明，在煤浆质量浓度为50%，液化温度为455℃，反应压力为30MPa，反应器空速为0.6t/(m^3·h)的液化条件下，液化油质量产率为53%，其产品中柴油占液化油的55%，汽油占45%。液化油中氮和硫原子的含量分别为2mg/kg和17mg/kg。柴油馏分的十六烷值可达48.8。

德国IGOR煤液化工艺与传统煤液化工艺有较大的区别，IGOR工艺生产的精制合成原油与传统煤液化工艺得到的合成原油性质完全不同，其油品是无色透明状物质。通常煤液化生产的合成原油含有大量的多核芳烃，其中O、N及S等杂环化合物及酚类化合物对人体健康及生产操作环境都有较大的危害，而IGOR工艺是将煤液化及液化油加氢精制和油品的饱和处理等工艺过程集成为一体，所得的液化油没有一般煤制液化油的臭味，不生成沉淀，也不变色，消除有害毒性物质对环境的污染。该工艺精制合成原油产品中的杂原子含量仅为10^{-5}数量级。

9.5.5.3 德国IGOR工艺的特点

IGOR煤液化工艺具有以下特点：

（1）煤液化反应和液化油的提质加工被设计在同一高压反应系统内，因而可得到杂原子含量极低的精制燃料油。该工艺缩短了煤液化制合成油工艺过程，使生产过程中循环油量、气态烃生成量及废水处理量减少。

（2）煤液化反应器的空速达到0.5～0.6t/(m^3·h)，比其他煤液化工艺的反应器空速(0.24～0.36t/(m^3·h))高。对同样容积的反应器，可提高生产能力50%～100%。

（3）制备煤浆用的循环溶剂是本工艺生产的加氢循环油，因而溶剂具有较高的供氢性能，有利于提高煤液化率和液化油产率。

（4）IGOR工艺设置有两段固定床加氢装置，使制备的成品煤液化油中稠环芳烃、芳香氨和酚类物质的含量极少，成品油质量高。

9.5.6 美国HRI催化两段液化(CTSL)工艺

催化两段液化(Catalytic Two-Stage Liquefaction, CTSL)工艺是1982年由美国碳氢研究公司HRI开发的煤液化工艺。该工艺的煤液化油收率高达77.9%，成本比一段煤液化工艺降低17%，使煤液化工艺的技术性和经济性都有明显的提高和改善。

CTSL工艺的第一段和第二段都装有高活性的加氢和加氢裂解催化剂，两段反应器既分开又紧密相连，可以单独控制各自的反应条件，使煤液化处于最佳的操作状态。CTSL工艺使用的催化剂主要有Ni-Mo/Al_2O_3或Co-Mo/Al_2O_3等工业加氢及加氢裂解催化剂。

9.5.6.1 CTSL液化工艺流程

在1992年，HRI公司建成了22.68kg/h的催化两段液化工艺的小型试验装置，随后又建成3t/d的工艺开发装置。CTSL液化工艺流程见图9-20。

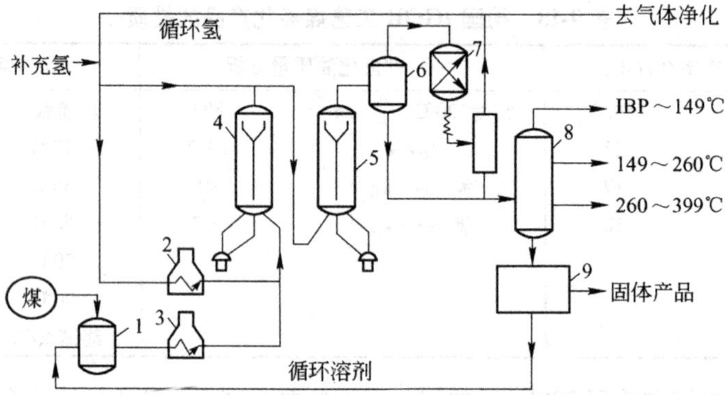

图9-20 HRI催化两段液化工艺流程

1—煤浆混合罐；2—氢气预热器；3—煤浆预热器；4—第一段液化反应器；5—第二段液化反应器；6—高温分离器；7—气体净化装置；8—常压蒸馏塔；9—残渣分离装置

CTSL液化工艺流程主要包括煤浆制备、一段和二段煤液化反应、液化产物分离和液化油蒸馏等工艺过程。

原料煤粉与循环溶剂在煤浆混合罐中进行混合制成原料煤浆。煤浆经预热后再与氢气混合并泵入一段流化床液化反应器中。反应器操作温度为399℃，该液化温度低于氢-煤工艺的液化反应温度(443～452℃)。由于第一段液化反应器的操作温度相对较低，使煤在较温和的条件下发生热溶解反应，这一过程也有利于反应器内循环溶剂的进一步加氢。第一段液化反应器适宜操作条件的确定，对煤的溶解速率、溶剂的加氢速率与自由基的稳定速率相互间的适应性具有重要影响，也对第二段液化油产率的提高具有较大的促进作用。第一段液化后得到的产物被直接送到温度为435~441℃的第二段流化床液化反应器中。由于一段液化产生的沥青烯和前沥青烯等重质产物在二段液化时将继续发生加氢反应，使重质产物向低相对分子质量的液化油转化。该过程还可以达到部分脱除产物中的杂原子，使液化油的质量得到提高。从第二段液化反应器排出的产物首先用氢淬冷，以抑制液化产物在分离过程中发生结焦现象，淬冷过程将产物分离成气相和液相产物。气相产物经进一步冷凝并回收氢气及净化后又返回到氢气预热器和液化反应器中。液相产物经常压蒸馏工艺过程可制备出高质量的馏分油(C_4~399℃)。在常压塔底排出的液化残渣可直接送入残渣分离装置，从中回收高沸点的重质油作为循环溶剂，并返回煤浆混合罐中继续使用。残渣分离装置排出的固体残渣即为未转化的煤和灰分。

在CTSL工艺中，一段和二段液化的结合促进了一段液化产物的进一步加氢和残渣的裂解反应，从而可提高液化油收率。特别是控制好CTSL工艺中第二段反应器操作条件，对最终液化产物的选择性和质量的调节都具有重要作用。

9.5.6.2 CTSL液化工艺的实验结果

为便于比较CTSL液化工艺的试验结果，表9-14示出了CTSL工艺、H-Coal工艺和两段直接耦合(DC-TSL)液化工艺对某煤种的试验结果。从表中可以看出，CTSL工艺与氢-煤工艺相比，C_4~524℃液化油的质量产率从47.7%(daf)增加到63.7%(daf)，净增加16.0%(daf)。特别是中油馏分的选择性和质量产率都有较大幅度的提高，从20%(daf)增加到33%(daf)。C_1~C_4烃类气体的质量产率降低2.7%(daf)。氢利用率从7.8%提高到9.3%，在原基础上相对提高20%。与直接耦合两段液化工艺相比，氢利用率仍然提高。据资料报道，在液化油品的质量方面，CTSL工艺所产的液化油脂肪烃含量较高，杂原子含量较少，使油品的质量有明显提高。

表9-14 CTSL工艺、DC-TSL工艺和氢-煤工艺的液化试验结果

项　目	氢-煤工艺	DC-TSL工艺	CTSL工艺
质量产率/%(daf)			
C_1~C_4	11.0	9.6	8.3
C_4~199℃	17.3	19.8	18.9
199~343℃	20.0	24.3	33.1
343~524℃	10.4	13.2	11.7
>524℃残渣	14.1	12.1	4.8
煤转化率/%(daf)	90.8	90.0	90.1
≤524℃/%(daf)	75.5	80.0	85.4
C_4~524℃/%(daf)	47.7	57.3	63.7
氢耗(单位质量液化油消耗的氢气质量)/%	6.1	6.4	6.9
氢利用率(消耗单位质量氢气所生成的液化油质量)/%	7.8	8.9	9.3

9.5.6.3 影响CTSL液化工艺的因素

A 煤液化催化剂

在CTSL液化工艺中，煤一段和两段液化反应器内分别装填高活性加氢和加氢裂解催化剂，主要是Ni-Mo或Co-Mo催化剂。实验已证明，催化剂的活性、失活速率和在流化床反应器中具有的物理和化学性质对煤液化油收率和液化产品质量都有重要的影响。

HRI公司最初使用直径为1.59mm的Co-Mo催化剂(商品名为Amocat 1A)。该催化剂经在流化床反应器中的试验结果表明，当床层呈悬浮状态时，反应物煤浆形成的密度和黏度范围较宽，这对控制好催化剂床层的操作状态提供了有利条件。对一段和二段液化反应使用的催化剂最好能够一致，以有利于工业化操作。特别是 Ni-Mo 催化剂，因其催化活性较高，使第二段煤液化在较缓和的条件下仍然可以得到较高产率和质量的液化油产品。表 9-15 列出了某煤使用几种 Ni-Mo 催化剂时的 CTSL 工艺试验结果。

表 9-15　催化剂对煤液化产物产率的影响

项　目	煤液化用催化剂		
	Amocat 1C	UOP RM-4	Shell S-317
催化剂直径/mm	1.59	1.27	0.79
质量产率/%(daf)			
$C_1 \sim C_3$	6.1	5.9	5.8
$C_4 \sim 199℃$	19.2	17.3	17.0
199 ~ 343℃	33.7	32.1	31.4
343 ~ 524℃	16.7	20.5	20.4
>524℃	9.0	8.8	9.4
$C_4 \sim 524℃$	69.5	70.0	68.8
<524℃转化率	85.4	84.9	84.4
煤转化率/%	94.4	93.7	93.7
氢耗/%(daf)	6.9	7.0	7.0

注：第一段液化温度 399℃；第二段液化温度 427℃；氢压 17.24MPa；溶煤比 1.6∶1(质量比)。

尽管上述煤液化过程温度较低，但 $C_4 \sim 524℃$ 油馏分的产率仍然较高，质量产率约 70%(daf)，而 $C_1 \sim C_3$ 气体产率较低，质量产率仅为 6%(daf)左右。该两段煤液化工艺的氢耗较低，只有 7%(daf)。

大量的试验工作表明，不同种类催化剂对煤液化转化率有较大的影响。1991 年，HTI 公司试验了分散性铁氧化物和钼酸盐催化剂对煤液化性能的影响。以 Illinois 6 号煤为例，比较了初浸法制备的煤担载型铁氧化物催化剂和直接向煤浆中加入分散性四硫代钼酸氨(ATTM)催化剂的液化效果。结果表明：在同样条件下，煤担载质量为 2.8‰的铁氧化物催化剂与直接加入 ATTM 1.58‰时的煤液化结果相同，煤转化率分别为 94.6%(daf)和 94.5%(daf)，小于 524℃的液化油质量产率分别为 90.4%(daf)和 89.5%(daf)。可见，钼系催化剂的催化性能远高于铁系催化剂。

如将分散性铁和钼金属化合物一起混合进行煤液化试验，煤转化率比单独用其中任何一种催化剂时的转化率都高。以 Black Thunder 矿的次烟煤液化为例，当采用初浸法将煤担载 6.1‰的铁基催化剂与同时向反应体系中加入 0.3‰钼酸氨溶液一并制成煤浆混合液，按常规的两段液化模式操作，最终可使煤液化质量转化率约提高到 94%(daf)，液化油质量产率约达到 64.5%(daf)。

B　原料煤

原料煤灰分对煤液化率有一定影响。在 CTSL 液化工艺中，如果适当降低煤料灰分，可以提高煤的转化率。以 Illinois 6 号煤为例，采用常规洗煤方法煤灰分质量分数可降到 10.3%(d)。用重介质洗煤方法，煤灰分质量分数可降到 5.5%(d)，且煤岩活性组分的体积分数由常规洗煤法的88.2%增加到91.5%，惰性组分体积分数由11.8%下降到8.5%。煤经液化试验后，重介质洗煤方法得到的煤原料质量转化率提高2%(d)。如采用静电沉积技术来脱灰，煤灰分可降到质量分数为4.9%(d)，煤液化后的质量转化率增加3%(d)。

煤经脱灰后再用于液化反应不仅可以减少液化后的残渣量，还可以降低分离固体残渣的生产操作成本，但煤脱灰过程也相应增加液化用煤的制备成本。因此，煤料是否脱灰应根据生产实际情况进行综合考虑。

C　煤液化温度

在CTSL液化工艺中，反应器温度的确定对煤液化转化率和液化产物分布有着重要影响。一般来说，第一段反应器温度低于第二段反应器温度。提高第一段液化温度，有利于增加一段产物中沥青烯的含量和液化产品芳香度。HTI公司对此进行的试验表明，当第一段反应器温度低于371℃时，煤的转化率较低。当温度增加到413℃时，煤转化率得到提高，但液化产品产率较低，氢利用率也降低。当第二段反应器温度低于441℃时，煤转化率随温度提高而增加，但氢利用率变化很小。当第二段反应器温度高于441℃时，气体产率增加，氢利用率减小。以Black Thunder矿的次烟煤液化为例，当改变一段和二段液化温度时，CTSL液化工艺在不同液化温度下的试验结果见表9-16。

表9-16　不同液化温度条件下Black Thunder次烟煤的液化结果

项目 \ 试验号	1	2	3	4	5	6
试验条件						
反应器空速/kg·(h·m^3)$^{-1}$	704.8	704.8	704.8	704.8	704.8	1073.2
溶剂与煤质量比						
滤液	1.01	0.71	0.71	0.71	0.71	0.71
顶部分离器残渣	0.00	0.38	0.38	0.38	0.38	0.38
反应器温度/℃						
第一段反应器	399	399	424	436	399	399
第二段反应器	427	441	424	408	441	441
液化产物产率/%(daf)						
C_4~524℃	63.8	67.9	64.8	62.3	63.6	59.8
<524℃	84.6	88.6	87.5	89.1	87.4	82.7
煤质量转化率/%	87.2	91.4	91.4	92.3	91.8	87.3
脱硫率/%	70.0	71.0	71.0	72.0	71.0	69.0
脱氮率/%	72.0	75.0	75.0	80.0	76.0	65.0
氢耗/%(质量分数)	8.0	8.2	8.2	8.5	8.0	7.1

D　溶煤比

溶煤比是煤液化操作的重要参数。该值大小对煤浆的输送、煤的热溶解反应和活性氢的传递等方面都具有重要影响。溶煤比参数的选择也是确定单元反应设备尺寸大小的重要参考依据。低溶煤比操作，可以提高反应器有效容积利用率，并可通过液化过程中形成的液化产物而改善液化反应动力学效果。

在循环溶剂中最好是不含固体物质。通过小型连续试验装置进行溶煤比为1的煤液化结果表明，只要使用的循环供氢溶剂及在第一段催化加氢反应器内得到的液化产物黏度低，进行低溶煤比的液化操作是可行的。

E 反应器煤浆循环量的调节

反应器的流化状态可以通过反应器底部的外循环泵来调节。增加反应器内煤浆液体流速，可以强化反应器内液相流体的循环状态，起到提高反应器内气、液和固三相物质间的传热和传质作用，也有利于提高反应器内温度的均匀性。反应器内煤浆在流速较高时，液体内的颗粒不会沉降，从而可避免反应器底部出现结焦等问题。

9.5.6.4 CTSL 液化工艺的特点

CTSL 煤液化工艺与氢-煤工艺和直接耦合两段液化工艺相比有较大的不同。与氢-煤工艺相比，CTSL 工艺的第一段煤液化温度为 399℃，远低于氢-煤工艺的液化温度 427～455℃。第一段液化温度设置较低的目的是促进煤在循环溶剂中能够慢速溶解，并有利于溶解产物在第二段反应器内的加氢裂解反应。此外，第一段低温液化有利于保持煤转化速率、溶剂加氢速率及液化产品的质量稳定性间的相互适应，对降低液化反应氢耗，减少气态烃生成都具有促进作用。CTSL 液化工艺、氢-煤工艺和直接耦合两段液化工艺的特点如表 9-17 所示。

表 9-17 氢-煤、DC-TSL 工艺和 CTSL 工艺的比较

项　目	氢-煤	DC-TSL	CTSL	项　目	氢-煤	DC-TSL	CTSL
液化反应分段	单段	两段	两段	第二段		特好	好
第一段类型		热溶解	催化转化	溶剂质量			
第一段温度		高	低	初　始	中等	特好	特好
第二段类型	催化转化	催化转化	催化转化	最　终	中等	差	特好
第二段温度	高	低	高	煤液化产物的稳定性			
反应器相对体积	1.0	2.0	2.0	馏分油产率	中等	好	
煤转化速度				残渣转化率	中等	好	
第一段	快	快	慢	液体产品的选择性	中等	极好	极好
第二段			快	产品质量	中等	好	极好
溶剂催化再生				催化剂失活	高	低	中等
第一段	中等	差	特好				

自美国 HRI 改称 HTI 公司后，HTI 公司在原有 H-Coal 工艺和 CTSL 工艺基础上开发了 HTI 煤液化新工艺。该工艺吸取了 CTSL 工艺的优点，一是采用多年来开发的流化床反应器，并实现反应器内物料的全返混；二是增加了液化油提质加氢反应器，以提高柴油产品的质量；三是使用高分散性铁基胶状高活性专利催化剂，使催化剂的加入量大大减少。同时，在第一段反应器后增加了脱灰工艺，可除去未反应的残煤和矿物质，从而有利于第二段用高活性催化剂进行液化反应。另外，HTI 公司还采用临界溶剂脱灰(CSD)装置来处理重质油馏分，主要目的是多回收重质油产品。因此 HTI 新工艺的煤液化经济性明显提高。

9.5.7 煤/油和煤/废塑料共处理工艺

这类共处理工艺包括煤/油共处理和煤/废塑料共处理。煤/油共处理工艺是将原料煤与石油重油、油沙沥青或石油渣油等重质油料一起进行加氢液化制油的工艺过程，该技术是 20 世纪 80 年代煤直接液化技术的重要进展之一。煤与重质原料油进行共处理，可以替代或部分替代循环溶剂油。煤/油共处理实际上是石油炼制工业中重油产品的深加工技术与煤直接液化技术的有机结合与发展。煤/废塑料共处理是将原料煤与废旧塑料(包括废旧橡胶)等有机高分子废料一起进行加氢液化制油的工艺过程。该工艺的实现可以充分发挥石油重质油或废旧塑料两类富氢物质的优势，发挥重质油或废塑料与煤在液化过程中的协同作用，达到明显降低供氢溶剂和氢气的消耗量。所以煤共处理技术的开发和利用，可以提高液化原料的转化率和液化油产率。煤共处理工艺比煤单独加氢液化工艺具有更大的发展前景。

煤/油和煤/塑料共处理工艺的开发主要是基于重质油或废旧塑料中的富氢组分可以作为液化过程中的活性氢供体，以此来稳定煤热解产生的自由基“碎片”。开发煤共处理技术不仅可以使煤和渣油或废旧塑料同时得到加工，还可以提高液化油产品的质量。煤油共处理工艺过程的确定，同使用的液化煤种、油种、共处理用催化剂和液化反应条件等因素有关。

9.5.7.1 煤共处理用原料的性质

煤共处理工艺使用的共处理原料主要有重质油、废旧塑料及废旧橡胶等富氢有机原料。

重质油原料主要有两种。一种是天然重质原油和从油沙和油页岩等天然矿物得到的沥青，另一种是从炼油厂得到的常压或减压蒸馏残渣。它与传统煤液化工艺产生的循环溶剂组成不同，上述两类重质油都是石油基油类。废旧塑料是以石油原料为基础生产的产品，包括聚乙烯(PE)、聚丙烯(PP)、聚苯乙烯(PB)、聚氯乙烯(PVC)和橡胶等有机高分子材料。表9-18列出了HTI公司使用的几种煤共处理原料的组成。

表9-18 煤共处理原料的组成

项　目	Black Thunder 煤	Hondo 真空塔底残渣(VTB)	汽车粉碎残料(ASR)	城市固体废塑料(MSW)
工业分析				
水分/%(ar)	10.01			
挥发分/%(d)	43.48			
固定碳/%(d)	50.52			
矿物质/%(d)	6.00			
元素分析/%(d)				
C	70.12	83.84	48.87	80.51
H	5.11	10.13	3.83	11.42
N	0.99	0.90	3.60	0.00
S	0.35	4.39	0.72	0.21
O(差值)	17.24	0.59	23.32	6.06
灰	6.19	0.15	19.68	1.64
Cl				0.16
H/C	0.87	1.45	0.94	1.70

从表9-18可见，同煤相比，渣油和城市废旧塑料中的氢含量较高，特别是城市废塑料和渣油的H/C原子比可分别达到1.70和1.45，其氧含量也远远低于原料煤，因此渣油和城市废旧塑料是煤共处理的优选原料。这些原料在液化时，可以替代或部分替代工艺过程中需要的富氢循环溶剂，从而大大降低煤的液化成本。

9.5.7.2 煤/油和煤/废塑料共处理基本原理

重油和废旧塑料在煤共处理工艺过程中具有良好的供氢性能。以重油为例，其相对分子质量约为500~1000，大分子结构内含有相当数量的芳烃和氢化芳烃组分。在液化时，重油中的氢化芳烃可以释放出活性氢，以此稳定煤热解生成的自由基“碎片”，达到增加液化油的目的。重油中的芳烃和氢化芳烃在液化条件下存在如下化学平衡：

$$芳烃 + H_2 \rightleftharpoons 氢化芳烃$$

为保证反应体系的供氢性能，必须维持较高的氢气压力才可满足失去活性氢的芳烃能在体系内重新再生，成为具有供氢性能的溶剂。

废旧塑料是有机物经聚合过程得到的高分子材料。在其大分子结构间氢含量较高，分子量依聚合程度有较大的差别。一般聚合度越高的高分子塑料，其液化产物的黏度越大。已有试验表明，当煤分别与聚丙烯(PP)和聚乙烯(PE)塑料共处理时，煤与PP共处理的液化油产率较高。研究者认为PP^+比PE^+具有较高的热态动能，容易进行加成反应，而且PP^+—C键较PE^+—C键弱，在共处理时容易断裂。同时，PP^-煤体系比PE^-煤体系具有较强的协同作用。

9.5.7.3　HTI公司的COPRO共处理工艺流程

HRI公司在1985年开发了催化两段共处理工艺。先后进行了煤/油共处理和煤/废塑料共处理试验研究，并在600kg/d小型连续试验装置和3t/d的工艺开发装置上进行了共处理试验。当HRI公司并入HTI公司后，HTI公司在原有共处理试验装置的基础上，开发出32.66kg/d的小型连续试验装置。该装置可以进行煤/油/废塑料的共处理研究。工艺流程见图9-21。

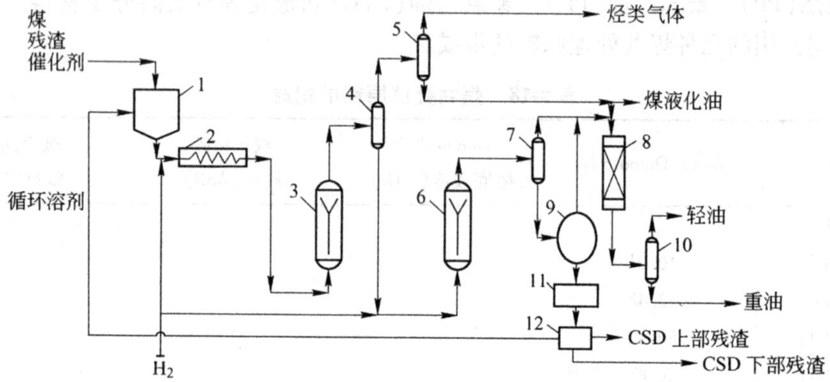

图9-21　HTI的COPRO煤共处理工艺小型连续试验装置

1—煤浆混合罐；2—煤浆预热器；3—一段反应器；4—一段高温分离器；5—一段低温分离器；6—二段反应器；7—二段高温分离器；8—固定床加氢反应器；9—减压蒸馏塔；10—二段低温分离器；11—真空闪蒸器；12—临界溶剂脱灰(CSD)装置

HTI的小型连续煤/油和煤/废塑料共处理试验装置主要由煤浆制备罐、高温预热器、一段和二段流化床催化反应器、高低温分离器、催化加氢反应器和蒸馏装置等组成。

以煤/油共处理为例，工艺流程如下所述：原料煤、石油减压或常压渣油、循环溶剂和催化剂一同被加入到煤浆混合罐，混合后将煤浆送入螺旋管预热器中预热到140℃，并与预热器前加入的氢气一起泵入第一段流化床催化反应器。煤浆在反应器内通过循环泵实现返混操作，返混的目的是提高反应器内气、液和固体混合物的质量和热量传递，提高煤浆在反应器内温度的均匀性。从第一段反应器顶部出来的液化产物经过第一段高温分离器，可将气体和轻质馏分与重质产物分离，分离器顶部的轻质产物经进一步分离处理可以得到轻质液化油，并送往固定床加氢反应器。第一高温分离器底部排除的液态浆料送往第二段流化床反应器，反应器排出的液化产物经第二段高温分离器处理后可以得到氢气、$C_1 \sim C_3$气态烃、杂原子气体和挥发性液体产物。将这些产物再送往加氢反应器，通过加氢处理来进一步减少产物中的杂原子含量并提高轻质馏分油产率。第二段高温分离器底部排出的液体产物可直接送入减压蒸馏塔，塔顶回收的气态产物也直接送入加氢反应器，釜底排出的重质液体经真空闪蒸处理后，将塔底残渣送入临界溶剂脱灰(CSD)装置，从中回收的重质馏分用做循环溶剂，可返回到煤浆混合罐中。底流中未转化的煤、残渣和矿物质及催化剂送去气化制氢。

煤液化反应器的操作温度为440~450℃，压力为13~14MPa，停留时间为15~45min。反应器内装填HTI公司的铁基胶体催化剂(GelCat™)，该催化剂添加量大大减少。在固定床加氢反应器内装填标准C-411三瓣型加氢催化剂，温度保持在379℃。

9.5.7.4 HTI公司COPRO煤共处理工艺试验结果

HTI公司在小型连续试验装置上进行了煤与重质渣油及废旧塑料的共处理试验研究。试验所用原料的性质见表9-18，试验结果见表9-19。

表9-19 HTI公司煤共处理工艺的试验条件和液化结果

项目 \ 试验号	1	2	3	4	5	6	7
原料/%							
煤	100	100	100	0	50	33.33	33.33
废塑料(MSW)	0	0	0	0	0	33.33	33.33
Hondo渣油	0	0	0	100	50	33.33	33.33
反应器空速/kg·(h·m^3)$^{-1}$	694	633	876	1059	870	976	1086
灰循环类型	无	循环	无	无	无	无	循环
循环比	1.0	1.0	1.0	0.17	0.17	0.17	0.17
反应温度/℃							
第一段	433	433	441	441	442	449	450
第二段	449	448	450	451	450	459	460
加氢反应器	379	379	379	379	379	379	379
回归计算质量产率/%(d)							
C_1~C_3气体	11.72	10.37	8.49	4.99	7.15	5.18	5.64
C_4~C_7气体	4.75	4.14	3.19	2.95	2.94	2.82	3.50
IBP~177℃	15.2	15.83	18.67	13.23	16.28	21.28	20.07
177~260℃	11.57	10.62	10.87	13.80	13.65	11.32	12.15
260~343℃	14.81	11.98	11.01	13.83	12.69	11.50	10.65
343~454℃	9.52	12.31	11.66	21.06	15.87	18.04	17.39
454~524℃	2.45	3.02	3.04	11.05	6.27	7.08	6.92
>524℃残渣	6.18	9.05	9.46	16.50	3.76	12.71	13.57
未转化的原料	4.99	6.58	6.80	0.12	2.95	3.17	2.96
氢耗/%	5.91	4.90	5.44	1.72	4.09	3.09	3.09
液化性能/%(daf)							
原料转化率/%	94.7	93.0	92.8	99.9	96.1	96.7	97.0
C_4~524℃馏分产率	61.8	61.4	62.0	76.0	69.7	73.9	72.5
>524℃残渣转化率	88.0	85.2	82.6	83.3	82.7	83.7	83.1

由表9-19可见，反应器空速对液化油产物的选择性影响较小。在试验条件下，如不加入渣油和废旧塑料(1和2号试验)，将反应器空速从633kg/(h·m^3)增加到694kg/(h·m^3)时，两种条件的C_4～524℃馏分油的质量产率非常接近，约为61%，液化油产品的分布也极其相近，只是低空速下得到的343～454℃的馏分油产率略高于高空速下同类油的产率。但高空速下260～343℃的馏分油产率略高于低空速下的同类油产率。

当原料煤单独液化时(1和3号试验)，将第一段反应器的液化温度从433℃增加到441℃时，反应器空速从694kg/(h·m^3)增加到876kg/(h·m^3)，两种条件下生成的C_4～524℃馏分油质量产率比较接近，约为62%；但第一段反应器处于高温条件下生成的小于177℃馏分油质量产率约为18.7%，比第一段低温反应的馏分油质量产率高3.5%；而260～343℃的馏分油质量产率比第一段低温时反应约低4%。所以，增加第一段液化反应器的温度，有利于提高轻质液化油的产率。

当单独对渣油进行液化时(4号试验)，煤质量转化率可达到99.9%，C_4～524℃馏分油质量产率达76.0%，而且石脑油和中油的质量产率也都很高，表明残渣的液化性能较高。如煤与残渣按相同比例进行共处理时(5号试验)，C_4～524℃馏分油质量产率约为69.7%，比煤单独液化时油的质量产率约高7.7%。因此，煤/渣油共处理的液化转化率明显高于煤单独液化时油的质量产率，并且煤/油共处理时的氢耗可由单独处理煤时的5.44%降到4.09%。因此，渣油对煤/油共处理工艺起到极其重要的供氢作用。

当煤/油/废塑料按1:1:1的比例进行共处理时(6号试验)，共处理原料的质量转化率可达到约97%；C_4～524℃馏分油质量产率约达到73.9%。特别是煤/渣油/废塑料三种原料共处理时的氢耗比煤/油共处理时更低，达到3.09%。因此废旧塑料加入越多，共处理的氢耗就越低。

上述表明，煤/油和煤/废塑料共处理技术不仅可以充分利用石油渣油和废旧塑料的供氢性能，也可以降低氢气耗量，最终达到降低煤液化成本，提高煤液化油产率的目的。另外，共处理工艺还可以达到有效调节液化产物分布的目的，以制备更多的轻质汽油及中油馏分，减少气体、沥青烯和液化残渣的产率。

煤液化的目的是制备更多的汽油和柴油馏分，但由于煤的芳香性较高，在液化产物中含有较多的芳香烃、环烷烃、少量的链烷烃和许多杂原子化合物及沥青烯等组分，而在共处理工艺中加入的石油渣油和废旧塑料的组成及液化性能与煤的组成和液化性能差异较大，因此选择适宜的共处理条件，对制备的液化产物选择性和提高液化油产率具有重要作用。

9.5.7.5 重质油和废旧塑料的性质对煤共处理的影响

在煤/油或煤/废塑料共处理工艺中，液化原料的物理化学性质对煤共处理性能具有重要作用。

在煤/油共处理中，如不用催化剂时，渣油黏度和康氏残碳值对煤转化率有较大的影响。当采用低黏度和低康氏残碳值的渣油时，煤转化率较高。如共处理时加入催化剂，渣油的性质对煤的液化转化率影响不大，但采用不同类型的重质油进行共处理，其液化产物组成的分布和氢耗均不相同。具体数值可通过试验条件加以确定。

在煤/废塑料共处理时，由于废塑料中H/C原子比较高，是极好的富氢材料。Huffman等人通过煤与聚对苯二甲酸乙二醇酯(PET)和中密度聚乙烯(MDPE)的共液化试验结果表明，塑料的性质对液化油产率有较大的影响。

9.5.7.6 煤共处理工艺特点

HTI公司开发的COPRO催化两段共处理工艺除具有一般催化两段液化工艺的优点外，由共处理工艺过程和试验结果可以看出，煤共处理工艺还具有以下特点：

（1）反应条件比较缓和；

（2）轻质油品收率高，气体产率低；

（3）氢耗较低，氢利用率高，从而降低了生产成本。

9.5.8　中国煤直接液化技术

我国对煤直接液化的研究工作始于20世纪50年代。在20世纪70年代末，国家科委将其列入“六五”、“七五”国家科技攻关项目；在本世纪初，国家将其列入“863”和“973”项目。许多研究者对我国可以利用的煤炭资源进行了加氢液化性能的研究，主要内容包括煤种优选、煤液化性能评价、最佳液化条件选择及液化过程中煤液化和催化机理及相关工艺过程的研究等。2004年，中国神华集团在内蒙神府东胜矿区建设年产成品油500万t煤直接液化厂，共六条生产线，分两期建设，先期投产第一条生产线，年产各种油品约100万t。

9.5.8.1　中国煤直接液化工艺流程

中国神华集团在煤直接液化项目设计中，吸收了目前国际先进的煤液化技术，并根据煤液化单项技术的成熟程度，对国际代表性的美国HTI工艺进行了优化，形成了中国煤直接液化工艺技术。神华煤直接液化工艺流程示意图见图9-22。

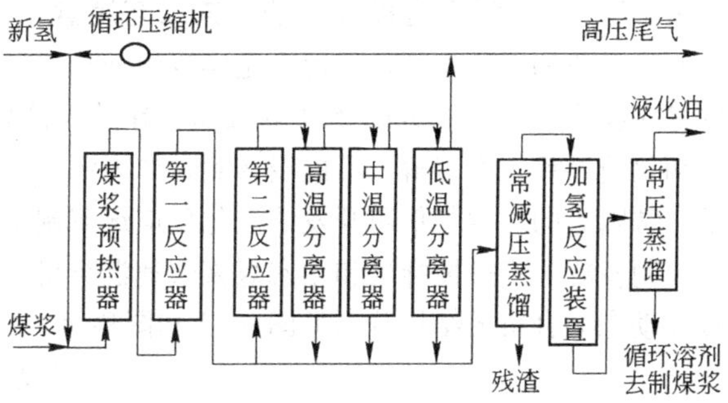

图9-22　神华煤直接液化工艺流程示意图

同时，神华集团在其专利中公开了以强化循环悬浮床加氢反应器为核心内容的煤直接液化工艺流程。其流程简图见图9-23。

液化原料煤经煤前处理装置进行干燥和粉碎后，制成小于0.15mm的煤粉。煤液化需要的催化剂原料使用γ-水合氧化铁（γ-FeOOH），Fe占煤的质量分数为0.5%～1.0%，直径20～

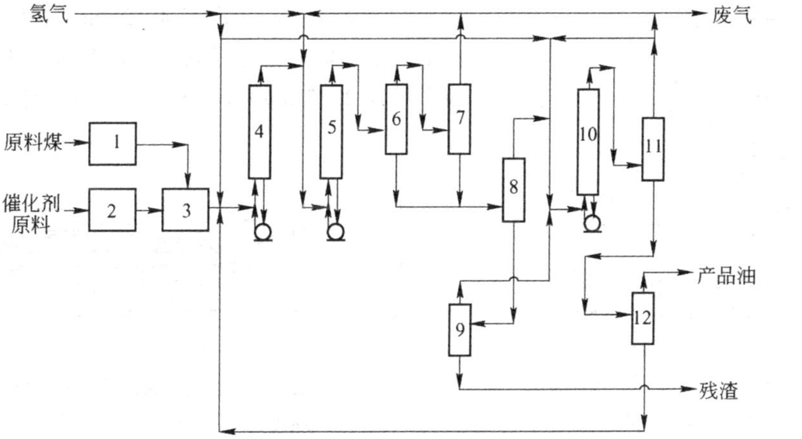

图9-23　神华煤直接液化工艺流程示意图

1—煤前处理装置；2—催化剂制备装置；3—煤浆制备装置；4—第一强制循环悬浮床反应器；5—第二强制循环悬浮床反应器；6—高温分离器；7—低温分离器；8—常压蒸馏塔；9—减压蒸馏塔；10—液化油强制循环悬浮床加氢反应器；11—气液分离器；12—分馏塔

30nm，长度100～180nm，同时按S/Fe原子比为2的比例加入元素硫，经催化剂制备装置制成超细颗粒，然后将煤粉和催化剂在煤浆制备装置中与供氢性溶剂混合制成固体质量分数为45%～55%的煤浆。煤浆与循环氢系统送入的氢气混合并经预热后，连续进入第一和第二两个串联的强制循环悬浮床反应器中，反应器液化温度455℃，压力19MPa；从第二强制循环悬浮床反应器出来的煤液化产物进入高温分离器进行气液分离，并将温度控制在420℃，从高温分离器顶部排出的气相物料进入低温分离器进一步气液分离。低温分离器出来的气相物料与氢气混合循环使用，废气部分被排出系统。同时，高温分离器和低温分离器底部出来的液相物料进入常压蒸馏塔，在此分离出轻质馏分；该塔底物料进入减压蒸馏塔进行沥青和固体物质的脱除，塔底物料即为液化残渣。常压蒸馏塔和减压蒸馏塔排出的馏分油与氢气混合后全部进入强制循环悬浮床加氢反应器中，在此进行以提高溶剂供氢性能为目的的催化加氢。从该反应器出口排出的物料进入气液分离器进行气液分离，分离出的气相物质与氢气混合循环使用，废气部分被排出系统。气液分离器底部出来的液相物料进入产品分馏塔，分馏出汽油、柴油馏分产品和供氢性溶剂。

9.5.8.2 神华煤直接液化的相关工艺装置

原料煤粉和循环溶剂均匀混合是实现煤液化过程稳定生产和提高液化油产率的重要基础。特别是对粒度小于0.165mm的干燥煤粉，在其与循环溶剂混合时，易出现"包裹"现象。即循环溶剂仅使煤粉表面溶解，不能浸透到粉体内部，从而产生二次凝聚粒，而二次凝聚粒的再分散是非常困难的。神华集团开发了液化反应煤浆制备工艺，原料煤粉、循环溶剂和催化剂粉体在煤浆制备罐内经过搅拌桨和动态煤浆快速混合机的作用将固液两相强化混合。煤浆制备工艺装置和动态混合机的结构分别见图9-24和图9-25。

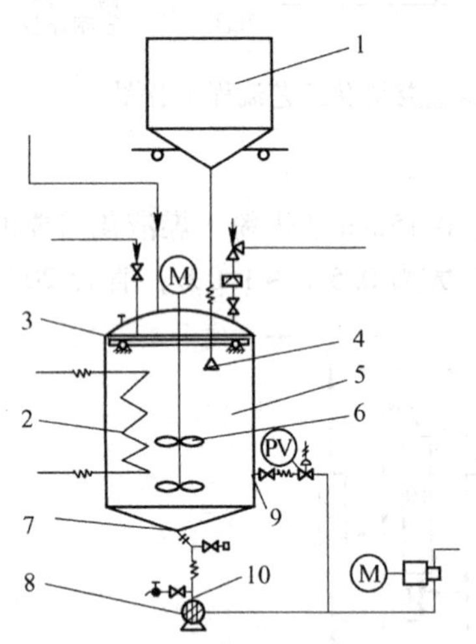

图9-24 煤浆制备装置结构示意图

1—加料罐；2—蒸气伴热管；3—溶剂油或水喷淋管；4—煤浆加料管；5—煤浆制备罐；6—搅拌桨；7—循环口；8—动态煤浆快速混合机；9—混合腔出口；10—混合腔入口

神华煤直接液化工艺主要采用两段串联煤液化反应器，提高了煤浆空速。煤液化催化剂采用人工合成的新一代高效铁基催化剂，催化剂用量较少，成本低。煤液化产物的固液分离采用减压蒸馏工艺。

神华煤直接液化反应器设计压力20.36MPa，设计温度482℃，工作介质为煤浆、H_2、H_2S等；反应器容积为641.5m^3，内径4812mm，壁厚334mm；反应器长34500mm（切线长），裙座高度为19.6m；反应器材质2.25Cr-1Mo-0.25V，设备重量2070t。

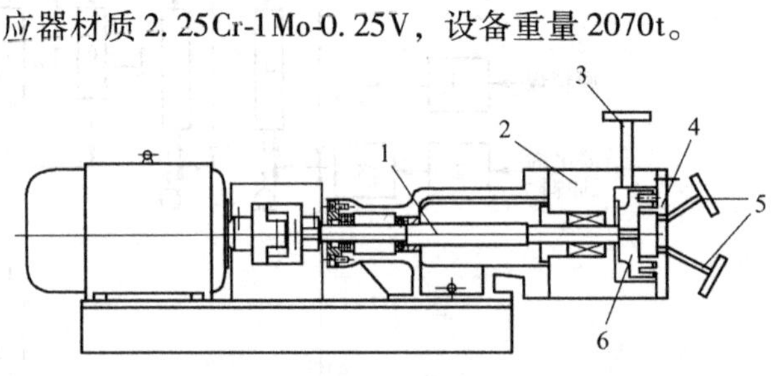

图9-25 煤浆快速混合机结构示意图

1—传动轴；2—混合腔；3—混合腔出口；4—转子；5—混合腔入口；6—定子

9.5.8.3 神华煤液化油的加氢改质

神华煤液化工程采用将全馏分煤液化油进行稳定加氢，其目的是通过加氢来饱和二烯烃、烯烃等不稳定组分，以避免后续加工装置、设备及管线结焦；同时，通过加氢达到脱氧目的，避免过程生成的水对后续加氢装置使用的催化剂活性及稳定性造成较大影响。另外，加氢还可以实现脱氮、脱硫，降低后续石脑油重整预精制和柴油深度加氢改制装置的苛刻操作条件。在柴油深度加氢改质装置操作中，采用高压操作可以提供芳烃加氢饱和需要的强大推动力，同时克服热力学上的不利因素。采用精制和裂化一段串联工艺，使双环以上芳烃部分饱和后开环裂化，有利于提高柴油的十六烷值。煤液化油经过加氢改质、重整、芳烃抽提等加工过程，可以得到低硫、低芳烃的柴油，以及合格的苯、甲苯、混合二甲苯等化工产品。

9.6 典型煤液化工艺生产的煤液化产物性质

煤液化产物的性质与所用煤种、液化工艺及液化条件等因素密切相关，特别是使用高活性催化剂对提高煤液化转化率具有重要作用。各种煤液化工艺所制备的煤液化产物的物理和化学性质差别较大。煤液化得到的产物是非常复杂的混合物，相对分子质量分布很宽，从低沸点的气体和汽油到高沸点的重质油及液化残渣等产物，相对分子质量逐渐增高。

图 9-26 列出了 SRC、H-Coal 和 Synthoil 几个典型工艺得到的煤液化产物中芳香碳质量分数与 C/H 原子比间的关系。从图中可以看出，随煤液化加氢深度的提高，煤液化工艺得到的液体产物中 C/H 原子比和芳碳率都降低。

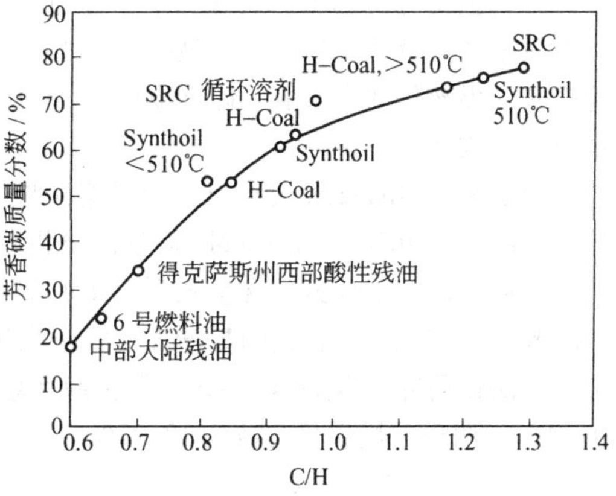

图 9-26 煤液化产物中芳香碳质量分数与 C/H 原子比之间的关系

表 9-20 中示出的几种煤直接液化工艺得到的煤液体产品性质。由表中数据可见，氢-煤工艺制备的煤液体杂原子含量较低，SRC 工艺得到的产品杂原子含量较高。

表 9-20 各种煤液体与燃料油的性质比较表

项目	SRC 工艺	氢-煤工艺	Synthoil 工艺	石油 6 号燃料油
元素分析(质量分数)/%				
碳	87.9	89.0	87.6	86.4
氢	5.7	7.9	8.0	11.2
氧	3.5	2.1	2.1	0.3
氮	1.7	0.77	0.97	0.41
硫	0.57	0.42	0.43	1.96
灰	0.01	0.02	0.68	
馏分油馏出率(体积分数)/%	模拟蒸馏温度/℃			
初馏点/℃		250	222	175
15	510	312	264	
20	>510	327	279	379
50	>510	404	379	478
70	>510	>517	>477	>532
90	>510	>517	>477	>532
终馏点/℃	>510	>517	>477	>532
芳香度/%	77	63	61	24
C/H 原子比	1.29	0.94	0.92	0.45

煤化学工作者利用现代分析仪器如 FT-ir、GC-MS、HPLC 和 CP/MAS^{13}C-NMR 等现代测试仪器对煤液化产物的组成和结构特点进行了许多研究。认为煤加氢液化工艺所制备的初级煤液化产品通常都含有较多的碳，氢含量远低于石油产品。这是因为煤直接液化所生产的煤液体具有较高的缩聚程度，其芳香度高于石油产品。煤液体中含有较多的氧、氮和硫杂原子化合物，特别是含氧化合物的数量较高，杂原子化合物的含量高于石油，并主要存在于高沸点的沥青烯类化合物中。

为进一步了解煤液化产物的组成，研究者采用柱色谱或高效液相色谱对煤液化油的族组成进行分析，并将其分成油的亚组分，即烷烃、芳烃和极性物(包括酸性和碱性组分)。许多试验工作表明，煤液化得到的脂肪烃主要以直链和支链烷烃为主，也含有一些环烷烃化合物，其中直链脂肪烃分子的碳链长度依煤化度而不同。煤直接液化所制备的液体产品大都保留了煤大分子的初始环系结构，因而煤液化油中的环烷烃和氢化芳烃含量较高，这些芳烃组分大都带有烷基侧链，主要有烷基苯、烷基萘、烷基菲、烷基蒽及烷基芘等芳烃。酸性组分主要有二甲酚、三甲酚及少量的茚酚等。煤液化油中的碱性组分主要是四氢喹啉、八氢啡啶和吖啶的同系物等产品。煤液化油中含氧、硫和氮的化合物可通过进一步加氢处理脱除，但会相应增加氢气耗量及生产成本。

美国研究者 Huang 等人采用一种褐煤和两种次烟煤进行加氢液化的研究，其中次烟煤液化后油质量产率达 40%。用 GC/MS 对油的分析表明，其中含有较多的 1,2-二氢茚、烷基茚及烷基萘等双环芳烃，单环芳烃含量较低。如将煤用四硫代钼酸铵(ATTM)催化剂浸渍后再液化，油中的芳烃母体化合物含量明显增加。我国煤炭科学研究总院北京煤化所对兖州北宿高硫煤进行了加氢液化研究，以 Fe_2O_3+S 为催化剂及蒽油为溶剂时，液化油中 1-4 环芳烃质量分数达到 41.4%，两环芳烃质量分数为 13.97%。

9.7 影响煤液化产率的因素

9.7.1 原料煤

9.7.1.1 煤变质程度和煤岩显微组分

研究者在对煤液化性能的大量研究工作证明，煤液化转化率和液化油产率与煤化度和煤岩组分关系较大。由于成煤原始植物和成煤条件的不同，使煤的组成和结构呈现多样性和不均一性，因此不同煤种及不同煤岩组分表现出不同的液化反应性能。

煤中碳含量是表征煤化程度的主要指标。同一煤化度的煤，不同煤岩组分的液化性能也不相同，因此煤中碳含量和煤岩组成是人们选择适宜液化煤种时常需考虑的两个因素。煤中碳含量与煤液化转化率的关系如图 9-27 所示。由图可见，中等煤化度煤，即煤中碳含量在 82% ~ 84% 之间时，煤液化转化率最高。当煤中碳含量过高或过低时，煤液化转化率都较低。

Fisher 等人的研究结果表明，煤中干燥无灰基碳含量及煤中的 H/C 原子比与煤转化率之间有着密切关系。煤液化的目的是为了提高产物中的氢含量，因此煤液化后产物的 H/C 原子比得到提高。图 9-28 示出了煤中 H/C 原子比与煤液化转化率的关系。当煤中 H/C 原子比为 0.71 ~0.75 时，煤加氢液化具有较高的煤液化转化率。

用煤岩显微组分和镜质组最大反射率来预测煤的液化效果是很有意义的。煤中镜质组、壳质组和丝质组在煤液化时具有不同的液化反应性。同一煤岩显微组分因变质程度的差异也表现出不同的液化性能。许多研究者已经证明，高挥发分煤的镜质组(Vitrinite)和壳质组(Exinite)

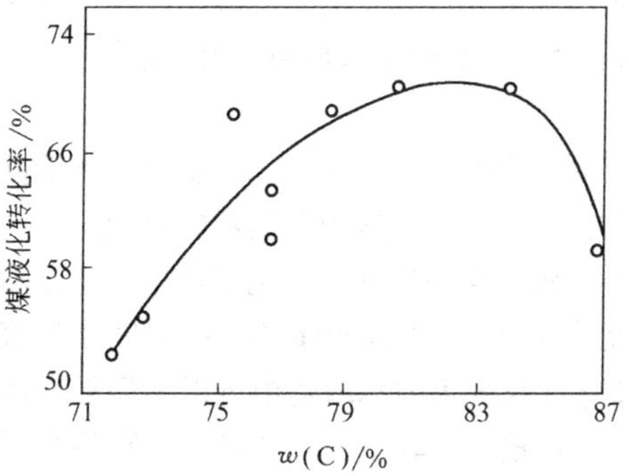

图 9-27 煤中碳含量与煤液化转化率的关系

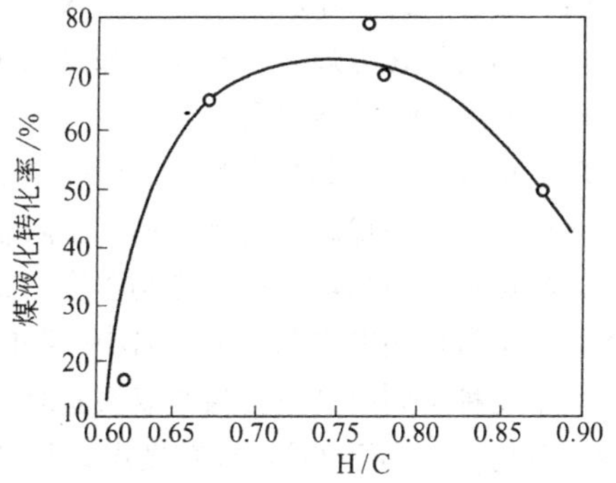

图 9-28 H/C 原子比与煤液化转化率的关系

为煤的活性组分，在加氢液化时具有较高的液化率。其中壳质组的液化率高于镜质组，惰质组(Inertinite)的液化性能最低，其中微粒体和不透明基质体较不宜液化，但也不是完全惰性的，在低变质程度阶段，惰质组仍然具有一定的液化反应性能，而丝质体(Fusinite)几乎是不能液化的。Davis 等人提出，煤中镜质组反射率在 0.5 ~ 1.0 之间的煤料适宜于作为液化用原料。煤液化率与镜质组含量的关系见图 9-29。从图中可见，高挥发分烟煤的液化率最高，煤变质程度过高或过低都不能得到较高的煤液化率。特别是煤的变质程度过高时，即使是煤中的活性显微组分，也难于得到较高的煤液化率。

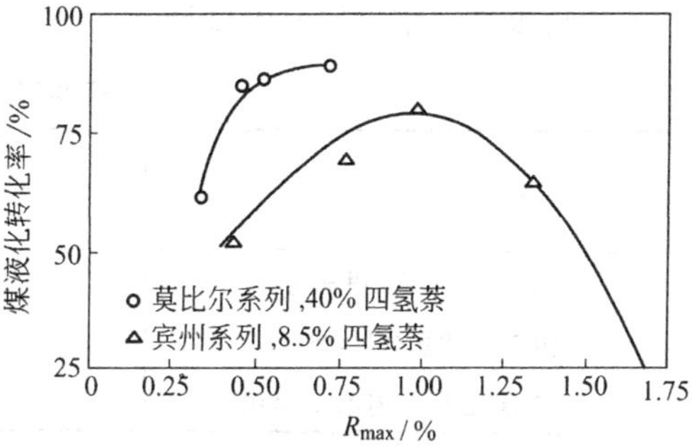

图 9-29 煤镜质组反射率与煤液化转化率间的关系

对液化煤种的选择，除应考虑煤化度、煤岩组分等指标来预测煤的液化性能外，最终还应通过液化试验来确定煤的液化反应性能。

我国煤炭科学研究总院北京煤化所在处理能力为 0.1t/d 煤连续液化实验装置上，对我国十几个省和自治区的气煤、长焰煤和褐煤等进行了煤液化性能研究。结果表明，碳含量小于 85%，H/C 原子比大于 0.8，挥发分 >40%，活性组分含量接近 90% 的煤，都具有较好的液化性能。可见，我国储量丰富的年轻烟煤大都是煤液化的适宜原料。北京煤化所已优选出多种原料煤，包括山东兖州北宿、滕州及甘肃天祝烟煤、沈北和云南先锋褐煤等，为我国开发煤液化技术提供了可靠的原料基础数据。

9.7.1.2 煤中矿物质

煤中除有机显微组分外，还有各种矿物质。主要有硅酸盐、硅铝酸盐、硫酸盐、硫化物、碳酸盐和氧化物等。矿物质中主要含硅、铝、铁、钙、镁、钠和钾等元素。依原始成煤条件不同，煤中矿物质含量差别较大。灰分和硫分是煤中矿物质的重要组成部分，由于煤中黄铁矿存在对煤液化具有正向催化作用，在煤液化过程中如有硫存在，其可以使含铁化合物转化成具有催化活性的磁黄铁矿，因此研究煤中矿物质的含量和组成对指导煤液化工作具有重要的实际意义。

Granoff 研究了灰分为 3.7% ~17.2% 煤的液化反应性能，发现高灰煤在有机硫脱除后，对煤转化成液体产物表现出较好的性能。煤中黄铁矿(FeS_2)的脱硫活性较低，而 FeS 表现出较高的脱硫活性。如果煤加氢液化的目的是制备合成油，则用煤中矿物质作催化剂是有利的。如果煤加氢液化脱硫是主要目的，如生产溶剂精制煤产品，则煤加氢液化反应前脱除煤中矿物质是有利的。已有研究工作表明，煤中黄铁矿的主要作用是增加液化产物中的苯可溶物产率，并使煤液化产物的氢化芳烃进一步发生加氢反应，从而有利于维持煤液化循环溶剂的供氢能力。

9.7.1.3 原料煤粒度

煤直接液化用的原料煤粒度一般在微米数量级。对原料煤粒度的选择，一是要有利于消除煤液化反应过程中煤颗粒的传热和传质限制，二是有利于节省粉碎机等设备消耗的能量。

原料煤粒度对煤液化率的影响程度，文献报道不尽一致。但为确保煤液化过程中试样粒度不受溶剂扩散作用的限制，采用略小一些的原料煤粒度是适宜的。Woodfine 等人的研究结果表明，当用几种不同溶剂进行煤萃取实验时，发现小于60μm 粒度煤的萃取物中可以得到较高的喹啉可溶物，而小于2000μm 粒度煤的萃取物中喹啉可溶物较少，其中多环芳烃化合物的含量高于前者，实验结果如表9-21 所示。美国 Princeton 大学的研究人员采用短接触时间，对45～47μm 和425～600μm 两种粒度的 Illinois 6(Burning Star)和 Illinois 6(Montery)煤的研究结果表明：有供氢溶剂时，两种煤液化产物中的 SRC 产率基本相近，但大粒度煤的残渣质量产率较高，达到约20%，结果如表9-22 所示。

表 9-21 实验结果

溶剂种类	Cresswell 煤转化率(%dmmf)	
	<2000μm	<60μm
9，10-二氢化蒽/甲基萘	16.8	35.5
9，10-二氢化蒽/甲基萘/芴	20.9	48.2
9，10-二氢化蒽/甲基萘/2-萘酚	31.7	51.1

注：1. 实验条件：反应温度400℃；反应时间1h；搅拌速度≥500rpm。
2. dmmf 为干燥无矿物基。

表 9-22 原料煤粒度对煤液化产物产率的影响

项目	Illinois 6号(Burning Star)		Illinois 6号(Monterey)	
粒径/μm	45～47	425～600	45～47	425～600
煤转化率/%(daf)	84.6	78.5	84.7	87.9
SRC 质量产率/%(daf)	71.9	71.0	66.6	64.1
残渣产率/%(daf)	15.4	21.5	15.1	20.2

注：液化温度454～460℃，压力10.4～11.5MPa；合成油/煤=6～9，反应时间0.5～0.6min。

为减小煤颗粒在液化反应时的扩散限制，提高质量传递速率，液化用煤的粒度应该适宜。目前，大多数煤直接液化工艺采用的粒度一般为100～200目。

9.7.2 氢气、供氢溶剂和溶煤比

9.7.2.1 氢气

由煤液化反应的自由基机理得知，煤热溶解或热裂解过程中产生的自由基“碎片”，可以通过液化体系中存在的活性氢原子而稳定。因此提高氢压有利于提高反应体系中活性氢的浓度，同时氢气的存在也有利于抑制反应过程中发生的自由基缩聚和结焦等逆反应过程，促进煤的液化反应。

氢压主要影响反应体系中氢气在溶剂中的溶解度，也直接影响液化系统中活性氢的浓度。一般氢气在溶剂中的溶解度服从亨利定律，即氢气压力增高，氢气的溶解度增大。研究者曾以

杂酚油为溶剂进行氢气在溶剂中的溶解度试验，在液化温度为400℃、绝对压力为2.76～20.68MPa条件下，氢气在液相中的溶解度如图9-30所示。关于氢气在煤液体中的溶解度数据，研究者按溶煤比为3∶1制成的煤浆，并替代杂酚油进行相同条件下的试验，发现氢气在煤浆中的溶解度与在杂酚油中的溶解度基本相同。但氢气在溶剂中溶解度随温度的变化与一般情况相反，即当温度增加时，氢气在溶剂中的溶解度增大，这可能是因为该溶解过程是吸热反应过程所致。

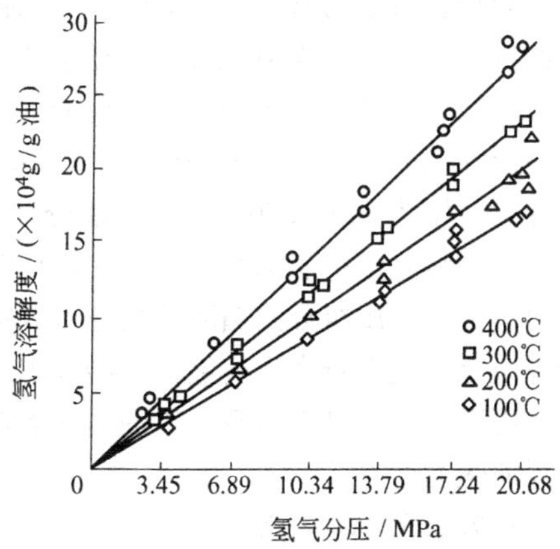

图9-30　氢气在杂酚油中的溶解度

大量的煤液化研究工作表明，稳定煤热解生成自由基“碎片”的活性氢源主要有以下几个方面：

(1) 供氢溶剂在液化反应条件下可供给或传递的活性氢；

(2) 煤有机大分子热解后自身生成的活性氢；

(3) 煤液化过程中因反应物发生化学反应所生成的活性氢；

(4) 溶解于溶剂中的氢气在催化剂作用下转化成的活性氢。

从上述可见，煤液化过程中需要的活性氢主要是由外界向反应体系提供的，而煤自身热解产生的活性氢数量很少。

9.7.2.2 供氢溶剂

煤与溶剂按一定比例混合可以制成浆态物料，以便向液化反应工艺过程输送。煤浆的形成可以保证煤料在溶剂中得到均匀分散，不产生沉淀，并有利于煤液化反应。特别是采用具有供氢性能的溶剂，可以提供煤反应需要的活性氢原子。使用供氢溶剂还可以改善煤液化产物的分布，并对煤液化起到以下方面的作用：

(1) 溶剂可以有效地分散原料煤粒子、高分散催化剂和液化反应形成的热解产物及改善多相催化液化反应体系中的动力学扩散效应；

(2) 通过供氢溶剂的脱氢反应过程，可以提供煤液化需要的活性氢原子，稳定煤液化产生的自由基“碎片”；

(3) 在煤液化条件下，依靠溶剂的溶解能力使原煤料热膨胀，并使煤有机质结构中的弱键相继断裂，形成低相对分子质量的化合物；

(4) 溶剂可以溶解部分氢气，成为液化反应体系中活性氢的传递介质。

因此，煤液化所用的供氢溶剂应具备下述条件：

(1) 供氢溶剂应有较高比率的供氢体，最好含有供氢能力较强的氢化芳烃。

(2) 溶剂中极性化合物的含量应尽量低，如多元酚类化合物的存在，极易使煤热解产生的自由基“碎片”发生聚合反应，降低煤液化油产率。在液化条件下，供氢溶剂应具有较好的流动性，且不溶物杂质和矿物质的含量要低。

(3) 循环溶剂必须有足够高的沸点和黏度，以防输送过程中浆料变稠而堵塞反应器和液体控制阀等设备。

从上述分析可见，供氢溶剂应是一些氢化芳环溶剂，在芳环分子的结构中至少有一个以上的环或部分环被饱和。例如，在实验室煤液化时使用的四氢萘、二氢蒽、二氢菲等溶剂都是良好的供氢溶剂。在煤加工厂生产的副产物煤焦油组分，其中含有大量的多环芳烃，对其进一步加氢处理，可成为富含氢化芳烃组分的供氢溶剂，并可作为廉价供氢溶剂使用。因此，选择适宜的供氢溶剂，对煤液化过程的化学和物理化学作用十分重要。

一般在煤液化工艺中，常使用的溶剂是过程产生的循环溶剂，即煤液化过程生成的重质油或中质油馏分，沸点范围一般在200～460℃。如EDS工艺过程所用的循环溶剂有80%的馏分是沸点范围为200～370℃之间的馏分油。该循环溶剂组分中含有与原料煤有机质相近的分子结构，如将其进一步加氢处理，在循环溶剂中将得到较多的氢化芳烃化合物。另外，在液化反应时，含有重质组分的循环溶剂还可以得到再加氢处理，并同时增加煤液化油产率。所以，采用煤液化工艺自身产生的液体产物作为循环溶剂，具有许多优越性。大量的煤液化研究工作表明，用液化工艺过程本身产生的循环溶剂，不仅可以降低煤液化工艺成本，而且可以有效地提高煤液化油产率。

9.7.2.3　溶煤比

在煤液化过程中，煤、溶剂和氢气所组成的浆料混合物在预热器和反应器内流动过程中，溶剂是体系中气、液和固三相物料热量和质量传递的重要介质。溶剂不仅对煤热溶解起到分散和胶溶作用，而且可以促进原料煤的加氢反应，特别是将循环溶剂再加氢处理后，可提高溶剂的供氢能力。因此溶剂和煤的配比，即溶煤比对煤液化具有十分重要的作用。

一般在煤液化反应初期，大分子结构受到大量的热冲击而断裂成许多小分子，此间对氢的需求量较大，随着液化反应的进行，生成自由基数量减少，氢气和供氢溶剂的消耗量也相应减少。Rodriguez 等人考察了以四氢萘为溶剂时，于450℃和475℃条件下溶煤比对煤液化转化率的影响，结果示于图9-31。提高溶煤比，可提高油气产率、沥青烯产率和液化总转化率，但溶煤比增加到一定值后，煤转化率不再随着溶煤比的增加而增加。当提高液化反应温度，需相应增加溶煤比才能有效地稳定煤热解产生的游离基碎片，得到较高的煤液化率。

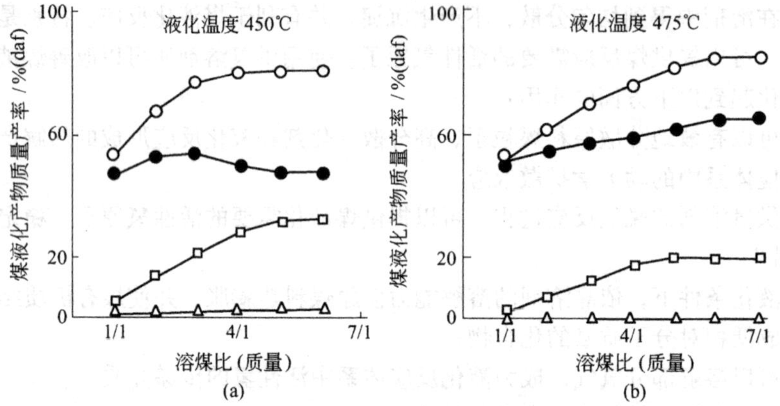

图9-31　溶煤比对煤液化率的影响

○煤液化总质量转化率；●油＋气质量产率；□沥青烯质量产率；△前沥青烯质量产率

如果在煤液化反应时加入无供氢性能的溶剂，则液化过程中将产生副反应，特别是酚类化合物的缩合、溶剂的二聚化等都会增加液化产物中重质馏分或液化残渣的生成量。

9.7.3　反应温度、反应压力和停留时间

煤液化反应温度、反应压力和停留时间三个工艺操作条件，对煤液化转化率具有重要影响。

9.7.3.1　反应温度

煤液化反应是在一定温度条件下进行的。煤液化过程中，其大分子结构间的共价键、交联

键等发生断裂而产生自由基"碎片"，为保证自由基能有效得到活性氢而稳定形成低相对分子质量的液体产物，反应温度是液化过程十分重要的影响因素。液化温度也影响着煤液化产物的分布。因此，不同煤种其适宜的液化温度也不相同。

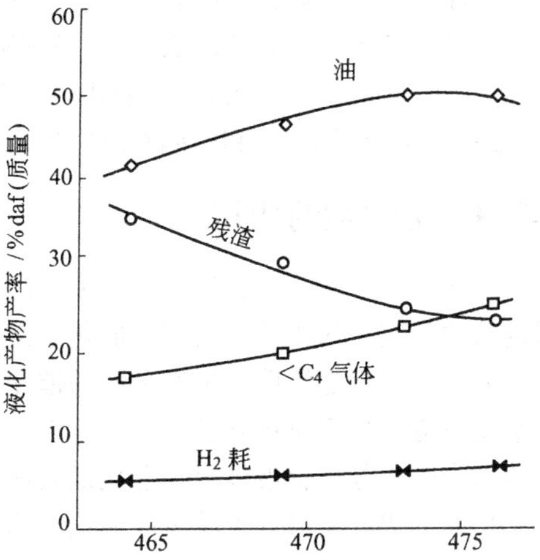

图 9-32 液化温度对煤转化率及液化产物产率的影响

提高反应温度有利于煤大分子结构的热解聚，但温度过高，又会加速已生成的煤液化油产物分解，有可能使一部分液化产物发生缩聚和结焦等现象，不利于提高煤液化油产率。适宜的液化温度应有利于液化油的生成。许多液化研究工作表明，控制液化反应温度可以控制煤热溶解的反应速率，可以减少液化过程中发生自由基的缩聚反应。一般适宜的煤液化温度为440～460℃。图 9-32 示出了液化温度与煤转化率的关系。煤转化率、液化油和气体产率都随液化温度增加而提高。当液化温度大于450℃时，煤液化率和油产率增加较少，而气体产率增加较多，因此会增加氢气耗量。同时，在煤液化温度超过400℃时，提高液化反应温度，可使一部分沥青烯转化为液化油和气体产品。因此，选择适宜的液化反应温度，对提高煤液化油产率，减少气体和残渣的生成量，具有重要作用。

9.7.3.2 反应压力

为使煤大分子结构转化成低相对分子质量的液体产物，增加煤液体的 H/C 原子比，还必须在较高的氢压下才能满足这一过程的转化要求。

德国在 20 世纪 40 年代期间，煤液化操作是采用高温高压液化条件，反应温度可达到480℃，反应压力达到 30MPa。这种操作条件不仅增加了煤液化成本，而且也使液化反应设备的结构和制造相对复杂化。目前，煤液化反应的氢气压力已从德国早期的高压煤液化工艺向中低压工艺发展。适宜的煤液化反应压力一般为 17～25MPa。在有高活性催化剂存在时，对同一煤液化率而言，煤液化反应温度可以相应降低。图 9-33 示出了德国早期煤直接液化的操作条件和目前煤直接液化的操作条件。

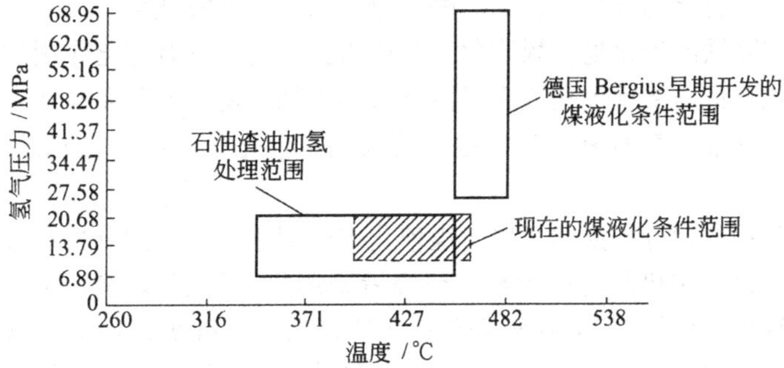

图 9-33 德国早期和现在的煤液化温度与压力间关系

如上所述，提高反应体系中氢气分压，可以改善反应体系中活性氢的传递效率，但氢压过高将增加氢耗和煤液化成本。

9.7.3.3 停留时间

停留时间是指浆料进入反应器内至液化产物从反应器排出的时间间隔。

煤加氢液化反应是十分复杂的连串-平行反应过程。在液化过程中煤重质产物的生成速率较快，而轻质产物的生成速率较慢。延长煤浆在反应器中停留时间，可提高原料煤和溶剂的加氢深度，但反应时间过长，会降低煤液化油产率，增加气体产率。一般煤液化温度高时，停留时间可相应减少。因此为控制好煤热解反应过程，提高煤液化油收率，应确定适宜的停留时间。

9.7.4 催化剂的作用

一般认为，Fe、Co、Ni、Mo、Ti 和 W 等过渡金属对加氢反应具有活性。这是由于催化剂通过某种反应物的化学吸附而形成化学键，使吸附物的电子或分子几何形状发生变化从而达到提高反应物的化学活性。过渡金属的催化活性在于过渡金属的原子或未结合的 d 电子或有空余的杂化轨道，当反应物分子接近催化剂表面时，既被吸附在表面并形成化学吸附键，当液化反应体系中的氢分子也被吸附在催化剂表面时，即被转化成活性氢原子，因此反应物分子与活性氢结合而形成低相对分子质量的液化产物。如活性氢与溶剂分子结合，即溶剂发生氢化反应形成氢化溶剂。在煤液化过程中，氢化溶剂可使煤大分子结构发生芳环氢化、开环、桥键断裂、脱烷基和脱杂原子等反应过程，并形成低相对分子质量的液体产物。因此，催化剂的应用对液化产物的分布和液化油产品的质量都具有十分重要的作用。

目前，国内外许多研究者对煤液化催化剂的研制和开发都给予了极大的关注。人们已开发出许多催化剂用于煤的液化研究，概括起来主要有以下几类催化剂：一是铁系催化剂；二是钼系催化剂；三是金属卤化物催化剂。其中铁系催化剂因其来源广泛、价格低廉和环境好等诸多优点，受到研究者的普遍关注。

9.7.4.1 铁系催化剂

A 铁系催化剂的作用机理

1913 年，Bergius 首先使用了铁系催化剂进行煤液化研究。其所用的铁系催化剂是从铝厂得到的赤泥(主要含氧化铁、氧化铝及少量的氧化钛)。当时使用该催化剂的目的是为了将液化过程中产生的硫化合物转化成 FeS 而达到脱除硫化物的目的，后来发现铁对煤液化具有较好的催化作用。之后，许多研究者在煤液化试验中采用了各种形式的铁系化合物，用于煤直接液化反应过程。迄今为止，用于煤直接液化反应的铁系催化剂主要有三类：一是铁的氧化物催化剂，主要有 Fe_2O_3、Fe_3O_4、FeOOH 等；二是铁的硫化物催化剂，主要有 FeS、FeS_2、Fe_2S_3 等；三是铁的金属有机化合物催化剂，如乙酰丙酮亚铁、环烷酸铁等。

这些铁系催化剂除铁的硫化物在煤液化过程中直接转化成具有催化作用的活性物种外，其他不含硫原子的催化剂都需要预硫化或在煤液化过程中加入适量的单质硫或有机硫化物，才能使加入煤液化体系中的催化剂前驱体有效地转化成具有催化作用的活性相组分 $Fe_{1-x}S$，并发挥催化剂的催化作用。

近年来，人们利用现代分析仪器可以对煤液化催化剂进行系统的分析和表征，从而从理论上可以对催化剂的催化作用机制进行解析。研究者采用穆斯堡尔谱(Mössbauer)、光电子能谱(XPS)及扩展 X 射线精细结构(EXZAFS)等分析手段，从不同角度对 Fe-S 化合物对煤液化的催化作用进行了分析，获得催化剂的物相组成、晶胞结构、表面原子组成及原子配位数等方面的信息。由 X 射线衍射、Mössbauer 谱的分析表明，煤液化时加入的黄铁矿 FeS_2 可以在反应器内转化成磁黄铁矿 $Fe_{1-x}S$，这种非化学计量比的 $Fe_{1-x}S$ 化合物，对煤液化表现出较强的催化作用。目前，人们对煤液化过程中形成 $Fe_{1-x}S$ 过程，可以用以下化学反应方程式来表述：

$$3Fe_2O_3 + H_2 \longrightarrow 2Fe_3O_4 + H_2O$$

$$(2-x)Fe_3O_4 + 4(2-x)H_2 + 9S \longrightarrow 3FeS_2 + 3Fe_{1-x}S + 4(2-x)H_2$$

$$Fe_2O_3 + 3H_2S \longrightarrow FeS + FeS_2 + 3H_2O$$

$$Fe_{1-x}S + (1-2x)H_2S + (1-2x)C \longrightarrow (1-x)FeS_2 + (1-2x)CH_2$$

$$(1-x)FeS_2 + (1-2x)H_2 \longrightarrow Fe_{1-x}S + (1-2x)H_2S$$

B 纳米铁基催化剂

近年来，许多研究者探索了纳米铁基催化剂对煤液化性能的影响。人们都在研究制备价格低廉、催化效果良好的纳米铁基催化剂。由于纳米材料制备技术的发展，人们已经可以利用新技术制备出分散性好、比表面积高和催化剂寿命更长的纳米催化剂。

人们之所以采用纳米催化剂，主要是因为纳米催化剂的原子结构中具有较低的配位数，晶体结构中存在着大量的金属空穴，从而表现出对煤的液化反应具有显著的催化效果，可大幅度提高煤液化率。同时，纳米催化剂具有添加量少、活性高、催化剂不易失活等独特的优点。在实际使用时，由于煤中灰分带入的钙盐对纳米催化剂的催化性能影响较小，并可减轻液化反应中催化剂的积碳现象，延长催化剂的使用寿命。目前煤液化工艺使用的纳米催化剂主要是纳米铁氧化物、铁硫化物催化剂。这类催化剂的合成方法主要有共沉淀法、原位担载法、反向胶束法、溶胶团聚法及铁硫化物的低温歧化法等。

9.7.4.2 Mo 系催化剂及对煤液化的催化作用

从 1925 年起，人们开始使用过渡金属钼及钼酸盐催化剂用于煤液化研究。许多研究已经证明，对煤液化具有较强催化作用的是钼基硫化物催化剂，其催化活性优于铁基硫化物催化剂。特别是对煤大分子结构中芳香碳与烷基碳原子间(C_{ar}—C_{al})、芳香碳与氧原子间(C_{ar}—O)化学键的断裂具有较强的选择性。

常用的 Mo 系催化剂有氨溶性的钼酸铵$(NH_4)_6Mo_7O_{24}$(ASM)、水溶性的四硫代钼酸铵$(NH_4)_2MoS_4$(ATTM)及二硫代钼酸铵$(NH_4)_2MoO_2S_2$、油溶性的有机金属钼化合物如$(C_5H_5)_2Mo(\mu\text{-}SH)_2(\mu\text{-}S)_2$等。在将其应用到煤加氢液化反应时，一般采用初浸法将其分散在煤的表面或将油溶性的有机金属钼催化剂直接加入到液化反应过程中，以提高其催化效果。

当煤液化用钼酸铵催化剂时，在温度高于 170℃时，钼酸铵可分解生成 MoO_3 微粒。如果温度进一步提高，MoO_3 还可与硫化物反应生成具有催化作用的活性相组分 MoS_2 和 MoS_3。当采用 ATTM 催化剂时，只有将催化剂加热到高于 350℃时才能转化成活性相的组分 MoS_2。上述催化剂组分对煤液化的催化效果有所不同。Garcia 将二硫化钼(MoS_2)、二硫代钼酸铵$(NH_4)_2MoO_2S_2$ 和 ATTM 催化剂用于一种高硫褐煤(S 质量分数为 2% daf)的液化反应，在液化温度低于 300℃时，上述三种钼基催化剂对煤液化的催化作用都较低，在温度高于 325℃时，所用催化剂才表现出较好的催化作用。在催化剂的担载质量为 1%时，用二硫代钼酸铵可使煤转化率和油质量产率分别由原来的 23.1% 和 17.7% 增加到 57.5% 和 47.5%，催化性能明显优于 ATTM 和 MoS_2 催化剂。

Huang 等人采用 CP/MAS^{13}C-NMR 仪器，分析了用 ATTM 催化剂液化的煤液化产物，得出煤中约 90% 的芳香碳可以转化到煤的液化产物中去。如果在温和条件下将少量水加入到反应体系中，可提高煤大分子的解聚反应速度，其加水的目的就是充分利用液化过程中水煤气的变换反应来强化煤的脱羧反应过程，减少液化过程中的逆反应，增加液化油产率。但由于水中氢氧根离子的作用，往往加水后也增加了产物中酚类物质的产率。当液化温度高于 400℃时，加水并不利于提高煤的转化率。

附　表

附表 1　各种温度下焦炉煤气中水蒸气的体积、焓和含量

温度 /℃	干煤气体积 /m^3	饱和煤气中的水汽分压 /kPa	煤气分压 /kPa	0℃时体积为 $1m^3$ 的干煤气经水汽饱和后所具有的体积 /m^3	$1m^3$ 饱和煤气中的水汽含量 /g	0℃时体积为 $1m^3$ 的干煤气经水汽饱和后其中的水汽含量/g	0℃时体积为 $1m^3$ 的干煤气的焓 /$kJ \cdot m^{-3}$	0℃时体积为 $1m^3$ 的干煤气经水汽饱和后其中水汽的焓/$kJ \cdot m^{-3}$	0℃时体积为 $1m^3$ 的干煤气经水汽饱和后的总焓 /$kJ \cdot m^{-3}$
0	1.000	0.608	100.72	1.006	4.9	4.93	0.00	12.27	12.27
1	1.004	0.657	100.68	1.010	5.1	5.15	1.51	12.81	14.32
2	1.007	0.706	100.63	1.014	5.6	5.68	3.02	14.15	17.17
3	1.011	0.755	100.58	1.018	6.0	6.11	4.52	15.24	19.76
4	1.015	0.814	100.52	1.023	6.4	6.55	6.03	16.37	22.40
5	1.018	0.873	100.46	1.027	6.8	6.98	7.54	17.46	25.00
6	1.022	0.932	100.40	1.031	7.3	7.52	9.05	18.80	27.84
7	1.026	1.000	100.33	1.036	7.8	8.08	10.55	20.22	30.77
8	1.029	1.069	100.26	1.041	8.3	8.64	12.06	21.65	33.70
9	1.033	1.147	100.18	1.045	8.9	9.30	13.57	23.32	36.89
10	1.037	1.226	100.11	1.049	9.4	9.86	15.08	24.74	39.82
11	1.040	1.314	100.02	1.054	10.1	10.65	16.58	26.75	43.33
12	1.044	1.402	99.93	1.058	10.7	11.32	18.09	28.47	46.56
13	1.048	1.500	99.83	1.063	11.4	12.12	19.60	30.52	50.12
14	1.051	1.598	99.73	1.068	12.1	12.92	21.19	32.53	53.63
15	1.055	1.706	99.63	1.073	12.9	13.84	22.60	34.88	57.48
16	1.058	1.814	99.52	1.078	13.7	14.77	24.11	37.26	61.38
17	1.062	1.932	99.40	1.083	14.5	15.70	25.62	39.65	65.27
18	1.066	2.059	99.27	1.088	15.4	16.76	27.13	42.33	69.46
19	1.070	2.197	99.14	1.093	16.4	17.93	28.64	45.34	73.98
20	1.073	2.334	99.00	1.098	17.4	19.10	30.14	48.32	78.46
21	1.077	2.481	98.85	1.103	18.4	20.30	31.65	51.37	83.02
22	1.081	2.638	98.64	1.109	19.5	21.63	33.16	54.81	87.96
23	1.084	2.805	98.53	1.115	20.6	22.97	34.66	58.28	92.95
24	1.088	2.981	98.35	1.120	21.8	24.42	36.17	62.01	98.18
25	1.091	3.158	98.17	1.126	23.1	26.00	37.68	66.03	103.70
26	1.095	3.354	97.98	1.133	24.4	27.65	39.18	70.25	109.44
27	1.099	3.560	97.77	1.139	25.8	29.30	40.69	74.53	115.22

续附表1

温度/℃	干煤气体积/m³	饱和煤气中的水汽分压/kPa	煤气分压/kPa	0℃时体积为 $1m^3$ 的干煤气经水汽饱和后所具有的体积/m³	$1m^3$ 饱和煤气中的水汽含量/g	0℃时体积为 $1m^3$ 的干煤气经水汽饱和后其中的水汽含量/g	0℃时体积为 $1m^3$ 的干煤气的焓/kJ·m⁻³	0℃时体积为 $1m^3$ 的干煤气经水汽饱和后其中水汽的焓/kJ·m⁻³	0℃时体积为 $1m^3$ 的干煤气经水汽饱和后的总焓/kJ·m⁻³
28	1.102	3.766	97.57	1.145	27.3	31.26	42.20	79.59	121.79
29	1.106	3.991	97.34	1.151	28.8	33.15	43.71	84.45	128.16
30	1.110	4.227	97.11	1.158	30.4	35.20	45.22	89.76	134.98
31	1.113	4.472	96.86	1.165	32.1	37.40	46.73	95.46	142.18
32	1.117	4.737	96.60	1.172	33.9	39.73	48.24	101.49	149.72
33	1.121	5.011	96.32	1.179	35.7	42.10	49.74	107.60	157.34
34	1.125	5.305	96.03	1.187	37.7	44.75	51.25	114.50	165.76
35	1.128	5.609	95.72	1.195	39.7	47.45	52.76	121.50	174.25
36	1.132	5.923	95.41	1.203	41.8	50.28	54.26	128.87	183.13
37	1.135	6.257	95.08	1.211	44.8	53.27	55.77	136.62	192.38
38	1.139	6.600	94.73	1.219	46.3	56.43	57.28	144.86	202.14
39	1.143	6.973	94.36	1.227	48.7	59.74	58.78	153.49	212.27
40	1.146	7.355	93.98	1.236	51.2	63.27	60.29	162.66	222.95
41	1.150	7.757	93.58	1.246	53.8	67.02	61.80	172.37	234.17
42	1.154	8.179	93.15	1.256	56.5	70.95	63.31	182.63	245.93
43	1.157	8.610	92.72	1.265	59.4	75.13	64.82	193.60	258.41
44	1.161	9.071	92.26	1.275	62.4	79.60	66.33	205.20	271.51
45	1.165	9.552	91.78	1.286	65.4	84.10	67.83	216.96	284.79
46	1.168	10.062	91.270	1.297	68.7	89.12	69.33	230.02	299.36
47	1.172	10.581	90.751	1.309	72.0	94.27	70.84	243.50	314.34
48	1.176	11.131	90.202	1.322	75.5	99.80	72.35	258.07	330.42
49	1.180	11.709	89.623	1.335	79.2	105.70	73.86	273.48	347.34
50	1.183	12.307	89.025	1.348	83.0	111.8	75.36	289.48	364.84
51	1.187	12.925	88.407	1.361	87.0	118.4	76.87	306.89	383.76
52	1.190	13.582	87.750	1.375	91.0	125.2	78.38	324.64	403.02
53	1.194	14.269	87.063	1.300	95.3	132.5	79.88	343.82	423.70
54	1.198	14.975	86.357	1.406	99.7	140.1	81.39	363.67	445.06
55	1.201	15.710	85.622	1.423	104.3	148.1	82.90	385.56	468.46
56	1.205	16.485	84.847	1.440	109.1	157.1	84.41	408.34	492.74
57	1.209	17.279	84.053	1.458	114.1	166.4	85.91	432.92	518.83
58	1.212	18.123	82.945	1.477	119.2	176.2	87.42	458.45	545.87
59	1.216	18.986	82.346	1.497	124.6	186.5	88.93	485.67	574.60

续附表 1

温度/℃	干煤气体积/m^3	饱和煤气中的水汽分压/kPa	煤气分压/kPa	0℃时体积为$1m^3$的干煤气经水汽饱和后所具有的体积/m^3	$1m^3$饱和煤气中的水汽含量/g	0℃时体积为$1m^3$的干煤气经水汽饱和后其中的水汽含量/g	0℃时体积为$1m^3$的干煤气的焓/$kJ\cdot m^{-3}$	0℃时体积为$1m^3$的干煤气经水汽饱和后其中水汽的焓/$kJ\cdot m^{-3}$	0℃时体积为$1m^3$的干煤气经水汽饱和后的总焓/$kJ\cdot m^{-3}$
60	1.220	19.888	81.442	1.518	130.1	197.5	90.43	514.56	604.99
61	1.224	20.829	80.483	1.540	135.9	209.3	91.94	545.54	637.48
62	1.227	21.810	79.522	1.563	141.9	221.8	93.45	579.03	671.23
63	1.231	22.830	78.502	1.588	148.1	235.2	94.96	614.20	709.16
64	1.235	23.879	77.453	1.615	154.5	249.5	96.46	651.88	748.35
65	1.238	24.978	76.455	1.644	161.1	264.9	97.97	692.92	790.89
66	1.242	26.125	75.207	1.674	168.1	281.8	99.48	737.30	840.96
67	1.245	27.312	74.021	1.705	175.1	298.6	100.99	782.09	883.08
68	1.249	28.537	72.795	1.740	182.5	317.6	102.49	832.34	934.82
69	1.253	29.812	71.520	1.776	190.1	337.6	104.00	885.51	989.51
70	1.256	31.136	70.196	1.814	198.0	359.0	105.51	942.45	1047.96
71	1.260	32.509	68.823	1.856	206.2	382.7	107.01	1005.25	1112.27
72	1.264	33.931	67.401	1.901	214.7	408.2	108.52	1072.66	1181.18
73	1.267	35.412	65.920	1.948	223.3	435.0	110.03	1144.25	1254.28
74	1.271	36.951	64.381	2.001	232.5	465.1	111.54	1224.22	1335.76
75	1.275	38.530	62.802	2.058	241.9	498.6	113.04	1311.72	1424.77
76	1.278	40.178	61.154	2.118	251.4	532.7	114.55	1404.25	1518.80
77	1.282	41.865	59.468	2.186	261.4	571.3	116.06	1503.83	1622.89
78	1.286	43.630	57.702	2.259	271.8	614.0	117.57	1621.13	1738.86
79	1.290	45.454	55.878	2.340	282.4	661.0	119.07	1745.90	1864.97
80	1.293	47.347	53.986	2.429	293.3	712.5	120.58	1882.80	2003.38
81	1.297	49.298	52.034	2.527	304.6	769.9	122.09	2036.50	2158.55
82	1.300	51.318	50.014	2.634	316.2	832.8	123.59	2204.35	2327.94
83	1.304	53.397	47.935	2.758	328.4	905.6	125.10	2398.20	2523.30
84	1.308	55.564	45.768	2.898	340.8	987.2	126.61	2615.91	2742.52
85	1.311	57.800	43.532	3.053	353.7	1079	128.11	2863.35	2991.47
86	1.315	60.105	41.227	3.243	366.8	1186	129.62	3148.05	3277.68
87	1.319	62.478	38.854	3.441	380.4	1308	131.13	3475.04	3606.17
88	1.322	64.949	36.383	3.684	394.4	1453	132.64	3861.90	3994.54
89	1.326	67.480	33.853	3.970	408.7	1623	134.15	4316.59	4450.57
90	1.330	70.108	31.224	4.317	423.6	1828	135.65	4865.06	5000.71
91	1.333	72.814	28.518	4.739	438.9	2079	137.16	5534.95	5672.28

续附表 1

温度/℃	干煤气体积/m^3	饱和煤气中的水汽分压/kPa	煤气分压/kPa	0℃时体积为 $1m^3$ 的干煤气经水汽饱和后所具有的体积/m^3	$1m^3$ 饱和煤气中的水汽含量/g	0℃时体积为 $1m^3$ 的干煤气经水汽饱和后其中的水汽含量/g	0℃时体积为 $1m^3$ 的干煤气的焓/$kJ \cdot m^{-3}$	0℃时体积为 $1m^3$ 的干煤气经水汽饱和后其中水汽的焓/$kJ \cdot m^{-3}$	0℃时体积为 $1m^3$ 的干煤气经水汽饱和后的总焓/$kJ \cdot m^{-3}$
92	1.337	75.609	25.723	5.270	454.7	2396	138.67	6384.87	6523.45
93	1.340	78.492	22.840	5.948	470.9	2801	140.17	7465.06	7605.32
94	1.344	81.464	19.868	6.860	487.7	3345	141.68	8922.07	9061.49
95	1.348	84.533	16.799	8.132	505.1	4106	143.19	10961.0	11104.2
96	1.352	87.691	13.641	10.050	522.6	5253	144.70	14034.2	14179.0
97	1.355	90.947	10.385	13.270	540.6	7173	146.20	19175.5	19321.7
98	1.359	94.311	7.022	19.610	559.3	10970	147.71	29349.5	29497.3
99	1.363	97.772	3.560	38.830	578.7	22460	149.22	60122.4	60271.5
100	1.366	101.332	0	—	598.7	—	150.72	—	—

注：本表中 3 和 4 两项总和为 101.33kPa。

附表 2　不同温度和压力下焦炉煤气中萘饱和蒸气含量　$g/100m^3$

温度/℃	压力/kPa									
	-5.884	-3.923	-1.961	0	4.903	9.807	14.710	19.613	24.517	29.42
0	2.81	2.75	2.70	2.64	2.52	2.41	2.31	2.21	2.13	2.05
5	6.10	5.97	5.86	5.74	5.47	5.23	5.01	4.80	4.62	4.44
10	12.46	12.21	11.96	11.73	11.18	10.68	10.23	9.81	9.42	9.07
15	24.19	23.70	23.22	22.77	21.70	20.73	19.84	19.02	18.27	17.58
20	44.83	43.90	43.01	42.16	40.17	38.36	36.71	33.19	33.80	32.51
25	79.82	78.16	76.56	75.03	71.46	68.22	65.26	62.54	60.04	57.73
30	137.20	134.30	131.50	128.9	122.7	117.1	111.9	107.2	102.9	98.92
35	228.50	223.70	219.00	214.4	204.0	194.6	185.9	178.0	170.7	164.1
40	370.70	362.60	354.90	347.5	330.2	314.6	300.4	287.4	275.6	264.6
45	587.80	574.70	562.10	550.1	522.2	497.0	474.1	453.2	434.1	416.5
50	915.10	893.90	873.80	854.5	809.8	769.6	733.1	700.0	669.8	642.0
55	1404	1371	1338	1308	1237	1173	1116	1064	1016	972.7
60	2137	2083	2031	1982	1869	1768	1678	1596	1522	455
65	3240	3151	3068	2989	2807	2647	2504	2375	2259	2154
70	4932	4785	4646	4515	4218	3958	3728	3523	3340	3174
75	7628	7370	7130	6905	6399	5962	5581	5246	4949	4684
80	12196	11708	11258	10842	9924	9149	8486	7913	7413	6972

附表3 氨在水溶液内及液面上蒸汽内的质量分数 %

蒸汽内	溶液内	蒸汽内	溶液内
0.1	0.01	12	1.444
0.25	0.025	14	1.688
0.5	0.050	15	1.81
0.7	0.075	16	1.962
1.0	0.1	16.2	2.0
1.5	0.15	17	2.133
2.0	0.2	18	2.266
2.9	0.3	19	2.399
3.0	0.313	20	2.5
3.7	0.4	21	2.643
4.0	0.455	22	2.786
5.0	0.55	23	2.929
5.4	0.6	23.5	3.0
6.0	0.675	24	3.066
7.0	0.8	25	3.2
8.0	0.933	26	3.36
8.5	1.0	27	3.52
9.0	1.066	28	3.63
10	1.20	29	3.84
11	1.322	30	4.0

附表4 粗苯主要组分的蒸气压 kPa

温度/℃	苯	甲苯	二甲苯			1, 3, 5-三甲苯	溶剂油	附焦油洗油
			邻二甲苯	间二甲苯	对二甲苯			
0	3.533	1.293	0.533	0.233	1.100		0.040	
10	5.966	2.426	0.852	0.460	1.536		0.093	
20	9.972	3.400	1.340	0.857	2.180		0.187	
30	15.79	5.266	2.074	1.524	3.156	0.667	0.373	
40	24.20	8.533	3.160	2.597	4.533	0.933	0.680	
50	35.84	13.07	4.737	4.258	6.562	1.600		0.667
60	51.73	19.60	6.990	6.745	9.418	2.666		1.067
70	72.26	27.21	10.15	10.33	14.43	3.999		1.467
80	99.72	39.86	14.52	15.43	18.94	6.666		1.867
90	135.1	54.33	20.46	22.40	26.33	9.333		2.266
100	178.7	76.13	28.41	31.76	30.06	13.33		2.800
110	232.5	100.1	38.89	40.44	48.56	20.00		3.600
120	298.0	129.7	52.50	59.83	64.17	28.00		5.333
130	376.5	180.0	69.94	79.81	83.31	40.00		7.999
140	469.3	233.3	91.98	104.6	105.9	53.33		12.00
150	578.0	288.0	117.2	134.5	135.5	66.66		17.73
160	704.2	346.6			179.2	79.99		25.60
170	849.8	413.3			233.1	93.33		36.00
180	1017	477.3	239.6	271.0	297.3	106.7		49.33
190	1206	624.3						66.66
200	1422	747.5	362.4	408.5	412.6			

附表 5　不同温度下萘和水的饱和蒸气压　　Pa

温度/℃	饱和蒸气压		温度/℃	饱和蒸气压		温度/℃	饱和蒸气压		温度/℃	饱和蒸气压	
	萘	水		萘	水		萘	水		萘	水
0	0. 4666	610. 61	21	8. 1992	2486. 42	42	68. 1265	8199. 18	63	346. 3654	22851. 05
1	0. 5466	657. 27	22	9. 1991	2643. 74	43	74. 2592	8639. 14	64	370. 6296	23904. 28
2	0. 6399	705. 26	23	10. 3056	2809. 05	44	80. 9252	9100. 42	65	396. 6270	24997. 50
3	0. 7466	757. 26	24	11. 5322	2983. 70	45	88. 1245	9583. 04	66	423. 8243	26144. 05
4	0. 8666	813. 25	25	12. 8654	3167. 68	46	95. 8571	10085. 66	67	452. 7547	27330. 60
5	1. 0132	871. 91	26	14. 3319	3361. 00	47	104. 1229	10612. 27	68	483. 2850	28557. 14
6	1. 1732	934. 57	27	15. 9984	3564. 98	48	113. 0554	11160. 22	69	515. 5484	29823. 68
7	1. 3465	1001. 23	28	17. 7316	3779. 62	49	122. 5211	11734. 83	70	549. 4117	31156. 88
8	1. 5598	1071. 89	29	19. 7314	4004. 93	50	132. 6534	12333. 43	71	585. 2748	32516. 75
9	1. 7865	1147. 88	30	21. 8645	4242. 24	51	143. 5856	12958. 70	72	623. 0044	33943. 27
10	2. 0531	1227. 88	31	24. 2642	4492. 88	52	155. 3178	13611. 97	73	662. 7337	35423. 12
11	2. 3464	1311. 87	32	26. 7973	4754. 19	53	167. 7166	14291. 90	74	704. 5962	36956. 30
12	2. 6931	1402. 53	33	29. 5970	5030. 16	54	181. 0486	14998. 50	75	748. 5918	38542. 81
13	3. 0664	1497. 18	34	32. 5301	5319. 47	55	195. 1805	15731. 76	76	794. 8538	40182. 65
14	3. 4930	1598. 51	35	35. 8631	5623. 44	56	210. 3790	16505. 02	77	843. 3823	41915. 81
15	3. 9596	1705. 16	36	39. 4627	5940. 74	57	226. 3774	17304. 94	78	894. 3106	43635. 64
16	4. 4929	1817. 15	37	43. 3290	6275. 37	58	243. 5756	18144. 85	79	947. 7719	45462. 12
17	5. 0928	1937. 14	38	47. 5952	6624. 67	59	261. 7072	19011. 43	80	1003. 8996	47341. 93
18	5. 7461	2063. 79	39	52. 1281	6991. 30	60	281. 0386	19918. 01			
19	6. 4794	2197. 11	40	57. 0610	7375. 26	61	301. 4365	20851. 25			
20	7. 2926	2338. 43	41	62. 3938	7777. 89	62	323. 3010	21837. 82			

参 考 文 献

1 库咸熙．炼焦化学产品回收与加工．北京：冶金工业出版社，1984

2 库咸熙．化产工艺学．北京：冶金工业出版社，1995

3 栗桂芳，王邦广．浅论焦化厂电捕焦油器的选型与位置设置．煤化工．1999，89(4)：24～25

4 张忠觉．电捕焦油器的改进和运行．中国金属学会炼焦化学论文选集，第七卷(1989～1990)，123～128．鞍山：中国金属学会焦化学会，1994

5 姒德孙．横管式煤气初冷器的应用及改造．煤化工．1993，62(1)：44～48

6 魏文德．有机化工原料大全．第四卷．北京：化学工业出版社，1994

7 严家才，谢传斌．硫铵沸腾干燥器的改造．燃料与化工．1990，21(6)：35～37

8 鞍钢设计院．喷淋式饱和器的研究．1998

9 邱训一．喷淋式饱和器的应用．炼焦化学论文集，154～161．鞍山：中国金属学会焦化学会，1994

10 ［俄］З. И. 巴什莱等编著．虞继舜等译．焦化产品回收与加工车间设备手册．北京：冶金工业出版社，1996

11 徐一．炼焦与煤气精制．北京：冶金工业出版社，1985

12 Е. Я. Стеценко. Улавливание цз коксового газа аммиака и его испальзование. кокс и химпя. 1992，(2)：24～28

13 炼焦化学卷编辑委员会．中国冶金百科全书，炼焦化工．北京：冶金工业出版社，1992

14 范守谦．AS脱硫煤气净化工艺的设计与实践．煤气净化技术文选，1～17．鞍山：焦化燃气信息网，1999

15 官亚慧，马立荣．AS循环煤气净化工艺的运行与评述．煤气净化技术文选，46～59．鞍山：焦化燃气信息网，1999

16 姚仁仕．焦炉煤气脱硫脱氰的生产．北京：冶金工业出版社，.1994

17 戴成武．AS脱硫工艺中氨水选择吸收机理的分析．燃料与化工．1999，30(3)：123～126

18 范守谦．对采用氨循环洗涤脱硫煤气净化工艺流程的评述．炼焦化学学术会议资料，1992

19 刘忠宽，高克萱．新时期钢铁工业中焦炉煤气净化方向．炼焦化学论文选集，第十卷，下册，289～295．鞍山：金属学会炼焦化学专业委员会，2000

20 刘振华．影响改良ADA法气体脱硫因素浅析．煤化工．1995，73(4)：19～23

21 王兆熊，高晋生．焦化产品的精制和利用．北京：化学工业出版社，1989

22 任庆烂．对焦炉煤气脱萘技术的评述．炼焦化学论文选集，7：119～122．鞍山：中国金属学会焦化学会，1994

23 李龙法．古马隆树脂生产．鞍山：冶金部《炼焦化学》编辑部，1978

24 任庆烂．炼焦化学产品的精制．北京：冶金工业出版社，1987

25 肖瑞华．煤焦油化工学．北京：冶金工业出版社，2002

26 煤气设计手册编写组．煤气设计手册(中册)．北京：中国建筑工业出版社，1986

27 郭树才．煤化学工程．北京：冶金工业出版社，1991

28 谢克昌，李忠．甲醇及其衍生物．北京：化学工业出版社，2002

29 张碧江．煤基合成液体燃料．太原：山西科学技术出版社，1993

30 魏文德．有机化工原料大全．第二版．北京：化学工业出版社，1999

31 邬纫云．煤炭气化．徐州：中国矿业大学出版社，1989

32 沙兴中，杨南星．煤的气化与应用．上海：华东理工大学出版社，1995

33 李芳芹等．煤的燃烧与气化手册．北京：化学工业出版社，1993

34 郭树才．煤化工工艺学．北京：化学工业出版社，1995

35 曾蒲君，王承宪．煤基合成燃料工艺学．徐州：中国矿业大学出版社，1993

36 [波兰]H. 泽林斯基等著，赵树昌等译．炼焦化工．鞍山：中国金属学会焦化学会，1993
37 宋建新，张继军．电捕焦油器系统的改进和完善．河北冶金．2000，120(6)：36～38
38 李文安．电捕焦油器运行时煤气中氧含量探讨．煤气与热力．2000，20(1)：63～64
39 化学工程手册编辑委员会．化学工程手册，第2卷．北京：化学工业出版社，1989
40 化学工程手册编辑委员会．化学工程手册，第5卷．北京：化学工业出版社，1989
41 С. Н. лазорин， Е. А. скрипник. каменноугольная смола Полученией переработка. москва: металлургця，1985
42 杨树卿等．PDS脱硫技术．全国气体净化分离学术会议论文集．中国化工学会、煤化工利用学会、山西化工学会，1990
43 陈彬等．PDS催化脱硫反应机理的研究．全国气体净化分离学术会议论文集．中国化工学会等，1990
44 许世森，李春虎，郜时旺．煤气净化技术．北京：化学工业出版社，2006
45 肖瑞华，杨贵宝．煤气净化工艺与技术．山西省焦炭行业协会太原顺航培训中心，2005
46 何建平，朱占升．炼焦化学产品回收与加工．化学工业出版社，2001
47 阮湘泉，刘家祺，郭崇涛．萃取精馏法苯中噻吩的分离．煤化工，1989. 46(1)
48 罗国华，杨春育，徐新．一种由粗苯制备纯苯和浓缩噻吩的方法．CN1552682A
49 李超，孙虹，蔡承祐．我国首套30万t/a煤焦油蒸馏装置分析．燃料与化工，2005，36(4)：33～36
50 陶鹏万．焦炉煤气制甲醇转化工艺探讨．天然气化工，2007，32(5)：43～46
51 [美]埃利奥特著，高建辉等译．煤利用化学．北京：化学工业出版社，1991
52 崔之栋，李嘉珞．煤炭液化．大连：大连理工大学出版社，1993
53 周师庸．应用煤岩学．北京：冶金工业出版社，1985
54 陈鹏．中国煤炭性质、分类和利用．北京：化学工业出版社，2001
55 马治邦，郑建国．德国煤液化精制联合工艺—IGOR工艺．煤化工．1996，(3)：25～30
56 李克健，史士东，李文博．德国IGOR煤液化工艺及云南先锋褐煤液化．煤炭转化，2001. 24(2)：13～16
57 王村彦．煤液化粗油提质加工工艺开发现状．洁净煤技术．1998，4(1)：51～52
58 王子正，朱凌皓译．烟煤液化中试装置(250吨/日)概要．煤炭综合利用．1989，(2)：56～61
59 李好管．煤直接液化技术进展及前景分析．煤化工．2002，(3)：8～12
60 Aramaki T, Onozaki M, Namiki Y, et al. Solid materials in the reactors of 150 tones of coal per day liquefaction pilot plant. Fuel. 2001, 80: 2067～2074
61 Ishibashi H, Onozaki M, Kobayashi M, et al. Gas holdup in slurry bubble column reactors of a 150t/d coal liquefaction pilot plant process. Fuel. 2001, 80: 655～664
62 Kouzu M, Koyama K, Oneyama M, et al. Catalytic hydrogenation of recycle solvent in a 150t/d pilot plant of the NEDOL coal liquefaction process. Fuel. 2000, 79: 365～371
63 Burke F P, Brandes S D, Mccoy, et al. Summery report of the DOE direct liquefaction process development campaign of the twentieth century: Topical report. U. S. DOE Rpt. DOE/PC 93054-94, July 2001
64 Comolli A G, Lee T L K, Stalzer R H. Direct lique faction proof-concept-program. U. S. DOE Rpt. DOE/PC 92148-Top-02, December 1996
65 Penner S S. Assessment of long-term research needs for coal-lique faction technologies. U. S. DOE Rpt. DOE/ER 10007, March 1980
66 Schindler H D, Burke F P, Chao K C. Coal liquefaction-A research & development needs assessment. U. S. DOE Rpt. DOE/ER 30110, March 1989
67 Comolli A G, Lee T L K, Hu J. Direct liquefaction proof-Concept-Program. U. S. DOE Rpt. DOE/PC 92148-03, October 1998
68 Robbins G A, Brandes S D, Pazuchanics, et al. A characterization and evaluation of coal liquefaction

process streams. U. S. DOE Rpt. DOE/PC 93054-61, December 1998

69 Hydrocarbon technologies Inc. Catalytic multi-stage liquefaction. U. S. DOE Rpt. DOE/PC 92147-Top-2, Vol. Ⅱ, November 1998

70 Whitehurst D D, Mitchell T O, Farcasiu M. Coal liquefaction. New York: Academic process, 1980

71 Wen C Y, Lee E S. Coal conversion technology. London: Addision-Vesley Publishing Co. , 1979

72 Woodfine B, Steedman W, Kemp W. Donor solvent interactions during coal liquefaction. Fuel. 1989, 68: 293 ~ 297

73 Taunton J W, Trachte K L, Williams R D. Coal feed flexibility in the Exxon Donor solvent coal liquefaction process. Fuel. 1981, 60: 788 ~ 794

74 王风琛译. 供氢溶剂法液化技术的最近发展. 煤炭综合利用. 1983, (1): 15 ~ 20

75 王春彦, 黄幕杰, 吴春来. 煤直接液化催化剂的研究与开发动向. 煤炭科学技术. 1998, 26(4): 24 ~ 25

76 王志忠. 煤炭综合利用, 煤与重质油共处理制取液体燃料的研究现状简介. 煤炭综合利用. 1990, (3): 13 ~ 18

77 李师仑. 氢-煤法液化技术. 煤炭综合利用译丛. 1982, (1): 1 ~ 14

78 彦涌捷译. 煤液化反应的反应动力学和氢的溶解度. 煤炭综合利用译丛. 1980, (2): 68 ~ 74

79 王力, 陈鹏, 金嘉璐. 煤与废塑料共液化的基础研究进展. 煤炭转化. 1998, 21(3): 24 ~ 28

80 Suzuki T. Development of highly dispersed coal liquefaction catalysts. Energy & Fuels. 1994, 8 (2): 341 ~ 347

81 Song C, Saini A K. Strong synergistic effect between dispersed Mo catalyst and H_2O for low-severity coal hydroliquefaction. Energy & Fuels. 1995, 9: 188 ~ 189

82 Song C, Saini A K. Using water and dispersed MoS_2 catalyst for coal conversion into fuels and chemicals. Am. Chem. Soci.. Div. Fuel Chem. Prepr.. 1994, 39(4): 1103 ~ 1107

83 Garcia A B, Schobert H H. Comparative performance of impregnated molybdenum-sulphur catalysts in hydrogenation of Spanish lignite. Fuel. 1989, 68: 1613 ~ 1616

84 Hirschon A S, Wilson R B. Use of dispersed catalysts for fossil fuel upgrading. Stud. Surf. Sci. Catal.. 1997, 106: 499 ~ 502

85 Huang L, Song C, Schobert H H. Temperature-Programmed catalytic liquefaction of low rank coal using dispersed Mo catalyst. Am. Chem. Soci.. Div. Fuel Chem. Perpr.. 1992, 37(1): 223 ~ 227

86 Comolli A G, Lee T L K, Popper G A, et al. The shenhua coal direct liquefaction plant. Fuel Process. Technol.. 1999, 59: 207 ~ 215

87 Hasuo H, Sakanishi K, Taniguchi H, et al. Effects of catalytic activity and solvent composition on two-stage coal liquefaction. Ind. Eng. Chem. Res.. 1997, 36: 1453 ~ 1457

88 张玉卓, 舒歌平, 金嘉璐等. 一种煤炭直接液化的方法. CN 1257252C(2006)

89 于志刚. 神华煤液化反应器结构设计. 一重技术. 2007, 116(2): 15 ~ 16

90 叶青. 神华集团煤直接液化示范工程. 煤炭科学技术. 2003, 31(4): 1 ~ 3

冶金工业出版社部分推荐书目

书　名	作者	定价（元）
中国冶金百科全书·炭素材料	编委会　编	185.00
现代焦化生产技术手册	于振东　主编	258.00
工程流体力学（第4版）（国规教材）	谢振华　等编	36.00
物理化学（第4版）（国规教材）	王淑兰　主编	45.00
热工测量仪表（第2版）（国规教材）	张　华　等编	46.00
能源与环境（国规教材）	冯俊小　主编	35.00
炼焦学（第3版）（本科教材）	姚昭章　主编	39.00
煤化工安全与环保（本科教材）	谢全安　主编	21.00
热能转换与利用（第2版）（本科教材）	汤学忠　主编	32.00
燃料及燃烧（第2版）（本科教材）	韩昭沧　主编	40.00
燃气工程（本科教材）	吕佐周　等编	64.00
热工实验原理和技术（本科教材）	邢桂菊　等编	25.00
物理化学（第2版）（高职高专国规教材）	邓基芹　主编	28.00
物理化学实验（高职高专教材）	邓基芹　主编	19.00
无机化学（高职高专教材）	邓基芹　主编	36.00
无机化学实验（高职高专教材）	邓基芹　主编	18.00
煤化学（高职高专教材）	邓基芹　主编	25.00
干熄焦生产操作与设备维护（技能培训教材）	罗时政　主编	70.00
干熄焦技术问答（技能培训教材）	罗时政　主编	42.00
炼焦设备检修与维护（技能培训教材）	魏松波　主编	32.00
炼焦化产回收技术（技能培训教材）	潘立慧　等编	56.00
焦炉煤气净化操作技术	高建业　编	30.00
炼焦煤性质与高炉焦炭质量	周师庸　著	29.00
煤焦油化工学（第2版）	肖瑞华　编著	38.00
焦炉科技进步与展望	严希明　编	50.00
焦化废水无害化处理与回用技术	王绍文　等编	28.00
炭素工艺学	钱湛芬　主编	24.80
炼焦化学产品生产技术问答	肖瑞华　编	35.00
炼焦技术问答	潘立慧　等编	38.00
炭素材料生产问答	童芳森　等编	25.00
煤的综合利用基本知识问答	向英温　等编	38.00
焦化厂化产生产问答（第2版）	范伯云　等编	16.00
炼焦热工管理	刘武镛　等编	52.00